추천사

초판이 출간된 이래 나는 '식재 디자인 핸드북*The Planting Design Handbook*'을 식재 디자인의 방법과 과정을 다룬 표준서로 여겨왔다. 그러나 이 책은 그 이상의 가치를 지니고 있고 본질적으로 공간 디자인의 기본 원리를 소개하는 매우 탁월한 입문서이다. 오랜 세월 동안 교재로 사용되어 온 이 책은 한때의 유행과 경향이 보여주는 일시적 변동과 무관하게 제자리를 지켜오고 있다. 3판은 이 책이 지닌 핵심적인 강점을 유지하면서도 식물을 소재로 한 디자인과 관련하여 현재 관심사로 떠오르고 있는 생태적, 환경적 접근법을 수용하면서 본문 전반에 걸쳐 수정과 보완이 이루어졌고 이와 같은 사항은 고전적 사례 및 현대 사례를 통해 잘 드러나 있다. 이 책은 조경과 정원 디자인을 다루는 실무자와 학생들에게 필독서이다. 이 책은 식재 디자인이 품고 있는 예술성, 과학성, 윤리성에 눈을 뜰 수 있도록 이끌어주는 매우 지적이고 열정적이며 실용적인 안내자이다.

나이젤 더닛Nigel Dunnett, 영국 셰필드 대학교University of Sheffield

식재와 관련하여 원예적 가치를 다루거나 단순히 식물이 지닌 심미적 특성을 소개하는 정도의 수준을 뛰어 넘는 학술적인 책은 그동안 발견하기 어려웠다. 이 책은 식재가 지니고 있는 가치를 미적인 영역 너머로까지 안내한다. 1판과 2판은 식재 디자인이 폭넓은 공간 디자인 과정의 일부임을 적절히 보여주면서 디자인 방법론을 확립하였다. 초본식물, 야생화, 자연스러운 숙근초 식재가 추가된 이번 3판은 식물을 디자인 매체로 활용하는 방법과 관련하여 이제 가장 종합적이고 매력적인 책이 되었다.

데이빗 부쓰David Booth, 영국 글로우체스터셔 대학교University of Gloucestershire

나의 아버지 아더 로빈슨Arthur Robinson과 어머니 마가렛 로빈슨Margaret Robinson에게 이 책을 바친다.

식재 디자인 핸드북
The Planting Design Handbook

닉 로빈슨 지음
전승훈, 김용식, 김도균, 이형숙, 박은영, 성종상, 조혜령, 박상길 옮김
지아 후아 우 삽화

The Planting Design Handbook
Third Edition

NICK ROBINSON
Landscape architect, lecturer and plantsman
Illustrations by JIA-HUA WU

식재 디자인 핸드북

초판 1쇄 펴낸날 2018년 8월 30일
지은이 닉 로빈슨
옮긴이 전승훈, 김용식, 김도균, 이형숙, 박은영, 성종상, 조혜령, 박상길
펴낸이 박명권
펴낸곳 도서출판 조경 | 신고일 1987년 11월 27일 | 신고번호 제2014-000231호
주소 서울시 서초구 방배로 143(방배동 936-9) 2층
전화 02-521-4626 | 팩스 02-521-4627 | 전자우편 klam@chol.com
편집 이형주 | 디자인 조진숙
출력·인쇄 금석인쇄

ISBN 979-11-6028-009-8 93520

* 파본은 교환하여 드립니다.
* 이 도서의 국립중앙도서관 출판시도서목록(CIP)은 서지정보유통지원시스템 홈페이지(http://seoji.nl.go.kr)와 국가자료공동목록시스템(http://www.nl.go.kr/kolisnet)에서 이용하실 수 있습니다(CIP제어번호: CIP2018027011).

정가 20,000원

목차

7. 시각적 구성 153

8. 식물 집합체 179

9. 생태적 요인과 원예적 요인 207

제2부: 디자인 과정

10. 디자인 방법론 223

제3부: 실제 적용

12. 소규모 식재 325

한국어판 발행에 즈음하여

저는 '식재 디자인 핸드북*The Planting Design Handbook*'을 오래전인 1992년에 처음 발간하였습니다. 저에게는 이 책이 지난 수십 년간 제 마음의 중심이 되어 제 생각의 큰 부분을 차지해 왔고, 전 세계에서 학생, 학자 및 전문가와 벌인 수많은 고무적인 토론과 논쟁의 주제였습니다.

이 책은 몇 가지 새로운 측면과 주제를 다루었던 각 시점에 따라 세 차례 개정을 하였습니다. 기본 자료는 1990년대 영국 셰필드 대학교에서 본인이 강의한 식재 디자인의 원리, 과정 및 실무에 관한 일련의 논문으로부터 비롯하였습니다. 그 일련의 논문은 식재 디자인을 구조적이고 디자인 중심적인 방식으로 적절히 다루고 있는 출판 자료가 부족하다고 생각했던 것에 대한 반응이었습니다. 본인은 학생들을 위하여 이러한 부족을 채우고 싶었고 조경에서 식재의 중심적인 역할을 분명히 할 수 있기를 갈망하였습니다. 대부분의 교육 과정이나 문헌은 식재를 포장 재료를 다루듯 재료 선택을 위한 절차 정도에 그치는 사소한 것으로 다루었기 때문입니다.

세계적으로 조경 및 식재 디자이너를 위한 교육 과정이 늘어나는 것을 고려한다면, 식재 디자인 핸드북이 이제 한국어판으로 선보인다는 것은 아마도 그리 놀랄만한 일은 아닐 것입니다. 저의 책이 여러 언어로 번역되고 있다는 사실을 처음 알았을 때 저는 확실히 흥분하였고 기뻤습니다. 저의 저서가 번역되어 소개될 나라의 학생과 전문가에게 저의 연구와 작업이 이제 가치 있게 다가갈 수 있어서 반갑습니다. 아울러 이 기회를 통하여 매우 열심히 번역 작업을 하여 이것을 가능하게 만든 전승훈, 김용식, 김도균 교수님과 다른 분들에게 깊은 감사의 마음을 표현하고 싶습니다.

식재 디자인에서 가장 크게 흥분되는 것 중의 하나는 디자이너가 작업할 수 있는 종, 군집 및 생태의 다양성으로서 디자이너가 이러한 것들을 어떻게 장소에 제대로 구현해내는가에 있습니다. 따라서 저는 한국에서 이 책을 읽는 여러분에게 여러분이 살고 계시는 지역을 특징짓는 식물상, 자생식물뿐만 아니라 정원과 도시의 식물상을 알게 되고 그에 대해 깊이 고마워하시라는 말씀을 드립니다.

저는 한국의 독자에게 인사와 격려를 보냅니다. 여러분의 식재 디자인을 예술로 연결시켜주는 지역의 식물로 식재를 하십시오.

닉 로빈슨Nick Robinson

제3판 서문

식재 디자인 3판은 전반에 걸쳐 개정되었고 식재 디자인의 이론과 실제와 관련된 최근의 발전 내용 및 식물명의 변화를 반영하고 있다. 특히, 생태와 초본식물 군집이 지닌 디자인 잠재력 부분이 추가되었는데 야생화가 어우러진 초지에서부터 자연스러운 숙근초 식재까지 아우르고 있다. 이와 같은 새로운 내용은 이전부터 언급되었던 소림과 관목림 군집을 보다 상세하게 다루는 데 있어서 균형 잡힌 도움을 줄 것이다. 관상용 초지 또는 식재 혼합체를 보여주는 새로운 많은 사진들 또한 초본식물을 소재로 한 성공적인 디자인을 설명하기 위해 추가되었다. 책의 디자인도 주제가 지닌 시각적 특성을 최대한 강조하기 위하여 개선되었다.

제3판은 이전 판과 마찬가지로 이 책에서 논의하고 있는 기본 원리와 아이디어가 어떻게 서로 다른 기후와 문화적 배경 속에서 구현되고 있는지 보여주기 위하여 전 세계의 많은 사례들을 포함하고 있다. 그중에서도 뉴질랜드의 사례는 매우 특별한 것으로서 이는 저자가 그 곳에서 경험한 사실들에 기초하여 다른 곳과 구분되는 식생의 특성과 식재 디자인의 잠재력을 책 속에 포함하기 위함이었다. 비록 뉴질랜드의 식물상이 독특한 것이긴 하지만, 그 곳의 생태는 온대 및 습윤 아열대 지역에 속하는 것이다. 따라서 해당 내용들은 이와 유사한 기후대와 지역에서 활동하는 디자이너들에게 적절한 정보를 제공할 것이다. 국제적인 사례들이 제공하는 서로 다른 접근법과 식물 소재의 다양한 활용을 통해 이 책이 디자이너들에게 새로운 영감을 제공함과 동시에 설계 적용 범위의 확대에 기여할 수 있기를 희망한다.

국제성에 초점을 맞추는 것은 단순한 호기심의 촉발과 다양성에 대한 관심 증대로 끝나지 않고 식물 선정과 관련하여 논의되어야 할 핵심사항들을 새롭게 제기하는 데 있다. 첫째, 식물은 반드시 대상지의 기후에 적합해야만 한다. 사진과 본문에 소개된 식물들은 다양한 기후대에 속하는 것들이다. 따라서 디자이너는 자신이 활동하는 지역 특성에 맞는 식물의 적합성과 활용 가능성을 사전에 확인하는 것이 바람직하다. 디자이너의 이해를 돕기 위하여 가능한 한 사진에 대한 장소 정보를 밝혀 두었다. 둘째, 현존하는 생태계 내에서 식재 디자인을 할 때 문화적·생태적 맥락을 이해하는 것은 중요하다. 어떤 장소에서 전문적인 관리를 통해 건강하게 생육하는 식물을 심미적 효과만을 고려한 채 다른 장소에 식재했을 경우, 이 식물이 해당 지역의 생물 다양성을 훼손하는 문제를 일으켜서 이를 막기 위하여 고비용 관리를 요구하는 심각한 문제를 야기할 수도 있다. 물론, 그 반대의 경우도 있다. 어떤 문화에서 쓸모없는 것으로 간주되는 식물들이 다른 곳에서는 심미적으로, 식물학적으로 또는 기술적으로 대단한 관심거리가 될 수도 있다. 디자이너는 도입이 필요하다고 제안된 식물종이 다른 식물을 위협하는 골칫거리가 되지 않는지, 또는 제거해야 한다고 요구되는 식물종이 다른 문화 또는 맥락 속에서 특별한 가치를 갖고 있는 것은 아닌지 항상 점검해야만 한다. 이 책에 포함된 예시들은 식재를 위한 특정 방안들이 아니라 단지 디자인의 기본 원리들을 보여주기 위함일 뿐이다. 일반적 규칙으로서, 어떠한 식물도 지역의 고유한 환경, 생태 그리고 문화적 적합성에 대한 충분한 지식 없이 식재 디자인에 쓰이는 것은 적절하지 않다.

이 책의 대부분의 사진은 저자가 촬영한 것으로서 본문에서 다루는 특별한 사항을 예시하기 위해 선정되었다. 따라서 사진은 이 책이 다루는 내용에서 벗어나는 것이 아니고 다만 시각적으로 보완할 뿐이다.

닉 로빈슨Nick Robinson

역자 서문

오픈 스페이스의 계획과 설계에 역점을 두고 있는 조경학과에서 관상용 식물을 대상으로 한 식재 디자인을 연구하고 가르치는 것이 식물학을 전공한 역자에게도 쉬운 일은 아닙니다. 2005년도 무렵 아마존 닷컴에서 처음으로 닉 로빈슨Nick Robinson의 '식재 디자인 핸드북*The Planting Design Handbook*'을 구입한 이후, 강의 교재로 사용해 온 역자로서 최신의 내용과 동향이 추가된 2016년도의 개정판에 대한 번역서를 출간하게 되어 감회가 새롭고 기쁘기 그지없습니다.

지난 20여 년 이상 조경 분야에서 식물 식재 관련 연구나 강의를 해온 역자의 견해로는 조경과 식물 그리고 식재 디자인 분야는 여전히 학문적으로나 실무적으로 접근하기 쉽지 않은 영역입니다. 조경의 역사와 발전 단계를 심미성의 토대 위에 생태적 가치가 통합되고, 나아가 지속가능성이 추구되고 있는 오늘날의 관점에서 보면 식재 디자인 분야는 끊임없는 탐구를 필요로 하는 학문의 영역이라 할 수 있습니다. 더욱이 21세기 글로벌 시대의 기후 변화나 생물 다양성의 이슈 그리고 현대 도시의 환경문제 등의 관점에서 볼 때 살아있는 식물과 토양환경을 다루는 식재 디자인의 역할과 가치는 점점 더 필수적인 것이 되고 있습니다. 이는 저자가 밝혔듯이 식물에 대한 과학적인 지식과 기술, 디자인적 원리 및 기준이 융합될 때 비로소 환경 및 조경의 영역에서 식재 디자인의 중심적인 역할이 정립될 수 있을 것입니다.

본 번역서에서 다루고 있는 내용이 비록 우리나라의 자연 환경 요인 또는 인문적 특성 그리고 법·제도적 여건과 부합되지 않는 측면이 있다고 할지라도 식재 디자인의 기본 원리를 토대로 한 디자인의 과정과 방법론 그리고 실제적인 적용 사례 등은 우리 모두에게 매우 전문적이고 선진화된 이론과 실제를 제시해줄 것으로 판단됩니다. 특히 대학의 관련 학과에서 어려움을 겪고 있는 교수와 학생에게 필수적인 교재로서 사용되고, 기업과 현장, 행정 등 관련 실무자에게도 유용하게 활용될 수 있기를 기대해봅니다. 또한 본 번역서의 출간이 향후 우리 여건에 적합하면서도 그간의 성과를 집약한 식재 디자인 분야의 출간을 촉발하는 계기가 될 수 있기를 희망해 봅니다.

본 번역 과정에는 조경 식물과 식재 디자인을 강의하는 대학의 여러 교수들이 함께 하였으며, 이 자리를 빌어서 그간의 노고에 감사드립니다. 특히 식재 디자인에 대한 남다른 열정으로 번역과 교정, 그리고 역자들 간의 조정 및 실무에 이르기까지 전체 과정에 많은 수고를 한 박상길 님에게 깊은 고마움을 전하고자 합니다. 아울러 녹록지 않은 여건 속에서도 흔쾌히 식재 디자인 번역서를 출간해주신 도서출판 조경의 박명권 대표님께 감사드립니다.

역자를 대표하여

전승훈

서론

조성된 식생은 우리가 살아가는 환경을 구성하는 필수적인 부분이다. 무기물과 지구에서 생존하는 유기체의 조작을 통해 우리가 거처하는 인문 경관이 생겨난다. 인간이 살아가는 거주지에 위치한 식생을 의도적으로 변화시키는 것은, 그것이 농장을 짓기 위함이거나 정원을 만들기 위함이거나 관계없이, 식물과 함께하는 디자인이 시작될 수 있는 가능성을 여는 것이다. 이 책은 21세기에 적합한 경관의 계획, 디자인 그리고 관리를 위한 식물의 활용법을 다루고 있다.

식물을 소재로 한 디자인을 할 때, 우리는 이안 맥하그Ian McHarg의 유명한 말처럼 자연과 함께 디자인을 하는 것이다. 우리가 침식된 사면을 복구하거나, 개벌이 이루어진 숲을 다시 조림하거나, 도심 정원을 조성할 때에도 이와 같은 진실이 적용된다. 왜냐하면, 모든 식물은 살아가고 성장하고 변화하는 존재로서 자연 세계의 역동성을 형성하는 한 부분이기 때문이다. 이는 다른 디자인 매체들과 전혀 다른 식물의 고유한 특성이다. 식재 디자이너들이 다루는 소재가 살아 있다는 사실은 그들에게 뛰어난 자산이 될 뿐만 아니라 그들의 실력을 시험하는 커다란 도전이기도 하다. 그들은 시각적·공간적 현상뿐만 아니라 자연의 형태와 형성 과정 그리고 상호작용을 반드시 이해해야 한다. 자연과 함께 디자인하는 것은 단순히 자연의 형태를 모방하기 위한 시도와 동일한 것이 될 수 없다. 그보다는 오히려 자연의 살아 있는 과정들을 이해하고 그 과정과 함께 작업하는 것이다.

조경과 원예를 가르치는 교육자로서 쌓아온 연구 경력과 조경가로 종사해 온 전문 경험을 통해 포괄적이면서도 식재 디자인의 핵심을 다루는 안내서가 필요하다는 사실을 알게 되었다. 식재 디자인이 경관 디자인과 조경의 기본과 핵심이라는 것은 나의 신념임과 동시에 진정으로 이 책의 기본 전제가 된다. 식재 디자인은 전원과 도심에서 그리고 큰 규모와 작은 규모의 모든 경관에 나타나는 공간과 형태를 설정할 수 있고 또한 그럴 수 있어야 한다. 이미 정해진 구조물을 단순히 채우기 위한 수단으로 식재를 격하시키는 것은 마치 식재를 도로 포장재 또는 담 쌓기용 벽돌로 치부하는 것과 같다. 식재는 경관 디자인을 다른 디자인 분야와 다른 고유한 것으로 만드는 매체이다. 따라서 경관을 다루는 디자이너들은 자신감을 갖고 혁신적으로 그 잠재성을 활용함으로써 자신의 전문성과 관련된 특별한 인지도를 향상시킬 수 있다.

특히 정원 시장에 초점을 맞춘 다수의 식재 디자인 관련 책과 글들은 개인적 취향과 식물이 지닌 시각적 효과 및 전시적 측면에 지나치게 편향되어 있고 스타일과 유행을 강조한다. 그러나 전문 디자이너로서 우리는 이와 비교되는 체계적인 접근법을 취해야 한다. 우리는 경관에서 식재가 차지하는 역할에 대한 분석적 이해가 필요하고 식물을 소재로 한 식재 디자인이 지니고 있는 가시적, 비가시적 측면의 기본적 특성을 분명히 함과 동시에 이를 제대로 구현할 수 있어야 한다. 이것이야말로 진정 이 책이 다루고 있는 주제이다.

식재의 시각적 특성과 공간적 특성은 심미적 효과에 영향을 미치는 근본적 요소들이고 이 책은 이와 같은 효과에 대한 체계적인 검토의 기회를 제공하고자 한다. 특히, 나는 3차원의 특성을 갖는 디자인 매체로서의 식물이 갖는 강력한 잠재력을 전달하고 싶다. 동시에, 식재 디자인이 지속적인 성공을 거두기 위하여 식물의 형태와 자연 천이 과정에 대한 깊은 이해와 평가가 얼마나 중요한 것인지를 보여주고 싶다.

본문에서 나는 '식재 디자이너'라는 말을 자주 언급하고 있다. 그러나 이 용어는 하나의 직업을 일컫는 것이라기보다는 식재 디자인과 관련된 일에 종사하는 여러 전문가들을 의미한다. 또한, '식재 디자이너'는 반드시 그럴 필요는 없겠지만 종종 조경가를 뜻할 것이다. 식재 디자인은 경관 디자인의 필수적인 부분이기 때문에 이 책에 소개된 많은 지침들은 일반적으로 진행되는 경관 디자인의 과정과 깊은 연관성을 갖는다. 따라서 이 책은 그와 같은 직업에 종사하는 전문가들에게 특별히 도움이 될 수 있기를 희망한다. 이 책은 또한 개인 정원과 공공 식재 분야에 두루 걸쳐 원예업에 종사하는 전문가들을 독자층으로 삼고 있다. 더 나아가 이 책은 도시 디자이너, 건축가, 토목 공학자들에게도 도움이 될 것이다. 왜냐하면, 식재는 그들이 직면한 심미적이고 기술적인 문제들을 해결하는 데 도움을 줄 것이고 건물과, 도로, 다리 그리고 그 밖의 인공 구조물들은 아름다운 부지 계획 수립을 위하여 대개의 경우 식재가 필요하기 때문이다.

이 책에서 논의되는 공간 및 시각 디자인의 기본 원리들 중 일부는 건축과 기타 3차원 디자인을 다루는 분야와 서로 그 맥락을 함께 한다. 이들은 모두 형태, 공간 그리고 패턴의 특성 및 경험과 연관되어 있다. 이 책은 식재 디자이너가 다른 분야의 디자이너들과 서로 다르지 않은 공통의 특성을 지니고 있음을 보여줌과 동시에 살아 있는 식물이 디자인에 있어서 어떻게 특별한 소재가 되는지 고찰해보고자 한다. 이러한 접근법을 통해 서로 공유하고 있는 기본 가치가 드러나고 보다 나은 환경을 위해 일하고 있는 모든 사람들이 함께 지니고 있는 영감을 고무시키는 데 도움을 줄 수 있기를 희망한다.

이 책의 제1부에서는 식물과 함께 하는 디자인의 기본 원리들을 검토할 것이다. 식재의 형태적 가치를 깊이 있게 탐색할 것이고 이러한 가치들과 식생의 생태적·원예적 특성들 사이에 놓여 있는 근본 관계를 주의 깊게 다룰 것이다. 식재 디자인은 시각적 주제에 속한다. 따라서, 나는 본문의 이해를 돕고 내용을 보완하기 위하여 도면과 그림 그리고 사진을 많이 활용할 것이다. 이러한 자료들이 본문 못지않은 이야기를 전달해줄 수 있기 바란다.

제2부에서는 디자이너들이 아이디어를 발달시켜 가거나 디자인 문제를 해결해 가는 다양한 과정들을 탐색할 것이다. 기획을 시작하고 그것의 실현까지 디자이너가 거쳐 가는 과정을 추적해볼 것이며 그를 통해 디자인의 기본 원리들이 적용되는 디자인 과정을 보여줄 것이다. 이와 같이 함으로써 잘 고안된 과정들이 어떻게 창의적인 과정을 촉진할 수 있는지에 대한 실례를 제시할 것이다. 각 단계마다 실무에 종사하는 조경가들과 수련중인 학생들이 작성한 전문적인 도면들이 예시로 주어진다. 하지만, 나는 경관 조성과 식재 관련 사업 및 계약 등의 운영에 대한 종합적인 조언을 제시하려고 하지는 않을 것이다. 이것은 실무와 관련된 수많은 책들이 다루는 주제이고, 그 책들 중에는 니콜라 가모리Nicola Garmory, 레이첼 테넌트Rachel Tennant, 클레어 윈츠Clare Winsch의 '조경가들을 위한 전문적 실무

Professional Practice for Landscape Architects(2007)'와 월터 로저스Walter Rogers의 '조경 전문 실무*The Professional Practice of Landscape Architecture*(2010)'가 있다.

이 책의 마지막 부분인 제3부의 제목은 실제 적용이다. 여기에서는 좋은 디자인 기술이 무엇인지 확인하고 다양한 종류의 식재를 위한 종의 선택과 배치에 대한 좋은 실습 사례를 제시하고자 한다. 본문에서 권장한 사항들을 입증하기 위하여 경관 디자이너들이 준비한 실제 기획 도면들의 다양한 사례가 전 과정을 거쳐 이용된다. 나는 경관을 다루는 실무에서 식재 아이디어가 어떻게 구현되고 서로 의사소통을 나누는지 보여주기 위하여 해당 도면을 신중하게 선별하였다. 그러나 이러한 도면들은 새로운 영감을 가로막는 모범적인 해답은 아니다.

본문에는 다수의 식물명이 실려 있다. 학명(이탤릭체)과 가능한 경우에는 향명/지방명이 동시에 표기되어 있다. 학명은 분류군에서 차지하는 식물의 과학적인 위치를 이해하는 데 도움이 되며, 향명은 식물의 문화적 중요성을 떠올려 보는 데 길잡이가 되어 준다. 향명이 없는 경우도 있는데 이것은 두루 쓰이는 이름이 없거나 향명이 학명과 매우 유사하기 때문이다. 예를 들어 *Rosa*는 rose와 같다. 만약 독자가 식물의 식별 또는 교목과 관목의 향명에 의구심이 든다면 맥밀란Macmillan에서 발간된 마크 그리피스Mark Griffiths의 '정원식물 색인*Index of Garden Plants*(1994)', 제프 브라이언트Geoff Bryant의 '식물학*Botanica*(1997)', 힐리어 양묘원Hillier Nurseries의 '교목과 관목에 대한 힐리어 매뉴얼*The Hillier Manual of Trees and Shrubs*'과 같은 책들을 참조할 수 있다. 왕립원예학회The Royal Horticultural Society, 위키피디아Wikipedia, 위키스피시즈Wikispecies와 같은 웹 사이트도 완전하지는 않지만 식물 종에 대한 학명과 향명 정보를 제공한다. 뉴질랜드와 같은 고유한 식물상에 대한 정보를 다루는 www.terrain.net.nz와 www.nzpcn.org.nz도 있다. 만약 특정 지역의 생물상에 대한 정보를 찾고 있다면 이와 같은 웹 사이트는 당신에게 도움이 될 것이다. 뉴질랜드 식물의 마오리Maori 식물명에 관심이 있는 독자는 오클랜드 식물협회Auckland Botanical Society가 발간한 제임스 비버James Beever의 '마오리 식물명 사전*A Dictionary of Maori Plant Names*(1991)'으로부터 도움을 얻을 수 있다. 생물학, 생태학, 원예학 관련 용어들이 본문에 등장할 때 그 의미가 본문에 설명되어 있다. 만약 그와 같은 용어들에 대한 보다 상세한 정보를 원한다면 알렌 레인Allen Lane에서 출간된 블랙모어Blackmore와 투틸Tootill의 '펭귄 생물학 사전*The Penguin Dictionary of Botany*(1984)'이 전반적인 참조에 도움이 된다.

이 책에서 사용되는 '자연스러운'과 '야생적인'이라는 용어에 대한 간략한 설명이 필요하다. 발견되는 거의 모든 서식처와 식생은 정도의 차이는 있겠지만 사실상 인간의 활동에 의해 영향을 받아 왔다. 우리들 인간은 당연히 자연의 일부이고 자연스러운 존재이며 새의 둥지를 자연스럽지 않다고 말하지 못하는 것처럼 사람이 만들어 놓은 것을 무조건 자연이 아니라고 여길 수 없다. 중요한 점은 의도적이고 집중적인 것에서부터 우연 발생적이고 미약한 것에 이르기까지 인간이 미친 영향의 정도와 범위이다. 양 극단을 살펴보면, 한 쪽 끝에는—아마도, 남극 대륙과 같이— 사람의 영향력이 가장 적은 장소와 식생이 있고 다른 한 쪽 끝에는 —도시와 같이— 사람이 의도적으로 조성하고 관리하는 것들이 있다.

흔히 쓰이는 '자연스럽다'라는 용어는 인공물이 아닌 것들이 보여주는 조화로운 양상 또는 가능한 한 최대한 인위적이지 않은 요소와 과정이 작용하는 것을 뜻하는데 내가 쓰고자 하는 용어의 의미는 바로 이것이다. 물론 충분히 주의를 기울여 디자인된 식재는 기본 계획 속에서 자연스러운 과정을 본받고 활용하고자 하는 것이다. 우리 디자이너의 관점에서 볼 때 중요한 것은 식물의 성장과 식생의 발달 과정을 어느 정도로 수용하고 그 과정에 어느 정도로 개입할 것인가이다.

예를 들어, 도시의 버려진 땅에서 자라는 식물들은 자연의 과정과 자연 발생적인 식생을 보여준다. 비록 사람에 의해 도시로 도입된 외래종이 주종을 이루고 있다 할지라도 나는 이곳을 '자연스럽다'라고 언급하고 싶다. 중요한 것은 '과정'이다. 나는 '준자연적'이라는 용어가 도움이 되지 않는다고 생각한다. 왜냐하면 이 용어는 유럽, 특히 영국에서 지나치게 문화적인 경관이 제공하는 경험과 연관된 것으로서 자연성의 정도를 구분해낼 수 없기 때문이다. 사람의 손길이 강하게 미치지 않은 일부 세상 속에는 아직도 원생 자연이라고 불릴만한 장소가 남아 있고 이들은 도시 환경과 매우 동떨어진 곳에 위치한다. 이러한 지역은 벌목, 화재, 사냥, 새로운 동물과 식물의 도입과 같은 인위적 행위와 기후 변화로 인해 영향을 받아 왔지만 여전히 인간의 개입이 제한된 채 자연스러운 과정이 진행되는 곳으로서 우리가 이곳에 들어서면 야생 그대로의 자연을 경험할 수 있다.

제1부
기본 원리

1

디자인의 효용과 가치

식재 디자인을 하는 까닭은 무엇인가? 온갖 종류의 식물은 우리가 관심을 기울이거나 기울이지 않거나에 관계없이 이곳저곳에서 다양한 형태로 무성하게 잘 자란다. 따라서 환경 계획과 조경에서 인위적으로 도입하는 식재가 갖는 역할이 무엇인지에 대하여 의문을 제기하는 것은 지극히 당연한 일이다.

그 답은 세 가지라고 믿고 있다. 첫째, 식재 디자인은 환경을 가장 잘 이용할 수 있게 도움을 준다. 진정으로 효용이 높은 경관은 폭넓은 범위의 유용성을 제공하고 사람들의 관심과 애정을 끌어 모은다. 따라서 이러한 경관은 경제적 이익만을 추구하는 개발 또는 사람과 장소가 맺고 있는 관계를 단절시키는 행위와는 거리가 멀다. 식재 디자인은 사람과 장소의 관계를 형성하고 유지하는 데 있어서 필수적인 요소이다. 생동감, 다채로움, 미묘함, 정서적·정신적 회복력, 유연성 그리고 지속가능성은 잘 디자인된 식재를 통하여 우리가 성취할 수 있는 바람직한 가치들이다.

둘째, 식재 디자인은 한 국가 및 범지구적 차원에 걸쳐 변화를 이끌어내기 때문에 인간과 환경 사이의 지속가능한 관계를 회복하고 그것을 유지하는 중요한 역할을 수행한다. 즉 식재 디자인은 가치 있는 생태계의 보존과 더불어 새로운 서식처의 창출 또는 복원에 기여하는데, 이는 과거의 회색 공간에 녹색 공간을 도입하는 것만으로도 달성할 수 있다.

마지막으로, 그 중요성이 앞의 것보다 덜하다고 할 수 없는 것으로서 식재 디자인은 화랑이나 전람회 등에서 발견할 수 있는 다채롭고도 강렬한 심미적 쾌감을 선사한다. 작품이 미치는 심미적 영향은 새로운 생각을 끌어내고, 상처받은 마음을 어루만져 주며, 흥을 돋구어줄 수도 있는 등 매우 다양하다. 감각 차원에서 볼 때, 식물로부터 발생하는 시각적 자극과 향기 그리고 촉감, 심지어는 바람이 불거나 비가 내릴 때 잎과 가지를 통해 들려오는 소리까지, 이 모든 것들은 일상의 삶에 가치를 더해준다. 이와 같은 심미적 가치는 흔히 정량화하기 어렵지만 인간의 참된 삶에 미치는 효과는 지극히 크다고 할 것이다.

식재 디자인이 추구하는 세 가지 목적—유용성, 생태성, 심미성—은 서로 떨어져 있는 독립적 요소가 아니다. 우선 경작과 농사 목적으로 토지 공간을 기본적인 질서에 맞추어 나눔으로써 생겨난 경관을 살펴보기로 하자. 이와 같은 경관의 고전적인 사례는 생울타리로 구성된 영국의 교외지역인데, 이는 개방지에 울타리를 치는 위요를 통해 18세기부터 19세기에 걸쳐 발생했다. 이와 같이 구획된 경관 틀은 단지 가축을 돌보는 장소뿐만 아니라 시간이 경과하면서 광대한 범위에 걸쳐 다양한 야생동물의 서식처 또한 제공하게 되었다. 그리고 영농과 야생동물을 위한 기능에 덧붙여서 이와 같은 교외 경관은 전 세계 여행객들을 끌어 모으면서 한 국가의 정체성을 대표하는 핵심 부분으로 기능했고 그 결과 이는 중요한 국가 자산 중 하나가 되었다. 그것은 생산 활동과 자연 그리고 아름다움 사이에 맺어진, 서로가 서로를 해치지 않는 조화를 뜻하는 상징이라 할 수 있다. 그러나 이와 같은 통합성은 현대적인 농업 기술과 도시 개발을 추구하는 극심한 사회적 압박 속에서 현재 급속히 자취를 감추고 있는 중이다.

세 가지 목적들 간의 상호 연관성을 기억하면서 차례대로 각각의 측면에 대하여 조금 더 상세하게 살펴보기로 하자.

식재 디자인 - 기능의 표현

오랜 역사에 걸쳐 사람들은 식물을 심고 가꾸어 왔는데 이는 사람이 대지를 이용하는 방식을 표현한다. 이에 해당하는 예는 식량, 목재 그리고 기타 농산물 등으로 국한되지 않는다. 즉 경제적 생산뿐만 아니라 휴양을 위한 식재 또한 포함된다. 페르시아의 초기 정원 형태는 관개수로를 갖춘 하천 주변의 비옥한 충적지에 일정한 간격으로 식재된 유실수로 구성된 농업 경관으로부터 유래하였다. 18세기에서 19세기 동안 영국에서는 영농의 효율성 증대와 이익 추구를 위하여 들판을 에워싸는 식물들이 생울타리로 자리 잡았다. 생울타리는 가축 보호와 이탈 방지를 겸하면서 생산적인 질서를 연상시키는 이미지였고, 이를 통해 영국의 목가적 경관이 독특한 시각적 특성을 갖추게 되었다. 19세기 이후 계속해서 영국 정원에서 보편적으로 나타나는 생울타리 구조는 유용성과 심미성의 상호작용을 입증해 준다. 정원의 생울타리는 영국 교외의 생울타리를 본뜬 것으로서 이와 비슷한 기능을 수행하지만 공간적 맥락은 서로 다르며 그 규모 또한 보다 작다.

식재 디자인의 특성과 목적은 인간이 대지를 이용하는 방식만큼 다양하다. 식재 디자이너는 일반인들의 방문이 드문 개인정원 또는 사람의 접근이 거의 없는 경관에서부터, 도심지에 자리 잡은 공적인 영역의 많은 사람들이 집중적으로 이용하는 경관에 이르기까지 다양한 종류와 수준의 활동 범위를 고려한다. 식재 디자인은 우리가 거주하고, 뛰어 놀며, 일하고, 공부하며, 공동체 활동을 위해 모이거나 여가를 즐기기 위한 모든 경관들 속에서 기능을 담당하고 있다. 이상의 모든 장소들은 사람들이 살아가는 데 필요한 기본적인 요구에 적합하고 그 요구들을 충족시켜줄 수 있는 환경을 필요로 한다. 이와 같은 환경은 산책로, 의자, 조명 등과 같은 특별한 시설물 외 적절한 규모를 갖춘 공간과 적합한 미기후 그리고 여러 사람의 이용에 장애를 초래하지 않는 정도의 규모와 특성들을 반드시 갖추어야만 한다. 비교를 해본다면, 가구 디자이너는 사람이 앉기에 적합한 의자를 제작해 내는데, 이와 마찬가지로 식재 디자이너는 사람이 머무르기에 편안한 장소를 만들어낸다. 식재는 기능에 어울리는 환경을 창조하는 구성 요소라 할 수 있다.

여러 가지 활동을 하기 위해서는 건물, 도로, 주차장, 수로와 그 밖의 인공 구조물이 필요하다. 식재 디자인은 구조물의 날카로운 모서리를 부드럽게 하거나 어설픈 외관을 위장하기 위하여 감흥이 부족한 건축과 공학 분야에 적용되는 화장술이 아니며 그 이상의 것이다. 식재 디자인은 경관에서 동선을 유도하거나 조절하고, 그늘과 쉼터를 만들어내고 현존하는 생태계에 미치는 위험 요인을 개선하거나 또는 안락하고 매력적이며 친근한 환경을 새롭게 만들어냄으로써 구조물이 환경과 통합되도록 하는 중요한 역할을 담당한다. 이미 있는 식생을 효율적으로 보존함과 동시에 새롭게 식재를 하는 것은 적절한 대상지 계획을 위하여 필요한 핵심 요소이다.

사진 4. 식재는 인공 구조물이 지니는 시각적 강렬함을 완화하고 훼손된 생태계를 복원하면서 자연 환경과 인공 환경을 통합하는 중요한 역할을 수행한다.

사진 1, 2, 3. 식재 디자인은 환경 친화적인 삶에 본질적인 기여를 한다. 영국 셰필드(Sheffield)의 주거지역; 영국 워링턴(Warrington)의 버치우드 불리바드 테크놀로지 파크(Birchwood Boulevard Technology Park); 싱가포르(Singapore)의 도심 가로수

사진 5. 독일의 뮌헨(Munchen). 식재가 없다면 이 정도 규모의 옹벽은 눈에 띄게 거슬릴 수 있다. 식재는 이를 조각품 같은 형태미를 강조하는 지역의 고유한 자산으로 변화시킨다.

사진 6. 미국 시애틀(Seattle)에 있는 폴 피고트(Paul Piggot) 기념관의 통로. 교목 식재는 인공 구조물이 갖는 제한점을 보완하여 구조물을 환경과 통합시킨다.

잘 디자인된다면 식재는 한 장소를 이용하는 사용자들의 요구를 적절하게 표현할 수 있는 수단이 될 수 있다. 어린이 놀이터는 이에 대한 좋은 사례이다. 그네와 등반용 암벽과 같은 기본적인 시설들을 통해 어린이들은 신체 활동을 즐길 수 있다. 그러나 이것만으로는 놀이를 위한 최상의 환경이 될 수 없고 더 많은 것이 필요하다. 즉 무엇을 하는 곳인지 분명하게 알 수 있으면서도 아이들의 호기심을 북돋아 주는 장소여야 한다. 안전을 위하여 차량 동선과 분리되어야 하고, 시끄럽게 뛰어 놀 수 있는 곳과 조용한 놀이를 할 수 있는 곳이 구분되어야 하며, 숨어 있기 좋은 위요된 공간과 함께 고학년 아동들의 독립심을 고취시켜 주기 위하여 새로운 발견과 모험을 꾀할 수 있는 기회를 제공해야 한다. 그리고 상상의 나래를 펼칠 수 있는 창의적 놀이를 위하여 자연 소재가 있어야 한다. 그런데 식재는 이 모든 것들을 제공할 수 있다.

식재를 통하여 위요 공간과 쉼터를 만들어 낼 수 있고, 관목과 함께 교목은 탐색을 할 수 있는 전체 환경—나무를 기어오르거나 그네를 탈 수도 있고, 살아 있는 버드나무를 이용하여 연출한 기묘한 형태, 바닥에 쓰러진 고사목, 그리고 새로운 식물과 야생동물의 발견을 통해 자연을 새롭게 체험할 수 있는—을 창조한다. 놀이터를 위한 식재에 쓰이는 나무들은 튼튼해야 하고 당연히 그 형태 또한 다양해야 하며, 고령자들과 바쁜 도심 지역에 적합한 공공정원에 어울릴 수 있는 식재 형식과는 분명 달라야 할 것이다.

환경 디자인에서 새롭게 대두되는 주된 과제 중 하나는 어느 곳이든 여러 가지 다양한 기능이 그곳에서 조화롭게 어울리도록 하는 것이다. 친환경 산림 경영은 다목적 이용을 위해 필요한 요소에 대한 인식이 어떻게 더 정교하고 세련된 디자인을 이끌어 내는지 보여주는 좋은 사례 중 하나이다. 초기의 조림 사업이 추구한 목적은 그 범위가 협소하여 오로지 최대의 목재 생산을 위한 것이었다. 또한, 토지를 집약적으로 이용하면서 상업적 효율성만 추구하는 경영을 했었고 시각적 즐거움과 야생동물의 서식처 보전에는 거의 관심을 두지 않았다. 그러나 여가 목적, 시각적 질, 야생동물 보존의 필요성에 대한 관심이 증가함에 따라 현재의 조림 사업은 대상지 특성에 보다 더 신경을 쓰게 되었다. 그 결과 사람들의 눈에 잘 띄고 접근이 쉬운 주연부에 토착종이 자리 잡게 되었으며, 숲 내부의 가치 있는 서식처를 보호하게 되었다. 그 뿐만 아니라 이제는 매력적인 야영장, 산책로 그리고 야생동물 교육장을 갖춘 곳

사진 7. 식재는 안락한 미기후, 특별한 장소감, 기어오르거나 창의적 놀이가 가능한 많은 교목과 관목을 제공함으로써 어린이놀이터에 적합한 환경을 만드는 데 도움을 준다.

사진 8. 우듬지 탐방로는 사람들이 흔히 보기 어려운 나무와 숲의 수관을 체험할 수 있도록 해준다. 이것은 식재를 디자인하는 것만큼의 가치를 지닌 식재 속에서의 디자인이다.

사진 10. 영국 사우스요크셔(South Yorkshire)의 오래된 산업지구에서 흔히 볼 수 있는 자연 발생적인 식생

사진 9. 영국 요크셔(Yorkshire)에 있는 사암 절벽의 전면에는 어떠한 식재와 파종도 필요하지 않다. 자연 정착이 적절하다.

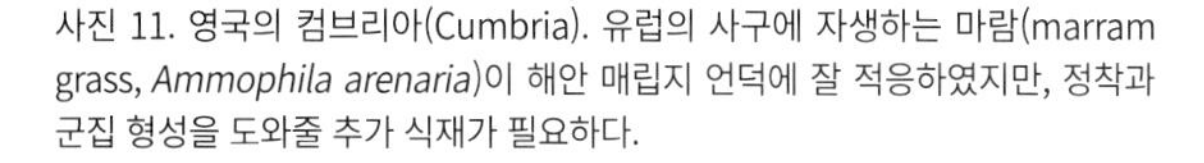

사진 11. 영국의 컴브리아(Cumbria). 유럽의 사구에 자생하는 마람(marram grass, *Ammophila arenaria*)이 해안 매립지 언덕에 잘 적응하였지만, 정착과 군집 형성을 도와줄 추가 식재가 필요하다.

사진 12. 영국의 컴브리아(Cumbria). 18개월이 흐른 후 사람이 개입한 흔적이 아주 조금만 드러나 보인다. 토양 표면의 침식을 줄이기 위하여 토목섬유(geotextile)로 짠 그물이 쓰였다.

사진 13. 교통량이 많은 간선도로 주변 길가는 종자를 혼합하여 뿌린 후 매력 넘치는 식물종으로 가득한 자연 초지로 탈바꿈하였다.

도 자주 볼 수 있다. 따라서 좋은 식재 디자인이란 장소가 갖추고 있는 모든 기능들을 제공하고 모든 이용자들의 서로 다른 요구를 존중하기 위해 애쓰는 것이다.

생태적 과정의 중개로서의 식재 디자인

식물의 정착과 식생의 천이가 이루어지는 자연스러운 과정만으로도 사람들의 요구와 활동을 충족시키기에 적절한 환경을 조성할 수 있는 경우가 있다. 예를 들어, 도시의 공터(재개발 지역)에서 자연 발생적으로 나타나는 식물의 정착은 꽃피는 초지, 관목림, 소림과 같은 다양한 '도시 공공공간'(길버트Gilbert, 1989)으로 발전할 수 있는데 이러한 장소는 아이들, 개와 함께 산책하는 사람들, 자전거 타는 사람들, 산딸기를 따는 사람들 그리고 자연주의자들에게 즐거움을 선사하고 도시 지역에 매우 값진 서식처를 제공한다. 도로변의 절개지와 버려진 채석장 또한 형형색색의 야생화들, 때로는 흔히 보기 어려운 진귀한 야생화들이 번성하거나 다양한 종류의 초화류 또는 관목이 서식하는 터전이 될 수 있다.

그대로 방치하면 침식이 일어나는 급경사 나지의 경우 식생 정착 과정을 앞당기거나 초기 소림 군집 또는 초원 군집의 생물다양성을 증진하기 위하여 특정한 식물 종의 식재를 통해 식생 정착 과정을 돕거나 관리가 필요할 때 경관 디자이너들이 참여한다. 그러나 자연스러운 식생 발달 과정을 관리하는 것이 목적이기 때문에 그들의 개입은 대상지의 식생이 제대로 기능하기 위해 반드시 필요한 정도만으로 제한된다. 이와 같은 경우, 자연 발생적으로 형성된 식물 군집을 다른 식물로 대체할 필요는 전혀 없다. 저절로 자라난 자생식물을 사용하는 것은 참으로 뛰어난 심미성을 갖추었다고 할 수 있다. 왜냐하면 이는 지역의 고유한 특성을 반영하고 야생 동물을 위한 보다 좋은 서식처를 제공하기 때문이다.

사진 14. 뉴질랜드 캔터베리(Canterbury)의 시골 길가는 에키움속(*Echium*)과 톱풀속(*Achillea*) 식물 종 등 자연스럽게 정착한 다양한 종류의 매력적인 식물상(flora)을 끌어 모으는 장소다.

사진 15. 마리안 타일콧(Marian Tylecote)은 연구 목적으로 영국 셰필드(Sheffield)의 도시 공간에 자연 발생적으로 발달한 초지에 폴리모르파여뀌(*Persicaria polymorpha*), 서양톱풀(*Achillea grandifolia*), 대왕금불초(*Inula magnifica*), 털까치수염 '파이어크래커'(*Lysimachia ciliata* 'Firecracker')와 같은 화사한 숙근초를 의도적으로 도입하였다.

사진 16. 독일 에센(Essen)에 있는 그루가 공원(Gruga Park)에서는 교배종과 선별한 꽃들로 깔끔하게 전시원을 꾸몄는데 이는 식생의 자연스러운 정착 과정에 대한 인간의 과도한 통제를 보여주는 사례다.

그런데 상당수의 식재 디자인은 자연스러운 과정에 지나칠 정도로 많은 통제를 가한다. 가장 극단적인 사례는 외래종과 환경 적응력이 부족한 종을 식재한 후 이들을 깔끔하게 손질한 정원이다. 이러한 종들은 정원사의 지속적인 개입이 중단되면 생존할 수 없는 것들이다. 즉 잡초 제거, 비료 살포, 관수, 배수, 가지치기, 인공 번식, 찬바람과 서리 피해 방지 등의 작업이 요구된다. 선택된 식물의 성장에 영향을 미치는 것은 식물 그 자체의 생리적 특성이 아니라 식물과 서식처 간 그리고 다른 식물들 간의 상호작용인 생태적 과정임을 유념해야 한다. 이제 정원사는 정원이라는 서식처 속에서 매우 중요한 영향을 미치는 또 하나의 생태적 요인으로 자리 잡게 되었다.

전적으로 인위적인 식물 군집은 그들이 살아갈 장소가 따로 있다. 예를 들어 멸종위기종을 보존하는 식물원 또는 원예 전문가들이 수집한 식물들을 배양하는 곳이 여기에 해당한다. 하지만 이러한 곳에서는 노동력, 물적 자원의 관점에서 볼 때 자연에서 군집을 이루는 식물보다 매우 많은 비용이 소모되기 때문에 이와 같은 방식으로 식물을 키우는 것을 당연시하기보다는 관리 비용에 대한 사전 고려와 비용 지출의 타당성에 대한 평가를 해야만 한다.

좋은 디자인의 의미는 해당 장소와 그곳의 이용에 적절한 생태적 방법을 선택하는 것이다. 이는 곧 식재 디자인의 목적을 충족시키기 위하여 자연스러운 과정에 디자이너가 최소한도로 개입함을 뜻할 것이다. 이것은 보다 줄어든 노동력과 자원 소비의 감소를 뜻하고 만약 우리가 자연 발생적인 군집이 사람의 개입이 최소화되는 상황 속에서 발달할 수 있도록 허용한다면 우리는 경관이 지니고 있는 '자연성'을 즐길 수 있게 된다. 이를 통해 아마도 우리는 식생이 더 많은 시각적 흥미를 갖추고 야생 동식물의 다양성을 증진시키는 관리를 할 수 있게 될 것이다. 이는 사람의 간섭을 최대한 배제하는 생태적 접근 방식을 모든 곳에 적용해야 한다고 주장하는 것이 아니고 타당한 이유 없이 생태경관을 원예 경관으로 대체하는 것은 바람직스럽지 않다는 것을 뜻한다.

식재 디자인과 그 후 뒤따르는 돌봄은 자연스러운 식생 정착 과정의 관리라는 폭넓은 관점을 취할 때 비로소 이해될 수 있다. 식재의 다양한 유형은 단지 '목표'로 하는 식물 군집의 정착과 유지를 위해 어느 정도로 인간이 개입할 것인지에 따라 달라질 뿐이다. 우리는 식재가 그 기능을 충분히 발휘할 수 있도록 자연의 과정을 이해하고 그에 따라 작업을 진행하는 것이 바람직하다. 이와 같은 이해를 통해 우리는 식재 디자인과 원예의 차이를 구분할 수 있게 된다. 식재 디자이너는 식물 군집에 대한 이해를 바탕으로 식물 군집과 더불어 일을 진행한다. 또한 그들은 식물들이 한 데 어우러질 때 대상지 환경에 적합한 식물들의 집합체가 형성되고 그들이 조화를 이루어가면서 시각적, 생태적으로 효과적인 성장을 보여준다는 것을 잘 알고 있다. 반면 원예가들은 식물을 개체로서 이해하고 작업을 한다. 특별한 종과 품종을 전시 또는 번식 목적으로 재배하고 관리하는데, 이를 위해 식물의 성장 요건에 각별한 주의를 기울이고 해당 식물이 살아갈 수 있도록 하기 위하여 환경을 변경시킨다.

식물의 집단을 가리키기 위해 주로 사용하는 용어는 '군집'과 '집합체'이다. 식물은 서로 어울려 자란다. 대체로 많은 수의 종들이 어우러져 하나의 형태 또는 패치patch를 이루고 이것은 다른 패치들과 구분되는데 이는 기후, 토양, 생물학적 요인들 즉 식물이 자라는 서식처의 특성을 반영한다. 식물학에서 '식물 군집'이라는 용어는 이와 같은 종류의 식생 단위를 표현하기 위해 쓰인다. 이것은 디자이너가 특히 생태적 맥락에서 식생 유형을 묘사할 때 유용하며 자연발생적인 식생뿐만 아니라 식재된 식생 그리고 관리되고 있는 식생에도 적용된다.

생태학에서는 '식물 집합체'라는 용어 또한 문헌에 등장한다. 이 용어는 '식물 군집'에 비해 다소 일반적인 의미로 사용된다. 가끔 동의어로 쓰이기도 하지만, 지역의 식물상에서부터 특정 지구의 서식처와 같이 여러 규모에서 나타나는 이런 저런 식물의 조합을 일컫는다. 이 용어는 생태적 요인들의 조합에 따라 식물들이 집합체로 구성된다는 생각과 연결되어 있다. 이 책에서 나는 '식물 집합체'를 특별히 식재 디자인의 기본 단위를 구성하는 종들 또는 품종들의 디자인된 조합을 묘사하기 위해 사용한다. 이 용어는 디자인 과정의 한 부분으로서 선택된 식물 종들이 적절하게 한 데 어울려 살아가는 능동성을 시사하기 때문에 유용하다. 소림, 초지, 가장자리 또는 화단, 녹색 지붕, 빗물 정원, 자연풍 생울타리, 이들은 모두 공생 가능한 종들로 구성된 식물 집합체로 디자인할 수 있다. 이와 유사하거나 관련된 용어로는 '매트릭스'와 '군단'이 있다.(톰슨Thompson, 2007)

심미적 즐거움을 위한 식재 디자인

심미적 즐거움과 참된 삶의 경험은 식재 디자인이 추구하는 중요한 목적이다. 아름답게 식재된 공간은 감각적인 경험, 심신을 이완시켜주는 명상, 생명을 지닌 존재들과 하나 되는 느낌, 스트레스 가득한 생활로부터의 일시적인 벗어남을 향유할 수 있는 기회를 선사한다. 상품과 소비 생활로 사람들이 추구하는 쾌감과 행복이 충족될 것 같은 생각에 자주 빠져들지만, 상품과 상품 소비가 소비자들이 지불한 금액에 부응하는 경우는 좀처럼 드물다. 실제로 소비문화는 진정한 기쁨을 왜곡시킨다. 경관 디자인 및 식재 디자인을 통하여 우리는 사람들이 균형감 있고 유쾌한 삶을 영위할 수 있는 환경을 조성하고자 노력하게 된다. 애정 어린 손길로 가꾼 정원과 공원 또는 자연 서식처에서 경험하는 야생동물과의 접촉이 안겨 주는 쾌감은 우리들 일상의 참된 삶에 크게 기여하고 진정한 마음의 휴식을 고취시킨다.

독일의 조경가인 기도 하겔Guido Hager은 자신의 저서인 '조경에 관하여*On Landscape Architecture*'에서 이와 비슷한 것인 로쿠스 아모에누스*locus amoenus*(문자 그대로의 뜻은 대체로 이상향으로서의 사랑스러운 곳)를 조경이 추구하는 것 중의 하나라고 묘사한다. 즉 사람이 사람들과 함께 그리고 자연과 함께 '조화롭게 살 수 있는 곳'으로서 목가적이면서도 거의 유토피아에 가까운 것을 만들어내는 것이다.(하겔Hager, 2009) 물론 여기에는 천상의 정원 즉, 세상의 고통과 위험으로부터 벗어난 안식처라는 메아리가 깃들어 있다. 이것은 당연히 우리가 할 수 있는 일의 한계가 있기 때문에 이상적이고 실현이 어려워 보일 수 있다. 그러나 이것이 가능한 때가 올 것이다. 아마도 이는 특별한 공원이거나 정원 또는 그 밖의 안락한 장소를 통해서 이루어질 것이다. 우리가 이루어온 일들 속에는 우리가 디자인을 통해 추구하고자 했던 '사랑스러운 곳'의 흔적이 여전히 남아 있고 우리가 그러한 곳을 더 많이 만들어낼수록 그 곳을 찾는 사람들은 더 많은 혜택을 받을 것이다. 하겔은 또한 자신이 디자인을 할 때 '분위기'를 찾는다고 말한다. 이것은 뚜렷한 형체가 있는 것은 아니지만 매우 만족스러운 장소가 전해줄 수 있는 중요한 그 무엇이다. 아마도 분위기는 한 장소에서 우리가 체험할 수 있는 총체적인 느낌일 것이고 우리가 수용할 수 있는 감흥이 직관적으로 통합되어 나타나는 것이다. 디자이너로서 우리는 각각의 디자인이 한 장소의 분위기 형성에 어떤 영향을 미치고 있는지 스스로 의식할 수 있어야 한다.

우리는 경관 너머에 존재하는 이면의 것을 감지할 수 있는데 그것은 한 장소가 전해주는 위안의 느낌과 조화로움이고 이를 통해 우리는 멋진 정원과 경관은 형언하기 어려운 특별한 무엇인가를 지니고 있다는 사실을 알게 된다. 일본의 사찰 정원은 육체적 휴식만큼 멋진 정신적 여행을 제공한다. 이에 해당하는 전형은 삶과 생명의 신비에 대한 명상을 위해 디자인된 선정원이다. 하지만 이와 같은 생각은 과거의 역사 또는 동양으로 한정되지 않는다. 새로운 시대를 열어가는 조경가이자 정원 디자이너인 제임스 로즈James Rose는 일본의 경관으로부터 영향을 받았는데 그는 정원을 개인적 깨달음을 얻는 장소로 여겼다. 참으로 그가 조성한 정원들은 '의뢰인의 자기 발견을 도와주기 위한 것'이었다.(로즈Rose, 1983) 로즈는 정원이 선불교의 선문답과 비슷한 역할을 할 수 있고 정원을 방문하는 자에게 이성과 관습적인 사고로부터 벗어나 보다 직관적으로 자신과 세상에 대한 이해를 구할 수 있는 길로 이끌어주는 데 도움을 줄 수 있다고 믿었다.

이 점에 있어서 비평가인 윌리엄 커티스William Curtis는 많은 조경가와 정원 디자이너들이 느끼고 있던 새로운 충동을 다음과 같이 정확하게 포착했다. '자연스러움'을 '상징적인 것'으로 전환하고 그를 통해 가시적인 세계와 상상의 세계를 서로 융합한다.(커티스Curtis, 1994) 디자이너로서 우리는 식물이 활기차게 자라고 서로 잘 어울리는 것을 바라고 있지만, 이것에 만족하지 않고 식물이 전하는 느낌과 의미를 표현하고자 하며 정원이 사람의 상상력과 감성으로 가득 찬 곳이 될 수 있도록 애쓰고 있다.

사진 17. 북서부 스코틀랜드에 있는 이 방품림(shelterbelt)은 효과적으로 풍속을 감소시키는 동시에 서식처 다양성 및 지역 경관과 어울리는 시각적 조화를 보여준다. 또한 스코틀랜드의 인버위 가든(Inverewe Gardens)에서 폭넓은 범위에 걸쳐 식물이 자랄 수 있는 미기후를 제공한다.

성공적인 식재 디자인은 무엇인가?

우리는 기능의 향상, 생태성, 심미성이라는 식재 디자인의 세 가지 주요 목적을 각각 살펴보았다. 식재 디자인이 이 목적들에 어느 정도로 기여하고 있는지가 디자인의 성공을 가늠하는 기준이다.

물론 서로 다른 프로젝트마다 우선순위는 달라질 것이고 이와 같은 점은 기능성, 생태성, 심미성을 충족시킴에 있어 더 큰 관심을 기울여야 할 부분을 결정하는 데 반영되어야 한다. 방풍림 조성을 위한 식재와 같이 매우 간단한 사례는 이와 같은 세 가지 양상을 잘 드러내준다.

이때 주요 목적은 효과적으로 바람의 세기를 약화시키면서 그곳의 미기후를 개선하는 것이다. 따라서 바람의 투과량 및 공기 역학적인 측면에서 최적의 조건을 기술적으로 확보해야 한다. 이는 가치 있는 서식처를 보전하고 새로운 서식처를 만들 수 있는 최적의 기회를 얻기 위함이다. 다음으로 우리는 심미적 특성에 초점을 맞출 수 있는데 아마도 이는 해당 지역의 고유한 경관과 역사를 드러내는 것이 무엇인지 검토하고, 지역의 식생이 지니고 있는 독특한 색상과 질감을 반영하고, 색상과 형태미를 최대한 강조할 수 있는 길을 모색하는 노력과 연결될 것이다.

따라서 성공적인 방풍림 조성을 위한 식재는 다음과 같이 될 것이다.

1. 조치가 필요한 곳의 풍속과 난기류를 감소시킨다.
2. 해당 장소의 생태를 개선하거나 최소한 훼손하지 않는다.
3. 장소가 지닌 심미적 특성을 향상시킨다.

앞의 두 가지 기준은 객관적이고 측정 가능하기 때문에 디자인의 심미적 특성에 비해 평가가 더 쉽다. 그러나 무엇이 시각적으로 성공적이며 바람직한가에 대한 생각은 일정하지 않다. 어떤 사람들은 깔끔하고 집중적으로 관리되는 모습을 선호하지만 다른 사람들은 우발적으로 나타나는 '자연스러움'을 좋아한다. 어떤 사람들은 시각적으로 강렬한 자극—인상적인 색상과 형태—을 좋아하지만, 다른 사람들은 섬세한 특성을 원한다. 취향의 다양함은 서로 다른 사람들 사이에서만 나타나지 않는다. 한 사람의 취향 또한 분위기와 주변 환경에 따라서 시시때때로 변할 수 있다. 식재 디자인의 심미적인 성공 여부를 평가할 때 디자이너들은 자신의 디자인이 마음에 드는지 스스로에게 먼저 물어본 후 이를 평가하고 되돌아보아야 한다. 식재 디자인의 심미적 특성을 검토하기 위하여 우리는 식물이 지닌 심미적 특성과 함께 식물의 조합이 미치는 영향에 대한 이해를 갖출 필요가 있다. 이는 3장부터 7장까지의 주제들이다. 그런데 방풍림 디자인은 또 다른 가능성을 보여줄 수 있지 않을까? 바람과 날씨의 효과에 대하여 심사숙고해볼 수 있는 것이 있을까? 이와 관련하여 바람결에 흔들리는 그라스들, 사삭거리는 소리를 내는 대나무, 노래하는 솔잎, 봄바람에 꽃잎이 흩날리는 나무들과 같이 바람이 불면 다양한 방식으로 움직이는 식물들로 디자인된 장소를 떠올려볼 수 있지 않을까? 이리하여 방품림은 동시에 바람의 정원이 될 수 있지 않을까?

개인적, 전문적 분석에 덧붙여서 우리는 의뢰인과 사용자들이 그곳을 좋아하는지 또한 확인해보아야 한다. 디자인은 그들의 요구와 염원을 충족시켜 주는가? 경관 조성을 요청한 의뢰인과 그곳을 이용하는 사람들의 호불호는 숙련된 디자이너들과 서로 다를 수 있기 때문에 우리들의 책무 중 일부는 그들의 선호도와 요구를 이해하고 수용하는 것이 되어야 한다. 디자이너로서 우리는 특별한 양식을 주장하거나 단호한 견해를 피력할 수도 있겠지만, 우리가 그들과 상담을 나누는 전문가로 종사할 경우 우리들이 지녀야 할 의뢰인에 대한 첫 번째 의무는 그들의 견지에서 만족스러운 경관을 이루어내는 것이어야 한다.

서식처 감소와 기후 변화

기능성, 생태성, 심미성과 같이 위에서 살펴본 디자인의 세 가지 목적은 보통의 경관 디자인에서 중요한 사항들이다. 그러나 이것을 뛰어넘어 오늘날에는 지구의 환경문제가 심각하게 대두되고 있기 때문에 우리는 이를 최우선으로 여기고 이 문제를 해결하기 위해 할 수 있는 모든 것을 다해야 한다. 증가하는 산업농과 전 세계적으로 확산되는 도시 개발로 인해 우리는 우리가 의지하며 살아가는 생태계의 심각한 훼손과 돌이키기 힘든 기후변화에 직면해 있다. 이러한 까닭에 환경 분야에 종사하는 직업인으로서 우리의 첫 번째 과제는 이러한 훼손을 줄이고 복원하는 것이어야 한다. 식물을 다루는 조경가와 디자이너는 의미 있는 긍정적 변화를 이끌어낼 수 있는 위치에 있다. 왜냐하면 식생은 생태계의 건강과 안정성 그리고 지역 및 범지구적 차원에서 기후를 조절할 수 있는 근본적이고도 핵심적인 역할을 수행하기 때문이다.

식물은 대기 중 탄소를 흡수해 지상과 지하에 저장한다. 식물은 은신처, 먹이, 다른 식물과 동물을 위한 번식처를 제공함으로써 많은 서식처의 기초를 형성한다. 지역적, 범지구적으로 기후를 개선한다. 오염물질을 제거하고 우리가 마시는 물과 숨 쉬는 공기를 정화한다. 다른 식물과 동물이 이용하는 양분을 순환시킨다. 먹거리, 약용 외 기타 유용한 물질을 제공할 뿐만 아니라 당연히 여가, 교육, 건강, 흥미, 참삶과 같은 많은 문화적 혜택을 누릴 수 있게 한다. 한 마디로 식물은 지구에서 살아가는 인간이 삶을 유지할 수 있는 조건을 만들어내는 데 매우 중요할 뿐 아니라 기후변화의 원인을 조절하고 그 영향을 개선하는 데 있어서도 중심적인 기능을 수행할 수 있다.

2

디자인 매체로서의 식물

여러 분야에서 활동하는 디자이너들은 최소한의 일반적인 원칙을 공유한다. 예를 들어 그들은 경관, 조각 및 건축물과 같은 3차원적인 것을 다루고 형태와 공간에 대해 관심을 갖고 있다. 그러나 그들이 다루는 재료의 질과 잠재력은 서로 다르기 때문에 4장부터 7장에서 다루고 있는 디자인의 시각적·공간적 원칙을 고려하기 전에 우리는 디자인 매체로서 식물이 지닌 고유한 특성을 먼저 알아야 한다.

살아 있는 소재로서의 식물

식물은 성장하면서 변화하고 유기체로서 서로 상호작용한다. 식물 군집은 자연스럽게 발생한 것이거나 조성된 것이거나 모두 변화의 흐름 속에 놓여 있다. 성숙림처럼 오랜 세월에 걸쳐 정착한 안정적인 군집조차 그것을 구성하는 요소들은 늘 변화를 거듭하고 있다. 오래된 수목이 결국 죽거나 쇠약해지면 식생의 하층에 새로운 것이 올라와서 자라게 되며 묘목은 유목으로 성장하면서 다음 세대를 시작한다. 만약 사람의 개입이나 관리가 이루어진다면 해를 거듭하며 이와 같은 과정에 변화가 발생할 수 있고 숲의 구조는 이에 따라 적응할 것이다.

큰 규모의 산사태, 홍수, 화산 폭발이나 이상기후와 같은 환경적인 사건은 식물 군집 내에서 변화를 야기하는 주요한 요인이다. 이에 대한 두 가지 사례를 살펴보겠다. 10여 년 전 영국의 남동부 지역과 프랑스 북부—베르사유(Versailles)에 있는 정원을 포함—에서 심각한 폭풍으로 교목과 소림이 파괴된 사례가 있다. 또 1886년 뉴질랜드에서 발생한 타라웨라Tarawera 화산 폭발은 로토루아Rotorua 일대의 숲과 덤불림 및 경작지를 황폐화시켰다. 이 두 가지 사례를 통해 숲이 만들어지는 자연스러운 과정의 전체적인 흐름을 볼 수 있다. 하나의 식물이 씨앗에서부터 노쇠에 이르는 생명주기를 살펴보거나 벌채된 곳에서 숲이 발달하는 전 과정을 지켜볼 때, 우리는 식물 세계의 역동적이고 발전적인 질서를 경험하게 된다.

사진 18. 영국 셰필드(Sheffield)의 주차 빌딩. 교목 한 그루와 관목들이 10년에 걸쳐 성장한 모습. 묘포장에서 가져올 때와 크기가 비슷한 유묘가 드문드문 보인다.

사진 19. 동일한 장소(다른 각도에서 바라봄)에서 식재 3년 후 정착한 관목 밀생지와 성장 중인 교목들

사진 20. 식재 10년 후 교목과 대관목들은 수고 10m 정도의 소림 구조를 갖추게 되었다. 주차 빌딩이 부분적으로 차폐되고 소림 조성으로 즐거움을 제공하는 등 여러 효과를 낸다.

환경의 영향

유전적으로 타고난 식물의 성장과 발달 습성 외에도 식물은 지속적으로 그들이 살고 있는 환경과 상호작용한다. 온도, 빛, 바람, 습도, 활용 가능한 양분, 병해충은 서로 다른 장소에서 식물 성장에 중요한 변이를 일으킬 수 있다. 때로는 디자인과 관리를 통해 조절 가능한 요인들도 있지만 그렇지 않은 것들도 있다. 다음 내용은 디자인에서 가장 중요한 환경의 영향을 간략하게 요약한 것이다.

매일, 매년 바뀌는 날씨는 식물의 성장률, 형태, 잎의 밀도, 개화와 결실에 영향을 미친다. 지표면의 고도, 대상지의 지형과 주변 여건은 지역의 기후를 바꿀 수 있고 대상지의 미기후에 변동을 초래할 수 있다. 미기후를 이해하는 것은 성공적인 식재를 위해 중요한데, 이 내용은 8장 중 식물 집합체에 미치는 환경 요인들에서 자세히 다룰 것이다. 양호한 미기후는 식물의 성장 기간을 늘리고 보다 왕성한 생육을 촉진하는 데 기여하지만, 직사광선 및 바람에

사진 21. 영국의 셰필드(Sheffield) 식물원. 낮은 일조량은 뜻밖의 효과를 보여줄 수 있는데 이러한 곳은 인상적인 색상미를 지니고 있다.

심하게 노출되었거나 생육 환경이 불량한 곳에서는 정상적인 성장을 하지 못한 결과 수형이 왜소해지거나 잎의 크기가 작아질 수 있다. 하루 중 또는 한 계절 중 달라지는 일조량과 습도 그리고 기타 대기조건은 식물 외관의 크고 작은 변화를 초래할 수 있다. 지역의 토양 교란 또한 성장 속도, 생물량, 잎과 꽃의 색, 최종 수고, 내병성, 생리적 장애, 기후 피해 등과 같은 성장 특성에 영향을 미칠 수 있다.

식물의 성장은 주변 식물에 의해서도 영향을 받는다. 주변 식물들은 그늘과 습도를 높이고 극한적인 온도 변화를 감소시켜서 미기후를 개선한다. 주변 식생은 단기적인 관점에서 볼 때 종간 경쟁에 따라 이용 가능한 수분과 양분을 감소시켜 토양 조건에 좋지 않은 영향을 미치는 경향이 있지만, 장기적인 관점에서 본다면 토양의 수분 보유력과 양분 함량을 증가시키기 때문에 단점을 충분히 상쇄하고도 남는 효과가 있다.

식생의 특정 유형, 예를 들어 대부분의 침엽수림과 황야지대의 초지에서는 낙엽층을 구성하는 화학적 성분에 따른 토양 반응으로 인하여 토양이 산성화된다. 이는 유기물질의 완전한 분해를 억제하여 이용 가능한 양분의 감소를 초래할 수 있다. 반면에, 자작나무 및 마가목과 같이 황야지대에서 자라는 낙엽수들은 낙엽층에 축적된 양분을 지표면으로 되돌려서 황야 지역의 토양을 개선한다.

병해충 또한 식물의 성장과 발달에 영향을 미친다. 그리고 농촌 지역의 소, 양, 사슴, 토끼 또는 주머니쥐 같은 동물은 선택적으로 풀을 뜯기 때문에 이들이 즐겨먹는 초본식물의 성장은 억제되지만, 이들이 먹기를 꺼려하는 식물 종은 널리 확산된다. 이와 같은 영향은 식물 개체의 형태와 식물 군집의 구성 요소를 결정하는 데 한 몫 한다. 마지막으로 인간의 활동은 식물의 성장과 발달에 심대한 영향을 미치는 요인이지만 사람들은 그에 따른 결과를 종종 예측하기 어려울 수도 있다. 인구가 밀집된 지역에서 발생하는 오염, 반달리즘vandalism, 쓰레기 무단 투기는 식물에게 매우 심각한 해를 끼친다. 예를 들어 사람들의 잦은 발걸음, 자전거, 오토바이 등으로 토양이 견밀화되고 침식이 발생하면 저층의 식생이 파괴되거나 새로운 발달이 억제될 수 있고 관목과 교목의 갱신 또한 어려울 수 있다. 이와 같은 인간의 교란 행위에 덧붙여서, 우리는 유행이나 취향을 마치 서식처 요인처럼 여기기도 한다.(길버트Gilbert, 1989) 이는 식재의 구성과 관리에 영향을 미쳤는데, 당시에 유행하는 방식만을 선호하면서 '단정하지 못하고', '흥미롭지 못하고', '시대에 뒤떨어진' 것으로 간주된 식물들이 생존할 수 있는 기회를 축소시켰다. 1960년대에서 1970년대에 왜성 침엽수가 영국 교외의 정원으로 퍼져나갔으며, 뉴질랜드의 정원에는 자생종 관목을 혼합 식재한 '생태적 지위'가 나타난 것을 예로 들 수 있다. 그밖에 1980년대에 등장한 많은 정원들이 있다.

식물의 성장과 발달 주기

성장 리듬의 기간은 꽃이 피고 지는 일간 주기에서부터 계절에 따른 연간 주기에 이르기까지 매우 다양하다. 개쑥갓groundsel, 냉이shepherd's purse와 같은 단명 식물은 6주 정도의 짧은 시기만 살아갈 수 있다. 하지만 뉴질랜드의 카우리소나무kauri, *Agathis australis*, 유럽의 서양주목yews, *Taxus baccata*, 로키잣나무bristle cone pine, *Pinus aristata*는 1,000년 정도의 긴 시간을 살아갈 수 있다.

디자이너로서 우리는 식물의 성장주기에 따라 서로 다른 단계별로 나타나는 식물의 독특한 특성을 알아야 한다. 유년기, 성숙기, 노쇠기에 따라 식물은 매우 다른 성장 습성과 형태를 보이기 때문에 각각의 단계마다 식물이 담당하는 디자인 기능은 매우 다르다. 뉴질랜드의 호뢰카horoeka 또는 랜스우드lancewood, *Pseudopanax crassifolius*는 성장 단계마다 서로 다른 특성을 보여주는 전형적인 식물이다. 호뢰카가 보여준 유년기와 성년기 모습은 너무나도 달랐기 때문에 이 식물을 처음으로 분류했던 식물학자들—다니앨 솔랜더(Daniel Solander) 박사와 조셉 후커(Joseph Hooker) 경—은 심지어 이 식물을 서로 다른 속으로 분류하기도 했다.(커크Kirk, 1989) 성장 단계에 따라 식물의 모습 그리고 디자인 역할뿐만 아니라 성장 요건 또한 달라질 수 있다. 한 예로, 뉴질랜드 숲에서 우점 교목을 이루는 포도카르프스podocarps는 정착 단계까지 적절한 보호와 습도 및 그늘이 필요하지만 성목이 되면 상당히 가혹한 환경에 노출되더라도 견딜 수 있다. 많은 수의 덩굴식물은 개화기 단계에 접어들면 뚜렷하게 구분되는 성장 습성을 보여준다. 이러한 습성은 타고 오르는 나무 또는 지지체를 통해 높이 성장한 후 햇빛을 충분히 받게 될 때 촉진된다. 성년기에 이르

그림 2-1. 성숙목의 형태

울폐된 소림에서 자란

개방된 공원에서 자란

바람에 노출된 언덕에서 자란

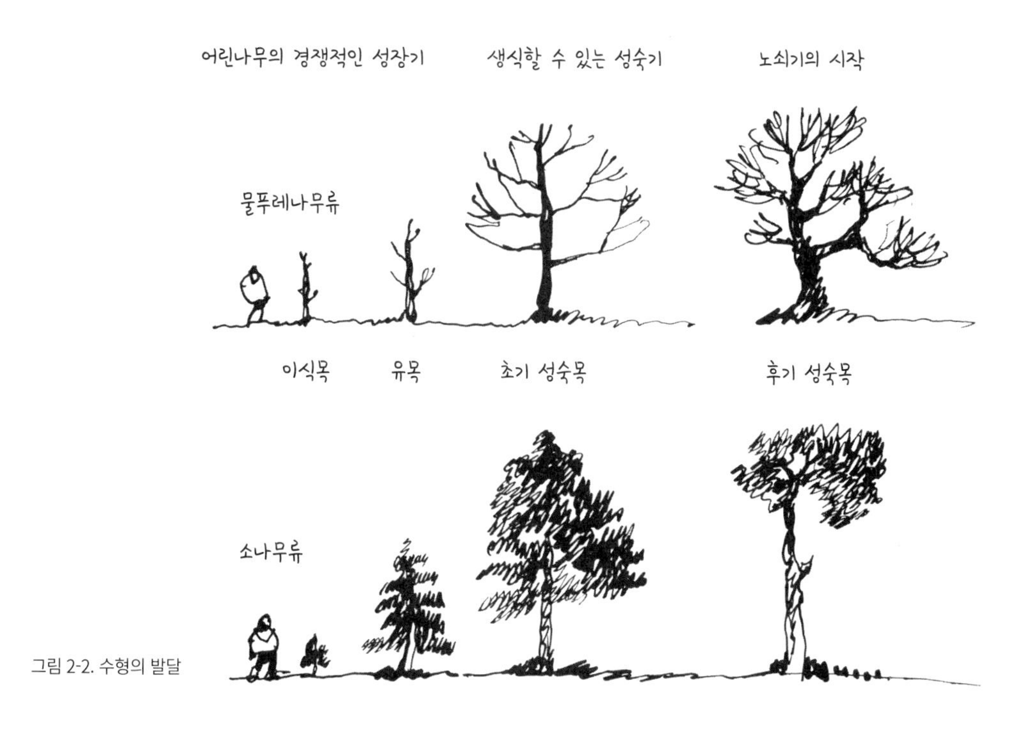

그림 2-2. 수형의 발달

러 꽃을 피우는 성장 형태는 호리호리한 채 휘감거나 매달려 있기 보다는 옆으로 퍼지면서 우거지는 모습이다. 놀랍게도 덩굴식물이 꽃을 피울 수 있는 성장 단계에 도달했을 때 줄기를 절단했을 경우 이들은 우거지는 습성을 유지하고 있기 때문에 덩굴식물보다는 관목으로 활용할 수 있다.

사진 22. 뒤에 위치한 랜스우드(*Pseudopanax crassifolius*)의 성년기 형태는 앞에 위치한 유년기의 넓은 잎과 여러 갈래로 가지가 갈라지는 형태와 달리 키가 큰 첨탑형으로 자란다.

창의적 관리

식재 디자인의 또 다른 독특한 측면은 경관의 관리가 매우 중요한 역할을 차지한다는 데 있다. 식재 후 발달하는 식생은 디자인 목적이 충분히 실현될 때까지 수년간 주의 깊은 보호와 창의적인 관리가 필요하다. 놀랍게도 이와 같은 조치는 분명히 인위적인 군락뿐 아니라 자연의 식물 군집에도 흔히 적용된다.

식물의 정착을 위해 사후 관리가 실행되는 이 기간은 본래의 목적에 맞는 형태를 갖추는 데까지 걸리는 시간이다.

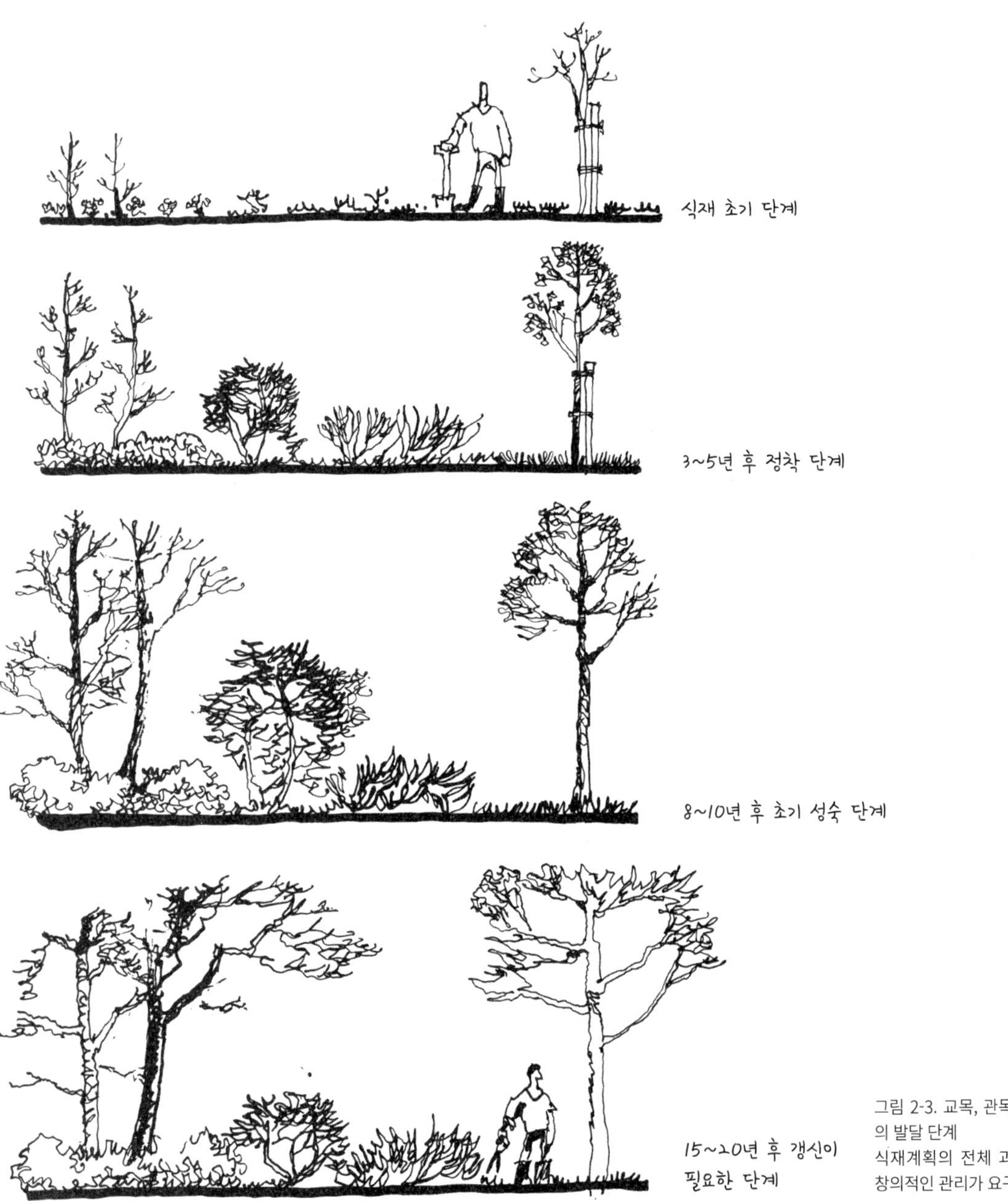

그림 2-3. 교목, 관목, 지피식재의 발달 단계
식재계획의 전체 과정에 걸쳐 창의적인 관리가 요구됨

특히 이 기간은 잘못된 관리로 인해 큰 어려움에 처할 수 있기 때문에 식재 디자인 과정 중 매우 취약한 시기라고 할 수 있다. 또한 이 기간은 디자이너의 의도가 현장 속에서 제대로 구현되었는지 그 결과가 분명해지는 시험 기간이기도 하다. 그러나 긍정적인 측면에서 본다면 창의적인 경관 관리를 통해 오히려 설계 도면에서 기대했던 것보다 더 좋은 결과를 얻을 수 있는 기회가 마련되기도 한다. 왜냐하면 창의적인 관리를 통해 발달하는 식물 군집에 직간접적으로 대응하고 군락을 보다 풍부하게 만들어주면서 자연 발생적으로 정착한 식물들 또는 특별히 잘 자라는 한 식물과 같이 예기치 못했던 상황들을 최대한 활용할 수 있기 때문이다. 이와 같은 우연한 발견은 식재 디자인 과정을 통해 느낄 수 있는 즐거움 중의 하나다.

식재 초기 단계

촘촘한 간격으로 식재했을 경우 3-5년 후 수관이 지면을 덮는 단계

교목과 관목의 수고가 서로 구분되는 단계

20~30년 후 초기 성숙 단계, 재 식재를 위한 숲 틈이 마련될 수 있음

그림 2-4. 소림 식재의 발달 단계

이처럼 식재 디자인에는 여러 가지 방면에서 예측하기 어려운 요소가 많이 존재한다. 그 범위는 기후 변동에 영향을 받는 소재의 고유한 특성을 살피는 것에서부터 디자이너가 관리 담당자와 디자인의 세밀한 부분에 대하여 지속적으로 의사소통을 해야 하는 고충에 이르기까지 다양하다.

식물 재료를 이용하여 경관을 향상시키는 것은 집을 짓는 것 또는 벽돌과 모르타르로 건축물을 만드는 것과 다르다. 식물은 몇 년 후의 모습을 결코 장담할 수 없기 때문에 도면과 모델만으로 결정적이고 정확한 미래상을 제시할 수 없다. 식재 디자인에는 항상 예측 불가능한 요소가 자리 잡고 있다. 따라서 처음에는 학생과 디자이너들이 어려움을 겪을 수 있겠지만 만약 그들이 원예와 관련된 경험과 이해를 증대시킨다면 처음의 디자인이 향후 가져올 결과에 대하여 보다 많은 자신감을 얻게 될 것이다.

식물에 대한 경관 디자이너의 관점

경관 디자이너가 식물을 이해하는 독특한 관점은 무엇인가? 그들이 식물에 접근하는 방법은 정원사, 생태학자, 식물학자, 식물에 관심 있는 그 밖의 사람들과 어떻게 다른가?

먼저 경관 디자인은 폭넓은 접근 방법을 취한다. 경관 디자이너로서 우리가 하는 일이 정확히 무엇인지 스스로에게 물어보면 그 답을 쉽게 구하기 어려울 수도 있다. 그러나 전체적인 개관을 해보고 여러 분야를 통합하는 능력을 키우는 것은 우리에게 힘을 주는 일이기 때문에 숨을 고른 채 이 부분에 대한 이해를 높일 필요가 있다. 디자이너로서 우리는 식물학의 본질을 이해해야 하며, 생태학의 기본에 친숙해야 하고, 원예학, 농학 및 임학으로부터 적절한 기술을 활용해야 한다. 이 중 무엇보다도 우리는 형태, 질감에 대한 조각가의 안목과, 화가의 표현 기술, 때로는 화훼 장식가의 특별한 감각을 지녀야 한다.

그러나 폭넓은 분야 중에서도 경관 디자이너가 주목해야 할 보다 특별한 디자인 기술이 있다. 아마도 각각의 전문분야에서는 크게 그 중요성이 인식되고 있지 않겠지만 이 모든 것들 중 가장 기본이 되는 것은 외부 공간을 디자인하는 능력이다. 공간 구성은 우리가 경관 또는 정원을 경험할 수 있도록 해주는 핵심 요소이다. 공간의 본질과 공간을 통과할 때 발생하는 변화는 우리가 경관에 심취하거나, 몰입하거나, 더 가까이 다가서는 행동을 통해서 체험하는 경관의 특성을 결정한다.

이와 같은 사실에도 불구하고 식물이 구조물, 지형, 건축물과 같은 형태를 마감하는 부수적인 용도로 쓰이는 경우를 흔히 보게 되며 이와 같은 현상은 특히 모더니즘 시기에 두드러졌다. 정원 디자인에서 있어서도 식물은 전체 디자인과 융합되지 못한 채 어느 정도 동떨어진 별개의 요소로 취급되었다. 이 책에서 다루는 핵심 개념들 중 하나는 식물이야말로 공간 디자인에 있어서 가장 먼저 고려되어야 할 중요한 요소라는 점이다.

공간 요소로서의 식물

디자이너에게 식물은 조합을 통해 경관 속에서 살아 있는 구조를 형성하는 녹색 건축 블록이다. 이와 같은 기능을 수행하는 식재를 흔히 구조 식재 또는 기본 틀 식재라고 부른다. 디자인은 물리적인 형태뿐만 아니라 형태를 통해 만들어지는 '비어 있는' 공간에도 관심을 갖는다. 예를 들어 구체적인 형태를 갖춘 건축물, 의자 또는 조각품의 가장자리와 표면은 주변 공간의 크기를 제한하거나 형태 및 특성을 설정할 수 있는데, 이러한 공간은 기능성과 심미적인

소림 – 형태

소림 – 공간

그림 2-5. 수목과 소림: 형태와 공간

사진 23. 뉴질랜드 오클랜드(Auckland)의 앨버트 파크(Albert Park). 포후투카와(pohutukawa) 나무의 수관 내에서 형태와 공간은 서로 연결되어 있으며. 사진 속 조각품은 그러한 특성을 보다 분명하게 드러내준다.

목적을 지니고 있다. 물론 식물 또한 공간을 설정하고 구성한다.

여러 가지 크기를 갖는 온갖 종류의 식물과 식생은 식물의 주변, 식물들 사이, 수관 하부에서 공간을 만들어낸다. 디자이너는 경관 속에서 공간의 성격을 규정하고 공간의 질서를 설정하는 구조 또는 기본 틀을 구성하기 위하여 식물을 사용한다. 식재 형태와 공간은 다양한 규모로 존재한다. 수림대, 소림, 숲 조각은 큰 규모에 해당한다. 이들은 산업단지, 주거지역, 휴양지와 같이 다수가 이용하는 곳에서 경관의 기본 틀을 구성하고 경관미와 생태적 가치를 크게 훼손하지 않는다. 이곳을 에워싸고 있는 식물은 미기후 개선, 야생 동물 보호 및 기타 다른 환경적 편익에 기여한다.

개인 또는 보다 적은 수의 사람들이 이용하는 중간 규모에서도 식재는 경관의 구조화에 필수적인 역할을 한다. 다양한 형태의 쉼터와 사적 공간을 제공하는 놀이터, 근린공원, 개인 정원들 또한 공간 설정이 요구된다. 이는 공간에 적합한 크기와 생장형을 지닌 관목과 교목 또는 커다란 초본식물의 식재를 통해 가능하다. 때로는 한 그루의 교목만으로도 공간을 설정하고 장소에 정체성을 부여할 수 있다. 옆으로 퍼지는 수관의 상부는 공간에 틀을 부여하고 그 밑에서는 상부의 영향을 받는 특별한 공간이 형성된다.

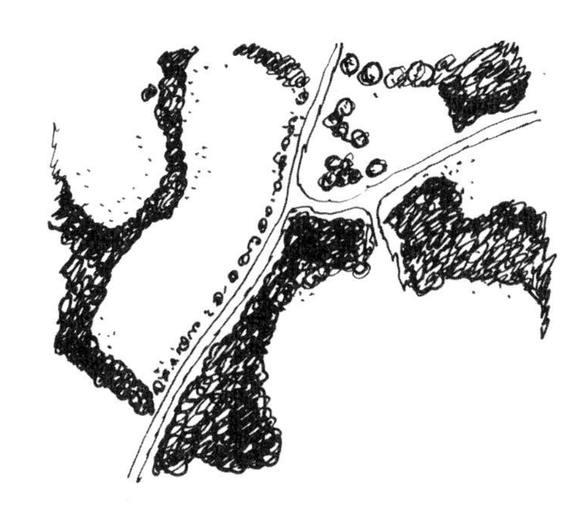

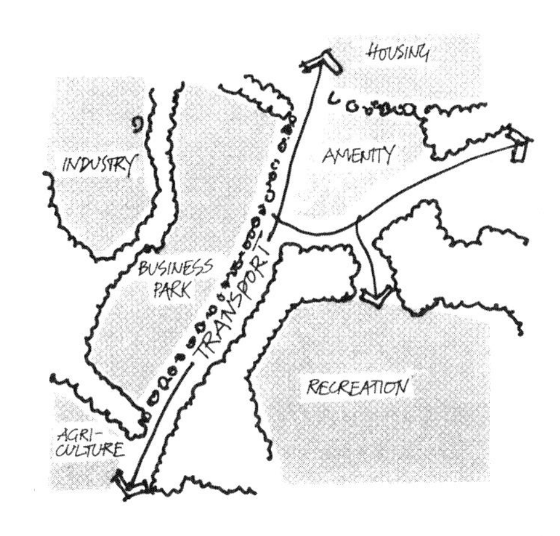

그림 2-6A. 대규모 구조 식재: 소림 띠녹지는 다양한 토지이용을 위한 기본 틀을 형성한다.

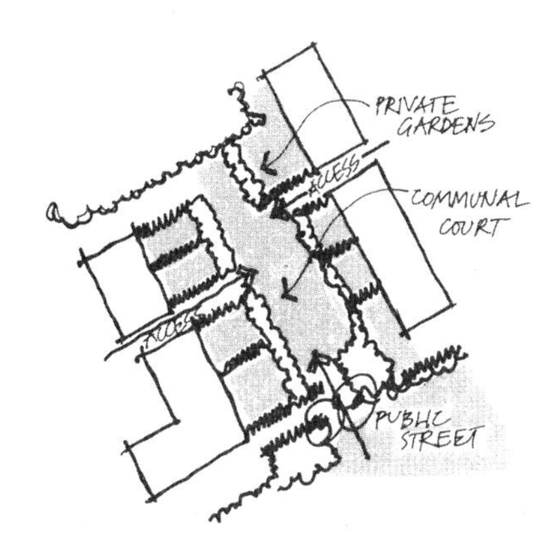

그림 2-6B. 교목, 관목, 생울타리를 활용한 소규모 구조 식재: 여러 사람들이 다양한 목적으로 이용할 수 있는 공간을 만들어낸다.

헨리 아놀드Henry F. Arnold는 '도시 디자인에서의 수목*Trees in Urban Design*(1980)'에서 도시 환경과 관련된 수목의 공간적 이용에 대하여 다음과 같이 요약하였다.

> *수목은 도시에서 공간의 경계를 만들기 위하여 이용되는 살아 있는 건축 재료다. 이들 수목은 옥외 공간에서 벽과 천장을 만들 수 있는데, 대부분의 건축 자재보다 더욱 미묘한 특성을 갖고 있다. 수목은 또한 공간적 리듬을 만들어 내어 야외 공간으로 이동하는 경험과 쾌감을 고조시킨다. 이와 같이 섬세하고 유연한 공간을 만들어 내는 것에 덧붙여서, 수목은 건축물의 기하학, 리듬, 규모를 경관으로 연결하여 그 범위를 확장시키는 데 사용된다. 이것이 바로 건축에서 중요한 가치를 갖는 장식적 효과를 뛰어 넘는 수목의 고유한 기능이다.*
> *(아놀드Arnold, 1980)*

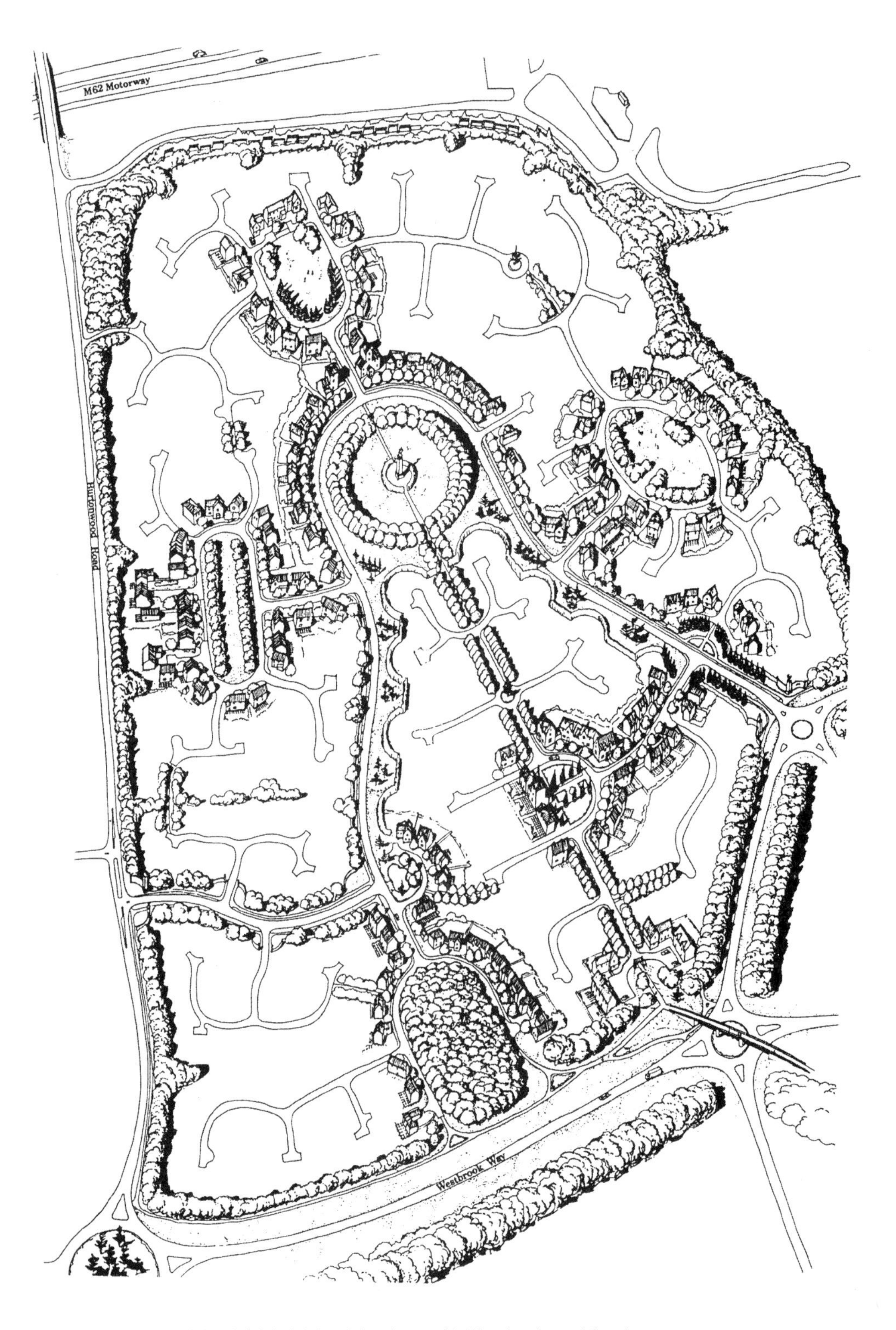

그림 2-7. 교목이 새로 식재된 주거단지가 어떻게 녹색의 공간 구조를 형성하는지 보여주는 입체 투영도

사진 24. 영국 글로스터셔(Gloucestershire)의 히드코트 가든(Hidcote Manor). 한 그루 유럽너도밤나무(beech, *Fagus sylvatica*) 수관 하부 공간에는 윤곽선이 나타나는데, 이는 원형의 생울타리와 지표면 높이의 변화 때문이다.

사진 25. 뉴질랜드 오클랜드(Auckland)에 있는 이 정원에서 관목들과 몇 그루 교목이 데크가 있는 공간의 경계를 설정하고 반그늘을 드리운다.

사진 26. 자연스럽게 성장한 교목과 관목 수림대는 영국 요크셔(Yorkshire)의 스터들리 왕립 공원 (Studley Royal)에 있는 달 연못(Moon Pond)을 에워싸면서 비정형의 식생 벽을 만들어냈다.

사진 27. 주기적으로 전정한 사이프러스류(cypress, *Cupressus* sp.)를 통해 창이 있는 벽이 형성되었고 스페인 말라가(Malaga)에 있는 소규모 도시공원의 안팎에서 이를 조망할 수 있다.

사진 28. 영국 셰필드(Sheffield)의 레크리에이션 센터 앞에 자리 잡은 좁고 긴 띠 형태의 지피식물은 융단과 같은 패턴을 만들었다.

사진 29. 뉴질랜드의 로토루아(Rotorua). 화단으로 구성된 다채로운 색상의 융단 식재는 저층 생울타리 조성기법이 적용되었고, 섬세한 기하학적 패턴을 유지하고 있다.

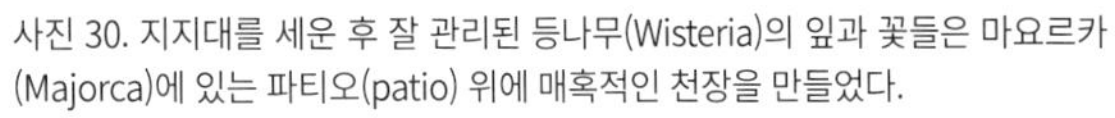

사진 30. 지지대를 세운 후 잘 관리된 등나무(Wisteria)의 잎과 꽃들은 마요르카(Majorca)에 있는 파티오(patio) 위에 매혹적인 천장을 만들었다.

사진 31. 영국 리즈대학교(Leeds University)의 주차장 위로 자연스럽게 수관을 펼치고 있는 은단풍(Silver maples, *Acer saccharinum*)은 해가림과 차폐의 역할을 한다.

식생은 보다 복잡하고 유동적인 공간 형태를 만들어 낸다. 이와 같은 특성을 우리는 이른바 '비정형 식재'를 통해서 발견할 수 있다. 실제로 이와 같은 식재는 형태가 없는 것이 아니라 유기적, 곡선적, 우연적, 자연 발생적인 형태를 따르고 있고 흔히 자연스러운 분포 양상을 모방한다. 이에 해당하는 예로서 자연림, 관목림, 자연스럽게 재조성한 식재지가 있는데 이곳에서는 교목과 관목이 개방지와 초지 그리고 습지의 식물들과 함께 어우러져 있다. 이러한 형태의 공간 구성이 갖는 미묘함과 섬세함은 우리에게 친숙한 느낌으로 다가오는 경향이 있다. 미국의 조경가인 옌스 옌슨Jens Jensen의 작품은 이러한 비정형적 공간에 깃든 고도의 정교함을 잘 보여준다. 그는 자연 숲과 개방적인 초지가 서로 접촉하는 시적인 관계를 잘 표현하였다. 프랭크 로이드 라이트Frank Lloyd Wright는 옌슨을 '타고난 자연 시인'이라고 칭하였다.

그림 2-8. 식재를 통해 바닥, 벽 그리고 천장이 구성되면 이들은 외부 공간에 마련된 방처럼 친근하게 다가온다.

사진 32. 영국 버밍엄(Birmingham)의 공공공간에서 접근성이 좋은 보도를 제공하기 위해 잔디가 사용되었다. 경사로는 광장의 중심을 향하기 때문에 주의를 집중시키는 데 도움이 된다.

사진 33. 영국의 버킹엄셔(Buckinghamshire). 자연의 출입구와 창문은 시선과 동선을 차단하는 식생 사이의 틈에 의해 형성된다.

사진 34. 사이프러스류(*Cupressus* sp.)와 같은 식물은 매력적인 비율을 갖춘 녹색 출입문 형태로 조성될 수 있다.

사진 35. 독일의 쾰른(Cologne). 일렬로 식재된 소교목들은 이 곳 주택 단지의 안뜰에서 녹색 주랑을 형성한다.

사진 37. 영국의 밀턴 케인스(Milton Keynes). 규칙적인 가로수 식재는 주변 건물의 리듬과 서로 호응을 이룬다.

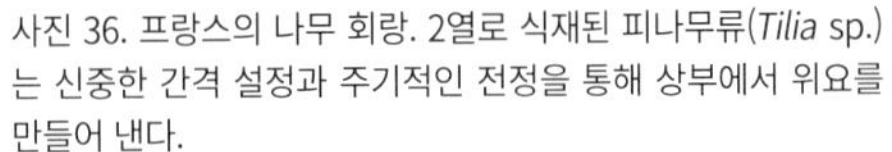

사진 36. 프랑스의 나무 회랑. 2열로 식재된 피나무류(*Tilia* sp.)는 신중한 간격 설정과 주기적인 전정을 통해 상부에서 위요를 만들어 낸다.

사진 38. 바르셀로나(Barcelona)의 구엘 공원(Parc Guel)에 있는 안토니 가우디(Antoni Gaudí)의 작품은 교목과 건축물이 지닌 구조적 특성과 장식적 요소를 동시에 구현하고 있다.

조금 더 세밀하게 들여다본다면 가장자리, 소림, 초지에 등장하는 숙근초 식재 또한 강한 공간적 특성을 지니고 있음을 발견하게 된다. 우리는 꽃이 지닌 색상과 질감의 조합에 집중하는 경향이 있기 때문에 이러한 특성을 간과하기 쉽다. 그러나 나무에 비해 비교적 크기가 작은 숙근초들 또한 공간을 설정할 수 있고 그 공간들 사이에는 복잡한 관계가 존재한다.

공간을 만드는 것은 흔히 식물의 '건축적인' 기능이라고 표현된다.(부쓰Booth, 1983; 로비네트Robinette, 1972) 식물을 통해 '외부 공간의 방'을 만들 수 있고 광장과 가로에서는 나무로 늘어서 있는 선을 표현할 수도 있다. 이는 식물을 주

사진 39. 스코틀랜드의 포마킨(Formakin)에서 무성하게 자란 유럽너도밤나무(*Fagus sylvatica*)의 줄기는 커튼과 같은 역할을 한다.

사진 40. 네덜란드의 한 공원에서 수변을 따라 자연스럽게 식재된 버드나무(willows)는 조각품처럼 다가오면서 공간에 흐르는 듯한 느낌을 선사한다.

어진 환경에서 구조적인, 즉 공간을 형성하는 요소로 인식하는 데 도움을 준다. 그러나 이러한 비유는 어느 정도 딱 들어맞지 않는 점도 있다. 왜냐하면 식물이 만들어내는 형태와 규모 그리고 공간 특성의 범위는 건축적인 요소만으로 이룰 수 있는 것보다 훨씬 더 크고 넓기 때문이다. 하지만 식물의 살아 있는 형태가 만들어 내는 유기적 공간이 지닌 잠재력은 디자인에서 충분히 고려되지 않는다. 우리는 이 잠재력을 4장과 5장에서 보다 상세히 살펴볼 것이다.

식물의 관상적 가치

관상적 가치 또는 장식은 공간 설정처럼 건축적인 기능을 한다. 건축가처럼 경관 디자이너는 기본적인 구조의 공간적 측면뿐만 아니라 심미적인 특성에도 주의를 기울인다. 즉 식재를 기본적인 공간 구조에 대한 장식적인 요소로 적용할 수 있고, 공간 구성요소들이 지니고 있는 본래의 시각적 특성과 다양한 심미적 특성들을 적극적으로 활용할 수도 있다. 관상적 가치가 주된 목적이든 그렇지 않든 관계없이 모든 식재는 섬세한 심미성—잎, 잔가지, 수피, 꽃, 열매 등과 같은 형태미, 꽃과 잎의 향기, 수피와 잎의 독특한 질감, 비가 내리거나 바람이 불 때 가지와 잎이 흔들리며 발생하는 소리 등—을 풍부하게 제공한다.

특별한 심미적 가치를 지닌 교목과 관목은 흔히 기본적인 구조 식재를 보완하기 위하여 식재된다. 이는 건물의 정면을 아름답게 꾸미거나 내부를 장식하는 것과 유사하기 때문에 특별히 이를 관상용 식재라고 생각할 수 있다. 이와 다른 접근법으로서 구조 식재 자체가 지니고 있는 고유한 미적 가치를 이끌어낼 수도 있다. 이 때, 단지 다양성 또는 관상적 가치만을 위하여 새로운 식물 종을 추가로 도입하지는 않는다. 두 번째 접근법으로서 모더니즘의 전통을 따라 경관을 보다 단순하게 구성할 수도 있다. 그러나 실제로 대부분의 디자인에서는 구조 식재가 지니고 있는 장식적인 특성과 함께 공간을 구성하는 기본 틀에 옷을 입혀주는 특별한 관상용 식재를 동시에 이용한다.

장식성을 고려한 식재에서 흔히 대두되는 두 가지 문제점이 있다. 하나는 그 수가 매우 제한된 안전한 식물 종에만 지나치게 의존한다는 점이다. 이는 지극히 단조로운 경관을 낳는다. 그 결과 경관 디자이너는 대중들로부터 좋지 않은 평판을 듣게 된다. 또 하나는 다양성(일종의 심미적 욕심)에 지나치게 사로잡힌 결과 디자인 목적의 명료성을 놓치고 만다는 점이다. 첫 번째 잘못은 대체로 식물에 대한 충분한 지식의 부족 또는 유지·관리의 어려움에 따른 결과다. 두 번째 잘못은 좋은 디자인을 만드는 것은 무엇인가에 대한 깊은 이해 없이 순수한 열정만으로 접근하는 데서 비롯된다. 성공적이고 지속가능한 식재 디자인을 달성하기 위해 우리에겐 지식과 신중함이 동시에 필요하다. 첫째, 디자인 매체인 식물의 특성을 알아야 되며 둘째, 분명한 목적과 기술을 가지고 이를 사용해야 한다.

사진 41. 뉴질랜드의 오클랜드(Auckland). 안뜰에 조성된 풍성한 식재는 주로 관상적 역할을 하며, 건물과 시설물 및 포장과 같은 구조물에 의해 설정된 공간을 꾸미고 있다. 나무고사리(*Dicksonia squarrosa*), 코르딜리네 아우스트랄리스(ti couka, *Cordyline australis*), 야자수는 공간을 조절하고 초점들을 제공한다.

식물 선정

이용 가능한 식물 종과 품종들은 서로 크기, 습성, 꽃, 잎, 성장률, 토양 및 기후 조건 등이 매우 다양하기 때문에 적합한 식물을 선정하는 것은 무척 어려워 보일 수 있다. 따라서 식물 선정을 위한 시스템 또는 방법을 정립하는 것은 중요하다.

가장 신뢰할 수 있는 방법은 식물이 지닌 디자인 특성에 근거하여 식물 그룹을 구성하고 그것들 사이의 차이를 찾는 것이다. 이것은 식별에 사용되는 2진법 체계와 다소 비슷하지만, 각각을 구분하는 개별 특성은 식물학이 아닌 디자인에 관련되는 것들이다. 디자인 특성은 아래와 같이 세 가지 주제로 나뉜다.

1. 생태적 기능을 포함하는 여러 기능과 공간적 특성
2. 시각과 그 밖의 다른 심미적 특성
3. 성장 요건, 생장형과 식물 집합체 내에서의 기능

식물이 지닌 기능적이고 구조적인 특성은 한 식물이 경관 내에서 어떤 역할을 수행하도록 한다. 예를 들어 형태와 잎의 밀도는 안식처, 차폐 또는 그늘의 양에 영향을 미친다. 뿌리 습성은 표토를 결속하여 침식으로부터 토양을 보호하는 능력을 결정한다. 꽃의 꿀은 새와 곤충에 영향을 미친다. 이러한 종류의 식재 특성은 기능적이며 생태적인 경관을 만들어내면서, 인간 활동을 위해 적합한 환경으로 바꾸어 준다.

심미적 즐거움을 높이기 위하여 디자인된 식재에서 핵심 요소는 식물의 시각적 특성이다. 이러한 특성의 가치를 살리기 위한 작업을 할 때 디자이너는 대상지의 본래 모습과 해당 장소가 사람들의 눈에 얼마나 잘 띠는 곳인가에 따라서 서로 다른 주의를 기울인다. 정원이나 안뜰에 식재할 때 우리는 세부적인 구성과 표현을 위해 많은 시간을 들이고 노력을 쏟게 된다. 반면, 재개발 부지의 경우에는 식물의 심미적, 장식적 가치에 대한 고려는 상대적으로 줄어들면서 잘 자랄 수 있는 성장률이 가장 큰 관심사가 될 것이다.

생장형과 성장 요건은 어느 한 종이 서식처에서 살아남을 수 있는지 또는 생태적 지위를 성공적으로 형성할 수 있는지의 여부를 결정한다. 이는 자연 발생적인 식생 군집뿐만 아니라 도시의 가로수 혹은 옥상정원처럼 인위적으로 조성되고 관리되는 식재에도 적용된다. 식물 종 선택을 고려할 때 혐오성 또는 오염 물질이 있는 대상지에서는 잎과 꽃의 시각적인 가치보다는 식물의 정착 가능성을 우위에 두는 기술적인 요구가 더욱 중요하다. 디자이너가 생기 넘치고 지속가능한 식재를 원한다면 식물의 생장형과 생육 조건을 반드시 알아야 한다. 불행하게도 대규모의 경관 단위에서 식물을 이용하려 할 경우 이와 관련된 정보를 즉시 확인할 수 있는 문헌은 찾아보기 어렵다. 반면에 정원 식재의 경우에는 방대한 양을 이용할 수 있다. 경관 프로젝트에서 식물은 흔히 정원에서보다 더 많은 환경 스트레스를 받기 때문에 경관 디자이너 스스로 식물 종마다 선호하는 성장 환경과 스트레스에 대한 내성을 파악하는 일은 매우 가치 있는 것이다.

요약하면 체계적인 식물 선정 방법은 먼저 식재의 기능과 공간의 형태를 정한 후 다음으로 시각적 특성과 기타 상세한 심미적 가치를 고려하는 것이다. 이러한 디자인 기준이 결정되면, 요구되는 기능을 충족시키면서도 부지 조건에 적합한 식물 종과 품종을 선정할 수 있다. 우리는 기본 원리와 절차를 다루는 3장에서부터 9장까지 이와 같은 순서를 채택할 것이다.

디자인 시 고려되는 기능성과 심미성

경관 식재는 기능적 효과와 심미적 효과를 모두 지니고 있다. 이용과 유지·관리가 쉬운 경관의 필요성이 아무리 크다 할지라도 디자이너는 심미적 효과 또한 충분히 고려해야 한다. 이 두 가지 측면 사이의 균형은 부지 이용 목적과 사용자의 요구가 반영되는 프로젝트별로 다르다. 모든 프로젝트마다 이 두 가지 양상은 정도의 차이가 있겠지만 언제나 동시에 나타난다. 우리는 또한 기능적 효율성과 인간의 감성이 결코 무관하지 않음을 염두에 두어야 한다. 빅터 파파넥Victor Papanek은 산업 디자인을 다룬 자신의 고전적 저서인 '인간을 위한 디자인*Design for the Real World*(2차 개정판, 2005)'에서 디자이너의 작품이 지닌 기능을 폭넓게 정의하였고, 쓰임새와 심미적 가치를 아우르는 기능의 여섯 가지 양상을 분류하였다.

1. 제품 디자인과 생산 과정에서 좋은 방법을 적용: 적절한 도구와 재료를 사용하는 것으로서 이는 조경과 식재 디자인에도 적용된다.
2. 쉽고 효율적인 이용: 경관 및 정원 디자인은 환경뿐만 아니라 사회적인 배려가 요구된다. 즉 편리하게 이용할 수 있도록 하고 매력적으로 사람들에게 다가가도록 하는 것은 기본적인 사항이다.
3. 진정한 요구를 충족시키는 디자인: 인위적으로 조장한 유행이어서는 안 된다. 경관 디자이너에게 이것은 사람과 그들이 살아가는 환경 사이의 건강하고 지속가능한 관계를 풍성하게 만드는 것으로서 진정한 요구에 해당한다.
4. 디자인의 사회·경제적 목적 달성: 해당 시기 및 장소가 요구하는 사회·경제적 조건을 충분히 반영해야 한다. 이는 경관 디자인을 위한 흥미로운 고려사항이기도 한데 유행이나 스타일과 같은 것이 아니다. 이것은 한 시대를 살아가는 사람들의 진정한 관심사들에 대한 해결책을 모색하는 것이다. 예를 들어 21세기의 식재 디자인은 여러 가지 문제들 중에서도 유지·관리 비용의 경제적 한계, 탄소 격리의 중요성, 생물 다양성 위협에 대응하는 것이 필요하다.
5. 재료 및 형태와 이용자의 마음 사이에 형성된 적절한 연관성: 모든 제품은 개인적·사회적 경험과 동떨어진 산물이 될 수 없다. 식재 디자이너는 정원과 경관이 이용자들에게 부여하는 문화적·개인적 의미를 이해하고 있어야 한다.
6. 기능에 적합한 재료와 형태가 지닌 고유의 심미성: 모든 디자인과 마찬가지로 식재가 지닌 심미성은 디자인의 목적을 잘 드러내야 한다.

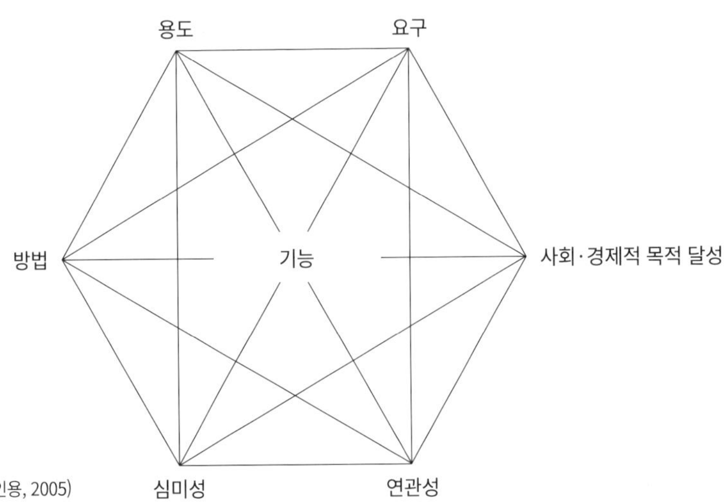

그림 2-9. 기능 복합체(파파넥으로부터 인용, 2005)

심미적 특성은 기능을 위한 디자인에서 필수적인 부분이다. 이러한 개념은 '기능이 뛰어나면 보기에도 좋다'는 말과 비슷한 것 같지만 사실은 중요한 차이를 보인다. 파파넥Papanek은 넓은 의미의 기능을 구성하는 한 요소로 심미성을 포함시켰다. 따라서 그에게 심미성은 좁은 의미의 기능에 해당하는 부수적인 특성이 아니었다. 대체로 기능과 관련된 문제를 풀기 위해 적용 가능한 해결책은 매우 다양하며 경관 디자인의 경우는 특히 그러하다. 이때 심미성은 최선의 대안을 선택하는 데 필요한 기준 중 하나가 되어야 한다. 디자이너의 작품이 지닌 심미적 특성은 이용자에게 어떤 의미를 전달한다. 그리고 우리가 이용자의 진정한 요구를 수용하면서 진솔하게 디자인한다면 그 의미는 디자이너가 추구한 바와 기능을 충실히 담게 될 것이다.

디자인된 경관은 규모가 큰 작품일 뿐만 아니라 서로 다른, 때로는 상충되기도 하는 용도의 복잡한 통합이 요구된다. 식재는 시각적인 통합, 동선 체계, 상징성, 상업성, 역사성, 그리고 야생 동물의 서식처, 토양 개량, 물질 순환, 수질 정화, 기후 개선과 같은 생태계 서비스를 포함하여 참으로 다양한 기능을 수행한다. 이러한 기능들은 식재 디자인이 추구하는 목표라고 할 수 있는데, 이들은 고객의 요구 사항들 및 부지가 지닌 물리적 문제점과 기회 요인들에 대한 디자이너의 분석 작업을 통해 도출된 결과다. 간단히 표현한다면 디자인의 기능이란 식재를 통해 우리가 얻고자 하는 것들이라고 할 수 있다.

심미적 가치와 효과는 어느 공간에서나 항상 존재해 왔고 기능을 구성하는 한 측면으로 간주될 필요가 있지만, 공원과 정원, 안뜰, 병원과 같은 일부 경관에서는 심미적 즐거움이야말로 디자인이 추구하는 가장 주된 목표가 아닐 수 없다.

디자인의 자연성과 인위성

경관 디자인의 경우 18세기 이후로 '자연식'과 '정형식'이라는 이분법이 존재해 왔다. 의뢰인, 디자이너, 대중들은 여전히 제안된 디자인이 '자연성'을 보일지 아니면 인위적 또는 기하학적 형태를 의미하는 '정형성'을 보이게 될지 관심을 기울인다. 그런데 모더니즘 조경가인 단 카일리Dan Kiley가 언급했던 '사람도 자연이다'(레이니Rainey와 트레이브Treib, 2009)라는 말처럼 철학적인 맥락에서 볼 때 이와 같은 구분은 무의미하게 된다. 사람도 자연의 일부이기 때문에 우리가 만들어내는 모든 것은 자연스러운 것으로 이해할 수 있다. 그러나 이것은 도움이 안 되는 주장이 된다. 왜냐하면 우리가 우주를 자연 현상으로 간주한다면 그 속에 존재하는 모든 것들은 자연스런 과정의 결과물이 되어 '부자연스러운'이라는 말은 성립할 수 없기 때문이다.

하나의 단어는 그것이 지향하는 목적이 있고 '자연스러운'이라는 개념은 사람들에게 중요하게 인식되고 있다. 광고에서 자주 쓰이는 이 말은 그 증거이다. 따라서 우리가 어떤 것을 '자연스럽다'와 '부자연스럽다'로 묘사하는 것은 분명 어떤 기준에 따라 중요한 구분을 하고 있음을 뜻한다. 경관 디자이너에게 가장 중요한 구분은 사람이 의도적으로 조성한 경관—농경지나 주택 정원과 같은—과 사람의 개입 없이 자연 발생적으로 형성된 경관—화산 폭발과 지진은 자연 현상이고 근처의 모수로부터 바람에 날려 온 물푸레나무의 씨앗이 정원이나 공원으로 날아 와 자라는 것도 그러하다—으로 나누는 것이다. 인간의 영향 또는 개입이 없는 경관과 식생을 가리키는 적절한 용어는 '자연스러운' 또는 '자생적인'이고, 사람이 조성하고 관리하는 것들에 대해서는 '관리된' 또는 '디자인된'이라고 부르는 것이 혼동을 줄여준다.

물론 점점 더 문명화되고 있는 세상에서 잠시라도 인간의 영향을 받지 않은 경관을 찾아보기란 쉽지 않고 대부분의 경관은 자연의 과정과 인간의 영향이 한 데 섞여 있는 곳이다. 이와 같이 인간의 영향을 받은 경관을 가끔 준 자연적이라고 부르는데 여기에는 자연의 과정과 인간의 영향이 적절한 비율로 혼합되어 있다는 뜻이 담겨있다. 사람이 관리하는 소림 또는 숲 그리고 목초지는 준 자연성의 좋은 사례이다. 위 식생 유형은 사람이 경제적 산물—목재, 양모, 우유와 같은—을 얻기 위하여 조성하고 관리하는 것이지만 여기에도 자연의 성장 과정, 자연 발생적인 식물의 정착, 생태계 발달이 존재한다. 따라서 이들은 단순히 경제적인 측면에서 뿐만 아니라 생태계 서비스를 수행하는 점에 있어서도 생산적이기 때문에 우리에게 다중적인 가치로 다가온다. 만약 우리가 생물 서식처가 제공하는 다른 가치들을 희생시키면서 경제적 이익만을 최대화하기 위해 애쓴다면, 우리는 중요한 무엇인가를 잃게 될 것이다. 자연적 특성과 생태적 가치가 보호받을 때 사람들은 자연 과정과 그 결과물에 가치를 부여할 수 있다.

인위적인 것이든, 자연적인 것이든 과정에 중점을 두고 생각해보면 지구상에 존재하는 형태는 인간의 활동 또는 사건에 따른 결과라는 사실을 보다 잘 이해할 수 있게 된다. 중국 피저우邳州 시의 47㎞에 이르는 메타세쿼이아 *Metasequia glyptostroboides* 거리는 전 세계에서 가장 긴 가로수길이며(브로웰Browell, 2013), 이는 베르사유Versailles의 산책로처럼 오랜 기간에 걸쳐 인간의 엄청난 노력이 빚어낸 결과이다. 뉴질랜드의 테 우레웨라Te Urewera 국립공원의 성숙림은 1,800년 전 타우포Taupo에서 일어난 화산의 대폭발 이후 진행된 자연 천이과정을 통해 형성되었다.(모턴Morton, 오그던Ogden, 휴즈Hughes, 1984) 비록, 자연스러운 과정은 인간이 매우 멀리 떨어져 있는 섬나라인 뉴질랜드에 발을 들여 놓기 전에 진행되었지만, 그 후 이곳에서도 사람의 개입은 지속되어 왔다. 뉴질랜드 원주민인 마오리Maori족은 대부분의 전통적인 문화에서 보여주듯 그들이 삶을 영위했던 숲을 수동적으로 관찰만 하지 않았다. 그들은 자신들의 삶의 터전이었던 숲에서 얻는 생산물을 늘리기 위해 숲을 관리했고, 특별한 나무—예를 들면 카라카karaka 또는 코리노카르푸스 라에비가투스*Corynocarpus laevigatus*—를 심고 가꾸었다. 따라서, 자연에 기원을 둔 숲이라 할지라도 완전히 자연스러운 것은 아니며 부분적으로 디자인된 결과라고 할 수 있다.

3

식물의 공간적 특성

식물의 공간적 특성은 경관의 형태-공간 구조에 기여하는 것이라 할 수 있다. 여기에는 식물의 습성, 수관 형태, 잎의 밀도와 성장 속도가 포함되며, 이들은 다 함께 보다 큰 규모의 식재 환경의 구성을 결정한다. 제8장 식물 집합체에서는 식물 집합체를 구성하는 식물 종들 간에 형성되는 공간적 관계와 식물의 생장형이 식물 군집에 미치는 중요한 영향을 다루고 있다. 그러나 본 장에서는 지형 및 구조물과 유사한 방식으로 식재에 대한 인간의 지각을 다루고자 한다.

인간을 위한 경관에서 식물이 지닌 공간적 기능

인간을 위한 공간을 디자인할 때 인체대비 식물의 상대적 크기는 매우 중요하다. 공간의 기본 틀, 시각 조절, 이동 및 물리적 경험을 크게 결정하는 것은 높이이기 때문에 평면도 상에서 수관층의 높이로 영역을 구분하는 일은 매우 중요한 디자인의 결정 요소이다.

덴마크 조경가 프레벤 야콥슨Freben Jakobsen은 디자이너에게 가장 유용한 크기의 범주를 지표면 높이, 무릎 아래 높이, 무릎에서 허리 높이, 눈높이 이하 및 이상 높이로 구분하였다.(야콥슨Jakobsen, 1977) 이 범위에 속하는 식물의 종류는 다음 <표 3-1>과 같다.

표 3-1. 인체 차원에 견주어본 식물 유형

수관층 높이	식물 유형
지표면 높이	깎아낸 잔디와 기타 포복성 지피식물 또는 융단 및 매트형 초본식물, 이끼류
무릎 아래 높이	포복성 관목과 왜성 관목, 낮게 자라는 초본식물
무릎-허리 높이	소관목, 중간 크기로 자라는 초본식물
허리-눈 높이	중관목, 크게 자라는 초본식물
눈 위 높이	고관목과 교목, 지지대를 지닌 등반성 식물, 매우 큰 초본식물

식물의 공간적 특성은 경관의 형태-공간 구조에 기여하는 것이라 할 수 있다. 여기에는 식물의 습성, 수관 형태, 잎의 밀도와 성장 속도가 포함되며, 이들은 다 함께 보다 큰 규모의 식재 환경의 구성을 결정한다. 제8장 식물 집합체에서는 식물 집합체를 구성하는 식물 종들 간에 형성되는 공간적 관계와 식물의 생장형이 식물 군집에 미치는 중요한 영향을 다루고 있다. 그러나 본 장에서는 지형 및 구조물과 유사한 방식으로 식재에 대한 인간의 지각을 다루고자 한다.

인간을 위한 경관에서 식물이 지닌 공간적 기능

인간을 위한 공간을 디자인할 때 인체대비 식물의 상대적 크기는 매우 중요하다. 공간의 기본 틀, 시각 조절, 이동 및 물리적 경험을 크게 결정하는 것은 높이이기 때문에 평면도 상에서 수관층의 높이로 영역을 구분하는 일은 매우 중요한 디자인의 결정 요소이다.

덴마크 조경가 프레벤 야콥슨Freben Jakobsen은 디자이너에게 가장 유용한 크기의 범주를 지표면 높이, 무릎 아래 높이, 무릎에서 허리 높이, 눈높이 이하 및 이상 높이로 구분하였다.(야콥슨Jakobsen, 1977) 이 범위에 속하는 식물의 종류는 다음 <표 3-1>과 같다.

실제 상황에서 이와 같은 높이 차이는 사람에 따라 다르게 지각된다. 즉 성인에게는 이 차이가 크지 않기 때문에 식물의 선택에 큰 영향을 미치지 않을 수 있다. 하지만 다른 연령의 어린이나 휠체어를 탄 사람의 경우에는 높이 차이가 중요하게 다가갈 수 있기 때문에 우리는 이를 충분히 고려하여 그들이 다양한 공간 체험을 할 수 있도록 해야 한다.

이제 수관층의 높이에 따라 달라지는 디자인의 잠재력을 차례대로 살펴보기로 하자.

지표면 식재(융단식물)

가장 낮게 자라는 식생은 지표면 높이에 가깝게 엽관을 형성하고 수 센티미터 이내로 자란다.

이와 같은 성장 형태에 적합한 생태적 모델은 목초지, 자갈 비탈과 절벽에서 자라는 식생, 키가 큰 식생 밑에서 자라는 이끼 및 내음성을 지닌 포복성 식물로 구성된 지피층 등 수많은 서식처들에서 찾아볼 수 있다. 이에 해당하는 식물로는 깎아낸 잔디, 지면을 덮는 지피 식물, 포복성 관목(눈향나무 '바 하버'*Juniperus* 'Bar Harborour', 세르필룸백리향(*Thymus serpyllum lanuginosus*, 바케리딸기*Robus × barkeri*), 지면을 기어가는 초본식물(리시마키아*Lysimachia nummularia*, 다북개미자리*Scleranthus biflorus*, 프라티아 안굴라타*Pratia angulata*) 등이 있다. 지표면 식재의 중요한 공간적 역할은 자유로운 시야 확보와 이동이고 이에 속한 식물은 매우 다양한 역할을 수행한다.

[바로 잡습니다.]

p.60의 1줄부터 13줄까지 p.59와 동일한 내용이 수록되어 바로 잡습니다.
독자 여러분께 불편을 드려 죄송합니다.

식물의 공간적 특성은 경관의 형태-공간 구조에 기여하는 것이라 할 수 있다. 여기에는 식물의 습성, 수관 형태, 잎의 밀도와 성장 속도가 포함되며, 이들은 다 함께 보다 큰 규모의 식재 환경의 구성을 결정한다. 제8장 식물 집합체에서는 식물 집합체를 구성하는 식물 종들 간에 형성되는 공간적 관계와 식물의 생장형이 식물 군집에 미치는 중요한 영향을 다루고 있다. 그러나 본 장에서는 지형 및 구조물과 유사한 방식으로 식재에 대한 인간의 지각을 다루고자 한다.

인간을 위한 경관에서 식물이 지닌 공간적 기능

인간을 위한 공간을 디자인할 때 인체대비 식물의 상대적 크기는 매우 중요하다. 공간의 기본 틀, 시각 조절, 이동 및 물리적 경험을 크게 결정하는 것은 높이이기 때문에 평면도 상에서 수관층의 높이로 영역을 구분하는 일은 매우 중요한 디자인의 결정 요소이다.

덴마크 조경가 프레벤 야콥슨Freben Jakobsen은 디자이너에게 가장 유용한 크기의 범주를 지표면 높이, 무릎 아래 높이, 무릎에서 허리 높이, 눈높이 이하 및 이상 높이로 구분하였다.(야콥슨Jakobsen, 1977) 이 범위에 속하는 식물의 종류는 다음 <표 3-1>과 같다.

실제 상황에서 이와 같은 높이 차이는 사람에 따라 다르게 지각된다. 즉 성인에게는 이 차이가 크지 않기 때문에 식물의 선택에 큰 영향을 미치지 않을 수 있다. 하지만 다른 연령의 어린이나 휠체어를 탄 사람의 경우에는 높이 차이가 중요하게 다가갈 수 있기 때문에 우리는 이를 충분히 고려하여 그들이 다양한 공간 체험을 할 수 있도록 해야 한다.

이제 수관층의 높이에 따라 달라지는 디자인의 잠재력을 차례대로 살펴보기로 하자.

지표면 식재(융단식물)

가장 낮게 자라는 식생은 지표면 높이에 가깝게 엽관을 형성하고 수 센티미터 이내로 자란다.

이와 같은 성장 형태에 적합한 생태적 모델은 목초지, 자갈 비탈과 절벽에서 자라는 식생, 키가 큰 식생 밑에서 자라는 이끼 및 내음성을 지닌 포복성 식물로 구성된 지피층 등 수많은 서식처들에서 찾아볼 수 있다. 이에 해당하는 식물로는 깎아낸 잔디, 지면을 덮는 지피 식물, 포복성 관목(눈향나무 '바 하버'*Juniperus* 'Bar Harborour', 세르필룸백리향(*Thymus serpyllum lanuginosus*, 바케리딸기*Robus × barkeri*), 지면을 기어가는 초본식물(리시마키아*Lysimachia nummularia*, 다북개미자리*Scleranthus biflorus*, 프라티아 안굴라타*Pratia angulata*) 등이 있다. 지표면 식재의 중요한 공간적 역할은 자유로운 시야 확보와 이동이고 이에 속한 식물은 매우 다양한 역할을 수행한다.

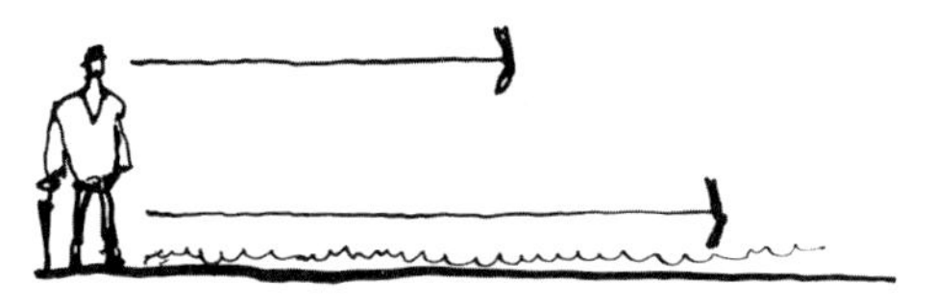

시야와 이동을 모두 차단하지 않음

서로 연관된 지역 사이에 시각적 연결고리를 제공할 수 있음

가끔 보행동선으로 이용 가능함

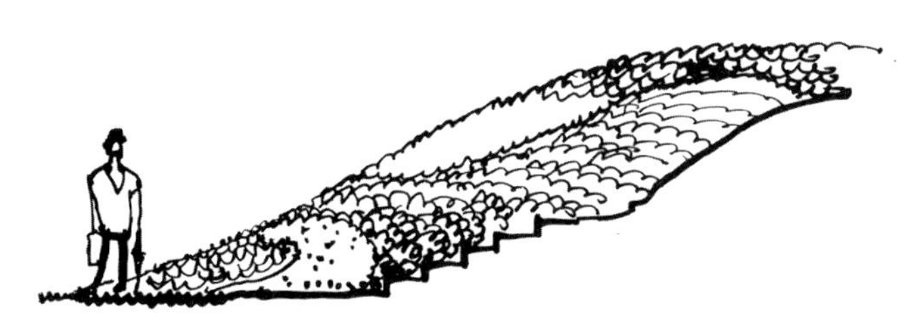

지표면을 다양한 형태, 질감, 색상으로 구성할 수 있음

그림 3-1. 지표면 식재(융단식물)

· 비록 포장면보다 견고하지는 않으나 답압에 견디면서 재생 능력이 뛰어난 융단식물을 통해 보행자 순환 동선을 마련할 수 있다. 주기적으로 베거나 깎을 때 내성이 매우 좋은 식물 종들은 휴식, 산책, 놀이, 스포츠, 자전거 타기, 가끔 통행하는 차량에게 적절한 표면의 형태를 제공한다. 공공 및 사적인 경관에서 잔디, 초원이 지닌 가치와 인기는 이들의 내구성 덕분이다. 잔디의 대용으로 사람들이 가끔 걸어 다녀도 되는 곳에 식재할 수 있는 식물에는 캐모마일 '트레네아그'chamomile, *Chamaemelum nobile* 'Treneague', 아욱메풀Mercury Bay weed, *Dichondra repens*이 있다.

· 베어낸 잔디, 땅을 피복하는 부드러운 질감의 지피식물로 구성된 융단 형태는 서로 다른 등고선을 따라 식재되었을 때 지표면의 시각적 효과를 향상시킨다. 포복성인 캐모마일 '트레네아그'*Chamaemelum nobile* 'Treneague', 아카이나류*Acaena* sp.가 여기에 속한다. 경사지의 틈에 주변의 식물과 대비되는 특성을 지닌 지피식물을 식재하여 변화를 꾀한다면 강조 효과를 얻을 수 있다.

· 지표면 식생은 2차원적 패턴을 만드는 데 사용할 수 있다. 잎으로 구성된 융단은 식물체 단독으로 또는 바위, 자갈, 포장 재료와 서로 혼합하여 사용할 수 있는데, 지표면을 수놓는 색상과 질감 그리고 형태미를 보여준다.

무릎 높이 아래의 관목과 초본식물(저층 식재)

지표면 식재에 쓰이는 식물보다 조금 더 높은 수관층을 형성하지만, 무릎 아래 높이에 머무르는 식생은 공간 디자인에서 또 다른 가능성을 제시한다. 이들 중 다수는 넓은 의미에서 지피식재 또는 들판, 낮은 관목지대, 황야지대와 같은 생태적 유형의 범주에 속한다. 잡초를 제어하는 지피식물의 기능뿐만 아니라 저층 식재는 자유로운 시야를 허용하면서도 이동을 적절히 제어하고—이동을 완전히 차단하지는 않지만— 경계를 설정하는 공간적 역할을 한다.

· 단독으로 이용할 경우 저층 식재는 시각적 플랫폼 또는 융단식물과 같이 평평한 지표면을 형성한다.

· 저층 식재는 키가 큰 초본식물, 관목 혹은 교목이 성장할 수 있는 기반이 될 수 있다. 이것은 자연에서 흔히 볼 수 있는 식물 집합체 유형이다. 이러한 상황은 회화에서 바탕 혹은 밑그림과 같은 것이고 사물을 지각할 때 나타나는 '형태'에 대한 '배경'이라고 할 수도 있다. 이러한 방법으로 저층 식재는 구성에서 다른 식재 유형과 요소를 통합하는 공통된 지면이나 플랫폼을 제공한다.

· 키가 낮은 지피식물 중 포복성 식물 종은 지표면뿐만 아니라 담장과 둑에 붙어서 뻗어 나가고, 매달려 있는 커튼 같은 모습—포복성 로즈마리(*Rosmarinus officinalis*)가 그 전형적인 예—을 형성한다. 포복성 식물과 등반성 식물은 수평면과 수직면에 연속적인 엽군층을 구성하는 데 사용할 수 있다. 무성한 잎들은 둑과 담장을 물 흐르듯 수놓으며 편평한 지표면에 물결 같은 흐름을 일으키고 수직면, 수평면, 경사면 사이에 형성된 예리한 각을 완화시켜 준다. 새로운 것과 옛 것이 한 데 어우러지듯 새 건물과 제방이 등반성 식물로 구성된 경관과 결합하면 친밀감과 성숙감을 줄 수 있다.

· 저층 식재는 식생경관과 건축경관 사이에서, 식생경관 내 서로 다른 유형들 사이에서 그들을 서로 이어주는 매우 중요한 주연부 역할을 한다. 이와 같은 경우 대관목은 보행동선을 방해하지 않은 채 옆으로 펼쳐질 수 있는 공간이 필요하다. 저층 식재에 쓰인 지피식물은 빈번한 전정 또는 수형 교정 작업이 필요 없는 키가 큰 식물 종

열린 시야를 제공하지만 이동을 차단

수고가 높고 수관폭이 넓은 관목들의 테두리를 형성함

위에서 내려다 볼 때 융단과 같은 모양을 형성

지지체를 타고 자라는 등반성 식물은 효과적으로 시야 및 동선을 차단하는 장벽을 형성할 수 있음

수고가 높은 나무 아래 놓을 때 엽군들이 융단과 같은 모양을 형성

수평면과 수직면을 연결할 수 있음

그림 3-2. 무릎 높이 아래의 식재(저층 식재)

들이 그 위에서 성장할 수 있는 기반을 제공할 수 있다. 만약 이 지피식물이 포장면이나 잔디 위로 퍼지게 되면 답압에 의해 자연스러운 '전정'이 이루어질 것이다. 하지만 통행량이 적을 경우 가끔씩 솎아주는 작업이 필요하다.

무릎에서 눈높이까지의 식재(중층 식재)

이러한 성장 형태에 적합한 생태적 모델은 낮은 관목지대와 황야지대, 아고산대 식생, 자갈 비탈과 사구 식생, 키 큰 초지, 습지와 같은 자연의 식물 군집에서 찾아볼 수 있다. 중층 식재는 또한 관목, 그라스, 다른 초본 식물들과 결합될 수 있다.

무릎과 눈높이 사이 정도로 자라는 식재는 낮은 벽, 울타리 또는 난간과 비슷한 디자인 역할을 한다. 그리고 이동을 차단하는 장벽이 되고 필요할 경우 일부 장소의 출입을 제한하는 데 쓰일 수 있다. 그러나 시야가 개방되어 있기 때문에 일조량에는 큰 변화가 없다. 따라서 중층 식재는 매우 다양한 용도로 공간을 활용할 수 있는 잠재력을 지니고 있다.

· 중층 식재는 안전상의 이유로 영역을 분리할 수 있다. 예를 들어 사람이나 차량을 급경사지, 물가 또는 다른 위험한 환경으로부터 보호하고 인도와 차도를 분리한다.
· 중층 식재는 디자인 윤곽선을 강조하거나 적절한 보행동선을 유도할 수 있다.
· 중층 식재는 사람과 건물 및 다른 사적인 영역 사이의 적정 거리를 유지하는 데 사용할 수 있다. 이러한 방법으로 사생활을 보호하며 창문 높이 이상으로 자라지 않기 때문에 빛을 차단하지도 않는다.
· 중층 식재는 낮은 벽, 울타리 또는 생울타리와 같은 방식으로 건물에 부속된 대지 혹은 영역의 경계를 설정할 수 있는데 그 형태는 보다 자연스럽다.
· 중층 식재를 구성하는 엽군은 건물 또는 기타 구조물을 지면에 안착시켜 주고 주변 경관과 연결해 줄 수 있다. 이와 같은 기능은 건물 또는 기타 구조물 주변에 일반적인 식생이 이미 자리 잡고 있을 때 특히 중요하다. 이를 통해 우리는 건물을 경관 속에서 볼 수 있게 된다.

눈높이 이상의 식재(고관목 식재)

눈높이 이상으로 수관을 확장하는 관목과 소교목 그리고 신서란*Phormium tenax*, 부들속*Typha*, 여뀌*Persicaria polymorpha*와 같이 매우 큰 초본식물은 시각적이고 물리적인 장벽을 형성한다. 비교적 촘촘한 수관을 지닌 수목으로 구성된 고층 식재는 벽 또는 울타리와 비슷한 방식으로 공간을 분리, 위요, 차폐시킬 수 있다. 이처럼 키가 큰 식생은 수관 내부에 공간을 만들고 그들의 가지, 잎, 줄기 아래에 형성된 위요 공간은 방과 같은 느낌을 주기 때문에 벽보다는 건물에 가깝다.

자연 생태계에서 우리는 다양한 식물군집에서 자라는 고관목층 식생을 발견할 수 있다. 여기에는 관목지대, 지중해성 식물군집, 몬순과 아고산대 식물군집, 재생림의 초기 단계, 키가 큰 습지식생, 그리고 생울타리와 같이 관리되는 식생이 포함된다.

· 공원, 정원, 안뜰, 가로, 놀이터와 같이 사람이 이용하는 경관 속에서 고관목층 식재는 주차장, 서비스 지역 및 쓰

무릎과 눈높이 사이의 식재는 이동을 차단하지만 시야는 열림

보행자의 위험지역 또는 생태 민감 지역으로의 접근 차단

방향과 보행동선의 강조

그림 3-3A. 중층 식재

영역을 설정할 수 있음

건물 내부의 사생활을 보호할 수 있음

소형의 시각적 초점을 제공할 수 있음

그림 3-3B. 중층 식재

눈높이 이상의 식재는 물리적이고 시각적인 장벽을 형성함

사적인 공간과 아늑한 쉼터를 제공할 수 있음

전시원 구성을 위한 배경이 될 수 있음

그림 3-4A. 고층 식재

작은 건물의 주변과 잘 어울릴 수 있음

조망 또는 랜드마크의 기본 틀을 구성할 수 있음

표본목 또는 시각적 초점을 형성할 수 있음

그림 3-4B.고층 식재

레기 처리장을 차폐한다.

· 고관목층 식재는 초본류가 중심이 되는 가장자리 화단 또는 전시 화단과 같은 관상용 식재의 배경막이 될 수 있다. 이와 같은 기능은 전정으로 다듬은 '정형식' 생울타리 형태를 통해 오래전부터 이용되어 왔다. 그러나 보다 자유로운 형태미를 갖춘 관목 식재 또한 효과적일 수 있다. 양주목*Taxus baccata*, 유럽너도밤나무*Fagus sylvatica*, 유럽서어나무*Carpinus betulus*와 같은 전통적인 생울타리용 식물은 북유럽에서 수고가 높은 수벽을 조성하는 데 사용한다. 쿠프레수스*Cupressus macrocarpa*와 토타라나한송*Podocarpus totara*은 주로 기후가 온난한 지역에서 사용한다.
· 고관목층 식재는 그 규모로 인해 건축물에 버금가는 역할을 수행할 수 있다. 고층 식재로 구성된 시각적 형태는 작은 건물들과 비슷하기 때문에 건물의 외관에 사용된 석재 또는 기타 소재들과 균형을 이룰 수 있다.
· 공간 사이에 자리 잡은 고관목들은 식재의 기본 틀을 만들어 낸다. 그것은 조망의 골격을 형성하면서 사람들의 시선을 끄는 초점 또는 랜드마크landmark가 될 수 있다. 이와 같은 유형의 식재는 사람들의 이목을 집중시킬 뿐만 아니라 호기심을 유발한다. 즉 독특한 형태의 출입구처럼 아주 색다른 장소라는 느낌을 전하면서 사람들의 발걸음을 재촉할 수 있다.
· 단독 또는 소그룹으로 식재할 때 고관목은 인간 척도 내에서 시각적 초점을 제공하는 표본목으로 작용한다.

교목 식재

교목의 크기는 건물, 도로, 다리 및 소규모 산업 개발 규모의 위계와 같다. 따라서 교목 식재는 큰 구조물을 차폐, 분리, 위요하고 보완할 목적으로 이용된다. 교목이 머리 높이 이상으로 성장하면 수간은 기둥 역할만 하면서 지상에 열린 공간을 남기게 된다. 이는 상당히 다른 공간 유형을 제공한다.

교목이 우점하는 식물 군집을 위한 디자인에 적합한 생태적 모델은 많이 존재한다. 여기에는 다양한 종류의 숲, 소림, 사바나 소림 그리고 관리되고 있는 식생 군집들이 포함된다. 전 세계에 분포하고 있는 교목 군집의 여러 가지 변화 형태들은 디자인에 무궁한 영감을 불어 넣어준다.

성목이 되었을 때 도달하는 교목의 수고는 종별로 다양하다. 버들잎배나무 '펜둘라'weeping pear, *Pyrus salicifolia* 'Pendula'와 호프씨나무akeake, *Dodonaea viscosa*는 약 5m 정도이고, 유럽의 구주물푸레나무ash, *Fraxinus excelsior*, 뉴질랜드의 카히카테아kahikatea, *Dacrycarpus darcrydioides*, 북미 서해안의 몇몇 침엽수와 호주의 유칼립투스류eucalypts, *Eucalyptus* species는 40m 이상에 이른다. 디자인 목적에 맞도록 교목을 소교목은 5~10m, 중교목은 10~20m, 대교목은 20m로 구분하는 것이 도움이 된다.

· 소교목은 수고가 보통의 2층 건물 높이와 비슷하거나 그보다 낮아서 대부분의 도시 환경에서 소교목이 미치는 영향력은 주로 건물과 건물 사이의 공간으로 제한된다.
· 중교목은 작은 건축물이 포함된 공간을 만들 수 있다. 따라서 도시 경관의 공간 구조에 큰 영향을 미친다.
· 도시 지역에서 대교목은 수목의 성장에 필요한 공간 규모 때문에 그리 흔하지 않다. 비록 가로와 정원에 식재된 일부 나무가 매우 높은 수고까지 자연스레 성장하기도 하지만 그늘을 드리우거나 건축물의 안전을 위협하게 되면 가지를 잘라내어 크기를 축소하거나 전정을 하게 된다. 수고 약 15~20m 이상의 대교목은 가로, 광장 및 공원에서 주요 공간 구조의 부분을 형성한다. 농촌 환경에서 대교목은 큰 규모의 기본 틀을 이룬다. 대교목들 사이에

서 형성되는 내적인 공간은 경관에 대단한 다양성을 부여하고 도시 공간에 활력을 제공하는 신선함이 있는데 이는 사람들에게 적절한 그늘과 함께 일반적으로 쾌적함을 선사하기 때문이다.

· 중교목이나 대교목 식재는 발전소와 같은 대규모의 산업용 건물을 주변 경관과 통합시키는 중요한 역할을 한다. 외부로 확장하는 수림대나 조림지는 근처의 시설물을 시각적으로 차단한다. 먼 거리에서 볼 때 냉각탑이나 기관실 같은 큰 구조물을 가릴 수는 없지만 시선을 주변의 자연 경관으로 유도할 수 있고 비교적 낮은 곳에 위치한 보조 시설이나 가건물 및 주차장을 차폐시킬 수 있다. 어수선한 시설물들은 흔히 대규모 산업단지에서 시각적 혐오를 불러일으키기 때문에 이것은 매우 중요한 경관 기능에 속한다.

· 교목은 관목 식재보다 더 멀리서 시야를 차단하거나 흐릿하게 만들기 때문에 관찰자가 경관 사이로 이동할 때 나타나는 전망을 조작하는 데 쓰일 수 있다. 교목과 교목 사이의 공간을 적절히 비워둔다면 원하는 곳으로 시선을 유도하는 기본 틀을 형성할 수 있다. 창문이나 아치형 입구처럼 나뭇가지 또는 잎으로 이루어진 틀은 주의를 끌어 교목 너머에 있는 초점에 관심을 집중시킨다.

· 반면에 단독의 표본목 또는 소규모 그룹의 교목은 자신 스스로가 초점 역할을 한다. 독립적인 개체로서 그것은 우리의 시야에서 작은 영역을 차지하며 우리의 눈은 그 곳을 향하게 된다. 가을의 단풍 또는 풍경화 같은 수형 등 독특한 특성을 지닌 교목은 특별히 눈에 띄는 초점을 만든다. 특히 노거수로 성장한 대교목은 멀리 떨어진 곳에서도 이와 같은 효과를 내기 때문에 흔히 교외 경관에서 초점과 랜드마크를 제공한다.

· 단일의 표본목 또는 소그룹의 교목이 건물과 함께 있을 때, 수형과 건물 형태 사이의 관계는 흥미로울 수 있다. 험프리 렙턴Humphrey Repton은 픽처레스크picturesque 전통 안에서 어떤 수형이 각기 형태가 다른 건물과 잘 어울리는지에 관한 규칙을 만들었다. 그는 넓고 안정감 있는 비율과 낮은 지붕 각도를 갖춘 고전 스타일의 건물에는 가문비나무spruces나 전나무firs처럼 상승하는 선을 지닌 원뿔형 또는 직립 형태의 수목을 함께 식재하는 것을 추천하였다. 반대로 빅토리아 고딕 양식처럼 뾰족한 첨탑이나 가파른 경사를 이룬 지붕의 경우에는 안정된 형태로 둥글거나 수평으로 퍼진 형태인 레바논 시다cedar of Levanon, 유럽갈참나무English oak 또는 밤나무chestnuts 등으로 보완할 수 있다고 하였다.

· 교목 식재의 추가적인 건축적 역할로서 다양한 건물 형태를 서로 연결할 수도 있다. 한 식물 종의 단순하고 규칙적인 선은 건축물의 정면과 흥미로운 대조를 이룬다. 이렇게 교목이 연속적으로 등장할 때 각기 다른 건물 스타일이 한 데 묶이면서 통일된 녹색의 틀 속에서 다양한 형태의 건축물이 흥미롭게 다가온다.

우리는 식물의 수고와 습성이 어떻게 공간의 기능을 결정하는지 보아 왔다. 시야와 동선의 조절은 공간 디자인의 기본이다. 다양한 특성을 갖춘 공간을 조성하고 다양한 디자인 목적을 이루기 위하여 식물을 어떻게 조합해야 하는지에 대하여 다음 장에서 살펴 볼 것이다.

교목

양립하기 어려운 활동들이 발생하는 곳 사이에 완충지대를 형성할 수 있음

차폐 및 큰 건물들이 있는 곳을 분리할 수 있음

대형 인공 구조물을 하나의 경관으로 통합할 수 있음

경관의 기본 틀을 구성하고 랜드마크를 강조할 수 있음

한 그루 대교목은 랜드마크와 더불어 만남의 장소가 될 수 있음

그림 3-5A. 교목

교목은 건축물의 형태미를 보완할 수 있음

서로 다른 건축 양식을 하나로 통합할 수 있음

서로 다른 동선 체계를 구분하는 수직적인 틀을 제공할 수 있음

그림 3-5B. 교목

숲 조각이 있는 곳과 소림은 지형의 고유한 특성을 강조할 수 있음

토목 공사로 인해 불량해진 경관을 시각적으로 차단하거나 보완

수관층 내부에 독특한 소림 환경을 만들어낼 수 있음

그림 3-5C. 교목

4

식물에 의한 공간의 형성

우리가 대상지를 처음 접하고 디자인을 하기 위해 장소의 잠재력을 상상하기 시작할 때 우리에게 제일 먼저 떠오르는 것은 공간적 특성일 것이다. 장소가 광활하고 유쾌함을 주는지, 황량하고 바람에 노출되어 있는지, 폐쇄적이고 위협적인지, 친밀하고 편안한지 등이 있을 수 있다. 공간은 색상과 마찬가지로 기본적인 성질을 순간적으로 알아차릴 수 있다는 점에서 비슷하다. 우리는 세부적인 것을 알아채기 전에 공간의 특성을 먼저 감지한다.

우리의 첫 번째 디자인 아이디어는 우리가 창조하고자 하는 장소의 규모와 성격이 포함될 것이다. 디자인을 시작하는 데 있어서 대상지마다 서로 다른 특성을 상상하는 것은 좋은 방법이다. 대상지의 기본 틀 안에서 공간 구성에 대한 기초적인 이해가 뒷받침될 때 이러한 특성들이 지닌 의미가 해석될 수 있다. 이것은 빈 도화지 위에 무엇을 먼저 그려야 할지에 대한 복잡한 문제를 해결하는 하나의 방법이다. 더 많은 디자이너의 고민거리들은 나중에 다시 논의할 것이다.

경관 디자인에 있어서 공간적 특성과 관계를 상상하고 그려보는 것은 가장 기본적인 작업이다. 이것은 어떤 면에서는 조각가가 작품의 주제를 놓고 고민할 때 스케치를 그려보는 것과 비슷한 작업이다.

식재 매체를 통해서 우리가 원하는 특성과 성질을 지닌 경관을 어떻게 만드는지 알아보기에 앞서 우리는 일단 공간이 환경 체험에 있어서 왜 그토록 중요한지 의문을 품어봐야 할 것이다.

공간 체험

공간에 대한 지각은 주변에 대한 감각적인 인식의 결과이다. 그 예로서 브루탈리스트brutalist 건축가인 에르노 골드핑거Erno Goldfinger의 초기 논문인 '공간에 대한 지각*The Sensation of Space*(1941)'에서 묘사되었듯 그것은 인간의 모든 감각의 결과물이다. 공기의 냄새와 느낌, 목소리, 새소리, 발소리, 차 엔진 소리의 특성들, 우리 발밑의 바닥에서 느껴지는 질감은 우리가 시각적으로 보는 것뿐만 아니라 우리의 경험에 기여하는 공간이 지닌 감각적인 특성들이다. 그의 말의 따르면, 예술가의 기술로 공간이 위요되었을 때 이동하는 사람의 '공간에 대한 지각'은 공간적 감성으로 변하고 위요된 공간은 건축적인 구조가 된다.(골드핑거Goldfinger, 1941) 흥미롭게도 골드핑거는 근대주의 운동의 건축가로서는 드물게 안뜰, 발코니와 같이 내부와 외부가 합쳐진 공간에 매료되었다.(더닛Dunnett, 2014)

이러한 특성들은 물리적 크기와 형태, 지표면의 무늬, 질감 그리고 색상의 결과다. 지표면의 특성은 우리가 존재하는 장소에 대하여 많은 정보를 제공한다. 예를 들어 그 장소가 자연 환경인지, 인공 환경인지—암석이 노출된 곳인지 아니면 도시의 포장면인지—, 그리고 이곳이 우호적 환경인지 또는 적대적 환경인지—완만하게 경사진 초지이거나 사막의 사구 같은 곳인지— 알려준다. 비록 우리를 둘러싼 공간의 규모와 비례가 우리의 지각을 결정하는 중요한 역할을 하지만 이는 지표면의 재료와 식물 선택과 같은 세부적인 사항에 지나치게 신경을 쓰느라 종종 간과되기도 한다. 아마도 이는 공간이 분리된 개체라기보다는 전체적인 현상이며 실용적인 측면만으로는 이해하기가 더 어렵기 때문일 것이다. '도시 디자인*Design of Cities*(1974)'에서 에드먼드 베이컨Edmund Bacon이 밝힌 도시 디자인의 접근은 다음 사항을 강조하고 있다. '공간에 대한 자각은 단순한 지적인 활동을 넘어 서는 것이다. 그것은 감각과 감정의 전 범위를 필요로 하며 자아의 전체가 참여해야만 공간에 대한 완전한 반응을 이끌어내는 것이 가능하다.' 스웨이츠Thwaites와 심킨스Simkins는 벌리언트Berleant가 "우리가 환경에 행하는 것은 결국 우리가 우리에게 행하는 것이다"라고 언급했던 내용을 인용하면서 우리는 환경과 고립되어 존재하지 않고 오히려 포함되어 하나의 연속성 속에 존재한다고 주장하였다.(벌리언트Berleant, 1997)

지리학자인 제이 애플턴Jay Appleton의 책 '경관의 체험*The Experience of landscape*(1996)'에 언급된 '전망과 피난처 행동 이론'에 따르면 인간이 공간 구조에 대해 어떻게 반응하는지와 관련된 한 가지 설명이 가능하다. 그의 이론은 조경에 있어서 매우 드물게 '어떻게'보다는 '왜'라는 의문을 가지고 접근한다. 이 이론은 농경 시대 이전 인류가 서식처와 맺고 있던 관계가 지닌 지속적인 영향에 근거한다. 이 서식처는 식량이 사냥과 채집에 의해 마련되거나 작은 정원들에서 재배되는 공간이었을 뿐만 아니라 위험한 포식자가 배회하는 공간이기도 했다. 이런 상황에서 동굴과 같은 위요된 곳이 피난처를 제공하고, 유리한 조망점viewpoint(예: 언덕 정상)은 위험 요소를 예견하도록 해주며 먹잇감을 찾도록 해 주었다. 따라서 사방이 위요된 공간은 안전감을 주어 편안한 느낌을 주었고 전망은 자극적이고 흥미로웠다. 평원같이 사방이 노출된 공간은 좋은 시야를 제공하지만 동시에 자신도 노출되었다는 것을 의미하기 때문에 흥분감과 경계심을 동시에 유발하기도 하였다.

제이 애플턴은 사냥과 채집을 했던 공간에 대한 인간의 반응이 생존에 지극히 필수적이었기 때문에 우리의 경험을 관장하는 생물학적인 구조 안에 이 반응들이 오늘날까지 그대로 보존되어 있다고 믿는다. 따라서 노출과 위요 그리고 전망과 차폐의 조합들은 그들의 오래된 생존 맥락과 부합하여 예측과 흥분, 경각심과 불안감, 편안함과 안정감이라는 전형적인 반응들을 지속적으로 발생시킨다. 이러한 공간 형태의 무의식적인 의미는 어떤 형태와 크기의 공간에서는 '적절함'이 느껴지는 반면, 다른 공간에서는 왜 그렇게 느껴지지 않는지를 설명하는 데 도움을 준다. 예를 들어 명확한 출구가 없으면서 지나치게 폐쇄되었거나 친숙하지 않은 장소는 더 이상 안전하지 않고 위협적이다. 반면에 드넓은 공간이 시야를 방해하는 조잡한 개체들로 가득 차 있어서 명확한 전망 확보가 어려운 곳은 불만족스러울 것이다. 위요와 조망의 올바른 조합은 편안한 은신처와 기분 좋은 전망의 균형을 제공할 것이다.

전망과 피난처 이론 또는 서식처 이론은 다양한 환경 디자이너 및 설계가에게 유용하다. 이는 새로운 도시 개발을 평가하는 지침서로도 사용된다.(몽고메리Montgomery, 2010)

공간을 디자인한다는 것이 곧 체험을 구현하는 점이라는 것을 깨닫게 하기 때문에 비록 이 이론은 주로 농촌과 자연적인 경관에 기초하여 개발되었지만, 빌딩과 구조체뿐만 아니라 지형, 식생으로 구성된 복합적인 도시 공간에서도 적용 가능하다. 이 경우 사냥꾼과 채집자의 행동 이론을 뒷받침 하는 기초는 오늘날까지 특정한 문화적 배경의 산물인 다양한 사회적 요구들과 기회들 곳곳에 깃들어 있다. 고든 컬린Gordon Cullen은 위에 언급된 많은 내용들을 토대로 도시 경관 디자인의 기초를 세우고 이론을 발전시켰다. 컬린의 저서 '타운스케이프*Townscape*(1971)'에 따르면 도시경관 디자인은 '압력과 진공의 여정이며 노출과 위요, 제약과 안도의 연속'이다.

우리는 이제 공간 지각이 다양하게 지각된 감각 정보로부터 구성되지만 그것들은 통합적인 게슈탈트Gestalt로서 우리의 생물학적, 문화적 유산의 맥락 안에서 재해석된다는 것을 알게 되었다. 이러한 사실은 공간이 단순히 두 물체 간의 거리가 아니며 이 공백이 존재를 감지할 수 있도록 해주며 이 공백의 존재는 그 자체로 영향력과 의미를 갖는다는 것을 이해하는 데 도움을 준다.

공간의 용도

공간이 그곳에서 펼쳐지는 활동에 적합한지는 기능적 설비뿐만 아니라 물리적 구성에 의해서도 결정된다. 우리는 반드시 목적에 적합한 미적인 특성을 공간에 부여해야 한다.

존 옴스비 시몬즈John Ormsbee Simonds는 그의 고전적 교과서인 '조경*Landscape Architecture*(2006)'을 통해 우리에게 다음과 같은 사항을 상기시켜 준다. '공간은 이전에 경험한 감정적 반응을 자극하거나 이러한 반응들의 미리 정해진 순서를 만들어 내도록 구성될 수 있다.' 예를 들면 한 장소는 편안하거나 활동적일 수도 있고, 보호를 받는 느낌을 주거나 유쾌한 느낌을 줄 수도 있다. 그러나 반응은 보다 복잡할 수도 있으며 이는 쾌활, 회상 심지어 경외심 같은 감정을 포함한다. 이러한 반응들이 공간의 용도와 적절하게 이루어지도록 하는 것이 중요하다. 예를 들어 높이 솟은 대성당에서 우리가 느끼는 경외감과 형편없이 디자인된 고층건물에 둘러싸여 있을 때 우리가 경험할지도 모르는 하찮은 감정이나 불안을 대조해 보자. 전자의 경우 공간의 규모와 비례는 개인을 초월한 영감과 열망의 감정을 불러일으키지만 후자에서는 단지 비인격화된 느낌만 받게 된다.

도시 디자인을 포함한 경관 디자인에 있어서 식재는 공간을 형성하는 데 중요한 역할을 한다. 이러한 공간들은 종종 건축 용어로 표현된다. 외부 공간은 식재를 통해 '벽'으로 둘러싸일 수 있고, 초본식물과 지피류는 '바닥'으로 장식되고, '천장'은 펼쳐지는 교목의 수관, 퍼걸러의 덩굴식물 또는 단순히 하늘로 장식될 수 있다. '출입구'나 '입구'는 이러한 공간으로 접근할 수 있게 하고 '창문'은 잎이 무성한 수관 사이의 틈을 통해 조성되거나 듬성듬성 가지를 뻗는 교목과 관목으로 만들 수도 있다. 기본적인 공간 형태는 관상용 식재를 통해 장식됨으로써 보다 풍성해질 수 있다.

위에서 언급된 건축 용어는 식재 디자이너에게 두 가지 측면에서 유용하다. 첫째, 실내 공간과 같이 외부 공간도 실용적인 측면뿐만 아니라 즐거움을 줄 수 있도록 디자인할 수 있다. 둘째, 외부 공간의 형성에 있어서 중요한 식재의 구조적·공간적 측면을 확인시켜 줄 수 있다.

공간 구성 요소

히구치Higuchi는 '경관의 시각적, 공간적 구조*The Visual and Spatial Structure of Landscape*(1983)'에서 경관을 구성하는 공간을 4가지 측면에서 분석했다.

· 경계
· 방향성
· 초점-중앙-목표
· 영역

그의 연구는 식생뿐만 아니라 지형, 수계, 구조물을 포함하는 모든 경관의 요소를 망라하였다. 우리는 식재 디자인에 있어서 중요한 측면들을 알아내기 위하여 히구치가 제시한 네 가지 측면을 검토해볼 것이다.

히구치의 '경계'는 개방된 경계와 위요되고 분리된 주연부 양자를 포함한다. 개방된 경계는 자유로운 접근을 허용하고 지역의 윤곽을 그려볼 수는 있으나 엄격한 방식으로 공간을 설정하지는 않는다. 모든 공간의 경계는 어느 정도의 분리와 위요에 의해 형성되므로 식재를 이용한 공간 구성의 첫 번째 요소는 위요가 된다.

'방향성'은 방향을 측정하게 해주거나 또는 특정 방향을 강조하는 모든 공간 요소의 합이다. 이것은 형태, 비율, 초점, 경사, 심지어 바람과 햇빛의 방향도 포함된다. 방향 요소는 움직임을 시사하기 때문에 공간에 동적인 특성을 부여한다. 그래서 구성의 두 번째 요소는 역동성이 될 것이다.

공간의 '초점-중앙-목표'는 시각적 초점이 될 만한 충분한 중요성을 가졌다면 무엇이든 가능하다. 예를 들면 분수대, 표본목일 수 있고 혹은 원형 경기장과 같은 중심점이 있을 수도 있으며, 전망이나 건물과 같은 목표점이 있을 수도 있다. 우리의 세 번째 요소는 초점이다.

히구치는 '영역'을 '경계, 초점-중앙-목표, 방향성의 조건에 의해 하나로 묶여 질서가 부여되는 총체적 공간'으로 정의하였다. 영역에는 사회적인 의미도 함축되어 있으며 소유권과 영향력을 암시한다. 이것은 디자인에 있어서 중요한 개념이지만 구성의 일차적 요소이기보다는 복합 공간의 특성이므로 제5장에서 별도로 논의할 것이다.

위요

히구치는 공간의 위요에 대하여 다소 제한적이면서 건축학적인 관점을 갖는다. 그는 위요가 장벽을 필요로 하며 "장벽이 효율적이기 위해서는 침투하기 어려워야 한다. 또한 위요는 시각적으로 바깥세상을 차단하지만, 보호받는 영역 내에서는 높은 가시성을 지녀야 한다"고 말한다. 달리 말한다면, 위요는 외부와 분리되어야만 한다.

하지만 위요가 특히 경관과 정원에서 반드시 완전하거나 엄격할 필요는 없다. 위요는 완벽한 차단을 통해서만 표현되는 것이 아니다. 사실 자연 경관에서 완전하고 고정된 위요가 필요한 곳은 드물다. 조경가 배리 그린비Barrie Greenbie는 그의 책 '공간*Spaces*(1981)'을 통해 다음과 같이 지적하였다. '한 공간을 둘러싸는 벽에 마련된 개방성이 위요와 감옥의 차이를 만든다.' 디자인에서 개방성의 정도와 그 형태는 주어진 공간 내에서 그리고 공간들 사이에서 시야와 물리적인 움직임을 적절히 조율해 준다. 이것은 경관 내에서 공간이 지닌 소통 그리고 관계성과 연관이 있으며 디자인 잠재력에 있어서 필수적인 경관 요소다. 즉 살아 있는 장벽의 위치와 개방성의 비율 및 불투명도를 달리하면서 공간의 활용과 효과를 조정할 수 있다. 여러 종류의 위요를 살펴보면서 우리는 체계적 접근을 취할 것이다. 이는 실제 적용과 관련하여 유연함을 제한하려는 것이 아니라 기본 원리를 가능한 한 가장 확고하게 정립하고자 함이다. 이러한 원리들은 상상력과 미묘함을 살리는 데 잘 활용될 수 있다.

위요의 정도

위요의 정도는 수직면에 의해 위요되는 둘레의 길이이다. 위요의 각기 다른 정도는 내향성에서부터 외향성에 이르는 것과 같은 성격을 만들어 내며 이것은 변화하는 공간들을 만들어 낸다.

4면 위요/360도 위요: 이것은 가장 내향적인 공간 특성을 만들어 낸다. 이런 위요는 대상지 주변이 조화되기 어렵고 혐오스러운 환경에 둘러싸였을 경우 적절하다. 예를 들어, 중동의 초기 정원은 황량한 기후 환경과 주변 경관으로부터 보호받기 위해 완전히 위요되었다. 정원이나 공원을 뜻하는 고대 페르시아어인 파이리데자Pairidaeza는 둘러싸임을 의미하는 파이리pairi와 틀을 의미하는 디즈diz로 구성되었다. 주어진 공간에 틀을 구성하는 것은 정원 조성의 기본이다. 고대 중국 정원 역시 외부 환경으로부터 완전히 분리되었다. 이러한 경우는 주로 도심지에 해당했으며 높은 벽들로 분리가 됐다. 이러한 방식은 대조 효과와 내부에서 특별한 세계를 만들도록 해 주었다. 이렇게 안과 밖의 대비를 강조하여 숨겨진 공간을 창조해내는 것은 안뜰 정원만이 가질 수 있는 매력이다.

이에 상응하는 오늘날의 형태는 생울타리나 벽으로 둘러싸인 도심 속의 개인 정원일 것이다. 또 다른 예는 숲 개간지, 놀이터, 야외 교실, 음악실과 극장이 있다. 또한 완전한 위요는 위요된 공간에 미칠 시각적, 청각적 그리고 분위기적 악영향을 최소화하기 위해 중요한 것이었다.

주위의 완전한 위요는 천장 정도까지 확장될 수 있다. 이것은 커다란 나무의 가지들에 의해 그늘지는 울창한 숲이나 작은 안뜰과 같은 장소들에서 발견된다. 숲과 그 밖의 식생 유형 내에서 형성되는 위요는 다양한 특성을 지니고 있기 때문에 대단히 특이하고 아름다운 복합적인 공간을 만들 수 있다. 완전히 둘러싸인 이곳에서는 매우 사적인 공간이 형성된다. 하지만 약간의 주의가 필요하다. 왜냐하면 위요의 정도와 소재 사용에 따라 친밀한 느낌을 줄 수도 있고 불편한 밀실 공포증의 느낌을 줄 수도 있기 때문이다. 즉 안식처가 될 수도 있고 감옥이 될 수도 있다.

3면 위요/270도 위요: 이것은 공간에 높은 정도의 보호감 혹은 분리감을 줄 뿐만 아니라 외부 조망으로의 방향성도 제공한다. 이곳은 은신처와 외부 전망을 동시에 만들어낸다. 외부 전망은 공간의 한계점 너머까지 관심을 갖게 함으로써 그 공간의 특성에 상당한 영향을 미친다. 멀리 떨어진 경계선이나 길게 내다보이는 경치는 공간의 외부에 존재하면서도 그 공간의 정체성과 특성의 일부분이 될 수 있다.

이러한 '외부 전망을 가진 공간'은 특히 공원이나 시골길에서 보이는 많은 정원과 놀이터, 공공 휴식 장소에 적합할 것이다. 하지만 작은 도시 공간이 붐비는 활동 지역으로부터 지나치게 차단되거나 분리되어 있으면 영역성이 지닌 일반적인 문제점이 발생한다는 것을 명심해야 한다. 즉 한 공간이 어느 집단에 의해 점령되어 그들만의 영역화가 이루어진다면 이 공간은 다른 사람들이 느끼기에 위협적인 장소가 될 수 있다. 이것은 일반적으로 공원과 도시의 가로변에서 멀리 떨어져서 고립되어 있는 휴게 공간에서 볼 수 있다. 이러한 현상은 일종의 공간 구획의 문제 중 하나이면서 문화적 쟁점이기도 하다. 거리와 도심의 공공장소가 단순히 A에서 B로의 이동경로가 아니라 사회적인 장소로 인식될 때 이와 같은 영역성의 문제는 해소되는 경향이 있다.

2면 위요/180도 위요: 위요를 만들어 내는 구성 요소들은 L형태이거나 C형태일 수 있고 절반은 명확한 구역으로 나머지 절반은 암시적인 모습으로 공간 설정이 이루어진다. 만약 개방된 측면이 위요된 측면과 거울에 비친 듯 닮은꼴

이 된다면 공간의 전체 영역은 두 개의 측면이 합쳐진 것처럼 될 것이다. 그리고 이러한 공간은 바깥을 바라보며 경계선 절반을 가로질러 접근이 용이한 외향적인 특성을 가질 것이다. 또한 특정 랜드마크와 매력적인 경관을 향하는 분명한 방향성을 보일 수도 있고 단순히 햇빛을 향할 수도 있다. 그러나 부분적으로 영역을 설정하고 보호하는 2개의 면들로 인해 장소감, 즉 어느 곳에 도착했다는 느낌이 형성된다. 이러한 공간은 사람들을 반길 수 있다.

두 면의 위요는 큰 집단의 일부인 가장자리 상태가 아니라 '독립적인 영역'일 수 있다. 만약 연속된 넓은 공간 속에

사진 42. 미국 샌프란시스코(San Francisco)의 골든 게이트 파크(Golden Gate Park). 교목으로 둘러싸인 경계가 안전하고 따뜻한 느낌을 주고, 그늘을 제공하며 일상적인 놀이, 산책, 일광욕과 다양한 레크리에이션 활동을 할 수 있는 매력적인 공간을 만들어낸다.

사진 43. 뉴질랜드 크리스트처치(Christchurch)의 캔터베리(Canterbury) 대학교. 잘 전정된 너도밤나무로 둘러싸인 생울타리는 잔디밭을 순환할 수 있는 중간 높이의 울타리를 형성한다. 교목과 건물은 보다 높은 위요감을 제공한다.

서 독립적으로 자리 잡고 있다면 이것은 부차적인 영역을 만들 것이다. 이러한 보호성과 방향성의 조합 방식은 일본 일부 지역의 농부들이 겨울바람과 눈으로부터 농기구 창고를 보호하기 위해 조성한 L자 형태의 방풍림과 유사하다.

절반만 위요된 공간들은 매우 일상적으로 접할 수 있는데, 열린 곳과 닫힌 곳 사이의 주연부에서 아늑한 은신처가

사진 44. 싱가포르 식물원(Singapore Botanical Garden). 교목과 관목 식재는 의자의 뒤와 위로 위요를 형성하여 그늘과 안식처를 제공하고 외부 조망을 강조한 즐거운 공간을 만들었다.

사진 45. 벤쿠버(Vancouver)의 롭슨 스퀘어(Robson Square). 식재는 보행로의 주연부를 따라서 안식처를 형성한다.

형성된다. 이러한 비정형성은 구불구불한 경계선을 만들어 내는 숲이나 관목 숲의 가장자리를 따라 나타난다. 비록 계획된 것은 아니지만 이러한 자연스러운 식재는 대규모 경관에 소규모의 공간적 다양성을 더한다.

도시 경관에서 많이 볼 수 있는 절반만 위요된 은신처는 통행로의 주연부나 웅장한 공간의 경계를 따라 다양성과 우연성을 제공한다. 이와 같은 곳으로서 바르셀로나Barcelona의 구엘 파크Parc Guell에 있는 경기장 내 공간의 주연부 근처에 마련된 구불구불한 의자는 시설물 경관으로 유명하다. 덧붙여서 휴게 지역, 장식용 전시 식재와 건물 입구는 모두 이와 같은 배치를 통해 용이한 접근성과 함께 보호 효과를 얻을 수 있다.

4면 – 내부지향적

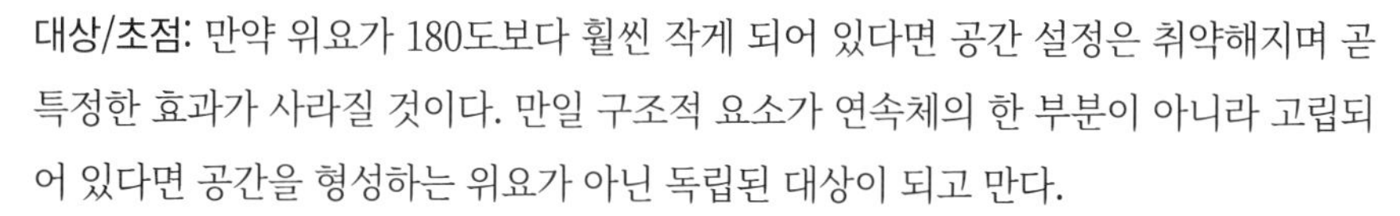

대상/초점: 만약 위요가 180도보다 훨씬 작게 되어 있다면 공간 설정은 취약해지며 곧 특정한 효과가 사라질 것이다. 만일 구조적 요소가 연속체의 한 부분이 아니라 고립되어 있다면 공간을 형성하는 위요가 아닌 독립된 대상이 되고 만다.

비록 명확한 공간의 경계가 설정되지 않았더라도 그러한 대상은 그것 자체만으로도 자신의 주변에 영향력을 발휘할 수 있다. 우리는 우리가 마주하는 대상물의 높이와 동일한 반경 내에 들어가면 그 대상의 영역에 완전히 들어왔다고 느끼는 경향이 있다.

3면 – 보호된

이것은 비록 모호한 영역성이라 할지라도 주요 대상물을 위치시킬 때 이를 지각하는 것은 유용할 수 있다. 이러한 대상은 초점으로서의 역할을 한다. 그리고 영향을 미치는 경계가 바닥면의 어떤 물리적 특성에 의해 강화될 때 명확히 지각된 공간 내에서 초점으로서의 효과는 극대화될 수 있다.

하나의 초점이 되는 대상에 의해 조성된 공간을 설정하는 것은 경관에 있어서 분산된 사물들로 인한 혼란을 피할 수 있도록 도와준다. 이와 달리 경관에서 수많은 대상은 형체가 없거나 공간적인 논리 없이 만들 수도 있다. 예를 들어 '고립 화단'과 표본목이 여기저기 산발적으로 등장하는 것은 공간 구성의 측면에서 볼 때 바람직하지 않다. 즉 이것들은 확실한 공간 구조 내에서 고유한 역할을 해야 할 필요가 있다.

2면 – 외부지향적

위요의 투과성

녹지 공간의 기본 틀은 3장에서 다루었던 식물의 서로 다른 생장형과 수관 높이로 구성된다. 그들은 다양한 시각적, 물리적인 위요와 개방감의 조합들을 제공한다. 이것이 우리가 말하고자 하는 위요의 투과성이며 이는 공간의 구성과 특성에 중요하다.

대상 – 초점

그림 4-1. 위요의 정도

시각적이고 물리적인 위요: 이것은 완전한 위요다. 공간의 경계는 눈높이 이상의 밀집된 엽군으로 구성되어 있다. 이것은 자연적으로 지면과 가까운 높이에서 화단을 빽빽하게 형성하는 관목으로 구성되어 있거나 생울타리로 되어 있을 것이다. 적어도 눈높이 아래로는 식재 사이의 빈틈이 없기 때문에 결과적으로 외부와의 완전한 분리가 이루어진다.

결과적으로 둘레의 절반 이상이 둘러싸여 있다면 이는 안식처, 보호감 그리고 은신처를 제공할 것이다. 위요 공간 내 개방된 곳이 주목할 만한 경관을 향하지 않는다면 이용자의 관심은 공간 너머에 있는 것보다는 공간 내부로 유도될 것이다.

부분적인 시각적 위요와 물리적 위요: 눈높이 밑으로 확장되는 개방감이 공간의 시각적 침투를 가능하게 하는 창문 형태를 형성할 것이다. 이들은 크기가 작아서 안팎으로 보이는 시야가 조심스럽게 조절된 시각만을 제공하거나 또는 이것보다 커서 안과 밖의 연결을 증대시킬 수도 있다.

외부와 통하는 창문과 같은 공간은 일정한 곳에 수고가 높은 나무를 배제하여 만들 수도 있고 가지들 사이를 통해 시야 확보가 가능한 개방성을 가진 나무들이나 관목들을 사용하여 보다 더 느슨하게 형성할 수도 있다.

부분적인 시각적 위요, 물리적 개방: 움직임에 방해가 없도록 관목 식재는 생략되고 좁은 띠 모양의 교목들이 경계를 형성한다. 그리고 이 나무줄기들은 경계를 따라 시야를 부분적으로 가리면서 조망의 기본 틀을 형성한다. 교목은 머리 높이 위로 수관을 형성하고 수간의 간격은 나무들 사이에서 가시도를 결정할 것이다. 1~2m 간격의 상당히 밀집

그림 4-2. 위요의 투과성

위요의 개방성

시각적이고 물리적인 위요

부분적인 시각적 위요 물리적 위요

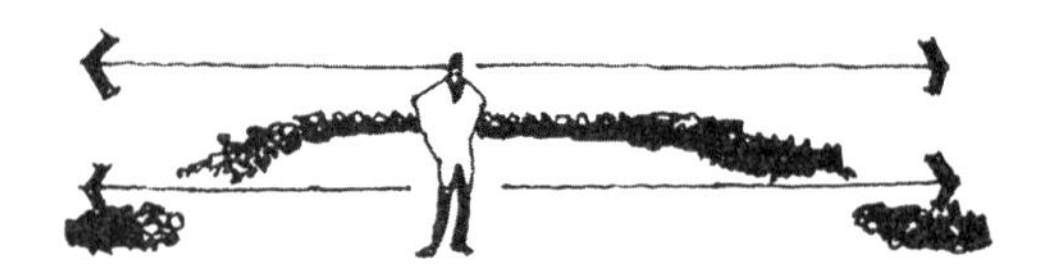

시각적이고 물리적인 위요

부분적인 시각적 위요 물리적 개방

시각적 개방 물리적 위요

된 교목 식재는 결국 여러 개의 높고 좁은 출입구를 둘러싸는 틀을 형성할 것이다. 보다 넓고, 일정한 간격으로 심은 일렬의 교목 식재선은 주랑 같은 형태이며 수간은 기둥이 되어 나뭇가지와 나뭇잎으로 형성된 아치 형태의 수관을 지탱한다.

이러한 종류의 공간이 지닌 장점은 내부에 존재한다는 강한 장소감과 더불어 주위 환경과의 원활한 의사소통을 제공하는 데 있다.

사진 46. 영국 워링턴(Warrington)의 자작나무 숲(Birchwood). 시각적, 물리적으로 완전히 위요된 공간은 공공 정원에서 안식처와 은신처를 제공한다.

사진 47. 덴험의 브로드워터 파크(Broadwater Business Park, Denham). 시각적, 물리적으로 완전히 위요된 공간은 주차장처럼 시각적으로 방해가 되는 공간 주변에서 바람직할 것이다. 또한 그 장소를 이용하는 사람들에게 편안하고 안락한 환경을 제공할 것이다. 사진의 교목은 단풍버즘나무(*Platanus x hispanica*)이며 키가 큰 관목인 해장죽류(*Arundinaria* sp.)와 딸기나무(*Rubus tricolor*)가 경계를 이루고 있다.

사진 48. 영국의 밀턴 케인즈(Milton Keynes). 윌렌 호수(Willen Lake) 너머로 시각적 틀이 형성되어 있다. 부분적인 시각적, 물리적 위요를 통해 창문과 벽의 효과가 동시에 나타난다.

사진 49. 영국의 브리스톨(Bristrol). 일렬로 늘어선 길가의 교목은 식당 환경에 엄청난 차이를 만들어 낸다. 이 가로수들은 공간을 설정하고 식사 장소로의 손쉬운 접근을 허용하지만 넓은 공공 도로로부터 분리시켜 준다.

시각적 개방, 물리적 위요: 완전한 가시성은 대부분 눈높이 아래에 있는 식재에 의해 완성된다. 또한 허리 높이에서 무릎 높이의 관목은 활동을 효과적으로 차단하는 장벽을 형성한다. 이와 같이 중관목으로 식재된 위요 공간을 통해 주변과 구분되는 명확한 영역이 설정됨과 동시에 사방으로 개방된 시야 또한 확보될 것이다. 이곳에 입구가 하나일 뿐이더라도 개방감을 느낄 수 있을 것이다. 이와 같은 개방성 때문에 위요가 강한 곳 사이에 부수적인 장소로 종종 사용된다. 그럼에도 불구하고 중간 높이의 관목 식재는 명확한 경계를 만들며 구역 식별과 손쉬운 감독이 필요한 곳에 효과적으로 영역을 정해줄 수 있다.

시각적 개방, 물리적 개방: 이에 해당하는 영역은 무릎 높이 또는 그보다 낮은 식재에 따라 설정될 수 있다. 이것은 완전한 가시성을 허용하고 식재지를 걷기에 다소 불편함이 있을 수 있지만 활동성을 완전히 차단하는 것은 아니다. 게다가 일부 지피식재는 보통 수준의 답압을 견딜 수 있다. 이런 종류의 공간에서 하부 식재의 역할은 공간을 서로 분리하는 것이 아니라 공간의 흐름을 방해하지 않은 채 시각적으로 연결시키는 것이다.

위요는 공간의 구성에 있어서 하나의 핵심 요소이다. 위요의 수준과 투과성은 공간들 사이의 연결성과 상호 관계성을 도모하기 위해 조절될 수 있다. 몇몇 식물의 나뭇잎이 매우 울창하여 시야를 가리는 반면에 다른 식물들은 그렇지 않을 경우 상대적으로 시야를 덜 가려 투명함을 지닐 수 있다. 이렇게 투명함에 변화를 줘서 우리는 위요의 경험에 미묘함과 다양함을 더 할 수 있다. 예를 들면, 밀폐된 공간이라고 하면 물리적으로나 시각적으로 키가 큰 식물들이 식재되어 있는데, 이러한 식물들 중 공간적으로 투명한 부분이 있거나 혹은 계절적인 요인으로 인하여 보다 투명함을 확보하는 기간—겨울처럼—에는 공간 너머 저편에 무엇이 존재하는지에 관한 감각을 더욱 강하게 자극할 것이다. 지중해쿠프레수스*Cupressus sempervirens* 생울타리로 만든 위요된 특성을 듬성듬성 심은 낙엽성 나무들이나 관목 또는 초본 식물들과 비교해보면 이를 알 수 있다.

투과되고 비치는 위요뿐만 아니라 위요의 모양과 상대적 비율의 효과가 경관 구성에서 동적인 특성의 많은 부분을 부여하기 때문에 디자이너는 이들을 잘 이해할 필요가 있다.

역동성

공간의 동적인 특성들은 그 공간 내에서의 움직임 또는 휴식의 감각을 형성하는 특성들을 의미한다.

형상

공간의 형상shape 즉 공간을 구성하는 면적 대비 길이의 수평적 비율은 공간의 역동성에 영향을 미친다. 다소 원형이거나 정사각형의 비율로 위요된 곳은 도착하는 공간임을 시사한다. 또한 이곳은 만남을 위한 장소, 집중을 필요로 하는 활동의 공간, 머무름의 장소임을 시사한다. 이러한 종류의 공간은 '정적'이다.

대조적으로 넓이보다 길이가 긴 공간은 움직임을 암시한다. 이와 같은 공간은 강력한 방향성을 갖는 길거리나 이동 통로와 같이 어디론가 유도하는 것처럼 보인다. 이것은 역동적이며 활동적이다. 보다 길거나 좁으며 길이를 따라 섬세함이나 변화가 적은 공간일수록 그 공간에서 느낄 수 있는 방향성이나 속도감이 더 크다. 유사한 예로 수도관의

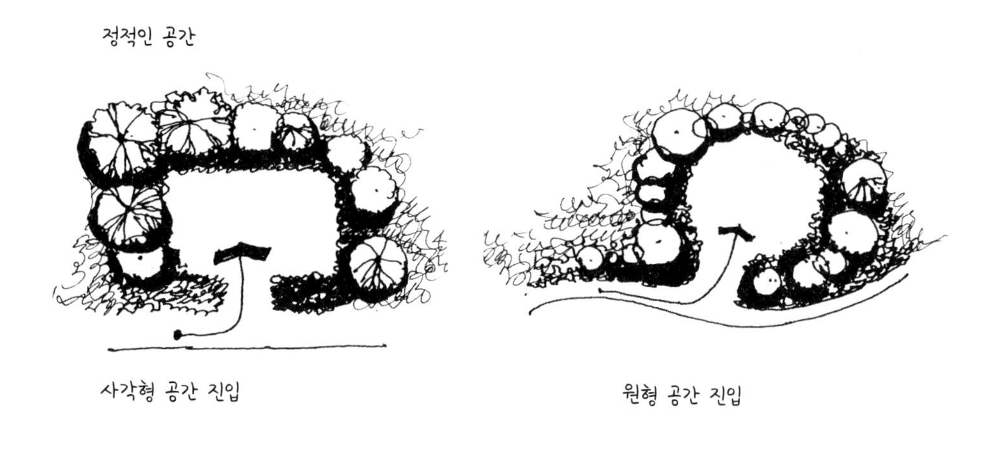

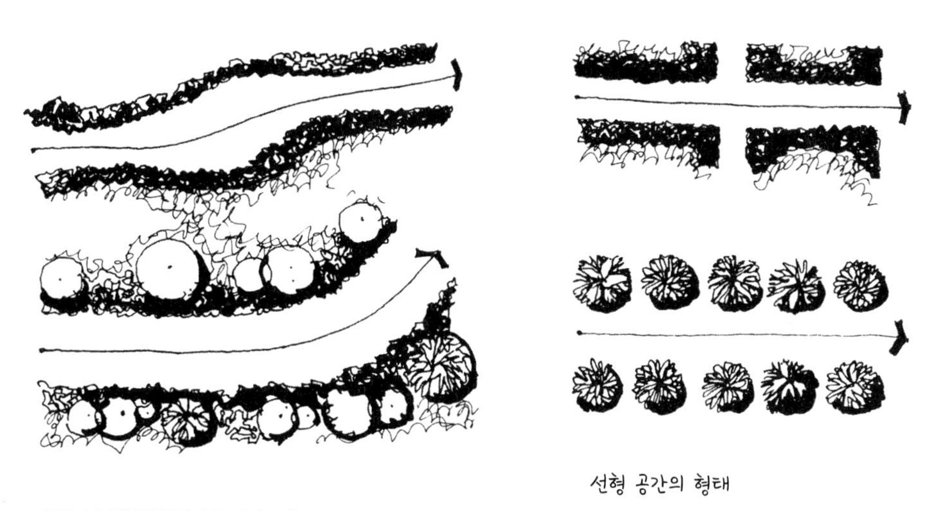

그림 4-3. 정적인 공간과 동적인 공간

물을 들 수 있다. 수압이 같다고 가정하면 관이 좁을수록 물의 흐름은 더 빠르다. 공간은 물과 같이 유동적이다. 형태와 그 규모가 흐름의 역동성을 결정한다.

정적인 것과 직선 사이의 중간에 있는 위요의 역동성은 만일 그 순환이 어떤 길이나 다른 통로로 연결되지 않으면 때로는 모호해질 수 있다. 이런 모양들은 특정 장소로 이어지지 않아서 산만한 성질을 가질 것이다. 그러나 이러한 불확실성은 공간 내에서 목표를 형성하는 표본목이나 초점과 같은 모양을 사용하여 해결할 수 있다. 패턴과 형태도 움직임 안에 내재된 속도에 영향을 준다. 예술가 모리스 드 사우스마레즈Maurice de Sausmarez는 그의 책 '디자인 기초: 시각적 형태의 역동성*Basic Design: the Dynamics of Visual Form*(2007)'에서 '직선의 형태와 곡선의 형태는 움직임을 시사하는 데 있어서 상이한 잠재력을 지닌 것으로 보인다. 일반적으로 후자는 전자보다 더 빠르게 움직인다'라고 말한다. 그러나 그는 항상 그렇지는 않다는 것을 인정한다. 예를 들면, 어떤 종류의 별 모양은 그 속도가 어느 곡선 모양만큼 빠른데, 이는 별 모양이 사선과 예각으로 이루어졌기 때문에 보다 큰 속도감을 나타내는 것이라 할 수 있다. 이런 종류의 패턴은 히구치Higuchi가 말하는 경관의 '열린' 공간과 '닫힌' 공간에서 접할 수 있다. 열린 공간은 관심 혹은 움직임을 이끌어 내는 뚜렷한 출발점을 지니고 있다. 골이 깊은 계곡의 수원지를 예로 들 수 있다. 닫힌 공간은 주의력이나 움직임이 초점을 형성하는 정점을 향해 집중되도록 한다.

정적 공간은 필연적으로 일정함을 유지한다. 가로수길 같은 동적 공간은 일정하면서 대칭적일 수 있다. 하지만 변화가 없으면서 연속적인 공간은 그 크기, 그 공간이 허용하는 시야와 길이에 따른 구체적 특성에 따라 웅장하고 인상적인 느낌을 줄 수도 있지만 그와 달리 지루하고 버거운 느낌을 줄 수도 있다. 런던 근처의 윈저 그레이트 파크Windsor Great Park에 이중으로 가로수가 조성된 거리가 있는데 이는 웅장한 정형식의 유명한 예이다. 이 거리는 부드럽지만 과감하게 지형이 다른 공원 대지를 거쳐 저편에 있는 인상적인 조각상으로 초점을 맞추고 있다. 비교적 평지 위에서 무한대로 확장되는 것처럼 보이는 베르사유Versailles의 조망과 이 길을 비교해 볼 수 있다.

그림 4-4. 정적인 공간과 동적인 공간은 결합될 수 있음

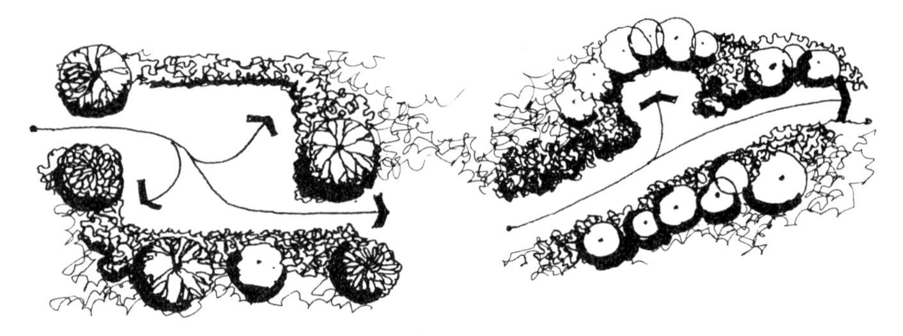

정적인 공간은 선형으로 진행되는 공간 사이에 위치할 수 있음

중간 형태는 모호할 수 있음

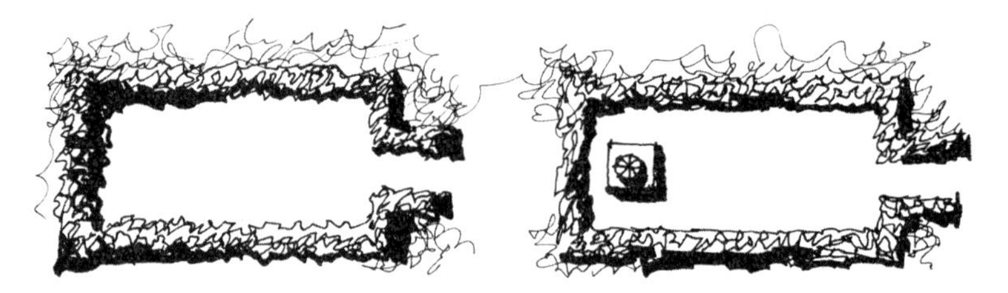

단 하나의 진입로만 있을 경우 정적인 공간 내부에서 시선을 유도하는 초점 또는 동선을 유도하는 어떤 물체를 두는 것이 좋음

사진 50. 멈추거나 쉬었다 가는 장소는 수평의 비율이 일정하며 모양이 원형이거나 정사각형일 때 가장 성공적이다.

사진 51. 영국 워링턴(Warrington)의 리슬리 모스(Risley Moss). 소림에 자리 잡은 확 트인 연못가는 사람들의 발걸음을 멈추게 하고 즐겁게 서로 모여 쉬어 갈 수 있는 장소를 제공한다.

사진 52. 선형 공간의 형태는 소통과 움직임의 기능을 표현한다. 사진은 보행로와 차도가 교목과 관목에 의해 명확하게 설정되고 분리되어 있는 것을 보여주는 싱가포르의 사례다.

그림 4-5. 선형의 동적 공간

선형의 동적 공간이 좌우 대칭이면 장엄하게 보이면서 시선을 유도할 수 있음

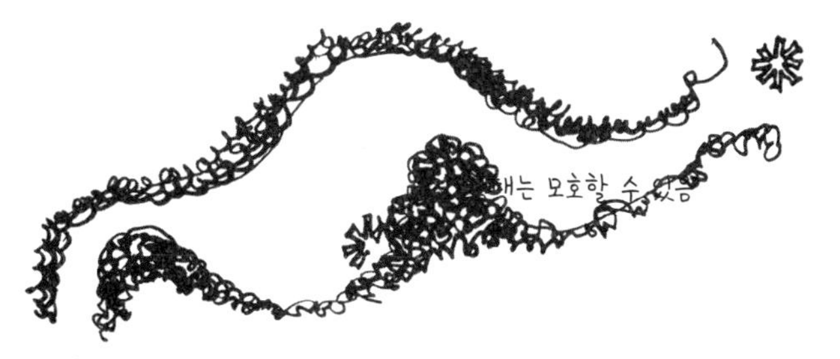

불규칙한 형태의 동적 공간은 보이지 않는 곳과 보이는 곳 사이에서 역동적인 긴장감을 유발함

사진 53. 영국의 밀턴 케인즈 (Milton Keynes). 보행로가 시각적 흥미를 끄는 초점 없이 길기만 하다면 보행자는 따분한 느낌이 들 수 있다. 그러나 이 길은 교목 식재 덕분에 덜 협소한 느낌을 주고 매력적으로 다가온다.

사진 54. 버즘나무로 조성된 벨기에의 아렌베르크 성 (Castle Arenberg)으로 가는 길은 경관 구조의 웅장하면서도 역동적인 요소를 드러낸다.

사진 55. 곡선형 공간은 은폐로 인한 호기심과 기대감을 불러일으킨다. 지형의 완만한 곡선과 흐름은 보다 매력적이다.

수직 비율

공간의 너비 대 높이의 비율 또한 역동성에 영향을 미친다. 비율이 너무 낮으면 공간 고유의 특성과 방향성이 상실된다. 너무 높을 경우 공간은 많이 협소해지며 깊은 우물이나 해자가 형성될 것이다. 위요된 형태에 의해 생성되는 '긴장감'이 너비 대 높이의 비율로부터 큰 영향을 받는다는 것을 상상하면 이러한 효과를 보다 쉽게 이해할 수 있을 것이다. 선형의 공간이 보다 높고 좁을수록 더 긴박하게 움직이는 느낌을 주게 된다. 양면의 높은 울타리는 정적인 공간에서 동적인 힘을 발생시킬 수도 있는데, 이러한 작용들은 강한 잠재력을 갖는다. 만일 너비 대 높이의 비율이 너무 크다면 그 공간은 위압적으로 다가올 것이다.

건축물과 공간의 관계에 관한 경험적인 연구를 통해 너비 대 높이의 적정 비율이 제시된 바 있다. 거리의 경우에는 주로 1:1, 1:2.5의 비율이고 광장이나 기타 정적인 공간은 1:2 또는 1:4의 비율이 바람직한 것으로 알려져 있다.(린

사진 56. 컴브리아 주의 먼캐스터 성(Muncaster Castle, Cumbria). 언덕을 따라 조성된 이 산책로는 한쪽 면이 완전히 닫혀 있지만 반대편의 시야는 저 너머 경관을 향하도록 개방되어 있다. 전경 일부를 차단하는 허리 높이의 생울타리와 곡선형 배열이 서로 어우러지면서 우리의 시선을 이끌고 있다.

치Lynch와 핵Hack, 1985; 에섹스 의회County Council of Essex, 1973; 그레이터 런던 시의회Greater London Council, 1978) 물론 이러한 규칙에는 플로렌스Florence의 협곡 같은 거리와 르네상스 및 중세 시대 마을처럼 예외도 있다. 이러한 곳들은 여름의 햇살로부터 안락한 그늘을 제공하고 친밀함과 결합된 분주함과 활동적인 느낌이 든다. 북유럽에 위치하고 구름이 끼며 더 차가운 기후이지만 요크York와 같은 역사적인 도시의 특징인 이런 좁은 거리는 많은 사랑을 받는다. 여기서는 작고 인간적이면서 개인적인 규모의 공간이 역사적인 건축물과 결합되어 발산하는 매력이 가장 큰 특색이다.

결론적으로 말하면 '고전적인' 비율은 성공적인 공간 중 한 가지 측면일 뿐이다. 효과적인 면이 있는 것도 사실이지만 너무 맹신하는 것도 좋지 않다.

너비 대 높이의 비율은 또한 식생으로 위요된 녹색 공간에도 중요하다. 앞서 언급된 도시 연구에서 선호되었던 비율들은 매력적이고 대체로 편안한 느낌을 주는 비율들이며, 농촌 공간과 식재된 공간에도 적용될 수 있다. 건축적으로 한정된 공간에서와 같이 편안함의 한계는 서로 다른 공간들의 대비 효과를 극대화하기 위해서 편안함을 주는 비율의 한계는 조금 더 확장될 수 있다. 예를 들어 어둡고 좁은 폐쇄된 공간에서 밀실 공포증의 느낌을 받았다고 가정해 보자. 그 후 이러한 공간 너머에 있는 넓고 따뜻하며 햇볕이 비추는 공간에 들어서면서 느끼게 될 안도감은 한층 고조될 것이다. 반대로 특색 없이 황량하기만 한 곳을 거쳐 온 후 맞이하는 따스하고 평온한 느낌의 안식처 같은 곳은 더 반가울 것이다.

경사

가파른 사면의 대지는 그 자체로 위요감을 형성하고 공간을 설정하지만 경사 자체가 식재, 건물 또는 구조물에 의해 형성된 공간의 역동성에 영향을 미친다.

경사진 지면은 방향성을 나타낸다. 이러한 경사는 보행자를 전망이 좋은 곳까지 올라가거나 안전한 분지를 향해 내려가도록 부추긴다. 경사가 1/3보다 가파를 경우 움직임은 사선 보행로나 경사면을 가로지르는 등고선으로 제한될 것이다. 그렇기 때문에 가파르게 경사진 곳의 방향성은 시야의 등고선과 직각을 이루는 방향으로 이루어지며 움직임 또한 동일한 선상에서 이루어질 것이다. 지표면의 방향성은 동적인 요소이며 공간의 형태와 비율의 배분을 고려할 필요가 있다.

너무 낮을 경우 – 위요감의 사라짐

너무 높을 경우 – 공간은 밀실공포증을 일으킴

선형 공간의 너비 대 높이 비율

너무 낮을 경우 – 방향성의 사라짐

너무 높을 경우 – 벗어나고픈 충동을 일으킴

그림 4-6 정적 공간과 선형 공간에서 나타나는 너비 대 높이의 비율

사진 57. 스페인 그라나다(Granada)의 헤네랄리페(Generalife). 선형 공간에서 너비 대 높이의 비율은 그 공간의 역동성에 영향을 미친다. 1:1 비율은 목적성이 강한 성격을 갖는다.

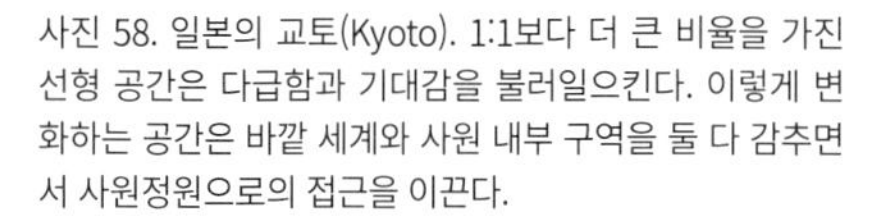

사진 58. 일본의 교토(Kyoto). 1:1보다 더 큰 비율을 가진 선형 공간은 다급함과 기대감을 불러일으킨다. 이렇게 변화하는 공간은 바깥 세계와 사원 내부 구역을 둘 다 감추면서 사원정원으로의 접근을 이끈다.

초점

공공장소나 건물이 들어선 공간의 초점은 대부분 두드러진 건물이나 수경 시설, 조각과 같은 것이다. 만약 식재에 의해 위요된 공간이 조성된다면 초점은 위와 같은 것들이 될 수도 있지만 퍼걸러와 정자 또는 단순히 눈에 잘 띄는 나무와 같은 다른 구조물이 될 수도 있다. 초점은 그 종류에 관계없이 강한 특성을 지녀야 하며 주변 환경으로부터 구별될 필요가 있다. 초점의 성격은 공간을 지배하며 공간에 정체성을 부여하는 경향이 있다.

큰 규모에서 초점은 지역의 랜드마크일 수 있다. 린치Lynch와 핵Hack(1985) 그리고, 배리 그린비Barrie Greenbie(1981)는 도시 지역이나 특정 구역의 정체성 형성에 영향을 미치는 교회나 오래된 건물 그리고 공원들과 같은 랜드마크의 중요성을 강조하였다. 웅장하고 오래된 나무 한 그루는 랜드마크와 같은 존재감이 있을 수 있으며 그 지역을 대표할 수도 있다. 초점들은 공간에서의 위치에 따라 서로 다른 역할을 지니며 다양한 영향을 미친다. 이들 중 일부는 다음과 같다.

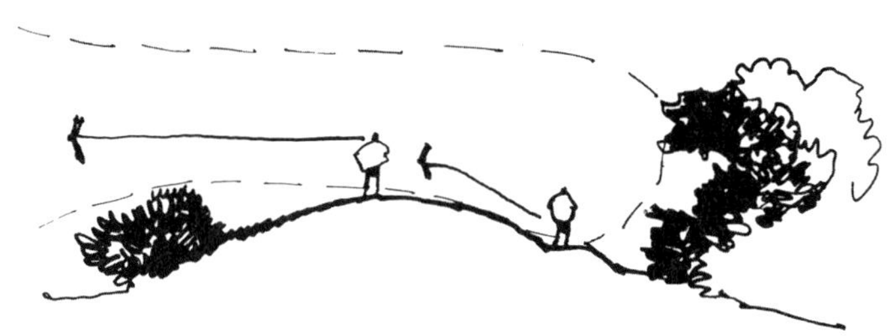

그림 4-7. 경사는 내부 또는 외부로 향하는 방향성을 만들어낼 수 있음

대칭 초점

내부 또는 중앙에 초점을 지닌 채 시선이 종점에 닿는 정적 공간의 특성은 '중심성centric'이라고 기술된다.(프렌치French, 1983) 초점이 대칭축의 교차점에 근접하면 공간의 대칭성은 강조될 것이다.

이와 같이 대칭적인 공간에서는 역동적 힘이 균형을 이룬다. 그리고 이러한 특성은 차분하고 때로는 엄격한 정형적인 특성을 부여한다. 이러한 배열은 아주 단순하지만 공간 디자인 역사상 가장 잘 알려진 몇 가지 예를 찾아 볼 수 있다. 그 예로는 로마의 성 피터St. Peter 광장과 스페인 남부의 이슬람사원 정원 등이 있다. 비록 정형적이며 중앙 초점을 갖는 공간 디자인은 많은 노력이 필요할 것 같지 않지만 이러한 디자인을 완성하는 것은 매우 어렵다.

경험이 부족한 디자이너는 공간의 중앙에만 초점을 맞추려 하기 때문에 어설프고 평범한 결과물을 얻는다. 중앙 초점을 갖는 대칭적인 디자인은 비대칭적이며 비정형적인 디자인과 마찬가지로 세심함과 감성을 요구한다.

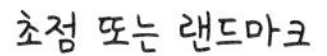

적절한 곳에 자리 잡을 경우 어떤 공간에 그 곳만이 지닌 고유한 특성을 살려낼 수 있음

그림 4-8. 초점 또는 랜드마크

사진 59. 60. 공간의 초점은 충분한 크기로 자란 하나의 표본목에 의해 형성될 수 있다. 이와 같은 도심 속 공간들은 벨기에의 브뤼헤(Brugge)와 파리(Paris)의 라빌레트 공원(Parc de la Villette)에 있으며 두 경우 모두 교목은 만남의 장소를 제공한다.

그림 4-9. 대칭 초점

비대칭 초점

어떤 개체가 정해진 공간에 위치했을 때 개체와 공간의 경계 사이에 역동적인 힘이 작용한다. 이러한 힘의 강도는 개체로부터 경계 사이의 거리와 공간의 전체적인 지형에 의해 결정된다. 이 원리는 시각 예술(드 사우스마레즈de Sausmarez, 1964)과 건축 분야(칭Ching, 2004)에서 수용된 후 현장에 적용되고 있다.

정적 공간의 초점이 중앙에서 벗어난 위치에 놓인 경우 힘의 총합은 공간 구성에 역동적이면서 방향성을 가진 특성을 부여한다. 이것을 이해하는 또 다른 방법은 초점에 의한 공간의 함축된 분할을 상상하는 것이다. 비대칭 초점은 동등하지 않은 분할을 의미하며 일반적으로 점점 커지는 공간의 세분화를 통해 초점까지 진행한다.

그러므로 비대칭 초점은 공간 내의 운동성과 휴식을 부여한다. 이러한 역동적인 긴장감은 공간의 특성에 기여하지만 초점 자체의 성질과는 독립되어 있다. 공간의 역동성은 초점이 오벨리스크, 키오스크 또는 표본목이라도 다 똑같을 것이다.

경계선상의 초점

공간의 초점은 경계선상이나 울타리의 주연부에 위치할 수 있다. 색상이나 형태가 장관을 이루는 위요된 틀로 이루어진 식재는 시선을 끌어 들이면서 초점이 될 수 있다. 입구는 접근 지점으로서 중요하며 내부를 들여다 볼 수 있는 구조물이기 때문에 관심을 끄는 중심이 될 수 있다. 그러므로 다른 초점이 없는 경우 입구는 그 공간의 초점이 될 가능성이 크다.

주연부에 위치한 초점은 내부에서 볼 때 쉽게 눈에 띄기 때문에 공간 구성의 필수적인 부분이 된다. 이와 같은 초점은 어느 지점에 도착했다는 느낌, 목표에 대한 성취감 그리고 온전한 느낌을 준다.

비대칭 초점

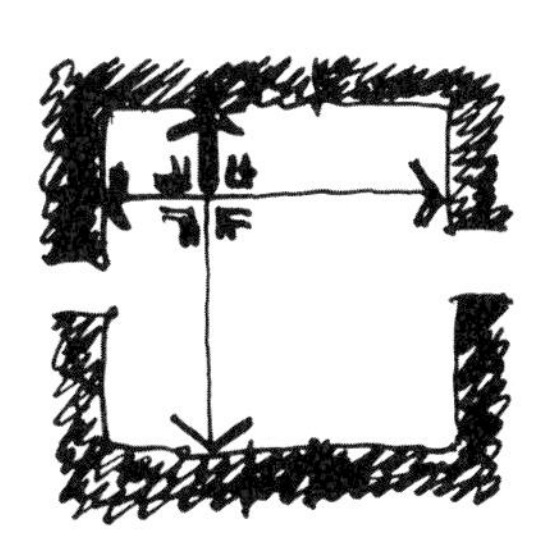

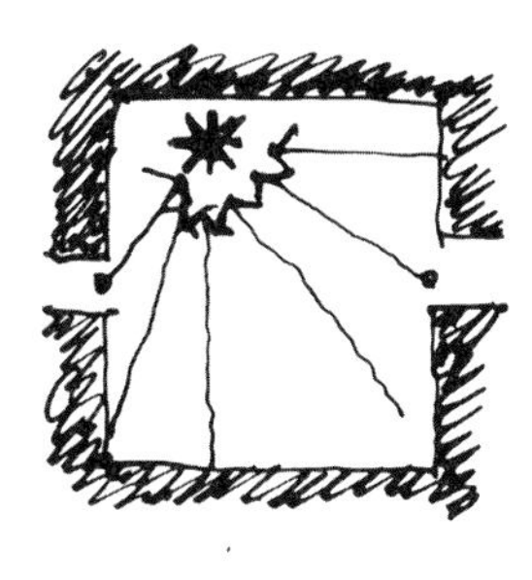

정적인 공간에 역동성을 가미

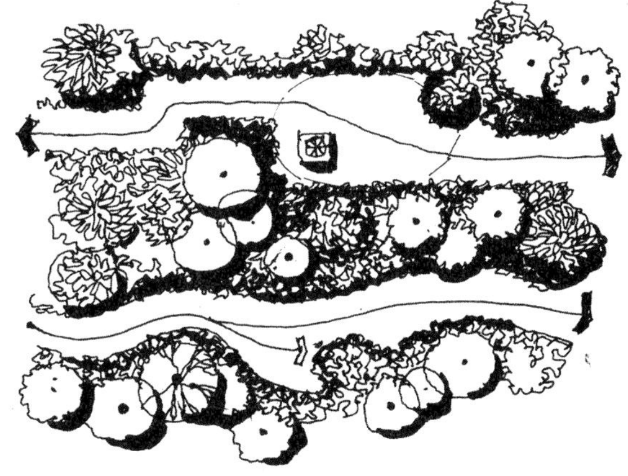

또는 선형 공간에 역동성을 가미

그림 4-10. 비대칭 초점

외부 초점

공간 너머로 보이는 중요한 랜드마크는 다소 멀리 떨어져 있더라도 초점이 될 수 있다. 이러한 초점은 시각축을 따라 방향성을 제시하고 공간에 시각적으로 포함되기 때문에 그 공간에 특별한 정체성과 장소성을 부여할 수 있다. 이와 같은 외부 초점은 공간을 체험할 때 그 일부가 될 것이다.

지금까지 우리는 단일 공간의 구성을 살펴보았다. 하지만 그 어느 공간도 독자적으로 존재하지 않는다. 공간이란 우리가 연속적으로 지나가는 선상의 일부이기 때문에 특정 공간은 상대적인 의미를 지닌다. 다음 장에서 공간들의 관계가 전체 경관에서 우리의 체험에 어떤 영향을 미치는지 살펴볼 것이다.

그림 4-11. 초점은 경계부에 위치할 수 있고 공간너머에 있을 수도 있다. 초점은 공간의 형태, 위요 또는 경사에 내포되어 있는 방향성을 강조하기 위해 사용할 수 있다.

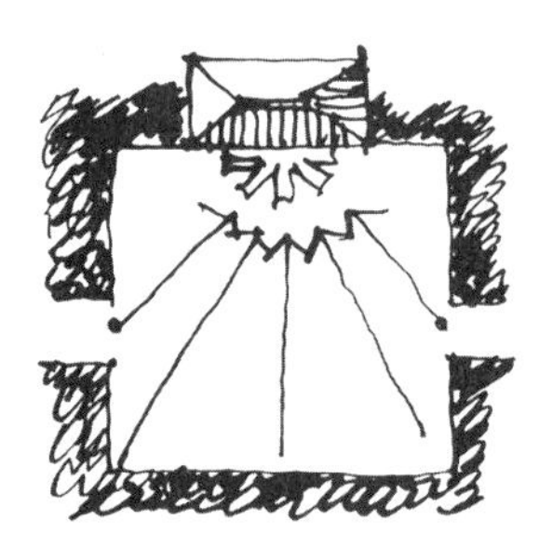

경계부에

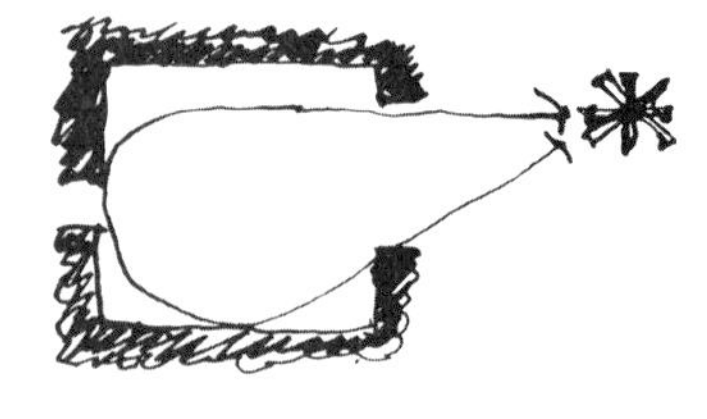

공간 너머에

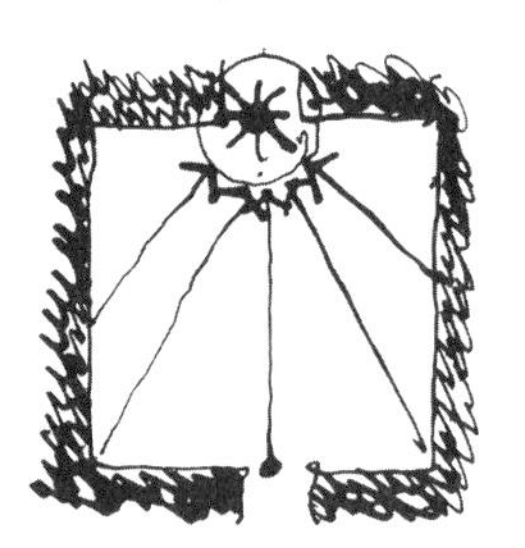

입구는 한 개의 주요 초점이 됨

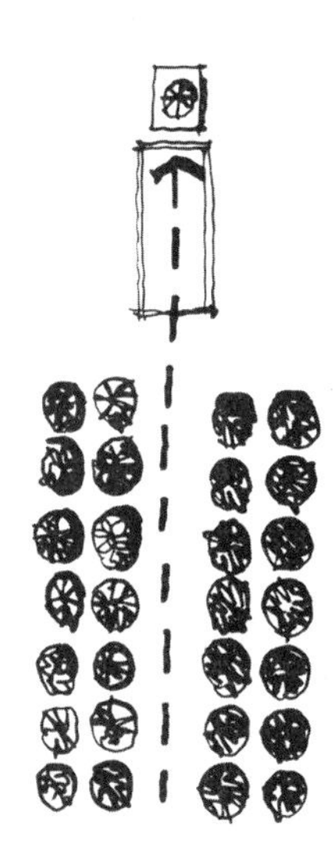

사진 61. 영국 글로우체스터셔(Gloucesterchire)의 히드코트 별장 정원(Hidcote Manor garden)에서 이 통로의 끝에 있는 문은 초점을 제공할 뿐만 아니라 저 너머에 무엇이 있을지 기대하게 한다. 비록 식물 수집과 주제 정원으로 알려져 있지만, 히드코트 별장은 정형적인 공간 구성의 대표작이고 다양한 공간 형태의 수많은 사례를 보여준다.

사진 62. 영국 글로우체스터셔의 히드코트 별장. 공간의 경계를 넘어선 초점은 공간에 고유한 특성을 부여하고 새로운 계기를 만들어 주는 데 효과적이다.

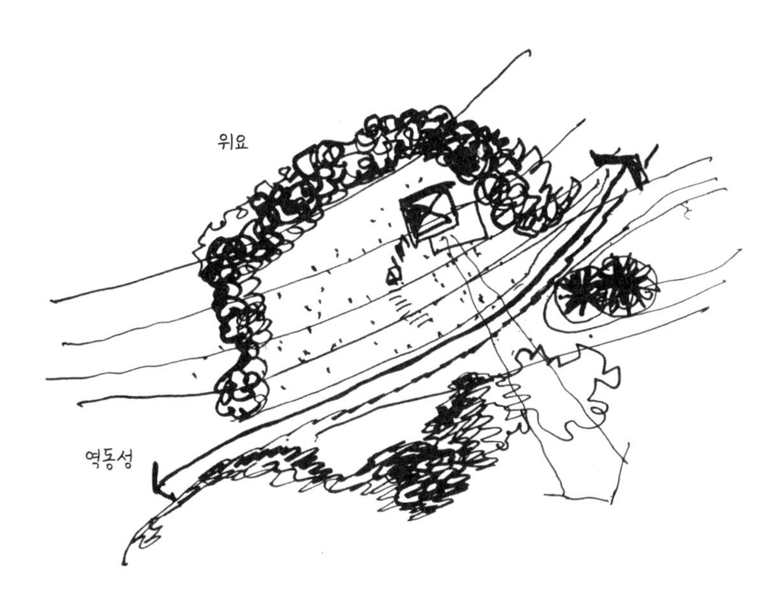

그림 4-12. 공간의 특성은 그 공간의 위요, 역동성 그리고 초점의 산물임

5

경관 구성

경관 체험은 우리의 활동과 움직임에 기초한다. 고정된 위치에서 경관을 바라보는 것은 일반적인 상황이라기보다는 오히려 극히 이례적인 것이고 이것은 현지 거주자들 및 그곳을 이용하는 사람들보다는 화가, 사진가, 여행객의 시선을 통해 경관을 경험하는 것에 가깝다. 경관에 대한 깊은 몰입과 신체 활동을 통한 체험의 강조는 픽처레스크picturesque와 거리를 두는 최근의 경향을 대표한다는 의견이 이따금 제시된다. 실제로 공간의 복잡성과 체험의 연속성에 가치를 두는 멋진 경관의 역사적 사례는 많이 있다. 여기에는 복잡한 공간들의 상호작용이 살아 있는 중국과 일본의 고전적인 동양정원과 영국의 예술 수공예 운동의 영향을 받아 정원 속에 다양한 활동 공간들을 갖추고 있는 루틴스Lutynes와 지킬Jekyll의 '수도원의 숲*Le Bois des Moutiers*'이 있다. '옥외 공간의 방'(브룩스Brookes 1979)이라는 공간 설정 개념을 본질적인 요소로 받아들이는 현대 정원 디자인의 사례도 많은데, 존 브룩스John Brookes의 덴만스Denmans 정원, 제프리 젤리코Jeoffrey Jellico의 슈트 하우스Shute House와 서튼 플레이스Sutton Place가 대표적이다.

마치 한 장의 풍경사진처럼 경관을 지각하는 것은 체험과 느낌이 배제된 시각에 머무를 뿐이다. 경관을 보이는 것 위주로 감상하고 평가하는 것에는 결점이 있다. 그것은 '눈에 보이지 않으면 마음에서도 멀어진다'라는 식의 접근을 야기하면서 환경을 그저 생활을 위한 장식에 불과하다고 간주하는 사고방식으로 이끈다. 경관은 라운지 벽의 커다란 전망창 또는 자동차 앞 유리를 통해 보이는 하나의 영상이 될 수 있다. 그러나 이것은 곧 시각적 가치가 일상 속의 실용적인 경관으로부터 분리되어 있음을 뜻한다. 스티븐 보라사Steven Bourassa의 '경관의 미학*The Aesthetics of Landscape* (1991)'은 경관을 감상하는 여러 방식에 관한 좋은 논의를 담고 있다.

실제 옥외 환경과의 상호작용은 다수의 감각적 사건들로 이루어진다. 이 사건들에는 뜻밖의 광경뿐만 아니라 일상적인 시각, 청각, 후각을 비롯한 기타 감각들이 포함된다. 경관을 따라 이동하면서 우리는 공간을 드나들게 되고 우리의 지각은 부단히 변화한다. 무언가를 관찰하기 위해 멈추기도 하고, 사람과 동물 그리고 식물과 조우한다. 이런 사건들은 연속적으로 일어난다. 경관의 체험은 시간과 공간의 변화에 따라 관찰되는 것들이 달라지기 때문에 이는 고든 쿨렌Gordon Cullen(1971)이 '연속되는 전망'이라고 칭한 방식으로 감지된다.

사진 63. 일본의 교토(Kyoto). 유선형의 복합 공간으로 구성된 일본의 전통적인 회유식 정원은 방문자가 경관에 깊이 몰입할 수 있는 산책로로 유명하다.

사진 64. 오클랜드(Auckland)의 타카니니(Takanini)에 있는 주거단지의 경관 디자인은 공적인 영역과 사적인 영역의 조율을 잘 보여주는 공간 구성의 사례이다.

경관 구성은 지형, 식생 그리고 구조물에 의해 창조되는 공간적 틀의 총합이다. 그것은 우리가 일련의 공간과 전이지대를 통해 움직일 때 우리에게 전개되는 경험의 정도를 조절한다. 이러한 복합적인 경관 속에서 한 공간이 연속선상의 다른 공간과 갖는 관계성은 우리의 경험과 그 특성에 영향을 미치게 된다. 그래서 복합적이고 완벽한 경관 디자인은 조직적이면서 종종 복잡한 전체 안에서의 공간 통합을 포함한다. 에드먼드 베이컨Edmund Bacon은 이를 건축과 다른 예술을 서로 연결시켜주는 한 부분으로 간주했다.

> *삶은 경험의 연속된 흐름이다. 각각의 행동 또는 순간의 시간은 이전의 경험을 따라 진행되고, 다가오는 경험을 위한 출발 지점이 된다… 이런 식으로 바라볼 때, 건축은 시 또는 음악과 같은 예술로 간주되며, 그 어떤 한 부분도 바로 앞서거나 뒤따르는 것과의 관계를 벗어나 고려될 수 없다. (베이컨Bacon, 1974)*

베이컨의 건축에 관한 언급은 경관 디자인에도 똑같이 적용된다. 디자인 과정에서 우리는 부지를 개선하고 사용자를 만족시켜 줄 수 있는 공간의 질을 탐구함으로써 아이디어를 종합하기 시작한다. 다음 단계는 복합적인 경관 속에서 각각의 공간이 지닌 장소성을 이해하고, 그것과 다른 공간과의 관계성을 고찰하는 것이다. 이러한 관계성에는 두 가지 열쇠가 있는데, 그것은 공간들의 연관된 집단을 위해 우리가 채택하는 조직의 종류와, 인접 공간들 사이의 전환 특성이다.

공간의 조직들

경관을 따라 이동하면서 공간을 바라보면 우리는 본질적으로 서로 다른 종류의 공간 조직들이 다수 있음을 알게 된다. 그 조직들은 공간들의 상대적인 위치와 공간들을 서로 이어주는 동선의 패턴에 따라 달라진다. 건축가 프란시스 칭Francis Ching은 '건축: 형태, 공간 그리고 순서*Architecture: Form, Space and Order*(1996)'라는 책에서 다양한 유형의 방, 중정, 광장, 보행로의 조직에 대해 서술하였다. 그 책에서는 3가지 유형, 즉 '선형', '집적형', '내포형' 조직을 중요하게 다루고 있다. 다시 말하자면 이들은 서로 다른 제 각각의 형태이기 때문에 어떤 다른 형태로부터 구성되거나 다른 형태의 하부 요소로 포함될 수 없다. 이러한 주요 조직들 모두는 건축과 마찬가지로 경관에서도 나타나며, 그것들은 우리에게 복합적인 경관을 분석하고 이해할 수 있는 수단을 제공해 준다.

선형 조직

선형 조직이란 공간들이 연속해서 진행되는 것을 말한다. 그것은 각각의 공간을 차례로 통과하는 단일 동선 또는 각 공간별로 접근할 수 있도록 동선이 병렬로 배치되는 형태로 구성된다. 그 진행 과정은 직선이거나, 각이 져 있거나, 곡선을 이루거나, 불규칙할 수 있는데 그 선은 시작점과 종착점을 지닌 채 이어진다.

연속선상의 각 공간은 유사할 수 있지만 그 공간의 크기, 형태와 위요 정도는 다를 수 있다. 선형의 양쪽 끝 공간들은 연속성이 시작되고 끝을 이룬다는 점에서 특별히 중요하다. 반면에 그 사이에 자리 잡은 공간들의 중요성은 그것들의 구성과 상대적 위치에 따라 달라진다. 공간의 선적인 연속성은 명료한 순서 안에서 장소의 진행성으로 경험되고, 선형 내에 목표물이 있는 어떤 지점에서 정점에 도달할 수 있다. 그런데 이와 같은 현상은 반드시 그렇지는 않지만 흔히 연속성이 끝나는 지점에서 일어난다.

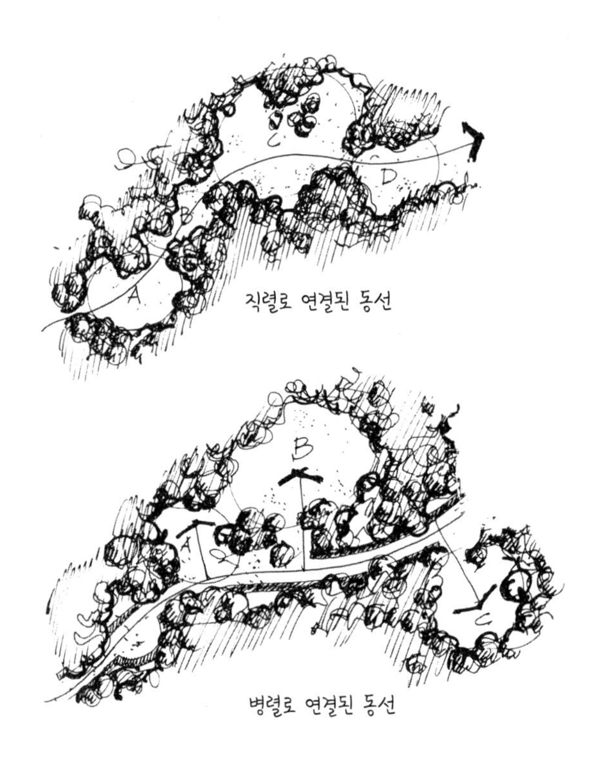

그림 5-1. 공간의 선적인 연속성

이러한 종류의 조직은 중요한 장소, 특히 상징성을 지닌 장소로 이끄는 데 적합하다. 이것은 기대와 흥분 그리고 도착했을 때의 강렬한 느낌을 만들어내고자 할 때 설계 요소를 조심스럽게 조절할 수 있게 해 준다. 식생으로 이런 효과를 어떻게 얻을 수 있는 지를 보여주는 영국 사례는 윈저Windsor 근처 러니미드Runnymede의 케네디 기념관J. F. Kennedy memorial에 있는 숲으로 우거진 진입로와 북 요크셔North Yorkshire 지방의 스켈 강River Skell 계곡 주변을 따라 스터들리 왕립공원Studley Royal Park과 파운틴즈 사원Fountains Abbey 유적지 사이를 서로 이어주는 공간의 연속에서 찾아볼 수 있다. 물론 목적지를 향해 가는 길과 다시 돌아오는 여정 모두 다른 사건들과 흥미를 포함하고 있지만, 이것들은 연속성이 지닌 주된 목적들을 어지럽히기 보다는 그것을 보완하는 것이어야 한다.

집적형 조직

칭Ching은 집적된 공간들이 주로 근접성에 따라 서로 다른 공간, 입구 또는 경로로 연결되는 조직을 어떻게 형성하는지를 보여준다. 또한 그는 대칭을 조직 내부의 군집을 배열하는 수단으로 설명한다. 대칭적 축은 비록 공간을 분할하고 연결해주는 물리적 경로는 아닐지라도 지각적 경로로 기능한다.

집적형 공간 내에서의 동선은 다양한 형태를 취할 수 있다. 만약 각 공간이 단 하나의 장소를 향하도록 유도하는 형태라면, 그 효과는 관심이 집중된 지역으로 이끄는 선형 조직과 같을 것이다. 그러나 보다 일반적이고 유용한 배치 형태는 공간들을 서로 이어주는 다양한 경로의 연결망이다. 주요 경로는 주 공간으로의 접근을 유도하고 나머지 공간들은 매개 공간 혹은 2차 경로로 접근 가능하다. 또 다른 방법은 비록 역동적이거나 선적이진 않더라도 그 주

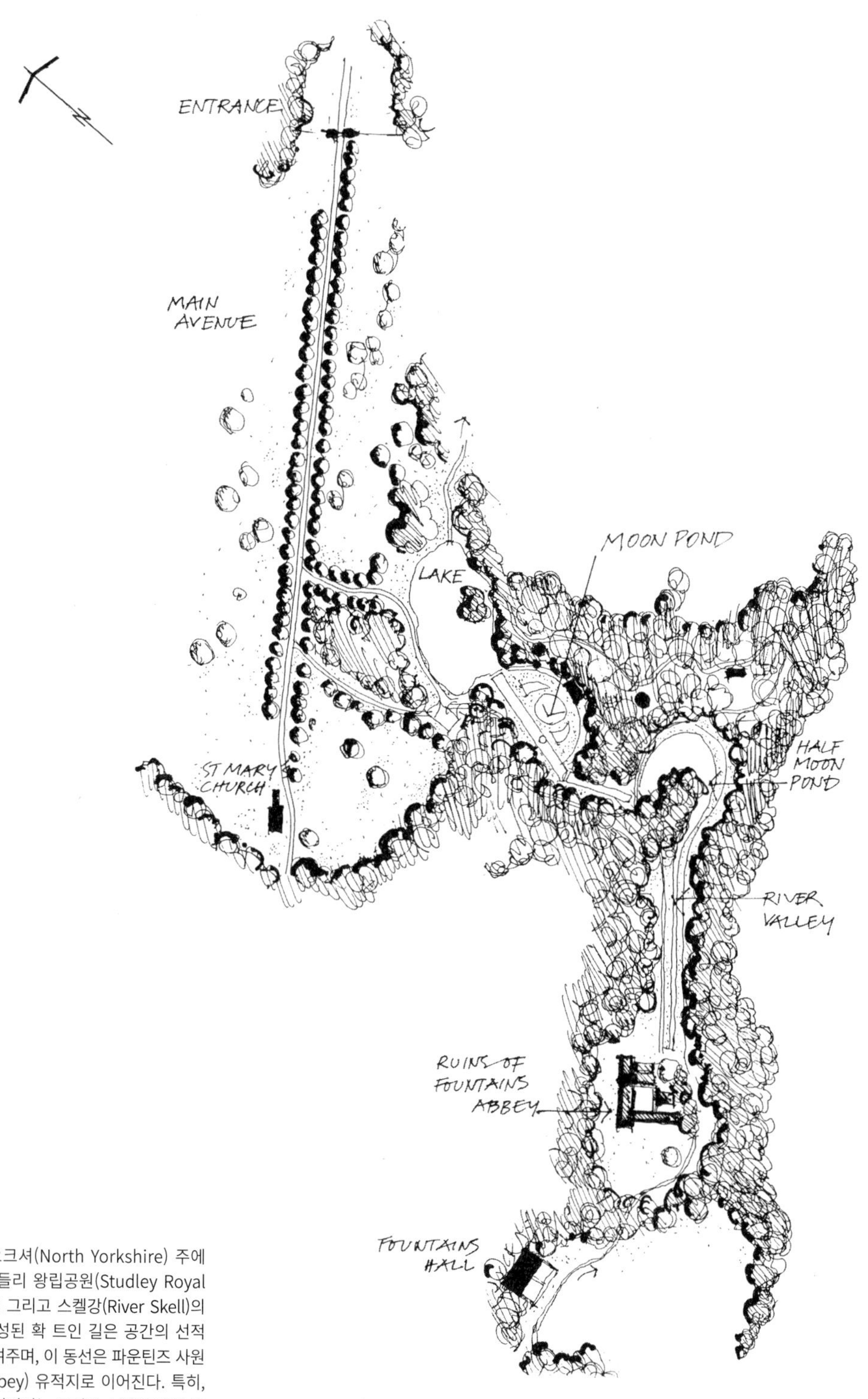

그림 5-2. 북 요크셔(North Yorkshire) 주에 자리 잡은 스터들리 왕립공원(Studley Royal Park). 가로수길 그리고 스켈강(River Skell)의 계곡을 따라 조성된 확 트인 길은 공간의 선적인 연속성을 보여주며, 이 동선은 파운틴즈 사원(Fountains Abbey) 유적지로 이어진다. 특히, 그라스와 물로 이어지는 동선은 소림의 내부 및 주연부와 대조를 이루는 경험을 제공한다.

사진 65. 영국의 브리스톨(Bristol). 처진자작나무(*Betula pendula*) 사이에 형성된 휘어진 오솔길을 따라 양쪽이 서로 연결되면서 선형의 공간이 형성된다.

사진 66. 미국 캘리포니아(California)의 산타바바라(Santa Barbara) 식물원. 구불구불한 길은 부드럽게 조절된 선적 연속성으로 이어지고 지형과 식생의 변화가 그 뒤를 따른다. 경로의 섬세한 배열, 지표면 지형의 작은 변화, 그리고 식재를 통해 대규모 주변 경관이 구성 속에 들어오거나 혹은 (고전적 용어를 사용하자면) '차경'이 나타난다.

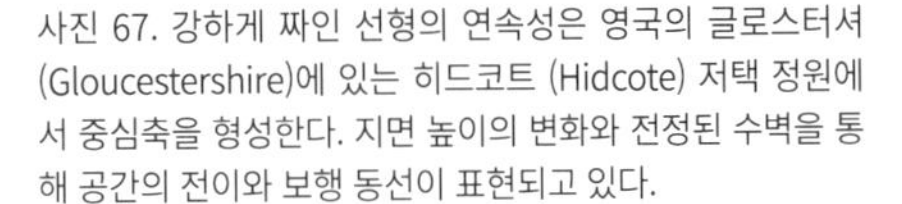

사진 67. 강하게 짜인 선형의 연속성은 영국의 글로스터셔(Gloucestershire)에 있는 히드코트 (Hidcote) 저택 정원에서 중심축을 형성한다. 지면 높이의 변화와 전정된 수벽을 통해 공간의 전이와 보행 동선이 표현되고 있다.

사진 68. 영국 버킹엄셔(Buckinghamshire) 스토우(Stowe)의 저택 앞 잔디밭에서 바라본 인상적인 전망은 수목으로 둘러싸인 채 수평선에 자리 잡은 코린티안(Corinthian) 아치에 초점을 맞추면서 공원 내 일련의 세 구역을 관통한다. 접근로는 농장을 통과하여 주 공간의 측면을 지나게 되어 평행적인 동선을 제공한다.

변에 인접한 모든 공간들로의 접근이 가능한 도시 광장이나 경기장과 같은 대규모 회합 공간을 만드는 것이다. 회합 공간은 그것의 전략적 위치와 다른 곳으로의 접근성 때문에 종종 그 규모가 가장 크면서 중요한 곳이다. 역사적 정원의 사례로 글로세스터셔Gloucestershir에 위치한 히드코트 저택Hidcote Manor의 잔디 극장Theatre Lawn을 들 수 있다.

집적형 공간 조직은 개별적 영역들을 필요로 하는 관련 활동들이 서로 연결되어야 하는 곳에 적합하다. 그 예로 개인 정원, 공공 정원, 가로, 근린 주거지 내 놀이터와 근린공원들을 들 수 있다. 동선의 연결망은 다양한 경로 선택이 가능해야 한다. 이는 단 하나의 경험과 연속성만 허용하는 선형적 연속성과는 다르다. 위요된 담장을 경계로 하여 한정된 공간 속에서 실내, 외부와 중간지대, 위가 덮인 공간들이 함께 모여 있는 중국 전통 정원을 한 예로 살펴보면 복잡하고 다양한 형태로 집적된 공간들이 발견된다. 일본의 회유 정원은 훨씬 더 유동적인 공간 전개가 두드러지게 나타난다. 그럼에도 불구하고 그 호기심과 즐거움의 일부는 경관 내 경로를 따라 체험할 수 있는 공간의 다양성에 기인한다.

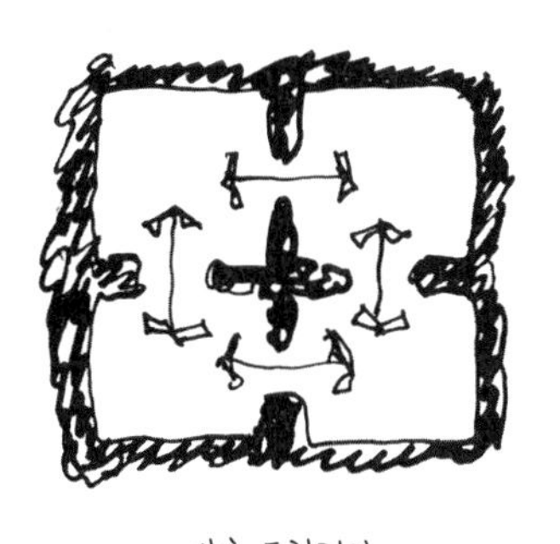
상호 독립적인

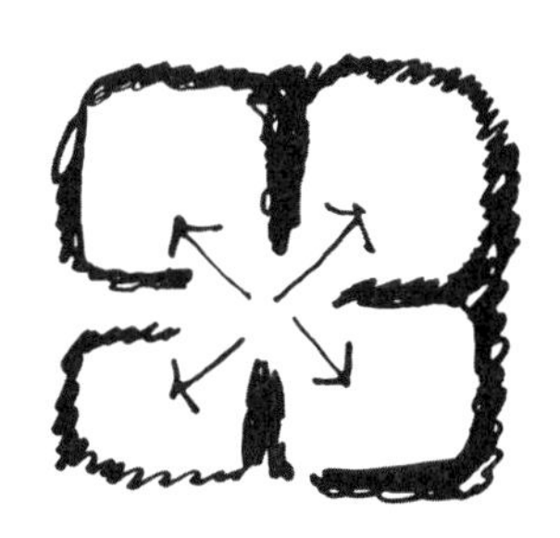
하나의 입구를 서로 공유하는

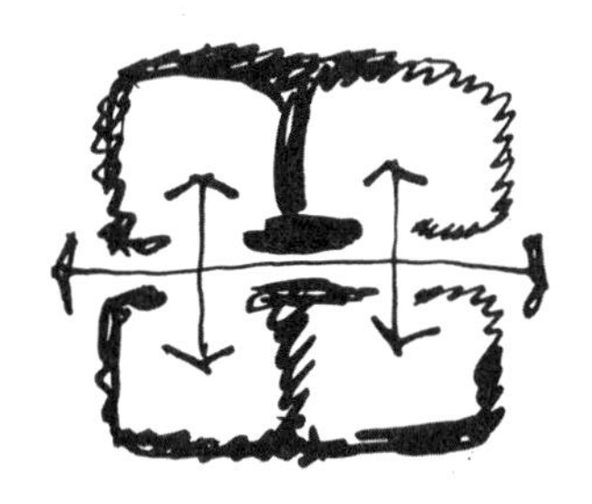
경로가 서로 연결된

그림 5-3. 집적형 또는 집적화된 공간 유형

단일 경로

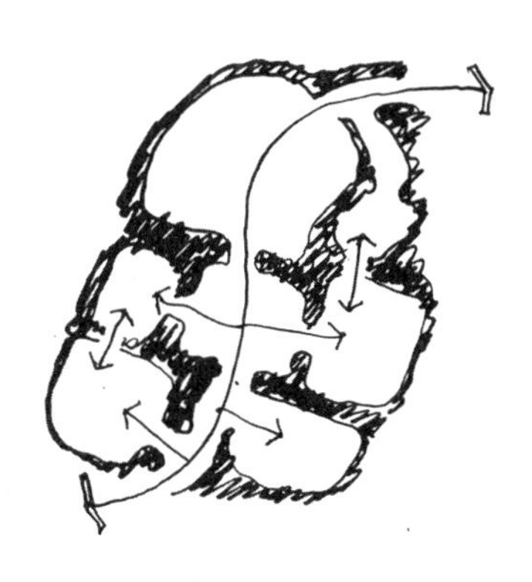
여러 갈래의 경로 연결망

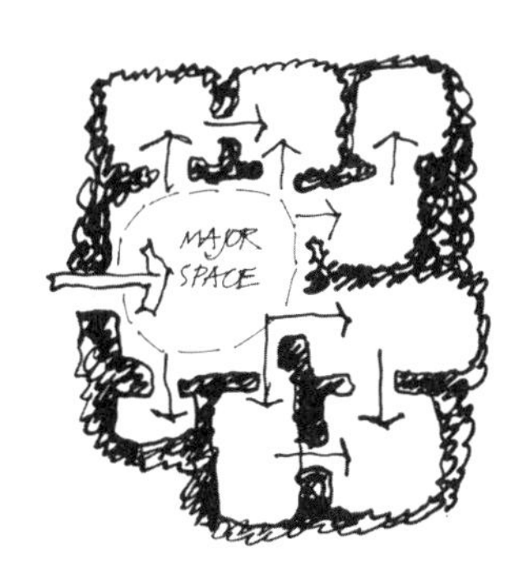

회합이 가능한 주요 공간 및 분산된 경로

그림 5-4. 집적형 공간에서의 동선 유형

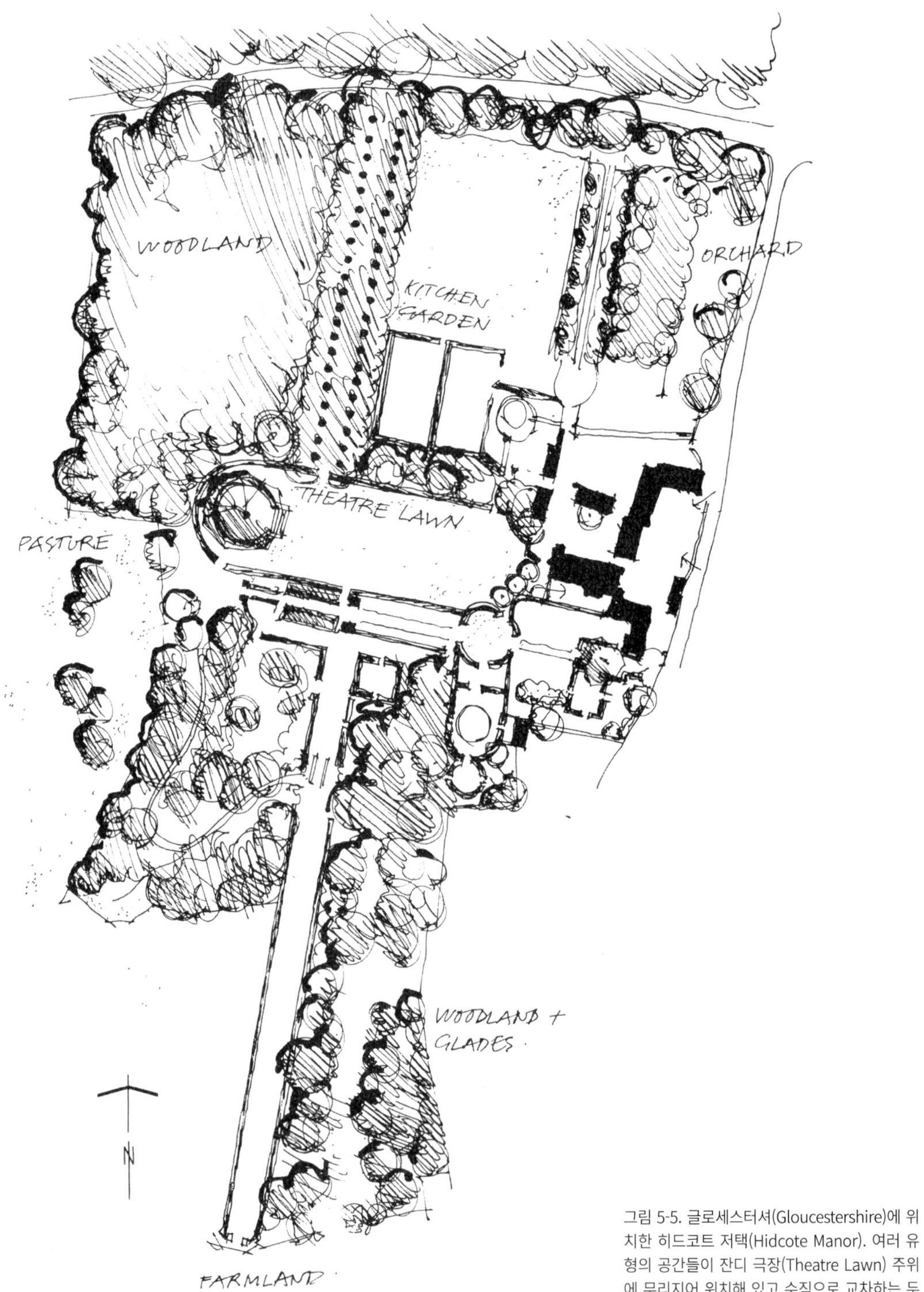

그림 5-5. 글로세스터셔(Gloucestershire)에 위치한 히드코트 저택(Hidcote Manor). 여러 유형의 공간들이 잔디 극장(Theatre Lawn) 주위에 무리지어 위치해 있고 수직으로 교차하는 두 축을 따라 배치되어 있다. 북쪽의 울창한 고층 소림으로부터 남쪽의 개방적인 소림과 관목지대로의 변화를 보여준다.

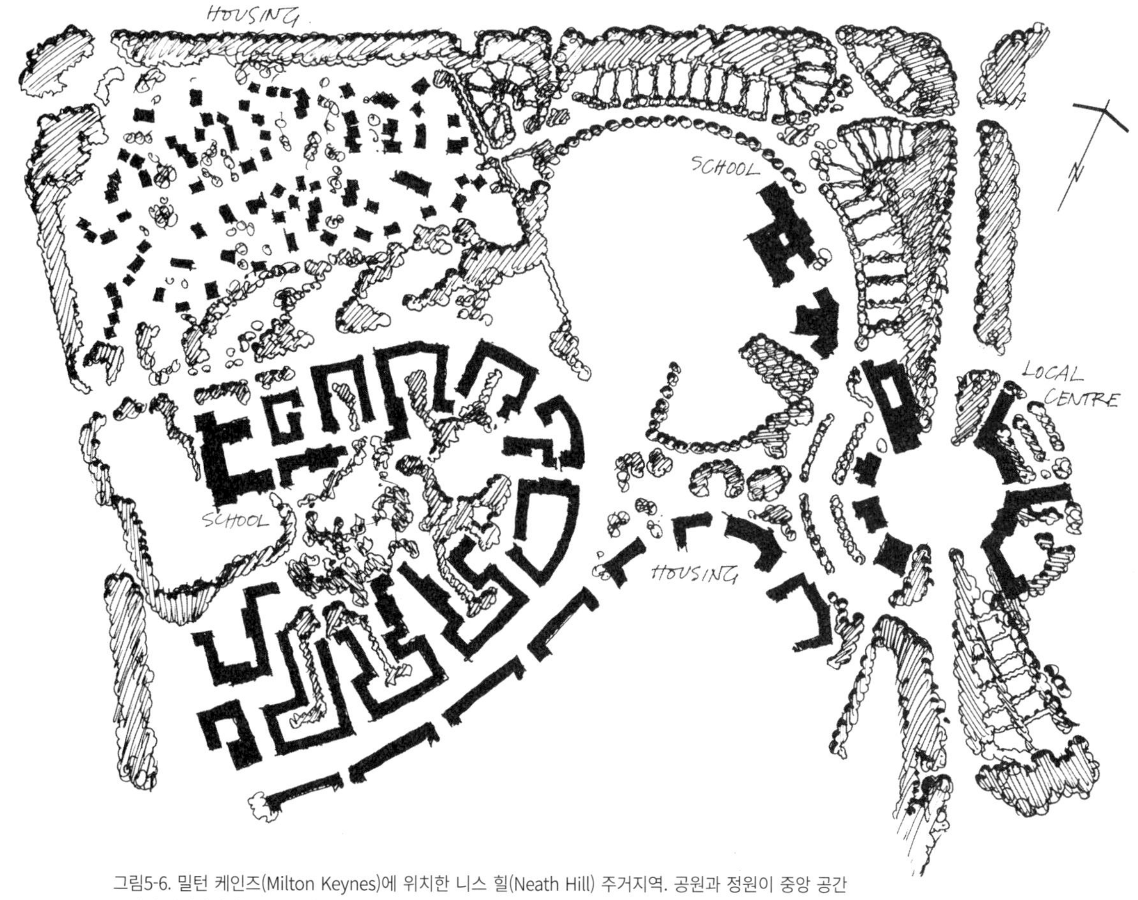

그림5-6. 밀턴 케인즈(Milton Keynes)에 위치한 니스 힐(Neath Hill) 주거지역. 공원과 정원이 중앙 공간 주위에 집적화된 형태로 자리 잡고 있다. 녹지대는 주거지역을 분리시킴과 동시에 사람과 야생동물의 이동을 위한 통로를 연결시키고 있다.

내포형 조직

하나 또는 그 이상의 공간들은 더 크고 모든 것들을 아우르는 울타리 안으로 포함될 수 있다. 칭Ching이 말하는 '집중적 조직'이란 내포형 조직 중 하나이다. 위요된 조직은 그 자체로 완벽하게 위요되어 주변으로부터 분리될 수도 있고 부분적인 위요에 그칠 수도 있다. 영국 데본Devon에 위치한 다팅턴 홀Dartington Hall 정원의 틸트야드Tiltyard는 그러한 예를 보여준다. 잔디 테라스, 전정된 주목 생울타리 및 관목 식재들로 아름답게 배열된 이 공간은 둔덕 위 교목들로 정원 전체를 감싸 안으며 위요를 형성하고 있다.

비록 실제의 외부 공간에서 3개 이상의 구조가 포함된 조직을 찾기 힘들겠지만 위요된 조직은 이중 구조(공간 안의 공간), 삼중 구조, 사중 구조 등등이 될 수 있다. 위요된 조직 안의 구조들은 하나 이상의 공간을 구성 할 수 있다. 조직은 중심이 같을 수 있거나(집중된 조직), 위요된 공간들은 동선과 다른 용도의 필요에 따라 비대칭적으로 분포할 수도 있다.

내포형 조직의 최근 사례는 런던 중부에 있는 레스터 광장Leicester Square과 템즈강River Thames 남쪽 강변에 조성된 신축 공동주택인데, 전자의 경우 교목으로 둘러싸인 내부는 가시성과 접근성을 유지한 채 붐비는 군중으로부터 분리된 공간을 제공하고, 후자의 경우 교목과 관목을 사용하면서 안뜰의 분위기를 효과적으로 살리기 위해 지형을 조정하였는데 외부로부터의 조망은 부분적으로 개방되어 있다.

위요된 공간들 안에서의 경험은 깊어지는 몰입, 경계 너머에 있는 새로운 공간으로의 진입, 중심 또는 핵심부로의 점진적인 접근 중 하나이다. 위요된 조직을 구성하는 어떠한 공간들이라도 상대적 크기, 위요의 강도 또는 초점 등에 의해 큰 영향을 받는다. 하지만 가장 지배적인 것은 대개 가장 큰 공간—그 위요의 높이나 범위로 인한—이거나 가장 중심적인 공간—구성의 목적에 근거한—이 된다. 나머지 공간은 다양성과 우연성을 추가하고, 영역을 다시 나누거나 중심 공간의 등장을 알리는 서곡과 같은 지원 역할을 한다.

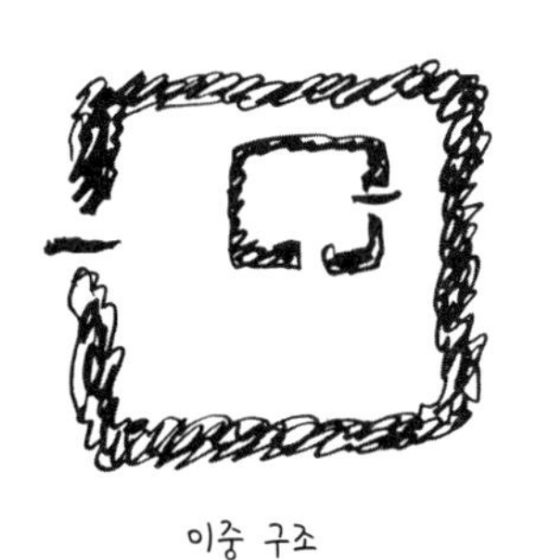

이중 구조

동심원형 이중 구조

다층으로 구성된 비대칭형 이중 구조

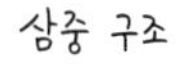

다층으로 구성된 비대칭형 삼중 구조

그림 5-7. 위요된 공간의 유형

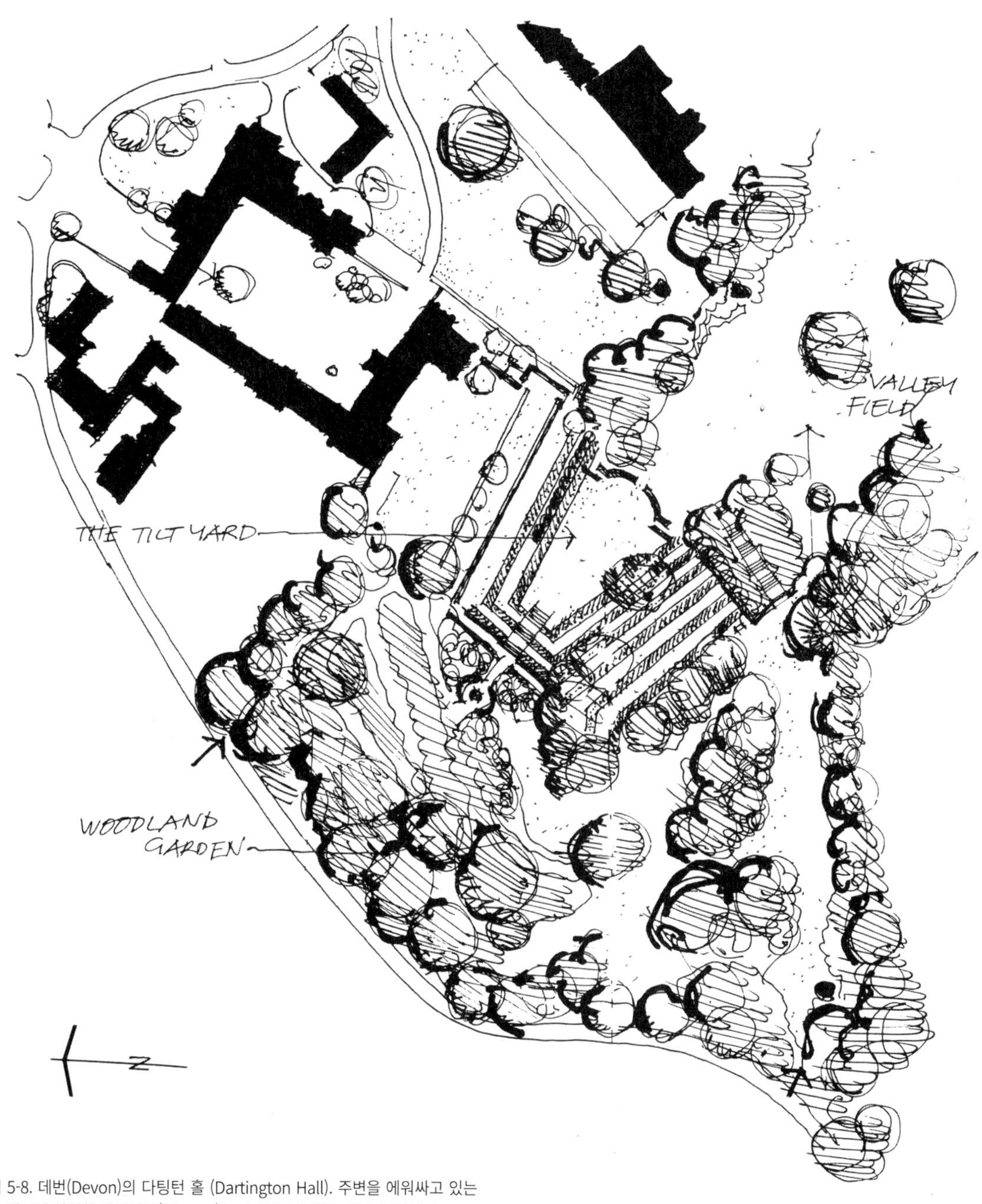

그림 5-8. 데번(Devon)의 다팅턴 홀 (Dartington Hall). 주변을 에워싸고 있는 소림 내부에 위치한 틸트야드(Tiltyard)는 초점을 형성하는 위요 공간이다.

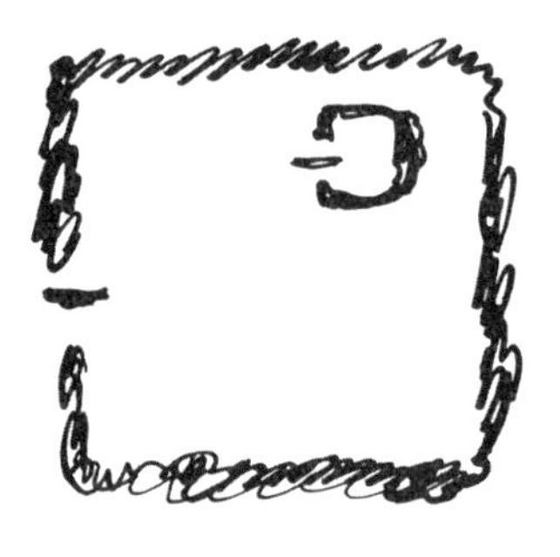

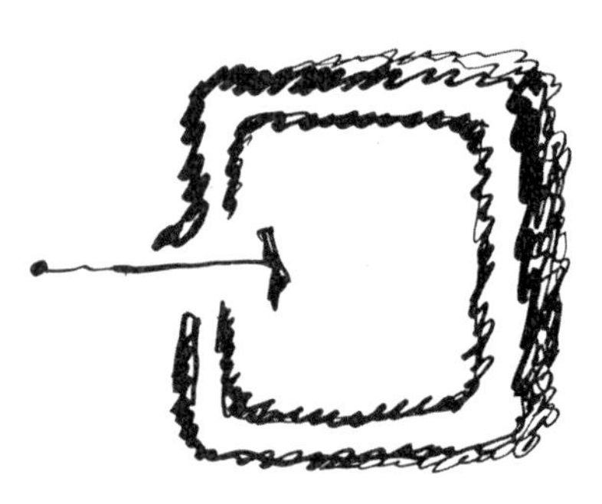

그림 5-9. 위요 공간들

사진 69. 영국 데본(Devon) 주 다팅턴(Dartington)의 틸트야드(Tiltyard)는 과거 지형에 자리 잡은 교목과 생울타리 식재로 공간 설정이 이루어진다. 이를 통해 주변의 많은 소정원으로 둘러싸인 커다란 회합 공간이 형성된다. 모든 것은 주변의 소림 내에 자리 잡고 있다.

사진 70. 주차장 위에 건설된 이 공원은 1980년대 런던(London) 카나리 워프(Canary Wharf) 개발의 한 부분이다. 그것은 거대한 건물과 주변 도로로 형성되는 큰 공간 내에서 아늑한 녹색공간을 형성한다. 전체 구성은 이중 구조로 위요된 조직의 형태를 취한다.

사진 71. 뉴질랜드 웰링턴(Wellington)의 미들랜드(Midland) 공원은 중심 업무 지구(CBD)에 위치하여 사람들이 즐겨 찾는 녹지 공간이다. 삼면을 둘러싸고 있는 일련의 작은 나무들은 공간 구성에서 매우 중요하다. 그들은 고층 건물의 연속된 벽으로 둘러싸인 큰 공간 내에서 적절한 분리를 통해 위요 공간을 만들어낸다. 이러한 규모상의 변화는 공원의 휴식 및 여가 기능과 관련하여 매우 중요하다.

사진 72. 건축물로 둘러싸인 파리(Paris)의 도로에서 교목과 관목은 사람과 자전거가 안전하게 다닐 수 있는 선형의 위요 공간을 형성한다.

공간의 위계

선형, 집적형, 내포형 조직은 모두 공간의 구성에서 어느 정도의 위계를 지닐 것이다. 그것은 곧 공간의 중요도와 기능에 있어서 차이가 있을 수 있다는 얘기다. 한 회사 조직 내에서의 지위상 위계와 마찬가지로 공간들의 위계도 '수직적' 이거나 '수평적' 일 수 있다. 위계를 구성하는 지위의 수는 공간 조직의 목적 및 본질에 좌우된다.

기능에 따른 계층 구조

아시하라Ashihara는 그의 저서 '건축의 외부 디자인*Exterior Design in Architecture* (1981)'에서 이용 특성에 따른 공간의 위계적 배열을 설명하면서 다음과 같은 짝을 열거했다.

외부의 .... 내부의
공적인 .... 사적인
큰 그룹 .... 작은 그룹

어떤 개별 공간들이든 위에서 언급한 상대적 개념들 사이의 어딘가에 그 위치를 차지할 것이다. 복합 공간의 성공적인 디자인은 위계를 구성하는 공간들의 지위에 대한 이해와 조율에 달려 있다.

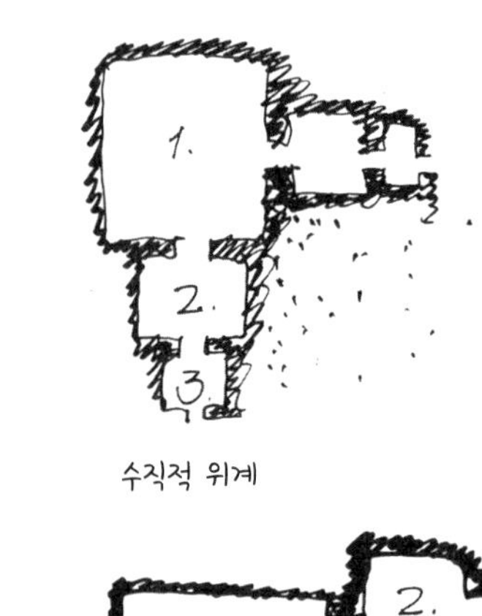

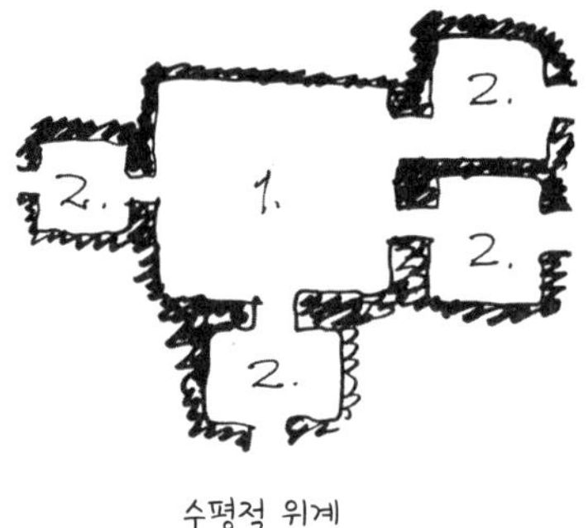

그림 5-10. 공간의 위계

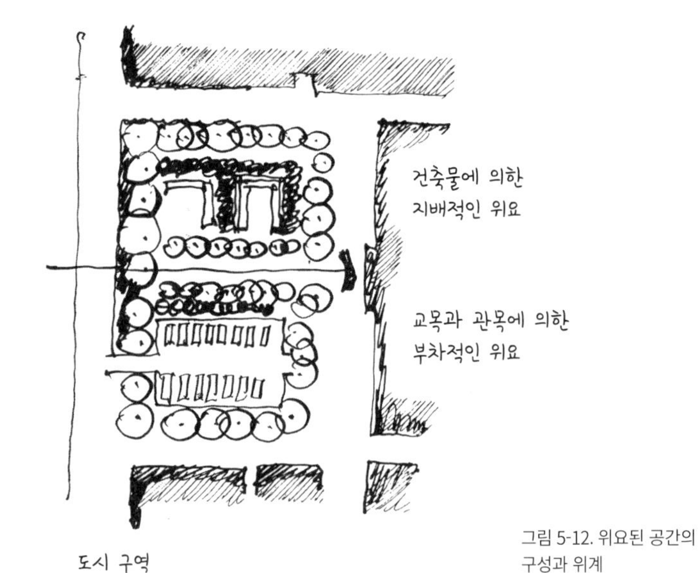

그림 5-12. 위요된 공간의 구성과 위계

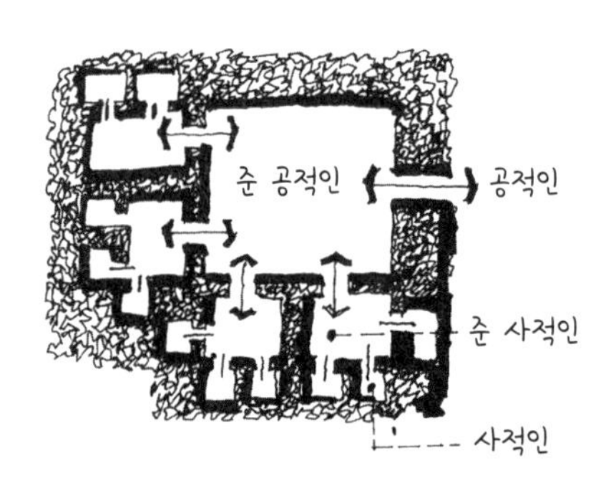

그림 5-11. 집적형 공간의 위계

공간의 위계는 외부와 내부, 개방적인 지역과 위요된 숲 사이에서 이전에 경험했던 것보다 더 보호되고 위요되는 일련의 과정을 서서히 거쳐 가도록 디자인할 수 있다. 이를 통해 우리는 변화에 서서히 적응할 수 있고 위요와 노출이 가장 적절하게 조합을 이루고 있는 장소를 선택할 수 있다.

고전적인 동양 정원과 건축물들은 이와 같은 종류의 공간적 위계를 매우 잘 갖추고 있는데 툇마루, 햇살을 막아주는 보행로, 아늑한 테라스, 정자는 넓은 외부 공간과 실내를 서로 연결시켜주는 사례들이다. 또한, 외부 공간을 이용할 때 그늘을 제공하고 비를 피할 수 있는 장소가 반드시 요구되는 열대지역의 정원과 공원에서 정자와 같은 구조물은 오래전부터 필수적인 사항이었다. 식재는 그 자체로 혹은 건축물과의 조합을 통하여 이와 같은 기능을 충분히 수행할 수 있다.

사진 73. 열대 지역의 식재는 사람들이 그늘 속에서 편안히 쉴 수 있는 장소를 만드는 데 중요한 역할을 한다. 쿠알라룸푸르(Kuala Lumpur)의 쿠알라룸푸르 시티 센터(KLCC: Kuala Lumpur City Centre) 공원에 있는 이 사례는 위요 공간을 만들어내는 초본식물과 녹음수를 통해 평지에서 최대의 변화를 이끌어내는 공간의 다양성을 보여준다.

이와 반대로 드넓고 노출된 옥외 공간에서 건물 내부에 위치한 완전히 위요된 곳으로의 이동 또한 가정해볼 수 있는데 한 발짝만으로도 그러한 공간 전이가 가능할 수 있다. 두 개의 정반대 지점만을 갖는, 위계상 이러한 극단적인 단순성은 시골의 작은 단층집 및 장대한 경관 내에 홀로 선 건물의 예에서 찾아 볼 수 있다. 또한 개방된 지역에서 울창한 숲으로 들어갈 때 특히, 식생의 주연부가 촘촘하고 좁을 때에도 이러한 경험을 할 수 있다. 비록 다층의 위계를 통한 다양성을 갖지는 못하지만 순간적인 공간 전이만으로도 놀라운 감동을 제공한다.

외부-내부의 공간 전이는 우선적으로 위요의 정도와 개방성의 조율을 통해 구성된다. 인접 공간을 위요하기 위해 건물로부터 구조를 연장시키면 그것이 건물과 명백하게 관련되어 보이므로 '반 외부' 공간을 만들어 내는 데 효과적이다. 식물은 외부라는 인상을 더욱 강하게 전달하기 때문에 전이 공간을 만들고자 할 때 중정 또는 지붕이 있는 곳에 식물을 들여 놓으면 '바깥'이라는 느낌을 줄 수 있다. 식물은 또한 그늘과 휴식이 필요한 공간을 만드는 데 효과적이므로 실내에서 외부로 나갈 때 쾌적함을 안겨주는 전이 효과를 연출할 수 있다.

공적-사적 또는 개방된-위요된 공간의 계층 구조는 주로 소수 계층의 사람들이 속한 영역과 관련된 위계이다. 이것은 도시에서 가장 정교한 형태로 드러나는데 사회적 상호작용을 위한 틀을 제공하여 바리에 그린비Barrie Greenbie(1981)가 '이방인들의 공동체'라고 부른 것에 공간적인 틀을 부여하는 방식을 제공한다.

도심의 광장과 쇼핑 거리는 전적으로 공적인 장소이다. 그런데 다른 쪽 끝에는 완벽하게 사적인 개인 주택과 그에 딸린 토지가 있다. 수많은 저술가들—대표적으로 1972년에 '방어 공간*Defensible Space*'을 발표한 오스카 뉴먼(Oscar Newman)—은 공적인 영역과 사적인 공간 사이에서 단계적인 전이를 일으키는 공간적 위계를 통해 긍정적인 사회적 상호작용과 책임의식이 촉진될 수 있다고 주장해왔다. '거리의 감시자들' 그리고 이와 관련된 여러 도시 디자인 기법들에 반대하는 것은 아니지만, 사적인 공간과 익명의 군중 사이를 서로 이어주는 전이 공간이 잘 디자인된다면 사람들은 이로부터 혜택을 얻을 수 있다. 왜냐하면 공적인 영역과 사적인 영역 사이에 자리 잡은 공간은 어떤 의미에서 볼 때 두 영역에 모두 속한 공유 공간일 수도 있기 때문이다. 각각의 영역이 서로에게 자신의 자리를 내어줄 때 단절감보다는 유대감과 환대감을 불러일으킨다. 이에 해당하는 가장 간단한 사례는 도로와 개인 주택 사이에 존재하는 앞마당일 텐데, 거주자가 앞마당에 쏟는 정성은 동시에 거리를 위한 것이며 앞마당 또한 나무와 건축물로 어우러진 거리 환경 덕분에 매력적인 곳이 된다. 이와 같이 서로의 영역을 공유하는 기분 좋은 공간은 경비원 또는 전자 경비 시스템이 접근을 통제하고 장벽들로 둘러싸인 '단절된 공동체'가 만들어내는 배타성과는 확연히 다른 것이다. 이러한 배타성은 통합적인 공간 디자인이라기보다는 요새에 가까운 건축이다.

이제까지 우리가 살펴본 바와 같이, 건축 요소뿐만 아니라 식재는 공간의 배열 형태를 설정할 수 있고 특히 식재는 개방성의 정도를 조절할 수 있기 때문에 공간들 간의 분리에 필요한 경계에 미묘한 변화를 담아낼 수 있다. 예를 들어, 전정된 생울타리는 영역의 경계를 만드는 가장 오래된 방법 중의 하나이다. 다양한 높이와 느슨한 생장형을 지닌 식물을 서로 혼합하여 식재한 후 원하는 정도만큼 시각적, 물리적 위요를 제공할 수 있도록 관리할 수도 있다.

외부-내부와 공적-사적 위계는 어떻게 공간의 위치와 형태가 공간의 이용 목적과 의미를 명백하게 하고 촉진할 수 있는지와 관련된 두 가지 대표적인 사례를 제공한다. 또한 우리가 공간에 진입하고 떠나는 방법과 관련된 전이는 공간적 위계가 기능하는 데 있어서 필수적이다.

전이

우리는 일상 속에서 이곳저곳을 다닐 때마다 어느 한 종류의 경계부와 진입부를 헤아릴 수 없을 만큼 수도 없이 통과한다. 이들의 대부분은 우리에게 친밀하게 다가오는 것들이어서 우리는 그것들을 전적으로 당연하게 여긴다. 예를 들면 우리 자신의 집이나 일터 혹은 정원으로 들어가거나, 거리로 나가거나, 혹은 강 위 교량을 건너 동네로 들어오는 등의 행위가 여기에 해당한다. 그런데 차들로 붐비는 고속도로 또는 타인의 집과 같은 다른 경계부들 또한 우리에겐 무시할 수 없는 존재로 다가온다. 우리는 경계부들을 지나가기 전에 재차 생각한다. 복잡한 거리를 지난 후 들어선 조용한 안마당 또는 숲 속 쉼터의 어두움에서 벗어나 햇빛이 비치는 열린 공간에 서 있는 우리 자신을 발견하는 것과 같이 경계를 넘어서는 경험은 극적일 수 있다.

한 공간에서 다음 공간으로의 전이는 다양한 형태를 취하며 그들의 뚜렷한 차이는 새로운 공간으로 진입하는 우리의 경험에 많은 영향을 미친다. 새로운 장소가 우리의 시야에 들어오는 것은 사람에 대한 첫인상을 형성하는 것과 비슷하다. 전이의 기본적인 형태는 공간을 분리하는 위요의 배치에 의해 나타난다. 이는 경계를 넘기 전에 다음 공간이 얼마나 많이 보이는지 그리고 그 전체 규모가 얼마나 빨리 드러나는가에 따라 결정될 것이다.

극단적인 경우, 위요된 공간을 이중으로 설정하게 되면 경계 너머에 있는 영역이 갑자기 드러나기 전까지 공간을 완벽하게 숨길 수 있는 급격한 전이가 형성된다. 이때 우리는 무엇이 나타날지 모르기 때문에 갑작스러운 전이는 긴장감과 경이를 만들어 낸다. 또한 미지의 영역은 방문자에게 호기심을 불러일으키고 발길을 향하도록 한다. 그와 반대로, 다음 공간으로 들어가기 전에 그 영역의 대부분이 눈에 보이는 점진적인 전이가 진행될 수 있다. 이때 공간들 사이의 경계가 모호하고 뚜렷한 차이가 드러나지 않으면 새로운 공간으로 들어가고픈 마음이 줄어든다. 이러한 양극단 사이에서 우리는 어느 정도의 갑작스러움을 지니고 있는 다양한 형태의 전이 공간을 모색한다. 그러나 일반적으로 전이가 갑작스럽게 진행될수록 사람들의 접근은 그만큼 더 신중해진다.

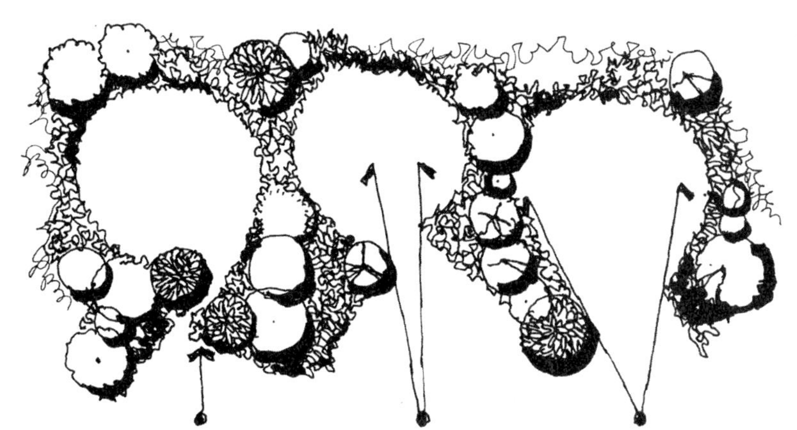

그림 5 -13. 전이와 진입

사진 74. 런던(London)의 하운슬로우 시민센터(Hounslow Civic Center)와 공원. 고관목과 중관목 식재 사이에 형성된 빈 공간은 건축물에 속한 복잡한 부지로부터 벗어나 넓은 공원으로 이끄는 비정형적이면서도 간결한 전이를 만들어낸다.

사진 75. 로스앤젤레스(Los Angeles)의 헌팅턴(Huntington) 식물원. 근접 식재를 통해 구성한 간결한 형태의 전이는 두 공간 사이에서 효과적인 긴장감을 만들어낸다.

두 공간 사이의 전이는 프란시스 칭Francis Ching이 말한 두 공간의 '관계'에 따라 다양한 형태가 나타난다. 그는 4가지 조건을 든다.

1. 공간 내의 공간
2. 맞물린 공간
3. 인접한 공간
4. 공동 공간으로 연결된 공간

첫 번째 조건은 위요된 조직의 사례이고, 다른 3개의 관계는 서로 다른 공간들 사이에 형성되는 전이의 유형으로 이해될 수 있다. 맞물린 공간에서 중첩된 영역은 전이 지대 역할을 하며, 인접한 공간 사이에 위치한 전이 공간은 머리와 몸을 잇는 목과 비슷하며, 2개의 다른 공간을 서로 연결하는 공동 공간은 특별한 형태의 전이 공간으로서 건물 로비 또는 현관과 유사하다. 우리는 지금부터 상상력이 풍부한 디자인을 위해 이러한 관계들이 제공할 수 있는 여러 가지 가능성에 대해 확인해 보기로 한다.

인접 지역 간 전이

이것은 생울타리 또는 공간을 분리하는 식재 사이에 통로를 만들어 형성할 수 있는 간단한 형태의 전이라고 할 수 있다. 또한 식물을 이용하여 '문' 또는 '아치길'을 만들게 되면 전이 공간의 특성이 강조되거나 더욱 정교해질 수 있다. 이때 지면의 높낮이에 변화를 주면 두 공간을 분리하는 위요를 통해 전이를 보다 분명하게 드러낼 수 있다. 차폐물 또는 차폐식재를 추가하면 입구를 부분적으로 가리고 인접한 공간으로의 시선을 적절히 막아줄 수 있다. 이와 다른 접근법으로서 두 공간이 서로 보일 수 있도록 약하게 위요시키면서 인접 공간들을 분리할 수도 있다. 말하자면 넓은 지역에 걸쳐 일렬로 교목을 심고 그 밑에 무릎 높이 또는 허리 높이 정도의 저층 식재를 하게 될 경우 시각적인 개방과 물리적인 접근을 허용하면서도 여전히 하나의 영역을 다른 공간으로부터 확연하게 구분시킬 수 있다.

사진 76. 인근 나무의 늘어진 가지 옆에 자리한 내포형 생울타리에 난 작고 좁은 틈이 간결한 전이 공간을 제공한다. 입구 지점이 분명하게 드러난 채 안쪽으로의 시선이 살짝 제공된다. 이 공원은 한때 독일 만하임(Mannheim)의 연방정원박람회장이었다.

사진 77. 영국 요크(York)의 애스크햄 브라이언(Askham Bryan) 대학. 뚜렷이 구분되는 두 공간 사이에 점진적인 전이가 나타나 있다. 그러나 잔디의 유선형 곡선, 처음에는 좁다가 곧 넓어지는 간격, 그리고 열린 공간으로 진입할 때 일부 시야를 차단하면서 양 옆에 늘어선 수풀로 인해 역동적인 긴장감이 형성된다.

사진 78. 북 웨일즈(North Wales)의 보드넌트(Bodnant). 중첩된 입구를 통해 공간에 들어서면 틀림없이 사람들은 완전한 경이로움을 경험하게 된다.

중첩된 위요는 뜻밖의 발견이라는 즐거움을 선사함

좁은 통로는 강렬한 관심을 유발함

상부에 조성된 위요 공간은 장소의 가치를 끌어올림

좌우 경관의 시각적 연결성을 유지하는 것이 보다 바람직함

그림 5-14. 진입로

교차 지역 간 전이

두 개의 맞물린 공간에서 중첩되는 곳은 저층 식재를 적용할 수 있는데 이 경우 두 공간의 시선을 열게 되면서 점진적인 전이를 이끌어 낼 수 있다. 왜냐하면 두 공간이 중첩되어 하나가 아닌 두 개의 경계가 교차하게 되고 우리는 원래 있던 영역을 벗어나기 전에 다음으로 들어가게 될 공간을 미리 볼 수 있기 때문이다. 그러나 시각적·물리적 위요를 연속시켜 공유된 곳을 처리하면 다음 공간으로 진입하는 곳을 볼 수 없게 된다. 중첩되는 곳의 크기가 충분히 커서 이전의 공간과 뚜렷하게 구별되면 고유의 특성을 갖는 전이 공간이 될 것이다.

사진 79. 이와 같은 공간 전이는 단계적으로 구성되어 있다. 관찰자가 영국, 버킹햄셔(Buckinghamshire)의 스토우(Stowe)에 있는 호숫가를 빙 둘러 가면 세심하게 제어된 연속성을 따라 새로운 전망이 열리고 멀리 들판이 드러난다. 마지막에는 공간의 초점으로서 팔라디안(Palladian) 다리가 시야에 들어온다.

전이 공간

매개체로서 전이 공간은 몇 가지 위요 형태를 통해 두 영역을 이어주는 역할을 하지만 동시에 서로 다른 공간 영역들과 분리되어 있고 그 자체의 고유한 특성을 지니고 있다. 하지만 여전히 전이 공간은 기본적으로 통로이면서 연결하는 두 공간을 보조하는 곳이기 때문에, 그 특성은 종종 드러나지 않으며 두 공간을 물리적으로뿐만 아니라 심리적으로 연결하면서 다음 공간을 예비시켜 주는 역할을 한다. 이들 세 공간은 합쳐져서 선형 조직을 이루는데, 두 개의 출입구 또는 보조적 전이를 포함한다.

사진 80. 유럽너도밤나무(*Fagus sylvatica*) 생울타리와 전정된 피나무(*Tilia*)로 둘러싸인 대규모 전이 공간이 영국 워링턴(Warrington)의 오크우드(Oakwood)에 있는 공원의 입구를 형성한다.

입구 지역

간결한 전이로 입구가 분명하게 형성된 곳은 대개 공간의 전략적이고 중요한 부분이다. 그곳은 종종 시각적 초점이면서 아름다운 출입문 또는 표본 식재로 한 층 더 아름답게 다듬어질 수 있다. 또한 이와 같은 입구는 흔히 사람들이 모이고 만나는 장소로서 건물로 들어가는 주 출입구와 유사한 기능을 한다. 그곳은 상세한 관찰의 대상이 되기 때문에 작은 것 하나에도 세심한 주의를 기울여야 하고 일반적인 경계 식재보다는 더 친밀하고 세밀한 척도로 디자인될 수 있다. 우리는 입구와 전이 공간을 통해 공간들 사이의 관계, 그리고 그곳을 이용하는 사람들 간의 관계를 조절할 수 있다.

어떤 부지의 경우 다행스럽게도 이미 잘 발달한 식생 구조 및 조직을 갖추고 있는 경관이 존재할 수도 있다. 이는 과거에 조성한 식재지가 성숙 단계에 도달했거나 철도변 또는 구 산업부지와 같이 방치된 곳에 자리 잡은 선구수종들이 성장한 결과일 수 있다. 또한 재개발 지역에 자리 잡은 소림은 짧은 기간 동안 빠르게 성장하며 정착을 이룬 선구식물로 구성된 빈터와 초지를 지니고 있기 때문에 놀랍도록 성숙한 느낌과 튼튼한 공간 구조를 제공할 수 있다. 이처럼 현존하는 식생 구조는 토지 이용에 따른 변화된 제안을 수용하기 위하여 강화, 조정 또는 면적의 확장이 필요할 수 있다. 하지만 훼손된 지역과 같은 많은 수의 부지들은 기존의 식생 구조가 거의 없다. 이런 곳에서는 부지의 개선을 도모하기 위해 새로운 식생 구조의 정착이 필요하다.

제안서에서 요구하는 기능들을 충족시키는 것은 설계가 지향하는 목적의 단지 일부분에 지나지 않는다. 이보다는 부지 자체가 지니고 있는 특성과 주변 환경, 그리고 장소가 전하는 고유한 느낌과 분위기, 이와 같은 것들이 그 부지에 적절한 공간 유형을 결정하는 중요한 요인들이다. 좋은 전망을 지니고 있는 장소라면 외부로 향하는 공간에

사진 81. 벨기에, 루벤(Leuven). 건물의 안뜰로 들어서기 전 입구 지역에 전이 공간이 놓여 있다.

대한 고려가 요구되지만, 그렇지 못한 외부 환경일 경우 내부로 향하는 초점 공간의 조직에 더 큰 주의를 기울일 필요가 있다. 이미 상당수의 교목과 관목이 자라고 있는 부지일 경우 기존 식생 구조와 수관 특성을 잘 활용할 수 있는 소규모 차원의 보다 복잡한 공간 조직화가 바람직하다. 만약 급경사 부지라면 길게 늘어선 형태의 공간 설정이 요구된다. 왜냐하면 다량의 성토 작업 및 지형 조작 없이도 효과적인 개발이 가능하기 때문이다. 조경가로서 우리는 현재의 장소가 지니고 있는 최고의 장점으로부터 디자인의 실마리를 풀어낼 수 있어야 한다. 한 장소는 결코 '텅 빈 백지'가 아니며, 그곳에는 언제나 역사—인간과 자연의—와 맥락이 존재한다. 부지 개발에 따른 경제적, 재정적 압박과 공사 기간을 단축하고자 하는 바람 때문에 이와 같은 주장을 따르기가 자주 어렵지만 이것은 해볼 만한 일이다.

이제 우리는 공간 구성 그리고 진정으로 호감이 가고 기억에 남는 경관 체험을 이끌어내는 데 필요한 공간 구성의 역할을 잘 이해했기 때문에, 개별 식물의 상세한 특성을 다루는 다음 장으로 넘어 갈 차례가 되었다. 식물의 형태, 잎, 꽃, 열매와 같은 시각적인 특성이 어떻게 옥외 공간의 골격 구조에 옷을 입히는 세부 질감과 색상을 구성하는지 살펴볼 것이다.

6

식물의 시각적 속성들

주로 구조적 특성을 갖는 식물도 예외 없이 색, 질감, 패턴 등의 상세한 시각적 특성을 경관에 부여한다. 구조를 형성하는 것이 식재의 근본이지만, 그렇다고 해서 식물의 색, 질감, 패턴 등과 같은 섬세한 시각적 특성이 경관과 무관하다고 할 수 없다. 식물의 잎, 수피, 꽃, 열매 그리고 겨울의 마른 꽃대 등은 전체적인 공간 틀에 있어서는 부수적인 것일 수 있지만, 이들 모두 공간의 섬세함과 특성을 형성하는 데 기여한다.

공간 틀 속에 관상적 역할을 하는 식물을 추가로 도입함으로써, 우리는 심미적 고취와 특별한 감성을 제공할 수 있다. 생울타리로 둘러싸인 정원이나 중정이 그 예가 될 수 있는데, 이와 같은 관상용 식재에 있어서는 도입하는 식물 종의 세부적인 시각적 특성이 성공의 열쇠가 된다.

최근의 숙근초 정원 디자인 경향을 포함하여 과도하게 식물에만 집중된 원예적 식재는 그림같은 경관 연출에만 관심을 갖게 되어 전체 부지에는 적합하지 않은 디자인을 만들 수도 있다. 세밀함에만 집중하는 것은 공간적 다양성의 부족, 스케일 문제, 원치 않는 외부요인의 시각적 침입 등의 결과를 초래할 수 있다. 전체적인 경관 구조가 결정되어야 식물의 시각적 특성과 장식적인 역할이 설계의 맥락 속에서 고려될 수 있는 것이다.

따라서 식재 디자인이 하나의 기술이라 할지라도 식물의 장식적 특성과 구체화된 구성이 공간적 구성의 성격과 정신에 완벽하게 통합되었을 때 식재 설계의 표현이 극대화될 수 있다. 바로 이러한 경우에 관상용 식재가 단순한 치장이나 독립적 조형물이 아닌 하나의 경관 속에 통합된 부분이 되는 것이다.

식물에 대한 주관적 반응과 객관적 반응

사람들은 특정 식물 및 식물 조합에 대하여 각기 다른 반응을 나타낸다. 따라서 전문 디자이너는 다양한 사람과 장소 그리고 기능에 맞는 디자인을 할 수 있도록 분석적 접근과 식재 미학 모델을 갖고 있어야 한다.

첫 번째로 식물의 객관적인 특성으로부터 우리들의 주관적 반응을 구별할 필요가 있다. 탠가이Tanguy(1985)는 '객관적 식물'과 '주관적 식물'의 차이를 언급한 바 있다. 사람들이 말하는 '객관적 식물'은 여러 사람들이 언급하고 동의하는 물리적 속성을 말하는 것으로서, 식물에 대한 해석이나 취향이 사람들마다 다르다 할지라도 식물의 성상, 잎의 형태, 색과 같이 공통적으로 동의하는 부분이 있다.

그와 반대로 '주관적 식물'은 객관적 식물에 대한 관찰자의 개인적인 해석을 의미한다. 많은 식물들은 개인들 그리고 공통의 문화를 공유하는 집단 속에서 모두 강한 연상과 상징적 의미를 가지고 있다. 예를 들어, 붉은 장미는 사랑의 상징이지만 부족 혹은 정치적 상징으로 쓰일 때 요크York의 흰 장미, 랭커스터Lancaster의 붉은 장미, 영국 노동당the British Labour Party의 분홍 장미 등은 서로 독특한 연관성을 지닌다. 장미는 서양과 중동에서 재배하는 가장 오래된 관상식물이다. 장미가 인간 사회의 의례 및 의식과 관련된 것은 거의 기원전 2,000년 경 크레타Crete의 미노스 문명the Minoan civilization까지 거슬러 올라간다. 이러한 증거는 고고학자인 아더 에반스Arthur Evans가 크노소스Knossos 부근에서 발굴한 프레스코에서 찾아 볼 수 있다. 그 프레스코 벽화는 종교적 활동을 보여 주는데 이곳에는 아비시니아Abyssinia의 성스러운 장미를 닮은 장미와 다마스체나장미*Rosa damascena*의 형태가 있다.(토마스Thomas, 1983)

중국의 전통정원에서 식물의 가장 중요한 기능 중 하나는 식물의 상징성이다. 탄력성을 갖춘 대나무, 덕을 대표하는 소나무, 오래된 메마른 가지에 꽃을 피우는 매화나무, 이것들 모두는 '세한삼우'로 칭송되는데, 동양에서 상징성이 가장 큰 식물은 아마도 연꽃일 것이다. 연꽃은 도교 신자에게 우정, 평화, 행복한 결혼을 의미하며 불교 신자에게는 물(감정)을 통하여 하늘 위에서 궁극적인 깨달음을 얻기 위하여 물질세계의 악으로부터 하늘을 향해 몸부림치는 영혼의 상징이 된다.(키스윅Keswick, 2003) 심지어 나무 한 그루가 정치적 상징성을 지닐 수도 있다. 뉴질랜드 오클랜드Auckland의 라디아타소나무*Pinus radiata*는 그 식민주의 문화 및 정치적 관련성 때문에 심하게 훼손되기도 하였다.

우리가 심미적 경험에 대한 상징적, 표현적 유형을 다룰 때에는 그 의미가 개인적 차원인지, 혹은 전반적인 문화적 인식 차원인지 구분하는 것이 좋다. 철학자 듀이Dewey (1934)의 심미적 경험 3단계를 경관 디자인에 적용하기 위하여 개인적 식물, 문화적 식물 그리고 생물학적 식물로 구분지어 논의할 필요가 있다. 생물학적 식물은, '객관적' 식물처럼 모든 사람들이 공통적으로 갖는 인식의 차원이다. 식물의 문화적 연관성과 의미(문화적 식물)는 프로젝트의 성공에 영향을 미칠 수 있기 때문에 디자이너는 문화적으로 선호되는 식재를 반영할 수 있는 지식과 감성을 지녀야 한다. 특히 디자이너가 공간을 이용할 사람들과 동일한 문화집단이 아니라면 이러한 노력이 더욱 필요하다.

월계수나무laurel는 시대적 연관성 및 문화적 변화가 사람들이 식물을 선택하는 데 얼마나 많은 영향을 미치는지 보여주는 흥미로운 사례이다. 영국의 빅토리아 여왕 시대에는 월계귀룽나무Cherry laurel, *Prunus laurocerasus*, 포르투칼월계수Portugal laurel, *P. lustanicus*, 식나무Japanese laurel, *Aucuba japonica* 그리고 내한성을 지닌 상록성의 유럽호랑가시나무Holly, *Ilex aquifolium*와 만병초류Rhododendrons 등을 선호하여 영국의 대규모 개인 정원과 공원 등에 흔하게 사용하였다. 이것은 당시 유행하였던 드러나지 않는 색조와 은둔의 경향 때문이었다. 1950년대에 공장 지대에서 매우 심각한 대기 오염에 견딜 수 있는 강한 회복력과 적응력을 가진 식물들은 대규모로 생존할 수 있었지만, 이와 함께 식재되었던 다른 화관목들은 사라지게 되었다. 남아있는 단조로운 상록 관목들로 인해 어둡고 우울한 분위기가 나타났고, 빅토리아 왕조시대 문화의 침울함을 연상시켰다. 결과적으로 지금은 보다 밝고 개방적인 이미지를 추구하려는 갈망으로 인해 이러한 식물은 사실상 좋은 생장력과 외관에도 불구하고 이전보다 훨씬 적게 식재되고 있다.

문화적 관련이라는 특수성이나 유행하는 취향을 떠나 사람들이 식물에게 이끌리게 되는 식물들의 속성—오래된 나무의 형상, 여름철 잎들의 풍부한 색, 가을철의 풍성한 열매와 단풍색—을 살펴보자. 전체 경관은 변화하는 기후와 빛으로 인해 연중 활기를 띠고, 녹색 잎은 산들바람에 흔들리기도 하고, 강한 바람에 요동치기도 한다. 정원이나 관상식물에서 우리는 식물의 화려한 꽃, 열매, 잎을 발견한다.

이렇게 관상적으로 두드러지는 것들은 매우 짧은 기간 동안만 감상할 수 있기 때문에 특별한 효과로 다가온다. 더 미묘하게 매력적인 것은 벽과 지면에 그림자를 드리우며 변화하는 패턴, 바람 속에 흔들리는 모습과 소리이다. 이러한 움직임과 변화의 효과는 기하학적 형태의 건축물들과 대조되는 생동감을 주기 때문에 밀도 높은 인공 환경에서 특히 환영받는다.

겨울철 줄기에 붙은 서릿발이나 가지 위에 쌓인 하얀 눈, 떠다니는 안개의 아름다움 등은 일시적이지만 사람들의 기억 속에 오래 남는다. 그러나 일시적 효과가 아무리 대단하다고 해도 또한 꽃이나 열매가 깜짝 놀랄 정도라고 해도, 식재는 연중 내내 보기 좋게 설계되어야 한다. 이를 위한 최선의 방법은 지속성을 지닌 엽군, 수피 및 형태적 특성을 활용하여 시각적 기초를 만드는 것이다. 이러한 필수적인 요소들은 일시적으로 나타나는 꽃, 열매, 그리고 다른 효과들을 보조하는 것뿐만 아니라 그 자체만으로도 성공적인 구성이 되어야 한다.

개별 식물이 지닌 최고의 특성이 발현되면서도 전체로서도 효과가 있는 식재 디자인을 구성하기 위해서는 예리한 시각적 감각이 필요하다. 이러한 감각은 부분적으로 직관적일 수 있다. 그러나 식물의 특성을 찾아내고 이러한 특성을 전체 구성에 어떻게 효과적으로 이용할지에 대한 체계적인 연구를 한다면 디자인 직관은 더욱 강해지고 발전될 것이다.

시각적 특성

식물의 개별적 또는 집단적 외관은 형태, 선, 질감, 색 등 시각적 속성과 관련된 용어로 분석할 수 있다. 이들은 꽃, 열매, 가을 단풍의 특별한 효과 보다는 더 추상적이지만, 구성에 있어서 기본적인 특성이며 식물을 조합하여 시각적으로 효과적인 형태를 만들기 위해서는 그들의 효과를 이해해야 한다. 본 장에서는 형태, 선, 패턴, 질감, 색상에 대해 설명할 것이며 이들이 어떻게 디자인에 사용될 수 있는지 논의할 것이다.

형태

식물의 형태는 3차원의 형상이다. 식물의 형태는 다양한 방향과 거리에서 관찰될 수 있으며, 서로 다른 관찰 지점과 그에 따른 규모의 차이는 식물의 형태를 이해하는 데 영향을 미친다. 예를 들면 평야에 있는 성숙한 참나무를 약 500m 떨어져서 바라보면, 윤곽은 약간 불규칙하지만 전체적으로 둥그런 구형으로 보일 것이다. 그러나 100m 정도의 중간 거리에서 보면, 큰 가지들에서 나타난 잎들과 수관의 형태가 다소 분명하게 보이고 안쪽 곳곳에 있는 주요 가지들을 볼 수 있을 것이다. 이 거리에서는 나무의 형태가 울퉁불퉁하고 구멍이 듬성듬성한 둥근 구형으로 보일 것이다. 우리가 나무에 몇 미터 이내로 접근하거나 수관 아래로 간다면, 참나무의 형태는 멀리서 보았던 것보다 더 복잡하고 전혀 다른 형태와 특징이 지각될 것이다. 거친 표면의 나무줄기와 가지가 주된 형태로 보일 것이며, 수관 안쪽 공간의 모양이 나무의 주된 특징으로 다가올 것이다. 그리고 잎의 모양이나 수피의 무늬 같은 세밀한 특성이 더 중요해지면서 나무의 전체 형상보다 좀 더 쉽게 관찰될 것이다.

형태는 식물 종의 선정을 위한 중요한 미학적 기준이다. 플로렌스 로빈슨Florence Robinson(1940)은 '식재 디자인 *Planting Design*'이라는 저서에서 식물의 다른 시각적 속성과 더불어 식물의 형태를 심층적으로 고려하였다. 그녀는 '형태는 선 혹은 방향성을 기반으로 하고, 이 두 가지는 선과 실루엣으로 나타난다. 그러므로 집합과 형태, 선과 실루엣은 반드시 다 같이 고려해야 한다'고 하였다.

식물의 형태가 매우 다양하다 할지라도, 몇 가지 주요한 유형들로 묘사할 수 있으며 이것들의 각각은 식재 구성에 있어서 특별한 역할을 할 수 있을 것이다. 이러한 유형들은 식물에 대한 엄격한 원예학적 분류 보다는 식물이 지닌 디자인 잠재력에 따라 묘사될 것이다.

형태와 습성

플로렌스 로빈슨Florence Robinson(1940)과 테어도어 워커Thedore Walker(1990)와 같은 조경가는 형태를 주로 시각적 특성으로 다루었지만, 형태의 생태적 측면 역시 식물 조합의 성공에 중요하다는 것을 기억해야 한다. 형태와 서식 습성은 식물종이 지닌 생태학과 관련되어 있으며, 이에 대한 이해는 디자인 아이디어와 식물 종 선정에 있어 중요하다. 예를 들어, 저렴한 가격으로 도시 지역의 넓은 면적을 식재하는 데 효과적으로 사용되는 잎과 가지가 치밀하게 자라는 반구형의 중관목은 실제로 매우 다른 자연 서식처에 적응한 것이다. 자연 속에서 이러한 형태를 찾기 위해서는 해안 절벽이나 노출된 산 중턱과 같은 바람이 매우 강한 곳을 가야 할 것이다. 이러한 곳에서 혹독한 환경을 견디며 생존하는 헤베속*Hebe*, 시스투스속*Cistus*, 올레아리아속*Olearia*, 소엽개야광나무*Cotoneaster microphyllus*, 코프로스마 레펜스*Coprosma repens*와 같은 관목들을 발견할 수 있다. 이들 식물들이 도시의 관목림으로서 인상적이지 못한 이유는 경사지가 아닌 평탄지에서 표토로 덮이고 보호된 도시 환경에서 이 식물들의 습성이 변화되어 원래 자연 서식처에서 갖고 있던 매력을 상당 부분 잃어버리기 때문이다. 낮고 아담한 둥근 형태가 식물들이 지속적인 강풍을 견디는 유일한 방법만은 아니다. 신서란*Phormium tenax*, 코르딜리네 아우스트랄리스*Cordyline australis*, 로팔로스틸리스 사피다*Rhopalostylis sapida* 그리고 여러 그라스류grasses의 길고 선형인 질긴 잎들은 열악한 환경을 잘 견디기 때문에 강력한 바람에도 피해를 입지 않는다. 그러한 천부적인 강인함은 신서란*Phormium tenax*과 코르딜리네 아우스트랄리스*Cordyline australis*가 밧줄의 재료로 사용되는 것을 통해 알 수 있다.

서식처에 적응한 형태의 또 다른 예로서 뉴질랜드 매트 데이지New Zealand mat daisies, *Raoulia*가 있다. 주로 노출된 강가와 산의 돌 틈에 서식하는데, 이들의 뿌리와 잎이 돌 표면 위에 거미줄처럼 퍼지면서 돌에 안착하고 불안정한 서식처 환경으로부터 스스로를 보호한다. 이들은 특히 바람이 세차게 부는 산간 서식처에 주로 분포한다.(도슨Dawson, 1988)

포복형, 매트형, 융단형

포복형이란 편평하게 펼쳐진 형태를 말한다. 줄기가 위로 뻗기 보다는 땅에 붙어 낮게 뻗어나가기 때문에 다른 식물과 구별되어 편평한 형태를 갖는다. 지면 바닥에 붙어 기어가듯 퍼지는 이러한 식물들은 그들의 포복성 줄기가 여러 층을 이루고 일정 간격으로 땅에 뿌리를 내리며 퍼져나가는데, 새로 내린 뿌리 역시 잎과 꽃을 생산한다. 그 예로는 아주가*Ajuga reptans*, 붉은색범꼬리*Persicaria affinis*, 로벨리아 앙굴라타*Lobelia angulata*, 목질 줄기를 가진 펜탈로부스 딸기*Rubus pentalobus*, 송악류*Hedera* sp., 무엘렌베키아 악실라리스 *Muehlenbeckia axillaris*가 있다.

또한 관목류 중에서도 포복형의 목질 줄기—대부분 뿌리를 내리지는 않음—가 지면에 퍼지면서 잎들이 촘촘하게 수평으로 펼쳐지는 식물이 있다. 이러한 식물들은 코프로스마 아체로사*Coprosma acerosa*, 뚝향나무*Juniperus horizontalis*, 눈

사진 82. 뉴질랜드 루아페후산(Mount Ruapehu) 지역의 노출되고 험한 돌 틈에 서식하는 뉴질랜드 매트 데이지(New Zealand mat daisy)

홍자단*Cotoneaster adpressus* 등이다. 포복성 식물들은 주요 생장점이 수관의 경계부에 분포하기 때문에 성장함에 따라 흔히 중간에서 잎 틈이 발달할 수 있다. 이러한 이유 때문에 포복형 식물들은 수년 뒤에 가지치기와 이식이 필요하다.

융단형 또는 매트형의 식물은 포복형의 식물과 비슷하게 지면에 밀착하여 일정한 높이를 유지하며 촘촘하고 단정하게 자라는 식물을 말한다. 그러나 융단형이라는 용어는 보통 땅 속 줄기나 다발의 확장에 의해 퍼져나가는 경우에 사용한다. 이러한 식물들로는 태양국류*Gazania* sp., 수호초*Pachysandra terminalis*, 광대나물*Lamium maculatum*, 다북개미자리*Scleranthus biflorus* 등이 있다. 포복형 식물과 같이 융단형의 식물들도 활동이 왕성한 땅 속 줄기 덕분에 빠르게 퍼진다. 융단형 식물들의 어린 새싹들은 대부분 그 식물의 잎에 덮여 있고, 식물들은 지면을 따라 잎들이 밀집된 평면 형태로 나타난다.

융단형의 식물이 오래되어 생장력이 감퇴될 때에 상단부를 깎거나 회전식 절단기 또는 타격기로 깎기를 하여 활력을 재생시킬 수 있다. 유럽과 북미의 히페리쿰 칼리키눔*Hypericum calycinum*과 같이 빠르게 생기를 회복하는 지피식물들은 전통적으로 이러한 방식으로 관리한다.

포복형, 특히 융단형의 식물들은 땅 표면에 바싹 붙어 자라기 때문에 미세한 지형을 가리기 보다는 오히려 두드러지게 한다. 따라서 세부적인 지면의 형태를 강조하기 위하여 포복형 식물들을 사용할 수 있으며, 높이가 낮은 포복형 식물들의 특성은 직립하는 다른 식물들이 더 돋보이게 성장할 수 있는 성공적인 기반을 형성한다.

사진 83. 뉴질랜드 와이카토 대학교(University of Waikato)에 있는 노간주나무류(*Juniperus* sp.)는 자작나무류(birches, *Betula* sp.)의 하얀 줄기가 드러나도록 하는 기초 역할을 한다.

사진 84. 영국 요크(York)의 애스크햄 브라이언 대학(Askham Bryan College). 눈홍자단(*Cotoneaster adpressus*) 같은 포복성 왜성관목들은 지면에 바싹 붙어 자라면서 이 식물들이 피복하는 지형의 모양을 따라간다.

사진 85. 북 웨일즈(North Wales)의 보드난트(Bodnant). 작은 둔덕형, 반구형 형태를 지닌 맥문동(*Liriope muscari*)과 같은 초본식물들과 헤베 라카이엔시스(*Hebe rakaiensis*)와 다북분꽃나무(*Viburnum davidii*)와 같은 관목류들이 출입구의 기반을 형성하고 있는데, 그것들은 아치 형태의 곡선을 표현하면서 출입구의 직선적인 윤곽과 대조를 이룬다.

작은 둔덕형, 반구형

다발을 형성하는 다년생 초본식물은 작은 둔덕형을 갖는 경우가 많다. 이들은 옆으로 퍼지기도 하지만 위로도 자라는데, 자신의 약하고 부드러운 줄기 위에 다른 줄기를 쌓아가거나 주변 식물을 지지대로 이용하면서 위로 뻗는다. 이 식물들은 뚜렷한 형태를 형성하지 않는 경우도 있기 때문에 마치 다른 식물들이 채우고 남은 공간에 흘러들어가는 느낌을 주기도 한다. 이런 특성 때문에 초지 식재 또는 작은 관목들 사이의 공간을 효과적이고 경제적으로 채워줄 뿐만 아니라 이들의 잎들은 다른 식물들의 강렬하고 화려한 형태들을 완화시켜주기도 한다. 익숙한 예로서 알케밀라속*Alchemilla*, 제라늄속*Geranium*, 아스트란티아속*Astrantia* 종들이 있다.

작은 둔덕형은 관목성 초본(초본 잎 아래 목질 줄기를 가진 식물로서 추운 겨울에 동면함)에도 흔한 형태인데 라벤더lavenders, 헤더heathers와 같은 왜성관목과 함께 개박하*Nepeta x faassenii*, 샐비어 네모로사*Salvia nemorosa* 등이 이에 속한다.

반구형은 주로 관목이나 교목에 사용되기 때문에 둔덕형 식물의 큰 형태라고 생각하면 된다. 아마도 전형적인 반구형 관목은 헤베속*Hebe*이나 뉴질랜드의 관목성 베로니카Veronica일 것이다. 실제로 이러한 모양은 해안가와 산 중턱에 서식하는 모든 크기의 관목들 사이에서 일반적인데, 이는 공기역학적인 형태가 섬의 노출된 서식 환경 속에서 극심하게 강한 바람에 견딜 수 있는 힘을 갖기 때문이다.

또 많이 알려진 낮은 관목 또는 중간 관목의 반구형은 파키스테지아 인시그니스*Pachystegia insignis*, 다북분꽃나무*Viburnum davidii*, 씨스투스종들*Cistus* species, 콜레오네마종들*Coleonema* species, 그리고 브라키글로티스 몬로이 *Brachyglottis monroi*, 브라키글로티스 '두네딘'*B.* 'Dunedin'과 같은 브라키글로티스종들*Brachyglottis* species이다. 반구형 식물 중 가장 큰 형태는 활엽수에서 흔하다. 교목에서 반구형 식물은 보통 수평 가지들이 뻗어 나오는 육중한 기둥 하나로 지지된다. 성숙목에 이르렀을 때 뚜렷한 반구형이 되는 나무들로는 단풍나무*Acer palmatum*, 서아시아고로쇠*Acer cappadocicum*, 유럽팥배나무*Sorbus aria*, 메트로시데로스 엑셀수스*Metrosideros excelsus*, 그리고 수양버들*Salix babylonica*과 버들잎배나무*Pyrus salicifolia*와 같은 하수형 수종들이 있다.

관목의 수관은 보통 지면 또는 지면 가까운 곳에서 성장한 다수의 줄기로부터 발달한다. 반구형은 종종 발육 단계에서 직립하는 습성으로 자라는 식물 종들이 성숙한 후에 나타나는 형태이다. 예를 들어 랜스우드lancewood, *Pseudopanax crassifolius*는 어릴 때는 가는 막대같이 보이지만 이후에는 놀랄 정도로 둥근 형태로 성장한다. 숲에서 교목들의 반구형이 지면으로부터 높은 곳에 자리 잡는 까닭은 낮은 곳에 위치한 가지들의 성장이 위축되기 때문이다. 이와 비슷한 형태는 수관 아래에서 사람들의 통과가 가능하도록 수관이 높게 형성된 도시 환경에서도 나타난다. 비대칭적인 반구형은 채광 경쟁이나 바람의 영향에 따른 결과이다.

반구형은 시각적으로 안정감을 주는 데 유용하다. 반구형은 보다 생동감 있고 극적인 형태들 사이에 균형감과 안정감을 주는 균형점 역할을 한다. 이들 형태는 전통적으로 경계화단의 끝이나 종단부 식물이 필요한 화단에 시각적 '종결점'으로 사용되어 왔다. 라벤더lavender와 같이 작은 반구형 관목들은 빽빽한 수관 덕분에 훌륭한 경계부를 형성한다. 반구형 식물 중에는 그늘지거나 식재 밀도가 높은 경우에도 그 형태를 잘 유지하는 것도 있지만, 라벤더 같은 식물은 다른 식물과 혼합하여 너무 가까이 심거나 그늘이 지게 되면 형태가 불규칙적으로 자랄 수도 있다. 그러므로 이러한 식물들은 주변 다른 식물들과 충분한 여유를 두고 식재하는 것이 좋다.

사진 86. 뉴질랜드 피오르드랜드산(Fiordland mountain)의 작은 둔덕형 그라스와 대조를 이루고 있는 반구형의 헤베속(*Hebe*) 관목

사진 87. 만약 식물이 개방된 입지와 환경 스트레스가 없는 곳에서 성장의 방해를 받지 않으면 최종적으로는 반원형으로 퍼지는 형태로 발달할 것이다. 이 사진은 모레톤(Moreton) 항구에서 40m보다 더 크게 수관이 퍼진 무화과나무(*Ficus macrophylla*)의 사례이다.

아치형

많은 관목들은 왕성한 직립성 줄기를 만드는데 초기에 줄기가 갈라진 성장을 한 뒤에는 측지가 발달하면서 아치 형태를 이룬다. 최종적인 모양은 바닥 아래에서 줄기가 모인 후 위를 향해서 퍼지는 밀의 다발과 같다. 식물 줄기의 초기 활력은 식물의 '햇빛 찾기'를 돕고 그 후 아치형을 이루며 옆으로 성장하는 가지들은 넓고 높은 수관을 형성하면서 햇빛을 받게 된다. 이러한 관목들로는 해장죽류니티다해장죽(*Arundinaria nitida*), 무리엘리애해장죽(*A. murieliae*), 부들레야속*Buddleja* 종, 살리치폴리아개야광나무*Cotoneaster salicifolia*, 대나무류bamboos 그리고 장미 '네바다'*Rosa* 'Nevada'와 장미 '카나리버드'*R.* Canary Bird 같은 관목 장미들이 있다.

아치형은 조금 더 작은 크기인 초본 식물들에서도 흔한 형태인데, 초본 식물의 줄기나 선형의 잎이 아치 형태를 갖는다. 아치 형태는 풀포기의 습성과 어느 정도 일치하긴 하지만 직립성과 아치형태가 보다 선명한 식물로는 물티플로룸둥굴레*Polygonatum multiflorum*, 디에라마 풀케리움*Dierama pulcherrimum*, 원추리속*Hemerocallis*의 종들, 아르트로포디움 키라툼*Arthropodium cirratum*이 있고, 전형적인 아치형으로서 양치식물인 이색새깃아재비*Blechnum discolor*, 폴리스티쿰 베스티툼*Polystichum vestitum*, 그리고 애크메아속*Aechmea*, 브리에세아속*Vriesea*, 빌베르지아속*Billbergia*과 같은 파인애플과Bromeliads 등이 있다.

아치형 관목들과 초본 식물들은 다소 느슨한 형태로 인해 대비효과가 덜하긴 하지만, 직립성 관목과 유사하게 강조 역할을 할 수 있다. 이러한 식물들은 단독으로 또는 군식으로 식재하여 표본목이 될 수 있고, 하부 식재 또는 자갈, 포장, 암석 등과 같은 다른 시각적 요소를 위해 밑 공간을 남겨두고 그 위를 채울 수관이 필요한 경우 사용가치가 있다.

사진 88. 둥굴레(Solomon's seal, *Polygonatum*)의 줄기는 아치 형태의 생장형을 보여준다.

풀포기형, 잔디형 또는 총생형

풀포기형은 아치형의 작은 형태이며 많은 그라스들이 포함된 초본식물을 가리킬 때 사용된다. 그리고 과학적으로 총생형이라는 용어로 알려져 있는데 이것은 여러 갈래의 모든 줄기가 하나의 밀착된 뿌리다발로부터 발생함을 뜻한다. 풀포기형은 외떡잎식물에서 흔히 나타나며 이러한 식물들로는 김의털*Festuca ovina*, 글라우카김의털*F. glauca*, 콕시이김의털*F. coxii*, 가는잎나래새*Stipa tenuissima*, 팜파스그라스속 종*Cortaderia* sp.과 같은 그라스류, 테스타체아사초*Carex testacea*, 가죽사초*C. buchananii*와 같은 사초류*Carex* spp., 그리고 불비페룸꼬리고사리*Aspleninum bulbiferum*, 캄베르스새깃아재비*Blechnum chambers*, 관중속 종*Dryopteris* sp.과 같은 양치류가 있다.

전체적인 윤곽은 둥글지만, 빽빽한 다발 형태로 잎이 자라며 밖으로 뻗으면서 아치형을 이룬다. 하라케케harakeke와 와라리키wharariki(뉴질랜드아마New Zealand flaxes-신서란*Phormium tenax*, 포르미움코오키아눔*P. cookianum*), 덤불백합bush lilies과 같은 아스텔리아속 종들*Astelia* species의 보다 작은 품종들이 여기에 속할 수 있으며, 일반 그라스와 사초류들보다 굵은 형태이다.

풀포기 형태의 식물들은 성장하면서 자연스럽게 엽관들 사이 및 엽관 밑에 공간을 남기게 된다. 이 틈새 공간은 큰 식물들 사이의 부분적인 그늘이나 풀포기 식물들이 성장을 시작하기 전 봄 햇빛을 받을 수 있는 작은 식물들로 채워진다. 이것은 우리가 이후 식물 조합을 논의할 때 추구할 모델이다.

사진89. 아름다운 붉은 그라스인 키오노클로아 루브라(*Chionochloa rubra*)가 풀포기형 생장형을 보여준다.

직립형 또는 위로 뻗는 형과 장막 식재

반구형 교목과 관목들은 옆으로 퍼지는 가지들의 비율이 높은 반면, 직립성으로 위로 뻗는 형태의 식물들은 본줄기와 가지들이 수직 방향 또는 가파르게 위쪽으로 뻗어 올라간다. 직립 관목들은 다수의 줄기를 가지며, 비교적 짧은 옆 가지들을 갖고 있다. 이러한 습성은 상승하는 선의 요소가 강조됨으로써 전체적으로 직립하는 모양을 갖게 된다. 성숙한 뒤 위로 곧게 솟은 수관 모습 때문에 전체적으로 다소 뻣뻣하게 보일 수 있다. 이러한 예로는 중국뿔남천*Mahonia lomariifolia*, 두릅나무*Aralia elata*, 코르딜리네 테르미날리스*Cordyline terminalis*, 플라지안투스 레지우스*Plagianthus regius*, 가는잎바나나*Musa acuminata* 그리고 많은 대나무류bamboos 등이 있다. 위로 뻗는 성장 형태의 교목 중 가장 특이한 것 중 하나인 어린 랜스우드lancewoods(호로에카horoeka; 슈도도파낙스 크라시폴리우스*Pseudopanax crassifolius*와 슈도파낙스 페록스*P. ferox*)는 한 개의 가느다랗게 곧추선 줄기가 있다.

만약 포기를 나누는 습성을 지닌 식물들이라면 그 식물들이 성장하였을 때 직립하는 관목들은 유묘 때의 모습과 크게 다르거나 넓은 면적에 밀도 높은 관목 숲—예를 들면 바나나와 포복지가 있는 대나무들—을 형성하는 경향이 있다.

어떤 나무들의 경우 성숙한 나무의 형태는 어린 나무의 형태와 놀랄 만큼 서로 다르다. 랜스우드lancewoods와 플라지안투스 레지우스*Plagianthus regius*(리본우드ribbonwood 또는 마나투manatu) 두 가지가 이것을 분명하게 보여준다. 그 식물들의 상향하는 습성 때문에 구성에 있어서 독단적인 요소와 뚜렷한 잎들처럼 눈길을 끄는 특성이 다른 요소와 조합을 이룬다면 직립성 형태들은 구성에 있어서 두드러져 보일 수 있으며, 그 식물은 식재에 있어서 초점 역할을 하게 될 것이다.

군식된 직립 형태의 관목들이 줄기가 빽빽한 숲을 형성할 때, 식물이 빛의 방향으로 자라면서 상당히 길어질 수 있다는 것을 기억해야 한다. 이러한 상황에서, 식물들은 그들의 전형적인 특성을 잃어버리고, 단순히 수관 높이의

사진 90. 뉴질랜드의 크라이스트처치(Christchurch). 호로에카(horoeka)와 랜스우드(lancewood, *Pseudopanax crassifolius*)는 직립성이 매우 강하기 때문에 호텔 부속 시설의 발코니 난간을 따라 매우 가까이 식재할 수 있다.

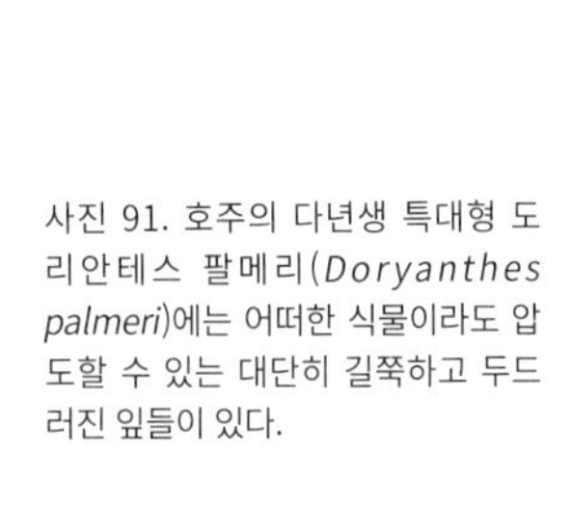

사진 91. 호주의 다년생 특대형 도리안테스 팔메리(*Doryanthes palmeri*)에는 어떠한 식물이라도 압도할 수 있는 대단히 길쭉하고 두드러진 잎들이 있다.

사진 92. 도심에 식재된 몰리니아(*Molinia caerulea*)가 장막의 생장형을 보여준다.

공간을 채우는 역할만 할 뿐 하부의 줄기부와 토양은 드러나게 된다. 직립성장하는 식물은 비록 단일 또는 작은 집단으로 쓰였다고 할지라도 기저부의 공간 활용을 위해 하층부 식재를 하는 것이 좋다.

직립적이고 위로 뻗는 형태는 보다 작은 크기인 초본식물들에서도 나타난다. 이들은 꽃과 잎을 가진 줄기가 직립형인 경우도 있고(버바스쿰속*Verbascum*, 마클레아이아속*Macleaya*과 칸나속 종*Canna* species), 어떤 식물은 잎 자체가 위로 솟는 모양을 가진 경우도 있다(예, 골풀속 종*Juncus* species, 독일붓꽃*Iris germanica*, 원주극락조화*Strelitzia juncea*). 이러한 효과는 잎들이 크고 직립할 때 가장 큰데, 이런 식물로는 극락조화속*Strelitzia*, 신서란속*Phormium*, 도리안테스속*Doryanthes*이 여기에 해당한다. 좀 더 작은 유카yuccas와 신서란속*Phormium*의 품종들도 두드러진 외관을 지니고 있어서, 그들은 작은 키에도 불구하고 식물 집단에서 초점이 되고 혼합 식재에서 좋은 강조 효과를 보여준다.

하부에 잎이 모여 있고 꽃이 피는 줄기만 위로 뻗는 식물은 다른 식물들의 전면부에 식재되어 반투명의 흥미로운 장막 효과를 준다. 이러한 식물로는 키가 크고 깃털같은 꽃줄기를 가진 몰리니아*Molinia caerulea*, 잎이 없는 꽃대를 높이 올리는 대상화*Anemone japonica*, 마클레아이아속*Macleaya*, 에린기움속*Eryngium*, 오이풀속*Sanguisorba*이 있다. 장막을 형성하는 식물은 사람의 눈높이에서 시선을 가려주며 한 번에 노출되지 않고 거리감을 줌으로써 다양하고 세심한 공간을 연출할 수 있도록 해준다.

종려나무형

어떤 점에서 종려나무형은 위에서 언급한 아치 모양의 습성과 유사하지만 20m 또는 그 이상 자랄 수 있는 뚜렷한 줄기들에 의해서 구별된다. 이러한 형태는 주로 종려나무류와 목본성 고사리들에서 발견된다. 종려나무류는 줄기 끝의 한 성장점에서 로제트형으로 잎이 발생하는 크고 곧은 주줄기 또는 줄기들에 의해서 구성된다. 종려나무류는 조각품 같아서 뚜렷하게 눈에 띄는 각양각색의 우산 형태를 이룬다. 카나리아야자*Phoenix canariensis*, 시아그루스 로

사진 93. 종려나무 형태는 종려과(Arecaceae) 식물들뿐만 아니라 토이(toi) 또는 코르딜리네 인디비사(mountain cabbage tree, *Cordyline indivisa*)와 같은 식물도 뉴질랜드의 테우레웨라(Teurewera) 숲의 자연 서식처에서 볼 수 있다.

만조프피아나*Syagrus romanzoffiana*, 로팔로스티리스 사피다*Rhopalostylis sapida* 등을 포함한 종려나무들은 따뜻한 난대 지방의 경관 식재에서 자주 볼 수 있다. 목본성 고사리류들은 나무고사리속*Dicksonia*과 키아테아속*Cyathea*이 있다. 에디오피안 바나나*Ethiopian banana*와 엔세테 벤트리코줌*Ensete ventricosum*은 유사한 형태이지만 다른 과의 식물이다. 유사한 형태의 식물들은 코르딜리네속*Cordyline*, 스트렐리츠과Strelitziaceae들 중에서도 발견된다.

종려나무류와 같은 습성이 있는 식물들은 그 식물들이 조각상처럼 좋은 기억을 떠올리게 하기 때문에 식재에 있어서 큰 영향을 미친다. 그들은 그늘을 짙게 드리우지 않고, 뿌리 또한 좁게 뻗으면서 강한 경쟁을 하지 않기 때문에 다른 식물들과 서로 이웃하면서 자랄 수 있다. 하지만, 무수히 많은 잎을 지닌 뉴질랜드나무고사리wheki, *Dicksonia squarrosa*는 다른 식물들을 배제시키면서 자체의 높은 식생 밀도를 유지하며 퍼져나간다.

다육식물과 조각형

종려나무 또는 고사리류와 다소 유사하지만 많은 다육 식물들은 매우 두드러진 형태를 갖는 식물군이다. 이 형태는 즉각적으로 시선을 집중시키는 삼차원적 모양의 강점을 가지고 있기 때문에 '조형적'으로 묘사될 수 있다. 가장 인상적인 식물들로는 부채알로에*Aloe plicatilis*, 나선형의 알로에 폴리필라*A. polyphylla*, 용혈수*the dragon tree*(*Dracaena draco*), 여우꼬리용설란*Agave attenuata*이 있다.

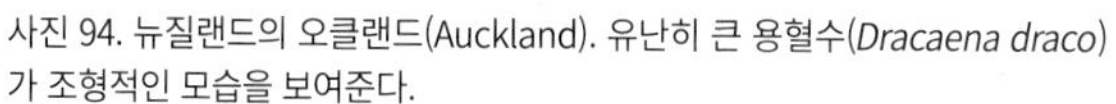
사진 94. 뉴질랜드의 오클랜드(Auckland). 유난히 큰 용혈수(*Dracaena draco*)가 조형적인 모습을 보여준다.

사진 95. 캘리포니아(California)의 헌팅던(Huntingdon) 식물원. 어떤 다육식물들은 강한 조각 형태를 보여준다.

종종 다육식물 외 다른 식물의 생장형이 매우 인상적이어서 조형적으로 묘사되기도 하는데 그 좋은 예가 가이즈카향나무*Juniperus chinensis* 'Kaizuka'이다. 단독으로 또는 작은 그룹으로 사용될 때 이 식물들은 조각물로 여길 수 있다. 대규모로 식재될 경우 인간의 일상적인 환경과는 완전히 다른 독특한 경관을 만들며, 식물의 원래 서식처인 사막 환경과 같은 이국적인 분위기를 연출할 수 있도록 해준다.

타원상 직립형

많은 관목과 교목은 일반적으로 곧게 자라는 생장형을 지녔지만 직립형, 아치형과 달리 수관이 옆으로 펼쳐짐과 동시에 측지와 엽군이 지면 가까이 발달하기도 한다. 그러한 형태는 타원상이거나 계란형 모양이다. 그것은 흔히 야생종들 보다는 품종으로 선발된 것이 많으며, 직립성 타원형은 측면 공간이 제한된 많은 도시와 정원에서 매력적이다. 이러한 식물들로는 유럽서어나무 '파스티기아타'*Carpinus betulus* 'Fastigiata', 백합나무 '아놀드'*Liriodendron tulipifera* 'Arnold', 노르웨이단풍 '콜룸나레'*Acer platanoides* 'Columnare', 쵸노스키사과나무*Malus tschonoskii*가 있다.

사진 96. 뉴질랜드 오클랜드(Auckland)의 매요랄 드라이브(Mayoral Drive). 로포스테몬 콘페르투스(*Lophostemon confertus*)는 달걀 모양의 직립형 나무이다. 나무들의 제한된 퍼짐은 특히 높은 수송 차량이 다니는 도로 옆 식재에 편리하다.

관목들은 일반적으로 다간형이며 넓게 퍼지는 생장형을 지니고 있기 때문에 이러한 모양은 교목에 비해 관목에서는 흔히 나타나지 않는다.

타원형은 구성에 있어서 솟아오르는 느낌이 있다. 하지만, 직립 형태의 특성이 있는 것들 중에서 보다 더 둥그런 윤곽을 지니고 있기 때문에 첨두형에 비해 긴장감을 주지 않는다. 반구형처럼 타원형은 덜 규칙적인 식재 사이에 드문드문 배치할 수 있으며 혼식의 끝 지점을 마무리하는 데 쓰일 수도 있다.

원추형, 원주형 그리고 첨두형

원추형은 침엽수에서 흔한 형태이며 일부 활엽수에서도 발견된다. 원추형 수관은 일반적으로 수고가 높고 밑 부분에서 맨 꼭대기로 갈수록 점점 가늘어진다. 그것은 가지가 규칙적으로 뻗는 습성의 결과이다. 단독으로 쭉 뻗는 줄기는 비교적 많은 수의 1차 가지들(나무줄기로부터 직접적으로 발생한 것)을 발생시키며, 그들은 나선형 내에서 규칙적으로 배열되거나 나무 마디 사이에서 규칙적으로 수직적인 간격의 나선형 배열을 한다. 많은 경우에 가지들은 거의 수평적이며, 이러한 원추형들은 수관의 꼭대기를 향하여 직경이 감소되는 수평적 층으로 구성된다. 이러한 원추형 나무들은 아라우카리아Northfolk Island Pine, *Araucaria excelsa*, 미송Douglas fir, *Pseudotsuga menziesii*, 거삼나무giant redwood, *Sequoiadendron giganteum*가 있고, 어린 나무로는 아가티스 아우스트랄리스kauri, *Agathis australis*와 다크리카르푸스 다크리디오이데스kahikatea, *Dacrycarpus dacrydioides*, 터키개암나무Turkish hazel, *Corylus colurna* 등이 있다.

원추형의 느낌은 타원상 직립형과 유사하지만, 큰 차이점은 예리하게 뾰족한 수관에 있다. 원추형은 그 느낌이 비록 간결하지만, 상당히 역동적이고 상승하는 특징이 있다. 원추형은 식재 구성에 있어서 매우 뚜렷한 강조 효과를 부여한다. 전체 숲을 원뿔형 나선 모양의 나무들로 구성하면 그 효과가 매우 뛰어날 수 있다. 미국 시에라 네바다Sierra Nevada의 웅장한 거삼나무giant redwood, *Sequoiadendron giganteum* 가로수와 미국 캘리포니아 해안가의 세쿼이아 셈페르비렌스redwood, *Sequoia sempervirens*는 모두 어린 나무들이 솟아오르는 듯한 수관들, 육중한 키 큰 나무들의 몸통들, 그리고 그 공간들이 만든 깎아지른 듯한 크기 때문에 평화스럽고 성당처럼 보이는 특징이 있다.

사진 97. 아라우카리아(*Araucaria heterophylla*)의 뚜렷한 원추 형태는 뉴질랜드의 오클랜드(Auckland) 공항에 있는 건물의 수평적 집단 및 완만한 지면과 강한 대조를 이룬다.

사진 98. 양버들(Lombardy poplar)과 같은 나무들은 첨두형이거나 원주형이다. 이 형태는 진출입로의 좁은 공간에 식재할 수 있기 때문에 샌프란스시코(San Francisco)의 퍼시픽 게이트웨이 프로젝트(Pacific Gateway Project)에 사용되었다.

매우 좁은 폭으로 직립하는 수관들은 일반적으로 첨두형 또는 원주형이라고 한다. 이러한 형태는 야생의 상태에서는 드물고, 대부분의 첨두형 교목들과 관목들은 영양 번식에서 선별된 것이다. 끝이 뾰쪽한 교목들의 수관은 짧게 직립하는 가지들로 구성되는데, 이 수관들은 빽빽하고 윤곽이 뚜렷하다. 이러한 습성은 흔히 '원주형'이라고 하는 좁은 원통형을 만든다. 꼭대기는 대체로 뾰쪽하거나—예: 향나무속의 '스카이로켓'(*Juniperus* 'Skyrocket')— 편평하다—예: 리보체드루스 데쿠렌스(*Libocedrus decurrens*)와 어린 서양주목 '파스티기아타'(*Taxus baccata* 'Fastigiata')—. 끝이 뾰족한 수관으로 된 관목들은 교목들 보다 덜 흔하다. 이러한 나무들은 두송 '하이베로니카'*Juniperus communis* 'Hibernica'와 두송 '스카이로켓'*J.* 'Skyrocket' 등이 있다. 많이 알려진 첨두형의 나무들은 서양노송나무Italian cypress, *Cupressus sempervirens*, 리보체드루스 데쿠렌스incense cedar, *Libocedrus decurrens*, 양버들 '이탈리카'Lombardy poplar, *Populus nigra* 'Italica' 등이 있다.

첨두형의 나무들은 강한 시각적 특성이 있으며, 식물 집단에서 지배적인 요소가 되기 쉽다. 레와레와rewarewa, *Knightia excelsa*, 양버들 '이탈리카'Lombardy poplar, *Populus nigra* 'Italica', 서양노송나무Italian cypress, *Cupressus sempervirens*와 같은 나무들은 다른 식생들 사이에서 감탄할 만한 특징이 있다. 그 식물들은 집단에서 드라마틱하게 고조된다. 첨두형 나무들은 나무의 수가 적을수록 그 자체로서 한층 더 두드러지는데, 강조 또는 조망의 초점이 되기 위해서는 나무의 수를 제한해야 한다. 반면에 첨두형 나무들이 다수 존재하는 곳이 있는데 이곳에서는 독특한 개성을 더해주는 지역 경관을 형성한다. 이러한 사례들로는 서양노송나무Italian cypress가 특징적인 지중해의 섬들, 뉴질랜드 동부의 건조한 언덕이 있는 지방, 특히 양버들Lombardy이 있는 호크만Hawke's Bay이 있다.

양버들Lombardy poplar은 수관 폭이 좁고 빠르게 성장하기 때문에 공간이 제한된 도시 지역에서 '신속한' 차폐 식재용으로 많이 사용되어 왔다. 그러나 아쉽게도 매우 홀쭉한 수관과 잎들로 되어 있기 때문에 한 줄로 식재하면 특히 겨울철에는 기대한 만큼 충분한 가림이 되지는 못한다. 차폐를 위해 양버들을 식재하면, 식재 간격과 관계없이 차폐하려는 보기 싫은 시설물 주위를 보초병들이 줄지어 서 있는 것과 같아서 차폐를 원하는 시설물에 오히려 시선을 집중시키는 결과를 초래한다.

평정형과 수평형

많은 교목과 관목들은 수평적인 층에 잎들이 달리면서 가지가 갈라지는 습성이 있다. 어떤 종이나 재배종들은 이 습성이 잘 발달되어 있고, 잎들이 뚜렷한 수평적 '평면'을 연출한다. 이러한 나무들은 레바논시다*Cedrus libani*와 일본당단풍 '아우레움'*Acer japonicum* 'Aureum' 등이 있다. 특히 산딸나무*Cornus kousa*와 털설구화 '마리에시'*Viburnum plicatum* 'Mariesii'와 같이 편평한 형태 속에서 꽃을 피우는 나무들은 사람들의 시선을 끄는 매력이 있다.

어떤 교목과 관목들은 잎들이 분리되는 층이 없이 두드러지게 퍼지는 가지의 패턴과 편평한 실루엣이 있다. 자귀나무silk tree, *Albizia julibrissin*와 다수의 열대 아카시아속*Acacia* 그리고 콩과 식물들은 우산 형태로 퍼지는 대표적인 식물이다. 수평적으로 퍼지는 형태의 교목과 관목은 안정적인 특징을 가지고 있다. 그러나 잎들이 높은 곳에서 층을 이루고 있고 가지와 가지 사이로 빛과 공기가 통하기 때문에 무겁다기보다는 가벼운 느낌을 준다. 평정형과 첨두형의 수관이 서로 대조를 이루면 장관을 연출할 수 있다. 뚜렷한 형태를 지닌 식물이 다른 식물들과 가깝게 식재될 경우 그 특성을 잃어버릴 수 있기 때문에 평정형 교목 또는 관목들이 그들의 수관을 충분히 확장할 수 있는 공간이 마련된다면 매우 효과적이다.

사진 99. 평정형은 영국 쉐필드(Sheffield) 식물원에 식재되어 있는 어린 개잎갈나무(*Cedrus deodara*)와 단풍나무(*Acer palmatum*)처럼 편평하게 펼쳐진 나뭇가지들에서 볼 수 있는데 평온한 분위기를 연출한다.

불규칙한 개방형

위의 내용을 묘사하는 데 선택된 식물 종들은 특별한 형태를 명쾌한 표현으로 보여준 것이다. 그러나 야생에서 자라는 많은 식물들은 환경적인 요인들에 의해 다소 불규칙한 형태가 될 수 있다.

또한 후천적인 것보다 유전적으로 불규칙한 형태로 자라는 식물 종들이 있다. 그들의 전체 모양은 불규칙하고, 예측하기 어려우며, 수관은 뚜렷한 윤곽을 형성하지 않고 무성하지도 않다. 이러한 식물들의 가장 뚜렷한 특징은 대개 여러 방향으로 퍼져 강하게 성장하는 신초들이 있고, 작은 측지와 잎이 결합된 특성이 있으나 그들 사이에 많은 공간이 있다. 개방된 수관은 빛을 찾는 다른 식물들이 차지하기 때문에 이들은 다른 종들과 어울리며 생장한다. 이러한 종류의 교목들은 은백양*Populus alba*, 마가목속 '엠블레이'*Sorbus* 'Embley', 왕벚나무*Prunus × yedoensis* 등이 있다. 이런 형태의 관목류들은 피라칸다*Pyracantha rogersiana*, 비타민나무*Hippophae rhamnoides*, 코리아리아 아르보레아*Coriaria arborea*, 앵무새부리꽃*Clianthus puniceus* 등이 있다.

유인형

식물은 저절로 여러 형태를 보이면서 자라기도 하지만 유인, 전정, 깎아 다듬기를 통해 조각품처럼 비자연적인 조형을 할 수도 있다. 가장 일반적인 녹색 조각은 깎아 다듬은 생울타리이다. 기능적인 목적뿐만 아니라 정형적인 생울타리는 시각적 구성에 있어서 통제와 정교함을 제공한다. 직선적인 형태는 교목 또는 관목을 깎아서 만들 수 있으며, 나무 높이와 폭을 다양하게 다듬을 수 있다. 피나무류*Tilia* sp.와 유럽서어나무*Carpinus betulus*는 전통적인 형태의 생울타리용 교목에 속한다. 다른 모양 또한 가능하여 곡선을 연출할 수도 있다. 영국 더비셔Derbyshire의 체스워스Chatsworth에 있는 구불구불한 유럽너도밤나무*Fagus sylvatica* 울타리는 주목할 만한 사례이다. 가장 정교한 모양은 고대 로마 정원에서 행해졌던 토피어리에 의하여 만들어진 것들이다. 서양주목*Taxus baccata*, 서양회양목*Buxus* *sempervirens*, 또는 실측백나무류*Cupressus* sp.를 기하학적 모양으로 다듬었고 여기에는 새나 동물들처럼 조각한 것 또한 포함된다.

전통적인 토피어리는 역사적인 정원 관리에서 중요한 연출을 하며, 넉넉한 유지·관리비가 있는 명성 있는 식재 계획에서 가끔씩 특징적으로 나타난다. 깎아 다듬기에 적합한 수종들은 수관 상단에 한결같이 고른 속도로 자라는 빽빽한 잔가지들이 있기 때문에 수시로 하는 전정에 적응하는 식물들이다. 잎이 작은 식물들은 전정에 의한 잎의 손상이 덜 뚜렷하기 때문에 이상적이며, 상록수들은 연중 그들의 조각적인 표면을 유지할 수 있기 때문에 선호된다.

전통적인 생울타리와 토피어리에 사용하는 식물들은 서양주목*Taxus baccata*, 서양회양목*Buxus sempervirens*, 동청괴불나무*Lonicera nitida*, 유럽너도밤나무*Fagus sylvatica*, 유럽호랑가시나무*Ilex aquifolium*, 지중해쿠프레수스*Cupressus sempervirens*, 쿠프레수스*C. macrocarpa*, 월계수*Laurus nobilis* 등이 있다. 잘 알려지지는 않았지만 성공적으로 짧게 깎을 수 있는 식물 종들은 토타라나한송*Podocarpus totara*, 코로키아 비르가타*Corokia* × virgata, 코프로스마 레펜스 *Coprosma repens*, 코프로스마 파비플로라*Coprosma parviflora* 등이 있다.

그 밖의 전통적인 방식으로는 가지 엮기 및 유실수들에 적용되는 여러 종류의 유인형들이 있다. 호프hop, 포도grape, 키위kiwi와 같은 덩굴식물들은 철사와 퍼걸러 같은 지지대에서 다듬기에 의하여 영리 목적으로 재배된다. 이와 같은 다수의 사례는 관상용 재배종에 적용되고 변형된 구조들을 이용함으로써 디자인 해석에 새로운 가능성을 제공한다. 정교함 덕분에 유인형은 식재 구성에 질서를 부여하는 강한 감각을 불러일으킨다. 이는 자유롭게 성장하는 식물의 풍성함 및 예측 불가능함과 대조를 이루는 멋진 규칙을 제공할 수 있다.

사진 100. 전정으로 유인된 식물의 형태는 경관에 있어서 조각품으로 간주할 수 있다. 주목(Yew)은 영국 런던(London)의 템즈 베리어 파크(Thames Barrier Park)의 움푹 패인 정원인 '드라이 도크(dry dock)'에서 초록 물결을 연출하고 있다

사진 101. 영국 컴브리아(Cumbria)의 레벤스 홀(Levens Hall)의 장식 토피어리는 형태와 공간의 흥미를 자아내는 역할을 한다.

사진 102. 영국 체스워스(Chatsworth)의 철제 아치 구조물에서 자라는 유인형 배나무

사진 103. 영국 로우샴(Rousham)에 있는 비둘기장의 둥근 벽 주변에 시렁(espalier)으로 정지된 배나무

선과 패턴

선은 형태와 밀접하게 관련되어 있으며 가장자리의 2차원적 겉모양이다. 이것을 확장하면, 선은 3차원 실물의 추상적 개념이라고 할 수 있다. 따라서 두 가지 식물이 유사한 형태를 지니고 있을지라도 선의 특성은 서로 다를 수 있다. 선을 만드는 가장자리는 전체 식물의 모습(실루엣), 가지, 줄기, 잎, 꽃잎의 가장자리이거나 서로 다른 질감, 색상 그리고 식물 표면에 드리우는 빛과 그늘의 차이로부터 발생하는 가장자리일 수 있다.

구성에서 선은 패턴을 만든다. 구성 패턴은 물체의 표면에서 형성되며, 그것들의 표면이 곡선이거나 구부러진 것일지라도 그것들은 마치 2차원적 평면처럼 하나의 조망점으로부터 지각될 수 있다. 조망의 의미로써 선들의 패턴은 사물의 3차원적 모양에 대한 정보를 전달하지만 이것은 표면을 통하여 이동하는 경험에 기초한 2차원적 패턴의 해석이 요구된다.

선의 본질은 방향이고 한 점의 공간으로부터 이동한 결과이다. 시각적 구성에 있어서 선의 주된 효과는 우리의 시선과 주의력을 유도하는 데 있다. 그 선들의 끝까지 각각의 선을 정확히 따르지는 않을 지라도, 우리의 시선은 강한 선들을 따라서 앞뒤로 움직이는 경향이 있을 뿐만 아니라 약하고 짧은 선들이 합성된 방향을 따르는 경향 또한 있다.

우리의 주의력은 선들이 집중되는 장소에 시선이 쏠리는 경향이 있다. 그래서 선은 경치를 시각적으로 탐색하는 데 직접적으로 이용될 수 있다. 선의 다른 방향은 다른 패턴들과 다른 식물들에서 발견하는 것처럼 식재 구성에 있어서 의도적으로 활용할 수 있는 고유의 심미적 특징이 있다.

사진 104. 영국 웨일즈(Wales)의 보드난트(Bodnant). 식재 구성은 교목과 관목들이 형태에 영향을 미치는 양에 따라 다르다. 배경에서 털설구화 '라나쓰'(*Viburnum plicatum* 'Lanarth')의 평정형 가지들은 화려한 하얀 꽃에 의하여 강조되고, 서양주목 '파스티기아타'(*Taxus baccata* 'Fastigiata')와 노토파구스 돔베이(*Nothofagus dombeyi*)의 상승하는 가지들과 두드러진 대조를 이룬다.

사진 105. 특별히 우리가 식물의 가지와 줄기가 지닌 윤곽 또는 실루엣을 볼 수 있을 때 선은 식재 구성에 있어서 지배적인 요소가 될 수 있다. 뉴질랜드 나피에르(Napier) 근처에서 편평한 나무들이 늘어선 이 가로수 길은 구성에 있어서 선과 윤곽의 영향을 설명하고 있다.

상승하는 선

위로 뻗거나 수직적인 선은 원주모양 또는 원뿔모양, 식물들의 줄기가 강하게 성장하는 교목들, 관목과 초본류의 왕성한 줄기들, 잘 정리된 식물들, 뾰족한 꽃의 모양, 외떡잎식물의 '칼날' 모양 잎들처럼 표현된다. 상향하거나 수직적인 선의 원주모양 또는 원뿔모양은 두송 '히베르니카'*Juniperus communis* 'Hibernica', 지중해쿠프레수스*Cupressus sempervirens* 등이 있다. 식물들의 줄기가 강하게 성장하는 나무들은 포플러Poplar, 자작나무류*Betula* species, 슈도파낙스 크라시폴리우스*Pseudopanax crassifolius* 등이 있다. 왕성한 줄기가 있는 관목과 초본류들은 페로브스키아 아트리플리키폴리아*Perovskia atriplicifolia*, 강전정된 흰말채나무*Cornus alba*와 콕크부르니아누스산딸기*Rubus cockburnianus* 등이 있다. 뾰족한 꽃 모양의 식물들은 푸르크라이아 포이티다*Furcraea foetida*, 푸야 알페스트리스*Puya alpestris*, 베르바스쿰 니그룸*Verbascum nigrum*, 스타치스 라나타*Stachys lanata* 등이 있다. '칼날' 모양의 외떡잎식물은 아스텔리아 카타미카*Astelia chathamica*, 아우스트랄리스부들*Typha australis*, 이삭애기범부채*Crocosmia paniculata* 등이 있다.

위로 뻗는 선은 단호하며 당당하고, 만약 충분한 규모를 갖추고 있다면 장중하다. 위로 뻗는 선은 중력과 반대 방향이기 때문에 현저하게 두드러진다. 그러나 수직선은 그 자체로 미세한 균형 상태에 있고, 측면으로 뻗은 가지는 수직선의 강렬함을 상쇄할 것이다. 이러한 섬세한 균형은 강하게 표현된 수직선에 안정감을 주는데, 만일 그것이 분별없고 규칙도 없이 사용된다면 그것은 들뜨거나 고압적이게 될 것이다.

사진 106. 영국 요크셔(Yorkshire) 호워드(Howard)성의 장미 정원. 첨두형의 향나무 '스카이로켓'(*Juniperus* 'Sky Rocket')은 위로 뻗는 윤곽선을 강조하고, 그 아래에서 부드럽게 물결치는 장미와 초본 집단을 조절한다.

사진 107. 수직선은 외떡잎식물의 위로 뻗는 선을 가진 잎들에서 흔하게 볼 수 있고, 영국 서레이(Surrey)의 위슬리(Wislley)에 있는 붓꽃속(*Iris*)과 골풀속(*Juncus*)은 돌다리의 수평적 편평함과 대조적이다.

늘어지는 선

축 처지거나 늘어지는 선은 아래로 길게 늘어진 가지에서 볼 수 있다. 그러한 교목들은 수양버들*Salix babylonica*, 버들잎배나무 '펜둘라'*Pyrus salicifolia* 'Pendula', 처진자작나무 '트리스티스'*Betula pendula* 'Tristis' 등이 있다. 관목에서 늘어져 매달리는 식물들은 로즈마리 '프로스트라투스'*Rosmarinus officinalis* 'Prostratus', 부들레야 알테르니폴리아 *Buddleja alternifolia*, 미르시네 디바리카타*Myrsine divaricata* 등이 있다. 잎 또는 꽃이 매달리는 식물들은 우단아왜나무 *Viburnum rhytidophyllum*, 등나무류*Wisteria* sp., 가리아 엘립티카Garrya elliptica, 처진사초*Carex pendula* 등이 있다.

사진 108. 뉴질랜드 크라이스트처치(Christchurch)의 아본강(River Avon) 근처에 있는 버드나무 '크리소코마'(*Salix* 'Chrysocoma')의 흔들리는 가지에서 늘어지는 선을 볼 수 있다.

늘어진 선은 평온한 특징이 있으며 경치를 평화롭게 한다. 이것은 최소한의 노력으로 어떤 위치에 매달리는 처진 가지들이 중력에 몸부림치는 것을 해방시켜 주는 것으로 연상되기 때문이다. 그 식물들의 습성상 아마도 저항이 적고 박력이 적은 것 때문에 축 늘어진 식물들이 만일 침침하고 어두운 색들과 결합되면 매우 강하게 우울한 분위기를 초래할 수 있다.

처진자작나무 '트리스티스'*Betula pendula* 'Tristis'의 섬세하고 반짝거리는 잎 또는 황금능수버들*Salix × sepulcralis chrysochoma*의 황금색 잔가지와 작고 가는 잎은 고요하고 부드러우면서도 생기 있는 분위기를 연출한다. 브레웨리아나가문비*Picea breweriana*는 잿빛 안개에서는 음산한 분위기이지만, 햇빛을 받으면 녹색 폭포 같이 반짝이는 매우 이색적인 분위기를 나타낼 수 있다.

늘어지는 잎 또는 가지들은 주의력을 지면으로 향하게 유도하여 무게감을 주며, 수관 아래의 생동감 넘치는 물은 늘어진 교목 또는 관목을 한 층 더 보완해 준다. 흐르는 물과 축 처진 나무 형태는 전통적으로 서로 잘 어울리는 친근함이 있다.

수평적 선

수평적인 선은 자귀나무*Albizia julibrissin*, 코프로스마 파비플로라*Coprosma parviflora*, 레바논시다*Cedrus libani*, 산딸나무*Cornus kousa*, 설구화 '마르에시이'*Viburnum plicatum* 'Mariesii'와 같은 식물들처럼 퍼지는 가지와 잎에서 볼 수 있고, 흔히 생울타리의 윗면, 가축들이 풀을 뜯어 먹는 목초지, 방목장에서 나무들의 밑 부분에 형성된 새싹의 선들, 잔디나 지피식물에 의하여 지표면의 높이가 정연한 곳에서 볼 수 있다.

이러한 수평적 선은 안정된 상태를 나타낸다. 이것들의 특성은 눕혀진 모양처럼 활기가 없고 잠재적인 에너지가 거의 없으며 움직임이나 작용력의 함축성도 거의 없다. 그러나 시각적으로 안정되어 있기 때문에 강한 수평적 선형으로 식재를 하면 구성을 더 강한 요소들로 지원할 수 있는 토대로서 작용할 수 있다. 실제로 솟는 것 없는 식재는 특색이 없고 생명력도 없다. 생울타리의 안정된 단순함은 풍성한 식재를 위한 기초나 배경으로서 작용할 때 가장 효과적이지만, 그 식물들이 오로지 기하학적 형태만을 위한 것일 때는 황량하게 보인다.

사진 109. 영국의 써리(Surrey). 레바논시다(*Cedrus libani*)의 편평한 가지는 강한 수평적 구성을 만들어 내며 건물의 벽돌 선들과 조화를 이루고 있다.

사진 110. 웨일즈(Wales)의 보드난트(Bodnant). 선은 구성에 있어서 결정적일 수 있다. 수평과 수직의 교차는 이 경치에서 가장 지배적인 모습 중 하나이다.

사진 111. 활기찬 대각선형 식물들은 신서란(*Phormium tenax*)의 길쭉한 잎에서 강하게 표현되며, 아일랜드 남쪽 호수 변두리의 자연 습지에서 볼 수 있다.

사선

대각선형 식물은 많은 교목과 관목들의 예리하게 올라가는 가지들에서 흔하게 볼 수 있으며, 벚나무 '칸잔'*Prunus* 'Kanzan', 사전트마가목*Sorbus sargentiana*과 같은 몇 종들과 변종들에서 더 일관되게 나타난다.

어떤 외떡잎식물들의 뻣뻣한 잎의 선들은 일반적으로 다양한 각도—예: 푸르크라이아 셀로아(*Furcraea selloa*), 신서란 '골리아스'(*Phormium tenax* 'Goliath'), 유카(*Yucca gloriosa*), 로팔로스틸리스 사피다(*Rhopalostylis sapida*)와 같은 야자수(palms)—일지라도 강한 대각선이 있다.

대각선은 활동적이고 동적이며 자극적이다. 그것은 긴장과 강한 잠재적 에너지를 풍긴다. 그것은 중력에 맞서면서 강하게 위로 뻗으며, 위쪽과 앞쪽으로 움직이고, 이러한 강한 특성은 더 안정된 요소와 대비되도록 사용할 때 효과적으로 보이는 구성에 있어서 강력한 요소가 된다. 너무 강한 사선들은 구성이 붕괴되는 원인이 되기도 하지만, 단단한 몸체는 동적인 특질과 대각선의 눈길을 끄는 특성을 나타내는 데 필요하다.

선의 질

우리는 생명이 있는 식물을 디자인 매체로 하기 때문에 단순한 유지·관리가 강하게 요구되는 곳과 기하학적 형태로

사진 112. 자연의 많은 선들은 생기가 있으며 특성이 다소 불규칙하다. 사진에서 줄기와 가지들은 고유의 성장 패턴을 보이는데 이는 노출된 환경의 영향 때문이다. 뉴질랜드의 코히 포인트(Kohi Point) 해안 숲. 목본성 고사리류인 마마쿠(mamaku)의 단순한 수직적 선과 대조를 이룬다.

식재한 곳을 제외하고는 단일한 방향성을 갖는 선을 찾아보기 어렵다. 매우 곧거나 균일하게 휘어진 기하학적 선들은 '정형성' 또는 통제된 것으로 다가 온다. 그것은 자연의 힘보다 사람의 의도를 표현하고 있다. 자연에 있는 대부분의 형태와 선은 어느 정도의 방향성을 지니고 있을 수 있지만, 자연 그 자체의 특성으로 인해 훨씬 다양하고 불규칙하다.

식물들은 빛을 향하여 자라기 때문에 잔가지들이 빠르게 움직인 결과 굽이치거나 불규칙한 선들이 자연스럽게 나타나고 활기를 보여준다. 실제로, 어떤 재배종들은 모양이 괴상하게 뒤틀리거나 그림 같은 가지 배열이 표현될 수 있도록 특별히 선발된 것들—예: 용버들(*Salix matsudana* 'Tortuosa'), 유럽개암나무 '콘토르타'(*Corylus avellana* 'Contorta')—이다.

질감

식물의 질감은 식물 특정 부분의 시각적 거칠음 또는 부드러움으로 정의될 수 있다. 이는 그림의 질감, 사진의 표면, 또는 직물, 돌, 벽돌, 목재와 같은 물질 등의 짜임새와 유사하다. 즉, 질감은 물성의 차이로 인해 나타난다. 만일 그렇다면, 그것은 선들의 패턴과 패턴의 크기에 따라 달라질 수 있지만 선의 방향성에 의하여 영향을 받지는 않는다. 식물의 질감은 일반적으로 거친 것, 고운 것, 그리고 중간 질감으로 나뉜다.

질감은 형태와 마찬가지로 바라보는 거리에 따라 변화한다. 적당한 거리에서 보면 시각적 질감은 잎과 잔가지들의 크기와 모양에 의해 결정된다. 잎이 크고 가지가 튼튼할수록 질감은 더 거칠게 다가온다. 잎자루 또한 질감에 영향을 미치는데, 길고 유연한 잎자루는 약한 바람에도 잎들 하나하나를 움직이도록 하기 때문에 전체 형상이 달라지게 되고 전반적으로 부드러운 외관을 갖게 한다—예: 많은 포플러(poplar) 종들—.

만일 우리가 멀리 떨어져서 바라본다면, 개별적인 잎들과 잔가지들의 시각적 효과는 사라지면서 잎들의 결합이나 잎 다발들로 이루어진 수관이 다가올 것이다. 이러한 경우 잎들의 결합 또는 가지들의 크기와 배열이 질감을 결정하게 된다. 가지가 크고 현저하게 차이가 있는 식물들은 더 거친 질감으로 나타날 것이다. 가장 가까운 곳에서 면밀하게 살펴보면, 잎이나 줄기들이 결합된 덩어리가 아니고 잎들의 표면과 수피가 질감을 드러낼 것이다.

여기에는 해당화*Rosa rugosa*, 우단아왜나무*Viburnum rhytidophyllum*, 엘라토스테마 루고숨*Elatostema rugosum*과 같이 잎 표면이 거친 질감을 가진 식물 종들, 코르크참나무*Quercus suber*, 토타라나한송*Podocarpus totara*, 세쿼이아 셈페르비렌스*Sequoia sempervirens*와 같이 거친 나무껍질을 지닌 종들이 있다. 이와 달리 특별히 부드러운 잎을 가진 히메노스포룸 플라붐*Hymenosporum flavum*, 코리노카르푸스 래비가투스*Corynocarpus laevigatus*, 팔손이*Fatsia japonica* 같은 종이 있고, 유럽너도밤나무*Fagus sylvatica*와 같이 부드러운 나무껍질을 지닌 식물 등이 있다.

질감은 선과 형태처럼 특별한 시각적 효과들을 지니고 있으며 구성에 있어서 중요한 역할을 한다. 이제 대부분의 관상용 식재, 즉 중간거리(약 2~20m)에서 느낄 수 있는 질감의 영향에 대하여 집중적으로 논의할 것이다. 질감은 실제로 자연의 식물 군집에서 두드러지는 특징이며 식물 유형과 자생지를 연관시키는 특징이기도 하다. 예를 들어, 산악지대 및 고산지역의 식물은 대부분 고운 질감의 작은 잎과 철사처럼 강한 줄기를 갖고 있는데 이는 강풍을 견디게 해준다. 이와 반대로 두꺼운 잎과 거친 질감의 식물은 열대 밀림을 연상시키는데, 이곳의 무성한 모습은 높은 습도와 다른 식물로 인한 그늘에 대한 대응이다. 따라서 질감은 순수한 시각적 효과뿐만 아니라 서식처와의 연관성을 지니고 있다.

고운 질감

고운 질감의 식물들은 아주 작은 잎들이거나 대부분 잔가지들이 빽빽하게 차 있다. 고운 질감의 식물들이 가장 많은 것은 에리카속*Erica* 종들이며, 작은 잎들은 코프로스마속*Coprosma*과 드라코필룸속*Dracophyllum*이 있고, 많은 양골담초속*Genista*과 빗자루꽃속*Cytisus*, 그리고 많은 그라스류, 속새류, 사초류 등이 있다. 다수의 나무들 또한 상당히 고운 질감을 가지고 있다. 그 예로는 서양주목*Taxus bacatta*, 쿠프레수스속 종들*Cupressus* species, 소나무속*Pinus* 등이 있고, 특별히 파툴라소나무*Pinus patula*와 코울테리소나무*P. coulteri*와 같은 나무들은 가는 바늘잎을 가지고 있다. 고운 질감의 활엽수들은 처진자작나무*Betula pendula*, 얇은잎돈나무 '실버 쉰'*Pittosporum tenuifolium* 'Silver Sheen' 그리고 소엽회화나무*Sophora microphylla* 등이 있다.

고운 질감의 식물들은 편안하게 감상할 수 있으며 시선을 자극하기 보다는 평온함을 준다. 그들은 거친 질감의 식물들에 비해 더 먼 거리에 있는 듯한 인상을 줄 수 있다. 결과적으로, 위요된 곳에서 질감이 고운 식물들이 많으면 넓은 느낌이 증가하며, 이것은 마치 방안에서 느낄 수 있는 고운 질감의 효과 또는 작은 패턴의 벽지 효과와 같다. 그들의 특성은 가볍고 우아하며 팽창력이 있고 부드럽다.

질감이 고운 잎들의 또 다른 효과는 전체적인 윤곽과 식물의 형태가 강하게 표현된다는 점에 있다. 식물 전체의 모양은 일반적으로 개별적인 잎들과 줄기들의 모양들이 지배적일 것이다. 이러한 이유 때문에 고운 질감의 식물들은 패턴이 엄격하게 통제되는 디자인이 필수적인 정형적인 구성에서 유용하다. 기하학적 패턴의 식재와 생울타리의 모양 그리고 전정된 표본목들의 경우 고운 질감의 식물 종들을 사용하면 매우 정밀한 표현이 가능하다. 고전적인 정형식 정원들의 식물들은 서양주목*Taxus bacatta*과 서양회양목*Buxus sempervirens*이지만 그와 같은 곳에 더 적합한 식물들이 많이 있다. 동청괴불나무*Lonicera nitida*, 코로키아 비르가타*Corokia × virgata*, 쿠프레수스속 종*Cupressus* sp.이 이에 해당한다.

거친 질감

큰 잎들과 두꺼운 잔가지들은 상당히 거칠거나 대담한 시각적 질감을 갖고 있다. 이것들은 상당히 거친 잎들이 있는 것으로서 잎의 직경이 2m를 초과하는 구네라 마니카타*Gunnera manicata*, 떡갈나무 잎처럼 찢어지면서 둥글게 돌출된 잎이 있는 알렉산드라대황*Rheum alexandre*, 펠티필룸 펠타툼*Peltiphyllum peltatum* 등이 있다. 굵은 잎과 거친 질감을 갖춘 다른 교목들은 꽃개오동*Catalpa bignonioides*, 메리타 신클라이리*Meryta sinclairii*, 큰잎단풍*Acer macrophyllum*이 있으며, 관목들은 로도덴드론 시노그라데*Rhododendron sinogrande*, 팔손이*Fatsia japonica*가 있고, 초본류는 미오소티디움 호르텐시아*Myosotidium hortensia*, 심장꽃돌부채*Bergenia cordifolia*, 아티초크*Cynara cardunculus* 등이 있다. 겨울철 두릅나무*Aralia elata*의 억센 줄기 또는 개오동나무속*Catalpa* 및 참오동나무*Paulownia tomentosa*와 같은 작은 잡목 숲 나무의 어린 가지들은 낙엽 식물들 가운데 거친 질감을 갖고 있다.

잎과 줄기가 독특한 식물들은 기본적으로 흥미를 끄는 역할을 하는데, 이것은 아마도 줄기의 형태와 잎의 세부적인 특징이 멀리서도 뚜렷하게 눈에 보이기 때문이거나 또는 단순히 그들의 크기 때문일 것이다. 실제로 개별적 잎들의 모양은 식물의 윤곽 또는 전체 형태보다 우선하여 사람들의 관심을 끌게 된다. 이런 경우에는 선과 관련된 식물의 특성이 수관의 형태가 아닌 잎과 잔가지들에서 더 잘 나타난다.

사진 113. 뉴질랜드의 캔터베리 대학교(University of Canterbury). 미코이코이(*miikoikoi, Libertia peregrinans*)의 고운 질감은 단순한 식재에서 두드러지며, 고운 질감의 콘크리트벽 표면과 잘 어울린다.

사진 115. 아칸투스속(*Acanthus*)의 두꺼운 잎들은 계단과 난간의 주의를 끌어들이고 동질적인 석조물의 거친 질감과 서로 조화를 이루고 있다.

사진 114. 그라스와 티코우카(ti kouka, cabbage tree). 두 가지 모두 뉴질랜드 안뜰 마당에서 공간감을 더해주면서 시각적으로 고운 질감을 가지고 있다.

사진 117. 영국 북 요크셔(North Yorkshire)에 있는 뉴비 홀(Newby Hall)의 이 식물 집단은 다양한 종류의 질감과 형태를 결합한 것이다. 강한 잎의 형태, 역동적인 선과 질감의 대조가 눈길을 끄는 데 효과적으로 작용하고 있다.

사진 116. 뉴질랜드 네이피어(Napier)의 침상원. 여우꼬리용설란(*Agave attenuata*)의 격조 높은 조각 형태와 뚜렷한 질감은 다육식물들 중에서 특별히 눈길을 끈다. 전면에 위치한 알로에(aloe)의 수직적인 화서를 통해 일관성이 강조되고 있는 점 또한 중요하다.

거친 질감의 식물들은 사람의 시선을 먼저 끌어 모은다. 이러한 효과 때문에 만일 거친 질감들이 최전면에 있고 고운 질감들이 주로 배경에 위치한다면 식재 구성에 있어서 깊이감을 증가시킬 수 있을 것이다. 그러나 제한된 부지에서 너무 뚜렷한 특성을 지닌 잎은 공포스러운 분위기를 만들 수 있으므로 작은 공간에서 거친 질감을 사용할 때는 주의가 필요하다.

거친 질감이 있는 식물의 큰 잎들은 그늘을 짙게 드리우며 인상적인 빛과 그림자의 패턴을 만든다. 만일 그 식물이 푸카puka, *Meryta sinclairii*와 같이 반짝거리는 잎을 지녔다면 깊게 그늘진 부분은 반사되는 빛으로 강하게 대조를 이루면서 잎이 지닌 시각적 가치를 상승시키기 때문에 멋진 표본 식물이 될 수 있다. 거친 질감을 지닌 표본 식물이 상승하는 선을 갖춘 식물—예를 들면 신서란(*Phormium tenax*), 용설란류(*Agave* sp.) 같은—과 함께 식재된다면 강조 효과를 보일 수 있다. 또한, 시선을 끄는 특성이 있기 때문에 핵심이 되는 장소를 부각시키는 데 활용할 수 있다.

거친 질감을 가진 식물들의 강력한 특성들에 더하여 그 식물들의 풍부한 잎들과 억센 줄기들은 시각적 무게감과 견고함을 준다. 이것은 구성에 있어서 '중심 소재'로서의 기능과 함께, 고운 질감의 식물들을 위한 안정감 있는 '토대'가 되도록 한다. 거친 질감의 식물은 반구형, 작은 둔덕형, 포복형 습성이 있는 식물과 서로 결합하는 것이 가장 효과적이다. 다북분꽃나무*Viburnum davidii*와 팔손이*Fatsia japonica*는 좋은 예이며, 심장꽃돌부채*Bergenia cordifolia*의 퍼지는 습성은 낮은 가장자리 또는 때때로 교목 식재의 튼튼한 토대로서 종종 사용된다. 대엽송악*Hedera canariensis*, 콜키카송악*H. colchica*, 큰잎브루네라*Brunnera macrophylla*와 많은 옥잠화류hostas는 거친 질감의 지피층을 만들 수 있다. 이들이 무게감 있는 저층을 구성하고 높은 수관층과 서로 대조를 이룰 때 최상의 효과를 보여준다. 돌부채속*Bergenia* 식물은 여러 종류의 잎들이 혼성된 화단의 가장자리에 잘 어울리며, 송악속*Hedera*의 탁월한 지피 특성은 키가 큰 부분을 지지하고 결합시켜 더 다양한 식재의 시각적 바탕을 만드는 데 도움이 된다.

중간 질감

구네라 마니카타*Gunnera manicata*와 에리카 아르보레아*Erica arborea*같이 극단적인 질감을 가진 식물들과 달리 중간 정도의 질감으로 묘사 할 수 있는 식물들이 많이 있다. 이 식물들 사이에서 뚜렷한 대비는 상대적으로 고운 질감과 상대적으로 거친 질감 사이에서 얻을 수 있다. 강한 대조가 항상 가장 효과적이지는 않으며, 거친 것과 고운 잎들 사이에서 중개를 위한 연계는 구성의 여러 면에 도움이 된다. 중개 역할을 하는 질감들은 갑작스러운 변화가 아닌 점진적인 진행을 이끌기 때문에 우리의 시각을 편하게 해준다.

색

색은 어떤 장면에서 우리가 처음으로 받는 시각적 인상 중의 하나라는 것은 잘 알려진 사실이다. 그렇기 때문에 경관이나 정원에서 매우 중요하며, 성공적인 식재를 위해서는 색을 잘 이해해야 한다. 색을 이야기할 때 항상 강렬한 색만을 의미하는 것은 아니다. 은은한 색과 그것을 이용하는 방법을 이해하는 것은 연중 식물의 잎과 줄기의 색을 이해하는 것만큼 중요하다.

현대 색 이론의 발전은 괴테Goethe의 '색 이론*Theory of Colours*(1984)'에서 체계적인 방법으로 시작되었다. 색의 인식에 있어서 일부 모호한 부분이 남아 있긴 하지만, 일부 과학적 원리들은 일반적 학설로 인정되고 있다. 여기에서는 색에 대한 이론을 구체적으로 설명하지 않고, 식재 디자이너들이 대부분 실무적으로 사용하는 원리들로 국한할 것이다.

미카엘 랑체스터Michael Lancaster(1984)는 "색은 빛이다"라고 하였다. 색의 차이는 주로 파장, 진폭, 에너지와 같은 빛의 속성에 따라 다르다. 그들의 차이는 관찰자의 눈에 도달하기 전의 광원과 반사, 빛의 굴절과 흡수되는 성질에 의하여 발생한다. 빛의 색은 색상, 명도, 채도와 같이 3가지 기본적 용어로 설명할 수 있다.

색상

색상은 흔히 색깔이라고 말하는 속성이다. 즉 색상은 물체가 빨강, 청색, 노랑 등으로 나타나는 것이고, 그것은 빛의 파장에 의하여 결정된다. 자연의 스펙트럼은 일반적으로 지각되는 7가지 색상을 가지고 있다. 비록 자세히 들여다보면 각 색상들은 중간 색상들을 통하여 세부적으로 이웃하지만 빨강, 주황, 노랑, 녹색, 청색, 남색, 보라색이 있다. 스펙트럼의 색상들은 지구의 대기에서 관찰될 수 있을 정도로 순수한데, 색상들이 색소의 흡수보다 태양 광선의 굴절로부터 발생하기 때문이다.

식물과 그 외의 자연적인 물체들이 지닌 색상은 이들이 지니고 있는 색소체가 흡수된 후 나타난 결과들이다. 즉, 흡수되지 않은 빛의 파장은 표면으로부터 반사되며, 거의 대부분 혼합된 색상을 포함하고 있다. 식물의 색들은 다른 두 가지의 속성인 명도와 채도에 의하여 달라진다.

사진 118. 영국 글로우세스터셔(Gloucestershire)의 히드코트 저택(Hidcote Manor)에 있는 가장자리 화단에서는 붉은색과 노란색의 강한 특성이 나타난다. 이 색채들은 냉온대 지역에서 흔하지 않다.

사진 119. 붉은색 가장자리 화단의 뜨거운 색들과 이곳 히드코트 저택(Hidcote Manor)에 식재된 차가운 푸른색과 녹색의 영향을 비교해 보자.

명도

명도는 종종 '색조'라고도 하며, 채색된 표면으로부터 빛이 다시 반사된 양 또는 '발광'이다. 이것은 색의 밝음과 어둠이라고 쉽게 이해될 수 있다. 흑백 사진은 단지 명암의 차이를 보여 주는 것이며 색상이나 채도는 보여주지 못한다. 그래서 '색조'를 고찰하는 것이다.

가장 밝고 가장 많이 반사되는 표면들은 높은 명도 또는 밝은 '색조'를 가지고 있고, 가장 어둡거나 최소로 반사되는 표면은 낮은 명도와 어두운 '색조'를 갖고 있다. 만일 우리가 한 가지 색상의 색조 변화를 고려한다면, 붉은색의 경우 붉은색 색소가 흰색과 희석될 경우—즉 모든 색상들을 균일하게 반사하는 것— 반사된 빛의 총량이 많아지고, 그 붉은색은 더 희미한 색조로 변하면서 명도는 더 높아진다. 더 많은 흰색 색조가 더해지면 붉은색 색소는 덜 지각되며 색은 결국 순수한 흰색이 될 것이다. 반대로, 만약 붉은색 색소가 검정색과 혼합되면—모든 색상을 균등하게 흡수하는 것— 반사된 빛의 전체량은 더 적어지고 색은 어두운 색조가 되면서 명도는 감소한다. 검정 색소의 비율이 증가될 때, 거의 모든 붉은색은 결국 흡수되고 그 색은 검정색과 구분할 수 없게 될 것이다.

어떤 색상들은 다른 것들 보다 색조가 본질적으로 옅으면서 더 높은 광도나 높은 명도를 갖는데, 가장 옅은 것은 노란색이다. 경관에서의 명도 혹은 색의 색조는 물체의 색소에 의존하지만 빛을 이용하는 양에 따라서도 달라진다. 그늘진 부분 또는 땅거미가 밀려올 때 모든 색조는 어두워지고 빛의 반사가 감소되기 때문에 색조들 사이에서의 차이가 줄어든다.

채도

같은 색상과 일정한 명암이 주어지더라도 색의 다양함은 여전히 감지될 수 있다. 이것이 '채도'의 변화이다. 다시 말하면 색 중에서 빨강 또는 파랑의 정도를 뜻한다. 채도는 색상의 맑고 진한 정도를 나타내는 상대적인 색상이다. 맑은 붉은색과 진한 붉은색은 같은 명도이지만 맑은 붉은색이 더 높은 채도로 다가 온다. 스펙트럼의 색상은 순수하며 전적으로 높은 채도의 색깔이지만 자연에서 보이는 주요 색깔들은 다소 명료하지 못하고 흐릿하다.

색 이론의 전문 용어는 때때로 모호하거나 혼란스러울 수 있다. 채도는 순도, 빛깔의 선명도 등의 여러 가지로 알려져 있다. 그 모호함은 또한 색조라는 단어의 사용 때문에 발생할 수 있다. 채도라는 용어는 '색조가 낮은 색' 처럼 색조의 정도를 표현하는 데 쓰이고 있다. 하지만, 색조는 밝고 어두움을 구분하기 위해 더 공통적으로 쓰이고 있다. 그러한 까닭에 색조는 명암의 동의어로 이해된다.

색의 세 가지 특성 또는 색의 3차원인 색상, 명도, 채도를 통해 우리는 어떤 색이든 충분하게 묘사할 수 있다. 예를 들어, 어둡고 희미한 빨강 혹은 창백하고 밝은 초록 등. 이와 관련된 지식은 색이 지닌 시각적 효과를 이해하고 이를 디자인에 적용할 수 있는 인식에 도움을 준다.

색의 지각

관찰된 실제의 색은 대상물로부터 반사된 빛의 특성으로서 광원에 따라 달라지는데, 만약 그 빛이 햇빛이라면 날씨에 의해 좌우된다. 예를 들면, 냉온대 기후대의 습기가 있는 부드러운 푸른빛 속에서는 엷고 연한 색들이 분명하게 지각되지만, 강렬하고 채도가 높은 색과 생동하는 색들은 지나치게 화려할 수 있다. 이와 대조적으로 대기의 질이 맑으면서 위도가 낮은 곳의 강한 햇빛에서는, 파스텔 색조의 미묘함은 사라지면서 빛깔이 강렬하고 화려한 색들이 최상으로 보일 것이다. 더욱이, 색들은 개별적으로 존재하지 않는다. 색의 지각은 맥락에 따라 크게 영향을 받는다. 정원 디자이너인 페네로프 홉하우스Penelope Hobhouse(1985)는 '색의 작용은 상대적이다'라고 하면서 '인접한 색과 빛의 특성에 따라 달라진다'고 하였다. 그녀는 동시에 나타나는 대비 현상에 대하여 다음과 같이 기술한다.

두 가지 색상을 나란히 배열하면 그들의 차이가 과장되면서 서로 점점 더 멀어지는 시각적 효과가 나타난다. 그 후 각각의 색상은 인접한 색상을 보완하는 것처럼 보이게 되고 상호보완적인 색상이 보다 더 두드러지게 된다. 이때 색의 다른 두 차원인 명도와 채도가 순수한 색상이 지닌 분명한 차이에 추가적으로 영향을 미친다.

식물을 포함한 대부분의 물체들은 색상의 혼합체, 명도의 구분, 그리고 채도의 다양성을 지니고 있다. 색의 복잡성 때문에 디자인에 있어서 색 사용을 위한 규칙을 만드는 것은 어리석은 것이다. 그러나 색과 관련된 수많은 심미적 효과들에 대한 파악은 가능하며, 그 효과들은 식재를 할 때 색 조합과 선택에 영향을 미칠 것이다.

색의 효과

색상은 관찰자에게 예측 가능한 영향을 미친다.(비렌Birren, 1978) 실제로 색의 의미는 러셔Luscher의 색 실험(스캇Scott, 1970)에서처럼 성격 연구의 측정 방법으로 쓰일 만큼 믿을 수 있다. 그러한 까닭에 색의 색상은 조각물 또는 다른 포장 재료처럼 심미적인 물질로 이해될 수 있다. 그들의 주요 특성을 요약하면 다음과 같다.

1. 빨간색은 뜨거운 색이다. 그리고 활기차고, 강하고, 극적이며, 흥분 또는 긴박함을 나타낸다. 다른 색상들 사이에서 작은 부분만 있더라도 두드러져 보이며 그 에너지 때문에 즉각적으로 지각된다.
2. 주황색 또한 따뜻하고 두드러져 보인다. 그것은 생기와 활력이 있으며 빨강의 활기찬 특성 같은 것이 있으나 노랑이 포함되어 있기 때문에 그러한 특성은 보다 완화된다.
3. 노란색은 따스하지만 빨강이 지닌 활력은 없다.노랑은 자극적이지만 부드럽고 수축색과 조합될 때 두드러지는 경향이 있다. 그리고 명료하면서 유쾌한 특성을 지니고 있다.
4. 녹색은 여러 가지 측면에서 중성적인 색이다. 그것은 따뜻함도 아니고 차가움도 아니며, 수축색도 아니고 진출색도 아니다. 그것은 진정시키는 힘과 균형감을 지니고 있지만, 동시에 시각을 자극한다. 사람의 눈은 녹색 빛에 쉽게 초점을 맞출 수 있고, 녹색 물체를 쳐다볼 때는 안구 근육이 최소의 힘으로 움직인다. 녹색은 등고선과 윤곽선이 분명하게 구별되도록 한다.
5. 파란색은 차가운 색상이며 시각 분야에서 최고의 수축색이다. 파랑은 침착하고 고요한 느낌이지만 동시에 개방적이며 고무적이다. 또한 맑고 투명하며 심지어 천상의 느낌을 줄 수도 있다.
6. 남색과 보라색은 파랑과 빨강을 내포하고 있다. 이 색들은 파랑처럼 차갑고 후퇴색에 속하지만 순수한 파랑보다는 그 정도가 덜하다. 그리고 빨강의 요소는 사람의 기분을 고조시키며 매우 신비스러울 수 있다.
7. 하얀색은 스펙트럼이 지닌 모든 색상이 균등하게 결합된 색이다. 하얀색은 중립적이다. 순수하게 하얀 표면은 모든 빛을 반사하기 때문에 진출색도 아니고 후퇴색도 아니며, 따뜻한 것도 아니고 차가운 것도 아니다. 하얀 꽃은 일몰과 일출의 황금 빛 또는 빨간 빛에서 따뜻한 진출색이 되지만, 푸르스름한 땅거미에서는 차가운 후퇴색이 된다.
8. 갈색은 여러 색소의 혼합으로 만들어진다. 갈색은 흙, 부식, 종종 겨울과 연관된다. 갈색은 적당한 조도에서 색의 풍부함과 그 안의 많은 색상을 보여줄 수 있다. 예를 들어, 진하게 녹슨 갈색과 부드러운 황갈색의 대비

를 생각해보자. 여기서 겨울철 식재 구성의 잠재성을 발견할 수 있다. 회색 역시 갈색처럼 처음에는 강한 인상을 주지 않지만, 여러 색의 은은한 색조를 포함하고 있어서 갈색과 유사한 방법으로 사용될 수 있다. 회색은 연중 식물의 줄기와 잎에서 발견된다.

9. 검은색은 색이 아니라 빛의 부재라고 할 수 있다. 이러한 까닭에 경관에서의 검은색은 부정적인 이미지를 갖고 있으며, 그늘, 그림자, 동굴, 선명히 볼 수 없는 것과 연관되어 있다. 물론 검은 사물은 매우 적은 양의 빛을 반사하지만 실제는 일부 색상의 아주 어두운 그늘일 뿐이다. 소위 검은 꽃으로 불리는 팬지Pansy(*Viola × wittrockiana*), 칼라속*Zantedeschia*의 재배종이 있으며, 검은색 잎을 지닌 흑맥문동*Ophiopogon planiscarpus* 'Nigrescens'과 검은색 줄기를 갖는 오죽*Phyllostachys nigra*도 있다.
10. 중간색 또는 혼합된 색상은 그들의 구성에 따라 특성이 변화하며, 엷은 색을 내기 위해 하얀색과 혼합된 색상은 원색의 특징을 중화 또는 정제시킨다.
11. 색의 효과는 색상뿐만 아니라 명도와 채도에도 달려 있다. 흐릿한 색이나 창백한 엷은 색들은 수축되는 것에 비하여, 채도가 높은 색들과 짙은 음영은 따뜻한 색상처럼 두드러져 보이는 경향이 있다. 따라서 강렬하고, 따뜻하며, 진한 색들이 하이라이트를 만드는 반면 흐릿하고 어슴푸레 하며 시원한 색들은 좋은 배경색을 제공한다. 짙은 음영은 거친 질감처럼 그들의 특성상 비교적 무거운 특성을 지녔기 때문에 엷고 차가운 색이 넓은 면적에 쓰였을 때 자칫하면 실체가 없고 부유하는 것처럼 보일 수 있는 것을 막고 이를 안정시킨다.
12. 채도가 높은 따뜻한 색들은 그것들의 강렬함과 활기 때문에 형태나 질감으로부터 주의력을 분산시켜서 식재 구성을 지배하는 경향이 있다. 이러한 예로서 양귀비의 맑고 선명한 붉은색은 실체가 없고 형체도 없이 단지 색깔이 흩어 뿌려진 것처럼 나타날 수 있다. 이러한 상황에서는 양귀비꽃들의 윤곽과 크기 그리고 그들의 정확한 위치를 분별하기 어렵다.

계절별 색상

색은 경관의 계절적 변화와 매우 관련성이 많다. 온화한 봄의 신선하게 빛나는 초록은 여름이 되면서 짙은 녹색으로 변하고, 가을 낙엽과 열매의 붉은 색상은 겨울철이 되면서 눈으로 덮여 단순해 보이지만 은근하고 강렬한 경관을 연출한다. 이러한 이미지는 사계절이 뚜렷한 지역의 전형적인 계절 색을 묘사한 것이다. 그러나 지중해나 아열대의 더운 기후에서는 연중 계절 변화를 상징하는 색이 다르다.

식물을 선정할 때 식물의 절정기뿐만 아니라 다른 계절 동안의 잎, 줄기, 꽃, 열매의 색을 고려해야 한다. 그레이엄 스튜어트 토마스Graham Stuart Thomas의 고전인 '겨울정원의 색상*Colour in the Winter Garden*(1957)'은 훌륭한 참고서이다. 그리고 다년생 식물의 겨울 색과 형태에 대한 영감을 얻기 위해서는 다년생 식물의 여름철 꽃과 잎 못지않게 겨울철 효과를 강조한 피에트 우돌프의 작품을 연구하는 것이 가장 좋은 방법이다. 몰리니아*Molinia caerulea*, 억새*Miscanthus sinensis*, 큰개기장*Panicum virgatum*과 같은 다수의 그라스는 매력적일 뿐만 아니라 여름철보다도 가을과 겨울에 더 풍부한 색을 자랑한다.

사진 120. 피에트 우돌프(Piet Oudolf)가 겨울 색과 형태로 구성한 영국 트렌텀 정원(Trentham Gardens)의 미로정원

사진 121. 오클랜드(Auckland) 식물원. 억새속(*Miscanthus*)의 갈색 잎과 은색 마른 꽃대(seedheads)는 코디폴리움단풍나무(*Acer caudifolium*)와 어우러져 인상적인 가을 조합을 이룬다.

시각적 에너지

지금까지 선, 형태, 질감, 색 등의 심미적 특성들이 서로 연관된 효과들을 연출할 수 있음을 살펴보았다. 구성에 있어서 사선, 원추형, 굵은 질감 그리고 밝은 색들은 모두 어느 정도의 활력, 극적 효과, 자극적인 속성을 공유하며 이들이 지닌 두드러진 효과들은 사람의 눈길을 끌 수 있다. 반면에, 수평선, 포복성이나 반구형, 고운 질감과 희미한 색들은 평온하고 은은하며 훨씬 더 고요한 분위기를 연출할 수 있다.

이러한 효과들 사이의 연관성은 넬슨Nelson(1985)의 '시각적 에너지 개념'을 통해 이해할 수 있다. 활기찬 특성들은 활기 없는 특성들 보다 높은 시각적 에너지를 가지고 있다. 시각적 에너지 개념은 왜 한 장소에서 너무 많은 강렬한 색들—다년생 식재와 전원풍 정원에서 나타나는—이나 너무 많은 강렬한 질감들과 대각선들—다육식물 및 열대 주제에서 나타나는—을 보여주는 정원이 혼돈과 고압적인 구성이 되는가에 대한 설명도 가능하게 해준다. 이러한 높은 에너지 요소들은 주목받기 위해 서로 경쟁하고 우세를 점하기 위해 투쟁한다. 표본 식물로부터 충분한 효과를 얻어내고 그들의 고유한 특성을 강조하기 위해서는, 다소 조용하고 시각적으로 편안한 식재를 통해 시각적 에너지를 보완해야 한다.

성공의 열쇠는 에너지 수준을 조심스럽게 선택하고 대상지와 사용 목적에 잘 맞추는 것이다. 식재는 전체적으로 높거나 낮은 시각적 에너지를 갖도록 디자인할 수 있다. 예를 들면, 조용한 명상 정원이나 정교한 건축적 디테일을 보완하는 경계부는 낮은 시각적 에너지를 갖는 식재를 선택한다. 공원의 전시형 정원이나 황량한 도시환경에서는 평범한 주변과 대조되는 수준으로 끌어 올릴 수 있는 높은 에너지가 필요할 것이다.

식물의 조합

식물들은 개별적으로는 매력적이고 환경에 쉽게 적응하는 특성을 지닐 수 있다. 그러나 다른 식물들과 결합되었을 때 사람의 주의를 끄는 요소들 간의 충돌로 인해 그 매력이 퇴색될 수도 있고 인접 침입 식물로 인해 잠식된다면 그 장점들은 모두 사라지게 될 것이다. 다음 두 개의 장에서는 식물 구성에 있어서 다른 측면을 다룰 것이다. 제7장 시각적 구성의 원리는 성공적인 시각적 구성을 달성하기 위하여 형태, 선과 패턴, 질감, 색채의 특성을 구성하는 방법에 대하여 다룰 것이다.

제8장 식물 집합체에서는 식물의 조합과 관련하여 생장형과 원예학적인 필요 사항들을 고찰할 것이다. 우리는 발아, 뿌리 습성, 토양, 기후, 번식 유형, 성장 속도와 수명 등이 어떻게 다른 식물들과의 생태적 적합성을 결정하는지와 함께 균형 있는 식물 사회의 요소로서 그들이 지닌 능력을 고찰할 것이다.

7

시각적 구성

앞서 우리는 식물의 미적 특성에 대한 분석을 통해 기본적인 시각적 어휘들을 알아보았다. 이러한 어휘들이 실제 식재 설계에 적용될 때, 하나 혹은 둘 이상의 시각적 메시지를 전달한다. 따라서 구성은 식재 디자인에 있어서 시각적 문법이라고 할 수 있다. 본 장에서는 구성 원리, 즉 2~3 종류의 식물을 어떻게 효과적으로 조합할지, 또한 더 큰 스케일에서는 어떻게 전체적으로 조화로운 식물 군집을 만들지에 관한 원리를 알아봄으로써, 디자인의 시각적·공간적 측면에 대한 이해를 높이도록 할 것이다.

물론 식물을 조합하여 식재를 할 때에는 시각적 원리 이외의 더 많은 지식이 필요할 것이다. 특히, 원예적, 생태적 요인(9장 참조) 역시 중요한데, 이에 대한 이해가 없이 디자인된 식물 조합은 긴 생존력을 가질 수 없기 때문이다. 그러나 보는 사람에게 가장 강한 효과를 주고 기억 속에 오래 남게 되는 것은 식재의 미적 효과이며, 이는 아마추어 정원사 뿐 아니라 전문 디자이너들 또한 자신의 작업에서 가장 이루고 싶어 하는 것이다.

본장에서 논의된 시각적 원리는 정형적인 또는 인공적인 느낌의 식재 뿐 아니라 자연적인 또는 생태적인 디자인에도 적용될 수 있다. 이러한 원리는 우리의 미적 감각에 영향을 미치는 것이 무엇인지 이해하는 데 도움이 된다. 식물 배치의 많은 부분을 종자 번식에 따른 자연적 과정으로 남겨 놓는 생태적 설계 시에도 정착 단계 이후 시각적 효과를 위해 식재가 조정되기도 한다. 설계에서의 자연성 및 인공성에 대한 자세한 논의는 9장 생태적 요인과 원예적 요인을 참고하기 바란다.

시각적 구성의 다섯 가지 원리

식물의 시각적 속성을 다룬 이전 장에서, 사람의 식물에 대한 반응은 주관적이고 문화적 차이가 있다는 것을 설명했다. 논의되었던 주관성과 객관성의 혼합은 식물 조합에 대한 감상 및 평가에도 적용된다. 여기서 우리가 알아볼 원리들은 일관되고 객관적인 방법으로 평가될 수 있는 시각적 속성을 다루기 때문에 어느 정도 객관적이라 할 수 있다. 예를 들어, 음악, 미술, 사진, 건축 분야의 경우 원한다면 각각의 분야를 구성하는 여러 요소들 중 두 가지 요소의 대비 정도를 측정할 수 있다. 나는 식재 디자인뿐만 아니라 다양한 예술 작품의 관찰을 통해 이와 관련된 객관적 속성을 이용하는 원리를 가져왔다. 식재에서 가장 중요한 원리는 조화와 대비, 균형, 강조, 연속성, 그리고 스케일이다. 이러한 원리들을 이해하면 어떠한 식물 조합이라도 그 곳에 적용된 시각적 문법을 분석할 수 있고, 디자인 방법과 더불어 창의적인 영감을 얻는 데 도움이 된다. 물론 이러한 원리들을 엄격한 규칙으로 생각하고 무조건적으로 따라서는 안 되며, 디자인 아이디어를 표현할 수 있는 도구나 기술로 생각해야 할 것이다.

조화와 대비, 다양성과 통일성

조화는 관계성에 관한 속성이다. 이는 식물이 지닌 형태, 질감, 선의 특성이 유사하거나 서로 비슷한 색상이 사용된 경우에 나타난다. 조합된 식물들이 갖고 있는 미적 특성들의 관계가 서로 밀접할수록 조화감은 더 커진다. 특성들의 유사성이 점점 더 높아지게 되면 일체성에 도달하게 된다. 그런데, 일체성만을 보일 경우 조화감은 사라질 수도 있다. 왜냐하면 조화감을 미적으로 체험하기 위해서는 유사성과 더불어 차이점 또한 동시에 지각해야 하는데 유사성만 남은 채 차별성은 사라졌기 때문이다. 조화를 통해 유쾌함을 느끼려면 사물들 간의 유사성뿐만 아니라 일체성과 차별성 간의 균형 또한 존재해야 한다. 일체성과 차별성의 경험은 인간의 심리 구조에서 원초적인 부분으로서 매우 중요하다. 우리에게 감지되는 모든 것들은 자신에게 익숙한 것과의 유사성 또는 차별성을 통해 파악된다. 즉 우리는 여러 요소가 혼재되어 있는 배경으로부터 유사한 패턴들을 골라내거나 또는 반대로 서로 구분되지 않는 것들로부터 그와 차이를 보이는 패턴을 골라내는 방식으로 외부 세계를 받아들이고 그 의미를 해석한다. 따라서 조화와 대비는 공존하는 관계이다. 그들은 서로 배척하는 양극단이 아닐 뿐만 아니라 둘 중에 하나가 없으면 나머지도 존재할 수 없다.

대비는 식물의 형태나 특징, 선의 방향, 질감, 색 등이 서로 다른 경우 나타난다. 대비가 반드시 충돌을 의미하는 것은 아니다- 매우 다른 특성들이 서로 보완적이거나 지원해주는 관계인 경우에는 보다 매력적이고 흥미로운 대비가 될 수 있다. 그러나 질서감이나 심미성 대신 긴장감을 야기하는 대비는 충돌로 인식된다. 또한 서로 묶이고 통합되는 아름다움이 없다면 대비는 혼돈을 초래하기 쉽다.

대비는 다양성과 유사하다. 우리는 보통 다양성을 여러 종류의 식물들이 제공하는 수많은 색, 형태, 질감으로만 생각하는데, 식재의 질 또한 다양성을 만들어낸다. 종 다양성이건 미적 다양성이건 보통 긍정적인 것으로 받아들여지지만, 너무 지나친 다양성은 사람을 당황스럽게 할 수 있기 때문에 균형을 잡을 수 있는 통일성이 필요하다. 이를 위해 독특한 식물 종을 유사한 위치에 반복 배치하거나, 또는 다양하고 대조되는 색, 형태, 질감 안에서 조화로운 식재의 기본 틀을 만들 수도 있다.

식재 주제 전반에 걸쳐 다양성과 통일성의 균형을 추구하는 것처럼, 두 식물의 시각적 관계 속에서는 조화와 대비의 균형을 통해 조합의 질을 평가한다. 이는 한 속성(예: 잎의 질감)에서의 대비와 다른 속성(예: 잎의 선 또는 잎의 형태)에서의 조화를 결합하는 것으로 얻어질 수 있다. 마찬가지로 꽃의 색을 유사하게 구성하여 조화롭게 함과 동시에 형태와 질감을 보다 다양하고 대비되도록 하면 보다 만족스러운 결과가 나타난다.

대비와 다양성이 너무 적으면 단순하고 지루하며, 너무 많으면 산만하여 갈피를 잡을 수 없다. 이와 같은 현상은 전체적인 패턴을 인식할 수 있는 연관된 요소들이 충분하지 않기 때문에 발생한다. 심미적 특성 중 강한 대비효과를 갖는 식물들로만 집합체를 구성하면 혼란스럽게 보이며 우리는 개별 식물 또는 전체적인 구성의 특징을 파악하기 어렵다. 이와 같이 차분함이 결여된 집합체는 마음을 산란하게 할 것이다. 이러한 까닭에 사람의 시선과 마음을 오래도록 끌면서 상쾌하게 다가오는 디자인을 위해 절제가 필요하다.

형태의 대비, 질감의 조화

질감의 대비, 형태의 조화

선의 대비, 질감의 조화

그림 7-1. 대비와 조화

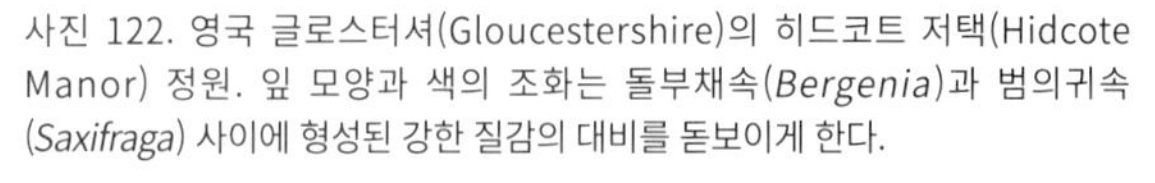

사진 122. 영국 글로스터셔(Gloucestershire)의 히드코트 저택(Hidcote Manor) 정원. 잎 모양과 색의 조화는 돌부채속(*Bergenia*)과 범의귀속(*Saxifraga*) 사이에 형성된 강한 질감의 대비를 돋보이게 한다.

사진 124. 뉴질랜드의 테 우레웨라(Te Urewera)에 있는 양치식물은 색과 질감의 높은 유사성을 보여주는데, 이를 통해 서로 대비되는 나무고사리(tree ferns)의 크고 넓은 잎의 형태미가 강조된다.

사진 123. 영국 에이번(Avon). 시각적 조화는 나무와 구름만큼이나 다양한 자연적인 형태들 사이에서 발견될 수 있다.

사진 125. 런던(London)의 하운슬로 시민회관(Hounslow Civic Centre). 식물은 포장 재료들과 조화와 대비로 서로 어우러질 때 시각적인 즐거움을 줄 수 있다.(색상 단원 참조) 사진에서 보면 생울타리 및 벽돌 경계의 직선적인 기하학 형태는 식물의 유기적인 형태와 대비를 이루는 반면, 동글동글한 자갈의 질감 및 시각적 '부드러움'으로 인하여 식물과 인공재료의 질감은 서로 조화를 이루고 있다.

사진 126. 영국 데번(Deven)에 위치한 다팅턴 홀(Dartington Hall)의 식재는 질감 및 형태의 조화와 함께 상호보완적인 색조를 통해 절제미를 보여준다. 자색 꽃, 회색 잎, 벽과 길의 석재가 색상 조화를 이루고 있다.

균형

균형은 식생 집단 사이의 관계에 대한 특성으로서 그들의 규모, 위치, 시각적 에너지에 따라 달라진다. 시각적 균형을 갖는다는 것은 구성을 이루는 두 가지 요소가 서로 다른 시각적 힘 또는 에너지를 갖고 있으며 그 힘이 작용하는 지렛대 또는 축이 존재한다는 것을 암시한다. 지렛대나 축을 중심으로 주변에 식물이나 다른 요소들을 배치시킬 때 축의 존재가 드러나면서 중요성을 갖게 된다. 축은 주변 요소를 끌어들이고 질서를 잡는 중요한 역할이 있기 때문에 공간 또는 구성의 초점이 된다.

균형을 표현하는 가장 간단한 방법은 좌우 대칭인데, 이는 축 한 쪽에 배치한 식물을 반대쪽으로 반복해서 배치하는 방식이다. 하나의 구성에서 대칭축은 보통 한 개 또는 두 개가 일반적이지만, 그 수는 여러 개일 수 있다(원은 그 수에 제한이 없는 대칭축을 갖는다).

대칭은 오랜 세월에 걸쳐 디자인이 지닌 엄격한 정형성을 표현하는 방법이었다. 대칭의 함축적이고 질서 있는 패턴은 이성적 사고의 표현이며, 형태에 대한 통제는 인간의 기술로 자연의 형태를 자유자재로 만들 수 있음을 과시하는 것이었다. 대칭적 형태가 돋보이는 까닭은 사람이 의도적으로 개입하지 않을 때 발달하는 자연스럽고 유기적인 형태와 대비를 이루기 때문이다. 하지만 순수한 대칭은 자연에서도 발견할 수 있는 형태이다. 대칭은 현미경적 생물 세계에 내재되어 있는 패턴과 생물체가 지닌 자연스러운 대칭적 요소를 인간의 지적인 능력으로 세련되게 다듬은 것이다.

균형은 대칭 이외의 방법으로도 얻을 수 있다. 이 경우 시각적 안정감은 형태의 반복으로부터 오는 것이 아니라, 축 또는 지렛대 주변에 자리 잡은 서로 다른 특성들 간에 발생하는 에너지의 균형으로부터 나온다. 두드러진 형태는 거친 질감과 균형을 이룰 수도 있고, 강렬한 선은 강한 색과 균형을 이룰 수도 있다. 또한 적은 양으로 강하게 표현된 특성은 약한 강도의 많은 양으로 표현된 것과의 균형이 가능하다. 예를 들어 칼날같이 쭉 뻗은 큰 잎들을 지닌 하나의 식물은 섬세한 질감과 함께 가늘고 늘어지는 잎을 지닌 2~3개의 식물들과 서로 균형을 이룰 수 있다. 균형 잡힌 요소들의 에너지는 식물의 집단적 구성과 배치로부터 발생하는 잠재적 에너지일 수 있다. 이 잠재적 에너지는 집단 그 자체의 특성과 더불어 집단들 간의 상대적 높이 또는 시각적 우세성의 차이가 만들어 낸 산물이다. 이를 통해, 주요 장소에 자리 잡은 작은 식물 집단들과 덜 중요한 곳에 위치한 큰 집단들 사이에 균형이 나타난다.

경관 속 다양한 요소들 사이의 균형은 한 각도에서 한 번에 인식되는 것이 아니라 장소 전체를 움직일 때 축적된 경험이 최종적인 인상으로 남을 수도 있다. 이는 경관 설계에 있어서 고정된 시점에서 보이는 정적인 경관 이상의 것을 고려하도록 하는 중요한 원리이다.

식재 시 축 또는 중심부를 기준으로 하여 대칭을 이루거나 균등한 에너지를 갖도록 하면 균형을 이룰 수 있고 시각적 안정감이 유지된다. 이 때 동적인 요소와 흥미로운 대비 효과들이 포함될 수도 있지만, 이들은 모두 전체에서 분리되지 않고 하나로 통합되어야 한다.

중요점과 강조

중요한 사물이나 장소를 부각시키기 위하여 시각적 에너지가 높은 식물을 배치할 수 있다. 이를 강조 식재라고 부르는데, 입구, 계단, 벤치 또는 수경 시설과 같은 요소에 시선을 끌도록 하는 데 사용된다. 강조 식재의 아이디어는 실내 및 건축 디자인에서 색채 강조의 활용과 유사하다. 가끔 식물 자체가 공간의 초점이 되기도 하는데, 강조 식재는 시각적인 리듬감을 주고 넓은 공간을 인간이 인식하기 쉬운 범위로 나누어주는 역할을 한다.

비대칭적 균형

두드러진 형태는 거친 질감과 균형을 이룸

강한 형태를 갖춘 하나의 개체는 약한 형태를 갖춘 여러 개체들과 균형을 이룸

눈에 띄는 위치 – 균형 – 대단위 식재

그림 7-2. 대칭적, 비대칭적 균형

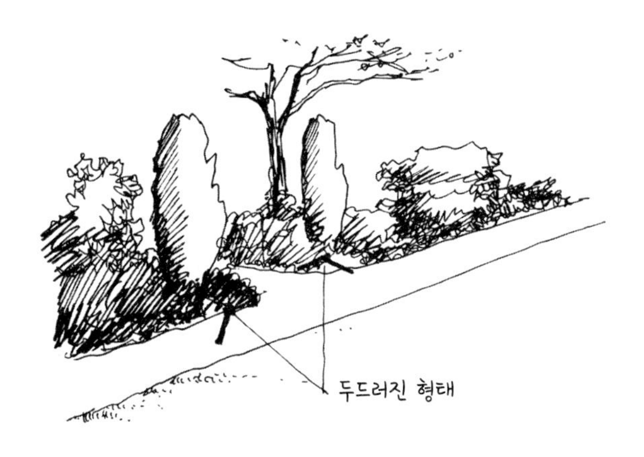

그림 7-3. 강조는 두드러진 형태, 거친 질감, 또는 섬세한 모아심기를 통해 표현 가능함

사진 127. 글래스고우(Glasgow), 킹스톤 독(Kinston Dock)의 아파트. 지형 조작과 길 양쪽으로 반복된 교목과 관목 식재를 통해 대칭 구조가 형성되었다. 식재를 중심으로 구성된 대칭축은 입구가 초점이 되는 데 도움을 준다.

사진 128. 스페인 바르셀로나(Barcelona)의 구엘 공원(Parc Guel)에서 일렬로 식재된 용설란속(*Agave*)은 관찰자의 시점을 석조 고가교 및 계단으로 강하게 끌어 모은다.

중요점과 강조는 식물체가 본질적으로 지니고 있는 두드러진 특질에 의해서 또는 선택된 장소에 시선이 멈출 수 있도록 세심하게 배열하고 그룹을 형성할 때 달성될 수 있다. 전혀 다른 모습 또는 갑작스러운 변화가 사람의 관심을 끌어 모은다는 점에서 볼 때 강조는 대비와 비슷한 특성을 지니고 있다. 따라서 어떤 단일 식물의 형태가 주위 배경과 대비를 이루고 있다면 이 때 이 식물은 강조 효과를 보이게 된다.

연속성과 리듬

연속성은 관찰자의 시선에 들어오는 식물 구성의 전개 또는 일련의 변화 양상이다. 연속성은 어느 관찰 지점에서 바라볼 때 색상과 질감으로 구성된 하나의 구성물 또는 단일 조망권 속에 위치한 여러 형태들처럼 보일 수 있고 또는 우리가 이동할 때 전개되는 장면의 연속처럼 경험될 수도 있다.

그림 7-4. 연속성. 중요점을 향해 자연스러운 흐름을 주는 식재

사진 129. 주목의 규칙적인 리듬은 영국 하트퍼드셔(Hertfordshire)의 에슈리지(Ashridge)에 있는 교회 부벽의 패턴을 반영한다.

연속성은 시각 구성에 역동성을 부여하는 핵심적인 특성이며 연속성을 통해 변화감이 드러난다. 연속성은 정적인 공간에서 뿐만 아니라 여러 시간에 걸쳐 부분적 요소를 전체로 연결시킨다. 시각적 구성에서 연속성은 음악에서의 리듬이나 시의 운율과 같다고 할 수 있다. 연속성은 구성에 시간적 구조를 제공한다.

음악의 비트나 시의 운율이 전체 속에서의 부분을 이해하도록 해주는 것처럼, 식재에서 중요 식물의 반복도 같은 역할을 한다. 반복은 질서감을 주고 구성을 전체적으로 이해하는 데 도움을 준다. 특히 넓은 면적에 자연스럽게 또는 무작위로 혼합 식재된 것처럼 보이는 식재에서 특정 식물을 반복하면 전체를 통합하고 혼잡함이 아닌 의도된 느낌을 줄 수 있다.

음악적인 리듬 또는 시적인 운율처럼, 식재 연속성은 강조되는 식물이 규칙적으로 나열되는 단순성을 보일 수도 있고, 구간마다 어떤 형태들의 중첩이 반복되는 복잡성을 보일 수도 있다. 또한 무질서의 표현을 위하여 의도적으로 혼란스럽거나 임의적인 연속성을 만들 수도 있다. 따라서 품격 높은 구성을 완성하기 위해서는 여러 요소들을 결합하는 능숙함이 필요하다.

스케일과 복잡성

스케일은 간단하게 말해 상대적인 크기로 이해될 수 있다. 칭(Ching, 1996)은 스케일을 하나의 장소 안에서 다른 형태에 대한 상대적인 크기를 일컫는 '전체적 스케일'과 인체의 크기와 비례하여 상대적인 크기를 말하는 '인간 척도'로 구분하였다. 경관 디자인에 있어서 전체적 스케일은 전체 공간을 구성하는 여러 부분들 사이 또는 식물 조합 내부에서 나타나는 크기들의 상호 관계를 말한다. 개별 식물 및 식물 집단의 상대적인 크기가 구성의 전체적 스케일을 결정한다. 이와 같은 상황에서 스케일은 관찰자인 사람과 아무런 관련이 없는 것처럼 보이기 쉽다. 하지만 인간 척도는 이와 달리 구성과 관찰자 사이의 규모에 대한 관계를 말한다. 설계는 사람들을 위한 것이므로 경관에 담겨 있는 인간 척도와의 관계는 반드시 고려되어야 하며, 서로 다른 형태의 경관에 맞추어 인간 척도의 효과가 나타나도록 해야 한다.

우리가 감지할 수 있는 상세함의 정도는 조망 거리에 달려 있다. 거리가 늘어날수록 상세한 것들은 시야에서 멀어지지만 보다 더 큰 영역을 볼 수 있게 되며, 비록 보이는 내용이 바뀐다 할지라도 우리가 받아들일 수 있는 정보의 양은 크게 변하지 않고 비슷한 수준을 유지한다. 거리가 가까울수록 우리는 잎과 꽃의 섬세한 특징과 작은 식물의 질감과 형태에 집중할 수 있다. 25m 정도의 거리에서는 이와 같은 상세한 특성을 거의 볼 수 없고, 식물 구성에 있어 큰 규모의 개별 식물이나 전체적인 색과 질감이 주로 보이게 된다. 우리가 100m 뒤로 물러날 경우, 개별적으

여러 건물들이 운집한 것처럼 보이는 거리에서는 주로 교목집단이 지각됨

여러 건물 중 하나의 건물이 시야에 들어오는 거리에서는 개별 교목과 관목집단이 주로 지각됨

사람을 마주 볼 수 있는 친밀한 거리에서는 개별 관목과 초본식물로 구성된 여러 개의 작은 집단들이 주로 지각됨

그림 7-5. 조망 거리에 따라 식물 집단에 대한 지각은 달라짐

사진 130. 웨일스(Wales)의 스노우도니아(Snowdonia). 다양한 식물 종의 분포를 포함하여 원거리 언덕에 자리 잡은 조림지는 주변 식생 및 지형 패턴과 잘 어울린다.

사진 131. 영국 헐(Hull) 인근의 험버교(Humber Bridge)와 같이 큰 규모의 구조물이 있을 경우 주변 경관과의 조화를 유지하기 위하여 그에 상응하는 규모의 조림지나 숲을 조성할 필요가 있다(디자인: Weddle Landscape Design).

사진 132. 뉴질랜드의 해밀턴(Hamilton). 포장재, 자갈과 함께 아스텔리아 카타미카(*Astelia chathamica*), 리베르티아속(*Libertia*) 등 사초과 식물들로 구성된 정원 스케일은 사람들이 산책하게끔 끌어들이며 원거리의 드라마틱한 경관을 강화시킨다. 복잡한 전경은 여기에서는 어울리지 않았을 것이다.(디자인: Studio of Landscape Architecture)

로 보이는 것들은 교목뿐이며 상대적으로 작은 식물들은 소림, 관목림, 초지처럼 하나의 집단을 구성하는 부분으로 다가 온다. 하나의 식물 구성에서 우리는 서로 다른 스케일을 한 번에 인식할 수 없다. 우리는 한 번에 하나의 스케일에만 집중할 수 있기 때문에 디자인을 할 때에는 관찰 위치에 따라 서로 달리 보이는 다양한 스케일들을 이해해야 한다.

조망과 관련된 스케일은 거리뿐만 아니라 움직임에 의해서도 영향을 받는다. 한 지점을 통과하는 속도에 따라 주어진 시간에 볼 수 있는 경관의 크기와 그로부터 수용할 수 있는 정보의 양이 달라진다. 이러한 이유 때문에 식물의 규모 선택 시 관찰자의 통과 속도를 반영해야 한다. 차를 타고 지나가면서 잠시 슬쩍 볼 수 있는 곳과 달리 수차례 거닐면서 한가롭게 관찰할 수 있는 장소의 경우에는 규모가 보다 작은 식물들로 다양하게 구성하는 것이 바람직하다.

불행히도 우리는 주어진 식재 환경에 비해 너무 복잡하거나 또는 너무 단순하게 디자인된 식재를 흔히 볼 수 있다. 지나치게 복잡한 첫 번째의 경우, 제한된 공간에서 너무 많은 풍부함과 다양성을 제공하려고 노력하다 보면 디자이너의 좋은 의도와 달리 잘못된 방향으로 진행될 수 있다. 이곳저곳의 황량함을 보완하고 단조로운 환경을 개선하기 위한 디자이너의 노력일 수도 있겠지만, 만약 적절한 거리에서 적절한 기간 동안 감상하기 힘든 것이라면 이

사진 133. 영국의 스토크 온 트렌트(Stoke-on Trent) 국제 정원 박람회. 개인정원과 공공정원에 관계없이 정원 식재는 사람이 오랜 시간 머무르며 관찰하고 즐길 수 있도록 충분하게 작은 스케일로 구성되어야 한다.

다양성은 오히려 낭비가 된다. 게다가, 식재를 위한 식재를 하다 보면, 건축물, 구조물, 그리고 공간 대비 식물의 상대적 크기를 다루는 전체적 스케일은 가끔 무시되곤 한다. 식재 그 자체에 지나치게 많은 다양성을 담으려 하다보면, 식물 구성에 필요한 다른 측면들을 위해 쏟아야 할 시간과 생각을 놓칠 수 있다.

이와 달리 보행로가 있는 곳에 단일한 수종의 관목을 폭넓게 식재하는 것은 지나치게 단순한 두 번째의 경우에 해당한다. 이러한 경관은 사람들이 식물을 가깝게 관찰하거나 길을 따라 걸어가면서 흥미를 느낄만한 다양성을 제공하지 못하기 때문에 단조로워 보일 뿐만 아니라 심지어 침울한 느낌마저 안겨 준다. 이와 같은 상황에서는 식물의 잎, 꽃 또는 열매에만 집착하는 매우 근시안적인 접근법 그리고 부지 개발의 관점에서 바라보는 거시적인 접근법 등 단지 두 가지 스케일만 있을 뿐이다.

이러한 예들은 근본적으로 실패한 사례들이며, 이 경우 식재가 지닌 다른 매력과 장점들을 가릴 수 있다. 따라서 스케일의 효과를 예측할 수 있도록 우리는 도면 작업 시 많은 생각과 상상을 할 필요가 있다. 단일 식물종의 단순한 블록이나 집단 식재가 잘 사용된다면 이 또한 효과적일 수 있다. 그리고 너무 다양하게 구성된 혼합 식재에서는 사람들이 지나쳐버릴 수 있는 잎, 질감, 꽃, 열매의 색과 형태에 주목할 수 있도록 만들 때 가장 성공적이다. 이런 기술은 아마도 건축의 미니멀리즘 디자인과 그 재료 표현에서 나타나는 유사한 효과를 얻고자 할 때 시도될 수 있다.

식물의 종류보다 식물이 지닌 스케일의 변화를 통해 다양성을 보이는 기술은 효과적이지만 잘 사용되지 않는 기술이다. 이는 전체 식재에서 일부분은 큰 스케일로 단순 블록이나 혼합 식재를 하고 작은 스케일의 블록이나 혼합 식재를 대비시키는 것을 말하는데, 이와 같은 스케일의 대비를 통해 흥미로운 경관을 연출할 수 있다. 즉 복잡하게 구성된 작은 스케일의 식재는 단순한 군집 식물과 대조되어 더 큰 효과를 갖고, 큰 스케일의 단순 식재의 경우 복잡한 작은 스케일의 식재가 중간 중간 강조 역할을 함으로써 지루함을 줄여주는 효과를 갖게 된다.

구성에서 움직임과 조망각도의 영향

디자이너는 또한 식물들이 어떤 각도에서 조망될 것인가에 대해서도 고민해야 한다. 이는 관찰자의 움직임에 따라 영향을 받는데, 움직이는 동안 집중할 수 있는 범위는 멈춰있을 때보다 더 제한적이다. 그리고 이동속도가 빨라질수록 그 범위는 더욱 더 좁아진다. 예를 들어, 행선지를 향해 걷고 있는 보행자의 수평적 가시범위는 약 90도 정도로

사진 134. 뉴질랜드의 플렌티만(Bay of Plenty). 고속도로에서 빠른 속도로 이동하는 자동차 안에서는 큰 스케일의 교목과 관목 집단만 감지될 것이다. 배경이 되는 산림 식생 및 경계부의 자생 관목림이 길가의 다양한 초본식물들과 서로 대비를 이루고 있다.

사진 135. 영국의 로테르험(Rotherham). 자동차가 적당한 속도로 지나간다면 보다 많은 식재 형태의 변화를 감지할 수 있고 조금 더 작은 그룹의 식물 종들을 구분할 수도 있다.

한가롭게 산보하는 속도에서는 개별 교목 및 관목들로 구성된 작은 집단들이 감상 가능 대상임

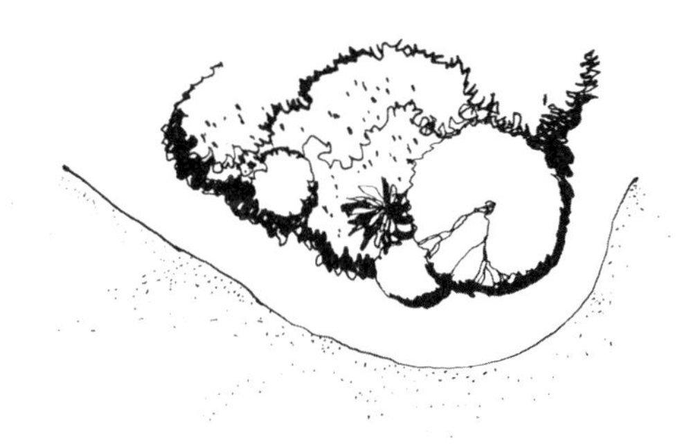

차량이 이동하는 보통 속도에서는 몇 개의 교목 집단들과 폭넓은 하나의 관목 집단이 감상 가능 대상임

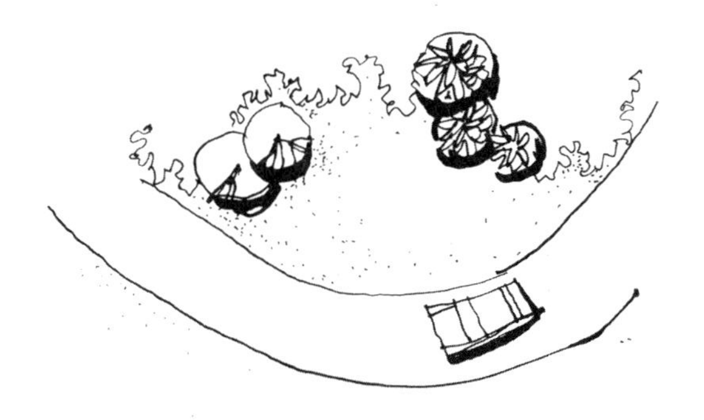

그림 7-6. 식물의 구성과 배치 시 관찰자의 이동속도가 반영되어야 함

제한된다. 도로 운전자들의 경우 빠른 속도로 변화하는 작은 시각 영역에 계속해서 집중해야 하기 때문에 이 각도는 45도 정도로 더 줄어든다. 이 각도는 눈동자의 움직임뿐만 아니라 뇌가 집중할 수 있는 범위를 포함하는 것으로서, 일반적으로 알려진 60도—좌안과 우안이 각각 30도의 범위 내에서 최대로 바라볼 수 있는 각도—의 '시야각'(드레이퍼스Dreyfuss, 1967)과 동일한 개념은 아니다.

대부분의 경우 우리는 보행로나 도로를 따라 식재된 식물들을 예각 방향에서 보게 되므로, 그 길이는 실제보다 짧게 보인다. 따라서 도로면의 교통 표지들 또한 정상적인 모습으로 보일 수 있도록 원래의 형태보다 세로로 더 길게 칠하듯이, 원하는 스케일의 식재 배열을 위해서는 이동하는 축선을 따라 길게 늘려야 한다. 이에 관한 고전적인 사례는 거트루드 지킬Gertrude Jekyll의 숙근초 경계식재이다. 지킬의 표류식재는 보행로와 직각으로 배열되었다. 그 결과 표류영역이 확장되어 커다란 집단처럼 보이게 되고 경관효과도 커졌다.

식재 디자인의 통일성과 다양성

통일성과 다양성은 디자인 원리로 여겨지기도 하지만, 앞서 언급되었던 원리들의 기초가 되는 목적으로 이해하는 것이 좋다. 통일성과 다양성은 모든 디자인과 모든 표현에 있어서 기본이 되는 특성이다. 전체성과 완벽함의 추구는 인간 심리의 중요한 동기이기 때문에 인간은 외부 세계가 통일성을 보여줄 때 본능적으로 만족감을 느낀다. 구성의 원리들도 결국은 통일성과 다양성이 함께 하는 디자인을 성취하기 위한 안내서라고 생각할 수 있다.

통일성은 미적 특성들 사이의 전체적인 조화, 다양한 부분들을 하나로 엮는 구성의 전반적인 균형, 구성을 서로 연결시키는 요소에 대한 강조, 공간과 식재의 흐트러짐 없는 연속성, 경관과 사람들을 서로 이어주는 식재 스케일의 선택을 통해 비로소 실현 가능하다. 통일성보다는 다양성을 표현하기가 더 쉽다. 유용한 식물종과 재배종의 범위는 매우 다양하며, 단일 식물이라 할지라도 계절적으로 성장 변화하면서 많은 다양성을 보인다. 따라서 통일성을 성취하는 것이 디자이너에게는 더 어려운 일이다.

식재 아이디어와 주제

통일성은 식물을 기능별로 서로 묶는 것을 뛰어 넘어 식재 아이디어 또는 주제를 부여하고 이를 명확히 표현함으로써 성취할 수 있다. 일단 주제가 결정되면, 주제는 상세한 디자인을 개발하기 위한 영감이나 개념 틀을 제공하기 때문에 통일성은 디자이너에게 중요한 가치이다. 게다가 수많은 식물 종들을 관리 가능한 식물 목록으로 줄이는 데 도움이 된다.

주제는 역사적일 수 있다. 즉 대상지가 지닌 과거의 특성들과 사건들에 대한 해석 또는 역사성을 현대적 디자인과 융합하는 것에 기초하여 주제가 구성된다. 물론 주제는 사람들이 해당 경관을 즐기는 이용 행태로부터 영감을 구할 수 있다. 또한 보다 단순하게 주제를 구성할 경우 식재를 포함하여 대상지 조경의 모든 양상에 대한 정보를 제공하는 핵심적인 디자인 개념과 아이디어를 반영하는 것일 수도 있다. 식재 디자인이 전체적 디자인 콘셉트와 목적에 부합되도록 하는 것은 항상 중요한 일이며, 이는 공간 디자인과 식재 주제가 전체 대상지 경관 디자인과 명백한 연관성을 지닐 때 나타난다.

식재 주제는 그 수도 많고 종류도 다양하지만, 심미적 특성, 식물의 분류학적 관계 그리고 생태적 특성에 근거한

사진 136. 영국 런던(London)의 탬즈 베리어 공원(Thames Barrier Park)에 조성된 침상원은 중심 설계 개념을 반영하는 식재의 좋은 예이다. 정원 형태와 물결 모양의 주목 생울타리는 주변 항만 지역의 역사를 표현하고 있다. 생울타리와 산책로 사이의 길고 좁은 식재는 전통적인 경계 처리 방식을 혁신적으로 발달시킨 것이다.

사진 138. 이러한 식재를 위한 영감은 분명하다. 영국 스토크 국립 정원 페스티벌(Stoke National Garden)의 인공 언덕에 청색, 흰색, 자색 팬지꽃(viola hybrids)이 흘러내리듯 식재되어 있다. 이탄지의 그라스와 골풀은 하천 상류부의 특성을 연상시켜 줄 뿐만 아니라 갈색과 녹색의 은은함은 팬지꽃의 밝은 색을 보완해준다.

사진 137. 기하학적인 도시 형태를 표현하기 위해 신도시의 상징이라 할 수 있는 격자무늬를 샌프란시스코(San Francisco) 광장의 식재에 유머감각을 살려 적용하였다.

분류가 가능하다. 대상지 맥락은 언제나 중요하다. 심미적 특성은 식물의 시각적 효과를 포함한 감각을 강조한다. 경관이나 건물의 특징, 대상지 용도, 이용자 특성은 미적 선택 및 미와 기능의 관계에 영향을 미친다.

색: 디자인 주제 중 하나인 색은 피에트 우돌프Piet Oudolf와 같은 정원 디자이너들 사이에서 이제는 다소 구시대적인 것이 되었다. 그는 형태와 질감이 얼마나 깊은 인상을 전달할 수 있는지 보여주었는데, '색에 대단히 많은 주의를 기울이는 것을 중요하게 여기는 것에 대하여 동의하지 않는다'. 그리고 '색은 전체의 한 부분으로 보여야 하며… 으뜸이 되는 구조의 한 층위… 여러 가지 감성 중 하나의 요소일 뿐이고… 전체와 분리된 것이 아니다'라는 신념을 강조한다.(우돌프Oudolf와 킹스버리Kingsbury, 2013) 아마도 색은 식재 계획에 맞는 식물을 선택할 때 가장 쉬운 방법처럼 보였기 때문에 가끔 지나치게 강조되어온 측면이 있다.

그러나 아름다운 많은 경관 식재의 경우 꽃, 열매, 줄기, 잎의 색을 서로의 연관성을 유지한 채 제한된 범위 내에서 절제하여 사용하였다. 예를 들어, 20세기 초 예술 수공예 양식과 영국식 전원풍 정원에서는 하얀 꽃과 회색, 은색 잎을 주제로 한 경계 화단이 큰 인기를 끌었다. 이와 같은 식재 방식은 북 요크셔North Yorkshire의 뉴비 홀Newby Hall, 글로우세스터셔Gloucestershire의 히드코트 저택Hidcote Manor, 켄트Kent의 시싱허스트 성Sissinghurst Castle, 서머셋Somerset의 헤스터콤 하우스Hestercombe House 등에 잘 보존되어 있다. 이러한 식재에서는 색상의 무분별한 사용이 억제되면서 색상의 조율을 통해 전반적인 분위기가 형성된다. 이 때 너무 다양한 색을 조합할 경우 잃기 쉬운 색조, 엷은 색감, 강도가 살아나면서 섬세한 느낌을 전달할 수 있다. 히드코트Hidcote의 백색 정원을 걸으면, 백색, 크림색, 회색, 은색 등 단순한 색들이 연출하는 다양함을 감상할 수 있다. 같은 정원에 자리 잡은 다른 경계 화단은 붉은 색의 대비를 보여준다. 이는 매우 강렬한 인상과 함께 아열대에서 느낄 수 있는 관능미 넘치는 화려함을 선사한다. 강건하거나 여린 느낌을 풍기는 여러 종류의 꽃들이 뿜어내는 풍성하고 짙은 붉은색은 청동색과 보라색 잎들에 녹아드는데, 이와 같은 모습은 햇살이 따갑지 않은 영국에서 흔히 보기 어렵기 때문에 대단히 이국적으로 다가 온다. 그 밖의 단일 색을 주제로 하는 정원 또한 강렬한 효과를 주기 위해 사용되어 왔다. 노란색은 건물로 인해 그늘진 곳에 생동감을 가져다준다. 보통 노란색 꽃과 잎을 지닌 식물은 그늘진 곳의 약한 빛을 선호한다. 반대로 푸른색 꽃과 은색, 회색 잎을 가진 식물들이 제대로 성장하고 잎 색깔을 효과적으로 발현하기 위해서는 많은 빛과 온화한 기후가 필요하다. 잎 표면이 솜털로 덮인 채 회색 또는 은색을 띄는 까닭은 일반적으로 자연 서식처가 지닌 수분 부족과 강렬한 햇빛에 식물이 적응한 결과 때문이다.

화가이자 정원 디자이너인 거트루드 지킬Gertrude Jekyll은 단일 색을 주제로 하는 정원에서 유의할 사항과 보색의 색조 도입에 대하여 다음과 같이 언급한 바 있다.

> *사람들은 때때로 자신이 정해 놓은 주제 때문에 정원 프로젝트를 망치는 경우가 있다. 예를 들어, 블루 가든이라 할지라도 아름다움을 위해서는 흰색 백합이나 레몬처럼 엷은 노란색 식물이 필요할 수도 있다. 하지만 대부분의 사람들은 블루 가든이기 때문에 푸른색 꽃 이외에는 다른 색의 꽃이 있어서는 안 된다고 생각한다. 그러나 나는 여기에 동의하지 않는다. 이는 마치 스스로 족쇄를 채우는 것과 같다. 블루 가든은 푸른색과 함께 아름다움을 지녀야 한다. 나는 우선시되어야 할 것은 아름다움이며, 다음으로 그 아름다움과 맥을 같이 하는 푸른색이 표현되어야 한다고 생각한다. 보색을 적절하게 배치할 때 푸른색이 더욱 잘 드러나고 보다 순수한 푸른색으로 보인다고 색 전문가들은 말한다.(지킬Jekyll, 1908)*

실제로 제한된 색상을 사용하여 주제를 표현하는 많은 경우, 노란색, 오렌지색, 주홍색 또는 청보라색, 진홍색과 같이 색상환에서 인접한 유사 색을 활용하는데 이들 중 하나를 기본 색상으로 하고 다른 두개를 보조 색과 강조 색으로 사용한다.

두 가지 색을 균형 있게 조화시킨다면 식재 디자인의 기본 구상을 하나의 주제로 통합할 수 있다. 보색끼리의 대비와 상호 강화는 각 색의 색상이 좁은 범위로 제한될 때 가장 강력하게 표현된다. 노란색은 동일 강도의 보라색보다 더 밝고 신선하기 때문에, 노란색과 보라색은 색상이 서로 보완되고 명도가 대비되는 효과가 있다. 반면 파란색과 오렌지색은 명도 대비가 약하고 두 색이 같이 있을 때 다소 무거워 보일 수 있기 때문에 조화되기 어려울 수 있다.

그러나 그 원인을 정확히 설명하기는 어렵다. 이는 사람의 인지와 경험 그리고 특정 식물의 색이 하루 동안 또는 일생 동안 어떻게 변하는지에 대한 구체적인 지식에 관한 문제이다.

삼색 주제는 보라색, 오렌지색, 초록색과 같이 색상환에서 일정 간격을 두고 떨어져 있는 세 개의 색을 조합한 것이다. 이는 식재 디자인에서 잎과 꽃의 색을 선택하는 방법임과 동시에, 풍부함, 다양성과 함께 전체적인 질서감을 연출하기 위해 사용하는 방법이다. 이때는 하나의 색을 기본으로 하고 다른 두 개는 보조 및 강조로 사용하는 것이 좋다.

색상만이 아니라 명도와 강도를 통해서도 색에 대한 주제를 표현할 수 있다. 예를 들어 파스텔 색상의 꽃과 회색 또는 은색 잎을 가진 식물은 그 다양한 색상을 통합하는 회색 또는 백색에 의해 통일감이 생긴다. 어두운 계열의 분홍과 보라색 계통의 파란색은 특히 효과적인 파스텔 색 분위기를 연출할 수 있다.

색의 선택은 맥락적, 문화적 영향을 많이 받는다. 북서유럽의 가늘고 안개같은 빛에서는, 파스텔 색조, 은색, 흰색, 분홍색, 연보라색, 노란색이 편안하게 느껴진다. 20세기 예술 수공예 정원에서 유행한 특정 파스텔 색의 조합은 하나의 공인된 전형이 되어 아직까지도 대규모 개인 정원에 적용되고 있다. 숙근초 식재 및 혼합 식재에서 분홍색, 흰색, 파스텔 색조의 푸른색 꽃과 회색, 은색 잎의 조합이 그 예이다. 전통적으로 분홍색과 오렌지색은 상충되므로 함께 쓰지 않는 것이 좋다고 배워왔지만, 인도같은 열대성 기후의 국가에서는 직물 디자인과 건축 장식에 두 색의 조합을 많이 사용한다. 멕시코의 건축가 루이스 바라간Luis Barragan은 그의 작품 꾸아드라 산 끄리스또발Cuadra San Cristobal과 까사 안또니오 갈베쓰Casa Antoni Galvez에서 분홍색과 오렌지색, 분홍색과 노란색의 결합을 성공적으로 보여주고 있다. 최근 유럽 북쪽 지역의 경관과 정원에서는 더욱 다양하고 광범위한 색 조합이 시도되고 있다. 특히 피에트 우돌프Piet Oudolf의 작품에서는 보라색, 분홍색, 진오렌지색, 황록색을 시도하고, 겨울정원에서는 색조를 낮춘 갈색, 분홍색, 회색을 강조 색으로 사용하기도 한다. 북 요크셔North Yorkshire의 스캠스턴 홀Scampston Hall의 초지 정원과 트렌탐Trentham 정원의 꽃 미로는 이러한 색의 조합을 잘 보여준다.

사진 139. 영국 요크(York)의 스캠스턴 홀(Scampston Hall)의 숙근초는 분홍색, 보라색, 노란색의 색조 사용을 잘 보여준다.(디자인: Piet Oudolf)

보다 제한된 색을 주제로 하는 경우 성공률이 높은 이유는 다양성 및 대비가 불가피하게 식물 잎의 색에 의해 결정되기 때문이다. 잎의 녹색과 보색이 되는 붉은색을 주제로 하는 경우 이러한 대비가 가장 강하게 나타나지만, 다른 색을 가진 구성에서는 전체적으로 생동감 있게 하는 것만으로도 충분할 것이다. 옅은 파스텔 색을 두드러지게 하기 위해서는 짙은 녹색의 잎을 갖는 식물을 포함시키는 것이 좋다.

질감, 선, 형태: 질감은 식물 구성에 있어 하나의 주제가 될 수 있지만 그 조화와 대비의 균형에 주의를 기울여야 한다. 질감이 강한 식물은 다른 요소에 의해 완화되지 않으면 너무 위압적인 구성이 될 수 있다. 강한 질감의 구성은 공간이 충분히 넓고, 선, 형태, 색의 대비가 이루어져 있을 때 흥미로운 주제가 될 수 있다. 온대 기후의 식물들을 사용하여 풍부한 열대우림 식물 분위기를 주기 위해 이러한 방식으로 아열대성 정원이 조성되어 왔다.

현대적 건물과의 조화에 있어서는 두드러진 형태와 과감한 질감의 식재를 사용하는 것이 일반적이다. 이를 '건축적 식재'라고 부르기도 하는데, 그 이유는 사용된 종들과 성상이 현대 건축의 형태미와 서로 어울리기 때문이다. 한편 고운 질감을 주제로 하는 경우 강한 형태, 패턴 또는 색으로 약한 질감을 보완하지 않으면 허전해 보일 위험이 있다. 잎의 질감이 고운 식물은 조경의 역사 속에서 정형적 양식, 특히 자수화단, 생울타리, 격자시렁, 또는 토피어리 등에 흔히 사용되었다.

사진 140. 영국 요크셔(Yorkshire)의 뉴비 홀(Newby Hall). 굵은 잎을 가진 식물들을 통해 열대우림 식물의 넓은 잎 특성을 반영함으로써, 온대 기후 지역에서도 밀림같은 정원을 조성할 수 있다.

계절적 주제: 계절적 변화에 대해서는 상반된 세 가지 접근법이 있다. 첫 번째 방법은 '건축적 접근'이다. 여기서의 미적 목적은 추상적이고 정형적이다. 식물들이 다른 건물재료와 같이 변하지 않고 계획된 시각적 특징을 유지하는 것을 목표로 한다. 따라서 특정 계절에 혼잡스럽게 보이지 않으면서도 지루하게 보이지 않도록 하기 위하여 연중 같은 질감과 형태를 유지할 수 있는 상록성 식물들을 많이 사용한다. 대형 건물의 조경에 지피식물과 강조 식재가 사용되는 경우가 그 대표적인 예이다.

두 번째 접근은 '원예적 접근'으로서, 한 해 동안 가능한 많은 다양성과 시각적 흥미를 추구하는 것이다. 이 방법은 계절적 변화를 강조하기 때문에 특정 식물 종이 쇠퇴하는 시기를 채워줄 수 있는 다른 식물을 식재한다. 식물을 통해 연중 아름다운 색을 연출하는 개인 주택정원이 그 대표적인 예이다. 원예적 접근은 조경 디자인의 전문분야로 성장하고 있다. 제임스 밴 스웨덴James Van Sweden과 같은 디자이너들(윔Oehme과 밴 스웨덴Van Sweden, 1990)은 초본식물을 대규모 공공프로젝트나 기업프로젝트에 효과적으로 사용하였는데, 초본식물의 서로 다른 개화기에 따른 계절적 변화와 대비에 초점을 맞추었다. 런던 동부의 템스 베리어 공원Thames Barrier Park과 런던 시청의 경우 식물을 감상할 수 있는 시기를 연장하고 현대적 디자인 주제를 표현하기 위해 전통적인 원예 전시방법을 재해석하였다.

세 번째 접근은 한 계절에 식물들이 번성할 수 있도록 집중하여, 보다 강렬하고 일시적인 그러나 기억에 남는 계절적 이벤트를 만드는 것이다. 이러한 경우 목표로 하는 시기에 가장 전성기를 보여주는 식물들이 선정된다. 이러한 계절적 접근은 유럽과 북미의 대규모 개인정원—나이츠헤이스 코트(Knightshayes Court), 다팅턴 홀(Dartington Hall), 히드코트 저택(Hidcote Manor)—에 사용되었다. 하지만 일정 기간 전성기가 아닌 식물이 허용될 정도로 이용률이 낮은 공공공간이나 기업 조경에도 계절적 접근이 가능하다. 식물별 계절적 전시의 성공 가능성이 가장 높은 시기는 초봄(구근류와 초기 화관목), 늦봄과 초여름(교목 및 관목의 꽃), 한여름(다년생 및 기타 초본 식물들), 가을(열매, 잎, 그리고 일부 기후에서는 2차 개화를 하는 식물) 그리고 겨울(수피의 색감이 특이한 식물, 겨울에 개화하는 식물) 등이다. 다양한 초지와 초원 군집 또한 연중 서로 다른 시기에 개화의 절정기를 맞이한다. 대부분 봄에 개화하는 초지는 초봄부터 중간 봄까지, 늦은 봄에 개화하는 목초지는 초여름까지, 프레리 초원은 중간 여름부터 늦여름까지이다. 시기별로 각각은 고유의 매력을 지니고 있다.

사진 141. 봄의 정원은 흔한 계절적 주제이다. 영국 데번(Devon) 주의 다팅턴 홀(Dartington Hall)에 위치한 소림 산책로는 동백, 목련과 야생화로 봄의 절정을 이루고 있다.

향기, 소리, 감각: 시각적 요소 외 다른 심미적 특성들 또한 식재에 영감을 제공할 수 있다. 향기, 소리, 촉감은 시각장애인을 위한 정원에서 가장 중요시 되는 요소이기도 하지만 다른 정원에서도 중요한 식재 주제가 될 수 있다.

꽃과 잎의 향기는 즐거움의 원천이며, 향기가 아름다운 조화를 이루고 연중 지속되도록 세심하게 계획된 식재는 매우 독창적이고 특별할 수 있다. 향기의 조화는 색의 혼합보다 쉽지 않다. 또한 향기 정원은 색을 주제로 하는 정원에 상응하는 기술과 감각이 요구된다.

소리와 촉감은 식물에 있어서 다소 덜 두드러지는 특징이다. 바람이나 비 때문에 가지가 흔들리거나 잎과 줄기가 바스락거릴 때 소리가 난다. 사람이 직접 만져야 느낄 수 있는 식물의 촉감은 자주 이용되는 감각은 아니다. 그러나 소리나 촉감을 과감하게 사용할 경우 매우 흥미롭고 독특한 식재 주제를 제공할 수 있으며, 상상력이 풍부한 사람들은 이를 선호할 것이다. 비가 잎에 떨어지는 소리를 통해 식물은 사람들의 감각적 경험을 넓혀 준다. 또한 비가 떨어질 때 식물들마다 서로 다른 소리를 들려준다. 팔손이*Fatsia japonica*, 터키세이지*Phlomis russeliana*와 같은 활엽성 식물들은 빗방울 소리를 증폭시킨다. 페랄데라눔삼지구엽초*Epimedium perralderanum*, 송악속*Hedera*과 같이 딱딱한 잎의 식물들은 바스락거리는 소리를 울리게 하고, 심포리카르포스 '핸콕'*Symphoricarpos* 'hancock', 층꽃나무속*Caryopteris*과 같이 작고 부드러운 잎의 관목은 '휙' 소리를 낸다. 소나기가 내릴 때 잎의 크기와 질감이 다른 식물들 가까이에 서서 귀를 기울이면 이러한 차이를 경험할 수 있다. 비에 젖는 것을 꺼려한다면 눈을 감은 채 물을 주면서 소리의 차이를 느껴볼 수도 있다.

분류학적 주제: 많은 식물원과 원예 전시원에서는 식물들을 속, 과, 목 등에 따라 분류학적으로 배치한다. 식물 분류학은 순전히 장식적 목적을 위한 주제가 되기도 한다. 대표적인 예가 장미 정원인데, 관련 있는 다른 속의 식물들이 별도의 정원 또는 화단에 진열되거나 전체적으로 배치되기도 한다. 목련, 진달래, 철쭉을 주제로 구성된 소림 정원은 동백 정원처럼 일반적이다. 다른 예로는 붓꽃속*Iris*, 알로에속*Aloe*, 프로테아속*Protea*, 시스투스속*Cistus*, 후크시아속*Fuchsia* 등이 있다. 종들 간의 밀접한 분류학적 관계는 통일성과 동질성을 제공한다. 식물 애호가들은 단일한 과에 속하는 식물을 수집하기도 한다. 그 예로서 난orchid 전시원—싱가포르 식물원은 세계적인 난 정원과 생강 정원을 조성하였다—,

사진 142. 싱가포르 식물원의 난 정원은 분류학적 주제를 넓은 장소에 적용한 매우 뛰어난 사례이다.

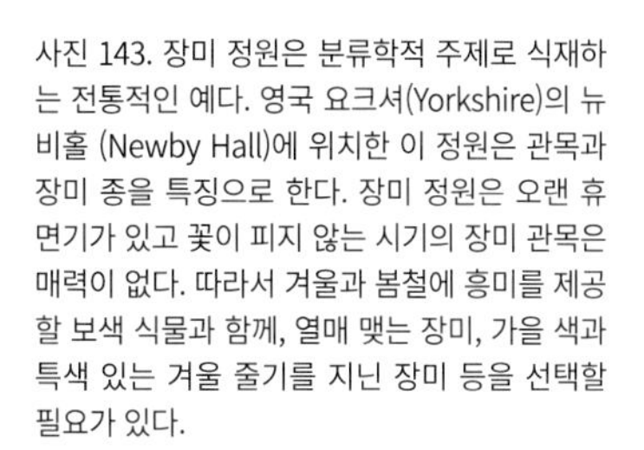

사진 143. 장미 정원은 분류학적 주제로 식재하는 전통적인 예다. 영국 요크셔(Yorkshire)의 뉴비홀 (Newby Hall)에 위치한 이 정원은 관목과 장미 종을 특징으로 한다. 장미 정원은 오랜 휴면기가 있고 꽃이 피지 않는 시기의 장미 관목은 매력이 없다. 따라서 겨울과 봄철에 흥미를 제공할 보색 식물과 함께, 열매 맺는 장미, 가을 색과 특색 있는 겨울 줄기를 지닌 장미 등을 선택할 필요가 있다.

파인애플과bromeliads 또는 국화과Asteraceae, the daisy family 가장자리 화단, 프로테아과Proteaceae 전시원과 진달래과Ericaceae의 헤더heather 정원이 있다. 그라스 정원, 선인장 정원, 침엽수 정원, 음지식물 정원은 매우 광범위한 종류의 식물을 모아 놓은 주제이지만, 강하고 독특한 식재 특성을 만드는 데 매우 효과적이다.

분류학적 관계는 식재 디자인에 영감을 제공하고 식재 디자인을 통합할 수 있는 주제가 될 수 있다. 이 주제는 부지 특성에 잘 적응된 종들을 많이 포함하는 계통의 식물들로 구성되어 환경 조건이 맞을 때 가장 효과적이다. 반일화rockrose, *Cistus* sp. 정원은 무덥고 건조한 양지의 제방에서 가장 번성하며, 붓꽃iris 정원은 건지와 습지 모두가 존재하는 곳이 적당하다.

그러나 분류학적으로 서로 관련성이 높은 종들을 대규모로 식재하는 경우 가장 큰 위험성은 질병과 병충해 문제이다. 이 경우 식물 종의 상당부분이 같은 감염에 취약할 수밖에 없다. 기주 식물들이 동일한 병원체에 대하여 저항성을 갖고 있는 다른 종류의 식물들 사이에 자리 잡고 있을 때와 비교해서 전염이 훨씬 빠르게 진행될 것이다. 장미과Rosaceae 또는 물레나물속*Hypericum* 식물을 모아심기 할 때에는 각각 장미과 부란병과 물레나물속 녹병을 주의해야 한다.

서식처/생태적 주제: 식재의 일차적인 목적이 생태적인 것이 아니라 심미적인 것이라 할지라도 자연 서식처는 식재 디자인에서 가장 일반적인 구성 원리이다. 절벽과 전석지대, 고산의 암석지대, 하천의 건조지대, 초지, 소림, 습지 등은 제 각각 정원이라는 맥락에 따라 해석할 수 있는 서식처들이다. 동일한 서식처에서 자라는 종들은 유사한 환경 조건에서 서로 적응해왔기 때문에 생태적인 측면에서 뿐만 아니라 미적으로도 좋은 조화를 이룬다. 그러나 서식처 식재가 반드시 야생 서식처를 그대로 재현해야 하는 것은 아니다. 서식처로부터 얻게 된 영감을 충분히 활용하는 것이 중요하고 보통 디자인된 경관은 자연 서식처의 특성과 본질을 파악하여 그것을 압축적으로 표현하는 경우가 많다.

자생지 특성에 따라 식재 디자인을 하는 까닭은 서로 동일한 장소에 서식하는 식물은 비슷한 환경 조건에서 함께 적응해온 결과 서로 유사한 형태학적 특징을 갖고 있기 때문이기도 하고, 우리가 머릿속으로 이들 식물을 야생 혹은 자연에 가까운 경관과 연관시키기 때문이기도 하다.

사진 144. 스코틀랜드 글래스고(Glasgow) 정원 페스티벌에서 산성 토양 위에 인위적으로 배치된 암석들은 식재 디자인을 위한 서식처를 제공한다. 헤더(heathers, 칼루나 불가리스*Calluna vulgaris*), 히스 (heaths, 에리카류*Erica* sp.), 자작나무류(*Betula* sp.)는 매우 잘 적응하여 이러한 지형이 마치 원래 서식처처럼 보인다.

사진 145. 지킬(Jekyll)과 루티엔스(Lutyens)가 옹벽에 조성한 고전적인 식재 사례로서, 영국 서머셋(Somerset)에 위치한 헤스터콤(Hestercombe) 정원 안에 있다.

사진 146. 야생화 초지는 흔한 서식처 주제이다. 이곳은 뉴질랜드의 화카타네(Whakatane) 인근 지역으로서 대부분의 초화류가 비록 도입종이라 할지라도 이러한 농촌 환경에서는 모든 것이 매력적으로 보인다.

사진 148. 영국 링컨(Lincoln) 주의 병원. 호수나 연못이 없어도 알케밀라 몰리스(*Alchemilla mollis*), 용버들(*Salix matsudana* 'Tortuosa')과 같은 종들을 식재함으로써 수변이라는 주제를 표현할 수 있다. 이 식물들은 물을 연상시키지만 항상 습기 있는 토양을 필요로 하지는 않는다.

사진 147. 독일 하겐(Hagen)의 오래된 채석장에 호텔 및 회의장을 건설하는 개발 사업에서 장소성을 강화하기 위해 자연풍 식재 주제를 도입하였다.

사진 149. 웨일즈(Wales)의 보드넌트(Bodnant). 소림 서식처는 관상식물들과 도 잘 조화를 이루며, 대규모 정원이나 공원에서는 그늘을 좋아하는 부드러운 단풍나무(*Acer Palmatum*)와 같은 식물이 주제가 되기도 한다.

사진 150. 뉴질랜드 캔터베리(Canterbury) 대학의 그라스(아메만텔레 레소니아나 *Anemanthele lessoniana*), 타화이(tawhai), 노토파구스류(*Nothofagus* sp.)는 건조한 캔터베리 산림의 전형적인 주연부 군집을 보여주는데 이는 식물 주체를 표현하고 있다.

식재 디자인에서 특정 서식처에 적합한 식물 종들로 제한을 두게 되면, 디자이너가 식물들 사이의 자연스러운 연관성을 상실하지 않은 채 대비 및 다양성과 같은 심미적 특성을 효과적으로 표현할 수 있다. 특히 식물 생장이 어려운 서식처인 경우에는 더더욱 그러하다. 독특한 서식처의 특성은 강한 장소감을 제공해 줄 뿐만 아니라 식물의 선택 및 배열에 있어 자연스러운 논리를 형성하는 데 도움을 준다.

어떠한 서식처도 완벽하게 다른 서식처와 분리된 것은 없다. 숲은 덤불지대, 초지, 또는 아고산 지대 군집으로 연결된다. 넓은 수역은 추수식물 또는 습지와 인접한다. 인공 서식처나 특정 군집을 만들 때 우리는 관련된 조건들이 연속적으로 나타나는 곳, 즉 추이대를 만들 수 있다. 이를 통해 우리가 정한 식재 주제 속에 보다 많은 다양성을 담아 낼 수 있다. 우리는 암석 투성이의 산 정상과 굽이쳐 흐르는 계곡에서부터 잔잔한 호수 및 평온한 초원까지의 전체 경관을 축소판으로 보여 줄 수도 있다.

서식처 중심의 식재 디자인은 '식물 주체'plant signature를 의미한다.(닉 로빈슨Robinson, N., 1993) 이는 독특한 자연 환경에서 나타나는 식물 조합 또는 식물 군집을 이용하는 것이다. 식물을 주체로 삼아 디자인하게 되면 해당 식물 군집에서 쉽게 발견되는 특성을 활용함으로써 식재 디자인에 명칭을 부여하거나 서로 다른 식재 디자인을 구분할 수 있다. 자연스러운 식물 군집이 보여주는 심미적 특성을 식재 디자인에 반영하거나 특정한 장소를 재현하고자 할 때 이러한 주제를 적용할 수 있다. 이는 식물 군집이 디자인의 주체가 되는 것이지 식재 디자이너인 사람이 주체가 아니라는 사실을 명심해야 한다.

사진 151. 제임스 히치모(James Hitchmough)가 디자인한 런던 올림픽 공원의 남아프리카 초지. 엄격함보다는 자유분방함을 느낄 수 있는 연출을 눈여겨보자. 테스타체아사초(*Carex testacea*)는 뉴질랜드의 토착종이다. 뉴질랜드 식물을 런던에 도입하였는데 이 식재 디자인은 독특하고 인상적인 특성을 보여준다.

생물지리학적 주제: 특정 지역 또는 국가에만 있는 식물을 사용하는 것은 일반적이고 지속되는 주제이며 특히 정원 축제, 쇼, 이벤트에서 인기가 있다. 호주 정원, 뉴질랜드 정원, 일본 정원 그리고 이와 비슷한 정원들은 독특한 특징을 잘 드러내주며, 식생이라는 매체를 통해 한 장소의 분위기가 자아내는 경이로운 인상을 전달한다. 동일한 지리적 환경과 기후에서 자라는 식물들 간에는 자연스럽게 어울리는 친화성이 있고 특히 이들의 서식처가 서로 연관성을 지닐 때에는 더더욱 그렇다. 식물 수집의 측면에서 있어서 지역의 특성을 보여주는 식재와 분류학적 주제는 교육적 기능이 강조되고 식물을 전시하는 데 초점을 맞추고 있기 때문에 서로 비슷한 점이 있다. 그러나 당연한 사실이지만 식물을 단순히 배열하는 데 그치지 않고 시각적, 공간적으로 좋은 디자인이 되어야 한다.

영감

구성 원리란 시각적으로 보이는 환경에 질서를 부여하는 것이라고 할 수 있다. 이를 통한 효과는 문화나 개인적 경험과는 무관하게 누구나 인지할 수 있다. 조화와 대비를 구별하고, 연속성을 경험하고 스케일에 반응하는 능력은 인간과 환경의 상호작용에 있어서 근본적인 것이다.

시각적 환경을 이해하는 것만으로는 우리 주변의 문화적 경관을 창조하고 재창조하는 일을 할 수는 없을 것이다. 디자인에는 동기와 영감이 필요하다. 디자인의 동기가 되는 것은 의식주와 같은 기능적인 필요성일 수도 있고, 보다 복잡한 심미적 욕구일 수도 있다. 그렇다면 아름다움에 대한 욕구를 갖게 하는 것은 무엇인가? 또한 심미적 목적을 갖고 디자인 구성요소들을 조작하도록 영감을 주는 것은 무엇인가?

디자인에 영감을 불어 넣어 주는 원천은 주로 세 가지이다. 첫째는 특정한 시대와 장소를 통해 형성된 전반적인 기풍으로서, 이는 개인의 작품에도 불가피한 영향을 미친다. 여러 유명한 디자인 사례에서 볼 수 있듯이 그러한 문화적 영향은 무의식적일 수 있지만, 디자이너들은 서로 다른 문화와 역사적 시기의 디자인 철학을 이해하고 자기만의 고유한 디자인 철학을 개발시켜야 한다. 경관 디자인에 있어서 역사적으로 위대한 운동과 양식들이 이러한 문화적 영감에 의해 만들어진 것이다. 18세기의 영국 경관 운동은 자연에 대한 새로운 평가가 영감이 되었는데, 당시 유럽 인본주의 문화의 유행과 더불어 인간과 자연이 조화된 목가적인 경관을 묘사한 로사Rosa, 푸생Poussin, 끌로드 로랭Claude Lorrain 같은 이탈리아 화가들의 회화 작품으로부터 영향을 받았다. 그 이후 전개된 정원 양식은 19세기 중반 도입되었던 외래종들의 광범위한 배치로부터 영감을 얻었고, 질서 정연한 빅토리안 양식의 영향을 받았다. 모더니즘은 산업혁명 시대가 영감의 원천이 된 것으로서 경관은 당시의 시대적 상황과 분위기를 반영하였다.

디자인에 대한 새로운 아이디어를 실현하고 전파하는 데 있어서 개별 디자이너들이 중요하기 때문에 우리는 한 시대의 특정 양식과 대표적 인물을 동일시한다. 랜슬롯 브라운Lancelot Brown(1715~1783), 존 클로디어스 루던John Claudius Loudon(1783~1843), 토마스 처치Thomas Church(1902~1978), 마사 슈왈츠Martha Schwartz(1950)와 같은 디자이너는 새로운 아이디어를 탄생시켰을 뿐만 아니라 자신만의 개인적 경험과 영감을 디자인으로 실현하였다. 작가의 독창성은 그들의 작품에 반영되었다.

개인에 대한 가치 부여는 서양에서 인본주의가 형성되는 뿌리였으며, 개인의 자유와 가치표현이 20세기 후반 디자인의 강한 모티브가 되었다. 개인의 가치 추구는 그 자체가 목적이 되기도 하였고, 실제로 그것이 심화되었거나 혹은 피상적이었든지 간에 개인주의는 당대의 대표적인 영감이었다고 할 수 있다. 그러나 한 디자이너의 개성이 독특한 정체성을 형성할지라도 근본적으로 새로운 양식을 창조하는 것보다는 피상적일 수밖에 없다. 강력한 개성을 갖는 디자이너의 개인적 시도나 아이디어가 디자인을 주도한다 할지라도 이는 실제로 디자이너의 신념을 전달하기에는 부자연스럽고 억지스럽게 보일 위험이 있다. 이는 디자이너가 자신만의 의지를 대상지에 부여할 때 발생할 수 있으며 그 결과 과도한 디자인이 될 수 있다.

이와 같은 사정은 영감의 세 번째 원천이 되는 대상지 그 자체로 우리를 이끈다. '장소의 영혼'*genius loci,* spirit of the place은 디자인에서 심도 있게 고려되어야 한다. 이 용어는 작가이자 정원사였던 알렉산더 포프Alexander Pope가 1731년에 농촌 지역의 경관 정원에 대한 조언을 하면서 처음 명명되었다. 그러나 장소의 영혼은 농촌뿐만 아니라 도시 경관 및 소규모 개인 정원에서도 중요하다. 장소의 영혼을 현대판으로 옮기면 장소의 생태학이다. 현재의 디자인이 추구하는 목표 중 하나는 장소에 내재된 원래의 생태계를 복원하거나 재창조하는 것이다. 그러나 대상지의 핵심적인 특징만을 표현하려고 애쓰게 되면 디자인의 의도가 잘 드러나지 않을 수도 있다. 이러한 방식은 기존에 존재하던 요소나 특징들의 장점을 살리는 일이 될 수도 있지만, 일반 사람들은 디자이너의 작품을 전혀 이해하지 못할 수도 있다. 실제로 최고의 조경 작품 중에는 디자이너의 영향이 드러나지 않는 것도 있다. 이는 의도적으로 감춘 것이 아니라 새로운 아이디어나 디자이너의 개입이 불필요하기 때문에 나타나기도 한다. 이러한 경우 '대상지 자체가 디자인이다'라고 할 수 있다. 그러나 이러한 디자인은 신선함이나 놀라움을 주지 못한 채 지루하고 식상한 느낌을 줄 위험성이 있다. 하지만 디자이너가 대상지의 자연 환경 및 인문학적 역사를 깊이 연구하고 이해한다면 대상지에서 디자인에 대한 새로운 식재 구상을 찾을 수 있다. 또한 지역 도서관의 자료 보관소, 마을 사람들의 이야기, 인간의 무의식적인 인식 또는 물리적 경관 특성에서 장소의 영혼을 찾을 수도 있다.

8

식물 집합체

이 장에서는 식물 집합체가 지닌 두 가지 핵심 사항을 살펴볼 것이다. 자연스러운 식물 군집에서 전형적으로 나타나는 수직 층위의 본질과 어떻게 이것이 식재 디자인을 위한 모델을 제공할 수 있는가? 이에 대한 이해는 우리가 시각적인 성공과 아울러 풍부한 야생 생물 서식처를 조성하면서 과도한 유지관리 비용의 지출 없이 지속가능한 식재 디자인을 만들어 내는 데 도움을 준다.

식물 군집

자생지, 즉 자연 군집 또는 준자연 군집에서 각각의 식물들은 자신들이 필요로 하는 빛, 수분, 양분 등을 스스로 찾을 수 있는 능력에 의하여 유지된다. 각 식물 종은 특별한 생태적 지위 속에서 생존을 위한 능력을 갖추지만, 군집을 구성하는 것들과 직접적이거나 간접적으로 상호작용을 한다. 이와 같은 상호작용을 이해함으로써 우리는 자연스러운 디자인뿐만 아니라 보다 정형적인 디자인에서도 성공적인 식물 집합체를 디자인할 수 있다.

식물 군집은 지면 위에서 식물이 공간을 차지하는 방식에 따라 유형이 달라진다. 식물 종들의 출현은 두 가지 방식으로 분포한다. 한 가지 방식은 식물들이 지면의 서로 다른 영역을 점유하는데 그 식물들은 수평적으로 분포하는 것이다. 다른 한 가지는 식물들의 수관이 지면 위에서 서로 다른 높이를 차지하는데 그 식물들은 주로 수직적으로 분포하는 것이다. 수평적 평면으로 분포하는 식물들은 주로 땅의 상태(토양 양분, 토양 수분 등)와 대기 상태(바람, 광선, 강우량 등)에 따라 결정된다. 식물들의 수직적 분포는 대기의 상태와 결합된 식물 고유의 성장 형태에 의하여 주로 결정된다. 이제 한 가지 예로서 가장 풍부한 층위 구조를 갖추고 있는 군집인 성숙림을 살펴보기로 하자.

숲의 구조

순수 생태학이 아닌 디자인의 관점을 염두에 두면서 구조적으로 서로 다른 두 가지 유형의 숲을 비교해보는 것은 흥미로운 일이다. 이것은 서로 다른 수관 구조가 서로 다른 디자인 목적에 어떻게 적합하게 될 것인가에 대한 통찰력을 제공하여 줄 것이다. 서로 다른 기후대의 숲들은 특별한 식물 종들이 존재하는 것처럼 서로 구분되는 특징적인 층위와 성장 형태를 갖고 있고 이를 통해 우리는 어떤 세상에 살고 있는지 알게 된다.

우리가 동시에 뉴질랜드 저지대 다우림과 영국 저지대의 숲 위 공중에 있다고 가정한 후 숲의 수관 층을 따라 내

사진 152. 뉴질랜드 웰링턴(Wellington) 근처 카이토케(Kaitoke)의 포도카르프(podocarp) 활엽수림은 빽빽한 상록 활엽수림 수관 위에 노던 라타나무(northern rata)가 육중하게 나타나며, 아래에 관목들과 나무고사리 등이 있다.

사진 153. 영국의 셰필드(Sheffield). 봄철에 전형적인 영국 참나무 숲은 작은 나무들 그리고 관목들과 마찬가지로 교목들이 재생하는 하층 식생을 보여주고 있다. 초본층은 부분적으로 동면하고 있지만 그라스류는 광선이 있는 부분에서 활기차게 성장하고 있다.

려간다고 상상해 보자. 그러면 우리는 두 가지 숲의 차이점을 분명하게 알 수 있을 것이고, 그 식물들은 서로 다른 디자인의 기회를 제공해 줄 수 있을 것이다. 뉴질랜드의 다우림은 영국의 숲과 대조적인 흥미를 제공한다. 비록 두 숲이 온대 기후대에서 발견된다 할지라도, 뉴질랜드 숲은 열대 다우림과 많은 유사성이 있기 때문이다.

단 여기에서 제시하는 식물 종들은 특정한 식물 군집을 대표하는 것이 아니라 다양한 서식처들에서 자라는 몇 가지 식물들을 예로 든 것이기 때문에 실제로 위도와 고도에 따라 다양한 분포 양상이 나타날 수 있다. 또한 그 밖의 환경적 요인 및 인위적 요인에 따라 숲 또는 소림의 특성과 층위 구조가 달라질 수도 있다. 따라서 실제의 숲과 소림에서는 식생이 촘촘하게 발달하는 어두운 곳에서부터 듬성듬성 자라는 밝은 곳에 이르기까지 매우 다른 공간적 특성들이 나타날 수 있다. 하지만 여기서는 성숙한 단계 또는 천이의 안정적인 단계에서 발생 가능한 이상적인 층위에 대하여 살펴볼 것이다.

우세 수목들: 뉴질랜드에는 포도카르프podocarp 활엽수림이 있는데 기타 활엽수들의 수관 위에 현저히 키가 큰 나무들이 출현하는 것이 특징적이다. 이들은 주로 저지대, 낮은 산간지대에서 벌목이나 산불에 의해 훼손되기 전 또는 목초지로 변하지 않은 곳에서 출현한다. 우리가 지상부 약 30~40m 높이에서 보면, 이 숲에서 가장 키가 큰 나무들의 정상을 볼 수 있을 것이다. 이곳에서는 착생하는 거대식물인 노던라타nothern rata, *Metrosideros robusta*와 함께 리무rimu, Dacrydium cupressinum, 마타이matai, *Prumnopitys taxifolia*, 미로miro, *Prumnopitys ferruginea*, 토타라totara, *Podocarpus totara*, 카히카테아kahikatea, *Darcycarpus dacrydioides*와 같은 포도카르프들podocarps(겉씨식물의 조상)이 불연속적인 층위를 구성한다. 그 식물들은 하부의 빽빽한 수관 위쪽에 나타나며, 강한 햇빛이 필요한 많은 착생식물 종들에게 살아갈 곳을 제공한다.

주 수관층: 우리가 지상으로 20~30m 사이까지 내려갔을 때 비로소 완전한 교목 수관을 만난다. 이러한 현상은 뉴질랜드와 영국 낙엽수림 모두에서 나타난다. 둘 중에서 후자인 영국의 낙엽수림에서는 매우 키가 큰 교목들이 숲의 수관을 형성하는데, 유럽참나무pedunculate oak, *Quercus robur*와 함께 구주물푸레나무ash, *Fraxinus excelsior*, 플라타누스 단풍sycamore, *Acer pseudoplatanus* 또는 유럽너도밤나무beech, *Fagus sylvatica*가 혼효림을 구성할 것이다. 영국 참나무 숲의 식물 종 혼효는 지역의 토양 상태에 달려 있다. 특히 토양 상태가 극단적인—예를 들면 수렁 또는 알칼리 토양— 곳에서는 유럽오리나무*Alnus glutinosa*와 같은 다른 종들이 특정 군집을 형성하면서 영국 참나무를 대체할 수도 있다. 이러한 나무들은 빽빽하게 짜인 수관을 형성할 수 있으며, 오직 쓰러진 나무들에 의해서 발생한 틈새에 의하여 숲 틈이 벌어질 수 있다. 숲 수관의 맨 위 표면은 흔히 완만하게 기복이 있거나 작은 언덕 같고 개별적 나무들의 모양을 반영하며, 어떤 장소에서는 —특히 강한 바람에 노출된 곳— 마치 대패질을 한 것처럼 잔잔하다.

뉴질랜드의 숲에서 활엽수림 수관은 낙엽수림이 아니라 상록수림이고, 타와tawa, *Beilschmiedia tawa*, 히나우hinau, *Elaeocarpus dentatus*, 캄마히kamahi, *Weinmannia racemosa* 그리고 레와레와rewarewa, *Knightia excelsa* 같은 나무들이 있다. 또한 이 나무들은 착생식물이 자랄 수 있는 지지체 역할을 한다. 초본 착생식물에는 나뭇가지의 분지에서 둥지를 형성하는 나뭇가지백합(콜로스페룸 하스타툼*Collospermum hastatum*, 아스텔리아 솔란드리*Astelia solandri*)이 있고, 목본 착생식물에는 푸카puka, *Griselinia lucida*, 노던라타northern rata, *Metrosideros robusta*가 있다. 숲을 구성하는 교목들이 한데 어우러져 햇빛을 가로막는 첫 번째 엽군층인 주 수관층을 형성한다. 울창한 숲에서 교목의 높이가 20~30m 정도에 이른다고 하여도 주 수관층의 높이는 단지 몇 m에 지나지 않을 수 있다.

아 수관층: 주 수관층 밑에 다양한 크기를 지닌 보다 작은 교목들이 일조량이 충분한 곳에서 자라는데 이들은 간헐적으로 나타나는 아 수관층을 형성한다. 참나무 소림의 아 수관층에는 유럽들단풍field maple, *Acer campestre*, 유럽당마가목rowan, *Sorbus aucuparia*과 유럽호랑가시나무holly, *Ilex aquifolium* 같은 종들이 있다. 이러한 종류의 소림에서는 나무들이 대부분 낙엽수이고, 호랑가시나무류는 유일한 상록활엽수이다. 포도카르프podocarp 활엽수림은 그 이름에서 알 수 있듯이 하부 수관을 만드는 나무들은 침엽수들 보다는 주로 활엽수들이다. 그 식물들 대부분은 전적으로 상록수이며, 나무고사리tree ferns, 마호에mahoe, *Melicytus ramiflorus*, 코헤코헤kohekohe, *Dysoxylum spectabile*, 니카우야자nikau palm, *Rhopalostylis sapida*와 같은 많은 종들이 있다. 이와 같은 중간 크기의 교목들은 숲의 주연부와 숲 내부의 빈터에서도 나타날 수 있다. 돈나무속*Pittosporum*과 같은 다른 종들은 일조량이 보다 높은 곳에서 발견된다.

덩굴식물: 덩굴식물은 주 수관층과 아 수관층의 여러 곳에서 나타나는 특징으로서 다른 나무에 기대어 햇빛이 닿는 곳까지 올라가 꽃을 피우고 열매를 맺는다. 뉴질랜드에는 임상에서 출발하여 햇빛이 충분한 수관층까지 도달하는 많은 종류의 덩굴식물이 있다. 리포고눔 스칸덴스supplejack, *Ripogonum scandense*, 푸아와난가puawananga, *Clematis paniculata*, 뉴질랜드재스민New Zealnad jasmin, *Parsonia heterophylla*이 여기에 해당한다. 참나무 숲에서 이와 비슷한 기능을 하는 식물은 더치인동honeysuckle, *Lonicera periclymenum*과 송악ivy, *Hedera helix*이다.

관목층: 아 수관층 밑에서는 관목층이 발견되는데, 장소에 따라서 그 밀도가 매우 다양하며 대체로 그 높이가 5~8m

정도에 이른다. 상층에 있는 잎들을 통과하여 충분한 빛을 얻는 층은 나무들이 다양하고 풍부하며, 빛의 투과가 어렵고 어두운 지역에서는 관목층이 드문드문하거나 아예 출현하지 않는다. 숲 틈은 식물 생장에 이로운 기후 조건을 지니고 있기 때문에 그 곳에 정착한 식물은 빠르게 성장한다. 숲 안에서 발견되는 개방된 부분은 종종 위에 있는 빛에 바싹 다가간 나무들이 차지하고 있고 덩굴 줄기들이 가깝게 자리 잡아 대부분 어둡고 울창한 숲을 이룬다. 참나무 숲에서 대들보 같은 나무의 수관 밀도가 관목층의 성장을 제한하며, 숲의 내부는 일정한 간격의 기둥 위에 지탱되는 넓은 지붕이 있는 방처럼 된다. 늦은 가을, 그리고 겨울과 이듬해 봄에 잎들이 충분히 발달하지 못하였을 때, 이 공간엔 밝고 환상적인 운치가 있다.

참나무 소림 하부의 관목층을 구성하는 식물 종들은 주로 그늘에 잘 적응하는 관목류들로서, 유럽개암나무hazel, *Corylus avellana*, 내륙서양산사나무midland hawthorn, *Crataegus oxycantha*, 블랙엘더베리elder, *Sambucus nigra* 등이 있다. 포도카르프podocarp 활엽수림 식물 종들은 코프로스마속*Coprosma*의 관목류들, 올레아리아 라니*Olearia rani*, 목본 고사리와 목본들의 유묘 등이 있다. 덩굴식물들은 수관 안의 이러한 환경에서 흔하게 나타나는데 참나무 소림의 경우 더치인동honeysuckle, *Lonicera periclymenum* 그리고 뉴질랜드 숲에서는 라타rata와 넝쿨고사리climbing ferns(미크로소룸 스칸덴스*Microsorum scandens*, 필리포르메새깃아재비*Blechnum filiforme*)가 이에 해당한다.

초본층: 그 다음 아래층으로는 초본층 또는 초지층이 있다. 거기에는 일반적으로 대부분 수고가 1m 정도 낮게 자라는 초본과 목본식물 종들로 구성된다. 그런데 초본층에는 초본식물뿐만 아니라 낮게 자라는 포복형 목본식물도 포함되기 때문에 이는 부적절한 명칭일 수도 있지만, 초지층의 경우에는 실제로 숲 하부에 초지가 존재하지 않기 때문에 이 용어는 더더욱 적절하지 않다. 따라서 우리는 초본층이라는 용어를 보다 즐겨 사용할 것이다. 교목과 관목의 하층 식생처럼, 초본층의 깊이와 밀도는 상층을 통과하는 빛의 양에 따라 다르다. 교목과 관목들은 식물 뿌리의 경쟁, 잎 부스러기, 그 밖의 다른 수단으로 그들의 하부에서 살아가가는 식물들에게 영향을 미친다.(보다 자세한 사항은 사이즈Sydes와 그라임Grime, 1979 참조)

참나무 소림 초본층에는 그늘에 적응한 포복성 관목들과 덩굴식물들이 있다. 덩굴성 식물들은 송악ivy(*Hedera helix*), 더치인동honeysuckle, *Lonicera periclymenum*, 서양산딸기bramble, *Rubus fruticosus* 등이 있고, 초본식물들은 산쪽풀dog's mercury, *Mercurialis perennis*, 아룸 마쿨라툼lords and ladies, *Arum maculatum*, 긴병꽃풀ground ivy, *Glechoma hederacea* 그리고 키 큰 목본 식물 종의 어린 묘목들이 있다. 숲 수관은 낙엽성이고, 참나무와 물푸레나무는 비교적 봄철 늦게 잎이 나오기 때문에 초본층에서 식물들은 봄철에 생애 주기의 대부분을 완성하는 기회를 갖는다. 이것을 '초봄 식물(또는 봄철 식물)'이라고 한다. 이들은 나무와 관목들이 크게 빽빽해지기 이전인 3월과 6월 사이에 꽃이 피고 생장하는 모든 것을 완성한다. 참나무 숲에서 아네모네 네모로사wood anemone, *Anemone nemorosa*, 블루벨bluebell, *Endymion non-scriptus*, 프리뮬러 불가리스primrose, *Primula vulgaris* 등은 '기회의 창'의 이점을 얻어 꽃 피우는 사례이다. 너도밤나무 숲에서 봄에 나는 초본들이 잘 발달하지 못하는 것은 나뭇잎이 봄철에 빨리 나오면서 울창한 그늘을 드리우기 때문이다. 양물푸레 숲의 경우 나무 수관을 통과하는 빛을 많이 얻으면서 발달하는 관목들이 초본층의 성장을 제한한다. 포도카르프 활엽수림의 초본층에서는 사초류와 그 밖의 꽃피는 다른 식물들과 동반하는 양치식물들이 크게 분포한다. 주요 구성 종은 양치식물인데 이는 지면 가까이까지 도달하는 연중 광선량이 적기 때문이다. 공통적인 종들은 이색새깃아재비crown fern, *Blechnum discolor*, 섬꽃마리hound's tongue, *Phymatosorus diversifolius*, 아스플레니움 불비페룸hen and chicken fern, *Asplenium bulbiferum*이다.

지피층: 마지막으로 지면 가까이에서 자라는 이끼, 지의류, 곰팡이 및 버섯 그리고 아주가*Ajuga reptans*와 같은 포복형 식물들이 있다. 초본층 또는 초지층과 구분하기 위하여 이러한 식물들로 구성된 층을 지피 층위라고 부른다. 이제까지 살펴본 모든 층위들처럼 초본층과 지피층을 나누는 뚜렷한 경계가 반드시 존재하는 것은 아니고 그 둘 사이의 중간층이 존재할 수도 있지만 지피 층위를 별도로 구분하는 것은 소림 또는 숲의 디자인과 관리 측면에서 특히 유용한 점이 있다. 고사리 또는 다른 초본식물 밑에서 자라는 이끼들처럼 초본층과 지피층이 서로 결합되어 있는 경우도 있지만 둘 중 하나가 더 잘 발달되어 있는 모습을 흔히 발견하게 된다.

두 가지 기본원리 - 지피식물과 다양성

우리는 지금까지 숲의 구조에 대하여 간결하게 살펴보았는데, 모든 종류의 식물 배식을 디자인할 수 있는 뚜렷한 두 가지 원리가 있다.

첫 번째는 지피식재의 원리이다. 하나 또는 더 많은 층에서 지면을 완전히 덮는 것은 양호한 환경에서 잘 발달된 식물 군집 모습이다. 지면은 살아있는 식물 또는 두터운 낙엽층 그리고 잔가지가 흩어져 있거나 그 밖의 부스러기에 의하여 연중 내내 덮여 있다. 한편, 벌거벗은 땅은 식물 생장에 스트레스가 높은 징후를 의미한다. 이것은 수분, 토양 공기, 유효 양분 등이 부족하거나 독성, 과도한 답압, 빈번한 교란 등 때문일 것이다.

두 번째는 복잡성의 원리이다. 식물 생장이 양호한 환경 상태에서 식물들은 시간과 해를 거듭하면서 매우 복잡하게 반응하고 변화하는 경향이 있다. 이러한 복잡성은 자연 또는 인간의 한 가지 또는 다른 여러 종류의 간섭에 의하여 감소될 것이며, 식물 생장의 발달 과정은 후퇴하거나 다시 시작한다. 복잡성은 주로 두 가지 범주에 의하여 평가할 수 있다.

1. 현존 식물 종들의 변화: 식물 종 다양성(지역 생물다양성)
2. 현존 수관 층의 수: 구조적 다양성
3. 식물 종들과 구조적 다양성은 기후 및 미기후 변화와 같은 환경압과 질병, 방목, 인간의 간섭과 같은 생물적 요인들의 변화에 대하여 완충적인 작용을 한다. 식물 종들의 분포 범위가 넓을수록 생물학적 위협과 환경 변화에 적응하는 잠재력을 갖추고 있으며, 잘 발달된 물리적 구조는 기후와 토양 조건의 혹독함을 완화시켜 주는 경향이 있다.

디자인 모델로서의 전형적인 수관 구조

층위를 고려한 디자인은 식재 디자인에서 매우 중요한 기술이라고 믿는다. 매우 많은 식재 디자인이 평면도만으로 끝나 버린다. 우리가 식재 계획 또는 디자인을 할 때 수평적인 평면에 관심을 기울이는 것 이상으로 수직적인 것과 공간적 식물 배식에 관심을 가져야 한다. 결국 그것은 우리가 가장 흔히 보아왔던 식물 그룹의 높이이다. 보통 눈높이보다 훨씬 위에 있는 식물을 보는 것은 생소한 것이고, 대부분의 사람들은 대부분 위에서 내려다보지 않는다. 사람들을 위한 장소를 창조하는 디자이너들에게는 식물 군집들이 지닌 층위 구조의 영향을 이해하는 일은 매우 중요한 것이며 이는 숲, 관목림, 초지에 이르기까지 모든 유형에 적용된다. 이것을 이해해야만 식물 군집이 지닌 독특한 디자인 잠재력을 최대한 실현할 수 있다. 이것을 설명하기 위하여 뉴질랜드에서 나타나는 두 가지 유형의 대조적인 숲을 걸어서 여행하면서 비교해보자.

위에서 언급한 뉴질랜드 저지대의 다우림은 풍부함과 생장력이 강하게 느껴진다. 가장 원기 왕성한 성장 단계에 있는 주요 나무 수관은 너무 빽빽해서 희미한 광선 아래에서 생존할 수 있는 식물이 거의 없다. 빛이 많이 통과하는 곳에서는 묘목들은 빨리 자라며, 그늘에 잘 적응하는 관목들과 양치식물들은 햇빛이 얼룩덜룩 비치고 습기가 축축한 은신처에서 번성한다. 하층 식생이 거의 없는 곳일지라도 숲 내부는 시각적이고 물리적인 장벽을 만드는 줄기들, 열대 덩굴식물들 그리고 바닥에 떨어져 쌓인 잔가지와 잎들이 엉켜 있다. 우리가 할 수만 있다면 주변을 돌아가거나 사람이 자주 다닌 길을 따라 계속 걸어갈 수 있을 것이다. 만약 우리가 어두침침한 내부로 들어가고자 하는 모험을 감행한다면, 쉽게 방향을 잃어버릴 것 같은 낯선 세계에 있는 우리 자신을 발견하게 될 것이다. 그리고 밝은 한 줄기 햇빛이 관통하는 곳에서 관목과 양치류의 잎들이 어둠속에서 보석처럼 밝게 빛나는 모습을 보게 된다.

뉴질랜드의 산간 지대에 있는 너도밤나무 숲은 그 특성이 매우 다르다. 고요하고 신비롭다. 색상은 은빛과 푸른 녹색이다. 눈을 들어보면 지의류로 밝게 차려입은 줄기 위로 깃털처럼 가볍고 부드러운 엽군들이 펼쳐 있다. 지면에는 이끼류, 양치식물 그리고 낮게 성장하는 그 밖의 식물들이 바닥을 수놓고 있다. '관목층'은 관목들이 아닌 수관층이 열린 곳에서 활기차게 성장하고 있는 너도밤나무의 어린 나무들로 구성된다. 한편으로, 그 공간은 비교적 개방적이고 주변 숲 내부를 볼 수 있게 하며, 충분한 광선이 통과하기 때문에 나무줄기와 임상에서 다양하고 아름다운 햇살의 무늬가 연출된다. 이것이 그 공간을 탐험으로 이끄는 매력이다.

디자이너에게 있어서 이러한 공간적 구조들은 서로 다른 분위기와 서로 다른 실용적인 기능들을 제공한다. 산속의 너도밤나무 숲 안에서 상당한 개방과 접근성은 특별히 레크리에이션 활동과 같이 인간의 참여가 적합한 공간들을 창조한다. 만약 그들이 간소하게 실용적이고 섬세하게 관리된 것이라면 이러한 공간 안에서 사람들은 걷고, 놀며, 자전거를 타고, 자동차를 주차하고, 앉아서 쉬고, 점심을 먹을 것이다. 한편으로 저지대의 빽빽한 덤불은 그 안으로 들어가는 것을 저지하기 때문에 공간의 분리와 위요를 위한 수단으로 효과적이다. 만약 우리가 최대의 은신처, 튼튼한 차폐, 가장자리의 간결한 설정이 필요하다면 이러한 식재 구조가 그 목적을 달성하게 할 것이다.

위에서 간략하게 언급한 성숙한 숲의 복잡한 구조들은 디자인에 적용 가능하다. 그러나 숲 구조는 개간된 곳이나 초원에서는 정착하는 것이 쉽지 않고 천천히 진행될 수 있음을 기억해야 한다. 이와 관련된 기술적인 측면에 대한 사항은 이 책의 3부를 참조하고 숲 군집과 식물 서식처 조성을 다루고 있는 '우리의 자연유산을 보호하고 복원하기-실무지침*Protecting and Restoring Our Natural Heritage-A Practical Guide*(데이비스Davis와 뮤크Meurk, 2001)', '생물 서식처 복원*Biological Habitat Reconstruction*(버클리Buckley, 1990)'과 같은 실무적 안내서를 참고할 수 있다. 서로 다른 기술의 효율성을 다루는 연구서인 '오클랜드시의 자연 생태계 복원: 도시 토양, 단절, 숲 정착의 장애 요소인 잡초*Restroring native ecosystems in urban Auckland: urban soils, isolation, and weeds as impediments to forest establishment*(설리번 외Sullivan et al., 2009)' 또한 출간되어 있다. 장기적인 관점에서 볼 때 식재 디자인의 목표는 성숙한 숲 구조일 것이다. 그러나 초기

사진 154. 뉴질랜드 와이타케레(Waitakere) 산맥 저지대 다우림의 내부

사진 155. 뉴질랜드 남부지역 너도밤나무 숲의 내부

목표를 달성하기 위하여 보다 단순한 수관 구조를 선택하는 것이 현실적인 방법이 되는 많은 프로젝트들이 있다.

아래의 사례들에서 언급된 공간적인 수관 구조들은 친숙한 식물 군집에 근거하였고, 자연적인 것과 아울러 변형된 것들 모두 온대 지역에서 나타난다. 이 목록들은 식물 군집의 분류는 아니고 단지 경관 디자인을 위한 수관 구조의 잠재력에 대한 설명서이다.

그 목록은 두 가지 분야가 있다. 첫 번째로 언급한 냉온대의 낙엽수림 군집 구조는 영국, 유럽과 북부 아메리카에서 흔한 것들이고, 두 번째로 언급된 상록수 구조들은 뉴질랜드와 같은 온대 및 난온대 기후대에서 볼 수 있는 것들이다.

이에 대한 설명과 관련하여, 층위 이름들은 '/'에 의하여 구분되어 있고, 충분히 발달하지 않은 층위들은 괄호'( )' 안에 나타내었다.

냉온대 낙엽수림 군집(북서유럽과 북미)

3층 수관 구조

교목 수관/(아교목 수관)/관목층/초본층: 이러한 다층 구조 소림은 토양이 충분한 수분과 양분 및 뿌리 발달을 제공하면서 방위와 온도가 양호한 곳에서 발달한다. 유럽의 원시적인 큰 숲은 거의 남아 있지 않으나 이와 관련된 유형은 식재 후 관리가 이루어지는 소림 그리고 자생하는 2차림에서 발견된다. 작은 면적의 숲이 광대한 숲보다 훨씬 흔하게 나타나는데 이는 그곳이 경제적 가치가 크지 않거나 토지 개발에 적합하지 않기 때문이다. 그러한 숲은 처음부터 자생적으로 발달한 것일 수도 있고, 인간의 간섭이 사라진 후 나타난 2차 천이에 의한 결과일수도 있지만 의도적으로 식재되었을 수도 있다.

이와 같은 낙엽 소림 구조는 토착 식생과 외래 식생을 활용한 식재 모델이 될 수 있고 소림 정원이나 쾌적한 경관 조성을 위하여 외래 수목, 관목, 초본층 식재를 하는 화단에서 찾아 볼 수 있다. 이와 같은 국지적인 관상용 소림들은 공원, 정원, 그 밖의 도시 녹지 등에서 '외래 식물의 작은 숲'이 되고, 그것들은 대부분 자생 숲의 규모가 축소된 변형이며, 자연 숲 수관에서 보이는 것과 같은 20~25m의 교목 보다는 8~12m 높이의 교목들이 흩어져 이용된다. 이것은 우점하는 숲의 교목들을 배제하고 중층의 나무들을 식재하는 것과 같다. 식재지의 면적이 100㎡ 정도로 작을 수도 있지만 대부분 3층 식재 또는 그 이상의 층위로 뚜렷한 수관 구조를 보여준다.

다층 구조 숲 또는 소림 구조는 피난처, 야생 동물, 시각적 향상, 환경 교육 그리고 간이 레크리에이션에 가치가 있다. 자연적이든 관상적이든 그것은 식물의 다양성과 심미적 아름다움을 제공한다. 그것은 지면 위에 존재하는 공간을 최대로 사용하고, 숙근초와 구근식물, 지피식물 위에서 생장하는 관목들과 함께 그 위에서 교목들이 생장하기 때문에 단위 면적당 최고의 식재 가치가 있다.

안타깝게도 이러한 식재를 할 수 있는 많은 기회들이 무시된다. 거기에는 많은 이유들이 있다; 공통적인 것은 관상식물을 어떻게 관리하고 전시하는가에 대한 전통적인 생각들이다. 그것은 라우돈J.C. Loudon의 정원풍 양식으로부터 부분적으로 유래하였고(터너Turner, 1987: 재인용), 이는 식물을 구성 요소들이 아닌 장식적으로 분리된 개별적 요소들로서 식물을 대하는 관점을 지니고 있다. 그러나 보다 더 풍부하고 복잡성을 지닌 식재 조합이 가능해지려면 상상력과 함께 원예적, 생태적 지식이 요구된다.

교목 수관/(아교목 수관)/관목층/초지층: 주연부 또는 가장자리 소림의 주연부와 숲의 가장자리는 서로 비슷한 말이며, 높은 수관으로부터 소교목과 관목, 왜성 또는 포복성 관목과 함께 자라는 키가 큰 초본식물을 거쳐 초원 또는 개방된 땅 아래까지 수관의 높이가 단계적으로 변화하는 것이 특징이다. 주연부의 특성은 기후, 지형, 인접 토지의 관리에 의하여 결정된다. 주연부는 소림 또는 숲으로부터 개방된 땅으로 식물이 이주하는 만큼 진출할 것이며, 인간의 활동이나 자연 재해에 의한 훼손을 당하면 그만큼 감소될 것이다. 그러나 모든 경우에 수관 구조와 이를 구성하는 식물 종들은 소림의 안쪽 보다는 주연부에서 나타나는 높은 수준의 빛과 주변 환경으로부터 영향을 받는다.

주연부의 수관 층위들은 핵심부의 구성 요소들이 확장된 것이지만, 그늘이 보다 적기 때문에 일반적으로 핵심부보다 더 촘촘한 상태를 보여준다. 많은 식물 종들은 주연부와 핵심부 두 곳에서 공통적으로 나타나지만, 빛이 있고 따뜻한 주연부에서 꽃과 열매는 더 풍부하다. 또한, 주연부에서는 더 많은 햇빛을 요구하는 식물 종들이 나타난다. 보전의 가치가 있는 소림의 주연부와 숲의 가장자리는 종 다양성과 야생 동물 서식처로서 중요한 영역이다. 숲 가장자리와 소림의 주연부는 보호 기능을 가질 수 있다. 이들은 숲 내부의 특성인 그늘과 은신처를 만드는 데 도움을 주며, 특히 임상을 구성하는 식물 종들에게 반드시 필요한 그늘을 제공한다. 촘촘하게 발달한 주연부가 없다면 이러한 식물 종들은 좁은 면적으로 제한될 것이다.

이 주연부 구조는 경관 식재와 정원 식재에서 널리 활용되는 성공적인 모델이다. 그것은 고층 소림 식재지와 소림 정원들의 주연부를 형성하거나 소림과 분리된 채 독립적인 선형 군집을 형성할 수도 있다. 이처럼 식재하였을 때, 소림 주연부는 생태적, 공간적, 시각적 다양성을 더 많이 제공한다. 이러한 종류의 수관 구조는 고층 소림이 발달할 수 있는 식재 유효 폭이 충분하지 않은 경우 차폐림과 방풍림을 조성하고자 할 때 그 가치가 있다. 소림의 주연부 또는 숲 가장자리의 폭은 각각의 수관 층에서 식물들이 효과적으로 공간을 차지하기 위해서 최소한 5m가 필요하다.

소림의 주연부 구조에는 외래종과 원예종의 도입이 가능하며, 앞쪽에서 뒤쪽으로 갈수록 각각 다른 층으로 점층적으로 배열하면 각 층을 차례대로 볼 수 있게 된다. 관상적 식재에 있어서 우리는 많은 층들을 적용시키기를 원하며, 키 큰 식물 종들 아래에 다양한 크기의 구근류, 초본식물, 저관목 또는 왜성관목을 식재할 수 있다. 다층 구조 식재의 높이는 점층적으로 형성될 필요가 있고, 식재 폭이 넓을수록 더욱 효과적이다. 점층적으로 높아져 가는 전형적인 주연부 구조는 다음과 같이 여섯 개의 층위로 구성된다.

1. 포복성 관목과 키 낮은 초본식물이 지피식물처럼 자리 잡고 이들 옆에는 봄과 가을에 걸쳐 개화하는 구근식물 또는 여러 계절에 걸쳐 개화하는 그 밖의 작은 초본식물이 나타날 수 있음
2. 저관목들 그리고 키 큰 다년생 초본 식물들
3. 중간 높이의 관목들, 그리고 이것들 뒤와 위에 다음 식물들이 나타남
4. 고관목들
5. 소교목들
6. 중교목에서 대교목들

소교목-중교목-대교목들은 다양한 층위들 속에서 외관의 특성과 태양의 방향, 하층 식생을 억압할 수 있는 강한 그늘이 드리워지는 것을 피하기 위한 관리 정도에 따라 서로 모이거나 흩어지게 될 것이다. 대교목에 해당하는 수종들은 그들의 확장된 수관에 의하여 그늘지는 것을 막기 위하여 주연부의 뒤쪽으로 식재 공간이 제한된다.

층위 1, 2, 3은 지피식물이 자랄 수 있도록 설계할 수 있다. 다시 말하면, 이들이 지면 가까운 곳에서 연속적으로 토양을 피복하면서 잡초의 생장을 저지시킬 수 있다. 층위 4에 있는 고관목들은 지면 가까운 곳의 잎들이 사라지면서 직립하는 습성이 있을 수 있으나, 그들의 전면에 낮게 자리 잡은 다른 식물의 잎들이 앙상한 줄기와 지면을 효과적으로 가릴 수 있다.

각 층위들의 폭은 화단의 길이에 따라서 변화할 수 있으며, 어떤 층들은 간헐적으로 중단될 수 있거나 전혀 그렇

지 않을 수도 있을 것이다. 관상적 조합에 있어서 외래 식물들의 과도한 높이와 확장을 통제하기 위하여 작게 계층화된 가장자리 유형의 식재 폭을 2m 정도까지 축소할 수 있다. 그러나 이런 경우에는 융단식물이 위치한 앞쪽의 가장자리와 뒤편의 중관목 또는 고관목들과 함께 있는 저관목들의 두 층들을 위한 공간만 남게 될 수 있다. 단계적인 높이를 갖는 구조는 식재 디자인에서 일반적으로 사용하는 모델이며, 특히 장식적 관목 식재와 초본류가 혼합된 가장자리 화단 식재 디자인에서 흔히 사용하는 것이다. 마이클 하워드 부스Michael Haworth Booth(1983)는 그의 책 '화관목 정원*The Flowering Shrub Garden Today*(1961)'에서 개인정원을 위한 이런 유형의 식재를 옹호하였다. 이 시기에는 대

그림 8-1. 3층 수관구조

부분의 개인정원들이 더 이상 정원을 확장할 수 있는 공간이 없었고 가드너들 또한 초본류 화단을 유지하기 위한 시간과 자원들이 부족하던 때였다. 다층 구조를 지닌 소림 핵심부와 마찬가지로, 소림의 주연부 식재는 서로 다른 수관 층들을 그 안에 포함시킴으로써 한정된 구역을 최대한으로 이용하는 방법 중 하나이다. 다층 구조의 소림 또는 주연부 유형의 구조는 다양한 식재 계획을 통해 구조적인 것과 관상적인 흥미를 달성하는 좋은 방법일 것이다. 그렇지만 기능적이거나 심미적인 이유로 하나 또는 두 개 층의 수관으로 된 단순한 종류의 구조를 선호할 수도 있다.

그림 8-2. 주연부 구조들

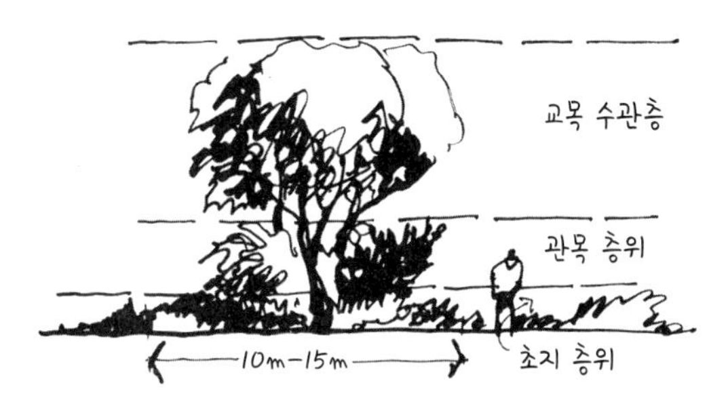

소림 또는 넓은 규모의 자연풍 생울타리를 형성하는 기초로서의 소림 주연부 구조

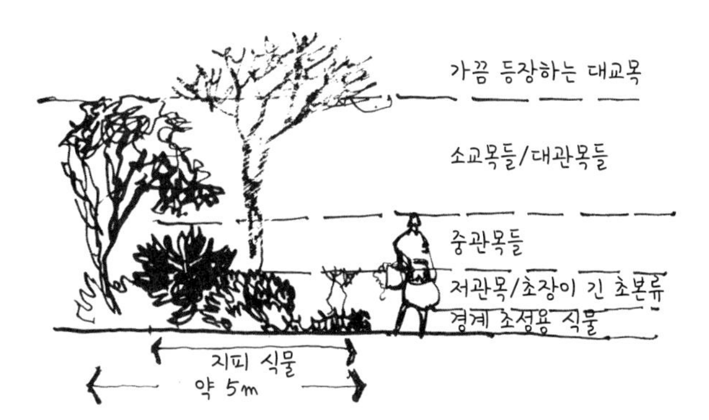

관상용 식재에 적합한 주연부 구조가 최고의 성장 단계에 도달했을 때

주연부 구조의 최소 폭은 2m임

2층 수관 구조

교목 수관층/관목 밀생지: 이러한 식물의 조합은 하부 층에서 밀도가 빽빽한 상태가 될 수 있도록 충분히 수관층이 열려 있는 곳과 연속적으로 관목 밀생지가 발달할 수 있는 층이 있는 곳에서 전형적으로 나타난다. 관목 밀생지를 구성하는 식물 종은 무성 번식에 의하여 확산하면서 하부에 촘촘한 식생을 발달시키고 그 결과 초본층의 정착이 억제된다.

유럽의 경우 이에 해당하는 식물 조합은 유럽참나무oak, *Quercus robur*, 유럽당마가목rowan, *Sorbus aucuparia* 또는 구주물푸레ash, *Fraxinus excelsior*와 같이 흩어져 있는 교목의 수관 아래에 가시자두blackthorn, *Prunus spinosa*, 블랙커런트blackcurrant, *Ribes nigrum*, 서양산딸기bramble, *Rubus fruticosus* 또는 심포리카르포스 알부스snowberry, *Symphoricarpos albus*와 같은 자생 관목을 식재하여 만들 수 있다. 유럽너도밤나무beech, *Fagus sylvatica*, 가시칠엽수

그림 8-3. 2층 수관 구조

교목 수관층 – 관목 밀생지

교목 수관층 – 초지 층위

관목 층위 – 초지 층위

horse chestnut, *Aesculus hippocastanum*와 같이 그늘을 짙게 드리우는 나무 아래에서는 그늘에 잘 견디는 하부 층 식물 종들만 생존할 것이다. 예를 들면, 서양회양목box, *Buxus sempervirens*, 서양주목yew, *Taxus baccata*, 유럽호랑가시나무 holly, *Ilex aquifolium*, 고산까치밥나무mountain currant, *Ribes alpinum*이다.

이와 같은 구조에 대응하는 장식적인 식재 계획은 대규모 공공 장소와 상업적 경관에서 흔히 나타난다. 이와 같은 방식이 성행하는 까닭은 저비용으로부터 유래한다. 활기 있게 덤불을 형성하는 관목일 경우 적은 수의 관목으로도 효과적으로 지면을 덮을 수 있고, 일단 정착한 후에 필요한 유지·관리는 최소 수준에 머무른다. 이에 해당하는 식물 종들은 어느 정도 그늘에 적응할 수 있어야 할 뿐만 아니라 개방된 상태에서도 정착할 수 있어야 한다. 이러한 식물들로는 말채나무류dogwoods(흰말채나무*Cornus alba*, 산호말채나무*C. stolonifera*, 그리고 변종들), 개야광나무류cotoneasters(티베트백자단*Cotoneaster conspicuus*, 소엽개야광나무*C. microphyllus*), 매자나무류barberries(칸디둘라매자*Berberis candidula*, 흑매자나무*B. verruculosa*, 기타), 비부르눔 다비디viburnums(*Viburnum davidi*), 뿔남천류Oregon grape (*Mahonia* species), 월계귀룽나무류laurels(월계귀룽나무 '자벨리아나'*Prunus laurocerasus* 'Zabeliana', 월계귀룽나무 '오토 루이켄'*P. l.* 'Otto Luyken' 그리고 다른 것들), 회양목과 그 품종boxes, *Buxus* species, cultivars 등이 있다. 교목들은 관목 덤불 사이에서 여기 저기 모여 있거나 개별적으로 흩어져 있으며, 최종적으로 밀생하는 덤불 위에서 연속적 또는 불연속적인 수관을 형성한다.

교목 수관층/초지층: 이와 같은 구조는 빽빽한 상층 수관으로 인해 관목층이 발달하기 어려운 곳에서 자연스럽게 나타나며 수관 하부에서는 내음성을 지닌 초본식물이 자라는 초지층이 형성되며 이러한 초본식물에는 이른 봄 그늘이 드리워지기 전에 빠르게 생육을 시작하는 봄철 식물이 포함될 수도 있다. 이러한 구조는 또한 교목과 관목의 성장이 제한을 받는 건조한 기후대와 사바나 소림에서 발견된다. 그런데 이 구조는 준자연 군집에서 더 흔하다. 소림 목초지는 가축에 의해 풀, 관목, 교목의 유묘가 뜯기는 가운데 소림이 열린 임관층을 유지하고 초지층에서 그라스가 발달하는 곳에서 나타난다. 공원 또한 이와 비슷한 구조를 지니고 있는데 현존하는 초지에 교목을 넓은 간격으로 식재하여 조성한 식물 집합체로서 이는 사바나의 소림과는 다른 것이다. 초지층 위에서 유실수가 자라는 과수원 또한 먹거리 재배, 관상용 그리고 야생 동물을 위한 식재 조합에 적용할 수 있는 사례에 속한다. 이와 같은 유형의 배열은 개방적인 공간이 요구되는 곳에서 활용할 수 있는 인위적인 구조이다. 교목의 수관 상부에 의해 공간이 설정되고, 초지층은 지면을 채운다. 이 조합의 내부는 시각적으로 열려 있고 물리적 접근 및 보행 또한 허용될 것이다. 물론 수관층은 촘촘하고 연속적으로 이어지면서 천장을 형성할 수도 있고 교목의 독특한 엽군을 유지한 채 보다 넓게 흩어지면서 조금 더 밝고 다양한 조건을 지니고 있을 수도 있다. 초지층은 송악류ivy, *Hedera* sp., 수호초*Pachysandra terminalis* 또는 히페리쿰 칼리키눔rose of Sharon, *Hypericum calycinum*과 같이 내음성을 지닌 식물로 단순하게 구성될 수 있다. 그러나 그늘이 너무 강하지 않은 경우에는 야생화, 숙근초 또는 잔디가 포함된 무성한 초지가 될 수도 있다. 특히 후자는 목초지 또는 공원이 지닌 관상적 가치를 제공한다.

잘 깎은 잔디밭에 흩어져 있는 교목은 관상수 식재를 위한 표준화된 방법이 적용된 것으로서 흔히 볼 수 있는 일반적인 광경이다. 이것은 자유로운 동선과 과도하지 않은 조성 비용이 필요한 곳에서 효과적인 조합이지만, 식재 목적을 달성하는 데 까지 오랜 시간이 걸리고 시각적 흥미와 생태적 가치는 낮다. 이와 같은 구성이 널리 사용된 것은 '영국 공원English Parkland'이라는 특별한 표현방식으로부터 비롯하였는데, 이는 18세기에 등장한 영국의 경관 운동과 함께 대중화 되었다. 드넓게 펼쳐진 잔디밭과 우아하게 전개되는 나무들에 대한 찬미가 이루어진 당시의 시대상을 이해할 수 있지만, 이러한 방식은 저층의 서식처, 시각적 위요, 심미적 다양성이 디자인의 주된 목표가 되어야 하는 작은 규모의 도시 공간에 적합한 것으로 보기는 어렵다.

관목층/초지층: 자연에서 흔히 관목 지대라고 불리는 이러한 구조는 기후적 요소 때문에 교목층이 없는 해안가, 건조지대, 고산대 군집과 더불어 방목 또는 인간의 영향으로 인해 천이가 교목 단계로 진행되지 못한 덤불 지대에서 발견된다. 이러한 초지층 구조는 매우 복잡하여 수많은 하부층을 포함할 수도 있다. 즉 다음에 기술할 목초지 군집처럼 다양한 구조를 지닐 수 있다.

이와 유사한 구조는 규모, 공간, 빛 또는 전망 때문에 교목 식재가 부적합한 인공적인 식물 군집이 요구되는 곳에서 채택된다. 수고 1.5m와 3m 사이의 관목들이 지배적인 수관을 형성하고, 불연속적으로 전개되는 수관 밑에서 서로 다른 그늘의 정도에 따라 초본식물 또는 키 낮은 관목이 하층을 구성한다. 관목층은 어느 정도 흩어질 수 있고 보다 개방적인 형태를 지닐 수 있는데, 이러한 종류의 수관 구조 형성을 위하여 촘촘하게 자라면서 잡초를 억제하는 관목 덤불용 식물을 쓰기 보다는 직립하거나 개방된 습성을 지닌 관목 식물 종들을 사용하는 것이 가장 좋다. 관목층의 수관은 하부의 초본 층위가 잘 발달할 수 있도록 충분한 공간을 허용하고 햇빛을 통과시켜야 한다. 이와 같은 종류의 식물 집합체는 관목층이 하층 식물에 제공하는 성장 조건이 서로 다르기 때문에 매우 다양해질 수 있다. 또한 이는 인간 척도와 부합할 뿐만 아니라 꽃을 피우는 관목과 초본식물이 서로 가까이 자랄 수 있는 기회를 제공하기 때문에 매우 매력적일 수 있다. 개방성을 지닌 관목 지대의 군집에서 자연스럽게 자라는 많은 식물 종들은 강한 관상적 가치를 지니고 있는데, 캘리포니아 해안의 관목수풀지대chaparral, 남아프리카의 핀보스fynbos 그리고 그 밖의 지중해성 식생이 그 예에 해당한다.

관목층과 초지층의 조합은 공원, 정원, 안뜰, 그리고 건물에 인접한 식재지, 지상부 또는 지하 시설물이 교목의 성장과 뿌리 뻗음을 가로막는 곳에서 흔히 볼 수 있다. 지면을 채우는 초본식물 덕분에 키가 큰 관목을 촘촘하게 식재할 필요가 없기 때문에 표본목이 되는 관목을 단독 또는 그룹으로 식재하는 것은 좋은 방법이다. 전정된 단풍나무 Japanese maples(단풍나무*Acer palmatum*와 일본당단풍*A. japonicum*)처럼 천천히 성장하는 표본목들은 지피식물들이 잡초를 억제하는 동안 그들이 충분하게 수관을 펼쳐 성숙한 형태로 발달할 수 있는 기회를 갖게 될 것이다. 잔디밭에 표본식물로 식재된 외래종 관목들은 비록 원예학적 불리함이 있다고 할지라도 또 다른 인공적인 관목층/초지층 군집의 사례가 된다. 목련류magnolias, 병솔칠엽수buckeye, *Aesculus parviflora*, 정향나무류lilacs, *Syringa* sp.와 같은 전통적인 잔디밭 속 표본목들은 초본식물과 지피식물 위에서도 활력 있게 자라고 꽃과 형태로 사람들의 시선을 끌어 모은다. 잔디는 다른 지피식물에 비해 토양 수분과 양분의 측면에서 관목들과 강하게 경쟁을 하며, 관목과 교목 주변의 잔디를 자르는 일은 힘든 유지·관리 업무 중 하나이다.

단층 수관 구조

교목 수관층: 자연에서 교목이 관목 또는 초본과 결합되지 않고 성장하는 것은 흔한 일이 아니지만 전혀 볼 수 없는 것 또한 아니다. 빈약하고 건조한 토양에서 자라는 건생식물 종은 매우 깊은 곳에서 토양수분을 찾는 능력이 있는

특이한 식물일 것이다. 극단적인 수분 스트레스 상황에서 개별적인 식물들은 유효 수분의 양에 따라 서식 밀도가 결정되기 때문에 대체로 넓은 간격을 유지한 채 분포한다. 또 다른 사례는 교목이 처음으로 서식하기 시작한 자갈밭이나 암석지에서 볼 수 있다. 묘목 단계에서 유묘의 줄기는 햇빛을 향해 빠르게 성장하는데 이는 건조지의 깊게 갈라진 틈새 사이에 유묘의 정착에 필요한 최소한의 양분과 수분이 마련되어 있기 때문이다.

집단으로 교목을 식재한 후 초기 정착 단계까지 걸리는 기간을 제외하고 도시 지역에서 지면이 노출된 채 식재된 교목을 보는 일은 이례적이다. 이들 두 가지의 경우에서 초본층의 성장을 방해하는 스트레스는 기후라기보다는 오히려 인위적인 요인들이다. 식재 기반이 제한되어 있는 거리, 광장, 주차장 그리고 보행자나 차량 통행이 많은 포장된 곳에 식생을 도입하는 일반적이고도 가치 있는 방식은 교목을 식재하는 것이다. 이와 같은 조합의 공간 구조는 잔디밭에 식재된 나무들과 유사하지만, 지면은 잔디밭에 비해 보다 심한 통행량에 시달릴 수 있다. 상부에 형성된 수관은 공간의 윤곽을 명확히 하고 부분적으로 공간을 차지하지만 지면 수준에서 시야 또는 보행 동선을 심각하게 제한하지 않는다.

관목 밀생지: 관목 밀생지는 초본층의 성장을 억제하기에 충분한 연속성과 밀도를 지니고 있는 관목층이다. 이러한 군집의 유형은 식물의 정착과 유지·관리가 쉬운 곳의 경관 식재에서 흔히 볼 수 있지만 과도한 이용은 바람직하지 않다. 많은 슈퍼마켓과 쇼핑몰의 식재는 하나의 식재 유형에 지나치게 의존할 때 발생하는 문제를 보여준다.

자연에서 관목 밀생지는 볕이 잘 드는 곳에서 고층 구조가 발달하기 전 목본식물이 자리를 잡는 초기 활력 단계의 일반적인 신호이다. 그것은 교목 한계선을 벗어난 아고산대 관목 지대 또는 바람이 강한 해안 지대와 같이 극단적인 기후 조건으로 인해 교목의 성장이 제한되는 곳에서도 볼 수 있다. 그러나 이러한 장소의 경우 초본 또는 지피층이 전혀 없는 곳은 드물다.

시각적 즐거움을 추구하는 관상용 식재의 경우 관목 밀생지는 지면 피복과 함께 적절한 높이가 동시에 요구되는 곳에 사용된다. 이와 같은 형태를 조성하는 가장 좋은 방법은 옆으로 펼쳐지며 자라거나 지면 가까이까지 촘촘히 엽군을 형성하는 반구형의 다양한 관목들을 서로 가까이 식재하는 것이다. 여기에 적절한 식물 종들에는 월계분꽃나무*Viburnum tinus*, 사르코코카속*Sarcococca*, 오도라투스산딸기*Rubus odoratus* 그리고 흑매자나무*Berberis verruculosa*, 일본매자나무*B. thunbergii*와 같이 조금 더 크기가 작은 매자나무류barberries가 있다. 물론 교목의 수관 아래에서 성장하는 관목보다 더 많은 햇빛이 필요한 관목들도 사용이 가능하다. 해안가와 아고산대의 헤베속*Hebe*, 작은 올레아리아속*Olearia*과 브라키글로티스속*Brachyglottis*, 씨스투스속*rock roses, Cistus*, 물싸리shrubby cinquefoil, *Potentilla fruticosa* 등이 그 사례에 해당한다.

끝으로, 전통적인 전원풍 화단뿐만 아니라 도시 지역에서도 흔한 식재 방식으로서 지피식물이 없는 나지 또는 멀칭재 사이에 관목을 듬성듬성 심는 단일 층위 식재는 유지·관리가 힘들고 매력적이지 않다는 사실을 염두에 두어야 한다. 빛을 잘 받는 나지는 식물의 이주와 정착을 위한 이상적인 환경을 제공하기 때문에 그런 곳에서는 원치 않는 식물의 정착을 억제하기 위한 지속적인 작업이 필요하다. 계속해서 제초제를 사용하는 것은 현실적인 해결책이 되지 못하며 이는 단지 적절한 식재 디자인을 대체하는 단순한 방편일 뿐이다. 수피 또는 우드칩은 이제 자주 쓰이는 멀칭 소재가 되었고 가끔 그 밑에 잡초 방지용 섬유망을 깔기도 한다. 이들은 잡초의 성장을 억제하는 데 매우 효과

그림8-4. 단일 층위 수관 구조

지피식물이 없는 나지 또는 포장면 위의 교목 수관층

고관목 또는 중관목 밀생지 또는 초 지층의 지피식물

개방지의 초지 층위

적이지만, 시각적으로도 재미없고 생태적으로도 매우 단조로우며 추가 식재를 할 수 있는 기회를 앗아간다. 피복용 멀칭재의 시각적 특성은 지피식물의 특성을 지닐 수 있도록 신중하게 고려되어야 한다. 피복용 멀칭재는 잡초뿐만 아니라 바람직한 식물이 종자 또는 무성 번식을 통하여 증식하는 것 또한 억제한다.

초본 또는 초지 층위: 이와 같은 종류의 식생은 다년생 또는 일년생 초본식물로 구성되고 어쩌면 포복성 또는 왜성 관목이 포함될 수도 있는데, 툰드라, 고산 지대, 사막의 군집에서 자연스럽게 볼 수 있다. 이와 같이 열악한 환경 조건에서는 혹독한 기후로 인해 식물은 크게 자랄 수 없다. 단 하나의 초지 층위는 황야 지대와 같이 개간, 방목, 화재, 토양 악화 또는 그 밖의 생물적 요인들이 교목과 관목들의 정착을 제한하고 억제하는 곳에서 흔히 나타난다. 식물이 견딜 수 없는 정도까지 기후 또는 생물적인 압력이 가해지면 식생의 일부는 사라지고 식물들 사이에서 나지가 등장한다. 물론, 이곳저곳에서 흩어진 채 자라는 키 낮은 초본과 관목 군집은 관행적인 방식으로 관리되는 공원, 정원 그리고 도심지 식재에서도 흔히 볼 수 있다. 이와 같은 경우 수관의 발달을 억제하는 환경 스트레스는 빈번히 발생하는 지면의 교란(경운), 제초제 살포, 전정과 답압 등이다.

초지를 포함하여 초원은 대체로 방목에 의한 것이거나 교목과 관목의 성장에 필요한 수분 공급의 부족 또는 이 두 가지 요인의 조합으로부터 발생하는 단일 층위의 생물군계이다. 자연 군집과 디자인된 집합체 모두 잘 관리된다면 매력적인 식물 다양성을 지닐 수 있고 꽃가루를 매개하는 곤충에서부터 새와 작은 포유류에 이르기까지 폭넓은 범위의 동물상을 위한 좋은 서식처가 될 수 있다. 특히 지면뿐만 아니라 지상부 주변의 여러 곳에서도 다른 식물이 정착할 수 있는 공간을 남겨 두는 총생형 그라스가 이곳에 포함될 때 식물 다양성 잠재력은 더욱 향상된다. 초지는 아름다우면서도 생물 다양성이 풍부한 식생을 도시 경관에 속해 있는 광범위한 공공 장소—도시 공원, 도로변, 공원 주변, 개발 예정 부지, 하천변과 같이 아직 휴양지로 잘 쓰이지 않는 초원 등—로 확대시킬 수 있는 대단한 잠재력을 지니고 있다.

잘 알려진 몇 몇 습지 식물 군집은 단일 층위 집합체인데 여기에는 갈대밭, 수변식물 군집, 저층 습원, 알칼리성 습원, 고층 습원, 습생 초지, 수생 초지가 포함된다. 이 집합체는 주로 초본식물로 구성되지만 특히 고층 습원에서는 약간의 아관목과 왜성관목이 함께 나타난다. 이러한 군집은 시각적으로 매우 현저한 특성을 보여줄 수 있다. 단일한 종으로 구성되었을 때 장관을 연출하며 갈대common reed, *Phragmites australis*, 큰잎부들reed mace, *Typha lafifolia*, 부들raupo, *Typha orientalis*은 습지의 넓은 부분을 차지할 수 있는 종들의 예다. 또 다른 군집 또한 매우 다양하게 존재하는데 여기에는 하천변과 호숫가에서 발견되는 매력적인 광엽 초본식물들이 포함된다. 이들은 동의나물marsh marigold, *Caltha palustris*, 노랑꽃창포yellow flag, *Iris pseudacorus*, 붓꽃속*Iris*, 앵초속*Primula*, 칸나속*Canna*, 수련과 식물들waterlilies, Nymphea과 같이 화려한 꽃을 피워낸다. 습생 초본 군집은 습도가 충분한 곳이라면 공공 장소와 개인 정원 어느 곳에서라도 정착이 가능하고 보통의 초지와 마찬가지로 좋은 서식처가 될 수 있다. 지속가능한 빗물 관리 대책 및 수경관 조성과 관련된 지방 정부의 사업 그리고 이를 정원과 도시 공간으로까지 확대시키고자 하는 대중들의 요구가 점차 늘어나면서 습생 식물 군집은 식재 디자이너가 다루는 매우 중요한 분야가 되었다.

인위적 관리가 행해지는 경관식재에서 단일 층위 군집의 또 다른 형태는 저층 식재로 나타난다. 이것은 흔히 시야의 확보가 필요한 곳이나 융단식물로 공간에 바닥을 형성해야 할 때 적용된다. 이 때 낮게 퍼지며 자라는 식물 종들이 사용된다. 이들은 교목의 수관 하부에 존재하는 지면 층위에서 자라는 식물 형태 및 생장형과 유사하지만, 교목과 관목이 드리우는 그늘이 없이 일조량이 풍부한 조건에서 잘 자랄 수 있는 식물들이다. 여기에 해당하는 예로서, 사초속*Carex*, 코프로스마속*Coprosma*의 변종과 품종, 에리카속*Erica*, 백자단*Cotoneaster dammeri*, 히페리쿰 칼리키눔*Hypericum calycinum*, 카나리아아이비*Hedera canariensis* 등이 있다. 이와 같은 식물들을 크게 자라는 관목들이 있는 곳에서 유지하려면 통상적인 관리가 필요하다. 관리가 소홀해지면 송악류*ivies, Hedera* sp., 중국딸기*Rubus tricolor*와 같이 매우 촘촘히 자라는 융단형 지피식물일지라도 블랙엘더베리elder, *Sambucus nigra*, 수도플라타나스단풍sycamore, *Acer pseudoplatanus*, 구주물푸레ash, *Fraxinus excelsior* 그리고 번식력이 왕성한 그 밖의 교목과 관목들에게 자신의 자리를 내주면서 이곳에서는 관목층 또는 교목층이 발달하게 될 것이다.

층위 속 층위들

우리는 숲에서 솟아오른 교목, 숲의 주 수관과 아 수관, 교목층, 관목층, 초본층 또는 초지층 그리고 지피층을 구분하였는데 비록 우리가 이러한 층위들 중 일부만을 이용한다 할지라도 이러한 개념들은 식물 집합체를 이해하고 디자인하는 데 도움이 된다. 층위를 보다 자세히 들여다본다면 두 가지 사실을 발견하게 된다. 서로 섞여서 중간 단계를 보여주는 층위가 있다. 예를 들어, 수고가 낮은 아 수관층은 수고가 높은 관목층과 유사하여 둘을 구분하기 어렵다. 지면 가까운 곳에서 나타나는 관목층 또한 부분적으로 초지층을 구성하는 아 관목층과의 구분이 쉽지 않다. 다음으로 각각의 층위 속에는 루스쿠스 아쿨레아투스butcher's broom, *Ruscus aculeatus*, 사르코코카속*Sarcococca*, 서양산딸기bramble, *Rubus fruticosus*와 같이 관목층 하부의 그늘에서 자라는 소관목 종들의 다양한 수직적 분포가 존재한다.

층위 속 층위는 초원 지대, 초지 그리고 다른 초본식물 군집의 경우 특히 중요하다. 예를 들어, 조성된 초지의 경우 낮게 자라는 이끼와 지면 가까운 곳 일부의 그늘 속에서 포복형으로 자라는 내음성 식물이 포함될 수 있다. 꿀풀self-heal, *Prunella vulgaris*, 아주가bugle, *Ajuga reptans*, 나도양지꽃barren strawberry, *Waldstenia ternata*이 여기에 해당한다. 이러한 지피층 위에서는 몰리니아*Molinia caerulea*, 좀새풀*Deschampsia cespitosa*, 새풀속*Calamagrostis*과 같은 그라스가 자랄 것이고 제라늄속*Geranium*, 레우칸테뭄속*Leucanthemum*과 같은 광엽 초본식물의 잎들이 빈 공간을 채워나갈 것이다. 광엽 초본식물 중에는 오이풀속*Sanguisorba*, 에린기움속*Eryngium*, 니포피아속*Kniphofia*과 같이 기다란 줄기 위에 꽃을 피우는 것들도 있고 버바스쿰속*Verbascum*, 디기탈리스속*Digitalis*처럼 잎과 꽃들이 초지의 엽관을 구성하기 이전에 지면 가까이에서 먼저 로제트를 형성하는 것들도 있다.

계절적 층위 또한 초본식물 군집에서 중요하다. 교목과 관목이 아직 휴면기에서 깨어나지 않았을 때 서둘러 이른 봄에 성장을 개시하는 초봄 식물이 있는 것처럼 초본식물 군집에는 성장과 개화의 연속성이 존재한다. 예를 들어 프리뮬러 불가리스primorse, *Primula vulgaris*와 프리뮬러 앨라티오르oxlip, *P. elatior*는 대단히 빨리 성장을 개시하고 에키네시아속coneflowers, *Echinecea*, 아스터속Michaelmas daisies, *Aster*은 늦봄 또는 초여름 전까지 뚜렷한 잎의 성장을 보이지 않는다. 이렇듯 초봄 식물과 늦봄 식물들은 서로 다른 시기에 활발한 성장을 하기 때문에 같은 공간 속에서 서로 공존할 수 있다. 식물 종들의 생장형에 대한 이와 같은 세부 지식은 보다 복잡하고 다양한 식물 집합체를 디자인할 때 매우 값진 구실을 한다.

초본식물 군집의 층위 구성하기

초원과 그 밖의 초본식물 군집에서 발견할 수 있는 기본적인 층위는 네 가지다. 이 모든 층위가 자연 군집에 실제로 존재하는 것은 아니지만 식물 집합체를 구성하여 식재를 하고자 할 때 다양한 식물 조합을 하는 데 매우 유용하게 쓰일 수 있다. 다만 숲의 구조와 달리 많은 식물들이 초본식물로 구성되기 때문에 층위를 구성하는 식물들은 매년마다 나타났다 사라지며 높이와 배열 또한 주기적으로 변화한다. 그러나 초본 층위는 숲의 구조에서 발견되는 층위와 매우 유사한 특성을 나타내며 그들의 특성은 다음과 같다.

솟아오른 식물/우점 식물: 이들은 식물 집합체 내에서 가장 키가 크고 강한 효과를 지니고 있다. 일반적인 엽관 높이보다 위에서 꽃을 피우고 줄기를 유지한다. 새풀속*Calamagrotis*, 몰리니아속*Molinia*과 같은 그라스와 오이풀속*Sanguisorba*, 에린기움속*Eryngium*, 아네모네*Anemone × hybrida*, 꿩의다리속*Thalictrum*과 같은 광엽 초본식물이 여기에 해당한다. 에레무루스속*Eremurus*, 니포피아속*Kniphofia*, 카르투시아노룸패랭이*Dianthus carthusianorum*, 키가 큰

숙은아가판서스*Agapanthus inapertus* 그리고 이보다 키가 조금 더 작은 유카속*Yucca* 종들의 줄기는 꽃이 피지 않았을 때에도 극적인 효과를 보여줄 수 있다. 이와 같은 많은 우점 식물들은 그 뒤에 있는 식물들이 비치는 반투명 효과를 만들어낸다. 이를 통해 식재에 깊이감을 전달하고 시야를 넓게 확장시킴과 동시에 전경에 흥미를 더해준다.

주 엽관층: 주 엽관층은 우점 식물 아래에서 다양한 높이로 자라지만 식물 군집의 주된 엽군을 형성한다. 이는 숲의 교목 수관층과 유사하다. 이 층위를 구성하는 식물은 보통의 그라스와 우점 식물 사이에 분포하는 다발형 그라스로부터 작은 둔덕과 같은 모습을 형성하는 식물에 이르기까지 그 형태가 다양하다. 이곳저곳으로 퍼지면서 자라는 이 식물들은 정원 식재에서 보조 식물의 역할을 한다. 제라늄속*Geranium*, 알케밀라속*Alchemilla*, 헬레니움속*Helenium* 식물들과 직립형인 에키네시아속*Echinacea*, 레우칸테뭄속*Leucanthemum*, 붓꽃속*Iris* 또한 여기에 포함되는데 이들은 그라스와 함께 식재할 수 있다.

아 엽관층: 주 엽관층에 비해 대체로 발달 정도가 약하지만 이 층위는 숲의 아 수관층 또는 관목층과 유사하며 상대적으로 덜 촘촘한 주 엽관층 아래의 빈 공간을 차지하며 자라는 작고 내음성이 있는 광엽 초본식물로 구성된다. 소림 또는 관목림의 빈터처럼 주 엽관층에 많은 틈새들이 존재한다면 그곳에는 그늘식물보다 더 많은 빛을 요구하는 작은 식물들이 번성할 것이다. 디자인된 식물 집합체에서 맥문동속*Liriope*, 소엽맥문동속*Ophiopogon*, 리아트리스속*Liatris*, 알케밀라속*Alchemilla*, 앵초속*Primula*이 아 엽관층의 기능을 수행할 수 있다.

계절 층위: 1년 중 일부 기간 특히 다른 식물의 잎들이 현저한 성장을 보이기 전에 나타나는 구근식물과 지중식물이 여기에 포함될 수 있다. 현저한 성장을 보이기 전 봄철의 수선화속*Narcissus*, 알리움속*Allium*, 설강화속*Galanthus*과 같은 구근식물 또는 성장이 끝난 후 가을철의 네리네 보우데니*Nerine bowdenii*, 콜키쿰 아우툼날레*Colchicum autumnale*, 헤데리폴리움시클라멘*Cyclamen hederifolium* 등이 이에 속한다.

지피 층위: 지피 층위는 아 엽관층처럼 흔히 불연속적인 형태로 분포하며 비교적 그늘이 적고 뿌리 경쟁이 심하지 않은 틈새 속에서 번성한다. 여기에 속하는 식물들은 주 엽관층을 구성하는 식물들이 충분히 성장하기 이전인 봄철에 꽃을 피우고 잎이 활발하게 성장하지만 그 후엔 조금씩 성장세가 둔화된다. 아주가*Ajuga reptans*, 이소토마 플루비아투스*Isotoma fluviatus*는 초본 군집과 초지 군집에 적합한 지피 층위 식물이다.

온대 상록/아열대 군집(뉴질랜드)

다음 장은 특징적인 수관 층위 구조를 갖고 있는 군집을 다룬다. 식생 구조의 다양성은 주로 뉴질랜드 기후대—알프스 남부의 반건조 기후대로부터 북서 해안의 아열대성 다우림 지역까지—에서 발견되는 것들이기 때문에 몇몇 유형은 이러한 기후에 적합한 나라들에만 적용될 수 있다. 다만 지역 조건에 따라 다른 종들이 나타날 수 있지만 관목 군집과 같은 경우에는 보다 폭넓은 기후대에서 발견된다.

4층 수관 구조

위로 솟은 수목/교목 수관/(아교목 수관)/관목 층위/초본 층위: 앞에서 언급하였던 것들 중에서 포도카르프podocarp 활엽수림은 4층위 구조를 가지고 있다. 포도카르프 활엽수림은 어느 정도 밀도가 있는 대부분의 활엽수 덤불 수관 위에 솟아오르는 매우 키가 크게 돌출한 교목들로 구성된 열대 숲의 구조와 유사하다. 광선이 충분히 투과될 경우 아교목, 관목, 초지층이 뚜렷하게 나타나지만 광 조건이 이와 같지 않을 경우 이러한 층위의 발달은 약해지는 경향이 있다.

차폐, 보호, 경계 설정, 접근 제한을 위한 큰 규모의 골격 식재에서 이러한 구조는 상당한 정도의 잠재력을 지니고 있다. 최종 목표가 되는 수종들은 선구 수종과 관목들이 제공하는 부분적인 그늘 환경 속에서 보호를 받는 기간이 필요하기 때문에 이 구조의 정착을 위해서는 단계적인 접근이 필요하다. 포도카르프는 매우 장기간에 걸쳐서 우세 수목으로 자리 잡게 된다. 그러므로 포도카르프 최상층의 정착을 돕기 위해서는 식재 관리가 필요하다. 이러한 사례들은 식재 프로젝트에서 포도카르프 활엽수림의 초기 단계에 해당하는 식물들이 성숙을 시작한 곳에서 발견할 수 있다. 이에 해당하는 사례로서, 20세기 초 오타리Otari와 웰링턴Wellington의 윌튼 숲 보호지역Wilton's Bush reserve에 토타라totara, 미로miro, 마타이matai, 카우리kauri가 식재되었다.

3층 수관 구조

교목 수관/관목과 유목 층위/초본 층위: 이 구조에 해당하는 예는 저지대의 너도밤나무 혼효림이다. 다양한 노토파구스속*Nothofagus* 종들 그리고 이들과 어울려 숲을 구성하는 교목들은 높은 수관층을 형성하지만, 특히 숲 사이 빈틈과 가장자리에서 낮은 층위가 잘 발달할 수 있기 때문에 보통의 활엽수림에 비해 교목층의 밀도가 낮다. 이 구조는 북반구 온대지역의 낙엽수 소림과 비슷하며 차폐, 보호, 경계부 설정, 오솔길, 주차장, 야영지 또는 소림 내부의 작은 건물들을 위한 대규모 구조 식재의 잠재력을 지니고 있다. 보다 많은 개방성을 지닌 관목층과 함께 이 구조가 좁은 띠를 갖추게 되면 부분적인 차폐를 통해 효과적인 공간 분리가 가능할 수 있다.

덤불숲 수관/(관목과 유목 층위)/(초지 층위): 저지대의 이차림은 초기 발달 단계에서 촘촘하게 자라면서 사람의 통행이 어려운 덤불 단계로 진행한다. 이러한 구조는 교목과 관목이 자라는 간격이 넓거나 그들의 수관이 지면으로부터 멀리 떨어진 높은 곳에 집중되어 있는 곳에서 나타난다. 충분한 양의 햇빛이 교목의 수관을 통과하는 곳이라면 하부 식생과 초지층이 존재할 것이다. 이는 숲 층위와 그 구성이 비슷하지만 훨씬 더 촘촘하다.

이 구조는 중간 그리고 큰 규모의 골격 식재, 낮은 수준의 차폐와 보호, 경계의 구분, 도로변 식재, 상업적 조림지의 가장자리, 학교와 도시 공원 그리고 보호 지역 안에서의 자연 학습과 야생 동물 서식처를 위한 조기 녹화를 할 수 있게 한다.

이것은 카누카 소림kanuka woodland과 같은 선구식물 군집으로서 성숙단계에 이르렀을 때 카누카의 임관층이 개방되면서 덤불을 형성하는 식물로 구성된 울창한 하부 층위가 발달한다. 즉 카누카의 수관이 보다 높은 곳에 자리 잡게 되고 그 폭이 가늘어지게 되면 내음성을 지닌 초지 층위가 그 뒤를 이어 발달하게 될 것이다.

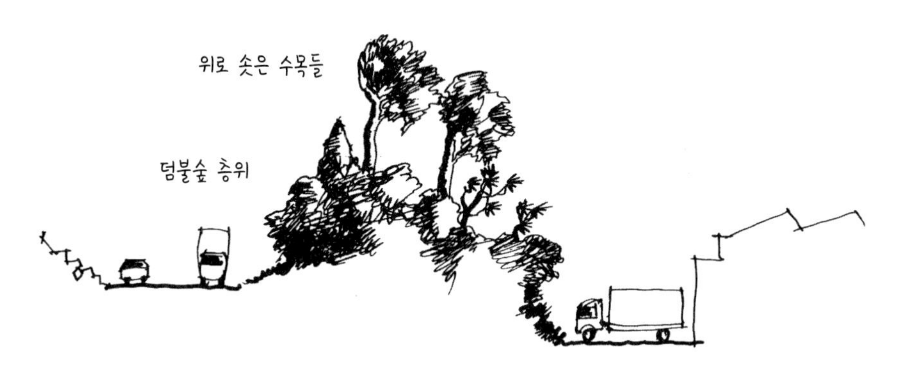

우세수목/덤불 숲

교목/관목/초지 층위

저층 소림

그림 8-5. 뉴질랜드 군집

낮은 교목 수관/관목과 유목 층위/초지 층위: 이러한 군집 유형은 중간 그리고 대규모의 골격식재에 있어서 식재 식물이 빠르게 정착할 수 있도록 한다. 또한 이는 보호와 차폐, 경계 설정, 학교와 도시공원 그리고 보호지역에서의 자연학습과 야생 동물을 위한 서식처 조성, 도로변과 상업적 조림지의 가장자리 식재, 주차장과 야영지를 위한 부지구획, 정착단계에 이르는 동안 보호가 필요한 교목을 위한 돌봄, 소림정원에 필요한 수관 형성, 건축물 주변의 그늘에 적절한 관상용 식재에 적용할 수 있다.

2층 수관 구조

관목 밀생지/(초지 층위)/(지피 층위): 아고산대 관목은 해발 고도 및 빛과 바람의 노출 정도에 따라 무릎 높이부터 머리 높이까지의 관목 밀생지를 만들어낼 수 있다. 수관층이 보다 개방될수록 포복성 아관목과 더불어 여기저기 흩어져 있는 사초류, 그라스류, 양치류, 이끼류, 지의류 등으로 구성된 저층 식생이 발달한다. 또한 해안가에서는 키에키에kiekie와 포후에후에pohuehue와 같이 뒤엉키며 자라는 식물로 인해 매우 촘촘한 모습을 보이는 관목 밀생지가 나타난다.

이러한 유형은 중간부터 소규모에 이르는 골격식재에서 특정 공간의 차폐, 보호, 위요, 경계 설정, 공원과 정원 및 부지 내 공간 분할, 학교와 도시 공원 그리고 보호 지역에서의 자연학습과 야생 동물을 위한 서식처 조성, 도로변 식재, 상업적 조림지의 주연부, 표본 식재와 장식적 식재의 배경, 그리고 건축물 주변의 식재 등에 적용할 수 있는 잠재력을 지니고 있다. 낮거나 중간 크기의 관목 밀생지는 식재 면적이 제한된 자동차 주차장, 거리들과 같은 도시 경관에 정착시킬 수 있다. 관목의 수관층이 보다 많이 개방될수록 햇빛이 적절히 투과되는 반그늘을 드리우기 때문에 공공 또는 사적인 경관에서 시각적 흥미와 관상미에 도움이 되는 보다 작은 관목들과 초본식물들이 자랄 수 있는 여건이 마련된다.

초본 층위/지피 층위: 풀포기형 초원은 이층 구조 식재를 보여주는 사례이다. 이곳에서는 그라스들과 사초류들이 우점하고 있으며, 그 밑과 사이에는 광엽 초본식물들과 이끼류, 포복형 식물이 자란다.

이러한 유형의 식생 구조는 정원에 대한 적응성이 매우 좋을 것이며 특히 혼성 초화류 정원과 초지 정원의 기본적인 바탕을 형성한다. 또한, 학교, 도시공원, 보호 지역에서의 자연 탐구와 야생 동물 서식처 조성을 위한 식재지 그리고, 공원, 정원, 도시 공간의 관상용 초원, 그라스와 초본식물의 혼합 식재와 같은 소규모와 중규모의 경관에서 시선의 차단 없이 공간의 경계를 설정하는 데 사용될 수 있다.

자연 생태에 대한 디자인 해석

좋은 식재 디자인을 위한 첫 단계는 조성하고자 하는 식물 집합체의 유형을 결정하는 것이다. 위에서 열거한 것과 같은 자연 군집을 식물 집합체의 모델 또는 영감을 주는 요소로 이용하게 되면 우리가 조금 더 식물 스스로 지속가능하면서 야생 생물에게 이로운 매력적인 식재를 달성하고자 할 때 큰 도움이 된다. 시각적으로 자연 식생 군집과 연관성을 지니고 있는 디자인은 흔히 자연스러운 것이라고 불린다.

자연풍 식재를 추구할 때 나타나는 일반적인 특성은 식물분류학상의 다양성(단위 면적당 높은 수의 식물 종), 종이 서로

관목 밀생지

그림 8-6. 뉴질랜드 군집

초지

섞이면서 보여주는 복잡하고 다양한 분포 형태(정착 식생, 표류식물, 외곽식물과 같은 것들), 넓은 지역에 걸쳐 반복해서 나타나는 종들의 패턴(달리 표현하면 군집 구성의 연속성 또는 일관성), 시간의 경과에 따른 군집의 변화(자연발생적인 천이가 전형적으로 보여주는 여러 식물들의 확산과 새로운 정착)이다. 노엘 킹스버리Noel Kingsbury(2004)는 식재 디자인이 자연과 예술 중 어느 쪽에 더 가까운지 정하기 위한 수단으로 이러한 특성을 활용한다. 즉 위와 같은 특성들이 더 많이 나타날수록 식재는 보다 더 자연스럽게 보인다. 그런데 우리는 아마도 그가 열거한 특성들에 구조의 다양성 즉 군집 내 층위의 수와 층위가 다양하게 변화하는 방식을 추가해야 할 듯하다.

킹스버리는 디자이너들이 보여주는 자연성, 예술성의 정도를 다음과 같이 6개의 지점으로 구분하였다.

1. 정형성 - 기하학적 … 엄밀한 식재 위치 … 전정과 수형조절
2. 집단 식재 - 단일 종으로 구성된 각각의 식재 구역들 … 폭 넓은 생태적 기능대에 자리 잡은 제한된 소수의 식물 종들
3. 관행적인 비정형 식재 - 자연 식물 군집과 어떠한 시각적 연관성도 없음. 비록 그것이 유기적 형태의 선과 야생에 가까운 식물을 사용하여 자연을 떠오르게 한다 할지라도 추상적인 방식일 뿐

4. 양식화된 자연 – 야생 식물 군집으로부터 영감을 받은 심미성 … 시각적 효과를 목적으로 한 디자인… 고비용 집약적 유지·관리
5. 소생물 서식처 식재(서식처 식재라고 부를 수도 있음) … 구조적 관점에서 자연 서식처가 되지만 종 조성은 생태적 적합성뿐만 아니라 심미적 효과를 고려하여 선택됨 … 저비용 조방적 유지·관리
6. 서식처 복원 – 가능한 한 야생 서식처에 가깝게 … 저비용 조방적 유지·관리(킹스버리Kingsbury, 2004)

이와 같은 분류는 비록 자연풍 식재에 적용된 섬세한 구분과 달리 예술지향적인 식재를 지나치게 단순화시키긴 하였지만 서로 다른 접근 방식이 어떠한 차이를 보여주는지에 대한 개략적인 이해에는 도움을 준다.

어떤 경우에는 건설 과정 또는 다른 원인으로 인해 교란이 이루어졌거나 서식처가 악화된 곳에서 이전의 생태계를 복원하는 것이 식재 디자인의 목적이 될 수 있다. 이와 같은 작업은 6번째로 분류된 서식처 복원에 해당하는데 최적의 식물 종과 장소에 맞는 형태를 선택하는 작업에 생태학자가 핵심적인 부분을 담당하게 될 것이다. 이 때 식물들은 생태에 기반을 둔다. 즉, 그와 비슷한 자연 환경에서 자라는 식물들이 식재되어 자라게 될 것이다.

그러나 도시 또는 정원에 식재를 할 때에는 과거의 생태를 복원하거나 복제하는 것이 실용적이지 못할 수도 있고 적절하지 않을 수도 있다. 왜냐하면 대상지의 환경은 오랜 시간 동안 변화를 거쳐 왔고 대단히 인공적이기 때문이다. 비록 우리가 원래의 군집을 복원할 수 없다 할지라도 자연 식생의 공간적, 심미적 특성을 디자인된 식물 집합체의 모델로 여전히 활용할 수 있다. 예를 들어, 비슷한 기후대의 준자연 군집에서 발견할 수 있는 구조에 근거하여 여러 층위를 지닌 관목림, 소림, 초지를 도시 공간에 조성할 수 있다. 그러나 식물은 미기후와 도시 지역의 토양에 잘 적응할 수 있고 야생 동물에게 먹이와 쉼터를 제공할 수 있어야 하고 사람들에게 시각적 흥미를 충분히 줄 수 있도록 주의 깊게 선정되어야 한다. 이와 같은 새로운 군집은 토착성, 자생성이라는 맥락에서 자연스러운 것이 될 수는

사진 156. 런던 올림픽 공원(London Olympic Park)의 경사지에는 초지에서 자라는 식물의 꽃들이 만발해 있고 하부의 집수지에서는 호습성 식물이 자라고 있다. 식재 디자인: 제임스 히치모(James Hitchmough)와 나이젤 더닛(Nigel Dunnett)

없겠지만 여전히 자연주의적 특성은 지니게 될 것이다. 이 군집은 생태계의 기본을 형성할 수 있는 종들로 구성되어 지역 조건에 잘 부합하고 교란으로부터 회복탄력성을 지닐 수 있도록 디자인된다.

식재에 대한 이와 같은 접근법은 생태적 기능을 훼손하지 않은 채 사람들에게 매력적으로 다가가는 것을 중시하는 것으로서 킹스버리는 이를 양식화된 자연이라고 표현하였다. 나이젤 더닛Nigel Dunnett과 제임스 히치모James Hitchmough가 조성한 초본 식생은 이를 잘 보여주고 있다. 그들이 디자인한 군집은 다음과 같은 것을 추구하고 있다.

> *준자연 식생이 지니고 있는 공간적, 구조적 형태를 모방한다. 각각의 식물은 정해진 한 구역에 별도로 식재되지 않는다… 그곳에는 서로 다른 높이와 형태를 지닌 엽관층들이 나타날 것이다. 지면 가까운 곳에서는 내음성을 지닌 초봄 식물들이 있을 것이고 이 식물들 위에서는 키가 큰 우세식물들 옆에 주 엽관층을 형성하는 식물들이 넓은 간격을 유지한 채 간간이 등장할 것이다… 이를 통해 시각적인 미를 손상시키지 않은 채 극적인 변화를 지속하면서 계절 연속성을 이끌어낸다.(히치모Hitchmough, 2004)*

자연 군집을 모델로 한 또 다른 사례로서 다발형 초지—뉴질랜드와 캘리포니아에서 총생형 초지라고 불리는—가 있다. 자생하는 다발 형태의 그라스들과 사초들은 지역 특성에 밀접하게 연관되어 있기 때문에 많은 경관 프로젝트에서 광범위하게 즐겨 식재해 왔다. 만약 우리가 뉴질랜드의 초지를 자세히 들여다본다면 그라스 외에도 피멜레아속*Pimelea*, 켈미시아속*Celmisia*, 불비넬라속*Bulbinella*, 애기도라지속*Wahlenbergia*과 같은 중관목과 작은 초본식물을 많이 볼 수 있을 것이다. 토양과 기후가 적합하다면 다발 형태의 그라스와 사초를 식재하고자 하는 프로젝트에 꽃을 피우는 광엽 초본식물들을 포함시킬 수 있다. 다발 형태의 초지 식생 구조를 도시 환경에 적용할 경우 적응성과 시각적 흥미를 높이기 위하여 자연 군집에서 발견되는 식물 종 대신에 왜래 종 그라스, 다른 초본식물, 왜성 관목을 식재할 수도 있다. 우리는 초지와 유사한 구조를 지닌 자연 서식처에서 다발 형태의 그라스와 사초 사이에서 자랄 수 있는 식물을 발견할 수도 있다. 초지가 기본이 되는 식재지 사이에서 자유롭게 퍼져나가는 초본식물과 중관목을 서로 조합하는 것은 정원과 도시처럼 자연 환경과 그 조건이 많이 다른 곳에 적합하도록 조정하는 것이기 때문에 자연스러운 초지에서 나타나는 엽관 구조에 대한 자연주의적 해석이 될 수 있다.

다발 형태의 군집이 지닌 독특한 구조는 특히 그라스와 관상용 광엽 초본식물의 자연스러운 조합과 잘 어울리며 유럽의 초지 또한 비슷한 구조를 지니고 있는데 한센Hansen은 지하경과 포복경을 지니고 있는 그라스를 사용하였다. 피에트 우돌프Piet Oudolf와 같은 식재 디자이너들의 작품은 이러한 구조를 잘 반영하고 있다. 우돌프는 식재의 기본 틀을 구성하기 위하여 좀새풀*Deschampsia cespitosa*, 몰리니아*Molinia caerulea*와 같이 다발을 형성하는 그라스를 사용하는데 그 속에서 다양한 광엽 초본식물들이 꽃을 피우고 잎들이 지닌 질감의 즐거움을 제공해준다.

시각적 흥미와 생태적 적합성을 지닌 자생종 그리고 외래종 그라스 및 초화류를 활용한 관상용 초지를 연구한 최초의 원예가 중 한 사람은 독일의 리차드 한센Richard Hansen이었다. 그는 다년생 초본식물을 정착 단계의 초지에 도입하였고, 이 식물들 중 일부는 집약적인 유지·관리 없이도 존속하고 번성할 수 있음을 발견하였다.(워드Ward, 1989; 한센과 스탈 Hansen and Stahl, 1993) 흥미롭게도 나이젤 더닛Nigel Dunnett과 마리안 타일코트Marian Tylecote와 같은 영국 연구자들이 최근 들어 이와 같은 식재를 보다 많이 재연하고 있는데 그들은 다년생 초본식물을 초지와 도시 공간에

사진 157. 영국의 트렌탐 (Trentham). 범람원에 식재된 몰리니아(*Molinia*)는 초지의 바탕을 구성하는 그라스이고 여뀌속(*Persicaria*), 노루오줌속(*Astilbe*), 붓꽃속(*Iris*)이 한 데 어울려 있다. 디자인: 피에트 우돌프(Piet Oudolf)

사진 158. 영국의 셰필드(Sheffield). 이곳은 작은 주택 정원인데 초지의 바탕을 이루는 몰리니아(*Molinia caerulea*)가 살비아속(*Salvia*), 아스터속(*Aster*), 제라늄속(*Geranium*)의 품종들과 조합을 이루고 있다.

사진 159. 영국의 셰필드(Sheffield). 지금 꽃을 피우고 있는 제라늄속(*Geranium*) 종들은 새롭게 식재되었고 매력적인 초지 군집의 한 부분을 구성하고 있다. 그밖에 성공적으로 도입된 다른 식물들은 다음과 같다. 아스트란티아 마요르(*Astrantia major*), 솔나물(*Galium verum*), 센토레아 니그라(*Centaurea nigra*), 센토레아 스카비오사(*C.scabiosa*), 여뀌(*Persicaria bistorta*), 수키사 프라텐시스(*Succisa pratensis*), 개별꽃(*Stellaria graminea*), 크나우티아 아르벤시스(*Knautia arvensis*). (식재 디자인: 마리안 타일코트Marian Tylecote)

도입하는 데 성공을 거두고 있다.(타일코트Tylecote, pers.comm). 한센Hansen은 저술 활동을 계속했고 프리드리히 스탈Friedrich Stahl과 함께 '숙근초와 정원 서식처*Perennials and their Garden Habitats*(1993)'라는 유명한 책을 출간하였다. 그 책은 많은 정원 식물들에게 필요한 생태적 조건들과 정원에서 자연스러운 방식으로 키울 수 있는 방법에 대하여 상세히 다루었는데 여기에는 목초지, 스텝, 프레리가 원산지인 식물들도 포함되어 있다. 그는 또한 소림, 소림 주연부, 암석 지대 및 습지에서 자라는 식물들이 정원에서 디자인된 군집으로 어떻게 함께 자랄 수 있는지에 대해서도 설명했다.

매트릭스 식재

매트릭스Matrix 식재 또한 자연의 식물 군집에 기초한 것으로서 식물을 조합하는 접근법과 관련하여 위와 비슷한 방식을 보여주는데 영국의 식물학자이자 원예가인 피터 톰슨Peter Thompson이 발전시켰다. 그는 이국적인 정원과 경관 식재는 식물이 자연 군집에서 분포하는 방식을 따라야 하고 이를 통해 스스로 지속할 수 있는 정원과 경관 집합체를 조성할 수 있다고 강조하였다. 식물 매트릭스는 '서로 다른 계절, 토양, 생애 주기 즉, 생태적 지위를 지닌 종들'의 복합체이며, 각각의 환경에 가장 적합한 식물을 선택하고 서로 다른 식물들이 제 각각 살아갈 수 있는 적합한 장소를 모두 차지한 결과 원치 않는 식물들(잡초)이 들어설 여지가 없을수록 성공적인 것이다. 톰슨의 개념은 생태적 식재의 기본 원칙을 따르고 있고 모든 규모에서 수관층과 엽관층의 핵심적인 역할을 강조한다. 비록 매트릭스 식재가 자가 지속적인 집합체를 지향한다 할지라도 이들이 지닌 역동성을 인정하고 관리를 디자인의 본질적이고도 긍정적인 요소로 받아들인다. 그는 천이과정에 따른 약간의 수정이 언제나 필요하다는 점을 강조한다.

톰슨은 매트릭스의 층위를 구성할 때 맨땅을 덮는 것을 가장 중요하게 여긴다. 그는 지피식물의 개념을 옹호하면서, 상상력이 부족한 채 선택한 식물과 식물 성장에 대한 감수성이 결여된 관리를 보여주는 수많은 정원 사례들 속에서 지피식물이 자리를 잡지 못하고 있는 현실이 부당하다고 지적한다.(톰슨Thompson, 2007) 매트릭스 식재는 독일의 레벤스베리히Lebensbereich(풍부한 삶) 학파와 그 맥을 같이 한다.(한센Hansen과 스탈Stahl, 1993을 보라) 한센과 스탈처럼 톰슨은 식물의 자연 서식처와 환경적 선호 조건이 지닌 중요성을 강조하고 식물들이 식물 매트릭스 내에서 최적의 역할을 할 수 있는 디자인이 될 수 있도록 식물들 간의 친화성과 습성을 정리한 목록을 활용한다.

이 장에서 검토한 사례들과 생각들은 자연의 식물 군집이 지니고 있는 공간적 특성이 어떻게 디자인을 위한 독특한 어법을 제공할 수 있는지 보여주기 위한 것이다. 잘 디자인된 식재 구조라면 그것이 토착종으로만 구성되었든 아니면 외래종을 포함한 것이든 상관없이 이들은 고유한 경관을 조성하는 데 도움을 준다는 사실을 입증하고 있다. 이러한 구조들이 대상지와 친숙한 식생에 기초할 경우 지역의 독특한 성격을 살리면서 작업할 수 있는 길을 열어준다. 진실로 제 자리에 맞는 식재 디자인을 만들어내기 때문에 장소성이 살아 있는 것이라고 말할 수 있다.

9
생태적 요인과 원예적 요인

괭이, 농약 분무기, 예초기로 관리를 하기 위한 디자인을 할 것인가, 아니면 스스로 지속하는 식물 군집을 디자인할 것인가?

(피터 톰슨Peter Thompson)

식재 디자인은 자연스러운 초지를 조성하여 훼손된 지역에 식생을 재도입하는 것으로부터 관리가 까다로운 관상용 식물을 주로 활용하는 전시용 정원에 이르기까지 그 범위가 넓다. 이는 자연의 천이 과정에 사람이 개입하는 정도를 나타내준다. 한 쪽은 철저히 생태적인 식재로서 다양한 부지 조건에 적응할 수 있는 종들을 사용하여 최소한의 준비와 뒤따르는 관리만으로도 성장할 수 있다. 다른 한 쪽은 집약적인 원예로서 식물이 성장할 수 있는 조건을 맞추기 위하여 가능한 한 최대한 토양과 미기후가 변경되고 식재의 전 기간 동안 경쟁 및 천이 과정에 대한 주의 깊은 관리가 이루어진다.

식물 소재와 디자인 과정

부지에 적합한 식물을 식재하는 것과 식물 종에 맞게 부지를 개조하는 것 간의 차이는 자생식물과 외래종 식재 사이의 차이와 같은 것이 아니다. 어떤 경우에는 외래종이 자생종보다 정착이 어려운 환경 조건에서 더 잘 적응할 수도 있다. 영국의 사례에서, 외래종인 낙엽송류larch, *Larix* sp., 아까시나무false acacia, *Robinia pseudoacacia*는 많은 자연주의식 숲 식재에서 성공적으로 성장하며, 노랑너도바람꽃winter aconite, *Eranthis hyemalis*, 수선화속*Narcissus* 및 다른 외래종 구근류와 같은 초본식물은 소림 정원에서 자연스러운 성장이 촉진된다. 반대로 특이한 토양과 미기후가 있는 부지에서 성장할 수 있는 자생종은 특별한 외래종처럼 상당한 정도의 원예적 보호가 필요할 수도 있다- 토양 유형을 고려하지 않고 식재한 영국 도처의 정원들에서 석회질 토양에서 자라지 못하는 칼루나 불가리스*Calluna vulgaris*와 에리카속 종*Erica* sp.은 과도한 관리가 필요함을 알아야 한다. 뉴질랜드에서 자라는 많은 자생식물들이 초기 단계에서 정착하는 데 필요한 환경들은 일반적인 도시 정원의 경우와 다르며, 외래 식물들보다도 상당히 더 많은 부지 개선과 관리를 요구할 수도 있다.

킹스버리Kingsbury(2004)는 현재의 조경과 정원 디자인에서 나타나는 넓은 범위의 접근법을 이해할 수 있도록 하기

표 9-1. 식재 디자인에서 과정과 소재의 상호작용

식물 소재

디자인 과정과 그 결과로 나타나는 형태

	자생종 중심	자생종 활용	외래종 활용	외래종 중심
가장 자연스러운/ 자연발생적인	**자연/자생종** (예: 서식처 복원)			**자연 / 외래종** (예: 와일드 가든)
보다 자연스러운/ 자연발생적인				
보다 조형적인/ 인위적인				
가장 조형적인/ 인위적인	**조형/자생종** (예: 일반적인 정원의 자생식물 전시원)			**조형/외래종** (예: 품종들과 토피어리로 조성한 전통적인 정형정원)

이 표는 킹스버리(Kingsbury, 2004)의 자료에 기초하여 작성된 것으로서 다양한 조형적 형태, 디자인 과정과 자생종 및 토착종의 조합을 통해 디자인 접근법이 보여줄 수 있는 잠재적인 범주를 나타낸다.

위하여 자생종-외래종 스펙트럼과 조형-자연 스펙트럼(8장에서 이미 설명하였음)을 서로 결합시킨다. 그는 격자 형태를 통해 이것을 간단하게 묘사하는데, 한 축은 자연스러움과 인위성의 정도에 해당하는 디자인 형태를 대표하고, 또 다른 축은 디자인에 사용되는 식물 소재의 종류 즉 자생종과 외래종의 정도를 나타낸다. 두 가지 서로 다른 축에 근거한 이와 같은 생각은 하나의 개념적 도구로서 우리가 선택할 수 있는 식물과 디자인 방법에 대한 이해에 도움을 줄 수 있다.

격자의 한 곳에 위치한 자연/자생종 유형에서 우리는 자연 발생적이고 토착적인 식물 군집을 모방하는 방식—다른 말로 표현하면, 서식처 복원—으로 사용된 자생종만을 발견하게 될 것이다. 반대편에 위치한 조형/외래종 유형에서 우리는 예술 작품처럼 선택되어 정원에 전시된 채 집중적인 관리를 받고 있는 많은 품종과 교배종들을 보게 될 것이다. 이러한 곳을 방문하는 사람들은 자연의 아름다움보다는 정원사의 뛰어난 기교에 감탄을 하게 된다. 이것은 전정된 생울타리, 토피어리, 외래종 전시원을 갖추고 있는 전통적인 정형식 정원에서 매우 흔한 일이다. 그 다음 남아 있는 두 가지 유형은 보다 흥미롭고 이채롭다. 자연/외래종 유형에서 우리는 생태학의 기본 원리와 자가 지속적인 군집에 외래종을 결합하는 식물 생태에 대한 이해에 기초하여 자연주의적 방식으로 외래종을 사용할 수도 있다. 외래종 초화류가 자라는 초지, 야생 정원, 생태적 식재 유형을 보여주는 새로운 자연주의가 여기에 해당한다. 마지막으로 자생종이 인위적인 방식으로 사용되는 조형/자생종 유형이 있는데 여기서는 생울타리, 토피어리, 자수화단 등에 쓰이는 전통적인 정원 식물을 대신하여 자생종을 표본식물로 사용한다. 하지만 자생종/외래종과 자연/조형은 이분법적인 것이 아니라 연속체이기 때문에 조형과 자연이 서로 영향을 미치면서 자생종과 외래종의 조합을 사용할 수 있는 많은 중간적인 형태가 있음을 잊지 말아야 한다.

사진 160. 영국 셰필드(Sheffield). 자연/자생종: 자연 발생적인 습지 군집을 모방하는 자연주의적 방식으로 사용된 자생종

사진 161. 영국 셰필드(Sheffield). 자연/외래종: 자가 지속하는 군집을 형성하는 자연주의적 방식으로 사용된 외래종들. 디자인: 나이젤 더닛(Nigel Dunnett)

사진 162. 오클랜드(Auckland). 조형/자생종: 전시를 위해 관행적인 식물 대신에 자생종이 식재되어 있음

사진 163. 영국 체셔(Cheshire)의 타튼 공원(Tatton Park). 조형/외래종: 특정 품종과 교배종들이 전시되고 예술 작품처럼 집중적으로 관리됨

격자 중 공란으로 남겨진 곳은 두 가지 스펙트럼 사이에 나타날 수 있는 중간적인 유형들로서 전원풍 정원 식재, 모더니즘 경관 디자인, 아열대 정원들이 여기에 위치할 수 있다.

따라서 디자이너가 판단해야 할 가장 중요한 것은 두 가지 디자인 축 사이 중 어느 곳에 자신들의 디자인이 자리 잡도록 하는가이다. 이와 관련된 결정을 하기 위해서는 여러 가지 요인들에 대한 고려가 필요하다. 현재의 부지 조건들, 부지 조건을 개선하거나 수정하기 위해 활용할 수 있는 자원들, 서식처 다양성과 높은 생물 다양성을 성취할 수 있는 잠재력, 사후 관리 비용, 의뢰인과 이용자들의 심미적 선호와 기대 사항들. 그러나 식재 유형에 관계없이 여전히 추구해야 할 것은 최소한의 자원과 비용으로 최대한의 심미성과 생물 다양성을 이루어내는 것이다. 이러한 목적을 달성하기 위하여 우리는 주어진 부지 조건에서 정착을 하고 지속가능한 식물 군집을 이루면서 함께 성장할 수 있는 종들을 선택해야 한다. 이것을 이루어낼 수 있는 식물의 능력은 식물 생장 요건들, 환경에 대한 내성, 다른 종들과의 경쟁 또는 공존 가능성, 번식력, 생장형, 생활 주기에 달려 있다.

식물 생장 요건들과 환경 내성

식재에 사용되는 각각의 식물 종들은 단순한 생존이 아닌 건강한 성장을 위하여 부지 조건에 적합해야 한다. 환경 내성이 약한 식물들은 역동적인 식재에 기여하는 바가 매우 적고 그들의 생명을 유지하기 위해 많은 주의가 수시로 요구될 것이다. 식물이 씨앗 또는 무성 생식을 통해 스스로 번식을 하고 새로운 환경에서 생육 범위를 넓혀가는 것은 유익한 일이 되기도 한다. 그동안의 역사를 통틀어볼 때 정원사들은 그들이 식재한 식물들이 초지, 소림의 빈터, 돌담에 잘 정착한 후 꽃을 피울 때 즐거움을 느껴왔는데, 19세기 말 윌리엄 로빈슨William Robinson이 야생정원을 대중화 한 이후에는 특히 더 그러했다. 적어도 현대적인 관점에서 볼 때 진실로 자연주의적 접근 방법을 처음으로 주도한 인물은 로빈슨이었다. 1870년에 '와일드 가든*The Wild Garden*'이 출판되었을 때 그 책에 소개된 삽화들을 잠깐이라도 들여다본다면 현재 자연주의적 초지를 디자인하는 사람들이 로빈슨에게 빚을 지고 있다는 사실을 충분히 알게 된다. 이 책의 서문 중 처음으로 등장하는 삽화에서도 매발톱columbines(*Aquilegia*)과 제라늄cranesbills(*Geranium*)이 초지의 그라스 사이에서 잘 자라고 있는 모습을 보여주고 있는데 여기에는 21세기 디자이너들이 초지에서 이루어내고 싶어 하는 자생성의 매력과 우아함이 정확하게 담겨 있다.

각각의 식물들에게 필요한 성장 요건을 다루고 있는 책들과 인터넷 자료는 매우 많다. 그러나 우리가 조금이라도 의심을 품어본다면 대중적인 정원과 관련된 수많은 정보들은 충분한 연구가 부족하고 어떤 정보들은 모호하거나 서로 상충되기도 하기 때문에 그대로 받아들이기 어려운 한계가 있다는 점을 지적하고 싶다. 또한 많은 자료들은 식물의 자연 서식처에 대한 정보를 전혀 제공하지 않은 채 '적절한 습도를 유지하되 배수가 양호한 토양'과 같이 재배 시 요구되는 매우 일반적인 하나의 원예적 조언에 그치고 만다.

관리가 잘 되고 있는 정원의 경우 다수의 식물들은 수분 공급이 원활하면서도 배수가 잘 되는 토양에서 양호한 성장을 보일 수도 있겠지만, 보다 규모가 큰 경관 식재의 경우에는 사정이 이와 달라서 어떤 곳에서는 성장 조건이 불량하거나 관리 비용 및 자원이 부족할 수도 있기 때문에 식물의 자연 생육 범위와 서식처를 반드시 알아야 한다. 예를 들어 많은 종류의 갯개미취Michaelmas daisy 품종들은 북미의 뉴욕아스터*Aster novi-belgii*로부터 유래하였는데 이 식물의 자연 서식처는 물가 초지 또는 습지이다. 따라서 이와 같은 아스터와 그 교배종들이 건조한 곳과 도심 외곽

사진 164. 침수가 잦은 곳에서 자라는 뉴욕아스터*Aster novi-belgii*가 자리 잡은 자연발생적인 습원 초지는 이 식물의 자연 서식처와 생태적 적응 범위를 보여주고 있다. 영국의 로더햄(Rotherham)

의 오래된 제방에서 잘 자라고 있을지라도 그들이 가장 성공적으로 군락을 이룰 수 있는 곳은 저자가 제시한 사진에서 보는 바와 같이 물과의 접촉이 빈번한 호숫가 주변이다. 이와 같은 종들은 물론 베르바스쿰mullein, *Verbascum*, 달맞이꽃evening primorse, *Oenothera*, 그리고 전형적으로 건조한 조건에서 자라는 다른 종들과 함께 어울려 언덕 꼭대기 또는 산의 정상 부근에서 잘 자라는 것이 사실이며 이는 종들이 지닌 생태적 적응범위를 보여준다. 그런데 이와 같은 적응성은 정원 또는 양묘 관련 웹사이트가 제공하는 조언을 통해서는 예측하기 어려우며, 저자가 문의했던 곳들은 모두 토양 조건에 대하여 하나같이 적습 및 배수가 양호한 토양이라고만 답했다. 따라서 부지 조건이 보다 까다로운 곳에서 잘 자라고 자연스럽게 군락을 형성할 수 있는 식물을 선택하고자 할 때에는 개인적으로 체계적인 관찰을 꾸준히 수행하는 것 외에는 다른 대안이 있을 수 없겠지만 자료를 참고할 때에는 언제나 서식처와 식물에 대한 여러 가지 생태적 정보를 확인하는 것이 현명하다.

경쟁과 공존

야생 군집 또는 디자인된 식물 집합체 속에서 살아가는 모든 식물은 서로 영향을 주고받는다. 우리는 관찰을 통해 두 가지 유형의 상호작용을 발견할 수 있다. 먼저 경쟁은 생태학에서 친숙한 개념으로서 경쟁에서 성공을 거둔 한 종은 다른 종의 성장을 억압하거나 죽게 만든다. 그러나 식물은 또한 다른 식물과 동물로부터 혜택을 보며 살고 있고 심지어는 의존하기조차 하는데 하나의 서식처 안에서 생태계 작동의 기초를 형성하는 것은 바로 서로 다른 종류의 관계로 맺어진 연결망이다. 상대에게 혜택을 주는 관계의 확실한 증거는 착생식물의 숙주에 대한 의존일 것이다. 착생식물은 교목을 타고 올라가 더 많은 햇빛을 얻을 수 있도록 적응하였다. 착생식물을 지탱해주는 교목은 또한 그늘을 선호하고 햇빛에 노출되면 살아갈 수 없는 하층 식물 종들의 성장을 돕는 그늘과 적정 습도를 만들어준다. 식물 군집에서 상리공생을 보여주는 한 가지 예는 균근을 통해 형성되는 관계로서 많은 식물들은 무기양분과 미량원소를 공급하는 곰팡이와 더불어 살아간다.

식물 공존의 또 다른 예는 영국 남부의 길가 식생 군집에서 자라는 세 가지 초본식물의 성장 패턴을 35년 이상 관찰한 연구를 통해 확인할 수 있다. 이 연구에서 세 가지 종들, 분홍바늘꽃rosebay willow, *Chamaenerion angustifolium*, 개나래새tall oat grass, *Arrhenatherum elatius*, 울타리쐐기풀hedge woundwort, *Stachys sylvatica*의 매년 성장률의 변화를 추적하기 위하여 키와 생물량을 측정하였다.(더닛Dunnett, 2004) 축적된 자료를 통해 흥미로운 사실이 밝혀졌는데 세 가지 종들 간에는 서로 다른 종류의 관계가 형성되어 있었고 한 식물의 우세가 다른 식물에 미치는 영향 또한 달랐다. 분홍바늘꽃과 개나래새는 직접적인 경쟁관계에 있었기 때문에 한 종의 키와 생물량은 다른 종의 것과 반비례하는 모습을 보여주었다. 한 종이 우세한 성장을 보일수록 다른 종은 쇠퇴하였다. 그러나 울타리쐐기풀의 성장과 생물량은 분홍바늘꽃과 비례관계를 나타내어 한 쪽이 번성할수록 다른 쪽도 증가하였고 한 쪽이 쇠퇴할수록 다른 쪽도 감소하였다. 이것은 울타리쐐기풀이 분홍바늘꽃과 인접한 곳에 형성된 반그늘에 적응하면서 일종의 동맹을 효과적으로 형성했기 때문이다.

따라서 디자이너는 서로 가까운 곳에서 자라는 식물들 간에 나타날 수 있는 경쟁과 공생 관계를 이해할 필요가 있다. 우리는 다른 식물의 성장을 매우 위협할 수 있는 종들의 식재를 피해야 하고 각각의 생태적 지위 속에서 공생할 수 있는 종들을 서로 결합해야 한다. 이를 위해 우리는 경쟁력이 보다 강한 종이 군집 속에서 어떻게 우위를 점하게 되는지, 그리고 가까운 거리에서 다른 식물이 함께 성장할 수 있는 여지를 남겨 놓는지에 대하여 잘 알고 있어야 한다.

어떤 교목, 관목, 초본식물들은 수관 및 엽관을 매우 빠르게 확장할 수 있는 능력이 있다. 그 식물들은 햇빛을 차지하는 과정에서 주변 식물들에 그늘을 드리우고 그들의 성장을 억누른다. 따라서 경쟁 식물이 느리게 성장하고 그늘에 대한 내성이 없는 이웃 식물들을 억압하지 못하도록 식물을 배치하는 식재 계획을 세워야 한다.

특별히 빠르게 수관을 확장하는 관목들은 포로포로poroporo, *Solanum laciniatum*, 투투tutu, *Coriaria arborea*, 블랙엘더베리elder, *Sambucus nigra*, 갯버들 및 버드나무속 식물sallows, *Salix caprea*와 *S. cinerea*이 있으며, 활기차게 감고 오르거나 무질서하게 뻗는 식물들은 등나무wisteria, 참으아리Clematis, 인동덩굴류honeysuckle, *Lonicera* sp., 러시아포도Russian vine, *Polygonum baldschuanicum* 그리고 나무딸기속*Rubus* 등이 있다. 초본 경쟁 식물들처럼 매우 활력 있고 그늘을 드리우는 관목들은 주의 깊게 위치를 정하거나 관리해야 한다. 한 식물과 유사한 생장력을 지닌 식물 종들로 조합을 구성할 경우 근접한 식물 종들의 성장을 방해하지 않은 채 수관을 확장할 수 있는 충분한 여유 공간을 지닌 곳에 식재하는 것이 가장 바람직하다. 식재한 식물들이 식재 지역으로부터 퍼져서 주변의 토지에 침입성 잡초가 될 것인가를 신중히 고려해야 한다. 적절한 간격을 두고 식재하면 이들은 수관 밑에 반그늘을 드리우는데 그 곳에서는 특히 그늘을 줄이기 위해 솎음 전정을 해줄 경우 내음성을 지닌 하층 식물들이 자라는 데 부족함이 없는 햇빛이 들어온다.

그늘을 드리우는 것이 우위를 점하는 일반적인 방법이지만, 식물의 정착 단계에서는 물과 양분을 위한 경쟁 역시 중요하다. 예를 들어 다수의 그라스류들은 토양 수분 흡수에 매우 효과적인 뿌리 체계를 수 미터까지 확장하고 발달시켜서 같은 토양 공간에서 자라는 다른 식물들이 이용할 물을 심각하게 감소시킨다. 초원, 잡초가 우거진 곳, 또는 잔디밭에서 교목 또는 관목이 자랄 경우 이들은 초기에 활착을 잘 하지 못하는 현상이 나타난다. 이들의 정착과 성장 속도는 그라스와 잔디가 없는 곳 또는 토양을 얕게 멀칭한 곳에서 자라는 동일한 식물 종에 비해 보다 느리다.(캠

벨 등Campbell et al., 1994; 클로즈와 데이비슨Close and Davison, 2003) 일반적인 절충안은 교목의 기저부 주변을 잡초와 잔디가 없도록 유지한 채 토양을 얕게 멀칭하는 것이다.

초지에서 자라며 더디게 성장하던 교목과 관목은 일단 그들의 수관이 충분히 그늘을 드리우고 낙엽을 바닥에 쌓기 시작하면 성장 억제로부터 서서히 벗어나기 시작한다. 이 단계에서 교목은 하층에 대한 자연스러운 우위를 점하기 시작한다. 이것은 교목과 관목이 그늘을 드리우고 바닥에 낙엽을 축적하며 토양 수분과 양분 경쟁에서 성공을 거둔 결과이다. 이와 같은 조건에 적응한 식물들만이 적절한 생태적 지위 속에서 번성할 수 있다. 대부분의 식재 계획에서 식재 당시의 교목은 크기가 작고 그늘을 많이 드리우지 않지만 약 10년 정도 지나면 교목 하부의 식물은 매우 크게 달라진 생육 조건을 겪게 되기 때문에 식재 디자인에서는 이와 같이 식재된 교목 하부에 나타날 환경 변화를 미리 고려해야 한다. 일조량과 활용할 수 있는 토양 수분이 현저히 줄어든 조건에서 교목 하부에 식재할 수 있는 식물종의 선택 범위는 제한된다. 그들은 빠른 시간 내에 활착할 수 있어야 하고 교목이 계속 성장하면서 점점 더 증가하게 될 건조한 그늘과 낙엽 또한 견뎌낼 수 있어야 한다.

식물의 생장 전략

종들 간의 상호작용을 예견하는 것은 쉬운 일이 아니며 특히 생태계 속에서 장소를 차지하고 유지하기 위한 전략이 서로 다를 때에는 더욱 그렇다. 그러나 1970년대에 이와 관련된 내용을 다룬 이론을 생태학자인 그라임Grime이 정립하였다. 그의 의도는 식생 구성을 조절하는 과정을 이해하는 데 있었다.

그의 이론은 식물의 성장을 억제하는 두 가지 주요한 환경적 제한 요인이 있다는 관찰 결과에 기초하고 있다. 첫 번째 요인은 에너지, 수분, 양분과 같은 자원의 결핍에 따른 스트레스다. 두 번째 요인은 식물 조직의 직접적 손상과 같이 식물에게 가해지는 물리적 교란이다. 이와 같은 제한 요인들에 대한 식물의 주요 반응을 그는 생장 전략이라고 불렀고 이를 세 가지로 분류하였다. 경쟁 식물, 스트레스 내성 식물, 터주 식물. 이것은 흔히 CSRCompetitors, Stress-tolerators, Ruderals 이론으로 알려졌고 1979년에 이를 다룬 그의 책 '식물의 전략과 식생 과정*Plant Strategies and Vegetation Processes*'이 최초로 출간된 후 '식물의 전략, 식생 과정, 생태계 속성*Plant Strategies, Vegetation Processes, and Ecosystem properties*'이라는 이름으로 개정판이 출간되었다.(그라임Grime, 2006)

경쟁 식물: 이 식물들은 스트레스나 교란이 현저히 적은 환경에서 매우 생산적이다. 이들은 신속한 수관 성장과 확산성이 높은 뿌리 체계를 활용하여 주변 식물들에 비해 활용 가능한 자원들의 다수를 흡수하면서 비옥한 부지를 선점한다. 이들은 그늘을 드리우고 낙엽을 떨구며 촘촘한 근계를 형성하면서 다른 경쟁식물의 자리를 빼앗은 결과 점점 더 단일종으로 구성되는 경향을 보이게 된다. 이에 해당하는 예로 분홍바늘꽃rosebay willow herb, *Chamaenerion angustifolium*과 서양쐐기풀stinging nettle, *Urtica dioica*이 있는데 이들은 모두 비옥한 곳을 우점하여 다른 종의 정착을 어렵게 할 수 있다. 경쟁식물은 보통 촘촘하게 발달한 뿌리가 확장하거나, 개척근 또는 줄기가 새로운 개체를 생성하는 무성번식을 통해 왕성하게 퍼져나갈 수 있다. 경쟁식물 전략은 생물량의 급속한 생산이 중요한 천이 초기 단계의 식물 군집에서 자연스럽게 나타난다. 경쟁식물은 또한 빠른 물질 순환과 많은 양의 유기 탄소 추가를 통해 토양을 비옥하게 하는 중요한 식물이다. 경쟁식물은 주어진 곳에서 활용 가능한 양분과 에너지를 최대로 끌어 모을 수

있는 식물이기 때문에 진정한 생산자로 불릴 수도 있다. 이와 같이 높은 생산성이 나타나는 환경은 종종 부영양화된 수생식물 서식처, 비료가 살포된 초지, 인공으로 조성된 표토와 같이 사람의 개입이 낳은 결과로서 경쟁식물이 쉽게 우점할 수 있다.

스트레스 내성 식물: 이 식물들은 굉장히 다른 전략을 구사한다. 이들은 하나 혹은 그 이상의 중요한 자원(온도, 빛, 수분, 토양 산소 또는 양분)이 매우 부족하기 때문에 보통의 식물이 살기 어려운 환경에서 생존할 수 있는 능력을 지니고 있다. 스트레스가 매우 심한 자연 환경은 높은 고도 또는 위도에 위치하여 온도가 매우 낮거나 성장 기간이 짧은 곳, 빛이 매우 부족한 숲, 수분이 매우 적은 사막과 사구 및 자갈 비탈면, 양분이 매우 부족한 암석 지대, 강산성을 띠는 습지, 알칼리성을 띠는 온천지, 염도가 높은 해안가, 그리고 건조 지대이다. 이상의 모든 스트레스는 산업 시설에 의해 황폐화된 곳에서부터 오염된 지역에 이르기까지 사람에 의해 교란된 환경에서도 가끔 발견된다.

스트레스 내성 식물은 다른 식물들보다 스트레스를 보다 잘 견뎌내는 능력 덕분에 이와 같은 악조건에서 살아갈 수 있다. 그들은 다른 식물들보다 더 빨리 성장하기보다는 매우 서서히 자라면서 그들이 처한 극단적인 환경 조건을 생리적, 물리적으로 극복할 수 있도록 진화해 왔다. 우리에게 친숙한 예는 알로에와 같은 다육식물인데 이들은 수분을 저장할 수 있는 독특한 잎의 조직 덕분에 매우 건조한 지역에서 생존할 수 있을 뿐만 아니라 번성 또한 가능하다. 또 다른 유형의 식물은 수분 부족을 견뎌내는 다른 방법을 쓸 수 있도록 진화해 왔는데 예를 들어 키스투스rock roses, *Cistus*는 넓고 깊게 뿌리를 내리는 근계와 수분 결핍으로부터 식물체를 보호해주는 잎의 솜털 덕분에 건조한 환경을 이겨낼 수 있다. 그들은 또한 뿌리와 곰팡이가 결합한 균근을 형성하여 척박한 토양과 암석 지대에서 살아갈 수 있다. 아마도 최고의 스트레스 내성 생명체는 토양이 없어서 일체의 유관속 식물이 살아갈 수 없는 바위에서 자라는 지의류일 것이다. 스트레스 내성 전략을 통해 식물은 암석에서부터 숲 하부의 짙은 그늘에 이르기까지 폭넓게 분포할 수 있다. 그 결과 그들이 없었더라면 소수의 경쟁식물이 우점할 수도 있었던 식물 군집에 다양성을 제공한다. 이와 같은 까닭에 스트레스가 심한 장소는 원예적 문제를 안고 있는 곳이라기보다는 다양한 식물 집합체를 구성할 수 있는 기회의 땅이라고 할 수 있다.

터주 식물: 이들은 고도의 교란을 견뎌내는 전략을 사용한다. 자연 상태에서 교란은 침식, 산사태, 홍수, 화재 그리고 작게는 동물들이 잎을 뜯어 먹거나 구덩이를 파는 것과 같은 형태를 띤다. 이들은 왕성하게 자라는 경쟁 식물이 교란된 곳에 정착하기 전 신속히 터를 잡은 후 빠르게 번식한다. 따라서 전형적인 터주식물은 다량의 씨앗을 맺은 후 먼 거리까지 이를 퍼뜨리는 종들이다. 또한 이들은 다수의 종자를 교란된 땅에 보존한 후 흙이 노출될 경우 즉시 그들의 생활 주기를 다시 시작할 수 있다. 터주 식물의 씨앗은 적절한 조건이 주어질 경우 신속하게 발아하며, 꽃 피고 열매를 맺는 주기 또한 매우 짧아서 흔히 한 해에 여러 세대에 걸쳐 성장할 수 있다. 이들 중 많은 식물들은 냉이shepherd's purse, *Capsella brusa-pastoris*와 개쑥갓common groundsel, *Senecio vulgaris*처럼 정원과 들판에서 익숙하게 볼 수 있는 1년생 잡초들이다. 그들이 지닌 씨앗의 이동성과 빠른 정착 능력 덕분에 터주식물은 흔히 새로운 서식처에서 선구식물이 된다.

실제로 대부분의 식물은 이러한 기본 전략들을 동시에 구현한다. 분홍바늘꽃rosebay willow herb은 비옥한 토양에서 다른 식물에 비해 훨씬 더 잘 자라는 매우 경쟁력이 강한 식물이지만, 공중으로 전파되는 다량의 씨앗을 생산하고 이 씨앗들이 흙 속에 저장된 후 도시의 불모지와 같이 교란된 곳과 화재가 일어난 곳에 신속히 정착하는 터주식물이기도 하다. 또한 폐허와 같이 척박한 곳에서도 정착을 할 수 있기 때문에 스트레스 내성 식물이라고 할 수도 있다. 이와 비슷한 생존전략을 지니고 있는 종은 버들마편초Argentinian vervain, *Verbena bonariensis*이다. 정원 식물로 널리 쓰이는 이 식물은 씨앗으로 빠르고 넓게 번식하면서 다른 식물들의 성장을 억제하는 강한 경쟁식물이면서도 매우 척박하고 다져진 토양 환경 또한 견뎌내는 내성을 지니고 있다. 그 결과 이 식물이 여러 지역에 걸쳐 자연스럽게 정착하게 된 것은 놀랄만한 현상이 아니다. 흥미롭게도 잡초로 간주되는 식물 종 중 다수는 세 가지 전략을 모두 갖추고 있기 때문에 폭넓게 분포할 수 있고 이웃하는 다른 식물을 피압할 만큼 왕성한 성장력을 보여주고 다른 식물의 활력을 억제하는 스트레스 환경 속에서도 번성할 수 있다.

식재 디자이너에게 CSR 이론이 지니고 있는 가장 가치 있는 점은 재개발 부지, 수변, 소림과 같은 서식처에서 나타나는 식물 군집의 역동성을 관찰하고 이해하는 데 도움을 주는 것이다. 식재 디자인 시 우리가 선택하는 식물의 전형적인 전략을 이해하고 있다면 그 식물이 얼마나 잘 성장하고 어느 정도로 다른 식물과 잘 어울릴 수 있는지 예측할 수 있다. 이와 같은 사실을 인식한 더닛Dunnett(2004)은 식재 디자이너에게 적합하도록 CSR 이론을 두 개의 주요 영역으로 재해석하였다. 첫 번째 영역은 식물 선정과 관련된 것으로서 환경 조건에 잘 부합하는 식물을 선택하는 데 도움을 준다. 예를 들어 경쟁식물과 스트레스 내성 식물을 서로 조합할 경우 두 식물 중 하나는 다른 식물을 피압하면서 우점하게 될 것이다. 양호한 환경에서는 경쟁식물이 우점할 것이고 스트레스가 심한 서식처에서는 스트레스 내성 식물이 그 자리를 차지할 것이다. 두 번째 영역은 CSR 이론을 식생 관리에 적용하는 것과 관련된다. 이것은 여러 가지 인위적 요인들이 식생의 기능과 다양성에 미치는 영향을 예측하는 데 도움을 준다. 도시 식재에서 발생하는 교란의 주된 유형은 예초, 전지, 간벌, 불태우기와 같은 관리 행위다. 이와 같은 인위적 개입은 그것이 미칠 영향에 대한 신중한 고려와 함께 식물에 적합하도록 주의 깊게 적용되었을 경우 다양한 식물 군집 유지에 이로울 수 있다.

재생과 번식

여러 식물이 한 데 어울려 있는 식물 군집 사이에서 한 식물이 잘 자랄 수 있는 것은 성장률, 토양 함수량, 양분을 흡수하는 능력뿐만 아니라 번식의 방법에 의해서도 좌우된다. 부지 환경에 잘 적응한 식물들이 정착하게 되면 종자 혹은 무성번식에 의하여 스스로 번식하기 시작할 것이다.

종자 번식

자생종들과 많은 외래 식물들은 모두 정착을 이룬 식재지로부터 종자에 의하여 스스로 번식할 수 있다. 플라타너스단풍Sycamore, *Acer pseudoplatanus*, 노르웨이단풍Norway maple, *Acer platanoides*, 부들레야*Buddleja davidii*, 금작화Spanish broom, *Spartium junceum*, 자귀나무plume albizia, *Albizia lophantha*, 다윈매자나무Darwin's barberry, *Berberis darwinii*, 개야광속*Cotoneaster* 식물 종들은 식재된 나무의 종자로부터 자유롭게 번식하는 사례에 해당한다. 이것은 부지와 디자인 목적에 따라 이익이 되거나 문제가 될 수도 있다. 플라타너스단풍Sycamore과 자귀나무plume albizia는 많은 종자와 유묘로 번식하고 빠르게 성장하며 그늘을 드리움으로써 대부분의 다른 식물 종들을 피압하는 선구식물들로서 종종 환영받지 못한다. 헤베속*Hebe*, 코프로스마속*Coprosma*, 부들레야속*Buddleja*, 금작화Spanish broom, *Spartium junceum*와 같이 스스로 씨를 퍼뜨리는 관목들은 전통적인 방법으로는 식물 정착이 어려운 곳인 파괴되고 방치된 곳과 같은 황량한 부지에서 야생 생물을 부양하고 매력적인 꽃을 피우면서 여러 식물들이 정착하는 데 기여한다.

무성번식

대부분의 외래 식물을 살펴보면, 식물군집의 구성에 가장 많이 영향을 미칠 가능성이 있는 것이 무성번식률이다. 무성번식의 일반적인 방법은 포복경, 지상 포복경, 지하경, 흡지 그리고 직립 지하경을 활용하는 것이다.

포복경: 많은 지피식물들은 빠르게 퍼질 수 있는 효과적인 능력과 대부분의 잡초를 배제시키는 빽빽하면서도 낮은 엽관을 만든다. 신속히 확장하는 것들은 트리콜로르산딸기*Rubus tricolor*, 바케리산딸기*Rubus* × *barkeri*, 송악 '히베르니카'*Hedera* 'Hibernica', 백자단*Cotoneaster dammeri*, 빈카류*Vinca* species 등이 있으며, 이들은 건강하고 긴 싹들을 내보내어 땅이 닿는 곳에 뿌리를 내리면서 스스로 번식한다. 이러한 포복성 줄기들은 개야광 '스콕홀름'*Cotoneaster* 'Skogholm'과 큰잎빈카*Vinca major*처럼 전형적으로 땅 위를 기는 줄기(뿌리가 땅을 향해 곡선으로 활처럼 구부러짐)와 송악류의 경우처럼 줄기를 따라 여기저기에 뿌리를 내리며 뻗어나가는 형태로 나뉜다.

이 두 경우에 있어서 식물은 대지의 새로운 부지에서 빠르게 생장하는 능력을 갖게 된다. 새로운 뿌리와 새싹들은 초기 단계에서 모체 식물에 의하여 양분을 흡수하며, 이것은 경쟁하는 식물들 사이에서 빠르게 정착하는 데 도움을 준다. 그래서 포복성 줄기들은 경쟁하는 동안 기어오르기와 도약을 통해 다른 초본층 식생에 침입할 수 있는 구조를 잘 갖추고 있다. 만약 그 식재 목적이 촘촘한 지피층 형성을 위한 것이거나 식물의 혼합이 요구된다면 이것은 유용한 습성으로 작용한다. 반면에, 우리가 서로 다른 공간 영역 사이에서 분명한 경계를 지속적으로 유지하고자 한다면 이러한 특성은 문제가 될 수 있다.

지상 포복경: 지상 포복경에 의하여 퍼지는 종들은 포복경처럼 광범위하고 촘촘한 엽군을 형성할 수 있는 능력을 보인다. 지상 포복경은 포복성 줄기의 특별한 형태인데, 새로운 식물체를 형성하기 위해 포복성 줄기의 끝부분에서 뿌리를 내리는 공중 가지나 싹으로 구성된다. 지상 포복경의 주요 기능은 영양 생장을 위한 것이라기보다는 번식을 위한 것이다. 지상 포복경은 베스카딸기wild strawberry, *Fragaria vesca*와 단풍매화헐떡이풀foam flower, *Tiarella cordifolia*과 같은 초본식물이 지닌 특징이다.

지하경: 지하경은 다년생이며 땅 속에 있는 줄기들이다. 점점 바깥쪽으로 자라면서 넓은 다발을 형성하는 꽃창포flag iris, *Iris germanica*와 둥글레Solomon's seal, *Polygonatum multiflorum*의 경우와 같이 지하경은 대체로 수평적 성장을 하고 짧은 지하경의 경우 그 속에 양분이 저장되기도 한다. 어떤 초본식물들과 관목들은 인접한 땅에서 빠르게 퍼질 수 있도록 활력 있는 긴 지하경을 생산한다. 이러한 지하경은 뿌리로 오해받을 수도 있지만 뿌리와 달리 지하경은 결절과 마디를 지니고 있고 결절부에서 분지가 발생한다. 분지는 새로운 싹이 되어 땅 위에 나타나며 새로운 뿌리 체계를 갖춘다. 구주개밀Couch grass, *Agropyron repens*과 쇠뜨기horsetail, *Equisetum arvense*는 잘 알려진 사례에 해당하

는데 이들이 만들어내는 지하경의 양은 매우 많아서 제거가 매우 어려운 잡초에 속한다.

지하경을 형성하는 관목들은 서양금사매Sharon, *Hypericum calycinum*와 아룬디나리아 피그메아*Arundinaria pygmea*, 그리고 아룬디나리아 안세프스*A. anceps*와 같은 대나무들이 있다. 지하경 덕분에 이러한 식물들은 지면을 빠르게 덮으면서 촘촘한 매트를 만들어 가는데, 포복경을 형성하는 종들과 유사한 이점과 문제를 지니고 있다. 지하경형 식물은 포복형 식물보다 관리가 더욱 힘들 수 있다. 왜냐하면, 지하경을 뽑을 때 땅 속에 남아 있던 지하경의 일부가 새로운 개체로 빠르게 자라기 때문이다.

흡지: 모수로부터 약간 떨어진 곳에서 활력 있는 싹들을 틔울 수 있는 능력은 흡지(또는 기생지)를 만들어내는 교목들과 관목들의 특징이다. 흡지는 목본식물의 뿌리에 있는 부정아로부터 발생하는 싹들이다. 벚나무류Cherries, *Prunus* species, 라일락common lilac, *Syringa vulgaris*, 심포리카르포스 알부스snowberry, *Symphoricarpos albus*, 사시나무포플러 aspen, *Populus tremula*, 미국붉나무stag's horn sumach, *Rhus typhina* 등은 지속적으로 흡지를 만들어내는 식물들로 잘 알려져 있다. 흡지를 제거하는 동안 뿌리를 교란시키게 되면 오히려 더 많은 싹들의 발생을 초래하는 역효과를 나타낼 수 있다. 식물들을 선택하고 조합하고자 할 때 스노우베리snowberry와 같이 왕성하게 흡지를 만들어내는 관목을 혼합 식재에 포함시키면 후일 관리가 어려워지며, 옻나무속*Rhus* 또는 라일락속*Syringa*과 같이 흡지 발생률이 높은 관목을 표본목으로 사용할 경우 흡지로부터 성장하는 새로운 줄기들의 제어가 문제가 될 수 있음을 기억해둘 필요가 있다.

직립 지하경: 직립 지하경 습성은 초본식물에서 흔한 것이다. 이와 같은 습성의 식물은 짧게 위를 향한 지하 줄기를 지니고 있는데 성장하면서 지상부에 싹을 틔운다. 이들의 번식 속도는 상대적으로 느린 편이고 촘촘한 다발의 모습을 띤다. 그 습성은 제라늄류cranesbills, *Geranium* sp., 텔리마 그란디플로라fringe cup, *Tellima grandiflora*, 맥문동속*Liriope*, 델피니움속*Delphinium*, 큰꿩의비름*Sedum spectabile* 등에서 볼 수 있다. 직립 지하경을 지닌 지피식물 식재 시 잡초를 억제하고 엽군이 잘 형성될 수 있도록 식재 간격을 촘촘히 할 필요가 있다.

구근, 구경, 괴경: 어떤 초본식물들은 휴면기 동안 구근(부풀어 오른 잎의 기부), 구경(부풀어 오른 줄기의 기부), 괴경(부풀어 오른 줄기 또는 뿌리의 기부)에 양분을 저장한다. 이러한 종들은 그 식물들의 모체 기관으로부터 작게 형성된 구와 애기 줄기를 통해 그들 스스로 번식할 수 있다. 애기범부채montbretia, *Crocosmia × crocosmiiflora*, 크로커스crocus의 구경, 수선화와 튤립의 구근, 다알리아속*Dahlia*, 베고니아속*Begonia*의 괴경이 여기에 해당한다.

생장형

교목과 관목 그리고 초본식물은 매우 다양한 습성을 보여준다. 우리는 이와 같은 점을 6장에서 식물의 형태와 관련하여 주로 심미적 관점에서 살펴보았지만 식물의 습성은 다른 식물과 한 데 어울려 성장할 수 있는 능력에도 영향을 미친다. 그중 식물의 생장 전략(CSR 이론 참조), 계절별 성장 패턴(생물 계절학), 그리고 항구적인 목본식물 구조를 형성하는지 아니면 단명하는 초본층을 구성하는지가 무엇보다도 중요하다.

먼저 식물의 습성은 교목, 관목, 덩굴식물, 아관목, 초본식물 등 일반적인 생활형에 따라 분류할 수 있다. 덴마크의 식물 생태학자인 크리스틴 라운키에르Christen Raunkiaer가 19세기 말과 20세기 초에 개발한 라운키에르 체계는 계속해서 현대화를 거쳐 왔고 그 후 개정된 체계는 식물학에서 현재 가장 널리 쓰이고 있다. 이 체계는 겨울눈 또는 생장점의 위치에 근거하여 식물을 분류한다. 라운키에르 분류법에 따른 생활형은 다음과 같다.

· 현화식물 또는 목본식물: 이들은 지상의 목본 줄기에 겨울눈을 지니고 있으며 모든 교목, 관목 그리고 덩굴식물이 이에 해당한다.
· 지표식물 또는 아관목과 포복형 관목: 이들은 지표면 가까운 곳에서 자라는 목본 줄기에 겨울눈을 지니고 있다.
· 반지중식물 또는 초본식물: 이들은 지표면 또는 지표면의 매우 가까운 곳에 눈을 지니고 있고 지상부에 눈을 남겨 놓지 않는다. 여기에는 그라스, 광엽 초본식물, 양치식물이 포함된다. 이에 해당하는 식물들의 모든 줄기는 낙엽성인 경우 성장기가 끝날 무렵에 시들고, 상록성인 경우 한 번 쇠약해지면 새로운 줄기로 대체된다.
· 지하식물: 이들은 구근, 구경, 지하경으로 번식하며 지중에 눈을 갖고 있거나(지중식물), 수중에 눈을 갖고 있다(수중식물).
· 착생식물: 이들은 지상부에 눈을 지니고 있고 주로 나무 또는 절벽 높은 곳에서 자란다.

이 분류법에서 생장점의 높이에 초점을 맞추는 것은 디자이너에게 의미하는 바가 크다. 왜냐하면 이는 서로 다른 생활형의 식물이 지상의 서로 다른 높이를 차지하는 방식을 반영하는 것으로서 같은 장소에서 위와 아래에서 살아가는 식물들 간의 공생 가능성을 제시하기 때문이다.

한 식물이 이웃하는 다른 식물들과 공존할 수 있는 능력과 그로부터 발생하는 식물 집합체에서의 역할은 식물들의 크기, 형태 그리고 밀도에 의해서도 영향을 받는다. 수관이 더 많이 개방될수록 그리고 지표면 가까운 곳에 더 많은 공간이 남아 있을수록 그늘이 덜 드리워지고 동일한 층위와 그 하부에서 다른 종들의 가지들이 더 잘 뻗어나갈 수 있기 때문에 공존의 기회는 더욱 확장된다. 이와 같이 개방적인 생장형을 지닌 교목에는 자작나무류birch, *Betula* sp., 물푸레나무류ash, *Fraxinus* sp.가 있고 관목으로는 아부틸론*Abutilon × suntense*, 히말라야낭아초*Indigofera heterantha*, 나무수국*Hydrangea paniculata*이 있다. 피터 톰슨Peter Thompson은 이러한 유형의 생장형을 혼합체를 잘 형성하고 다른 식물들과 친밀한 관계를 유지하며 성장한다는 의미에서 '사교적'이라고 부른다.(톰슨Tompson,2007) 그의 말에 따르면 사교적인 관목은 가지를 위로 뻗는 경향이 있어서 결국 하부가 비어 있게 되고 상부의 잎들 또한 밀생하지 않으며 뿌리를 보다 깊게 내리고 낙엽 관목일 경우에는 늦게까지 잎을 유지한다고 한다.

반면에 월계분꽃나무laurustinus, *Viburnum tinus*, 키스투스rock rose, *Cistus*, 예루살렘세이지Jerusalem sage, *Phlomis fruticos*, 호랑가시류holly, *Ilex* sp.와 같이 작고 촘촘하게 자라는 생장형을 지닌 관목은 경계가 뚜렷한 수관을 형성하고 짙은 그늘을 드리우기 때문에 이들의 하부에서 다른 식물이 자라는 것을 억제한다. 이와 같은 특성 때문에 그들은 다른 식물의 침입을 방지하고 지피층을 형성하거나 전정을 통해 생울타리 또는 다른 종류의 경계를 설정하는 데 효과적이지만 이러한 생장형을 톰슨은 '비사교적'이라고 부른다. 톰슨이 제시한 마지막 범주는 '군서성' 종인데 이들은 무리지어 자라는 경향을 보이면서 서로 비슷한 특성을 지닌 몇몇의 단일종들이 식물 군집을 우점하면서 폭넓게 분포한다. 황야 지대의 에리카속*Erica*, 산쑥 지대의 산쑥속*Artemisia*, 이탄지의 칼루나속*Calluna*이 여기에 속한다. 그러나 '군서성' 종은 '비사교적' 생장형의 식물과 달리 특히 하부와 서로 다른 개체군 사이에서 다른 종이 서식할 수 있는 자리를 마련해주는 경향이 있기 때문에 황야 지대와 산쑥 지대의 군집은 대단히 다양한 식생으로 구성될 수 있다.

생애주기와 천이

서로 다른 식물 종들은 짧게는 수개월에서 길게는 수천 년에 이르는 생활주기를 갖는다. 식재된 군집들 안에서 조차도 식물 종들의 수명 차이는 상당히 다양하며, 이것은 분명히 오랜 시간에 걸쳐 식재의 균형과 구성에 영향을 미칠 것이다. 파라헤베속*Parahebe*, 피멜레아속*Pimelea*, 라벤더속*Lavandula*과 같이 오래 살지 못하는 식물이 죽거나 제거된 후 생긴 빈틈은 주변 식물의 확산이나 새로운 식재를 통해 채워져야 한다.

이와 더불어 대부분의 식물이 지닌 활력, 크기, 형태는 생활주기의 서로 다른 단계에 따라 크게 달라진다. 이는 경쟁력, 확산 속도, 습성이 식물종의 특성과 환경 조건뿐만 아니라 식물의 연령에 의해서도 영향을 받는다는 것을 뜻한다. 식물들은 일반적으로 후기 정착과 반 성숙 단계 동안에 최고의 활력을 지닌 채 성장하지만, 얼마나 빨리 이 단계에 도달하는지는 식물 종마다 다르다. 많은 초본식물은 매우 빠르게 정착하는데 단명하는 다년생 초본과 일년생 초본은 특히 그렇다. 빠른 성장세를 보이는 식물은 활력과 풍성한 잎을 선사함으로써 식재 초기부터 부분적으로 성숙한 모습을 보여줄 수 있기 때문에 식재 계획에서 매우 큰 가치를 지니고 있다. 코프로스마 키르키*Coprosma × kirkii*, 제라늄 마크로리줌*Geranium macrorrhizum*, 컴프리*Symphytum grandiflorum*, 라미움 마큘라툼*Lamium maculatum*과 같이 큰 잎을 지닌 지피식물은 두 계절 또는 더 적은 기간 내에 식물 융단을 완벽하게 형성할 수 있다. 반면 이처럼 짧은 기간 동안 이식한 교목과 관목은 기껏해야 뿌리 활착 정도밖에 하지 못한다.

만약 빠르게 정착할 수 있는 지피층 또는 초본층이 교목과 관목층 하부에 식재된다면 이 층위는 식재 초기에 효과적인 융단을 형성할 것이다. 상층부 식물의 뿌리와 수관이 최고 활력에 이르게 되면 그들은 빛과 토양 수분에 대한 강렬한 경쟁을 보이게 될 것이며, 만일 지피 또는 초본 층위 식물들이 그늘과 건조를 견디지 못한다면 그들은 사라지게 될 것이고 그에 따라 더 적응을 잘하는 식물 종들로 대체 식재를 해야 한다. 이와 비슷한 과정은 교목들 사이에 식재된 키 큰 관목들에서도 관찰할 수 있다. 만약 그 관목들이 초기 단계에서 햇빛이 잘 들어오는 상태와 후기의 그늘지고 건조한 상태를 모두 견딜 수 있다면 그들이 노목이 되기 전까지 제거할 필요는 없을 것이다. 이와 같은 적응 능력은 개야광속*Cotoneaster*, 키가 큰 코프로스마coprosmas, 슈도파낙스속*Pseudopanax*, 매자나무속*Berberis*과 같은 많은 식물 종들에서 나타나며, 이는 대중적이고 상업적인 경관에서 이들이 많이 쓰이는 주요한 이유들 중 하나이다.

수명이 짧을수록 최대 활력 단계에 도달하는 시기가 더 빠르다는 것은 일반 경험을 통해 얻을 수 있는 유용한 법칙이다. 이것은 참나무와 일년생 초본식물처럼 기대 수명이 크게 차이가 나는 생활형뿐만 아니라 교목 및 관목을 비교할 때에도 적용된다. 버드나무류sallows, *Salix* sp., 자작나무류birches, *Betula* sp., 카누카kanuka, *Kaunzea ericoides*, 코후후kohuhu, *Pittosporum*와 같이 초기에 빠른 성장을 하는 나무들이 비교적 짧은 수명을 지니고 있고 이들은 종종 선구수종들이다. 마찬가지로 라벤더lavender, 양골담초류broom, *Cytisus* sp. 그리고 가시금작화gorse, *Ulex europaeus*, 투투tutu, *Coriaria arborea*와 같이 빨리 성장하는 관목들도 짧은 수명을 가진 식물들이다. 수명이 긴 교목과 관목은 고층 소림과 숲처럼 장기적인 식물 군집을 주로 구성하는 요소인데 이들은 흔히 정착하는 데 오랜 시간이 걸리기 때문에 식재 계획에서 후기 단계에 도입하는 것이 가장 바람직하다. 비록 이것은 관리와 관련된 사항이긴 하지만 후기에 수명이 긴 수종 또는 하층 식물 종을 추가하는 것은 식물 집합체가 2차 천이 단계에 적합하도록 하기 위하여 디자인 단계에서 미리 고려되어야 한다.

식물 생활주기의 차이는 군집의 천이 과정에서 식물이 하는 역할과 관련되어 있다. 식물을 선구 종, 기회 종, 수명이 긴 식물 종으로 분류하면 유용하다. 선구 종은 빛과 바람에 노출되어 있고 흔히 척박한 성장 환경에서 정착하는 식물들이며, 기회 종은 비옥한 환경에서 정착을 이룬 식생 속에서 발생하고 일시적 교란을 활용하는 식물들이다.

균형을 잘 갖춘 식물 집합체는 채택된 생태적 전략에 따라 이러한 식물들의 혼합 비율이 결정될 것이다. 만약 선구식물 군집의 정착만을 목표로 한다면 이때 적용되는 혼합체는 처음부터 2차 천이 단계에 속하는 식물이 존재하는 경우와는 다르게 구성될 것이다.

식물 지식

식물 지식이 부족하여 발생하는 문제들을 보여주는 식재 디자인 사례가 많이 있다. 많은 경우 식물 조합은 디자이너의 의도에 충실할 뿐이고 이러한 디자인은 많은 노동력이 요구되는 집약적 관리 없이는 달성되기 어렵다. 어쩌면 선정된 식물들 다수가 습성, 성장률, 성장 요건 등이 서로 달라서 공존할 수 없는 것이 가장 흔한 문제일 수 있다. 균형이 부족한 식재는 솎아내기, 가지치기, 토양 개량 등에 의해 유지될 수 있겠지만 이것은 결코 좋게 보이지 않으며, 지속적으로 보완을 하기 위하여 많은 자원을 낭비하게 될 것이다. 식재 계획의 모든 부분들로부터 최대의 이득을 이끌어내기 위하여 창의적이고 비용 효율이 높은 관리 방법이 도입되어야 한다. 만약 서로 경쟁하는 식물들을 돌보는 데 관리 시간을 허비하거나 이웃하는 식물들의 성장을 위협하는 식물의 활력을 억제하기 위하여 애써야 한다면 이것은 잘못된 디자인이다.

만약 우리가 식물의 성장 요건, 경쟁, 번식 양식, 습성, 생활주기 등을 충분하게 이해한다면 우리는 효과적이고 지속가능한 식재 계획을 틀림없이 만들어낼 수 있다. 이것은 생태적으로도 건강할 뿐만 아니라 원예적으로도 멋진 디자인의 핵심이다. 이러한 수준에 부합하는 광범위한 식물 관련 지식을 획득하기 위해서는 상당한 정도의 학습과 관찰이 요구되며, 이는 또한 단지 책이나 자료를 통해서만 얻을 수는 없다. 식재 디자이너는 식물과 더불어 작업해야 하고 서로 다른 환경과 식물 군집들 속에서 식물들이 어떻게 성장하는지 지켜보아야 한다. 생태와 원예에 대한 충분한 이해 없이 훌륭한 식재 디자이너가 되기는 어렵다. 이는 아마도 왜 최고의 식재 디자이너들이 그들의 처음 직업을 묘목 재배와 원예로 삼았는지에 대한 답이 될 것이다.

제2부
디자인 과정

10

디자인 방법론

모든 설계가는 각기 나름의 작업 방식을 갖고 있다. 이러한 작업 방식은 교육에 의한 것일 수도 있고 수년간의 실무 경험에 의한 것일 수도 있다. 그 방식이 표준적일 수도 있고 아니면 정통적이지 않을 수도 있지만, 설계 문제들을 해결하고 상상력을 통해 최고의 결과를 이끌어 내기만 한다면 그것은 타당한 설계 방법이라 할 수 있다. 이러한 방법은 설계가가 작업 규모 때문에 막막함이나 위압감을 느낄 때 특히 유용하다.

이러한 개인적인 설계 방법뿐 아니라, 가격 제안이나 입찰을 준비하는 전문적인 설계가는 작업 절차 및 작업 내용, 납품 내역에 관한 방법론을 제공해야 할 때도 있다. 본 장에서는 학생이나 식재 설계가가 프로젝트 진행 시 사용할 수 있는 기본적인 방법론에 관해 논의한다. 물론 방법론은 회사나 국가 간에도 차이가 있고, 심지어 도시 계획이나 건축 같은 유사 직업군과도 다를 수 있지만, 본 장에서 사용된 전문 용어 및 절차들은 실무에서 일반적으로 통용되는 것을 최대로 반영하려고 하였다.

우리는 설계를 진행하는 과정에서 대상지의 잠재성을 발견한 순간의 흥분이나 불가피한 어려움과 장애로 인한 좌절, 설계안이 실현되었을 때의 만족감에 이르기까지 다양한 경험을 하게 된다. 고객이 없다면 프로젝트를 수행할 기회조차 갖지 못하기 때문에 설계의 전 과정을 거쳐 우리는 고객에게 전문적인 서비스를 제공해야 한다. 따라서 환경설계는 단순한 예술 작업도, 기술적인 문제만 해결하면 되는 작업도 아니다. 설계는 창의성과 기술 모두의 조합이며, 창의성을 향상시키기 위해서는 폭 넓은 지식과 풍부한 상상력이 필요하다.

이론을 실제 설계 업무에 적용할 때 언제나 가변성이 나타나기 때문에 설계 과정은 흥미로운 측면이 있다. 첫째, 설계에는 완전한 정답이 없다는 것을 인식할 필요가 있다. 자신에게 맞는 시스템이 가장 올바른 것이다. 둘째, 좋은 작업 방식은 창의적 사고를 구속하지 않는다. 오히려 끊임없이 결정을 내려야 하는 압박감으로부터 벗어나서 상상이 자유롭도록 해야 한다.

본 안내서는 전문적인 식재 설계를 수행하는 데 도움을 주고자 하였으며, 일반적인 프로젝트에서의 전문적인 절차 및 공식 프레젠테이션, 제출에 이르기까지 전 과정의 설계 방법을 설명하고 있다. 이를 통해 우리는 자문 과정 및 고객과의 전문적 관계를 다루는 프로젝트 운영 방법과 창의성을 요구하는 설계 작업의 과정을 구분할 수 있을 것이다. 전자는 객관적인 반면에 후자는 매우 주관적인 면이라 할 수 있다.

여기에 기술된 설계 방법은 창의적 설계와 함께 고객의 요구 사항에 대응해야 할 필요성을 전제로 한다. 여기에 설명된 순서와 방법은 식재 설계에 집중할 때뿐만 아니라 경관 전체에 대한 설계에서도 이용 가능하다. 사고 과정과 기본 구상을 전달하는 수단은 두 경우 모두 유사하지만, 식재 설계의 경우에는 매체 선택의 폭이 훨씬 더 제한된다. 이와 같은 과정은 경관의 통합적인 성격을 반영한 것으로서 식재가 설계에서 매우 핵심적인 부분임을 보여준다.

설계 과정에는 뚜렷이 구분되는 몇 가지 단계가 있다. 어떤 프로젝트들에서는 이 순서를 엄격하게 지켜야 하고, 고객이나 계획가 그리고 함께 작업하는 다른 분야 전문가들(엔지니어, 경관 전문가, 현장 측량사, 건축가 등)에게 공식적으로 도면 또는 문서를 작성해서 제출해야 하는 경우도 있다.

설계 과정은 일반적으로 일련의 연속적인 과정이지만, 실제 설계를 할 때에는 단계를 건너뛰거나 다른 대안을 찾기 위해 이전 단계로 돌아가는 경우도 있다. 따라서 설계 과정은 곧게 뻗은 길을 가는 것이라기보다 방향을 찾아가는 과정으로 생각할 수 있다. 그러나 글로 표현하는 한계 때문에 본 책에서는 설계가 선형 과정으로 이해될 수도 있다. 언어적 표현에서 흔히 나타나는 연속적 사고와 그래픽으로 표현되는 시각적 사고를 서로 비교해보면, 많은 요소들을 동시에 이해할 수 있고 전체에 대한 파악이 가능하게 된다. 설계 과정의 단계마다 각기 다른 접근 방법이 필요하다. 예를 들어 설계의 분석 단계에서는 언어적, 수학적 논리를 이용하여 연속적인 과정에 집중하는 것이 좋은 반면, 창의적인 아이디어를 모으는 과정에서는 그래픽적인 사고와 시각적 상상력을 갖고 활발히 탐구하는 접근 방법이 필요하다.

전문적인 설계 과정은 크게 다음 4가지 주요 단계로 나뉜다.

1. 착수 단계 – 업무 지침과 업무 관계들의 수립
2. 이해 단계 - 프로젝트의 문화적, 자연적 측면들의 조사 및 분석
3. 종합 단계 - 창의적인 아이디어와 해결책의 탐구 및 제안
4. 실행 단계 - 제안들의 개선 및 실행

주요 단계는 종종 도면이나 보고서 제출에 의해 구분되는 여러 개의 하위 단계로 나뉘는데, 각 하위 단계들도 구분이 명확한 세부 단계로 나누는 것이 좋다. 학생들이나 초보 설계가들에게는 구체적인 설계 방법에 대한 이해가 중요하지만, 실무 경험이 쌓이면 프로젝트 단계들을 수월하게 진행시켜 나가게 되고 나중에는 필요한 내용을 본능적으로 이해하게 될 것이다. 그리고 프로젝트마다 서로 다른 설계 과정을 거치게 된다는 것을 기억해야 한다. 다음에 설명한 단계 모두가 필요한 프로젝트는 아마 많지 않을 것이다. 설계 과정에서 진행에 문제가 없을 때에는 어느 단계를 생략하고 다음 단계로 넘어가기도 한다. 이런 경우에도 별도의 규정으로 정한 도면 표현만을 생략한 것일 뿐, 설계의 기본구상을 담고 있는 문서 또는 개략적인 도면 작업은 진행된다고 볼 수 있다. 결론적으로 설계는 부지와 고객의 요구에 맞춘 유동적이고 융통성 있는 과정이다.

착수 단계 – 디자인 지침의 확립과 업무 관계

고객과의 첫 대면

모든 설계 프로젝트는 고객과 조경가 사이의 계약으로 시작된다. 대부분의 경우 설계가가 제공할 서비스에 대하여 고객이 전화 또는 서면으로 요청하면서 시작된다.

계약에 대한 구체적인 논의는 특히 새로운 고객인 경우 직접 대면해서 하는 것이 좋으며, 고객과 설계가뿐만 아니라 필요한 경우 다른 전문가들과 회의를 갖고 프로젝트의 범위와 목표를 논의하도록 한다. 대상지에서 회의를 할 수도 있으며, 설계가는 대상지의 기회 요소와 문제점을 파악하고 설계를 위한 아이디어를 얻을 수 있도록 별도로 대상지를 방문하는 것이 좋다.

첫 회의의 주요 목적은 프로젝트의 성격을 분명히 하고 설계 자문비에 대하여 협의하는 것이다. 그 후 설계가 지정 및 계약 내용을 서면으로 작성한다. 영국을 비롯하여, 미국, 뉴질랜드 등 대부분 국가의 조경업 대표 단체들은 설계가 및 고객 모두에게 적정한 표준 계약기준을 마련하고 있다. 이러한 기준들은 설계가 및 고객의 책임을 명시함으로써 서로를 보호할 수 있도록 해준다. 일단 계약 조건에 모두 동의하면 설계가는 안전하게 작업에 착수할 수 있다.

택지와 같이 대상지가 사유지인 경우 고객은 개인이지만, 대다수의 경관 프로젝트에서는 회사나 공공기관, 주민공동체가 고객이 된다. 후자의 경우 일반적으로 설계가는 조직을 대표하여 프로젝트 진행에 필요한 결정권을 갖고 있는 사람에게 보고를 한다. 경관 설계가는 소규모 프로젝트의 경우 단독으로 자문을 맡게 되지만, 큰 프로젝트에서는 고객 및 조경가를 비롯하여 구조공학자, 건축가, 측량사, 생태학자와 같은 전문가들을 포함하는 하나의 팀이 구성된다. 이들 전문가 팀은 지역 주민이나 이용자들의 의견을 듣는 설계 회의를 통해서 주민들을 설계 과정에 참여시킨다. 그리고 설계 팀의 업무 분담과 조직을 책임지는 프로젝트 책임자 또는 관리자를 선출한다. 팀의 전문가 중 특히 건축가 또는 견적사가 프로젝트의 책임자 역할을 하는 경우가 많은데, 대규모 프로젝트의 경우에는 프로젝트 관리 전문가가 고용될 수 있다.

프로젝트가 성공하기 위해서는 좋은 고객이 필요하다. 지시가 명확하지 않거나 필요한 정보가 시기적절하게 제공되지 않으면 설계가의 업무는 어렵고 난감해진다. 그러나 고객이 원하는 것이 확실하고 프로젝트에 대한 분명한 비전을 지니고 있다면 설계에 도움이 되고 영감이 될 수도 있다.

업무 지침

고객의 업무 지침은 자문가에게 주어지는 업무 목표 및 요구 사항이다. 업무 지침의 범위와 세부 사항은 다양할 수 있지만, 조경가와 일해 본 경험이 많고 환경 설계의 잠재성에 대한 현실적인 이해가 있는 고객들은 보다 구체적이고 신중한 요구 사항들을 제시한다.

대부분의 경우 설계가가 필요하다고 판단하는 내용과 고객과의 합의 내용 사이에는 차이가 있을 것이다. 업무 지침서의 완성은 프로젝트 과정 중 중요한 부분이므로, 설계가는 프로젝트의 요구 사항 및 대상지의 잠재력에 대한 상호이해를 위해서 고객과 긴밀히 협력해야 한다. 이 단계에서 목표를 서면으로 명확히 정하고 합의를 이루는 것은 프로젝트의 튼튼한 기반을 다지고 순조롭게 진행하는 데 있어 중요한 일이다.

식재 설계를 위한 업무 지침서는 지역 정체성, 서식처 보전, 경관 향상, 기업 정체성, 주민 참여와 같은 요구 사항들을 포함할 수 있다. 이러한 목표들은 명확하거나 구체적이기 보다는 다소 개념적이다. 그것들은 건물과 접근로, 특별한 정원 등과 같은 시설들에 관한 요구사항을 동반할 수 있다. 업무 지침을 어떻게 해석하고 실행할 것인가는 우선적으로 대상지 및 맥락에 대한 이해와 분석에 달려있다.

이해 단계 - 정보의 수집과 조직화

대상지 조사

대상지 조사 업무는 설계 과정의 중요한 단계이다. 이 작업은 합리적이고 체계적인 접근을 요구하므로 대상지의 다양한 특성들을 아래와 같은 범주로 구분하는 것이 유용하다.

물리적 조사:

· 지질
· 지형
· 기후
· 미기후
· 수문 및 배수
· 기존 구조물 및 서비스 시설
· 오염 물질

생물학적 조사:

· 토양 생물
· 식생
· 동물상
· 동식물상에 대한 기존의 관리

인문학적 조사:

· 현재의 이용 현황
· 전통적 이용 현황
· 접근성 및 동선 체계
· 대상지에 관한 대중의 인식
· 대상지의 문화적 중요성
· 역사적 구조물, 사건 및 유물
· 대상지에 관심이 있는 특정한 집단과 개인들

시각적 조사:

· 대상지 안으로의 조망, 밖으로의 조망, 내부의 조망들
· 대상지 내·외부에 있는 랜드마크와 초점 요소들
· 대상지와 그 주변의 시각적 질과 특성

고객 제출용이든, 내부용이든 그 목적에 관계없이 조사 정보를 체계적이고 이용하기 쉬운 형태로 기록하고 수집하는 것이 중요하다. 글이나 그림 자료 모두 유용하다. 조망 관찰지점 및 영역과 같은 시각적·공간적 자료를 기록하고 전달하는 데에는 도면과 다이어그램diagram이 매우 효과적이다. 위치나 시각적 정보를 글로 설명할 때 스케치, 사진, 도면을 이용하면 작업이 수월해진다. 그러나 생물학적·문화적 정보는 종종 많은 글과 수치 데이터로 표현되기 때문에 보고서 형태로 제작된다.

발표를 위한 정리도 위에서 언급한 네 가지 범주로 구분하여 준비할 수 있다. 예를 들어 모든 물리적 조사 내용들을 포함하는 도면, 생물학적 특성을 보여주는 도면, 사회적·문화적 정보나 그 밖의 정보들을 보여주는 도면으로 구분할 수 있다. 그 다음 조사된 정보는 일련의 압축된 정보를 담고 있는 층위로 표현할 수 있는데, 대상지와 관련된 정보를 각 층위마다 분리하여 나타낸다. 필요한 경우에는 도면과 다이어그램에 글을 첨부하여 보완하기도 한다. 분석 과정에서 층위의 수는 늘어날 수도 있고, 특정 대상지 특성을 강조하기 위해 층위의 다른 정보량을 줄이기도 한다.

이를 층위 분석이라고 하는데, 이때에는 어떤 정보를 얼마나 자세하게 보여주고 다른 정보와의 관련성을 어떻게 균형 있게 표현할 지에 대한 고려가 필요하다. 그렇지 않으면 대상지 특성이나 체계를 지나치게 파편화시킬 위험성이 있다. 이는 분석 그 자체가 목적이 되는 '해부학적' 분석에 그치고 만다.

만약 자료량이 많지 않다면 하나의 도면으로 요약하거나, 물리적 조사 도면 위에 다른 도면들을 투명하게 중첩시키는 형태로 만들 수도 있다. 이 방법은 보다 정교하고 기술적인 그래픽 능력을 필요로 하지만, 대상지의 부분적인 환경적·사회적 요인들을 전체 맥락 속에서 한 눈에 볼 수 있는 장점이 있다. 사실 설계에서 중요한 사항들은 이러한 부분적 요인들의 상호작용에 의해 결정된다. 특정한 위치에 식재를 할 것인가 하지 말 것인가에 대한 결정은 조망, 대상지의 역사, 기존의 지피 식물군과 같은 요인들에 의해 영향을 받게 된다. 예를 들어 다양한 종들로 구성된 초원 군락은 그늘이 점점 더 늘어나고 관리 방식이 서로 다른 조림지가 개발되는 곳에서는 생존하기 힘들 것이다. 정보를 수집하고 정리하는 전 과정에 걸쳐 필수적으로 기록해야 할 것과 무시할 것 그리고 정보의 구체성과 신뢰성에 대해서 지속적으로 판단해야 한다. 실제로 설계가는 대상지의 각 요인이나 특성이 디자인에 어떤 영향을 미치게 될지에 대하여 판단한다. 이러한 해석은 설계 경험이 많아질수록 더 수월해지고 지나치게 많은 정보에 대한 수집 또한 필요하지 않게 된다. 이를 위해 설계가는 서로 다른 토양 조건을 가리키는 지표 혹은 오염원을 파악할 수 있는 지식을 갖출 필요가 있다. 그러나 경험이 부족한 설계가 또한 기초적인 훈련을 받으면 현장 조사의 많은 부분을 수행할 수 있다.

자료 수집 과정에서 부분적으로 해석이 이루어지기도 하지만, 이와 같은 자료에 대한 평가는 독자적인 절차를 밟게 되며 이는 평가라고 하는 다음 단계로 이어진다.

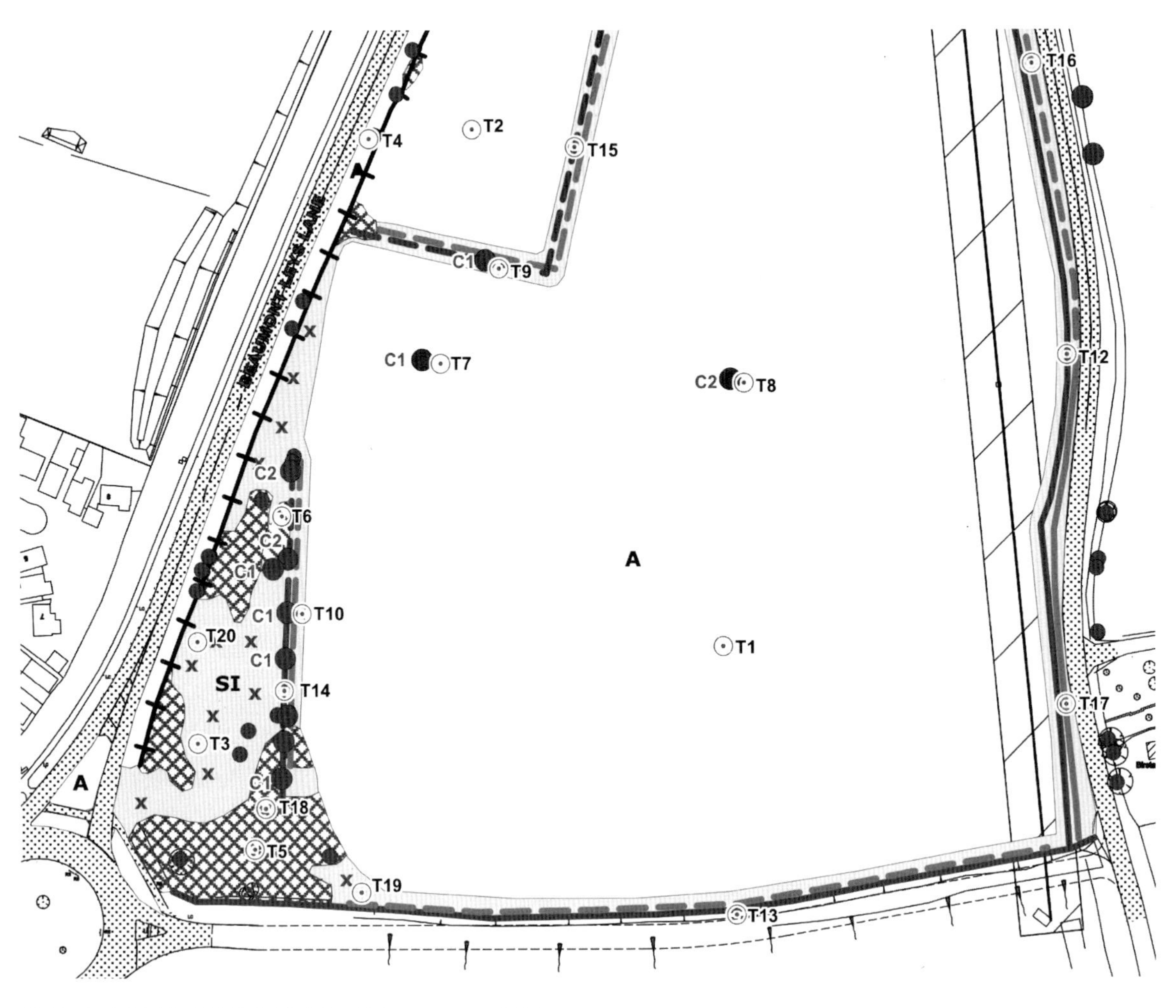

그림 10-1. 다양한 현존 식생 및 서식처 현황을 보여 주는 기초조사 도면(출처: JW Ecological Ltd.)

KEY:

A Arable land

SI Semi-improved grassland

A Amenity grassland

Dense/continuous scrub

Scattered scrub

Tall ruderal herbs

Scattered broad-leaved trees

Bare ground

Fence

Hedgerow

Defunct hedgerow

Ditch (holding water)

Dry ditch

BAT SURVEY OF TREES:

C1 Category 1 trees

C2 Category 2 trees

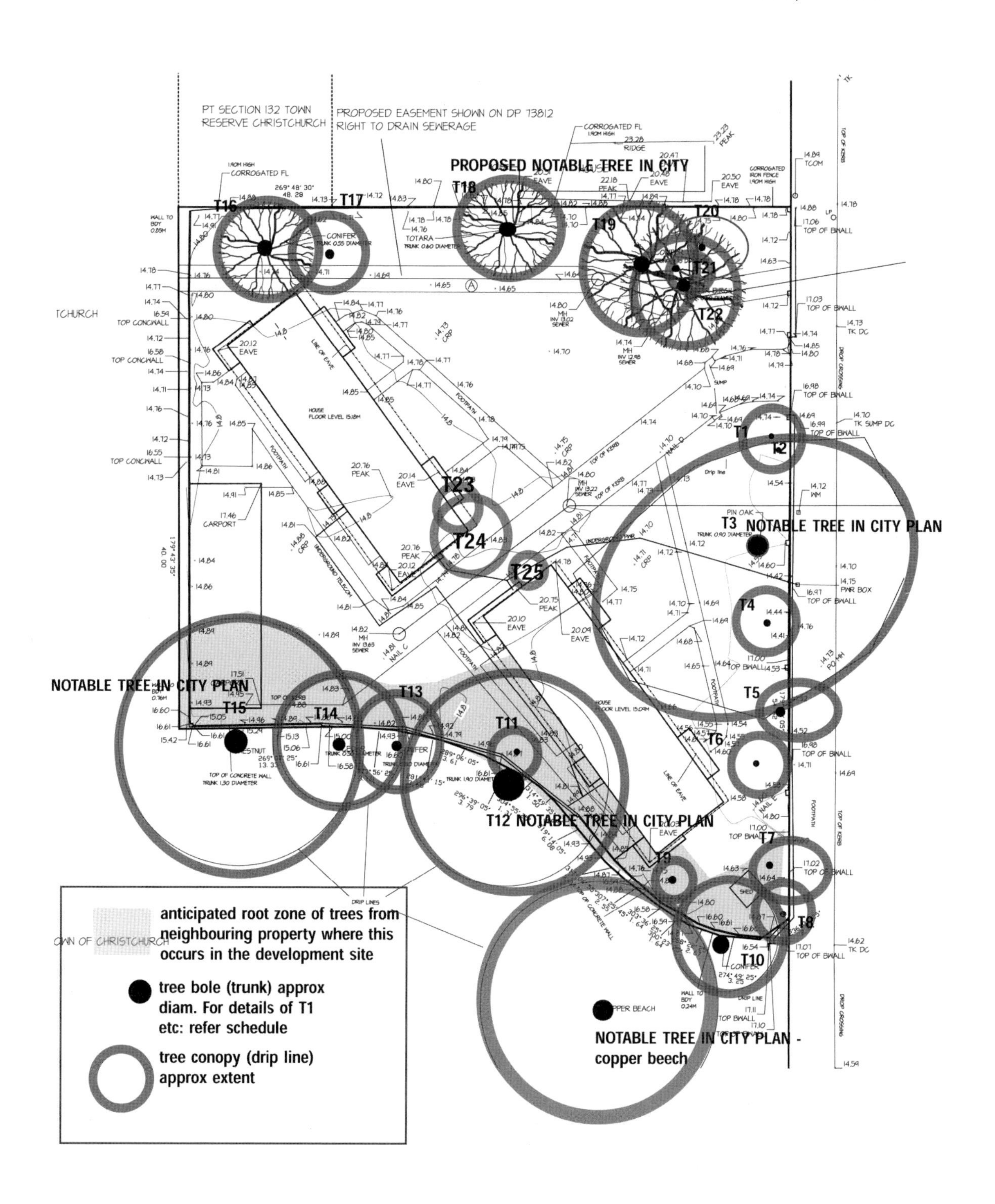

그림 10-2. 현존 건물 및 구조물과 연계하여 흉고직경과 수관폭을 표시한 수목 조사 도면. 도면에 보이는 번호는 수목의 정보를 제공하는 계획 식재 목록의 번호를 의미한다.(출처: 닉 로빈슨, Nick Robinson)

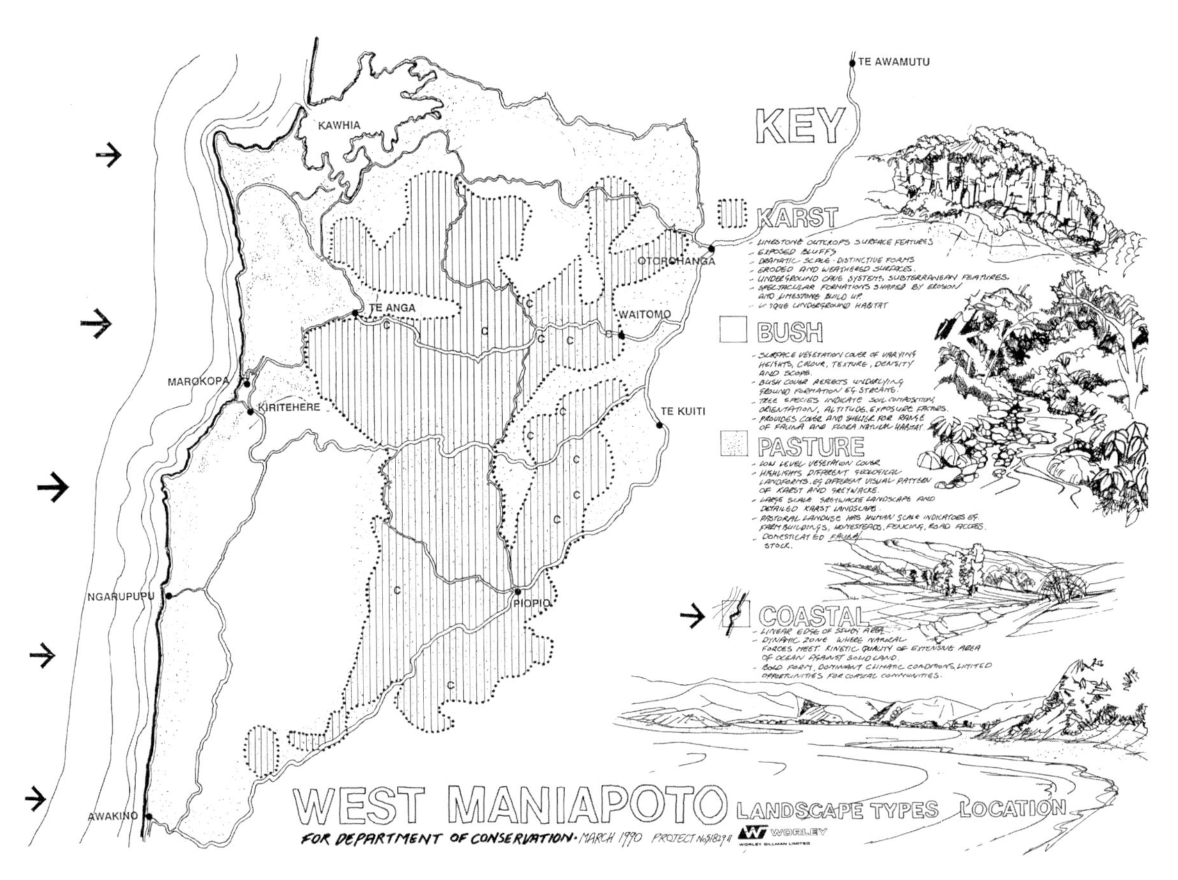

그림 10-3. 경관 특성의 유형을 보여주는 지형-식생 조사 도면
(출처: 조경가 맨서그 그레이엄Mansergh Graham)

평가

정보 평가하기: 조사 자료를 이해하고 설계에 이용하기 위해서 우리는 자료를 분석하고 평가해야 한다. 경관 평가의 목적은 대상지의 모든 잠재성을 찾아내고 설계를 위한 우선순위를 결정하는 데 있다. 이 우선순위는 이해관계가 충돌하거나 예산 삭감 상황에 직면하여 설계안을 방어해야 할 때 매우 중요해질 수 있다.

모든 경관 분석에서는 선택이 필수적이다. 본질적인 문제들에 집중할 수 있도록 관심 영역을 좁혀야만 한다. 이는 대상지를 파악하고 변화를 주기 위해 대상지를 분해하는 과정이다. 예를 들어 시각적 평가는 핵심적인 조망, 랜드마크, 뚜렷한 시각적 특성을 가진 영역을 식별하여 도면에 표시하고 그림으로 묘사한다. 대상지의 독특한 특성을 보전하고 이용해야 할 경우 이는 매우 중요한 작업이다. 그러나 가장 좋은 분석은 대상지가 지닌 여러 측면의 상호 연관성을 고려하면서 그 가치를 평가하는 것이다. 즉 식물 선택에 영향을 미치는 토양 환경의 경우 지역의 기후 조건을

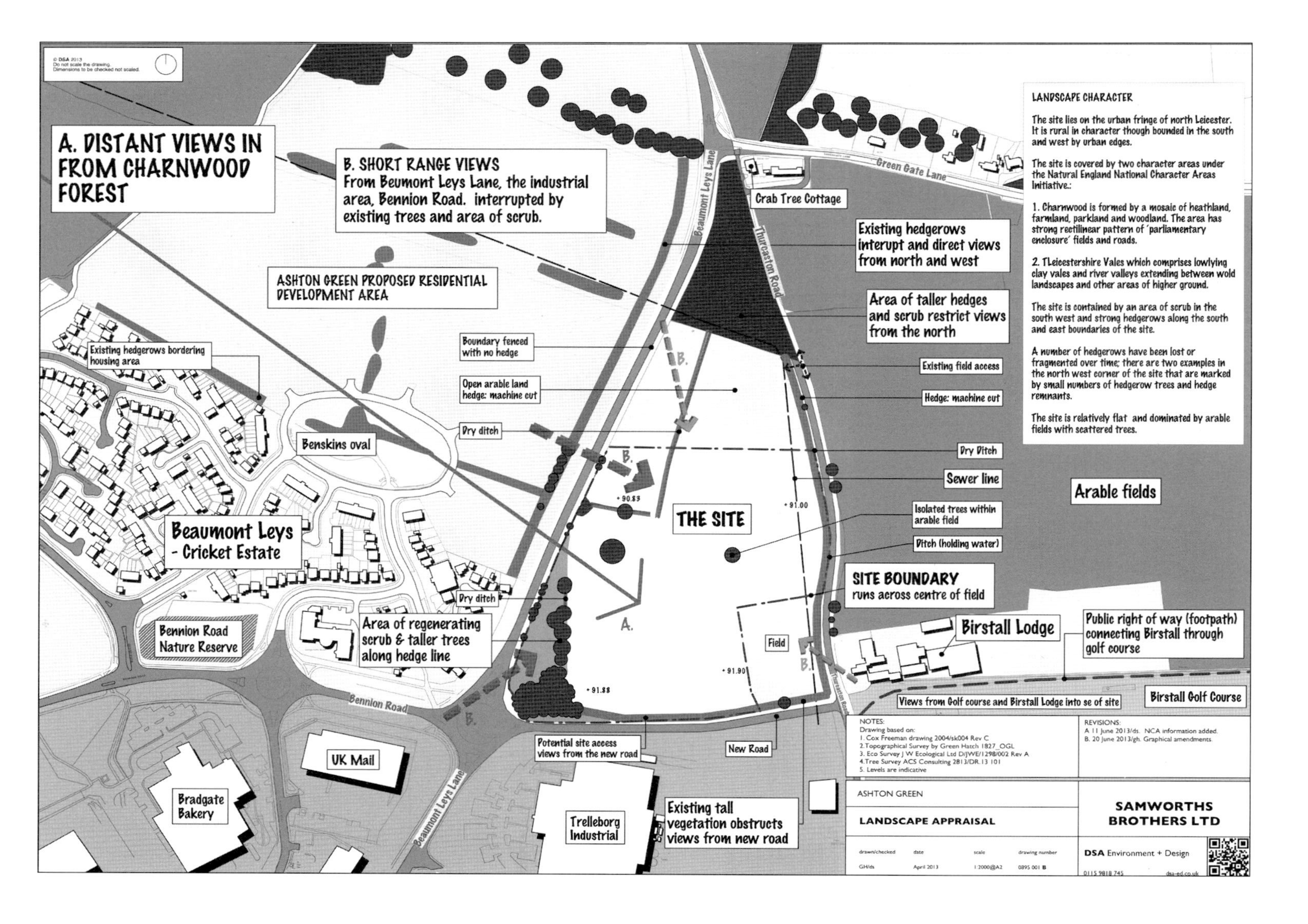

그림 10-4. 조망, 경관 특성, 토지이용, 식생, 지형을 포함한 경관 조사·평가 도면(출처: DSA 환경디자인)

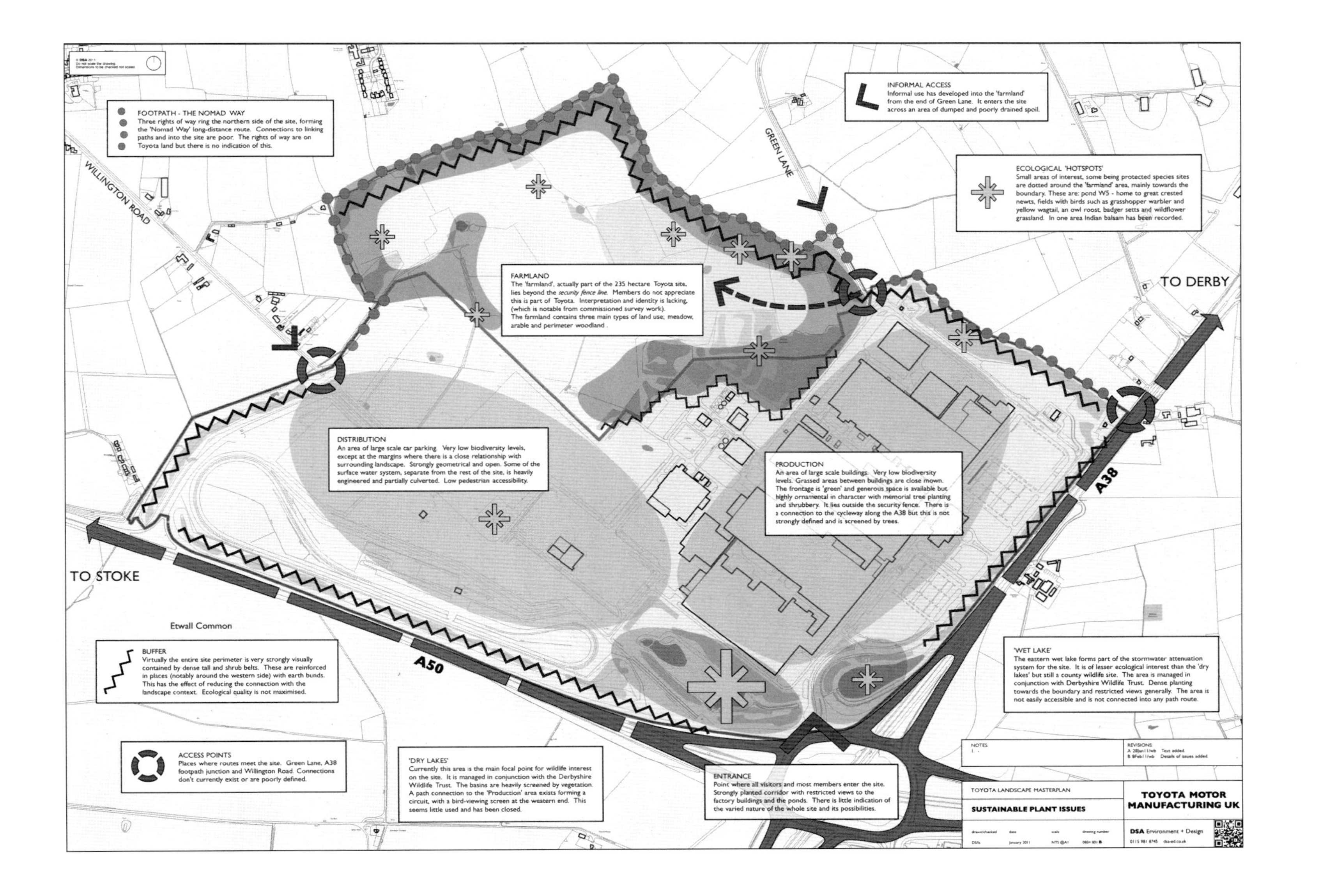

그림 10-5. 대규모 산업 부지의 중요한 경관적 사안의 위치와 내용을 정리한 분석 도면(출처: DSA 환경디자인)

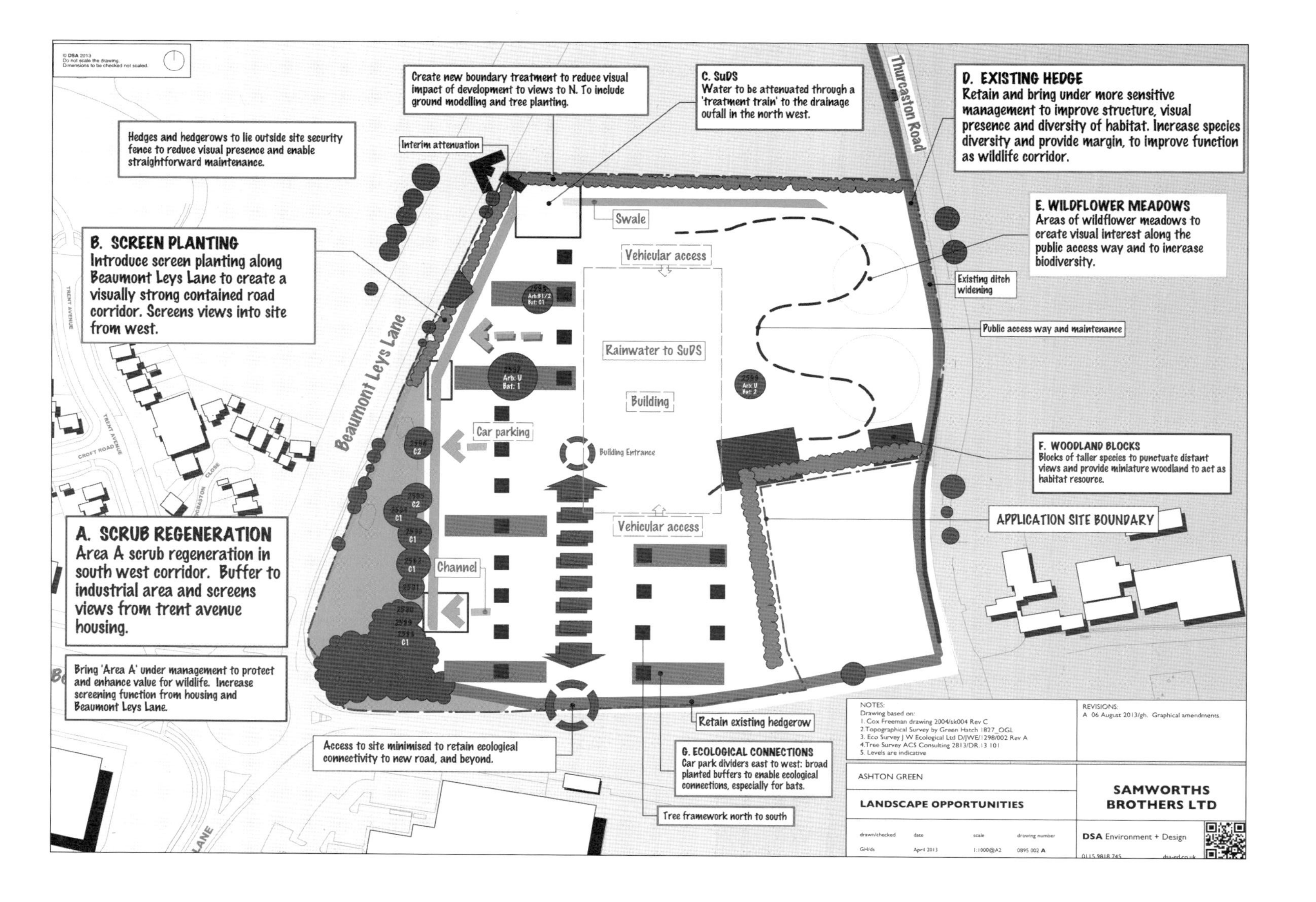

그림 10-6. 경관의 잠재성을 보여주는 도면은 의뢰인에게 처음 공식적으로 개발안을 발표할 때 효과적이다. 이 단계에서 아이디어를 단순하고 개념적으로 보여줄 수 있다.(출처: DSA 환경디자인)

동시에 고려해야 하고 경관적 가치 또한 궁극적으로 생태적 다양성과 연계되어야 한다.

분석에 의해 도출된 결과 중 일부는 과학적으로 증명되어 반박의 여지가 없는 것도 있지만 주관적인 판단에 의한 결과물도 있다. 설계가의 지식과 경험에 근거하여 도출된 판단은 고객과 다른 사람들에게도 충분한 설득력을 갖는다. 그러나 경관 설계의 많은 부분은 정량화 될 수 없기 때문에 과학적 접근이 어려운 측면이 있다. 특히 대상지에 대한 미적인 평가는 문화적·주관적 판단에 근거한 방법을 사용할 수밖에 없다. 야생성, 위요감, 개방감, 특히 특정한 식물 종에 대한 반응은 개인마다 그리고 문화마다 다양할 수 있다. 전문 설계가로서 자료에 근거한 판단을 하고 장소의 진정한 특성과 분위기를 이해하기 위해서는 때로 객관성을 가질 필요가 있긴 하지만, 장소를 대할 때 설계가가 갖게 되는 개인적인 느낌과 이를 잘 결합시켜야 한다. 장소에 대한 개인적인 반응은 귀중한 정보를 제공하며, 종종 중요한 설계 아이디어가 되기도 한다.

주요 사안과 기회 요소: 분석 결과를 체계화하는 좋은 방법 중 하나는 업무 지침서와 대상지 조사에서 밝혀진 주요 사안과 기회 요소를 정리하는 것이다. 이는 물리적, 생물학적, 문화적, 시각적 특성의 구분 없이 대상지에 대한 통합적인 평가를 할 수 있는 방법이다. 또한 문제점들도 창의적인 눈으로 바라보면 기회 요소가 될 수도 있다. 예를 들어 양분이 부족하고 건조한 토양은 대규모의 원예 식물을 식재하는 데 있어서 문제점이 되지만, 스트레스 내성이 있는 다양한 야생화들을 식재할 수 있는 기회 요소가 될 수도 있다.

식재 설계의 성공을 가늠하는 대부분은 서로 다른 기능들을 통합시키는 기술에 달려있다. 여러 목표를 동시에 성취하기 위해 시도하기보다, 문제를 하나하나 개별적으로 해결하려고 하면 평범한 설계에 머무르고 만다. 예를 들어 차폐를 위해 단순하게 사이프러스cypress만 식재하는 것은 차폐 기능 그 이상의 아무 것도 아니지만, 다양한 교목과 관목을 아름답게 식재하면 많은 관리(주기적인 전정 등)가 필요 없으면서도 야생 동물 서식처를 제공하는 차폐식재로 만들 수 있다.

디자인 목적: 목적이란 추구하는 목표를 말한다. 조경에서의 계획 혹은 설계 목적은 실질적인 설계안을 포함하지는 않지만 성취하고자 하는 것이 무엇인가에 대한 명확한 설명이다. 디자인 목적을 밝히는 설명서는 디자이너의 의도를 디자인 팀 및 사용자와 소통할 수 있도록 하는 중요한 도구이다. 또한 디자인 과정에서 간과한 요구와 놓친 기회 요소가 없는지 확인하는 점검표 역할을 하기도 한다. 디자인 목적은 평가나 설계 보고서 결론의 일부로서 발표되는데, 여기에는 평가 결과가 담긴 도면 또는 의뢰인과 주고받은 비공식적 의견이 포함될 수 있다.

성공 사례: 디자인 목적을 소개할 때 목적하는 바를 설명할 수 있는 성공적인 선례를 사용하는 것은 매우 효과적인 방법이다. 유사한 디자인 목표를 성취한 작품이나 부지 특성이 유사한 사례를 소개함으로써 제안하는 설계안이 성취될 수 있다는 확신을 의뢰인에게 줄 수 있다.

종합 단계 – 식재 아이디어의 도출과 조직화

다음은 디자인 종합 단계의 여러 과정 및 이 단계에서 성취할 수 있는 디자인 잠재력의 범위에 대해 다룰 것이다. 여기에서 설명하는 모든 과정이 반드시 필요한 것은 아니며 어느 특정 프로젝트에 국한된 것도 아니다. 디자이너가 종합 과정 전체를 이해함으로써 가장 유용한 방법을 선택할 수 있도록 하는 것이 본 장의 목적이다. 또 한 가지 알아두어야 할 것은 다양한 설계 단계에서 사용되는 용어들이 항상 일관되지는 않다는 점이다. 실제로 디자이너들은 자신들의 의도에 맞게 도면 이름을 선택하기도 하고, 법적 문서에 사용되는 용어를 사용하기도 한다.

식재 전략

설계 목적이 우리가 추구하는 목표라고 한다면, 전략은 그러한 목표를 실현하기 위한 계획이다. 때로는 생물 다양성 개선이나 다양한 이용자를 끌어들이는 환경 조성 등 목적이 다소 일반적인 경우가 있다. 식재 전략은 무엇을 추구하고 주어진 맥락에서 가능한 것이 무엇인지에 대한 해석을 필요로 한다. 이 경우 가능한 식재 전략 중 하나는 해당 지역에 적합한 자생식물 군집을 조성하는 것이다. 어떤 경우에는 서식처 제공을 통해 특정 동물과 식물 종을 정착시키는 일과 같이 목표가 보다 구체적일 때도 있다. 디자인 전략을 통해 우리는 부지에 대한 일차적인 디자인 안을 만든

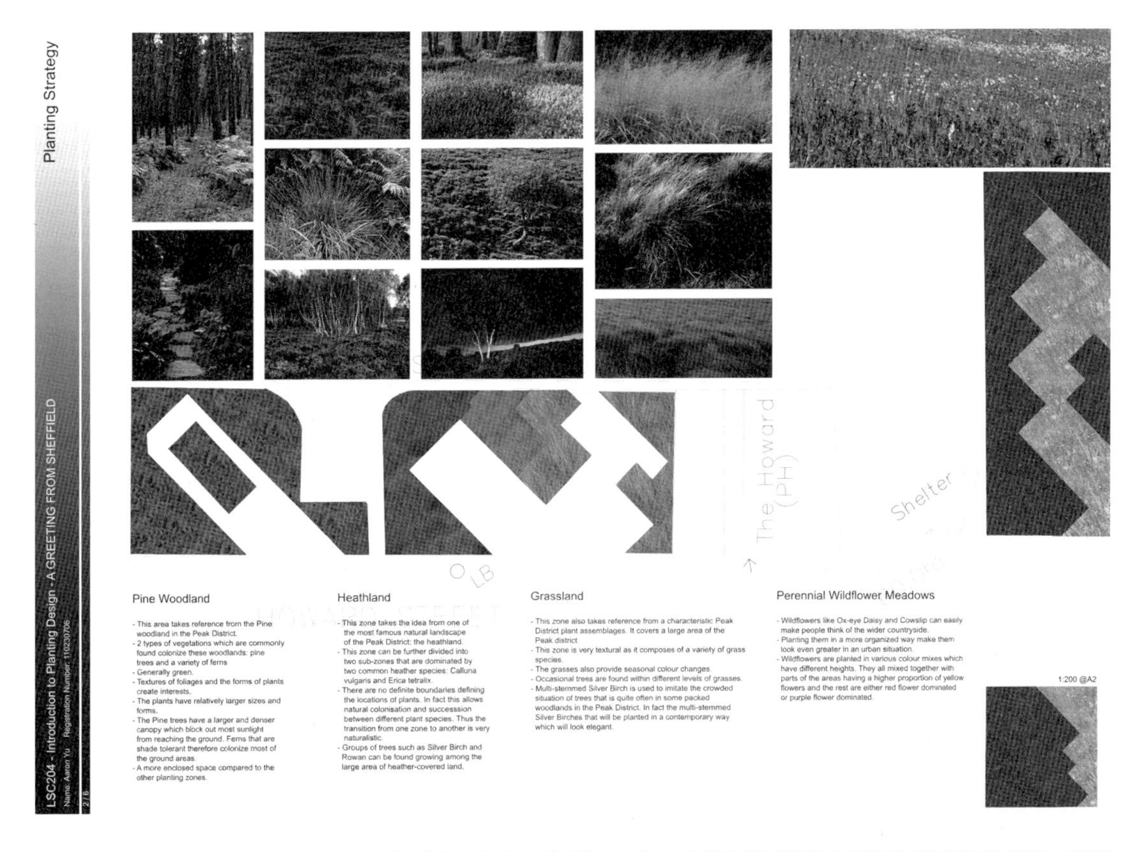

그림 10-7. 대상지에 대한 디자이너의 전체적인 식재 계획을 보여주는 식재 전략 도면. 식재 유형별로 색을 달리하여 평면도에 표현하였으며, 평면도 상단에는 관련 사진을 보여주고 하단에 각 유형에 대한 설명을 덧붙였다.(출처: 셰필드(Sheffield) 대학교의 아론 유(Aaron Yu))

다. 이때 내용이 일반적인 경우가 많으나 실제 세부 디자인에 적용될 수 있도록 만들 수도 있다. 설계 방침에는 부지의 기회 요소와 문제점이 충분히 반영되어야 한다.

디자인 전략을 어떻게 설정할 것인가? 기능적인 문제 해결에 관한 것이라면 이 단계에서 설정할 방침은 매우 분명하다. 예를 들어 침식이 심한 급경사지를 토목으로 해결하는 것이 너무 많은 비용이 들거나 대상지 특성을 유지하지 못할 우려가 있다면, 침식 문제를 해결하기 위해서 바이오엔지니어링 방법을 방침으로 정하는 것이 합리적이다. 그러나 전략 결정에 있어서 광범위한 설계 경험을 바탕으로 한 안목이 필요한 경우도 있다. 디자인 전략은 많은 경우 예비 디자인 아이디어 작업과 동시에 일어나는데, 이를 초기 디자인 개념이라고 부른다.

식재 전략 및 초기 디자인 아이디어의 발표는 대규모 프로젝트의 자문에서는 중요한 단계이다. 이 단계는 고객이 설계 제안의 성격과 범위를 판단하고, 설계가로서는 설계 방침과 아이디어를 진행시키기 전 고객의 반응을 측정할 수 있는 첫 번째 기회이다. 제안된 방침에 대해 고객이 동의하면 설계가로서는 설계를 진행시킬 수 있는 기초가 만들어진 것이다.

설계 개념

설계 '개념'이라는 용어는 사람마다 다르게 해석되고 이해된다. 설계 개념은 설계를 시작하는 중심적인 아이디어를 말할 때 사용되기도 하며, 의사 결정 과정에서 제안서의 추상적 단계를 설명할 때 사용되기도 한다. 때로는 설계안의 탄력성 정도를 지칭하는 데 사용되기도 한다. 근본적으로 설계 개념은 아이디어이며, 단순한 사실들의 집합이기보다는 종합적인 지적 결과물로 이해될 수 있다. 그 형태의 종류와 관계없이 설계 개념은 디자인 과정에서 중요한 단계이며 세 가지 중요한 부지 계획 및 설계 결정을 포함해야 한다.

1. 창조적 영감 - 디자인 요소, 재료, 이후 사람들이 대상지를 체험하게 될 방법 등에 대한 설계안의 아이디어들이 어떻게 창조되었는지 이해할 수 있도록 해야 한다. 때로는 그래픽 디자이너가 디자인 아이디어를 전달하기 위해 사용하는 무드 보드(mood board) 형태로 표현되기도 한다.
2. 부지 조직과 기능 - 이는 부지의 다양한 용도와 기능 사이의 관계와 배치, 접근, 동선에 대한 것이다. 여기에는 최적의 위치에 시설과 기능들을 배치하는 것뿐만 아니라, 주차와 식재 등과 같이 상충되는 요구들을 어떻게 배치할 지에 대한 고려도 포함해야 한다. 여기에서는 어느 영역이 어떤 용도로 사용될지 결정된다.
   이러한 공간 배치는 공간들의 연속성, 연결 및 위계를 보여주는 버블 다이어그램으로 표현될 수 있다. 이는 정확한 위치나 스케일이 필요 없는 부지의 기능적인 지형도이며 업무 지침에 대한 공간적 해석이다. 다양한 해결이 도출될 수 있는 '버블 다이어그램'은 대안적인 공간적 관계를 조사하고 다른 사람에게 빠르고 정확하게 설명하는 데에 유용한 도구이다.
3. 형태에 대한 접근 - 이것은 디자인이 주변 건축물에 대응하여 정형적인 형태를 갖는가 또는 인간적 맥락에서 자연을 해석한 자연 발생적인 형태와 패턴을 갖는가와 관련된다. 개념도는 구조물과 식재의 형태가 단순한 형태의 정형적인 기하학을 기본으로 할 것인지, 자연적 패턴과 유기적 형태를 반영하는 복잡한 형태를 지닐지 보여줄 것이다.

그림 10-8. 소림지를 위한 식재안과 관련된 아이디어를 보여주는 식재 무드 보드(출처: 셰필드 대학교의 제임스 홀(James Hole))

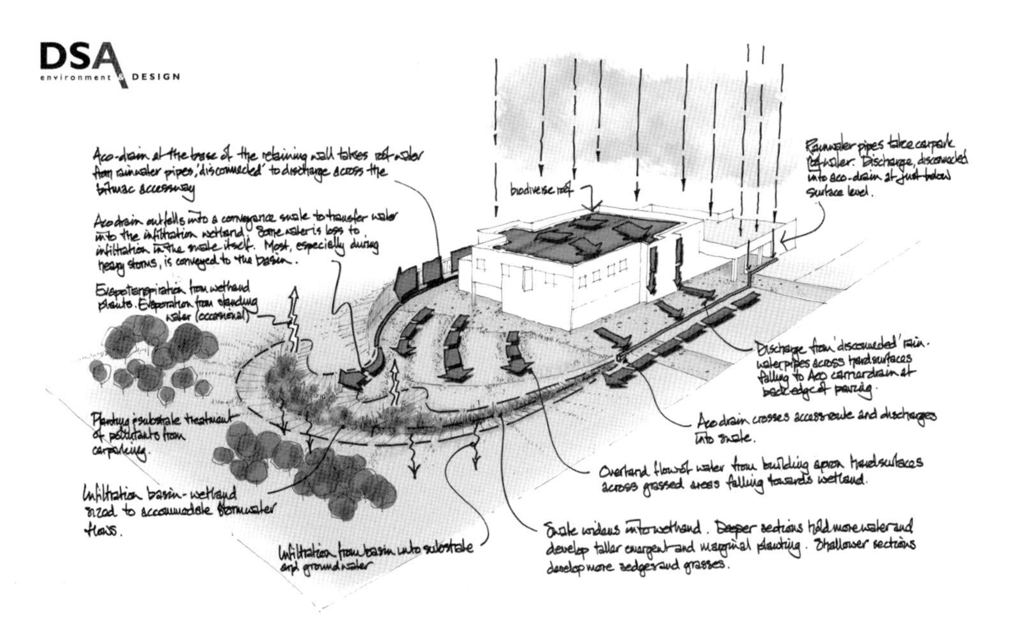

그림 10-9. 신축 의료센터의 친환경적 배수 기능을 설명하는 개념도(출처: DSA 환경디자인)

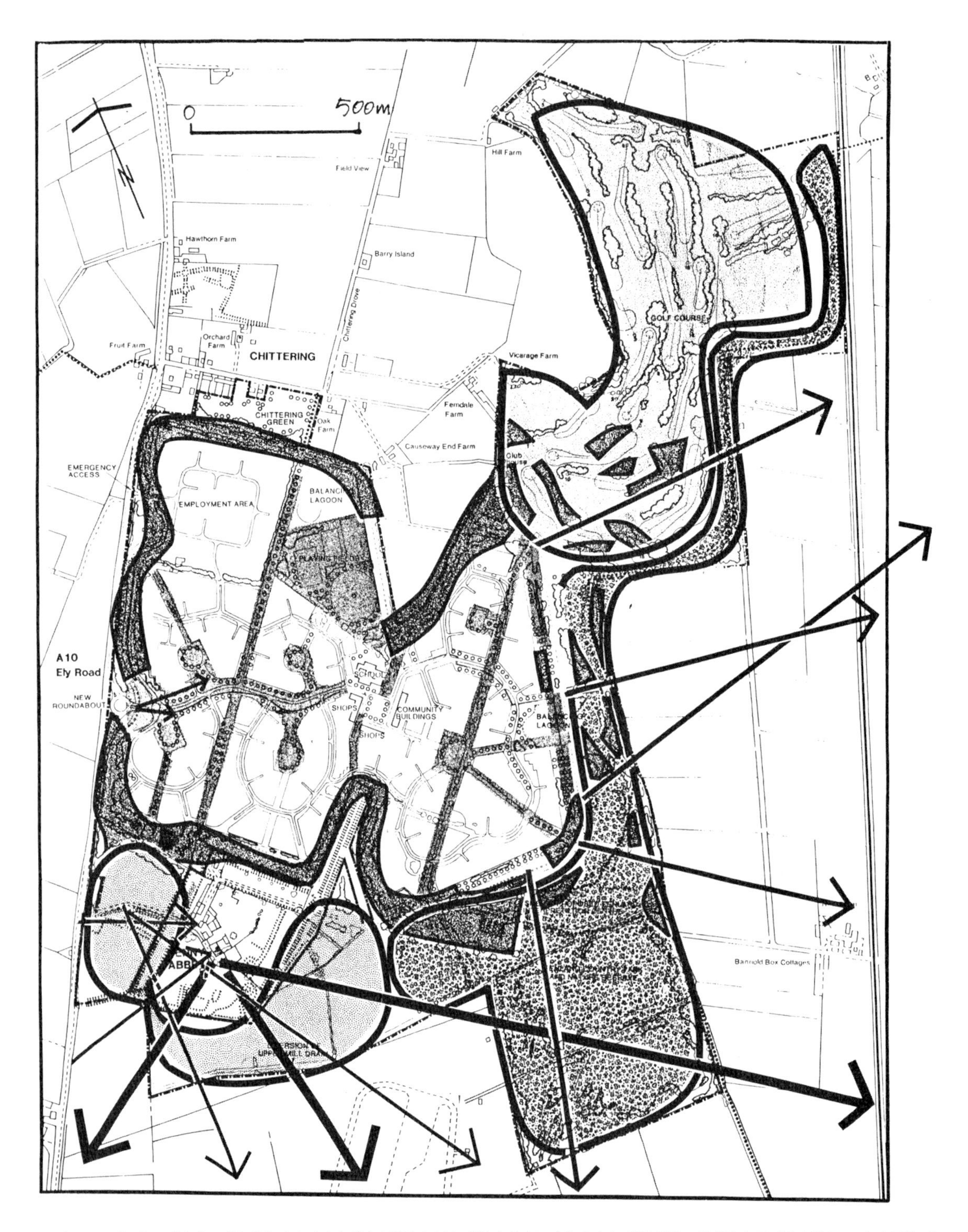

그림 10-10. 새로운 주택단지 조성을 위한 경관 디자인 개념의 핵심 요소들. 대상지 예비 도면에 다이어그램을 겹쳐 표현하였다. 도면은 소림 구조, 습지 공원, 자연 보전지역의 공간 구조를 보여준다.(출처: LDA 디자인)

그림 10-11. 역동적이고 자연스러운 아름다움이 효과적으로 전달되는 도심 공공공간의 식재 개념도(출처: 셰필드 대학교의 라이번 워섬(Libaan Warsame))

설계 개념은 설계안의 전체적 이해에 도움을 준다. 아이디어들에 의해 연결되었지만 아직은 추상적인 단계이다. 이 단계에서는 대량의 정보와 복잡한 아이디어를 동시에 처리하고 전체 구성이나 재료에 대한 구체적인 고민 없이 다른 해결안을 신속하게 고려해야 하기 때문에 너무 구체적이지 않은 개념이 적합하다.

개략적인 식재 설계

하나의 설계 개념이 결정되고 여러 기능들 간의 적당한 구성을 찾았다면, 설계 요소, 공간 구조, 식재 유형 및 특징에 맞는 영역을 보다 구체화하는 다음 단계로 진행할 수 있다. 이 단계에서는 공간적 조직을 유지하면서도 부지의 물리적 특성에 대응해야 한다. 또한 대상지와 기능, 기능 간의 관계가 적절히 대응하는 설계안을 만들 필요가 있다.

개략적인 식재 설계안을 만들기 위해 다양한 식재 유형(관상용 식재, 자연풍 식재, 서식처 조성 식재, 그늘 식재, 차폐 식재 등)의 위치와 식재 구조의 주요 요소들(재조림, 생울타리, 잡목림, 가로수)의 배치를 결정한다. 식재 배치와 조성될 주요 공간의 위치와 규모에 대한 실질적인 그림이 지금부터 서서히 나타나기 시작한다. 도면은 대상지 규모를 다루기에 편리한

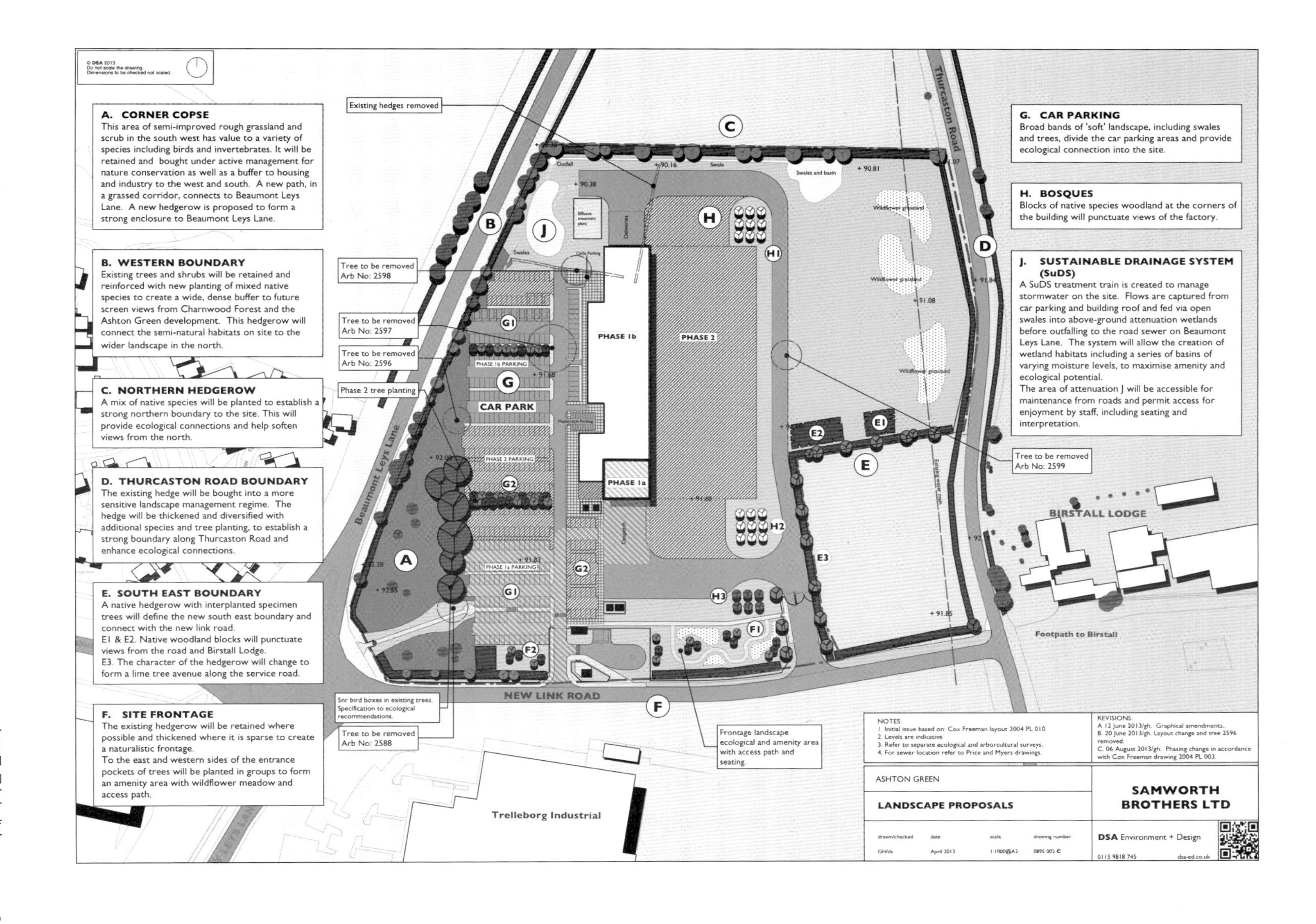

그림 10-12. 다양한 식재 유형의 위치를 개략적으로 보여주는 도면(출처: DSA 환경디자인)

스케일을 이용한다. 큰 대상지는 1:1,000 혹은 1:500, 작은 대상지는 1:500이나 1:200의 스케일을 사용한다. 개략적인 식재 설계 단계에서 구체적인 계획을 너무 많이 노출하지 않기 위해서는 다음 단계의 기본 계획이나 스케치 디자인보다 작은 스케일로 그리는 것이 좋다.

기본 계획

대상지의 규모가 크거나—예를 들어 1헥타르 이상—, 특히 다양한 토지이용, 건축물, 또는 독특한 식물 유형을 포함하는 대상지라면 기본 계획masterplan이 필요하다. 기본 계획은 기본구상 단계보다는 발전된 것이지만 여전히 설계의 전략을 보여 주는 단계이다. 대상지의 규모와 복잡성에 따라 다르지만 스케일은 1:500이나 1:1000이 일반적이다.

구조 식재, 가로수, 표본목 등의 위치는 표시할 수 있지만, 관상용 식재의 배치는 1:500 스케일 도면이라 할지라도 개념적으로 표현한다. 이는 부분적인 공간의 특징과 내용을 구체화하기 보다는 전체적 공간 구조에 대해 집중하는 것이 유용하기 때문이다. 많은 경우 표본으로서 일부 영역을 큰 스케일—예 1:100 또는 1:50—로 자세하게 표현하여 기본 계획에 보여 주기도 한다.

기본 계획은 그 이름처럼 비중이 있는 설계 도면이다. 기본 계획은 고객 및 디자인 팀과 항상 논의되고 합의되어야 하며, 승인을 받기 위해 지역 계획가에게 제출하기도 하는 중요한 도면이다. 이러한 공식적 절차는 설계 과정에 유익한 조절 장치가 될 수 있다. 이를 통해 좀 더 이른 단계에서 식재 및 이용 패턴을 확정하고 최소한 주요 식재 영역의 위치와 범위에 대하여 합의할 수 있기 때문이다.

스케치 식재 설계안

스케치 식재 설계안은 그 이름만으로는 도면의 완성도가 부족한 것처럼 느껴지지만, 이전 단계에서 대략적 윤곽을 잡은 식재 구성과 특징에 대한 구체화가 시작될 수 있는 단계이다. 스케치 설계안은 이전 단계보다는 큰 스케일—구조적 식재는 1:500, 일반적인 경관 식재는 1:200, 상세한 관상용 식재는 1:100이나 1:50—로 만들어진다. 보다 큰 스케일로 작업하기 위해서는 한 번에 한 영역만을 다루는 게 좋으며, 그러기 위해서는 대상지 중 독립적인 영역을 선택하는 것이 바람직하다.

스케치 설계안에서는 공간의 모양과 비례, 다양한 서식처에 정착할 식재 혼합체의 특징, 가로수, 표본목, 생울타리 등과 같은 주요 요소의 위치를 구체적으로 표현할 수 있다. 또한 이 단계에서는 건축물의 형태를 대상지에 반영하거나 또는 그와 대조적인 공간 구조를 개발할 수 있다. 기하학적 패턴 안의 식재 또한 그와 유사하거나 대비될 수 있다. 식재 특성은 최소의 식물로 구성된 현대풍일 수도 있고, 식물의 밀도가 높은 아열대 분위기가 나거나, 느슨하고 전원풍 같은 느낌이 될 수 있다. 이러한 것들이 스케치 디자인 단계에서 결정되는 주요 디자인 사안이다.

스케치 디자인에서는 전체 부지의 식재 높이와 밀도를 보여 줄 필요가 있기 때문에, 주요 높이 및 식재 유형이 결정되어야 한다. 일반적인 식물 크기의 분류는 다음과 같다. 이러한 분류는 대부분의 프로젝트에서 프로젝트와 작업 스케일에 맞게 사용되며, 필요에 따라서는 더 세분화되기도 한다.

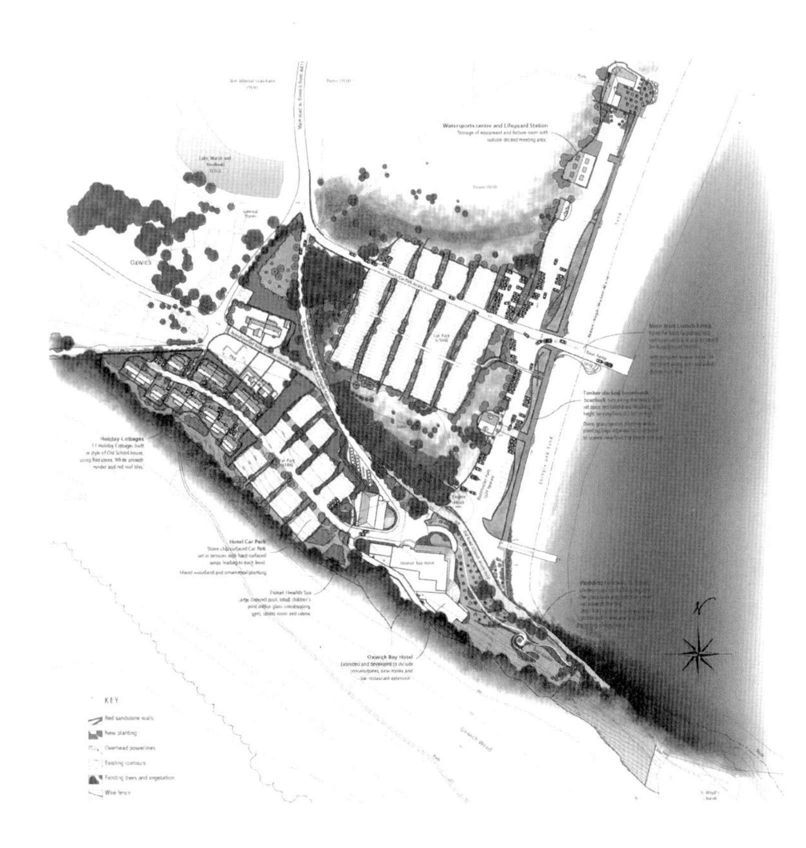

그림 10-13. 해안의 여가 공간 개발을 위한 마스터플랜. 보다 큰 스케일을 통해 개발 대상지에 대한 전체적인 식재의 구조적·기능적 역할을 보여준다. 그늘식재, 차폐식재, 사구 서식처 복원, 소림 보전에 대한 내용 또한 포함하고 있다.(출처: 조경가 이안 제이크웨이(Ian Jakeway))

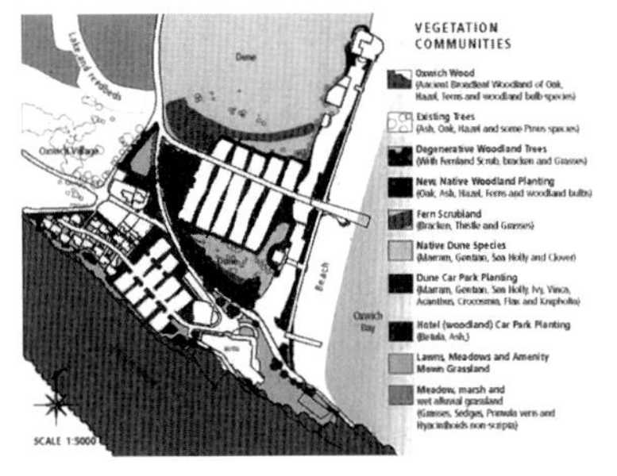

- 대교목(15m 이상)
- 중교목(8~15m)
- 소교목(5~8m)
- 고관목(2~5m)
- 중관목과 키 큰 초본식물(1~2m)
- 저관목 및 지피식물을 포함한 키 낮은 초본식물(0.5m 또는 1m 이하)
- 잔디류

식재 높이는 식재를 정의하는 흔한 방법이지만, 고관목을 선정할 때 어느 정도까지 크는지가 의뢰인의 가장 큰 관심일 정도로 식재 높이는 중요한 요소이다. 성장 후의 식물 높이는 정확하게 예측할 수 없을 뿐만 아니라 기본 구상에서 제안한 식물들의 성장 속도는 서로 다르기 때문에, 특히 도면상에는 교목의 정확한 높이를 미터로 표시하지 않는 것이 좋다. 그러나 스케치 계획이나 그림에서는 식재 후 10여 년이 지난 모습을 그리는 게 좋다. 이는 고객이 일반적으로 생각하는 계획 기간이기 때문에 현실적인 기간이라 할 수 있다.

소림, 초원, 관목지대와 같은 집단 식재지는 독립수 또는 소수의 표본목 그리고 가로수와 구별된다. 이는 여러 가지 이유 때문에 중요하다. 첫째, 식재 방법은 기능과 관련되어 있다. 예를 들어 군식은 차폐와 그늘이 필요할 때 효과적이지만, 시각적 기능이 보다 중요할 때에는 소그룹이나 개별적 표본 식재가 효과적이다. 둘째, 군식은 생장형과 개별 교목 및 전체 식물 조합의 외관에 영향을 준다. 예를 들어 밀도가 높은 관목지대는 성장이 빠르지만 하부와 군식된 안쪽 부분의 잎이 적어진다. 마지막으로 이식목의 값과 사후 관리 비용 때문에 군식보다 표본 식재를 할 경우 교목이나 관목 한 그루당 식재 후 정착까지 드는 비용은 훨씬 높아진다.

관리는 수목이 공간을 구성하는 역할을 하는 데에 영향을 준다. 따라서 수관이 위로 솟도록 가지치기할 것인지, 가지가 엉기도록 할 것인지, 윗가지들을 쳐낼지 또는 자연스럽게 퍼지도록 놔둘지에 대한 정확한 지침이 있어야 한다. 이 단계에서 강조 식물이나 초점이 되는 교목, 관목, 초본 식물, 구근식물 영역의 위치를 확실하게 결정하고, 관상용 식재가 넓게 사용되는 영역을 다른 식재 영역과 구분해두면, 이후 식재 설계를 세부적으로 표현할 때에 도움이 된다. 따라서 식재를 명명할 때 다음과 같은 용어를 사용할 수 있다.

· 표본 교목
· 수형이 조절된 가로수
· 지상부의 줄기가 전정된 교목 및 관목
· 표본 관목
· 초점식물 군집
· 관상용 관목과 초본 식재
· 봄철 구근식물 군집

이러한 정보의 대부분은 평면도와 입면도를 통해 전달될 수 있지만, 도면에 노트를 첨부하는 것이 좋다. 연필이나 펜을 이용하여 빠르게 그림을 그리면서 가능한 많은 대안을 시도할 필요가 있다. 3차원적 스케치, 입면도, 단면도, 평면도는 다양한 높이의 식물, 여러 가지 배치 형태, 다양한 식재 유형을 시각화하는 데 도움이 된다.

식재 구성의 중요한 구조나 특징은 특정 식물을 지정하지 않고도 결정될 수 있다. 스케치 설계안에서는 흔히 식물 이름이 구체적으로 명시되지 않지만 중요한 조망과 식재 특징이 생생하게 표현될 수 있다.

설계가는 초기 단계에서부터 마음에 담아두는 주요 식물 및 조합이 있을 수 있다. 스케치 설계안 단계에서 가로수, 초점이 되는 표본목, 숲이나 소림의 우점 교목 등과 같이 중요한 구조적 역할을 하는 식물들의 경우에는 그 이름을 명시하는 것이 좋다. 이는 제안서가 자세하다는 인상을 줄 수 있으며 고객에게 대상지에 적합한 식물 종류에 대한 정보를 주는 데 도움이 된다. 그러나 전체를 보지 못하고 부분에 집중하면서 발생하는 오류를 피하고 융통성을 남기기 위해서는 이 단계에서 결정하는 식물 종의 수는 제한하는 것이 좋다. 게다가 최적의 식물을 선정하는 것은 시간이 필요한 일이며, 식재의 배치, 구조, 전반적 특징에 대한 동의가 이루어진 후에 하는 것이 좋다.

상세 식재 설계

이 단계에서는 식물 종과 재배 품종의 선택 및 배치에 대해 구체적으로 고민하고 식물의 색, 질감, 형태, 향기와 같은 특징에 대한 구체적인 정보를 수집한다. 이는 풍부한 상상력과 섬세함이 필요한 작업으로서 여러 단계로 나누어 진행하는 것이 좋다.

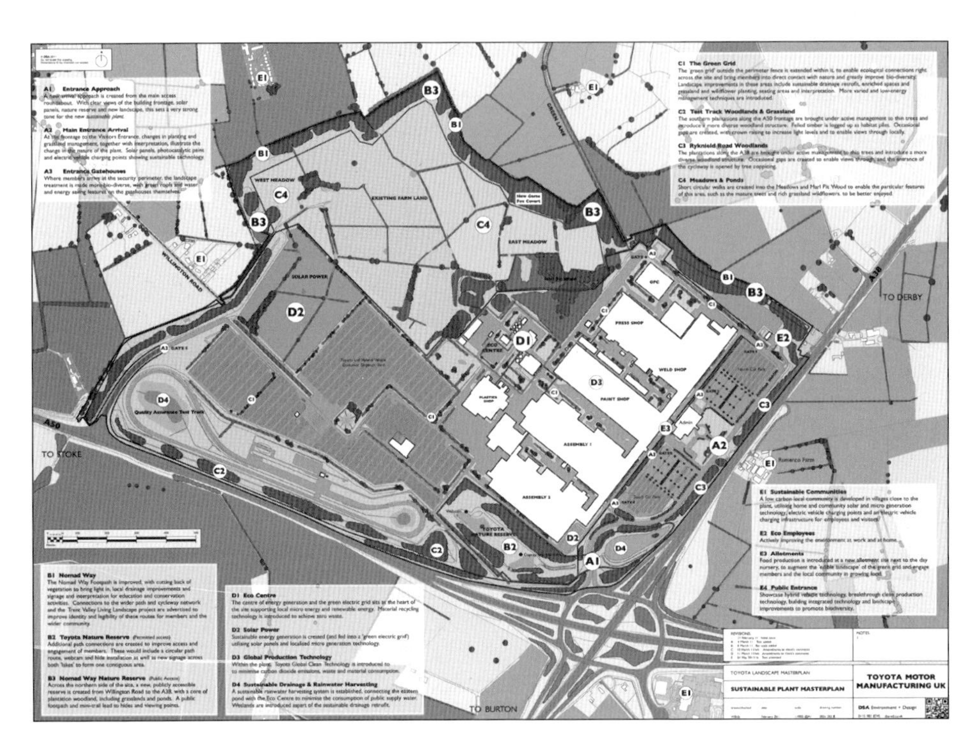

그림 10-14. 대규모 산업부지의 기본 계획. 대상지는 주요 산업부지, 접근로 및 동선, 자연보전구역, 태양열 에너지 저장시설, 완충구간으로 구성된다.(출처: DSA 환경디자인)

그림 10-15. 위 그림 기본 계획의 조감도. 이 조감도는 개발안에 대한 전체적 조망은 물론 개발 대상지와 주변 경관과의 통합에 있어 수목 식재 및 습지의 역할을 잘 보여준다.(출처: DSA 환경디자인)

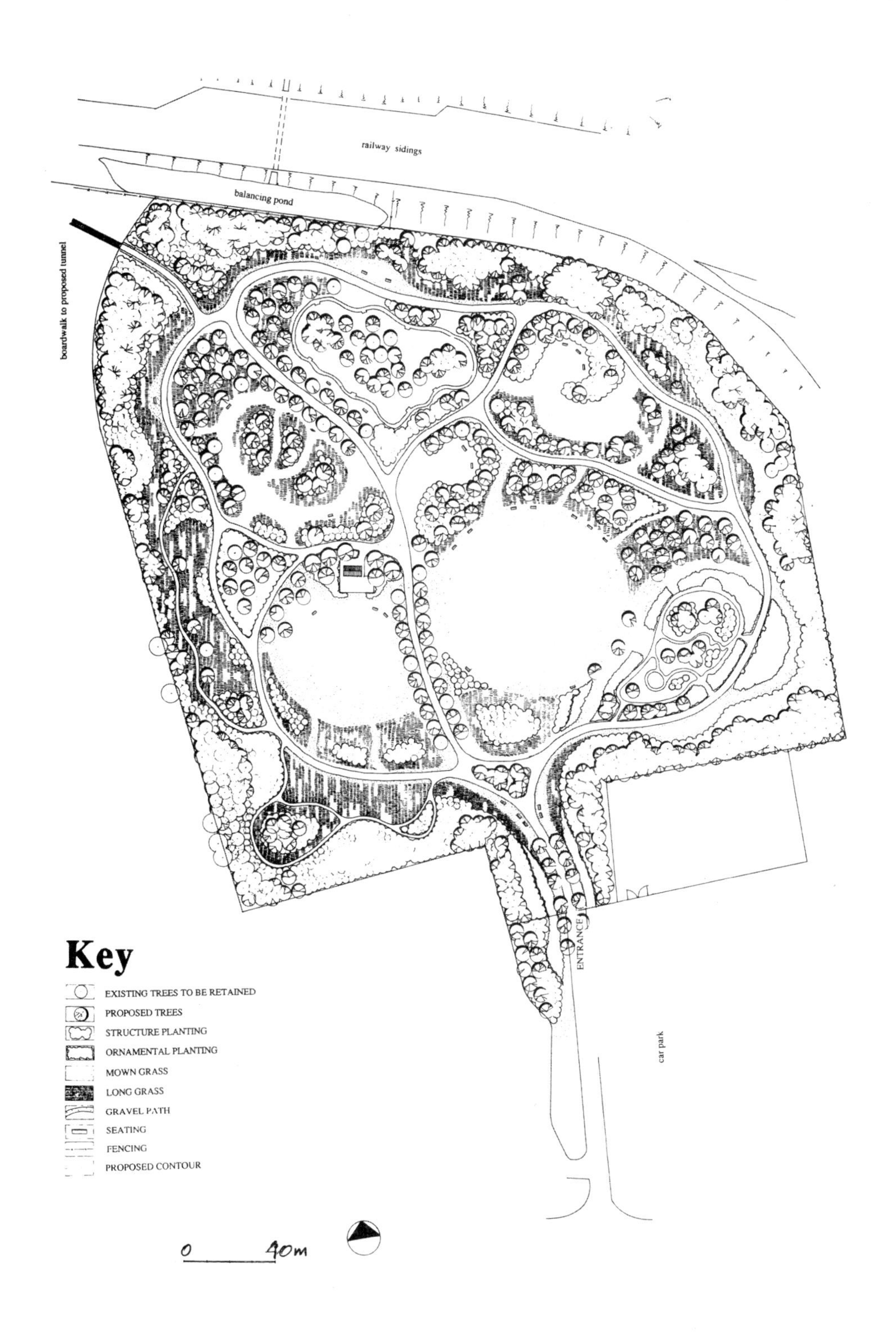

그림 10-16. 매립지에 조성될 소림 공원 스케치 설계안. 도면은 소림, 주변 주거단지, 개방된 소림지역, 관목지대, 초지, 가로수길 등을 보여준다.

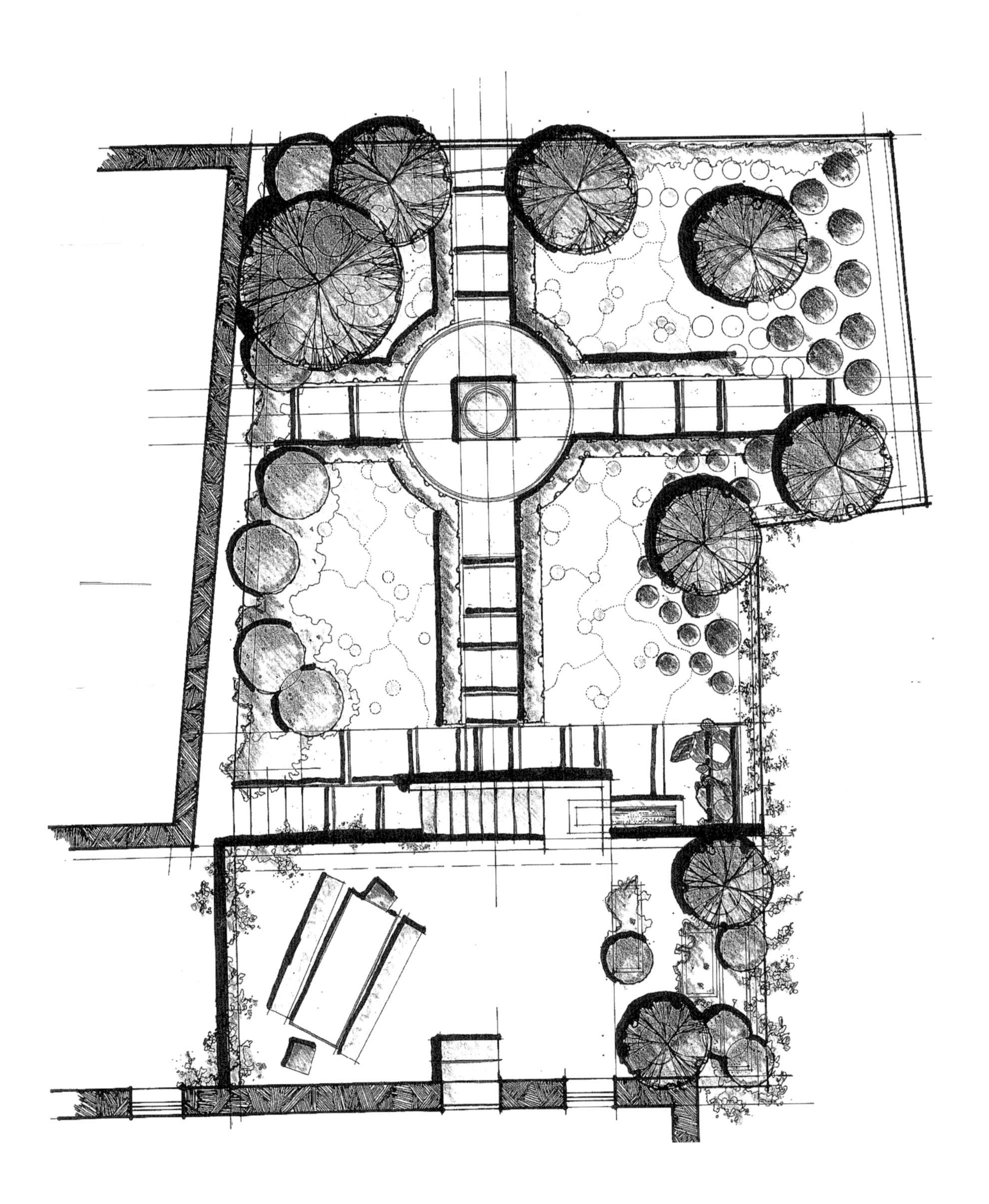

그림 10-17. 개인주택 중정의 스케치 설계안. 지피류의 배치를 색으로 표현하였다.

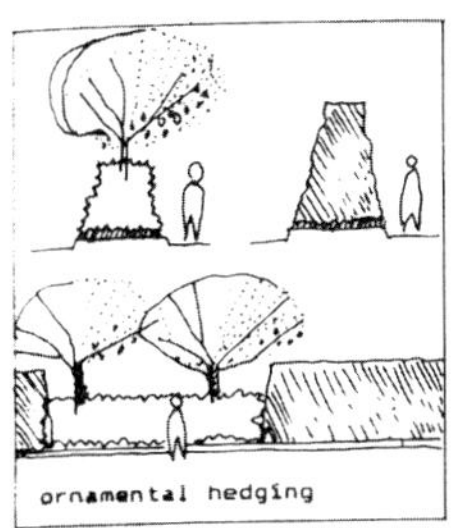

그림 10-18. 호텔 개발 부지를 위한 식재 설계안 중 식재의 구조적 역할을 보여주는 스케치

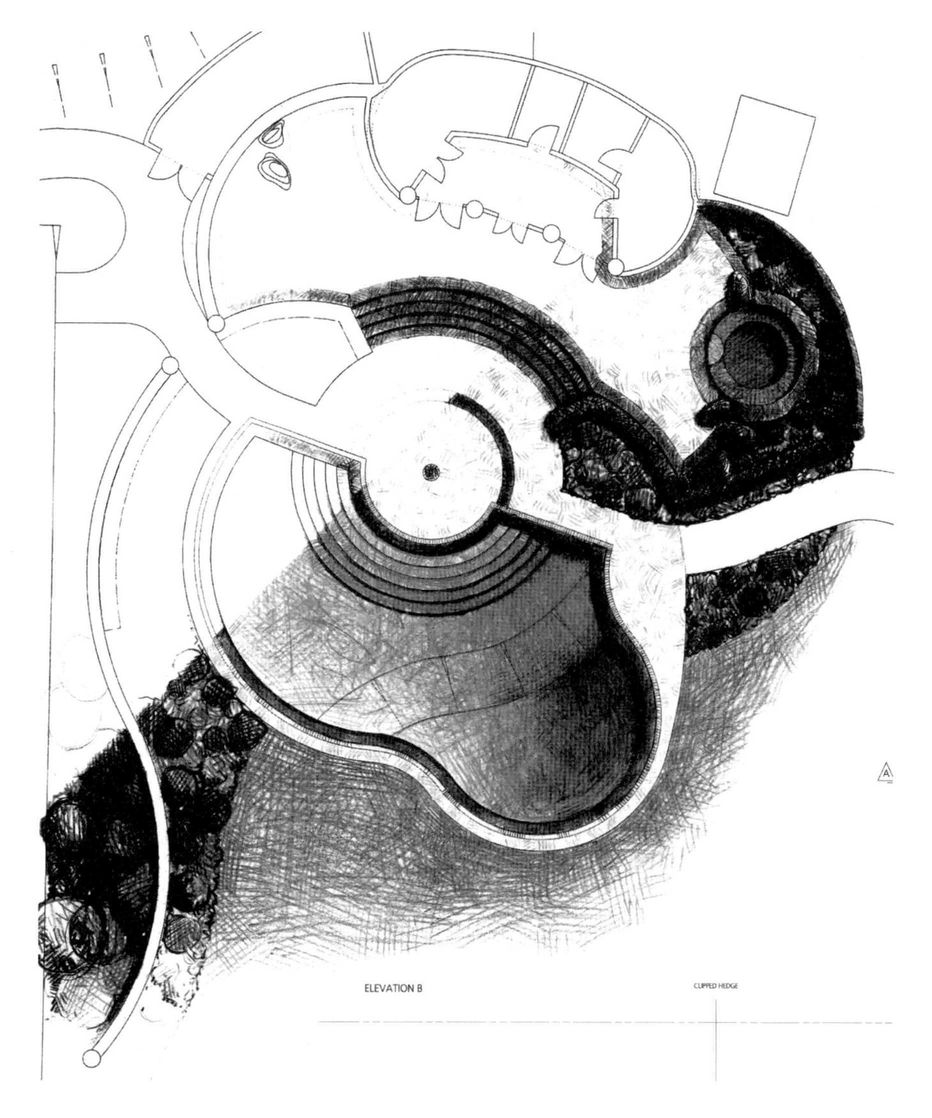

그림 10-19. 개인 정원을 위한 스케치 설계안. 수영장 및 길의 배치와 잘 통합된 식재 배치를 보여주고 있으며, 음영을 통해 수목의 높이와 공간적 형태를 설명하고 있다.(조경가: 콜빈Colvin과 모그리지Moggridge, 도면: 이안 제이크웨이Ian Jakeway)

스케일의 선택: 이 단계에서는 식재의 구체적인 구성과 복잡한 배열을 자세하게 계획하고 표현하기에 충분히 큰 스케일로 작업할 필요가 있다. 소림과 외곽지대 식재의 스케일은 1:500이나 1:250이 일반적이며, 일반 어메니티 식재는 1:250 또는 1:200, 상세한 관상용 식재는 1:100이나 1:50이 적당하다. 이는 스케치 설계안과 같은 스케일이며, 최종 도면과 같은 스케일이면 작업하기가 더욱 수월하다. 스케일을 제대로 선택하면 식재 유형에 적합한 상세 수준에서 식물을 배치할 수 있다.

공간 대비 높이의 구조: 식재의 공간적 구성이 설계에서 우선적으로 집중해야 하는 일이라면, 다음 단계는 평면적으로 완성된 식재의 입면적인 형태와 위요에 대한 계획을 발전시키는 것이다. 식재면과 포장면, 식재의 기하학적 형태, 비례, 모양, 그리고 식물이나 시설물의 조합 등에 기초하여 작업할 수 있다. 이때에는 평면도와 입면도, 단면도를 모두 이용하는 것이 좋다. 부등각 투영도나 기타 3차원 투영도는 제안하고자 하는 아이디어의 스케일과 비례를 느낄 수 있도록 하는 데 도움이 된다.

식재의 특징과 주제: 이제는 대상지 곳곳에 맞는 식재의 특징과 주제에 대한 아이디어를 개발할 수 있다. 이는 식재 개념과 밀접히 관련되어 있으며 초기 단계의 디자인 아이디어를 보다 자세히 탐색할 수 있는 단계이다. 예를 들어 식재 개념이 역사성이라고 한다면, 특정 기간에 식재되었던 식물 종과 변종에 대해 구체적으로 연구하고 현재 그 식물을 공급받을 수 있는 곳에 대한 조사를 하기에 적당한 시기이다. 또한 이 단계에서는 화려하고 극적인, 부드럽고 편안한, 또는 신비롭고 이국적인 등의 식재 분위기를 개발한다거나, 강인하고 회복력 있는 식물이 필요한지, 또는 섬세하고 원예적인 식물이 필요한지에 대해 명확히 할 수 있다. 색 또는 향기같은 미적 특징이나, 낙엽 또는 겨울 색과 같은 계절적 특징을 식재 주제로 잡을 수도 있고, 그늘 제공이나 서식처 조성과 같이 기능을 만족시키는 것이 주제가 되기도 한다.

식물 목록: 식물의 생장 조건에 대한 지식 및 식재 특징이나 주제를 통해 이제까지 잠재성 있는 식재 종류의 범위를 좁혀 왔다. 이 단계는 묘목장의 자료 문건이나 참고문헌, 데이터베이스를 검토하고, 상세 디자인에 사용할 식물 목록을 만드는 단계이다. 식물 종을 선택하는 중요한 기준은 다음과 같이 요약할 수 있다.

습성과 생활 형태

- 단년생/단명, 다년생/장수, 다년생
- 초본류/소관목/관목/덩굴식물/교목
- 낙엽성/상록성

생장 조건

- 생장 및 휴면기 동안의 기온
- 강수량, 지하수, 관수

- 경사와 향
- 바람의 세기 또는 안식처(구조물, 지형, 그리고 다른 식물이 제공하는)
- 빛과 그늘(구조물, 지형, 그리고 다른 식물이 제공하는)
- 토성(양토, 점토, 모래, 백악, 석회암, 이탄 등)
- 토양 영양 수준, 배수성, 토심
- 토양의 화학적 반응(산성 또는 알칼리성)

식물의 기능들

- 그늘
- 차폐
- 생물 공학
- 식생 복원
- 야생 동물 서식처

특성과 심미적 성질

- 지역 고유의
- 이국적인
- 형태
- 질감과 선
- 꽃, 잎, 열매의 색
- 꽃과 잎의 향기
- 관상미 높은 수피
- 계절적 효과

다양한 생육 조건, 기능, 미적 특성을 가진 식물의 예는, 온대 지역의 경우 헬리오스Helios(2002)와 같은 식물 데이터베이스, 그리고 패디슨Paddison과 브라이언트Bryant(2001)의 '팔머의 교목, 관목, 덩굴식물에 관한 매뉴얼*Palmer's Manual of Trees, Shrubs and Climbers*(1994)'과 같은 참고문헌을 활용할 수 있고, 한대 지역의 경우 '교목과 관목에 관한 힐러의 매뉴얼*The Hillier Manual of Trees and Shrubs*(힐러Hillier와 랭커스터Lancaster, 2014)', 그리고 로리 맷콜프Laurie Metcalf의 '뉴질랜드의 교목과 관목 재배*The Cultivation of New Zealand Trees and Shrubs*(2011)', '뉴질랜드의 식물 재배 *The Cultivation of New Zealand Plants*(1993)', '뉴질랜드의 자생 그라스*The Cultivation of New Zealand Native Grasses*(2008)'와 같은 참고문헌 등에서 찾아볼 수 있다.

식재를 구체화하기 전 식물 종과 재배 품종 목록을 미리 확보해 두면 새로운 식물을 선정할 때마다 찾아볼 필요가 없기 때문에 설계 과정의 속도가 빨라진다. 또한 식물들을 조합하기 전에 식물들의 특성 및 설계 가능성을 시험해보는 데 도움이 된다. 식물 목록을 배열하는 편리한 방법은 크기, 대상지 영역, 식물 기능에 따라 배치하는 것이다. 그러면 소교목 또는 지피식물과 같이 특정 생장 조건과 목적을 위해 필요한 식물들을 찾을 때 적합한 목록을 참고할 수 있다.

구성 연구: 구성 연구는 신속하게 그린 그림이나 스케일에 맞게 대략적으로 그린 입면도, 단면도, 눈높이 투시도를 통해 이루어진다. 이 그림들은 의도한 구성이 중요한 조망점에서 어떻게 보일지 시각화하는 데 도움을 준다. 또한 대안이 되는 식물 배치를 미리 상상할 수 있게 해주며, 스케일이나 경계 처리, 건물 입면에서의 식물 위치 등에서 실수가 없도록 해준다. 구성 연구는 미리 그려본 대로 설계를 진행할 수 있도록 해주며, 이후 프레젠테이션을 위해 이용될 수도 있다.

구성 연구는 단계별로 진행된다. 우선 높이 구조에 대한 대략적인 배치 계획에서 통합적인 식재 영역을 선택한 다음, 높이에 따른 식물 종류를 1:100 또는 1:50 스케일의 입면도로 표현한다. 더 구체적인 식물군집은 1:20으로 표현한다. 처음에는 다이어그램 형태로 그리고 이후 형태 혹은 군식된 식물의 윤곽을 보여주기 위해 발전시켜 가며 다듬는다. 고층림, 저층소림, 관목지대, 키가 큰 초지, 키가 낮은 초지 등과 같이 부지에 제안된 주요 식생 유형에 대한 조사가 수행되어야 한다. 사람의 시선이 집중되는 곳의 관상적 배치와 식물 조합에 대한 연구도 필요하다.

식재의 입면도와 단면도는 식재 구성의 수직적 배치나 다층 구조를 쉽게 이해할 수 있는 데 유용하므로, 서로 다른 높이의 식재 밀도, 주요 수종의 상대적 위치와 비율 등을 고려할 수 있다.

강한 시각적 목적을 지닌 식재에 있어서 다음 단계는 질감과 색의 고려인데, 색이 구성의 중요한 요소인 경우에는 질감보다 색을 먼저 고려한다. 질감은 다양한 밀도와 색조를 표현하는 빗금을 이용하여 다이어그램으로 제시하거나, 잎과 줄기의 특성을 상세하게 표현하기 위해 보다 사실적으로 묘사할 수도 있다. 어떤 경우이든 질감 표현은 형태를 나타내는 윤곽선 위에 겹쳐서 표현할 수 있다.

색은 다른 스케일로 작업하거나 형태나 질감의 표현에 첨가할 수도 있다. 색연필, 파스텔 등의 도구로 그릴 수도 있고 도면에 글로 표현되기도 한다. 색은 미리 계획하기에 가장 어려운 미적 특성이다. 꽃, 열매, 잎의 자연적 색은 매우 다양하고 미묘하며 색의 배치에 의한 시각적 효과는 매우 놀랍기 때문에, 식물의 색을 이용하는 확실한 방법은 지난 경험을 활용하거나 직접 실행을 해보는 방법뿐이다. 화분에서 자란 식물을 꽃이 있는 상태에서 현장에 배치하는 것이 가장 확실하지만 언제나 가능한 방법이 아니므로 조화되는 색으로 알려진 조합이나 설계에 반복되어 사용되는 색 조합을 찾는 것이 좋다.

입면도나 투시도에서는 불가피하게 일부 식물들이 가려질 수밖에 없다. 식재 영역이 넓거나 내부 구성이 특히 중요하다면, 중요한 지점을 잘라서 보여주는 입단면도를 그려야 한다. 이들은 정면도에서 볼 수 없는 식물 층위와 그룹을 보여주고, 소림이나 큰 스케일의 식재 그룹의 층위를 이해할 수 있게 해준다. 모든 식재 영역을 대상으로 한 구성 연구가 필요하지는 않지만, 가장 중요하고 가시적인 식물 그룹을 보여주는 데 있어서는 중요한 설계 도구가 된다.

식물 종 선정하기: 스케치를 하는 동안 적합한 식물 종이 마음에 떠오를 수 있으며 도면에 식물명을 명시할 수도 있

다. 그러나 식물에 대한 광범위한 식물 지식이 없다면 설계가는 도면에 모든 식물 종을 표현하지 않는 것이 좋다. 스케치했던 식물 배치를 만족스럽게 완료한 다음 식물 목록에서 식물을 선정하는 방법이 훨씬 더 쉽다. 또한 이러한 과정은 대안 식물들을 다시 고려하여 식물 조합을 수정할 수 있게 해주며, 설계가는 특정 식물을 최종적으로 결정하기 전 다른 식물을 적용한 스케치를 다시 시작할 수도 있다. 이는 좋은 해결안을 발견할 때까지 연속적으로 시도하는 과정이다.

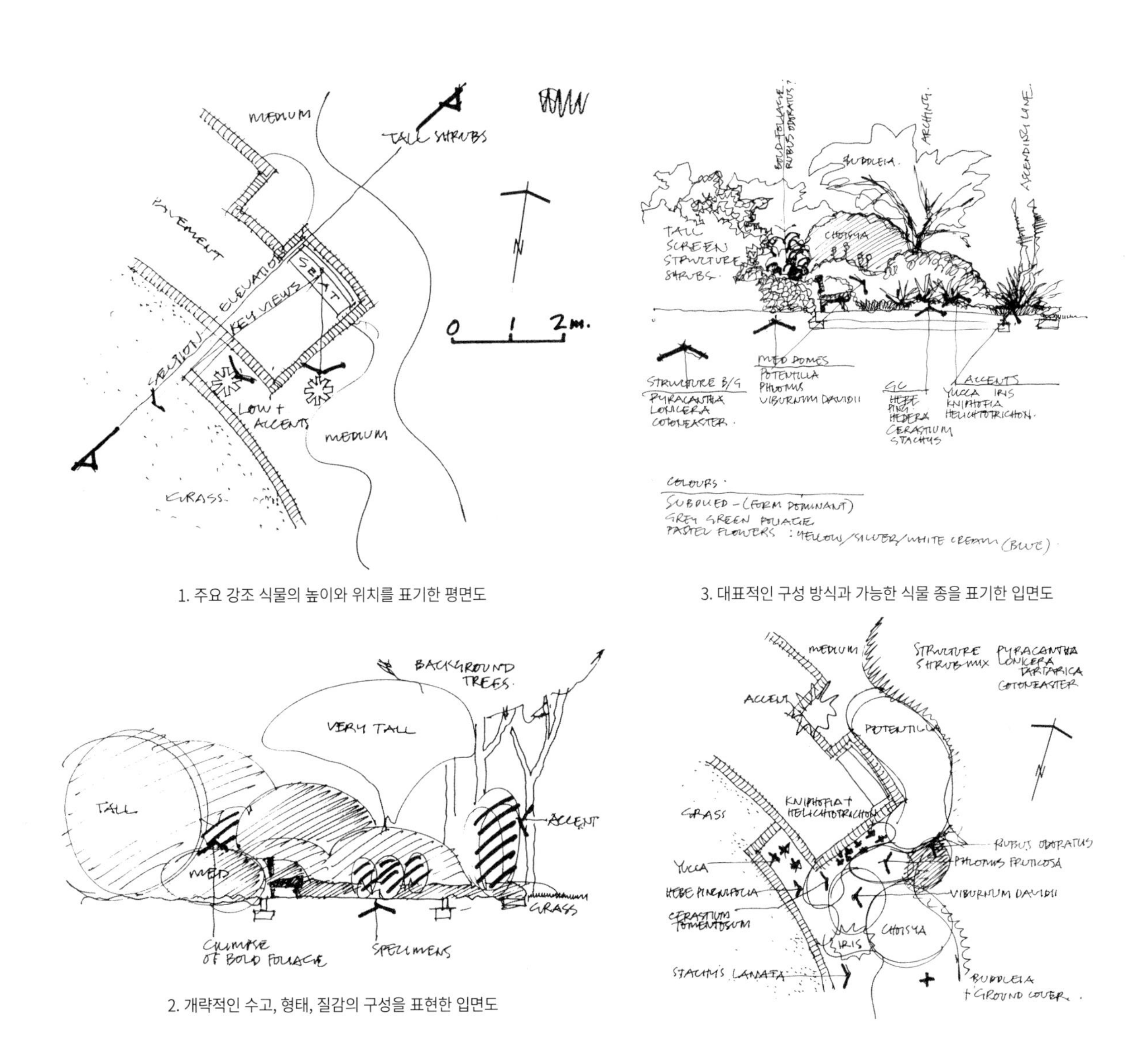

1. 주요 강조 식물의 높이와 위치를 표기한 평면도

3. 대표적인 구성 방식과 가능한 식물 종을 표기한 입면도

2. 개략적인 수고, 형태, 질감의 구성을 표현한 입면도

그림 10-20. 관상적 식물 조합을 위한 식재 구성 연구의 예시

모든 식물 및 식물 위치를 입면도와 단면도에 표현할 수 없다. 선택된 식물들은 평면도를 통해 완전하게 보여줄 수 있으며, 스케일에 맞게 그려진 평면도는 시공자와 소통하는 데 있어서 중요하다. 전체 대상지를 한 눈에 보려면 평면도가 필요하기 때문에, 구성 연구의 내용은 전체 주제와 조화될 수 있도록 평면도로 다시 전환할 필요가 있다.

시간 절약을 위해 상세 설계 시작부터 평면도로 작업하는 것을 선호하는 설계가도 있다. 이 방법을 통해 좋은 결과를 얻으려면 해박한 식재 지식과 3차원적으로 시각화할 수 있는 능력이 필요하기 때문에 입면도나 투시도를 이용하는 것이 좋다.

계절적 변화: 구성 연구는 형태와 공간을 3차원적으로 설계하는 데 도움을 준다. 이와 더불어 설계가는 시간적인 차원을 고려할 필요가 있다. 식물의 모습은 계절에 따라 변화하며 어떤 식물 종은 최고의 모습을 보여주는 시기가 매우 짧다. 예를 들어 플라타너스단풍 '월리'golden sycamore, *Acer pseudoplatanus* 'Worleei'와 아까시나무 '프리시아'golden honey locust, *Robinia pseudoacacia* 'Frisia'와 같이 잎 색깔이 아름다운 식물들은 봄에 새싹이 날 때 아름다운 색을 자랑하지만 한여름이 되면 평범한 녹색으로 퇴색된다. 식재를 통해 지속적인 흥미를 유지하고 매력적인 특징을 갖도록 하는 방법 중 하나는 꽃, 열매, 잎 색깔, 봄 새싹의 색 또는 겨울 줄기색이 나타나는 시기를 보여주는 계절표(표 10-1과 10-2)를 이용하는 것이다.

계절표는 연중 식물의 변화를 보여주고 있으며 1년 내내 끊임없이 다양한 요소들이 흥미로움을 주는 것을 알 수 있다. 만약 식물 조합에서 꽃이 중요한 요소이고 이에 대한 상세한 계획이 필요한 경우에는 꽃에만 집중된 표를 작성할 수 있다.

각 식물 종마다 꽃의 색은 글로 쓸 수도 있고 색연필이나 파스텔 등으로 표현할 수도 있다.

또 다른 방법은 식재지의 특정 부분을 선정하여 1년간 변화되는 모습의 입면을 연속적으로 보여주는 것이다. 이는 식재 디자인을 홍보하는 효과적인 방법이기도 하며, 동시에 디자이너에게는 연중 독특한 개성을 연출하고 가장 잘 조화된 전시를 위해 동시에 개화하는 식물들의 위치를 연구하는 데 도움이 된다.

상세 식재 제안서의 발표: 평면도와 스케치를 포함하는 상세 식재 설계안은 고객, 부지 이용자, 그리고 필요하다면 지역 계획가들에게 발표된다. 이는 설계의 세부 사항을 설명하는 자리이며, 원예에 관심이 많은 고객 또는 부지 이용자라면 이들로부터 의견을 듣게 되는 중요한 단계이다. 식재되는 식물의 생생한 느낌을 전달하기 위하여 현실에 가까운 형태로 그리기도 한다. 코르딜리네cordylines, 야자수palms, 나무고사리tree ferns, 포후투카와pohutukawas와 같이 특색 있는 식물들은 그림에서 눈에 띄도록 해야 한다. 고객과 이용자가 식물에 대한 지식이 충분하지 않아 식물들을 구별하지 못하고 설계가의 판단에 의지할 수밖에 없다 하더라도 상세 식재 제안서에는 일부 식물 종들의 이름을 포함하기도 한다. 한편, 프로젝트를 책임지는 지역 계획가는 제안서 승인의 조건으로 종, 규격, 간격들의 상세한 정보를 요구할 수도 있다.

보통 산업기관이나 사업단체에 속한 이용자가 원예에 관심이 없다면 설계가는 스케치 설계 단계에서 실시설계 단계로 바로 진행할 수 있다. 고객은 합의된 목적과 설계 방식이 확실히 실현되도록 설계가에게 의지하며 식물 조합의 상세한 부분들을 설계가에게 맡긴다.

표 10-1. 식물 주요시기(북반구)

종	1월	2월	3월	4월	5월	61월	7월	8월	9월	10월	11월	12월
흰말채나무 '엘레간티시마' (*Cornus* 'Elegantissima')	줄기	줄기	줄기							단풍	줄기	줄기
피라칸다 '모하비' (*Pyracantha* 'Mohave')	열매							열매	열매	열매	열매	열매
히말라야 자작 (*Betula utilis*)	수피	수피	수피								줄기	줄기
자주 맥문동 (*Ophiopogon* 'Nigrescens')	잎	잎	잎	잎	잎	잎	잎	잎	잎	잎	잎	잎
범부채꽃 (*Hesperantha* 'Jennifer')									꽃	꽃	꽃	(꽃)

표 10-2. 식물 개화시기(북반구)

종	1월	2월	3월	4월	5월	61월	7월	8월	9월	10월	11월	12월
뿔남천 '채러티' (*Mahonia* × 'Charity')	–	–										
토마시아누스크로커스 (*Crocus tomasinianus*)			–									
시베리카무릇 (*Scilla siberica*)				–								
분꽃나무 (*Viburnum* × *burkwoodi*)				–	–							
아주가 (*Ajuga reptans*)					–	–						
선탠스아부틸론 (*Abutilon* x *suntense*)					–	–						
몬타나클레마티스 (*Clematis montana rubens*)					–							
정향나무 (*Syringa velutina*)						–						
시스투스 '선셋' (*Cistus* 'Sunset')							–					
드루체백리향 (*Thymus drucei*)								–				
지면패랭이 (*Dianthus deltoides*)							–	–	–			
장미 '아이스버그' (*Rosa* 'Iceberg')							–	–	–	–		
클란도넨시스층꽃 (*Caryopteris* x *clandonensis*)									–	–		
네리네 (*Nerine bowdenii*)									–	–		

실시 설계 도면

식재 설계를 현장에 적용하기 위해서는 물리적인 조건과 식재 시 필요한 정보를 제공하는, 흔히 식재 계획도라고 하는 실시설계 도면이 필요하다. 이 식재 계획도는 다음과 같은 정보를 제공한다.

1. 건물과 구조물, 식물의 배치 계획
2. 중요한 식재 구역
3. 건물이나 상하수도관 등과 가까운 위치에 나무를 심을 경우 정확한 위치
4. 식물의 구체적인 배치 - 독립수, 집적, 표류, 블럭, 혼합 또는 매트릭스 식재
5. 모든 식물의 학명과 식재 위치
6. 각 식물 종들의 식재 밀도 혹은 간격과 수량
7. 수종의 규격 또는 수령

추가적인 정보는 시방서와 식재 일정을 통해 제공되는데, 이들 정보가 간단하다면 도면에 포함시킬 수도 있다. 가능한 모든 정보를 식재 계획도에 담으면 사무실에서나 현장에서 보기가 편리하다. 시방서와 일정을 도면에 제공하는 것은 아주 소규모의 간단한 식재 프로젝트인 경우에만 적당하다.

그림 10-21. 식재 특성과 스케일을 효과적으로 보여주는 도시 공공공간 이미지(출처: 셰필드 대학교의 아론 유Aaron Yu)

그림 10-22. 식재의 구체적 특성과 풍부함을 보여주는 스케치. 이 스케일에서는 식물 종을 구별할 수 있다.(출처: DSA 환경디자인)

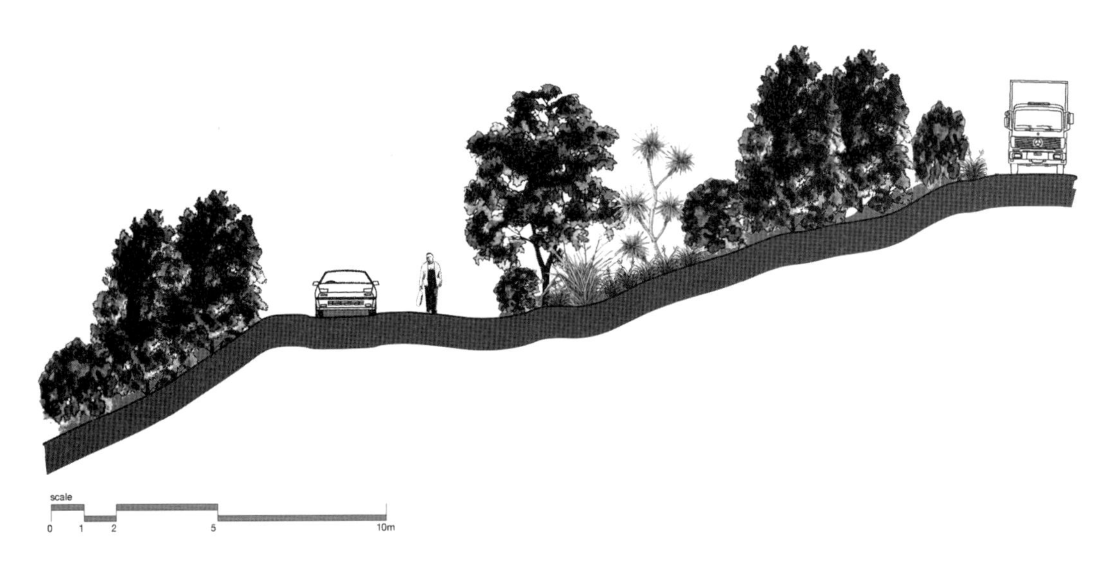

그림 10-23. 산업 부지의 구체적 식재 설계안 단면도. 식재 요소의 전반적 스케일과 다층 구조를 보여주고 있다.(출처: 닉 로빈슨Nick Robinson)

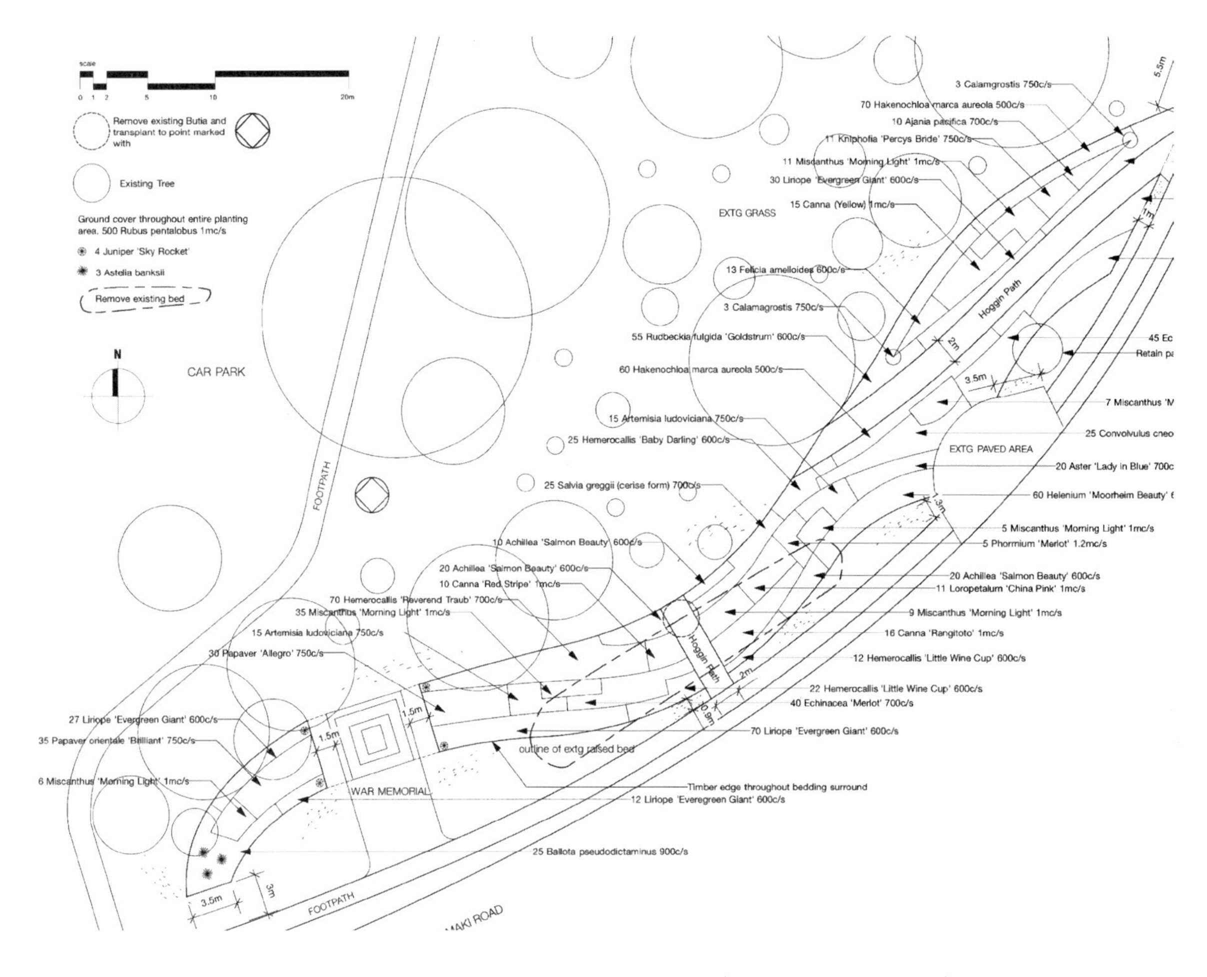

그림 10-24. 공원의 다년생 초본식물 식재 설계안. 중요한 배치 정보만을 보여주는 식재 도면의 예시(출처: 닉 로빈슨Nick Robinson)

실시설계 도면/식재 계획도의 기능은 시공자에게 설계에 대한 깊은 인상을 주기 위한 것이 아니라 지침을 제공하는 것이다. 식재 계획도는 기술적인 지침서이기 때문에 설계 프레젠테이션에서나 필요할 화려한 표현이나 불필요한 정보를 없애고 정확한 정보를 명확하게 전달할 수 있어야 한다. 가장 좋은 실시설계 도면은 군더더기 없이 필요한 정보만을 담은 도면이다. 한편으로는 식재 계획도가 단순히 실시설계 도면 이상의 기능을 하므로 스타일도 거기에 맞게 수정될 수 있다는 시각도 있다. 예를 들어 개인주택 프로젝트의 경우 고객을 위해 식물에 대한 상세한 설명을 실시설계 도면에 함께 제공할 때도 있다. 이런 경우에는 식물의 크기, 특징, 위치를 잘 보여줄 수 있도록 그래픽을 사용하는 것이 좋다. 이렇게 그래픽으로 된 식재 계획도는 스케일이 충분히 커야 더 효과적이다. 식재 계획 평면도의 단점은 식물을 그룹별로 표현하기 때문에 크기가 다른 식재가 겹쳐진 것은 표현되지 않는다는 것이다. 예를 들어 대형 관목 및 교목들 아래에 구근류나 지피식물이 넓게 펼쳐져 있는 경우에는 이를 동시에 표현하기 어렵다. 따라서 이런 경우에는 한 도면에 비슷한 높이를 갖는 층위의 식재를 표현하기도 한다.

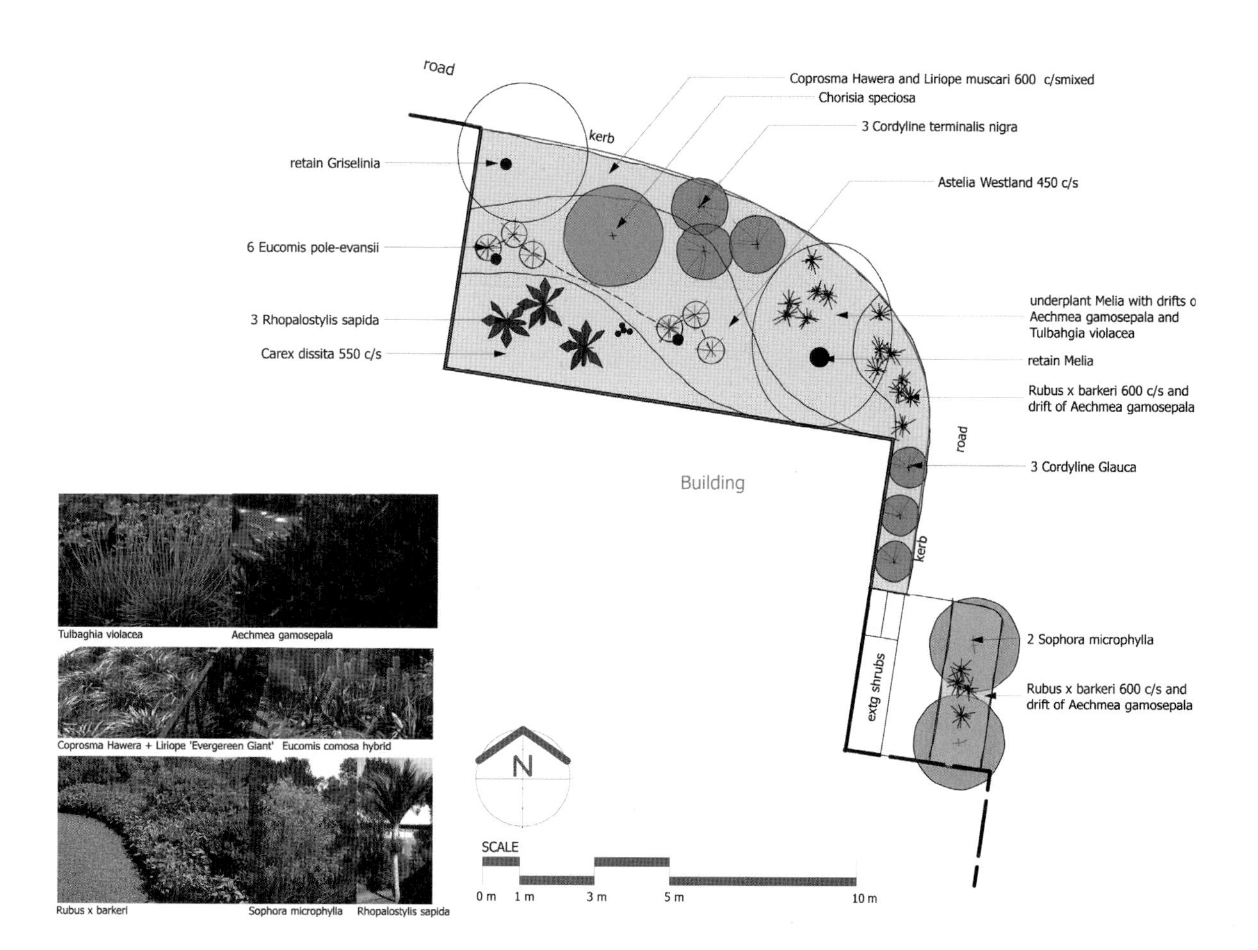

그림 10-25. 레크리에이션 복합공간의 식재 설계안. 의뢰인의 승인을 위해 간략히 작성된 평면도로서 수량 작업 이전의 도면이다. 구체적인 식재 방식 뿐 아니라 사진 및 기호를 통해 식물 종과 디자인 특성을 보여준다.(출처: 닉 로빈슨Nick Robinson)

식재 배치기술: 지면에 식물을 어떻게 배치하고 이를 평면도에 어떻게 표현하는가는 디자인 특성에 있어서 매우 중요하다. 이는 식물 유형과 스케일에 따라 다르지만 다음과 같은 네 가지 기본적인 방법이 있다.

1. 개별 위치 표시 - 점, 십자 모양이나 기타 기호로 개별 식물의 위치를 표시한다. 군식을 표현하기 위해 개별 기호를 그룹으로 표시하거나 같은 종류를 분산시켜 표현하기도 한다.
2. 표류식재 - 같은 종류의 식물로 채울 식재 영역을 표시한다. 주어진 간격(중앙은 c/s, ctrs, c/c로 표시한다.)이나 밀도(제곱미터당 개수는 /㎡ 또는 m^{-2}로 표시한다)로 식물 수량을 나타낸다. 이것을 블록 식재라고 부르기도 한다.
3. 혼합식재 - 주어진 간격에 따라 다른 종들을 혼합하여 채울 영역을 표시한다. 서로 다른 종들의 배치는 무작위—실무에서는 다소 균일하게 혼합함을 의미한다—와 가깝게 같은 종을 그룹지어서 식재하고 그룹의 크기를 표기한다. 식물 종의 혼합은 단순히 두세 개—구성의 단위로서 매우 효과적이다—일 수도 있고 훨씬 복잡하게 혼합할 수

있으나, 아무리 넓은 영역이라 할지라도 최대 15~20종을 넘지 않는 것이 좋다.

4. 모듈식재 - 식재 매트릭스라고도 불린다. 편리한 규격의 단위를 반복하여 구성하는 것으로서 큰 스케일로 상세하게 표시한 후 부지 전체에 반복하여 그린다. 지나치게 반복되는 패턴을 피하고 싶다면 모듈을 무작위로 회전시키거나 변형할 수도 있다. 하나 이상의 모듈을 사용함으로써 보다 다양하고 자연스러운 모습을 연출할 수 있다.

위에서 언급한 네 가지 방법은 단독 또는 병행하여 사용함으로써 융통성 있게 식물 배치를 할 수 있다. 특히 개별 식물과 소규모 그룹 식물을 하층부의 표류식재 또는 혼합 패턴과 조합하면 규칙적인 리듬감을 살리거나 여기저기 흩어져 있는 자연스러운 느낌을 연출할 수 있다. 큰 스케일의 혼합식재에서 식물 종들을 보다 세심하게 배열하는 방법은 많이 있는데, 이는 3부에서 식생 복원, 소림, 관목지대, 초지 식재 등과 관련하여 고찰할 것이다.

어떤 디자이너는 매우 복잡한 식재 혼합체를 구성할 때, 다층 구조의 각 층위를 서로 다른 도면으로 보여주기도 한다. 이는 건물의 각 층을 표현하는 것처럼 부지에 식물의 위치를 표시하기 위해 기준점을 사용하면서 서로 일치하도록 한다. 이는 식물 배치와 관련된 복잡한 문제들을 보다 쉬운 구성 부분으로 나누는 장점이 있다.

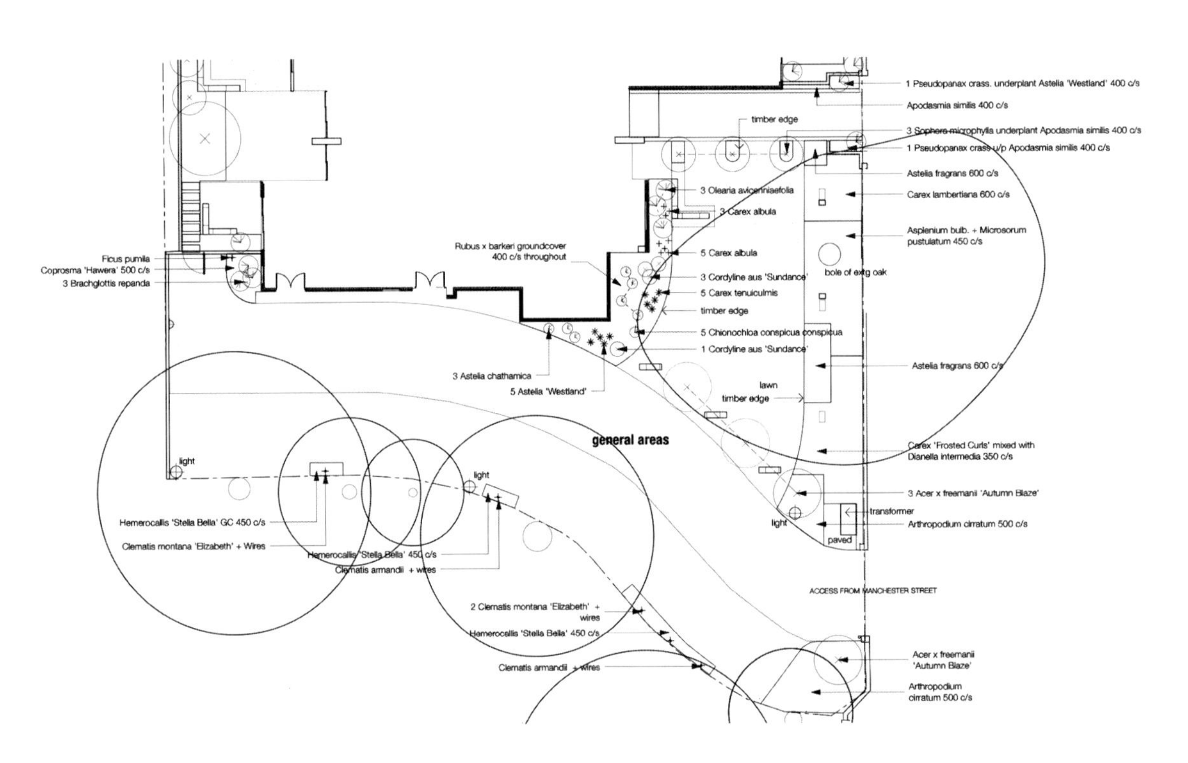

그림 10-26. 단일 종의 군식 영역, 지피식물 혼합식재, 개별 식재된 강조용 관목으로 구성된 아파트 단지 설계안. 평면도 오른쪽 위 건물 입구 가까이의 식재는 스케일이 더 작음을 알 수 있다.(출처: 닉 로빈슨Nick Robinson)

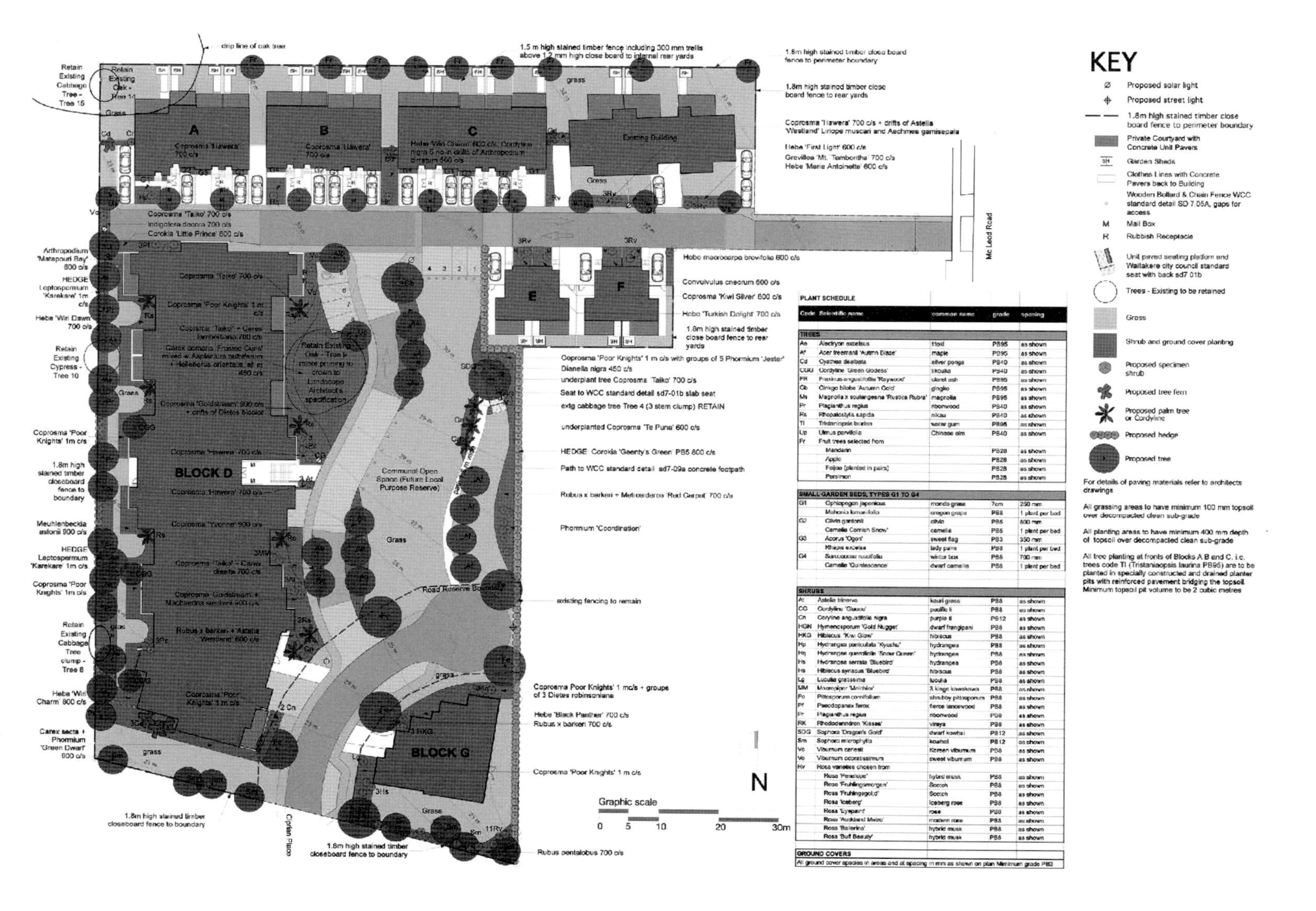

그림 10-27. 계획 승인을 위한 연립주택 개발 식재 계획도. 단일 종 군식, 두세 개 종의 혼합식재, 표본식재 방식이 사용되었다. 식물명과 위치가 도면에 표기되었으며, 식재 수량표는 크기와 사용된 약어를 설명한다.(출처: 닉 로빈슨Nick Robinson)

큰 스케일의 평면도라 할지라도 모든 식물의 개별적인 위치를 표현하는 것은 불필요하고 귀찮은 일이다. 이런 경우에는 식물 배치 방법을 글이나 그래픽 예시로 표현할 수 있다. 식재영역 중 주연부의 배치는 주제 표현의 측면에서 중요하고 때로는 설명이 필요하다. 이때 필요하다면 글로 설명할 수도 있고 평면도에 치수를 통해 나타낼 수도 있다. 코드나 부호는— 특히 현장에서는— 읽기 불편하기 때문에, 모든 종에 대한 완전한 식물 목록을 도면에 직접 표시해주는 것이 좋다. 이와 같이 범례를 사용하는 경우 실수 위험을 줄일 수 있다. 일을 쉽게 진행하기 위해 현장의 시

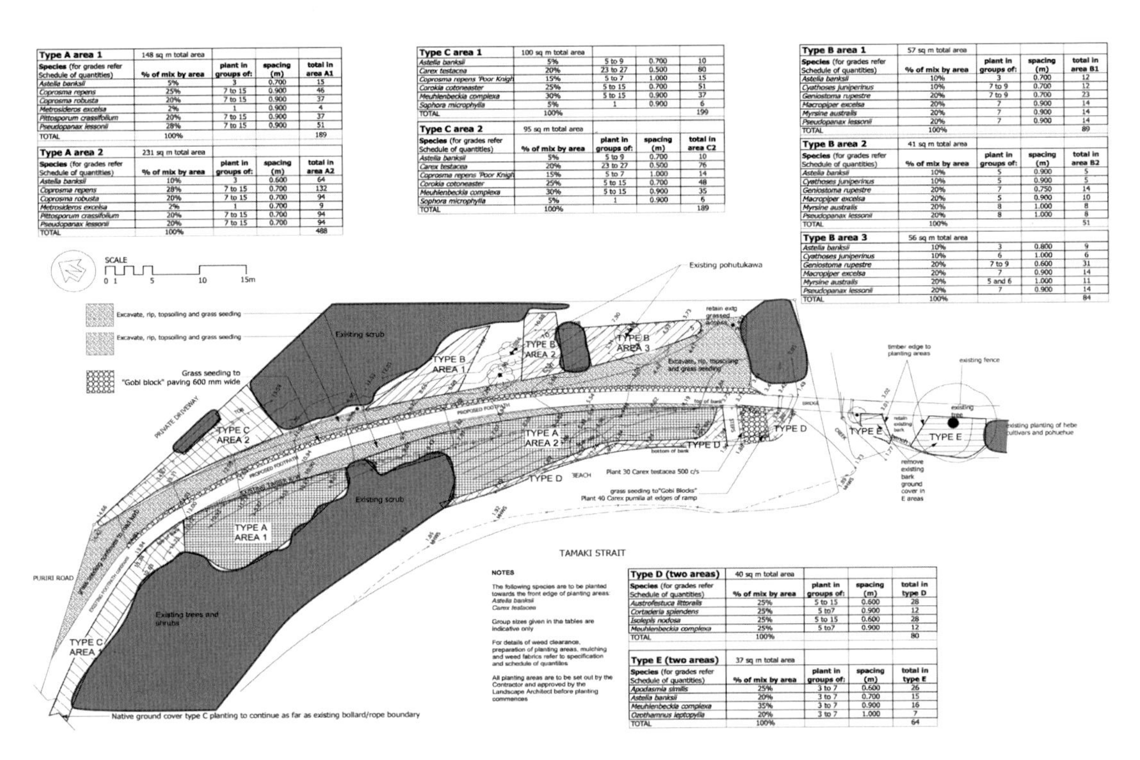

그림 10-28. 뉴질랜드 해안 보존구역의 관목지대, 해변 서식처 식재를 위한 실시 설계 도면. 5개의 혼합식재가 이용되었으며, 각각의 혼합식재를 설명하는 표는 퍼센트, 그룹 사이즈, 간격, 총량을 보여준다. 11장 대규모 식재는 혼합식재가 특정 대상지 디자인에 어떻게 이용되는지에 대해 설명한다.
(출처: 닉 로빈슨Nick Robinson)

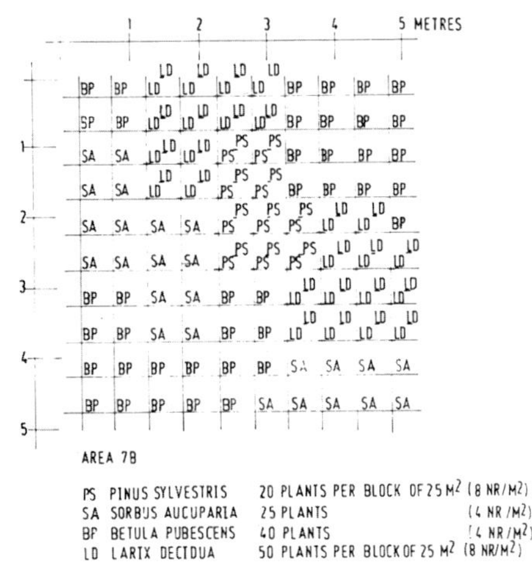

그림 10-29. 소림 식재를 위한 모듈의 예
(출처: 조경가 이안 화이트Ian White)

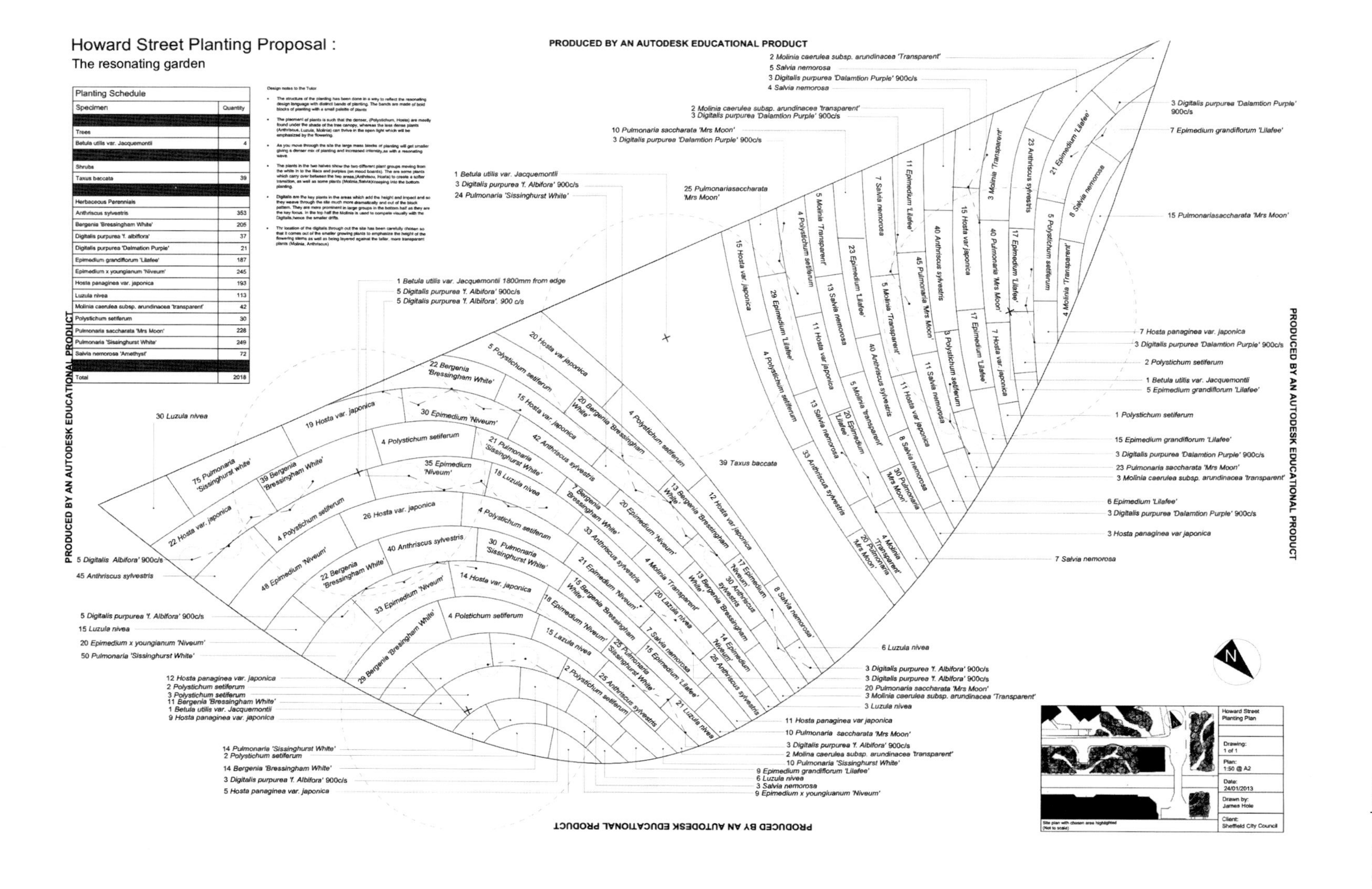

그림 10-30. 공공 정원을 위한 식재 설계안. 식물명과 수량을 군식 영역 안에 표기함으로써 여러 개의 지시선을 없애고 가독성을 높였다.(출처: 셰필드 대학교의 제임스 홀James Hole)

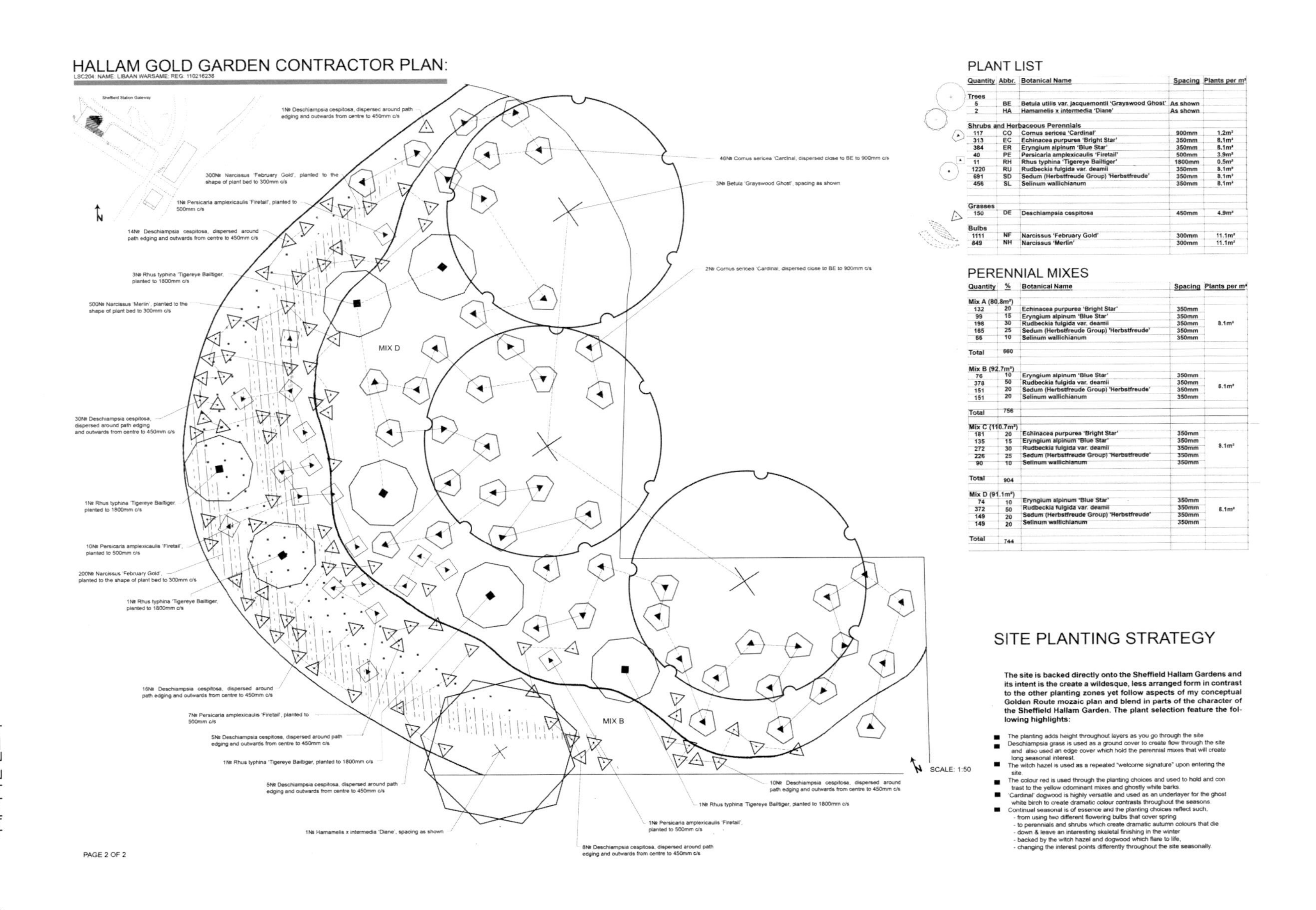

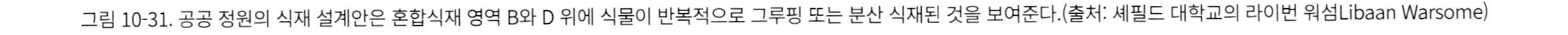
그림 10-31. 공공 정원의 식재 설계안은 혼합식재 영역 B와 D 위에 식물이 반복적으로 그루핑 또는 분산 식재된 것을 보여준다.(출처: 셰필드 대학교의 라이번 워섬Libaan Warsome)

공자들이 작업 전 직접 도면에 식물 이름을 다시 적는 경우가 많다. 따라서 이러한 불편함이 없도록 설계가가 미리 명칭을 쓰는 것이 좋다.

식재를 평면도에 표현하는 다양한 기술들의 조합은 스케일과 식재 특성에 맞게 적용된다.

소규모 식재: 정원과 중정 같은 소규모 공간은 개별 및 집적식재가 포함된 표류 식재를 주로 사용하여 디자인하며, 가끔 보다 상세한 작업을 위해 개별 또는 모아심기한 식물이 표현되기도 한다. 혼합식재 역시 사용될 수 있는데 이는 자연스러운 느낌을 연출하거나 소규모 서식처를 조성할 때 유용하다. 관상용 식재를 도면에 표현할 때에는 주로 식물의 개별적인 위치를 나타내거나 식재 영역을 표현하는 것이 일반적이다. 정원이나 중정에서 상세함이 필요한 영역은 1:50 척도를 사용하는 것이 좋으며, 그 외 영역은 1:100 척도가 적당하다.

대규모 식재: 식생 복원, 서식처 디자인, 공장이나 물류사업 부지 같은 대규모 식재는 일반적으로 혼합 식재 방법을 이용한다. 혼합 식재에도 다양한 방법이 있으며, 덤불지대, 소림 주연부, 고층림, 평원과 같이 서로 다른 조건이나 서식처에 맞게 디자인 될 수 있다. 식재 평면도는 1:250, 1:500 또는 1:1,000의 척도가 적당하다. 혼합 식재는 바람직한 설계안을 결정한 후 이를 넓은 영역에 반복 사용하고 그 배치 방법을 평면도에 노트 형식으로 설명할 수 있기 때문에 대규모 식재 시 시간 절약에 큰 도움을 준다.

식재 단위를 반복하는 방법 역시 넓은 영역의 식재에 유용하다. 건조지, 습지, 배수가 좋지 않은 지역 등 서로 다른 조건 또는 서식처에 맞는 식재 단위가 디자인 될 수 있다.

혼합 식재 또는 식재 단위에 추가하여 단일 교목이나 전략적인 식재 그룹을 표현함으로써 보다 세심하고 조절된 느낌을 제공할 수 있다. 혼합 식재 및 매트릭스 단위의 디자인 및 세부 사항은 구조 식재를 다루는 11장에 설명되어 있다.

중규모 식재: 스케일이나 식재 특징에 있어서 관상용 식재와 외곽지 식재 사이의 중간 정도인 식재 방식을 구분하는 것도 유용하다. 가로, 광장, 공원 등에 적용되는 식재가 이에 해당되는데, 보통 외래종의 비율이 높으며 소위 도시경관 식재라고 불리기도 한다. 보통 1:250이나 1:200 스케일로 표현되며, 관상용 식재와 유사한 그래픽 기술이 주로 이용되지만 관목 중심의 혼식을 더 많이 사용하는 것이 특징이다. 단조로울 수 있는 넓은 영역의 식재지에는 이러한 혼식이 다양성을 도입하는 데 경제적이고 적합한 방법이다.

시방서

대부분의 프로젝트에서 식물 및 기타 재료의 품질과 식재 준비 및 처리법을 글로 설명하는 시방서가 식재 계획도를 보완하는 역할을 한다. 시방서는 식재 계약서에 포함되며 현장에서는 직접적인 작업 지시서가 된다. 시방서 및 계약서 작성을 위한 구체적인 법적 사항은 본서의 주제를 벗어난 일이다. 일반적으로 국가마다 전문 협회나 기관에서 조경 계약과 시방서에 관한 정보를 제공한다.

실행 단계 - 설계안의 개선 및 적용

설계안을 현실화시키기 위해서는 전문적인 조경회사나 조경 팀을 갖고 있는 대형회사, 공공기관의 인력 팀 등에 의한 조경 서비스가 필요하다. 전문 업체와의 계약으로 일이 진행되면 일반적으로 조경가가 식재 작업과 관련된 모든 관리 감독의 책임을 지기 때문에 설계안의 적절한 이행을 확신할 수 있는 장점이 있다. 식재 업무가 별도의 인력 조직에 의해 수행되는 경우에는 조경가가 현장 작업자와 공식적인 관계를 갖지 않지만, 설계가는 시공 과정에서 영향력을 일부 가질 수도 있다.

최근 규모가 큰 조직에서는 계획 및 고객 관리, 현장의 운영관리를 담당하는 프로젝트 매니저로서 조경가가 아닌 사람을 별도로 고용하는 경향이 많아졌다. 이는 조경가가 작업 전체를 감독하며 문제를 파악할 수 있는 기회에 제약이 되고 있다. 이러한 공사 관리의 최근 변화에도 불구하고 조경가는 실무에 대한 강한 이해를 가져야 하며 식물의 식재 및 관리에 필요한 여러 기술에 익숙해야 한다. 이러한 지식을 통해 실질적인 작업 과정 및 전문 시공자의 요구사항을 이해할 수 있다.

식재

식재 작업은 일반적으로 식재 기간 동안 수개월이 소요된다. 대형 프로젝트나 또는 대상지 중 초기 작업이 불가능한 부분이 포함되어 있다면 그 다음 식재 기간에 시공될 수도 있다.

설계안을 구체화하고 작업하는 동안에 흔히 발생하는 예측하지 못한 문제들을 해결하기 위해서 시공하는 동안 설계가는 많은 결정을 해야 한다. 시공 단계는 설계안을 상세화하고 어떤 경우에는 수정하는 기회가 될 수도 있다. 시공 도면대로 엄격히 적용하는 것이 경제적이고 수월할 수는 있지만, 설계가가 원한다면 현장에서 식물 배치를 수정할 수도 있다. 실제 시공도면의 일부 식물의 위치를 변경하여 조경가가 현장에서 위치를 결정하는 것은 흔히 있는 일이다. 설계 단계에서는 예측할 수 없는 현장 및 공사 상황이 있을 때 이러한 융통성이 더욱 필요하다. 예를 들어 지하 매설물의 정확한 위치는 식재 작업 시 현장에서 정확히 파악할 수 있으며, 그런 후에만 교목 식재를 위한 적정 간격을 결정할 수 있기 때문이다. 현장에서의 조정은 단순히 미적인 목적만으로도 이루어질 수 있다. 정확한 위치가 중요한 초점 식재의 경우에는 설계가가 직접 현장에서 위치를 판단하고 결정하는 것이 좋다. 가로수 등 기타 정형적인 식재의 경우에도 최소한 현장에서 위치를 꼼꼼하게 확인해야 한다.

정착 및 수정

모든 식물은 식재 직후 1~3년 사이에 정착 또는 사후 관리 단계를 필요로 한다. 생애 주기 중 취약한 단계 동안에는 식물들이 잡초, 악천후, 병충해 등의 피해를 받지 않도록 해야 한다. 조경 계약에서 정착 단계는 식물하자 책임 기간과 유급 사후 관리 작업의 두 부분으로 구성된다.

식물 하자 책임 기간에는 식물이나 재료, 잘못된 작업 때문에 발생하는 모든 하자에 대하여 시공자가 무상으로 책임져야 한다. 이는 식물의 생장 기간 후 유실된 식물을 대체하는 것도 포함한다. 시공자는 반달리즘 같은 특수한 상황을 제외하고는 식물 하자 책임 기간까지 식물이 건강한 성장을 할 수 있도록 관리할 책임이 있다. 이후 사후 관리 작업은 잡초 제어, 관수, 전정, 생울타리 다듬기, 잔디 깎기, 작업 후 잔존물 청소 등의 정기적인 관리 작업으로 구성된다. 성공적인 정착을 위하여 이들은 모두 중요한 작업이며, 이러한 작업 없이 식물이 성공적으로 성장하기를 기대할 수는 없다.

정착 단계의 주 목적은 교목들이 잘 펼쳐진 수관을 갖게 하고 교목, 관목, 초본식물을 포함하여 모든 식물이 활력 넘치고 건강하게 성장하도록 하는 것이다. 설계가에게 있어서 사후 관리 기간은 원래 식재 주제의 성공 여부를 검토하기에 좋은 시기이다. 이 때 보완을 위한 추가적인 식재가 필요한 곳을 발견하게 된다. 단지 모퉁이에 나무 몇 개를 이식하거나 교목 밑에 구근류 식재를 추가하는 정도만으로도 의도한 설계 주제를 표현하는 데 있어 적지 않은 기여를 할 수 있다. 이 단계에서 초본식물의 경우에는 새로운 식물을 도입하기 보다는 식재 위치를 바꾸어 심을 수 있다. 식물의 초기 성장과 정착 단계 동안 실행하는 식재의 수정은 창조적 과정의 중요한 부분이다. 수정을 통해 식물 조합의 완전한 정착을 보장하고 디자인의 마지막 다듬기가 완성된다. 이는 프로젝트 계획 단계에서부터 준비되어야 한다. 식물을 변경하고 추가하는 융통성을 갖추기 위해서는 추가 식재를 위한 예산을 사전에 확보하고 이는 프로젝트에서 필수 사항임을 고객과 시공자가 이해하도록 해야 한다.

관리

설계가가 구상했던 식재의 최고 효과는 관리 단계까지 도달하는 경우에만 성취될 수 있기 때문에 관리자가 설계가의 의도를 얼마나 잘 해석하였는가에 따라 식재의 성공 여부가 결정된다. 식재 관리 단계는 정착 단계가 끝나면서 시작하여 식물이 대상지에 존재하는 한 계속되는 기간이라고 할 수 있다. 관리는 대상지를 청소하고 잡초나 해충을 제거하는 등의 정기적, 반복적 작업과 잔디깎기, 전정, 고사한 식물의 대체와 같은 계절적인 작업 등을 포함한다.

또한 관리는 중요한 설계 도구이다. 풍부하게 식재된 경관의 질은 원래의 설계만큼이나 창조적인 관리가 영향을 미친다. 전정, 간벌, 보식 혹은 자연스러운 느낌이 나도록 하는 일에 이르기까지 관리는 식물 생장을 조절하고 형태를 잡는 역할을 한다. 전정은 식물이 지닌 가장 매력적인 특성을 강화하거나 선호하는 식물을 위해 다른 식물의 성장을 억제하기도 한다. 간벌은 다른 식물을 위해 특정 식물을 모두 제거하거나, 중앙에 빈터를 만들거나 밀도를 줄임으로써 소림의 공간적 특성과 구조를 변화시킬 수 있다. 보모식물이 정착을 이룬 후 장기적인 성공에 도움을 주면서 경관에 중요한 식물들을 도입할 수 있다. 이러한 2차 단계의 종들로는 뉴질랜드 숲의 나한송podocarps과 생장이 느린 활엽수 등이 있다. 숲 속 지피층에서 그늘과 습기를 좋아하는 식물들은 초기 정착 식물이 적절한 미기후를 만든 후에 도입하는 것이 좋다. 이러한 예로는 낙엽수림의 초본이나 상록 열대우림의 양치식물ferns 등이 있다.

수명이 긴 교목과는 달리 모든 식물은 예측 가능한 관리 기간 내에 일종의 재생산이 필요하다. 이는 식물 생육에 적당한 조건을 제공함으로써 새로운 식물이 스스로 발생할 수 있게 하거나, 정지, 밑동자르기coppicing 또는 특정 종의 보식을 통해 통제할 수 있다. 초본류와 수명이 짧은 관목은 5~10년 간격으로 나누어 보식할 필요가 있다. 수명이 긴 관목과 교목은 단기간의 주의가 필요하지 않지만, 나중에 식물이 한꺼번에 늙어 죽는 것을 방지하기 위해서는 초기에 수령별로 다양한 구조를 갖도록 개발하는 것이 좋다. 또한 식재된 식물과 우연히 유입된 종이 어느 순간 번성하는 경우도 있는데 이는 예상하지 못한 식물의 자발성으로서 매우 기분 좋은 효과에 해당한다. 따라서 인위적인 제어와 식물의 자생성이 적절히 균형을 맞추도록 하는 것이 현명한 관리이다.

경관 관리는 창조적인 변화와 정기적인 재설계를 포함한다. 설계가의 의도가 잘 실현되기 위해서는 관리자의 감각이 중요하다. 설계가 입장에서 관리에 참여할 수도 있는데, 관리 계약서에 수행되어야 할 관리 작업과 설계 목적을 구체적으로 명시하여 작성하고 설계가가 현장에서 감독을 하는 것이 가장 바람직한 방법이다.

관리 계약은 보통 기간제 계약이며 3~5년 후 갱신된다. 이러한 일정은 적어도 관목과 초본 식재가 두 번째 관리 계약 말이 되기 전에 성숙 단계에 이르는 것을 볼 수 있게 해준다. 교목은 완전히 성장하려면 50~100년이 걸리겠지만 이 단계가 되면 식물 구성에 있어서 효과적인 역할을 할 수 있을 정도로 성장한다. 관리 계약의 한 두 기간 후에는 고객과 관리자에게 설계가의 의도를 보여줄 수 있으며 필요하다면 그들에게 책임을 넘길 수 있다.

설계가가 관리 계약을 담당하지 않는다면 관리자가 사용할 수 있도록 작업 프로그램 개요와 시방서가 포함된 관리 계획서를 작성하여 제공하기도 한다. 여기에는 필수적인 작업 내용뿐만 아니라 계획된 식물의 형태와 특징에 대한 완전한 설명도 포함되어야 한다. 관리 작업에 대한 전반적 방향을 감독하고 중요 결정에 도움을 주도록 관리자와의 정기적인 회의를 갖는 것도 좋다. 지속적인 참여가 불가능하다면 정착 단계 후 고객에게 현장에 대한 책임을 넘길 때 관리자가 식재 의도를 이해하도록 하는 것이 설계에 투자되었던 시간과 비용을 보전하는 방법이다. 보통 관리자가 도식화된 관리 보고서를 제출하고 설계가에게 질문하는 회의 형식을 취한다. 유사한 특징을 갖는 완성된 타 프로젝트 부지를 방문하는 것도 도움이 된다.

디자인 과정을 통한 학습

지금까지 설계의 착수, 분석, 종합 및 시공이라는 일련의 과정을 살펴보았다. 설계가의 비전을 실현하는 것은 설계가로서 가장 보람 있는 일이다. 이는 또한 큰 교육 과정이기도 하다. 설계안이 현장에서 만들어지고 성장하는 것을 보면서 성공과 실수로부터 가치 있는 교훈을 얻기도 한다. 완성된 작품을 평가하는 것은 설계가가 문제를 해결했는지, 그리고 설계 목적을 성취했는지를 발견하는 가장 좋은 방법이다.

따라서 설계는 단지 시공으로 끝나지 않는다. 설계가는 실현된 설계로부터의 교훈을 다음 프로젝트의 과정에 투입해야 한다. 이런 의미에서 설계는 순환 과정이다. 완성된 디자인에 대한 관찰과 평가는 다음 단계에 영감을 주고 아이디어를 제공할 수 있다. 이러한 창조적 순환은 하나의 설계 프로젝트에서 다음 프로젝트로 이행될 뿐만 아니라 설계 과정의 단계 사이에서도 작동한다. 이는 아이디어를 만들고 대안을 선택하는 과정에서 발생한다. 하나의 순환 과정에서 분석과 종합 모두가 진행된다. 라소Laseau(2000)에 따르면 설계 과정은 생각을 줄이고 확장시키는 일이 반복되는 작업이다: 설계 과정은 최종 해결을 찾기 위한 대안들을 줄여 나가는 과정이기도 하지만 동시에 가능성을 확장하기 위해 고심하는 작업이다. 해결을 위해서는 한 목표를 위해 매진하는 집중력이 필요한 반면, 가능성을 찾는 작업은 즐기는 마음으로 탐구하는 태도에서 나오게 된다. 이러한 상호보완적인 두 능력을 균형 있게 발휘하는 것이 아마도 창의성의 핵심일 것이다. 이 두 능력이 서로 공존하고 보완될 수 있도록 한다면, 문제 해결 과정은 하나의 탐험이 되며 혁신적인 탐험을 통해 창의적인 해답을 얻을 것이다.

제3부
실제 적용

11

대규모 식재

서론

마지막에 해당하는 제3부에서는 식재 디자인의 세부적인 사항을 다루는 실제적인 측면을 살펴보고 다음과 같은 질문에 답하려 할 것이다. 여러 가지 유형의 식재에 가장 적합한 식물 소재 선택의 범위는 무엇인가? 그리고 우리는 이와 같은 식물들을 어떻게 효과적이면서도 창의적인 방식으로 배치할 것인가? 이 과정을 통하여 우리는 서로 다른 식재 목적과 대상지들에 적합한 식물의 선택 및 적용과 관련된 디자인 기법들에 대하여 기본적인 방침을 세울 수 있게 될 것이다. 부지 정비 및 식재 기술과 같이 경관 조성과 관련된 현장 기술을 다루는 것은 이 책의 범위를 벗어나며, 이와 같은 사항들에 대하여 독자는 원예 및 수목 재배 기술과 관련하여 출판된 많은 좋은 책들을 참고할 수 있다.

대규모 식재와 소규모 식재

경관과 정원 디자인의 경우 여러 가지 규모의 작업이 연속해서 나타나는 것은 당연한 일이다. 그러나 농지, 산업부지, 개발지역과 같이 넓은 지역을 지닌 대규모 대상지와 도심, 마을 공동체, 사적인 공간과 같이 소규모 대상지에 적용되는 디자인 접근법과 기술에는 현저한 차이점이 존재한다. 물론, 대규모와 소규모 작업이 혼재되어 있는 곳은 중간규모의 접근법과 기술을 따른다.

대규모 식재는 거의 항상 경관과 커다란 정원의 공간을 설정하고 생태적 기본 틀을 형성하는 구조적 기능을 수행한다. 이와 같은 기능을 수행하는 식생은 숲, 소림, 자연풍 생울타리, 관목림과 같이 다양한 유형을 보여준다. 초원, 습지, 그 밖의 초지들 및 황야지대, 황무지, 이탄지와 같이 낮게 자라는 군집들 또한 중요하다. 이들은 물리적·시각적으로 경관을 가로막지 않은 채 사람들의 접근을 제한하거나 넓은 간격을 형성하면서 서로 다른 경관과 토지이용의 특성이 드러나도록 하고 키가 큰 식생 무리와 대비되는 개방성을 부여한다. 이들은 또한 그 자체로 식물과 동물의 서식처가 되어 생태계가 기능할 수 있도록 하는 잠재력을 지니고 있다.

정원, 공원, 가로, 광장, 중정, 옥상과 같이 소규모 공간에서 나타나는 식재는 시각 및 다른 감각적 흥미를 제공하고 가까운 거리에서 심미적인 자극을 일으키면서 흔히 관상적인 기능을 수행한다. 소규모 식재는 또한 바닥과 벽면을 꾸미고 공간을 분할, 연결, 통합하면서 소규모 공간들을 조율하기도 한다. 이와 같은 소규모 식재의 형태는 정형적, 비정형적 또는 자연형일 수 있고 대규모 식재와 마찬가지로 꽃의 수분을 도와주는 곤충, 새, 기타 야생동물을 위한 소중한 서식처를 제공하는 데 기여할 수 있다.

본 장에서는 대규모 식재를 다루고 있고 다음 장에서는 소규모 식재를 다룬다. 두 가지 식재 사이에는 차이점이 존재하지만 기능, 성격, 기술적인 측면에서 서로 중복되는 영역이 존재한다. 예를 들어, 넓은 지역에 걸쳐 발생하는 초지에 적용되는 디자인 접근법은 공원과 정원의 보다 작은 공간에 적용가능하고, 습지와 관목지대 또한 보다 작은 규모의 빗물 정원과 연못 조성에 응용할 수 있다.

식재 디자인과 관련된 책에서 '구조'는 자주 등장하는 용어인데, 디자인 과정을 구체적으로 검토하기 전에 이 용어의 서로 다른 쓰임새를 분명히 해둘 필요가 있다. 첫째, '구조 식재'는 대체로 한 대상지의 공간적 기본 틀을 형성하는 대규모와 중규모의 교목 및 관목 식재를 가리킨다. 하지만 '구조 식물'은 초본식물로 구성된 식재 혼합체에서 보다 지속적이면서 튼튼한 다년생 식물을 묘사하는 데 쓰인다.(예, 우돌프Oudolf와 킹스버리Kingsbury, 2013) 마지막으로 우돌프를 비롯하여 다른 이들은 휴면기 동안 사라지는 잎들에 비해 계속해서 그 형태를 유지하는 줄기, 꽃대, 일부 잎들을 강조하기 위하여 자주 식물의 겨울철 '구조'를 언급한다. 이상의 세 가지 용법은 금세 사라지는 일시적 효과와 달리 오래도록 남아 있는 구성 요소라는 공통점을 지니고 있다.

우리는 대규모 식재 중 가장 높고 복잡한 경관 요소를 지니고 있는 숲forest과 소림woodland을 먼저 검토할 것이다. 그 다음으로 관목 식재, 생울타리와 자연풍 생울타리, 가로수, 유인형을 다룰 것이고 마지막으로 초지 및 초본식물에 기초한 혼합체를 고려할 것이다.

숲과 소림

무어Moore 등은 '정원의 시학*The Poetics of Gardens*(1988)'에서 "새로운 나무 한 그루를 심는 것은 희망의 길을 여는 가장 고귀한 행위 중 하나다"라고 밝혔다. 경관 디자이너로서 우리는 새로운 숲과 소림에 수천 그루의 나무를 정착시킬 수 있는 기회를 지니고 있다. 장기적이면서도 환경적인 관점에서 본다면 이와 같은 일은 특히, 유럽과 뉴질랜드에 상당수로 존재하는 황폐화된 숲 경관을 고려할 때 우리가 수행하는 작업들 중에서 가장 중요한 부분이라고 할 수 있다. 새롭게 들어설 숲과 소림의 범위는 규모면에서 잡목림 또는 수백 평방미터에 지나지 않는 작은 숲에서부터 수백 헥타르에 이르는 연속적인 숲이 될 수도 있는데, 이들은 농촌지역과 도시 외곽 지역 특히 점차 늘어나고 있는 도시 재생지역에 조성 가능하다. 도시 숲과 도시 소림은 다수의 사람들 가까이에 있고 그들의 일상생활 중 일부를 형성하고 있다는 측면에서 특별한 중요성과 사회적 가치를 갖고 있다.

이와 같은 점은 1980년대 영국의 워링턴Warrington 신도시 계획에서 충분히 검토된 바 있는데(트리게이Tregay와 구스타프슨Gustavsson, 1983), 여기에서는 소림 그 자체가 생활환경의 일부분이 될 수 있도록 주거지역과 소림의 계획 및 설계가 서로 밀접히 통합되었다. 구스타프슨Gustavsson은 '소림의 내부가 지니고 있는 풍성한 환경이 사람들의 모든 감각을 일깨워준다는 점'을 강조하면서(2004), 소림이 다양한 종류의 자연환경과 체험기회를 제공할 수 있는 잠재력에 대해 디자이너들이 보다 더 주의를 기울일 필요가 있다고 주장한다. 디자이너들은 그들의 마음속에 소림의 특성과 분위기를 떠올리면서 성숙한 소림을 구성할 모든 층위들을 세심하게 계획하고 각각의 층위를 대표하는 주요 식물 종들을 선택해야 한다고 그는 제안한다.

이제 용어 정립이 필요한 순간이다. '숲'과 '소림'은 임산업 분야에서의 기술적 의미 및 폭넓게 사용되는 일반적 의미뿐만 아니라 엄격하고 과학적인 정의를 갖고 있다. 생태학에서 '숲'은 교목이 우점하는 식물 군집으로서 수고 5미터 이상의 수관이 연속적으로 나타나는 곳을 가리킨다. '소림'은 하층을 구성하는 여러 종류의 특별한 식물들, 예를 들어 '잡목림과 표준 소림', '사바나 소림', '임간초지'와 함께 교목이 듬성듬성 나타나는 군집을 지칭한다. 그리고 임업분야에서 '숲'이라는 용어는 조림지 또는 목재생산을 목적으로 활용되는 자연발생적인 숲을 뜻한다. 또한 평범하게 쓰이는 '숲'의 의미는 교목이 우점하는 매우 큰 규모의 식물군집—예를 들면 유럽의 '원시림' 또는 러시아의 숲—을 가리킨다. 반면에 '소림'은 숲에 비해 반드시 보다 많이 수관층이 개방되어야만 하는 것은 아니지만 대체로 그 규모가 보다 작은 곳으로서 사람들이 이런저런 용도로 활용하면서 관리하는 곳을 뜻한다. 이 책에서는 생태학적 정의를 채택하겠지만, 시골과 도시 지역에서 나무가 자라는 작은 곳을 소림이라 칭하는 영국의 일반적인 용법을 배제하지는 않을 것이다. 그 밖의 나라에서는 다른 용어가 사용되기도 한다. 예를 들어 뉴질랜드에서는 자생 교목과 대관목이 우거진 곳을 '덤불숲'이라고 하며, '숲'은 대체로 상업적 목적을 위주로 한 조림지라는 뜻으로 사용된다.

그런데 새로운 유형의 식재가 눈에 띄게 발생하고 있는 나라가 있을까? 경관을 구성하는 미래지향적인 식재가 정착되고 있는 나라가 있을까? 영국에서는 미드랜드Midland의 새로운 '국가 숲', 그리고 다른 지역의 숲들과 소림 식재가 특히 도로와 산업시설 건설과 같은 개발사업과 동반하여 예전과 현저히 다른 특성을 이미 보여주기 시작했다. 이와 같은 식재는 나무가 자라는 토지를 이용하는 새로운 틀을 형성하게 되었는데, 그 곳에서는 예전과 다른 경제적 활동이 발생하고 있다. 우리는 소림과 숲의 조림지를 서로 구분하고 그 근본 특성과 기능의 차별성을 널리 알리기 위하여 이와 같은 지역을 '수목지대'라고 부를 수 있다.

여가활동을 위한 새로운 숲과 소림 식재는 대체로 상업적 조림에 비하여 그 규모가 보다 작기는 하지만 경관의 시각적·생태적 질에 미치는 기여도는 결코 작다고 할 수 없다. 시골과 도시 외곽에서 이와 같은 식재는 흔히 몇 가지 종류의 새로운 개발사업과 맞물려 나타난다. 지방공원과 국립공원 내 방문자를 위한 시설물 조성과 같은 여가 공간 계획이 그와 같은 사업들에 속하는데, 이를 통해 상당한 면적의 새로운 소림 또는 숲을 정착시키거나 훼손된 현존식생 군집의 재생을 도모하는 기회를 얻을 수 있다. 시골지역에서 진행되는 산업 개발은 소림과 교목지대 조성을 위한 또 다른 기회인데, 산업쓰레기와 폐광 그리고 각종 채굴 작업 등으로 인해 훼손된 지역의 재개발을 위해 식생을 정착시킴으로써 미래지향적인 숲에 크게 기여하게 된다. 다른 경우를 보면, 도로 건설을 위하여 매입된 토지는 고속도로 주연부 식재뿐만 아니라 인근지역에 수목지대를 조성할 수 있는 충분한 식재공간을 제공할 수 있다. 최근에 변화된 영국의 새로운 농업정책 또한 저지대에 숲을 조성하고 생산성이 떨어지는 농지에 소림식재를 권장한다는 측면에서 중요한 기회라고 할 수 있다.

도시지역에 새로운 소림을 정착시키는 것은 우선적으로 두 가지 이유 때문에 시골지역보다 더 많은 제한이 뒤따른다. 첫째, 높은 토지비용은 투자비 환수와 관련하여 토지이용에 많은 재정적 부담을 안겨준다. 둘째, '도시숲(도시 소림과 도시 덤불숲을 포함하여)'에 대한 대중의 인식은 야생동물의 서식처, 휴식과 여가를 위한 장소라기보다는 강도, 술주정뱅이, 마약거래자, 쓰레기 투기자 등과 같은 부정적인 측면에 초점을 맞추고 있다. 그러나 이와 같은 인식은 도시 환경 운동과 사회 전반에 걸쳐 확산된 환경 의식, 그리고 도시 소림의 다양한 이용과 관련된 성공적인 사례에 힘입어 변화하는 중이다.

사진 165. 구주물푸레나무(*Fraxinus excelsior*)와 플라타너스단풍(*Acer pseudoplatanus*)으로 구성된 소림이 영국 험버(Humber) 강 주변의 폐광된 석회암 채석장 근처에 자리를 잡은 후 정착했다. 살짝 열려 있는 수관층 아래에서 풍성하게 자라고 있는 관목들과 초본류를 눈여겨 볼 것

다양한 규모와 유형을 보여주는 도시 내 식재는 이제 '도시 숲(건물과 도로 그리고 옥외공간과 조화를 이루는 교목과 작은 소림의 조합)'을 구성하는 핵심적인 부분으로 자리 잡았다.

유럽 국가들 중 시골 지역에서 조경가는 목재 생산을 위한 식재 디자인에서 매우 중요한 역할을 담당하고 있는데, 그들은 조림지의 위치 선정과 형태, 현존 식생의 보존과 토착 식생의 정착 그리고 정착을 돕는 보모 수종의 보호 방안 등에 대한 조언을 제공하고 있다.

숲과 소림의 디자인

숲과 소림을 디자인할 때 어떤 종을 선택하고 그들을 어떻게 배치할 것인가를 포함하여 디자인의 방향을 결정하기 위한 많은 근본적 질문들이 존재한다.

숲 또는 소림이 수행할 기능은 무엇인가?

공통사항이면서도 가장 중요한 기능들은 서식처 조성, 심미적 즐거움, 여가와 미기후 개선이다. 이 기능들은 공간 구조와 그 곳에 적절한 종을 결정하기 위한 주요 인자들이다.

성장이 극상에 도달한 최종 단계를 고려할 때 어떤 수관 구조를 선택할 것인가?

우리는 제1부에서 수관 층위의 분포와 밀도가 숲의 질을 결정하고, 이 특성은 다시 숲에 대한 인상과 이용 방식에 영향을 미친다는 사실을 보았다. 비록 성숙한 숲의 구조가 수년에 걸쳐 발달하는 것이지만 우리는 궁극적으로 바람직한 수관 구조를 조성하기 위하여 착수 단계에서부터 식물 종들마다 가장 적합한 종수의 균형과 그들의 배치 방식을 선택해야 한다. 또한 2단계 식재를 포함하여 이와 같이 조성한 초기의 식물 군집을 지속적으로 관리하는 것은 숲의 구조 발달을 위하여 매우 중요한 부분이다.

토양과 기후조건은 어떠한가?

식물 종 선택을 위한 보다 구체적인 방안을 위하여 대상지의 식물 생육 조건을 확인해야 한다. 선택된 식물은 정착 및 관리 작업에 필요한 경비의 절감과 왕성하게 자랄 수 있는 소림의 정착을 위하여 대상지의 모든 환경에 잘 부합되어야만 한다.

주변의 숲에서 어떤 종이 잘 자라고 있는가?

만약 대상지의 조건이 주변의 토지 환경과 유사하고 그 지역이 갖추고 있는 경관의 특성을 우리가 반영하고 적용하기 바란다면, 국지적으로 건전한 생육이 입증된 종들로부터 큰 도움을 얻을 수 있다. 우리는 식물 선택의 범위를 더 넓힐 수도 있지만, 새로 조성된 소림과 숲은 주변 환경에서 일반적으로 보기 어려운 교목과 관목들의 생육 적합지가 아니라는 사실을 명심해야 한다.

우리는 어쩌면 불모지 또는 주변에 소림이 존재하지 않는 상황과 같이—아마도 대상지가 도시지역에 있거나, 농지를 둘러싸고 있는 나무들이 오랜 세월에 걸쳐 제거되었기 때문에— 특이한 토양 환경에서 식물의 정착을 시도하게 될지도 모른다. 이와 같은 경우 대상지에 상응하는 곳의 식생을 연구하고 현재의 경관이 처한 문제점들과 관련하여 기술적인 문헌으로부터 조언을 구할 수도 있다. 또한 비록 그 규모가 작다 할지라도 도로변, 방치된 땅, 정원을 통해 자연이 어떻게 주어진 기회 속에서 스스로 다시 식생을 발달시키는지 보여주는 자연 발생적인 정착 과정의 사례를 발견할 수도 있다.

숲 또는 소림이 어떻게 스스로 번성할 수 있는가?

장차 진행될 관리 수준은 신중하게 고려할 사항이다. 예를 들어, 간벌과 식물의 추가 도입이 전혀 필요 없거나 미미한 정도로 이루어질 것처럼 보인다면, 인간의 개입 없이 식물이 스스로 생존하거나 잘 재생할 수 있도록 식재지를 조성함으로써 디자인 단계에서 이와 같은 효과를 충분히 기대할 수 있다. 그런데 이것은 식물 다양성 감소라는 손해를 감수하면서 멀칭과 같은 초기단계의 식재지 조성 준비 작업에 보다 많은 시간과 비용을 지출하는 것을 의미할 수도 있다. 반면에 숙련된 경관 조성가들이 실행하는 보증된 관리 프로그램을 활용하면 식생의 신속한 정착과 함께 장기적으로 다양하면서도 지속가능한 소림 또는 숲을 만들어낼 수도 있다.

일단 이상의 질문들에 대한 답을 구하게 되면 정착 전략에 대한 결정과 계획을 수립하고 식재를 위한 식물 목록을 작성할 수 있다. 그런데 이 목록을 자생종과 오랜 세월에 걸쳐 자연스럽게 정착한 식물 종들로만 국한하는 것과 관련해서는 많은 논란이 있다. 숲과 소림은 경관을 구성하는 최대의 구성 요소로서 시골과 도시 풍경의 특성과 질에 막대한 영향을 미친다. 외래종이 자라는 넓은 지대는 주변 경관에 비해 종종 이국적으로 비춰지고, 특히 시골과 같은 환경에서는 장소가 갖는 고유한 분위기와 상충된다. 야생식물과 동물에게 적합한 서식처를 보호하고 확장해야 한다는 요구가 점점 더 강해지고 있는 것 또한 추가적인 이유이다.

비록 자생 교목과 관목이 일반적으로 야생동물에게 가장 좋을 뿐만 아니라 토착 경관을 가장 강하게 반영하는 것이긴 하지만, 여러 외래종들은 많은 나라들의 시골 경관, 심지어는 야생에 속한 지대에서조차 친숙하게 자리 잡고 있다. 또한, 이들이 자생종처럼 많은 곤충과 다른 동물 종들을 부양하지는 못하지만 수많은 도입종들은 야생동물에게 먹이와 안식처를 제공함으로써 본래의 자생종들과 더불어 야생동물 보존에 유용할 수 있다. 특히 불량한 토양과 기후조건에서 외래종은 자생종보다 훨씬 더 정착이 용이할 수도 있기 때문에 경제적 이점이 있는 장소의 경우 흔히 외래종을 광범위하게 식재한다. 예를 들면 영국에서는 플라타너스단풍*Acer pseudoplatanas*과 유럽잎갈나무*Larix decidua*가 자주 식재되는데 이들은 황량한 고지대 경관 속에서 야생동물에게 매우 값진 안식처를 제공한다. 뉴질랜드에서는 바람이 세차게 불기 때문에 자생종 교목이 정착하는 데 오랜 시간이 걸린다. 따라서 캔터베리 평원Canterbury Plains을 가로질러 쿠프레수스*Cupressus macrocarpa*와 몬터레이소나무*Pinus radiata*를 식재하여 높은 생울타리를 조성하는데 이 또한 값진 안식처 역할을 한다.

몇몇 외래종은 새로운 생육조건에 잘 적응하여 자연스럽게 그들의 분포범위가 확산된다. 유럽밤나무Spanish chestnut, *Castanea sativa*, 터키참나무Turkey oak, *Quercus cerris*, 노르웨이단풍Norway maple, *Acer platanoides*은 영국의 일부 지역에서 번성하고 있는 교목들이다. 또 다른 외래종 중 플라타너스단풍sycamore, *Acer pseudoplatanus*과 유럽만병초*Rhododendron ponticum*는 왕성한 세력으로 퍼져 나가 자생식물과 야생동물 서식처를 훼손시키면서 집단 서식하게 되었다. 뉴질랜드의 경우 대부분의 특산 식물은 외래종과의 경쟁에서 대단히 취약하며 몬터레이소나무Montery pine, *Pinus radiata*, 가시 금작화gorse, 금작화broom, 그리고 아카시아속*Acacia* 식물과 같은 도입종들은 특정 지역에서 위해식물로 간주된다. 따라서 위해식물의 폭넓은 확산을 방지하기 위하여 각별한 주의를 기울일 필요가 있다.

과거에는 소림과 숲의 정착을 위한 기법들이 상업적 조림에서 채택한 방법과 원예적 접근방법에 기초해 있었다. 이와 같은 기법들은 단기적이었으며, 성장속도가 느린 식물과 함께 보모 수종을 식재하는 방식과 더불어 제한된 범위의 식물 종을 선택하여 그 실생묘를 줄지어 식재하는 방식을 사용하였다. 최근에는 생태적 원칙과 목적에 근거한 디자인과 정착 기법들이 채택되고 있는데 이는 네덜란드의 선구적인 생태공원과 식재로부터 촉발되었다. 생태 식재 또는 흔히 일컫는 자연풍 식재는 지속적으로 발달해왔고 괄목할만한 성공을 거두면서 세련되고 있으며, 그 결과 숲, 소림, 덤불림, 그리고 관목림 디자인은 보다 더 정교해지고 있다.

나한송 군락, 언덕 마루의 유럽소나무 또는 너도밤나무 숲과 같은 단일 종 식재가 좋은 디자인이 되는 경우도 있다. 그런데 이와 달리 많은 경우 우리는 외양과 구조의 다양성 그리고 생태 식재가 창출하는 야생동물 서식처의 다양성을 원한다. 숲 군집에 있어서 다양성 정도는 흔히 한 지역의 자연스러운 숲의 특성과 전형을 가늠하는 기준이다. 뉴질랜드 북부의 울창한 아열대, 저지대 열대우림과 뉴질랜드 동부의 남섬South Island에 위치한 너도밤나무 숲의 단순한 구조와 종 조성 비교를 통해 우리는 이와 같은 사실을 알 수 있다. 또한, 저지대 늪을 굽어보며 자라던 뉴질랜드산 스트로브잣나무*Dacrycarpus dacrydoides*만으로 구성된 단순한 임분 또한 동일한 비교에 해당한다. 따라서 우리가 목표로 하는 다양성의 범위는 정착 수단과 지역의 고유한 특성을 모두 반영하여 결정할 필요가 있다.

우리가 추구하는 전략에서 중요한 또 다른 요소는 식재의 단계성이다. 어떤 경우에는 서서히 성장하고 서로 경쟁이 덜한 종들을 정착시킴으로써 모든 식재가 한 번에 완료된 후 수년 동안 그대로 유지된다. 그런데 두 번째 식재를 할 수 있는 기회가 다가온다면 바로 이때가 음지와 같이 보호받을 수 있는 생육조건이 필요한 종들을 도입할 수 있는 최적의 시기이다. 일단 선구종 또는 보모 수목, 그리고 관목들이 자신들의 수관을 통해 식재지 작은 빈터에 반그늘의 생육환경을 만들었을 때 2단계 식재가 시행된다. 1단계와 2단계 사이의 기간은 양호한 생육 조건과 집약적 관리가 이루어질 경우 3년가량으로 짧을 수 있지만, 성장이 더디고 어려울 경우 20년까지도 길어질 수 있다.

식재 혼합체

숲과 소림 디자인의 기본적인 단위는 식재 혼합체planting mixes이다. 이것은 특정 지역에 식재되는 교목과 관목의 혼합체이다. 혼합체를 구성하는 여러 식물 종들은 성장하면서 그들이 살아가기에 적합한 서로 다른 생태적 지위를 차지해 나갈 것이다. 그리고 완전한 성숙 단계에 도달했을 때 그들 중 몇몇 종만 식물 군집의 일부로 남게 될 가능성이 높다. 새롭게 조성된 거의 모든 숲과 소림이 잘 성장하고 정착하기 위해서는 한 개의 식재 혼합체보다 훨씬 더 많은 혼합체가 존재할수록 유리하다. 실제로, 숲의 서로 다른 조건과 기능을 반영하는 여러 종류의 모자이크들로 하나의 식재지를 구성할 수 있다. 혼합체를 구성하는 종들은 다양한 토양과 미기후 특성에 잘 적응할 수 있고 서로 다른 부분들에 바람직한 수관 구조를 제공할 수 있도록 신중하게 선택될 것이다. 디자인 관점에서 볼 때 먼저 수관 구조를 정하고 다음으로 환경 조건에 따라 식재지에 적용할 혼합체를 분류하는 것이 유용하다. 다음에 이어질 내용은 식재 기본 틀의 유형을 아우르는 식재 혼합체의 사례이다. 이를 통해 8장과 같이 유럽으로부터 뉴질랜드에 걸쳐 나타나는 서로 대조적인 사례들을 포함한 여러 원칙들을 보여줄 것이다.

교림/고층 수관 소림

접근법

교림과 고층 수관 소림은 대체로 수고가 최소 15m 이상이지만 주로 20m 혹은 그 이상인 대교목이 우점하는 군집이다. 초기 군락을 형성하는 선구 수종 군집보다는 숲 발달과정의 성숙한 단계를 대표한다. 높은 수관층의 혼합체는 궁극적으로 성숙한 소림과 숲의 내부 핵심을 구성하게 되는데 이를 흔히 핵심 혼합체라고 부른다. 이는 최종 단계에 이르렀을 때 한두 개, 혹은 그 이상의 수관층을 형성하는 수종들을 포함할 수 있다.

개방지에 교림 군집을 정착시키는 접근법은 식재될 수종의 생태적 요건에 따라 다르다. 뉴질랜드 남부 산간지대의 너도밤나무 숲과 유럽의 참나무림과 같은 온대성 숲의 경우 처음부터 장차 수관층을 우점할 일부 교목을 식재할 수 있다. 또한 어울리는 공동 우점종, 아우점종 그리고 관목을 선택하여 식재한 후 적절한 관리가 따른다면 놀랍게도 50년 만에 숲 군집으로 발달할 수 있다. 그러나 뉴질랜드의 나한송 우점 활엽수림과 같이 다른 지역과 다른 숲 유형에서는 천이와 관련된 요인들이 성공적인 정착을 위하여 중요하다. 따라서 선구 수종 또는 보모식물 군집이 먼저 정착한 후 적절한 성장조건이 조성된 후에 극상 단계의 우점종들이 도입되어야 한다.

그런데 낙엽성 참나무류와 유럽의 너도밤나무 소림의 경우에도 특히, 유럽참나무pedunclate oak, 패트레참나무

sessile oak, 너도밤나무beech, 서어나무hornbeam와 같이 미래의 우점종이면서도 성장이 더딘 수종들이라면 식재 초기 단계에서 이들의 식재를 배제해야 한다는 주장들이 있다. 예를 들어 조경가이자 자연 보존론자인 크리스 베인즈 Chris Baines(1985)은 다음과 같이 제안하였다.

> *한 번에 자생 소림을 만들기 위해 애쓰기보다는 울창한 관목림을 먼저 정착시켜서 지표면에 안식처를 제공하는 소림 환경을 조성하는 것이 후일 더 좋은 결과를 가져 올 것이라고 나는 믿는다.(베인즈Baines, 1985)*

이와 같은 접근법은 자연 발생적인 재생의 연속과 천이를 보다 잘 따르고 있다는 점에서 생태적이다. 또한 높은 수관층을 갖는 우점 교목과 내음성이 있는 하층 수종들은 선구 수종 군집들이 먼저 서식한 후에 성공적으로 정착할 수 있다. 특히 선구 수종들이 제공할 수 있는 최적의 서식처, 그늘 그리고 개량된 토양이 특별하게 요구되는 척박지의 경우 이것은 매우 주목할 만한 사항이다.

천이 과정을 적용하여 교림 군집을 정착시키기 위해서 우리는 관목림 또는 저층 숲 군집을 정착시키는 것으로부터 출발하여 일단 선구 수종들이 적절한 생육조건을 만들어 놓은 후 제2단계 식재 또는 파종을 통하여 최종적인 우점종을 도입할 수 있다. 우리는 이 부분을 저층림과 저층 관목림 혼합체 디자인을 다루는 항목에서 보다 심도 있게 논의할 것이다. 그런데, 이 접근법과 관련하여 쟁점이 되는 것은 높은 수관층을 형성하는 대교목이 서식을 시작하기 전까지 소요되는 시간이다. 비록 선구종 교목과 관목이 식재된 후 빠른 정착을 위한 관리법이 적용된다 할지라도 서식에 적합한 환경이 마련되기까지 대체로 10년에서 50년이 걸린다. 그러나 크리스 베인즈가 지적한 바와 같이 자연 조건 하에서 참나무 소림이 형성되는 실제의 시간을 고려한다면 이러한 지연은 전혀 문제되지 않는다. 그리고 그동안 성장한 선구종 군집 또한 그 자체로서 가치가 있고 고유한 특성을 지니게 된다. 그의 지적은 다른 유형의 숲에도 적용된다. 예를 들어 뉴질랜드의 산불 발생지에서 발달한 울창한 마누카Manuka, *Leptospermum scoprium* 관목림은 15년에서 20년 후 쇠퇴하기 시작하며 그 뒤를 이어 보다 크고 오래 사는 식물종이 정착을 개시한다.

생태적 논란에도 불구하고, 적절한 토양과 미기후 조건을 갖추고 있다면 처음부터 참나무oak, 너도밤나무beech, 물푸레나무ash, 피나무lime를 포함하여 많은 교목들을 정착시키는 것이 가능하다. 실제로 유럽참나무와 서양물푸레나무는 교림 우점종일뿐만 아니라 그들의 큰 열매들이 초본식물들과 경쟁하며 성장할 수 있는 양분을 제공하기 때문에 비옥도가 낮은 초지에서 자연스러운 선구 수종 역할을 한다. 뉴질랜드 남부의 너도밤나무 또는 호주너도밤나무tawai, *Nothofagus* sp.는 경사지, 절개지 그리고 제방과 같은 개방지에 서식한다. 따라서 이와 같은 사실은 식재 초기에 이 수종들을 선택하거나 다른 숲에 이들을 추가할 수 있는 현실적 이유가 됨과 동시에 생태적 선례이기도 하다.

층위 구성 요소

대부분의 영국과 북서유럽의 일부지역에서 높은 수관층 소림은 다음과 같은 교목의 우점이 가능하다.

1. 유럽참나무pedunculate oak, *Quercus robur*와 패트레참나무sessile oak, *Q. petraea*
2. 구주물푸레나무European ash, *Fraxinus excelsior*

사진 166. 영국의 노팅햄셔(Nottinghamshire). 높은 수관층의 유럽참나무(*Quercus robur*) 소림에서 도로 건설을 위하여 벌목이 행해진 후 소림의 3층 구조 단면이 드러났다. 블랙엘더베리(elder, *Sambucus nigra*)와 유럽개암나무(hazel, *Corylus avellana*)를 포함한 관목의 수관 하층부가 잘 발달되어 있고, 참나무 수관층과 뚜렷이 구별된다. 관목 아래에서는 서양산딸기(bramble, *Rubus fruticosus*), 더치인동(honeysuckle, *Lonicera periclymenum*), 내음성이 있는 초본류를 발견할 수 있다. 물론 이들의 서식 밀도는 상층과 하층이 드리우는 그늘에 의해 제한을 받는다.

사진 167. 영국의 노팅햄셔(Nottinghamshire). 전원 공원에 위치한 높은 수관층의 참나무림은 2층 구조를 보여준다. 관목에 의한 하층은 거의 없지만 그라스와 기타 초본류에 의해 지피층이 잘 발달해 있다. 공간의 질은 3층 구조를 갖는 소림과 많이 다르지만 교목 수관층 하부의 열린 공간은 많은 사람들이 평온한 여가를 즐기기에 적합하다.

사진 168. 뉴질랜드의 캔터베리(Canterbury) 대학교, 크라이스트처지(Christchurch). 리무(Rimu, *Dacrydium cupressinum*, 이 사진에서 늘어진 잎을 갖고 있음)와 토타라나한송(totara, *Podocarpus totara*)과 같은 나한송과 식물들을 포함하여 식재된 여러 수종들이 왕성하게 정착하고 있는 뉴질랜드 숲. 선구수종과 관목성 나무고사리(tree ferns)와 지피성 고사리(ground fern) 또한 최초의 식재계획에 포함되었다.

사진 169. 뉴질랜드 웰링턴(Wellington) 근처의 오론고론고(Orongorongo) 지역. 과거의 마누카(manuka) 임분 아래 반그늘에서 자연스럽게 서식하고 있는 교목과 관목. 마누카는 산불 발생 후 원식생이 훼손된 후 자리 잡았었고 이제는 노령이 되었다.

3. 유럽너도밤나무European beech, *Fagus sylvatica*
4. 구주소나무Scots pine, *Pinus sylvestris*
5. 노르웨이단풍sycamore, *Acer platanoides*
6. 서어나무hornbeam, *Carpinus betulus*
7. 큰잎유럽피나무와 북양피나무limes, *Tilia platyphlos / T. cardata*
8. 위 수종들은 식재 혼합체의 핵심 구성 요소로 사용될 수 있다. 그러나 종의 선택은 지역의 생태와 대상지의 조건에 달려 있다. 숲 우점종의 최고 수고에 미치지 못하고 흔히 아우점종으로 불리는 소교목은 다음과 같다.

- 유럽당마가목rowan, *Sorbus aucuparia*
- 유럽단풍field maple, *Acer compestre*
- 양벚나무gean, *Prunus avium*
- 단풍팥배나무wild service tree, *Sorbus torminalis*

9. 위 수종들은 소림의 내부 중 수관층이 사이사이 열린 곳에서 가장 왕성하게 자란다. 마가목rowan, 유럽단풍field maple, 단풍팥배나무wild service tree와 같이 내음성이 있는 수종들은 그늘이 너무 강하지 않은 곳이라면 우점종의 수관층 아래에서 잘 생육한다.

'관목 층위'는 내음성 관목 및 관목의 생장형을 갖는 소교목으로 구성된다. 영국에서는 지역에 따라 다음과 같은 수종이 포함될 것이다.

- 유럽개암나무hazel, *Corylus avellana*
- 유럽호랑가시나무holly, *Ilex aquifolium*
- 서양회양목box, *Buxus sempervirens*
- 황금유럽쥐똥나무wild privet, *Ligustrum vulgare*
- 블랙엘더베리elder, *Sambucus nigra*
- 서양산사나무midland thorn, *Crataegus oxycantha*
- 단자사나무common hawthorn, *Crataegus monogyna*

특별한 장소에서는 루스쿠스 아큘레아투스butcher's broom, *Ruscus aculeatus*, 월계서향laurel daphne, *Daphne laureola*과 같이 흔하지 않은 관목이 더 적합할 수도 있다. 정착이 이루어진 소림의 관목 층위에서는 흔히 교목의 유목이 다수 발견되는데, 특히 이들은 유럽너도밤나무와 유럽단풍나무처럼 내음성이 있는 종들이다. 싹이 터서 유목 단계까지 정착이 끝난 다음엔 성장을 계속해 나갈 수 없거나 아주 더디게 성장할 수밖에 없기 때문에 보다 양호한 광조건 아래에서 성장을 계속하기 위하여 수관층의 일부가 열릴 때까지 기다려야 한다.

사진 170. 영국 중부지방의 구 산업단지에 조성된 이 소림은 14년이 되었다. 사진 속에 보이는 교목은 구주물푸레나무와 처진자작나무이고 전면의 관목은 유럽개암나무이다. 그라스가 사람의 도움 없이 지면 층위에 자연 정착을 이루었고 이제 매력적인 다양한 광엽 초본식물들이 이곳에 자리 잡을 수 있게 되었다. 최초의 식재 혼합체에는 펜둘라자작, 유럽개암나무, 구주물푸레나무, 단자산사나무, 구주소나무, 가시자두, 호랑버들, 블랙엘더베리가 포함되어 있었다.

디자이너가 심사숙고하기에 좋은 세 번째 층위는 초본류 또는 지면 층위이다. 정착을 마친 숲이나 소림에서 이 층위는 대체로 초본식물 종들이 높은 비율을 차지하지만, 내음성을 갖춘 채 낮은 키로 서로 뒤섞이며 자라는 관목들 또한 빠지지 않는 구성 요소들이다. 식재 후 유지·관리에 특별한 관심을 기울일 수 있다면 지면 층위에 적절한 몇몇 관목들을 식재할 수 있다. 여기에 해당하는 식물 종들은 다음과 같다.

- 서양산딸기bramble, *Rubus fruticosus*
- 송악Ivy, *Hedera helix*
- 더치인동honeysuckle, *Lonicera periclymenum*

지면 층위를 구성하는 초본식물 종들은 소림 구조가 잘 발달한 후 적절한 그늘 조건과 안식처가 지면에 존재하지 않는다면 정착에 성공할 수 없다.

보모 식물

생장 속도가 느리거나 양료 요구도가 높은 종들의 정착을 지원하기 위하여 확립된 한 가지 방법은 속성으로 자라는 나무들(선구 수종들)로 구성된 보모식물을 사용하는 것이다. 여기에 해당하는 수종들은 다음과 같다.

- 자작나무류: 처진자작나무, 털자작나무birches, *Betula pendula* / *B. pubesecens*
- 오리나무류: 유럽오리나무, 물오리나무elders, *Alnus gultinosa* / *A. incana*
- 잎갈나무류: 일본잎갈나무, 유럽잎갈나무larches, *Larix kaempferi* / *L. decidua*
- 버드나무류willows, *Salix* species.
- 포플러류poplars, *Populus tremula*

이 나무들은 보통의 경우 7년에서 20년이 경과하여 소기의 목적이 달성되었을 때 베어내며 장기적인 혼합체를 구성하는 수종을 번성시킬 의도로 심는다. 상업적 목적의 임업에서 보모식물은 단기간에 투자금 회수가 가능한 원천일 수도 있다. 경관 식재의 경우 이들은 차폐 또는 안식처 조성이 우선순위가 되는 곳에서 빠른 수고 생장과 부피 생장을 나타낼 수 있다. 비록 속성으로 자라는 보모식물과 선구 수종이 주로 초기 효과를 위하여 식재되지만, 성숙한 소림의 식물 종 및 구조적 다양성을 추가할 목적으로 그들 중 몇몇은 간벌 작업이 행해지는 동안 선택적으로 남겨 둘 수도 있다. 참나무와 물푸레나무 임분 사이에 형성된 울창한 자작나무 또는 버드나무 수풀은 서식처 면적과 시각적 흥미를 동시에 증가시킬 수 있다.

그러나 보모식물과 장기적 목표 종을 가까이 심는 데에는 위험이 뒤따른다. 높은 수관층을 형성하는 우점종은 보모식물보다 정착 속도가 느리기 때문에 빠르게 성장하는 교목과 관목이 그들의 초기 성장을 억압하지 않도록 배치에 주의를 기울여야 한다. 일반적으로 1~2m의 식재 공간을 갖고 있는 조경수의 경우, 간벌과 솎음 전정을 자주 해주지 않으면 보모식물이 왕성하게 세력을 넓힌 결과 우거진 잎들이 짙은 그늘을 드리움으로써 더디게 자라는 교목과 관목의 생육을 억누른다. 비록 자작나무와 백양과 같은 선구 종들은 천이과정에서 참나무, 너도밤나무 그리고 다른 극상 종들에게 자연스럽게 자리를 내주지만, 이와 같은 변화는 선구종들이 쇠약해진 결과 두터웠던 수관이 가늘어지면서 발생한 수관층의 빈틈이 생길 때에만 가능하다. 노령의 나무가 만들어 낸 엷은 수관층 아래의 지면에는 많은 극상 종들의 유목이 자라기에 충분한 빛이 들어오지만, 여전히 그늘이 드리우고 있기 때문에 성장하는 데 더 많은 빛이 필요한 선구 종들은 씨앗이 싹이 터서 자라기 어렵기에 다시 생육 범위를 폭넓게 넓히지는 못한다.

왕성하게 자라서 정착한 선구 수종들을 일시에 제거하는 일이 언제나 쉽지 않다는 것은 또 다른 골칫거리이다. 낙엽송larch을 제외하고 위에서 언급한 모든 수종들은 간벌 후 발생한 그루터기에서 금세 새순이 올라오는데 그들의 양이 적지 않고 재생 속도 또한 대단히 빠르다. 이렇게 자라난 줄기들을 정기적으로 제거하지 않으면 무섭게 성장을 지속하여 궁극적으로 여러 갈래의 줄기를 갖춘 큰 나무가 되고 만다. 벌목을 한 나무의 그루터기에 제초제를 살포하여 새싹의 발생을 억제할 수 있지만, 이와 같이 유해성 화학 약품을 다량으로 사용하는 것은 살포하는 사람, 다른 식물들, 그리고 야생 동물에게 위험하기 때문에 권장하기 어렵다. 그루터기를 뿌리째 파내거나 갈아 없애는 물리적 방법은 식재지의 제한된 공간에서 실행하기 어렵다. 게다가 정착이 끝난 단계에서 식재된 나무들 중 가장 큰 나무로 자라 있을 보모 수종을 주변의 다른 교목과 관목들에게 위험을 주지 않고 쓰러뜨리는 작업은 쉽지 않은 일일 수 있다.

이와 같은 어려움을 피하기 위해 매우 왕성한 생장력을 지닌 모든 보모 수종들을 소림의 핵심부에 식재하지 않고 성장세가 그렇게 빠르지 않으면서도 초기에 시각적 효과와 서식처를 제공하는 관목과 교목을 주로 활용하는 것이 좋은 방법이다.

- 구주물푸레나무ash, *Fraxinus excelsior*
- 양벚나무gean, *Prunus avium*
- 유럽당마가목rowan *Sorbus aucuparia*
- 블랙엘더베리elder, *Sambucus nigra*
- 단자산사나무hawthorn, *Crataegus monogyna*

위 모든 수종들은 바람 및 햇볕에 대한 노출량이 지나치게 심하지 않다면 정착 단계의 초기 수년 동안 양호한 성장을 하게 된 후 참나무oak, 너도밤나무beech, 피나무lime와 같은 종들을 보호할 것이다. 또 다른 방법으로는 지나친 종간 경쟁을 피하고 보다 손쉬운 관리를 위하여 보모 종과 장기적 목표 종을 서로 다른 곳으로 분리하여 식재할 수도 있다. 이는 산림관리 방법에서 활용되고 있는데, 보모 종과 목표 종을 각각 달리 구획된 곳에 열식하여 보모종의 첫 간벌을 쉽게 하고 간벌 후 생긴 빈터에 목표종이 확산될 수 있도록 하는 방법이다. 그런데 이와 같이 정형화된 격자로 구성된 외양과 공간의 질은 경관성이 필요한 식재지와는 어울리지 않을 수도 있기 때문에 이와 같은 경우에는 정교한 방식으로 불규칙하게 분포시키는 방법이 흔히 사용된다. 보모종들을 다양한 형태의 블록 또는 띠 모양으로 묶어서 식재함으로써 간벌 작업과 각각의 수관층 사이에 형성된 빈틈의 관리를 보다 쉽게 할 수 있다. 이와 같은 빈틈은 성장이 더딘 수종들이 비교적 밝고 안정된 미기후 속에서 후일 번성할 수 있는 장소가 된다.

식재 혼합체의 적용과 발달

이제 몇 몇 수관 층위들과 그곳에 적용된 다양한 수종들을 포함하고 있는 핵심 혼합체의 사례들을 살펴보기로 하자. 수종들의 구성 비율과 공간 배치를 결정하는 방식의 실례를 보여주기 위하여 우리는 교림의 핵심 혼합체를 제시할 것이다. 그러나 제시된 모든 혼합체들은 디자인 방식을 설명하기 위한 예시이므로 실제 적용을 위한 표준안으로 받아들이지 않도록 주의를 기울여야 한다. 즉 개별 대상지들은 서로 다르기 때문에 대상지의 여러 조건에 대한 상세한 지식에 따라 새롭게 식재 디자인을 해야 한다.

사진 171. 영국 써리(Surrey)의 소림이 잡목림과 참나무 군집으로 유지·관리되고 있는 중이다. 초기 정착 단계에 있는 잡목림층은 주로 유럽밤나무(Spanish chestnut, *Castanea sativa*)와 유럽당마가목(rowan, *Sorbus aucuparia*)으로 구성되어 있다. 참나무 군집 앞에 서 있는 처진자작나무(birch, *Betula pendula*)는 베어낸 후 다시 왕성하게 자라고 있다.

높은 수관층 소림 디자인의 예시를 위해, 우리는 먼저 영국 남부의 저지대에 있는 식재지를 살펴볼 예정인데 이곳은 상당히 안정되어 있고 보습성이 좋은 식토 또는 양토로 되어 있다. 이는 자연 상태에서 유럽참나무pedunculate oak 소림의 혼합체들이 잘 성장할 수 있는 유형의 토양 환경이다. 처음부터 성숙한 식생의 모든 구성 요소들을 도입하는 것은 불가능할 뿐만 아니라 분명히 불필요한 일이지만, 현지 식생의 연구를 통하여 현지 조건에 가장 적합한 초기 식재용 수종이 무엇이고 그들이 서로 잘 어울리며 공존할 수 있는지 여부, 즉 수종 간 양립 가능성에 대하여 배울 수 있다. 성공을 거둔 많은 혼합체들이 현존하는 토착 군집에 기초하고 있지만, 디자인 목적 및 활용과 도입의 어려운 사정들에 따라 수정되기도 한다.

식재 혼합체의 구성 요소

영국의 남부와 동부지역에서 우점 수관은 유럽참나무pedunculate oak, *Quercus robur*를 주축으로 하여 자작잎서어나무 hornbeam, *Carpinus betulus*와 같이 그 수가 훨씬 적은 공동 우점종들로 구성할 수 있다. 참나무와 함께 식재할 수 있는 아교목은 유럽단풍field maple, *Acer compestre*, 양벚나무gean, *Prunus avium*, 유럽당마가목rowan, *Sorbus aucuparia*, 꽃사과crab apple, *Malus sylvestris* 등이다.

관목 층위 식재는 유럽개암나무hazel, *Corylus avellana*, 유럽호랑가시나무holly, *Ilex aquifolium*, 단자산사나무 hawthorn, *Crataegus monogyna* 또는 서양산사나무midland thorn, *Crataegus oxycantha*로 구성될 수 있는데, 이 모든 수종은 참나무 소림의 내부에서 흔하게 등장한다. 그중 서양산사나무는 양묘장에서 구하기 어려운 수종인데 이 때에는 관목 층위의 높은 종 다양성 유지를 위하여 블랙엘더베리elder로 대체할 수 있다.

정착이 이루어진 참나무 교림의 지표면 층위에는 수많은 초본류와 더불어 서양산딸기*Rubus fruticosus*, 더치인동 *Lonicera periclymenum*, 송악*Hedera helix*이 포함될 수도 있다. 식재 초기 단계에서는 지표면 층위에서 자라는 일부 수종들이 서로 뒤엉키며 왕성하게 자라거나 때로는 넝쿨을 형성하며 커가는 습성을 갖고 있기 때문에 처음부터 지면 층위에서 자라는 관목류들을 성공적으로 정착시키는 일이 언제나 쉽지는 않다. 따라서 종종 잡초 억제를 위하여 화학약품이 사용되기도 한다. 그러나 정착기간 동안 보다 많은 인력을 활용하여 집중적인 관리를 수행할 수 있다면 제초제의 피해를 막을 수 있고, 서양산딸기와 붉은인동이 인접한 교목과 관목의 성장을 가로 막지 못하도록 주기적으로 가지치기를 해준다면 주변의 나무들은 덩굴식물을 이겨낼 만큼 충분히 강하게 성장할 수 있다. 또한 서양산딸기는 양묘장에서 구하기 어렵기 때문에 현지 주변에서 포복경을 채취하여 이식하는 것이 가장 좋은 방법이다. 송악은 낮게 자라며 펼쳐지는 잎들 때문에 식재 초기에 정착시키기가 어렵고 이러한 특성에 따라 제초제 피해에 취약하다. 따라서 묘목 집단식재의 경우 적용 가능한 잡초 제어방식 또는 다른 접근법—후기에 도입하는 것이 아마도 최적일 수도 있음—이 필요하다.

앵초primrose, 블루벨bluebell, 유럽바람꽃wood anemone, 달래wild garlic와 같은 초본류들은 빈터에 그늘이 드리워지는 생육조건이 요구되기 때문에 목본류들이 초기 성장에 도달하기 전에는 정착할 수 없다. 초본류가 자리 잡을 수 있는 단계에 접어들었지만 주변 자생지로부터 씨앗이 날아와 자연발생적인 서식을 하지 않는다면 씨앗을 뿌리거나 양묘용 분에서 자란 소재를 식재할 수도 있다. 식재가 정착기에 들어서는 환경에서 성공적으로 서식하기 시작하는 소리쟁이docks와 쐐기풀nettles같은 초본류는 경쟁력이 대단히 강하기 때문에 목본류와 심각한 경합을 벌일 수도 있다.

교림 핵심 혼합체는 아래와 같은 수종들로 구성할 수 있지만, 이 책에 소개된 모든 유형의 혼합체는 어쩔 수 없이 가설일 수밖에 없으며 예시를 들기 위해 제시한 것임에 유의해야 한다. 따라서 아래 혼합체의 예시는 실제 대상지에 그대로 모방 적용되어서는 안 된다. 자생종 식재계획을 최종적으로 수립하기 이전에 반드시 각각의 대상지가 갖는 생태적 특성에 대한 상세하고도 완전한 이해가 필요하다.

우점교목:

- 유럽참나무pedunculate oak, *Quercus robur*
- 자작잎서어나무hornbeam, *Carpinus betulus*

아교목:

- 유럽단풍field maple, *Acer compestre*
- 양벚나무gean, *Prunus avium*

관목 층위:

- 유럽개암나무hazel, *Corylus avellana*
- 유럽호랑가시나무holly, *Ilex aquifolium*
- 단자산사나무hawthorn, *Crataegus monogyna*
- 블랙엘더베리elder, *Sambucus nigra*

지면 층위:

관리 여건에 따라 다름

- 서양산딸기bramble, *Rubus fruticosus*
- 더치인동honeysuckle, *Lonicera periclymenum*

이 혼합체에서 유럽단풍은 그렇지 않지만 양벚나무*Prunus avium*와 블랙엘더베리*Sambucus nigra*는 속성 수종이고 초기에 보모 식물로 기능할 수 있다. 생육 초기에 성장이 왕성한 딱총나무속*Sambucus*은 참나무속*Quercus*과 서어나무속*Carpinus*의 정착을 억제할 수도 있기 때문에 성장이 더딘 이 수종들이 원활하게 성장을 지속할 수 있는 공간을 차지할 수 있도록 하기 위하여 아마도 정기적으로 관목층 지상부의 줄기를 잘라주어야 할지도 모른다.

보다 단순한 수관 구조를 원한다면 하층 식재는 생략될 수 있고 기존의 종수를 줄임으로써 남아 있는 층위 또한 보다 단순화 할 수도 있다. 단 두 종의 식재만으로도 단순하지만 장차 기억에 남을만한 소림의 형성이 가능할지도 모른다. 예를 들어 너도밤나무와 자작나무는 흔히 단일 종 식재이면서도 매력적인 소림을 구성하는 수종들이다. 그렇지만 우리가 하나 혹은 두 수종만으로 혼합체를 구성하려고 한다면, 우리는 그 수종들이 대상지에서 성공적으로 정착할 수 있다는 강한 확신이 서지 않으면 안 된다. 정착이 잘 안될 수도 있는 상황에 대비하여 보다 넓은 범위의 수종을 식재에 포함시키는 것이 대개는 보다 현명한 방법이다.

하층 식재가 없는 소림 핵심 혼합체는 다음과 같이 구성될 수도 있다. 대상지의 조건은 앞의 경우와 같다.

우점교목:

· 유럽참나무pedunculate oak, *Quercus robur*

· 구주물푸레나무ash, *Fraxinus excelsior*

아교목:

· 유럽단풍field maple, *Acer compestre*

· 양벚나무gean, *Prunus avium*

지면 층위:

관리여건에 따라 다름

· 서양산딸기bramble, *Rubus fruticosus*

· 더치인동honeysuckle, *Lonicera periclymenum*

이 혼합체는 네 가지 교목 수종을 제시하고 있는데 정착 성공률이 매우 높은 수준에 해당한다. 따라서 후일 지표면 층위보다 높은 곳에서 잘 발달하는 혼성 수관층을 형성하게 될 것이다. 더치인동과 서양산딸기 그리고 자연 발생적으로 자라난 수종들이 지상에서 서로 어울려 번성할 것이고 더치인동은 햇볕을 잘 받는 나무줄기를 따라 기어 올라갈 것이다. 만약 소림을 통해 확 트인 경관을 원하거나 수관층 밑에서 사람들의 자유로운 이동이 필요한 상황이라면, 이와 같이 중간이 텅 비어 있는 '소림 내 공간' 구조는 이상적일 것이다.

교림 수관층과 울창한 관목층의 강한 대비로 구성된 상이한 형태의 구조 또한 가능하다. 이것은 우점 교목과 관목 사이의 틈을 연결하는 아 교목의 생략을 통해 이루어진다. 또한 관목층을 구성하는 나무들에 대하여 키만 큰 채 막대기 같은 모양으로 자라는 것을 막기 위하여 정기적으로 밑동자르기coppicing(여러 대의 가지가 새롭게 발생하여 자랄 수 있도록 지표면 근처에서 줄기를 잘라 전체 수고를 낮추는 작업)를 시행하여 울창한 관목림을 조성할 수 있다. 대부분의 낙엽 관목들은 지면 가까이까지 가지를 치더라도 성장에 큰 무리가 따르지 않지만, 특히 밑동자르기에 잘 적응하는 수종들은 개암나무속*Corylus*, 딱총나무속*Sambucus*, 붉은말채나무dogwood, *Cornus sanguinea*, 백당나무guelder rose, *Viburnum opulus*이다. 관목뿐만 아니라 물푸레나무속*Fraxinus*, 서어나무속*Carpinus*, 유럽밤나무Spanish chestnut, *Castanea sativa*와 같은 교목 또한 전정 후 새가지를 잘 발달시키기 때문에 전정 층위를 구성하는 수종에 포함될 수도 있다. 영국의 전통적인 잡목림과 소림은 '하층림' 생산을 주목적으로 관리되었는데 이를 위해 잡목—예를 들면 개암나무와 유럽밤나무 같은—을 전정하고 성숙한 교목—대체로 참나무류—을 간헐적으로 제거하였다. 교림 수관층이 지나치게 조밀하지 않다면 이와 같은 소림 구조는 관목 층위의 일부를 주기적으로 전정한 결과 발생한 밀생지를 통해 빛과 그늘의 다양성이 자리잡기 때문에 야생동물에게 대단히 유익하다.

로부르참나무 소림과 비슷한 환경을 갖고 있는 대상지에서 높은 수관층/관목 층위 혼합체는 다음과 같이 구성될 수 있는데, 비록 경제적 이득이 목적이 아니라 할지라도 촘촘한 가지 형성을 위하여 전정에 적합한 수종들이 포함되어 있다.

우점교목:

- 유럽참나무*Quercus robur*
- 구주물푸레나무*Fraxinus excelsior*

밀생 관목 층위:

- 유럽개암나무*Corylus avellana*
- 블랙엘더베리*Sambucus nigra*
- 붉은말채나무*Cornus sanguinea*
- 가시자두*Prunus spinosa*

관목인 가시자두blackthorn, *Prunus spinosa*는 비록 짙은 그늘에서는 견디지 못하지만, 교목 수관층이 강렬한 햇빛을 통과시킬 수 있을 만큼 일부 열려 있다면 이 혼합체에 도입할 수 있다. 이것은 폭넓게 펼쳐진 밀생지를 형성하고 새들이 둥지를 틀기에 좋은 수관층을 제공하기 때문에 촘촘한 하층을 구성하는 중요한 요소이다.

만약 밑동자르기를 통해 잔가지가 밀생하는 잡목성 교목이 도입되어야 한다면 이 혼합체는 다음과 같이 수정될 수도 있다.

우점교목:

- 유럽참나무*Quercus robur*
- 구주물푸레나무*Fraxinus excelsior*

밀생지 층위:

- 단자산사나무*Crataegus monogyna*
- 유럽개암나무*Corylus avellana*
- 자작잎서어나무*Carpinus betulus*
- 구주물푸레나무*Fraxinus excelsior*

위 밀생지 층위의 네 가지 수종은 수종 선택을 통하여 서로 다른 소림 구조의 다양한 변화를 어떻게 만들어낼 수 있는지를 보여준다. 각각의 혼합체에 적용되는 수종의 수는 6개부터 10개까지로 다양하게 변한다는 점을 유의해야 한다. 그런데 전체 소림을 고려한다면 이 또한 적은 수가 될 수도 있겠지만 대개의 경우 식재는 여러 종류의 혼합체로 구성되기 때문에 실제로 식재되는 전체 수종의 개수는 개별 혼합체에 쓰인 수종보다 2배에서 3배에 달할 수 있다. 또한 식재지가 정착단계로 접어들면서 다른 종류의 교목과 관목이 자연스럽게 서식하게 될 것이고 그 결과 소림 군집의 종 풍부도 또한 증가할 것이다.

소림 관리체계는 숲과 소림의 구조적 발달을 위해 필수적이다. 식재 시점에서 디자이너로서 우리가 맡은 주요 임무는 바람직한 숲 또는 소림의 군락과 구조를 만들어 내기 위하여 효율적인 관리가 용이한 수종 선택의 범위를 제공하는 것이다. 단지 수종 선택뿐만 아니라 식재 혼합체 내에서 그들이 차지하는 상대적인 비율과 배치 형태 또한 관리 요구도와 소림의 궁극적 공간 구조에 영향을 미친다.

식재 혼합체의 혼성 비율

교림을 구성하는 교목은 성숙목이 되었을 때 그들의 규모가 매우 크기 때문에 상대적으로 적은 수만으로도 우점 수관층을 형성할 수 있다. 예를 들어 전통적인 잡목림과 교림에서 성숙목의 수는 1에이커당 12개, 즉 1헥타르당 30개 정도로 그 수가 매우 적다.(텐슬리Tansley, 1939) 이를 통해 하층림이 번성할 수 있는 개방된 수관층이 나타난다. 보다 조밀한 수관층 즉, 1헥타르당 45개의 교목은 보다 울폐된 소림 또는 숲의 특성을 낳을 것이다. 이와 같은 최종단계의 교목 성장 공간을 만들기 위하여 우점 교목의 비율을 식재 혼합체 중 10%로 구성할 수 있고, 최종적으로 10개의 묘목 중 1개가 성숙목으로 성장한다는 가정 하에 1.5m 간격마다 1개씩 식재할 수 있다. 이와 같은 방식의 일례는 10개의 참나무 묘목과 10개의 서어나무 묘목을 한 묶음으로 하여 일정 간격으로 식재한 후 각각 10개의 묘목 중 최소한 1개가 성숙목에 이르도록 관리하는 것이다. 이와 같이 하면 아마도 성장 후 우점 교목이 되었을 때 한 나무당 약 15미터의 공간을 차지하게 될 것이다.

물론 우리가 규칙적인 식재나 성숙목의 정확한 공간 규모 적용을 반드시 추구할 필요는 없다. 실제로 우리는 식재 분포의 다양성을 마땅히 원하고 있기 때문에 이와 같은 수치는 초기 단계의 식재수종 비율과 공간 구획에 대한 하나의 기본 지침을 제시할 따름이다. 그러나 이제까지 논의한 결과에 따르면 우점 교목의 경우 10%의 비율이 가장 합당하다는 사실을 보여주고 있는데, 만약 우리가 참나무류를 기본 우점 교목으로 삼고 서어나무류가 공생 우점 교목이 되기를 원한다면 각각 7.5%와 2.5%의 비율로 식재 혼합체를 구성할 수도 있다.

관목 층위에서 호랑가시나무는 성장이 더디고 다른 나무들에 비하여 비싸기 때문에 흔히 약5%의 낮은 비율을 차지한다. 지면 층위의 더치인동과 서양산딸기 또한 초기 단계에서 교목 및 관목과 경쟁하는 성향이 매우 강하기 때문에 그 수가 많지 않아야 한다. 위 두 수종이 전체적으로 차지하는 5%의 비율은 초기 단계라기보다는 식재지 조건이 후일 양호한 상태에 이르렀을 때 비로소 도입함으로써 그들이 최적의 환경에서 자연스럽게 번성할 수 있도록 하는 것이 적절하다.

따라서 초기 단계에서는 보다 빠르게 정착할 수 있는 관목과 소교목이 소림의 나머지 80%를 구성하게 될 것이다. 그중 상층을 구성하는 20%의 소교목들이 나머지 관목들과 성장의 차이를 보이기 시작할 때 층위의 다양성이 나타나게 된다. 하층을 구성하는 관목들은 이때 수종별로 각각 20%를 차지하게 된다. 이와 같은 원리에 따라 각각의 구성 비율은 <표 11-1>과 같이 될 수 있다.

표 11-1. 고층 소림 혼합체

우점 교목	유럽참나무(*Quercus robur*)	7.5%
	자작잎서어나무(*Carpinus betulus*)	2.5%
아교목	유럽단풍(*Acer compestre*)	10%
	양벚나무(*Prunus avium*)	10%
관목 층위	유럽개암나무(*Corylus avellana*)	20%
	단자산사나무(*Crataegus monogyna*)	20%
	유럽호랑가시나무(*Ilex aquifolium*)	5%
	블랙엘더베리(*Sambucus nigra*)	20%
지면 층위	더치인동(*Lonicera periclymenum*)	2.5%
	서양산딸기(*Rubus fruticosus*)	2.5%
		100%

공간 구획(식재 간격)과 초기 식재

소림의 한켠을 잠시 들여다보면 갱신 중인 참나무, 자작나무 무리, 개방지를 메우고 있는 버드나무가 자라고 있는데, 그 곳엔 자연 스스로 퍼뜨린 엄청난 양의 씨앗과 유목이 풍성하게 자리 잡고 있음을 금세 알 수 있다. 한 곳에서 수 개의 씨앗들이 발아하여 여러 갈래의 줄기를 형성하고 있는 유목들도 있고 약간의 거리만 둔 채 지근거리에서 자라고 있는 한 줄기 유목들도 다수 있다. 새로운 생명체들의 왕성한 번식은 개체수 감소에 대한 좋은 대비책이 될 뿐만 아니라 유목이 초본류와 경쟁하며 성장하는 데 큰 도움이 된다. 또한 유목들 간 상호 경쟁은 성장을 촉진한다. 자작나무처럼 잎이 밀생하지 않는 수종들도 유목 시절 서로 촘촘히 자라게 되면 지면에 쉽게 그늘을 드리우게 되어 풀과 '잡초'의 성장을 억제하게 될 것이다. 상호 경쟁은 자연 간벌을 유도하여 생장력이 가장 강한 어린나무만 살아남게 된다.

숲과 소림을 조성할 때 우리가 자연 발생적인 갱신을 모방할 수 있는 가장 가까운 길은 교목과 관목의 씨앗을 직접 파종하는 것이다. 만약, 양묘장의 이식묘를 식재하는 전통적인 방식을 사용한다면, 자연 방식을 따르는 '충분한 공급'과 유익한 경쟁 원칙을 적용해야 한다. 처음부터 매우 가까운 식재 간격을 유지하면, 경쟁을 통해 스스로 성장 속도를 높이기 때문에 연속적으로 이어지는 수관부가 잡초의 성장을 억누를 수 있을 정도의 크기로 빠르게 자랄 것이다. 하지만 현장 적용 시 식재간격은 식재 초기의 비용과 후기 정착 및 관리 비용 사이의 적절한 균형을 고려하여 정하게 된다. 초기에 밀식을 하게 되면 빠른 기간 내에 울폐된 수관이 형성되어 잡초 제어 및 제거 비용이 절감되지만 지나치게 웃자라 줄기가 가늘어지는 현상을 방지하기 위하여 이른 시기부터 간벌을 해야만 할 것이다. 반면에, 처음부터 교목과 관목의 식재 간격을 넓게 하면 간벌 작업을 서둘러 하지 않아도 되지만 잡초 발생에 취약한 기간이 연장되면서 높은 유지·관리 비용이 요구되고 시각적 완성도에 도달하는 시간 또한 지연된다.

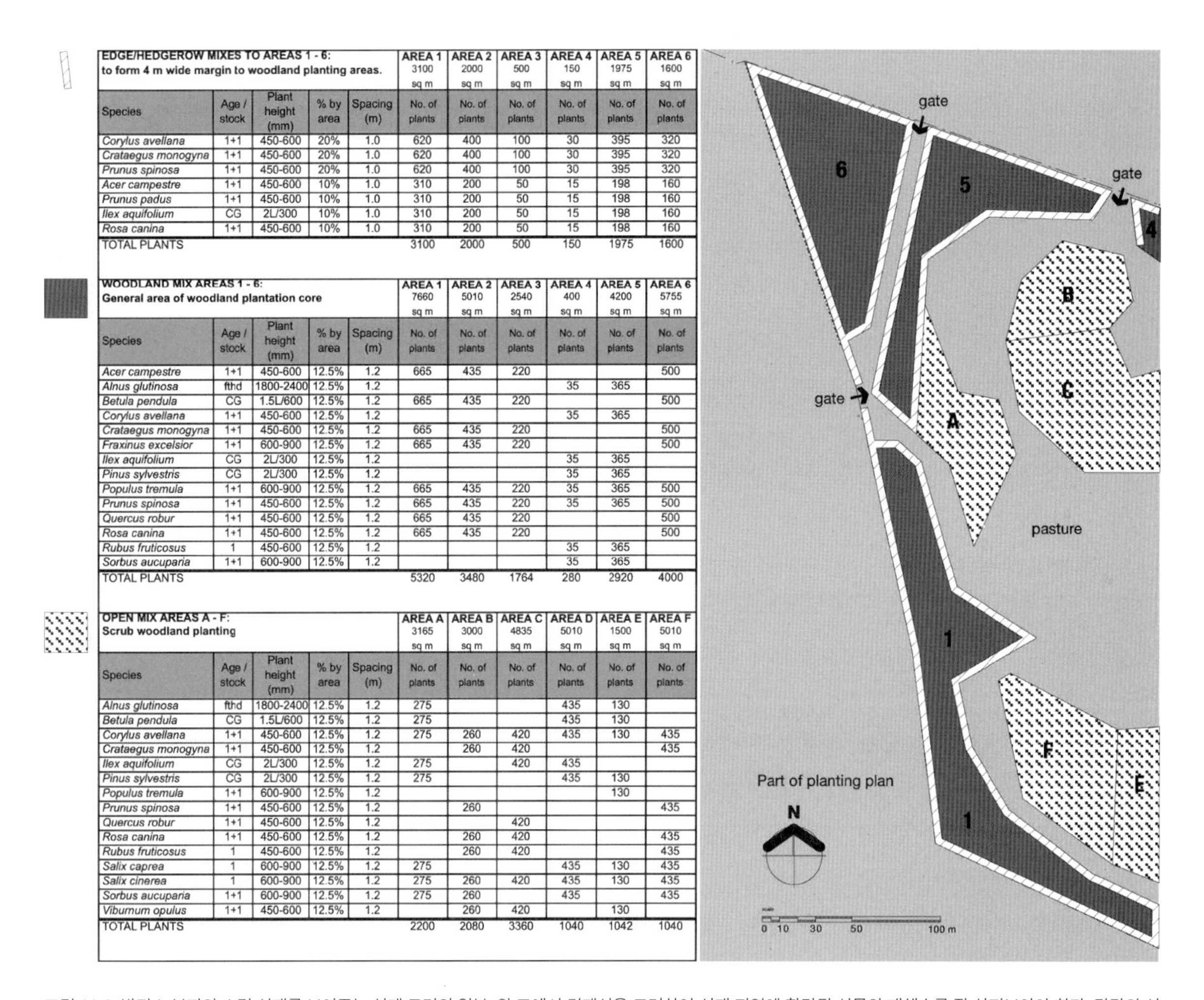

EDGE/HEDGEROW MIXES TO AREAS 1 - 6: to form 4 m wide margin to woodland planting areas.					AREA 1 3100 sq m	AREA 2 2000 sq m	AREA 3 500 sq m	AREA 4 150 sq m	AREA 5 1975 sq m	AREA 6 1600 sq m
Species	Age / stock	Plant height (mm)	% by area	Spacing (m)	No. of plants	No. of plants	No. of plants	No. of plants	No. of plants	No. of plants
Corylus avellana	1+1	450-600	20%	1.0	620	400	100	30	395	320
Crataegus monogyna	1+1	450-600	20%	1.0	620	400	100	30	395	320
Prunus spinosa	1+1	450-600	20%	1.0	620	400	100	30	395	320
Acer campestre	1+1	450-600	10%	1.0	310	200	50	15	198	160
Prunus padus	1+1	450-600	10%	1.0	310	200	50	15	198	160
Ilex aquifolium	CG	2L/300	10%	1.0	310	200	50	15	198	160
Rosa canina	1+1	450-600	10%	1.0	310	200	50	15	198	160
TOTAL PLANTS					3100	2000	500	150	1975	1600

WOODLAND MIX AREAS 1 - 6: General area of woodland plantation core					AREA 1 7660 sq m	AREA 2 5010 sq m	AREA 3 2540 sq m	AREA 4 400 sq m	AREA 5 4200 sq m	AREA 6 5755 sq m
Species	Age / stock	Plant height (mm)	% by area	Spacing (m)	No. of plants	No. of plants	No. of plants	No. of plants	No. of plants	No. of plants
Acer campestre	1+1	450-600	12.5%	1.2	665	435	220			500
Alnus glutinosa	fthd	1800-2400	12.5%	1.2				35	365	
Betula pendula	CG	1.5L/600	12.5%	1.2	665	435	220			500
Corylus avellana	1+1	450-600	12.5%	1.2				35	365	
Crataegus monogyna	1+1	450-600	12.5%	1.2	665	435	220			500
Fraxinus excelsior	1+1	600-900	12.5%	1.2	665	435	220			500
Ilex aquifolium	CG	2L/300	12.5%	1.2				35	365	
Pinus sylvestris	CG	2L/300	12.5%	1.2				35	365	
Populus tremula	1+1	600-900	12.5%	1.2	665	435	220	35	365	500
Prunus spinosa	1+1	450-600	12.5%	1.2	665	435	220	35	365	500
Quercus robur	1+1	450-600	12.5%	1.2	665	435	220			500
Rosa canina	1+1	450-600	12.5%	1.2	665	435	220			500
Rubus fruticosus	1	450-600	12.5%	1.2				35	365	
Sorbus aucuparia	1+1	600-900	12.5%	1.2				35	365	
TOTAL PLANTS					5320	3480	1764	280	2920	4000

OPEN MIX AREAS A - F: Scrub woodland planting					AREA A 3165 sq m	AREA B 3000 sq m	AREA C 4835 sq m	AREA D 5010 sq m	AREA E 1500 sq m	AREA F 5010 sq m
Species	Age / stock	Plant height (mm)	% by area	Spacing (m)	No. of plants	No. of plants	No. of plants	No. of plants	No. of plants	No. of plants
Alnus glutinosa	fthd	1800-2400	12.5%	1.2	275			435	130	
Betula pendula	CG	1.5L/600	12.5%	1.2	275			435	130	
Corylus avellana	1+1	450-600	12.5%	1.2	275	260	420	435	130	435
Crataegus monogyna	1+1	450-600	12.5%	1.2		260	420			435
Ilex aquifolium	CG	2L/300	12.5%	1.2	275		420	435		
Pinus sylvestris	CG	2L/300	12.5%	1.2	275			435	130	
Populus tremula	1+1	600-900	12.5%	1.2					130	
Prunus spinosa	1+1	450-600	12.5%	1.2		260				435
Quercus robur	1+1	450-600	12.5%	1.2			420			
Rosa canina	1+1	450-600	12.5%	1.2		260	420			435
Rubus fruticosus	1	450-600	12.5%	1.2		260	420			435
Salix caprea	1	600-900	12.5%	1.2	275			435	130	435
Salix cinerea	1	600-900	12.5%	1.2	275	260	420	435	130	435
Sorbus aucuparia	1+1	600-900	12.5%	1.2	275	260		435		435
Viburnum opulus	1+1	450-600	12.5%	1.2		260	420		130	
TOTAL PLANTS					2200	2080	3360	1040	1042	1040

그림 11-1. 발전소 부지의 소림 식재를 보여주는 설계 도면의 일부. 위 표에서 경제성을 고려하여 식재 지역에 할당된 식물의 개체수를 잘 살펴보아야 한다. 각각의 식재지마다 동일한 수종이 10~50개로 하나의 그룹을 형성해야 한다고 명시되어 있다.

실제 경험에 비추어볼 때, 관리비용이 과도하지 않으면서도 적당한 속도로 정착시킬 수 있는 식재 간격은 1~2미터이다. 양호한 성장 조건을 갖춘 유럽의 한대 기후 지역에서 1m 간격으로 식재하게 되면 2~3년 후에 다소 울폐된 수관이 형성될 것이며, 2m 간격으로 식재한다면 아마도 이 기간은 5년으로 길어질 것이다. 이와 같은 정착 기간은 토양, 미기후 그리고 다양한 기상 조건 중 특히 성장기 때의 강수량에 따라 크게 영향을 받는다. 성장에 영향을 주는 특별한 장애 요인이 없는 보통의 조건이라면 1.5m의 식재 간격이 좋은 절충안이다. 놀랍지만 아마도 이 방식은 단지 유럽의 북서부 지역뿐만 아니라 다양한 기후조건에 적용이 가능하다. 다른 지역의 경우 나무의 성장률은 서로 다르겠지만 잡초의 상대적인 성장률 또한 나무의 성장률과 대체로 일치하기 때문에 동일한 식재 간격을 적용하여 효과적인 식생 정착을 이룰 수 있다.

신속한 경관 조성이 요구되거나 환경 조건이 특별히 좋지 않다면, 식재 간격은 1m 또는 최소 0.75m까지 축소될 수도 있다. 그러나 식재를 위한 예산이 적고 급하게 경관을 조성하지 않아도 될 경우라면 2m의 식재 간격이 적절할 수도 있다.

초기 식재를 위한 간단한 방법은 주어진 비율에 따라 모든 이식묘들을 서로 혼합한 후 식재지 전역에 걸쳐 일정 간격으로 식재하는 것이다. 이렇게 하면 이론상 각각의 수종들은 균등하게 배치되며 서로 다른 수종들끼리 잘 혼합될 것이다. 이와 같은 방법을 적용한 식재계획은 <표 11-2>와 같다. 여기서는 이전의 표에 제시되었던 비율이 수종별 식재 총량으로 변환되었으며, 1헥타르(10,000㎡) 면적에 1.5m의 식재간격을 가정한 결과이다. 이것은 식재 지점을 뜻하며 c/s, ctrs. 또는 c/c와 같은 약어로 표시되는데, 여기서는 1㎡당 약 0.45그루에 해당한다.

그런데 이와 같이 무작위로 식재하는 방법은 많은 문제를 야기해왔다. 그중에서도 성장 속도가 느린 교목과 관목을 성장 속도가 빠른 수종들과 동등하게 혼합하여 식재할 경우 정착단계에 이르기 전에 생장력이 왕성한 대부분의 수종들이 식재지 전역을 우점하는 것이 가장 문제가 된다. 이와 같은 현상이 발생한다면 생장이 더딘 나무의 피압과 사멸을 피하기 위하여 간벌 또는 전정을 실시하는 등 지속적인 관심을 기울여야 한다. 또한 '등간격 배치' 방법을 적용할 경우 식재 간격을 달리할 수 없기 때문에 서로 다른 성장률과 성장 습성의 이점을 제대로 활용할 수 없다. 이와 같은 종류의 식재지를 관리하는 데에는 많은 비용 부담과 고충이 따르고 대개의 경우 충분히 돌볼 수 없기 때문에 결국 성장세가 강한 수종들만 살아남는 자유방임식의 소림을 낳게 된다. 비록 이것이 '생태적'일 수도 있겠지만, 디자인과 식재에 쏟은 노력의 일부를 낭비하는 것이기 때문에 식재 초기에는 생장력이 왕성한 속성 수종들의 수를 제한하여 식재지가 생물 다양성이 풍부한 소림으로 발달할 수 있는 자연 천이 접근법을 취하는 것이 훨씬 더 좋을 수 있다.

표 11-2. 비율 및 총량을 나타내는 식재 혼합체

수 종	비 율	총 량
유럽참나무(*Quercus robur*)	7.5%	340
자작잎서어나무(*Carpinus betulus*)	2.5%	115
유럽단풍(*Acer compestre*)	10%	450
양벚나무(*Prunus avium*)	10%	450
유럽개암나무(*Corylus avellana*)	20%	900
단자산사나무(*Crataegus monogyna*)	20%	900
유럽호랑가시나무(*Ilex aquifolium*)	5%	225
블랙엘더베리(*Sambucus nigra*)	20%	900
더치인동(*Lonicera periclymenum*)	2.5%	115
서양산딸기(*Rubus fruticosus*)	2.5%	115
		4510

주: 수량 집계는 5본 단위로 하였다. 모든 식물은 골고루 혼합되었고 1.5m 간격으로 식재되었다.

서로 다른 생장률 때문에 발생하는 문제를 극복하기 위하여 유목 단계에서 각각의 수종들을 5~50개를 한 묶음으로 하여 식재할 수 있다. 이와 같이 한 수종을 무리지어 식재하면 초기에 좋은 경관을 연출할 수 있는 이점이 있다. 동일한 수종으로 구성된 울창한 임분은 자연스러워 보이며 자연 발생적인 서식 환경에서 흔히 나타나는 모습으로서 군락은 강한 시각적 효과를 전달한다. 집단 배치는 서로 다른 수종별로 서로 다른 식재 간격을 적용할 수 있게 해주며 더 나아가 특정한 수종에 적합한 식재 간격을 별도로 정함으로써 식재의 다양성이 연출된다. 더디게 성장하면서 강한 경쟁력을 보이지 않는 교목의 경우, 10~20개가 한 다발로 묶이는 중규모의 집단으로 구성되며 해당 수종은 상호 경쟁이 없는 환경에서 성장해 갈 것이다. 식재 면적은 10~50㎡ 정도가 되는데 대부분의 군락이 햇빛을 충분히 받으며 성장할 수 있을 만큼 넓지만, 주변의 대교목들이 드리우는 반그늘로부터 보호를 받기에는 적은 규모이다. 그러나 각각의 집단 중 최소한 하나의 집단은 성장하여 성숙목으로 잘 자랄 수 있는 가능성이 높다.

조금 더 빠른 속도로 자라는 교목과 관목, 또는 속성으로 재배할 목적으로 선택한 수종의 경우, 다양한 방식으로 접근할 수 있다. 이 수종들이 매우 느리거나 매우 빠르지 않은 보통의 성장률을 보인다면—예를 들면 낙엽송과 자작나무 같은—, 균등한 식재 간격에 따라 혼합 식재하거나 관상미를 고려하여 각각을 하나의 집단으로 분할하여 식재할 수도 있다. 따라서 속성으로 자라는 수종들의 집단은 식재지 내에서 광범위한 녹지대를 형성하는데, 더디게 자라는 수종들은 그 곳에서 보호를 받을 수 있다. 이 집단은 개별 수종마다 30~50개 또는 그보다 크게 구성될 수 있다. 이와 달리 더디게 자라면서 내음성이 강한 관목들이 집단적으로 주변에 배치되어 있다면 10~20개의 작은 집단으로 구성될 수도 있다.

작은 크기의 집단 내에는 흔히 몇몇 수종이 매우 적은 비율로 식재된다. 예를 들어 호랑가시나무와 서어나무는 5~10개로 한 집단을 이루어 식재될 수도 있는데, 이들은 성장속도가 매우 느리기 때문에 참나무와 같이 약간 느린 성장세를 보이는 집단 사이에 배치할 경우 포플러와 버드나무와 같은 속성수에 의해 성장이 억제되지 않도록 주의를 기울여야 한다. 그러나 호랑가시나무는 상대적으로 낮은 일조 조건에서도 잘 견디기 때문에 내음성이 약한 다른 수종들에 비하여 피압을 덜 받는다.

집단마다 일정한 간격을 유지하는 가운데 집단의 크기(집단 내 개체수)는 <표 11-3>과 같이 수종별 배치가 가능하다.

식재 간격을 다양하게 설정하면 섬세함을 살리면서 보다 자연스러운 경관을 조성할 수 있다. 예를 들어 대부분의 개암나무는 10~30개로 하나의 집단을 형성하여 1.5m 간격으로 식재하지만, 이와 달리 3미터 간격으로 10개 혹은 15개로 덤불을 구성하거나 원형으로 커다란 구덩이를 만든 후 그 곳에 모아 심기를 할 수도 있다. 이렇게 하면 그루터기로부터 다수의 새가지들이 발생하게 된다. 자작나무 이식묘를 3개 혹은 5개로 모아 심게 되면 다간형으로 자라게 된다. 다른 교목과 관목들처럼 물푸레나무 또한 이와 같이 할 수 있다. 몇몇 종들의 경우 일정한 식재 간격을 유지하기보다는 0.5m와 2m 사이에서 서로 다른 식재간격을 적용하는 다양성의 도입 또한 가능하다.

계약자와의 합의사항이 분명하고 효율적인 것이라면 이와 같은 종류의 식재를 시도할 수 있지만, 새롭고도 시험적인 식재기술은 최소한 현지에서 그 유효성이 공식적으로 입증될 필요가 있다. 그동안 시도되어 온 상상력이 풍부한 많은 식재 방법 중 일부는 생태적이고도 자연스러운 식재 계획 방면에서 성공을 거두었다.(트리게이Tregay, 1983) 후일 다양한 수형을 갖춘 표본목으로 자랄 수 있도록 몇 몇 이식묘들을 똑바로 심는 대신에 비스듬한 각도로 식재하였다.

표 11-3. 집단 크기를 나타내는 식재 혼합체

수 종	집단 크기(개체수)	총 량
유럽참나무(*Quercus robur*)	10	340
자작잎서어나무(*Carpinus betulus*)	10	120
유럽단풍(*Acer compestre*)	15	445
양벚나무(*Prunus avium*)	15	445
유럽개암나무(*Corylus avellana*)	20	900
단자산사나무(*Crataegus monogyna*)	30	900
유럽호랑가시나무(*Ilex aquifolium*)	5	225
블랙엘더베리(*Sambucus nigra*)	30	900
더치인동(*Lonicera periclymenum*)	3	111
서양산딸기(*Rubus fruticosus*)	3	111

표 11-4. 수종별 식재 간격

수 종	집단 크기(개체수)	식재 간격
유럽참나무(*Quercus robur*)	10	1.5미터
자작잎서어나무(*Carpinus betulus*)	10	1.5미터
자작잎서어나무(*Carpinus betulus*)	50	2.0미터
유럽단풍(*Acer compestre*)	15	1.5미터
양벚나무(*Prunus avium*)	15	1.5미터
유럽개암나무(*Corylus avellana*)	20	1.5미터
유럽개암나무(*Corylus avellana*)	50	2.0미터
단자산사나무(*Crataegus monogyna*)	30	1.0~1.5미터
유럽호랑가시나무(*Ilex aquifolium*)	5	1.0미터
블랙엘더베리(*Sambucus nigra*)	30	2.0미터
더치인동(*Lonicera periclymenum*)	3	1.5미터
서양산딸기(*Rubus fruticosus*)	3	1.5미터

이제 요구되는 수종의 총량을 계산하는 일이 남게 된다. 서로 다른 간격을 적용할 경우 개체수보다는 식재 면적에 따라 수종을 배분하는 것이 더 쉽다. 만약 참나무가 특정 식재 혼합체에 할당된 식재면적의 7.5%를 차지하고 있다면 우리는 참나무 식재 면적을 계산한 후 이 식재 면적에 식재 밀도를 곱하여 참나무의 총량을 알아낼 수 있다. 예를 들어, 총 식재면적이 1헥타르(10,000㎡)일 경우 유럽참나무의 총량은 다음과 같다.

수종	면적	집단크기	식재간격	식재밀도	총면적	총량
유럽참나무(Quercus rubur)	7.5%	10	1.5미터	0.45	750㎡	340

식재 혼합체를 구성하는 각각의 수종에 대하여 동일한 계산을 할 수 있다. 식재 계획 <표 11-5>에서 개별 면적, 식재 밀도, 전체 면적은 생략 가능하다.

표 11-5. 소림 식재혼합체(전체면적: 1헥타르)

수 종	집단 크기(개체수)	식재 간격	총량
유럽참나무(*Quercus robur*)	10	1.5미터	340
자작잎서어나무(*Carpinus betulus*)	10	1.5미터	90
자작잎서어나무(*Carpinus betulus*)	5x10	2.0미터	100
유럽단풍(*Acer compestre*)	15	1.5미터	450
양벚나무(*Prunus avium*)	15	1.5미터	450
유럽개암나무(*Corylus avellana*)	20	1.5미터	860
유럽개암나무(*Corylus avellana*)	5x10	2.0미터	250
단자산사나무(*Crataegus monogyna*)	30	1.0~1.5미터	1280
유럽호랑가시나무(*Ilex aquifolium*)	5	1.0미터	250
블랙엘더베리(*Sambucus nigra*)	30	2.0미터	500
더치인동(*Lonicera periclymenum*)	3	1.5미터	111
서양산딸기(*Rubus fruticosus*)	3	1.5미터	111

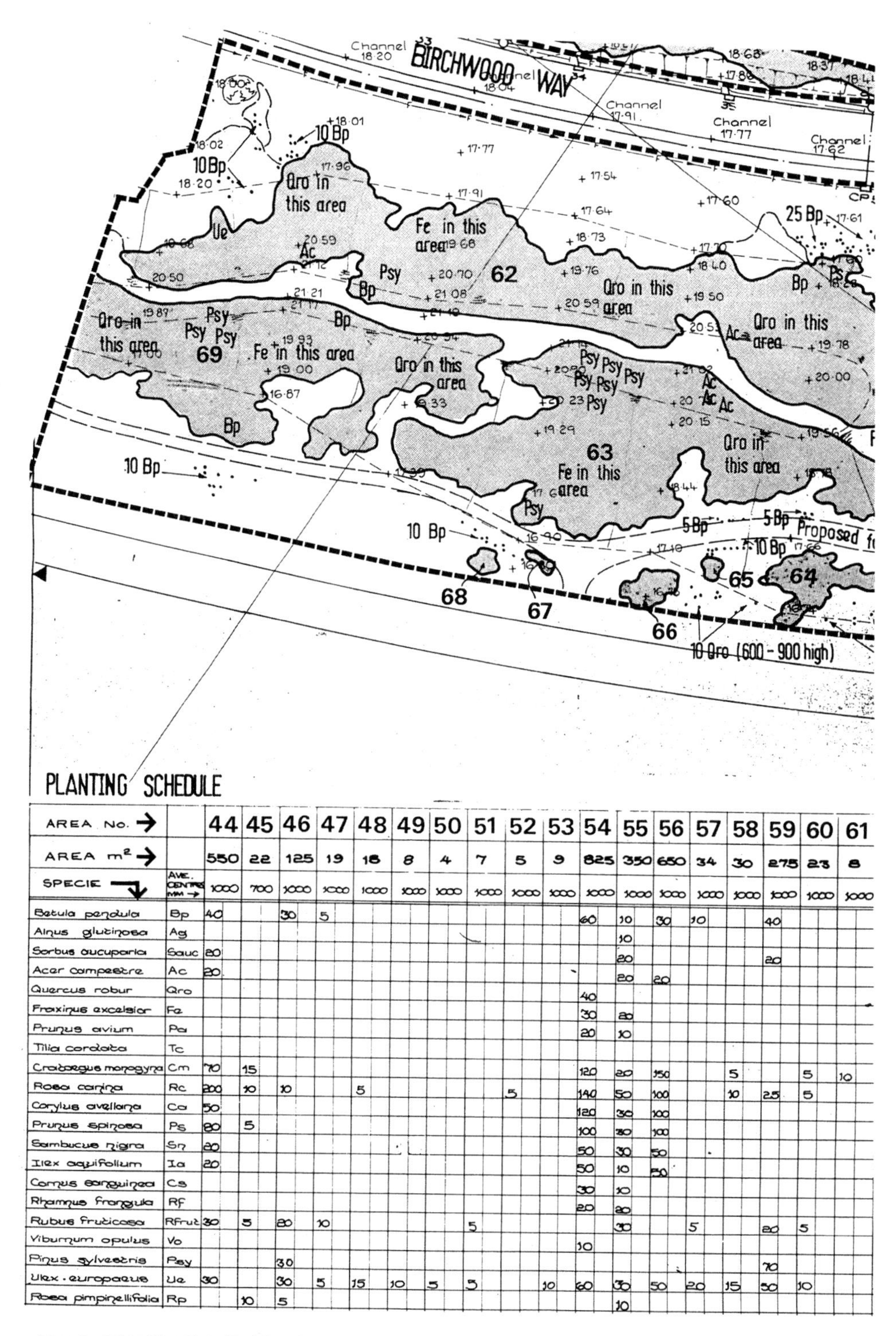

AREA No. →		44	45	46	47	48	49	50	51	52	53	54	55	56	57	58	59	60	61
AREA m² →		550	22	125	19	18	8	4	7	5	9	825	350	650	34	30	275	23	8
SPECIE	AVE. CENTRES MM →	1000	700	1000	1000	1000	1000	1000	1000	1000	1000	1000	1000	1000	1000	1000	1000	1000	1000
Betula pendula	Bp	40		30	5							60	10	30	10		40		
Alnus glutinosa	Ag												10						
Sorbus aucuparia	Sauc	20											20				20		
Acer campestre	Ac	20											20	20					
Quercus robur	Qro											40							
Fraxinus excelsior	Fe											30	20						
Prunus avium	Pa											20	10						
Tilia cordata	Tc																		
Crataegus monogyna	Cm	70	15									120	20	150		5		5	10
Rosa canina	Rc	200	10	10		5				5		140	50	100		10	25	5	
Corylus avellana	Ca	50										120	30	100					
Prunus spinosa	Ps	80	5									100	30	100					
Sambucus nigra	Sn	20										50	30	50					
Ilex aquifolium	Ia	20										50	10	50					
Cornus sanguinea	Cs											30	10						
Rhamnus frangula	Rf											20	20						
Rubus fruticosa	Rfrut	30	5	20	10				5				30		5		20	5	
Viburnum opulus	Vo											10							
Pinus sylvestris	Psy			30													70		
Ulex. europaeus	Ue	30		30	5	15	10	5	5		10	60	30	50	20	15	50	10	
Rosa pimpinellifolia	Rp		10	5									10						

그림 11-2. 자연스러운 소림과 관목림을 보여주는 식재 도면의 일부. 식재지역 주변의 복잡하고도 다양한 주연부와 특정 지역에 일부 종들이 집중적으로 배치되어 있는 점을 눈여겨보아야 한다.

부수적인 식재 혼합체

토양 또는 미기후가 두드러진 차이를 보이는 지역의 경우에는 그곳에 특별히 적응한 교목과 관목을 식재해야 한다. 정착단계에 있는 소림에서 자연스럽게 발달하는 특별한 군집은 일반 군집 또는 군락과 구별하여 '식물 사회'라 부른다. 예를 들어 오리나무alder 식물 사회는 참나무 소림의 습한 지대에서 자란다. 오리나무는 이곳에서 우점하는 교목이고 적습지를 선호하는 다른 수종들과 어우러져 자라고 있을 것이다. 또한, 관목과 지면 층위 또한 근처의 참나무 소림과는 다른 특성을 나타낸다. 이와 같은 식재 혼합체는 습지대 또는 건조한 토양이 자리 잡고 있는 급경사지용으로 구성될 수 있다.

다양한 식재지 조건에 대응하는 또 다른 방법은 5년이 지난 후 서로 다른 지역에서 성공적으로 정착을 이루는 수종들을 확인한 후 이들을 잘 관리하여 성장을 촉진하는 것이다. 토양과 배수성의 매우 미묘한 변화를 확인할 수 있는 유일한 방법은 이것 외에는 없을 수도 있다.

표 11-6. 습지 소림 혼합체의 예시

교목 층위	유럽오리나무(*Alnus gultinosa*)	30%
	털자작나무(*Betula pubescens*)	20%
	흰버들(*Salix alba*)	10%
관목 층위	갈매나무(*Frangula alnus*)	10%
	큰산버들(*Salix cinerea*)	10%
	백당나무(*Viburnum opulus*)	20%

저층림/저층 소림

저층림 또는 저층 소림은 대략 수고 7m와 15m 사이에 있는 나무가 우점하는 식물 군집을 가리킨다. 이것은 최대 수고에 이르기 전 상태의 발달 단계를 뜻할 수도 있지만, 대교목이 정착하기 곤란한 환경요인에 따라 나타난 안정된 군집 구조를 가리킨다. 디자인 관점에서 볼 때 이것은 그 자체로 최종적인 결과일 수도 있고 뉴질랜드의 나한송podocarp 우점 활엽수림처럼 궁극적으로 교림을 창출하기 위한 수단일 수도 있다. 저층림을 구성하는 나무 중 카누카kanuka, *Kunzea ericoides*, 뉴질랜드돈나무kohuhu, *Pittosporum tenuifolium*, 타타라돈나무tarata, *Pittosporum eugenioides*, 투투tutu, *Coriaria arborea*(이 식물은 독성이 대단히 강함), 마코마코makomako, *Aristotelia serrata*는 속성으로 자라는 '선구 수종'에 해당한다. 유럽의 낙엽수림 발달 과정에서는 자작나무birch, 호랑버들sallow, 마가목rowan이 비슷한 기능을 발휘할 수 있다. 이와 같은 나무들은 마누카manuka, *Leptospermum scoparius*와 같이 많은 일조량을 요구하고 장기적으로 개방지에서 살아가는 관목들 뿐만 아니라 카라무karamu, *Coprosma lucida*와 같이 보통 정도의 내음성을 지니고 있기 때문에 장차 교목 밑에서 하층림을 형성하게 될 수종들과 함께 조합을 이룰 수 있다. 우리는 두 종류의 식재 혼합체, 즉 뉴질랜드와 영국의 사례를 비교할 것이며 그 과정에서 기본 원칙의 유사성과 생태적 차이점을 보여줄 것이다.

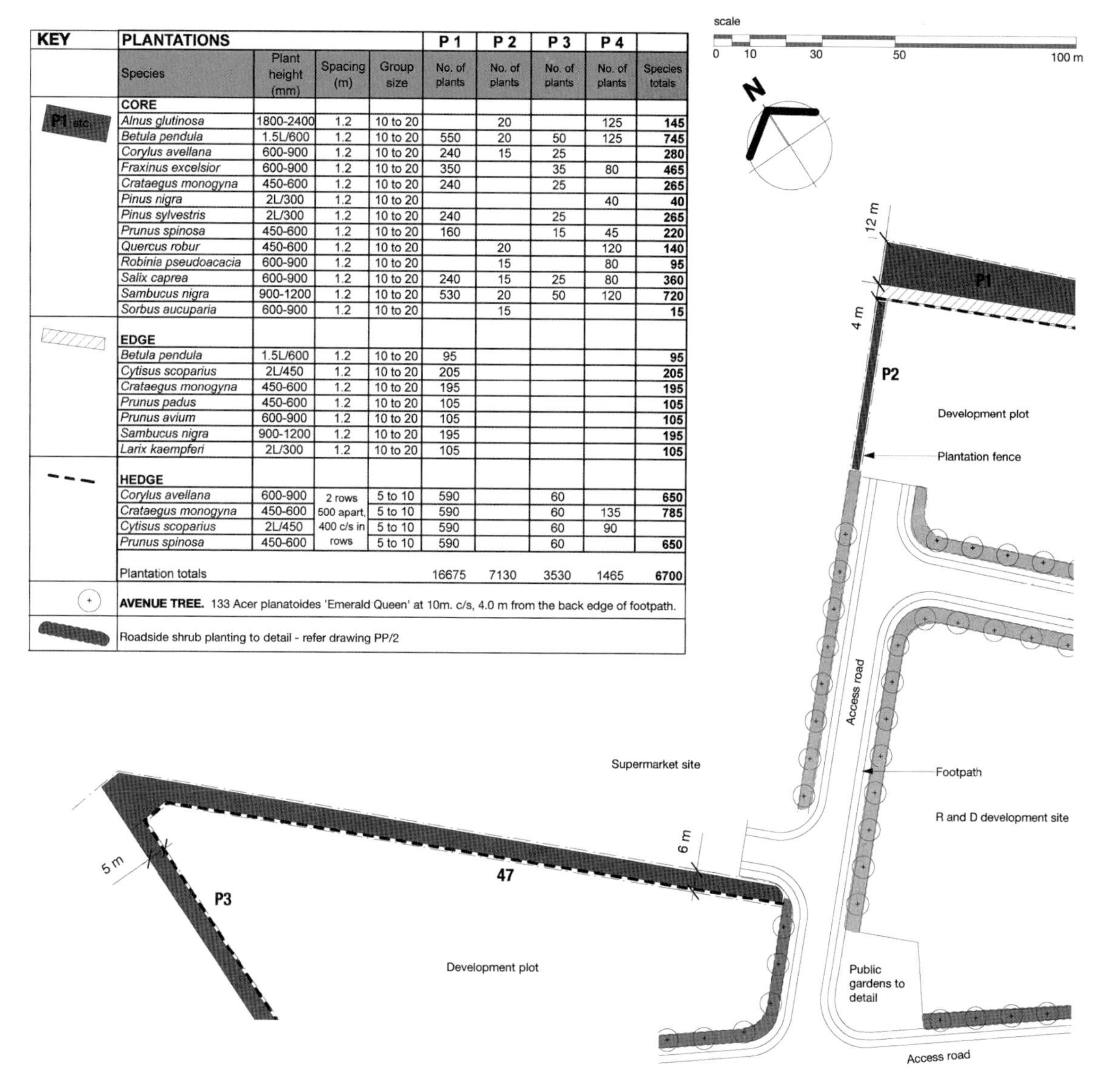

KEY	PLANTATIONS				P 1	P 2	P 3	P 4	
	Species	Plant height (mm)	Spacing (m)	Group size	No. of plants	No. of plants	No. of plants	No. of plants	Species totals
P1 etc.	**CORE**								
	Alnus glutinosa	1800-2400	1.2	10 to 20		20		125	**145**
	Betula pendula	1.5L/600	1.2	10 to 20	550	20	50	125	**745**
	Corylus avellana	600-900	1.2	10 to 20	240	15	25		**280**
	Fraxinus excelsior	600-900	1.2	10 to 20	350		35	80	**465**
	Crataegus monogyna	450-600	1.2	10 to 20	240		25		**265**
	Pinus nigra	2L/300	1.2	10 to 20				40	**40**
	Pinus sylvestris	2L/300	1.2	10 to 20	240		25		**265**
	Prunus spinosa	450-600	1.2	10 to 20	160		15	45	**220**
	Quercus robur	450-600	1.2	10 to 20		20		120	**140**
	Robinia pseudoacacia	600-900	1.2	10 to 20		15		80	**95**
	Salix caprea	600-900	1.2	10 to 20	240	15	25	80	**360**
	Sambucus nigra	900-1200	1.2	10 to 20	530	20	50	120	**720**
	Sorbus aucuparia	600-900	1.2	10 to 20		15			**15**
	EDGE								
	Betula pendula	1.5L/600	1.2	10 to 20	95				**95**
	Cytisus scoparius	2L/450	1.2	10 to 20	205				**205**
	Crataegus monogyna	450-600	1.2	10 to 20	195				**195**
	Prunus padus	450-600	1.2	10 to 20	105				**105**
	Prunus avium	600-900	1.2	10 to 20	105				**105**
	Sambucus nigra	900-1200	1.2	10 to 20	195				**195**
	Larix kaempferi	2L/300	1.2	10 to 20	105				**105**
	HEDGE								
	Corylus avellana	600-900	2 rows 500 apart, 400 c/s in rows	5 to 10	590		60		**650**
	Crataegus monogyna	450-600		5 to 10	590		60	135	**785**
	Cytisus scoparius	2L/450		5 to 10	590		60	90	
	Prunus spinosa	450-600		5 to 10	590		60		**650**
	Plantation totals				16675	7130	3530	1465	**6700**
	AVENUE TREE. 133 Acer planatoides 'Emerald Queen' at 10m. c/s, 4.0 m from the back edge of footpath.								
	Roadside shrub planting to detail - refer drawing PP/2								

그림 11-3. 상업 구역 내 소림 띠녹지를 조성하기 위한 식재 설계도면의 일부. 표는 식재지에 자리 잡을 개별 수종들의 수와 집단의 크기 그리고 이식묘의 규격을 보여준다. 소림 중심부, 소림 주연부, 생울타리 혼합체가 드러나 있다. 식재 혼합체로 구성된 면적과 식재 간격이 그림 11-4의 단면도에 표시되어 있다.

먼저 뉴질랜드 북섬North Island의 다소 습한 지역에 위치한 경사면의 초지대를 상상해보라. 보호 구역, 어쩌면 가파른 협곡 또는 사람이 접근할 수 없는 곳에서 오래 전의 자생 숲 흔적이 발견될 것이다. 그러나 격리된 일부 지역에서 살아남은 나무들은 식생 갱신을 위해 선택할 수 있는 종이 되지 않을 수도 있다. 왜냐하면 그들이 초기에 정착했던 시기에는 지금과 매우 다른 환경조건에 처해 있었기 때문이다. 따라서 우리는 잡목 숲이 다시 자리 잡기 시작하는 곳(버려진 방목지, 도로 절개지 등)을 통해 더 좋은 대안을 찾을 수 있다. 적절한 습도를 유지함과 동시에 배수가 잘 되는 곳에서는 마호에mahoe, 란지오라rangiora, 코후후kohuhu, 티 코우카ti kouka, *Cordyline australis*, 타라타tarata, 호우

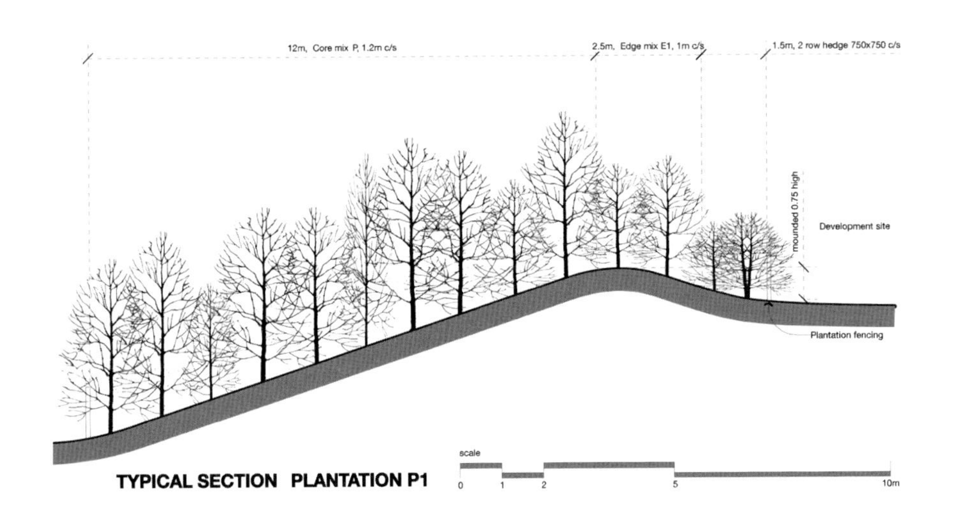

그림 11-4. 상업 구역 주변의 소림을 구성하는 식재 혼합체와 식재 간격의 관계를 보여주기 위하여 사용된 단면도. 단면은 대략 5년 후에 나타날 수관 구조를 나타내며 자연적으로 또는 인공적으로 간벌이 곧 나타날 예정이다.

헤레houhere, 화우화우파쿠whauwhaupaku, 투투tutu와 같은 종들을 선택할 수 있다. 조금 더 건조한 지역에서는 카누카kanuka 및 마누카manuka, 타우히누tauhinu와 같은 관목 그리고 작은 잎을 갖고 있는 코프로스마coprosma를 발견할 수도 있다. 또는 가시금작화gorse, *Ulex europaeus*, 양골담초broom, *Cytisus scoparius*와 같은 도입종들이 우점하고 있을 수도 있다.

숲 갱신이 초기 단계일 경우 나무들이 촘촘하게 자라고 있기 때문에 눈에 띄는 관목 층위가 나타나기 어렵겠지만, 조금 더 성장하여 이차 천이의 식생 군집을 이룬 후에는 약간의 빈터가 생겨서 카라무karamu, 카노노kanono, 란지오라rangiora, 한제한제hangehange, 소엽 코프로스마coprosma와 같은 교목들의 하부에서 관목이 성장할 수 있게 된다. 우리는 이 수종들 중에서 초기에 왕성한 생장력을 보이는 선구 수종을 선택하여 잡목 숲을 형성하는 식재 혼합체를 디자인할 수 있는데, 이들은 저층림 군집을 구성한 후 성숙 단계에 이르러서는 레와레와rewarewa, 타와tawa, 히나우hinau, 포도카르프스podocarps와 같은 교목들이 자랄 수 있는 터전을 제공한다. 이와 같은 식재 혼합체의 예시는 다음과 같지만, 이 책에 소개된 모든 식재 혼합체는 가설에 해당하며 단지 예시를 보여주기 위함이라는 사실을 유의해야 한다. 따라서 이들은 현장에 그대로 적용되어서는 안 된다. 식재 계획을 최종적으로 세우기 전에 각각의 식재지가 지닌 상세한 생태적 특성들에 대한 충분한 이해가 언제나 선행되어야 한다.

이와 같은 상황을 유럽의 자작나무 숲과 비교해보는 것은 흥미로운 일이다. 이 숲은 영국의 북부 또는 서부의 배수가 양호하고 산성 토양이며 다소 습윤한 지역에 나타난다. 과거의 교란 또는 농지 이용에 의해 영향을 받은 곳으로부터 발생한 낮은 수관층의 소림을 형성하고 있다. 최초의 숲은 아마도 참나무와 자작나무로 구성되었겠지만, 추측건대 벌목 때문에 현재는 참나무가 사라졌고 털자작나무downy birches, *Betula pubesecens*와 처진자작나무silver birches, *B. pendula*가 우점하는 저층 소림이 되었다. 그 주변에는 유럽당마가목rowan, *Sorbus aucuparia*이 자라고, 습한 곳에는 버드나무류willows, *Salix* sp.와 귀룽나무bird cherry, *Prunus padus*가 분포한다. 관목 층위에는 유럽개암나무hazel, *Corylus avellana*가 포함되어 있고 흔히 습한 지역에서는 백당나무guelder rose, *Viburnum opulus*가 자리 잡는다. 가시금작화gorse, *Ulex europaeus*와 양골담초broom, *Cytisus scoparius*는 볕이 잘 드는 빈터와 개방된 주연부에 나타난다.

표 11-7. 뉴질랜드의 저층림 식재 혼합체의 예시

교목 층위	코후후(kohuhu)	15%
	호우헤레(houhere)	15%
	마호에(mahoe)	10%
	화우화우파쿠(whauwhaupaku)	10%
	티 코우카(ti kouka)	5%
관목 층위	코프로스마(coprosma)	10%
	란지오라(rangiora)	10%
	카라무(karamu)	10%
	투투(tutu) 이 식물은 독성이 매우 강함	5%

사진 172. 자연 발아 후 선구 수종으로 성장한 처진자작나무(*Betula pendula*)와 호랑버들(*Salix caprea*)이 영국 요크셔(Yorkshire)의 스톡스브리지(Stocksbridge) 내 개방지에 서식하면서 저층 소림을 형성하고 있다. 배후에서 자라고 있는 고층 소림에 주목하라.

사진 173. 영국 블라이드(Blythe) 계곡의 공원에 펼쳐진 여러 형태의 빈터와 그곳에서 자라고 있는 자작나무와 참나무가 보여주고 있는 초기 단계의 소림

사진 174. 영국 워링턴(Warrington)의 과학공원을 위해 마련된 식재지는 담으로 둘러싸여 있는데 여기에는 덤불림 혼합체와 구주물푸레나무 집단이 자리 잡고 있다. 오래된 생울타리가 남아 있는데 이것을 새로 조성한 식재지와 한 데 어우러지도록 보호하고 있음을 눈여겨 볼 것

이와 같은 종류의 소림이 두드러진 곳에서는 <표 11-8>과 유사한 식재 혼합체를 구성할 수 있다.

바람이 세차게 부는 곳이라면 내풍성이 강한 식물들(자작나무, 유럽당마가목, 가시금작화, 양골담초)의 비율을 높일 수 있다. 양호한 환경 조건의 경우 식재 초기에 생육이 가장 왕성한 수종은 호랑버들이기 때문에 위 표와 같이 낮은 비율을 유지해야 한다. 그러나 빠른 시각적 효과 또는 보모 식물이 요구된다면 큰 무리를 이루거나 집단을 구성하여 다른 수종들과 격리시킬 수도 있다. 이 식재 혼합체의 50%가 교목으로 구성되어 있음에 유의해야 한다. 이는 다소 닫힌 수관층을 갖고 있으면서도 더 많이 개방된 임분과 빈터를 동시에 보여주는 소림의 특성이 잘 발달하도록 하기 위함이다.

만약 우리가 자작나무림을 참나무-자작나무 소림으로 발달시키고자 한다면 자연 발아한 참나무 유목을 확산시키거나 지면이 적정 수준에 도달했을 때 외부로부터 참나무 씨앗이나 묘목을 도입할 수도 있다. 우리가 참나무를 도입한다면, 참나무 공급원은 인근지역이어야 한다. 왜냐하면, 비슷한 지역 조건에서 자랐기 때문에 새로 도입된 식물들은 식재지에 대한 적응성이 높을 것이고, 전혀 새로운 유전자가 해당지역에 유입되지 않을 것이기 때문이다.

표 11-8. 자작나무 소림 식재 혼합체

교목 층위	처진자작나무(*Betula pendula*)	15%
	털자작나무(*Betula pubescens*)	15%
	유럽당마가목(*Sorbus acuparia*)	10%
	귀룽나무(*Prunus padus*)	5%
	호랑버들(*Salix caprea*)	5%
관목 층위	유럽개암나무(*Corylus avellana*)	20%
	백당나무(*Viburnum opulus*)	20%
기타 관목	가시금작화(*Ulex europaeus*)	5%
	양골담초(*Cytisus scoparius*)	5%

관목 밀생지

생태학 관련 이론이 발달하던 초기에 샐리스버리Salisbury(1918)는 저지대에서 낙엽관목으로만 구성된 식생 군집을 일컬어 '관목 밀생림thicket scrub'으로 분류하였다. 이것은 하층 식생이 큰 규모로 발달하지 않은 채 작고 조밀하게 자라는 관목의 구조적 유형을 보여주는 좋은 사례이다. 우리는 이와 같은 구조적 유형을 대부분의 사람들이 보통 사용하는 용어를 적용하여 '관목 밀생지shrub thicket'라고 부를 것이다. 그는 이것을 교목이 거의 없이 관목의 조밀한 임분이 그 특징이 되는 아 천이단계 또는 대단히 드물게 나타나는 극상 군집으로 간주하였다. 유럽에서 이와 같은 특성은 주로 방목지에 따른 결과이기 때문에 이곳엔 산사나무류hawthorns, 가시금작화gorse, *Ulex europaeus*, 가시

사진 175. 영국 컴브리아(Cumbria)에서 바닷바람에 노출된 해안가에 이식된 키 작은 나무들이 보호받으며 자라고 있고 여기에는 관목 밀생림. 둥근인가목(burnet rose, *Rosa pimpinellifolia*), 가시금작화(gorse, *Ulex europaeus*), 호랑버들(goat willow, *Salix caprea*), 비타민나무(sea buckthorn, *Hippophae rhamnoides*)가 포함되어 있다.

사진176. 가시금작화(gorse, *Ulex* sp.)와 난쟁이버드나무(dwarf willow, *Salix* sp.)를 포함한 저층 덤불지대가 경사지에서 이제 잘 정착을 이루고 있다. 이들은 1984년 리버풀(Liverpool) 국제 정원축제를 위하여 마련된 야생정원 구역에 식재되었다.

사진 177. 영국 셰필드(Sheffield)의 공원에 있는 고층 소림은 개방지와 소림 내부를 서로 연결하는 통로인 주연부가 발달해 있다.

자두blackthorn, *Prunus spinosa*와 같이 가시가 있는 수종들이 우점하고 있다. 이들은 보다 수량이 적은 유럽개암나무 haze, *Corylus avellana*, 붉은말채나무dogwood, *Cornus sanguinea*와 같이 가시가 없는 관목들을 보호한다. 검은딸기나무 bramble, 덩굴백장미field rose, *Rosa arvensis*, 사위질빵old man's beard, *Clematis vitalba*은 더 크게 자라는 관목들 사이에 자리 잡게 될 것이다.

뉴질랜드와 같은 나라는 지형의 높낮이와 관목 서식처의 범위가 매우 넓기 때문에 관목이 우점하는 식물 군집의 형태가 보다 다양하다. 해안 관목림, 아 고산 관목림 그리고 생태학자인 피터 워들Peter Wrdle(1991)이 칭한 '회색빛 관목림'은 구조적으로 저지대의 일반적인 낙엽성 관목 밀생지에 상응하기 때문에 이들은 모두 이와 같은 식재 혼합체의 범주에 포함된다. 회색빛 관목림은 매우 빽빽하고 잔가지가 밀생하며 소엽을 지니고 있는 상록성 관목들로 구성되는데 잎에 녹색 질감이 부족하기 때문에 회색빛으로 보인다. 바깥 줄기가 거칠기 때문에 서리 피해에 대한 저항성이 클 뿐만 아니라 가시가 있는 관목일 경우에는 가시의 수가 매우 적더라도 동물들이 뜯어 먹기 어렵다.

목장의 울타리 주변에 조성된 식재지는 기후 조건이 양호할 경우 결국 숲 또는 소림으로의 천이가 진행될 것이다. 하지만 관목의 성장이 가장 왕성한 단계에서는 지면 가까이 드리운 촘촘한 수관층 때문에 교목의 유목 또는 새로운 지면 층위의 정착이 발생하기 어렵다. 만약, 영국의 경우 검은딸기나무bramble, 유럽만병초*Rhododendron ponticum*와 같이 해마다 왕성하게 번식하는 관목을 사용하여 높은 밀도로 식재하였다면 이와 같은 단일 층위 구조는 한동안 지속될 수도 있다. 반면에 마누카manuka, 카누카kanuka 또는 가시금작화gorse(*Ulex europaeus*)처럼 그늘에서 발아할 수 없는 수종들로 구성된 덤불림이라면 머지않은 장래에 교목의 유목이 자라서 숲 또는 소림으로의 천이가 진행될 수 있는 지면 층위가 형성될 것이다.

영국의 저지대에서 배수가 양호한 석회질 토양에 적용 가능한 관목 밀생지 식재 혼합체가 <표 11-9>에 제시되어 있다. 이 수종들을 1m 또는 1.5m 간격으로 식재한다면 촘촘하게 짜인 낮은 수관층을 빠르게 형성한다. 그 결과 시각적 차폐와 더불어 조류 및 다른 야생동물의 훌륭한 서식처를 제공할 수 있게 된다. 만약 식재지마다 서로 다른 식재 간격을 적용한다면, 즉 1m에서 3m까지 다양한 식재 공간이 분포한다면 지표면 조건이 보다 다양하게 발달함으로써 보다 넓은 범위의 동물상과 식물상이 서식할 수 있는 매력적인 곳이 될 것이다. 또한 일부를 빈 곳으로 남겨 둘 수도 있는데 이곳은 후일 교목이 자랄 수 있는 빈터가 된다.

표 11-9. 관목 밀생지 식재 혼합체의 예시(석회질 토양, 영국)

고관목	단자산사나무(*Crataegus monogyna*)	20%
	가시자두(*Prunus spinosa*)	20%
	로즈힙(*Rosa cania*)	10%
	붉은말채나무(*Cornus sanguinea*)	10%
	황금유럽쥐똥나무(*Ligustrum vulgare*)	10%
	유럽개암나무(*Corylus avellana*)	10%
	갈매나무(*Rhamnus catharticus*)	10%
중·저관목	서양산딸기(*Rubus fruticosus*)	5%
	덩굴백장미(*Rosa arvensis*)	5%

뉴질랜드 저지대의 관목림은 해안가나 산지에 나타나는 자연스러운 관목림 군집을 모방하거나, 생육 조건이 까다로운 지역에서 발견되는 식생 천이 초기 단계의 모습을 반영하여 조성할 필요가 있다. 자연 서식처에 자생종을 식재할 경우 인근 지역에서 수집한 식물을 활용하는 것이 중요하다. 이렇게 하면 잡종의 발생을 억제하고 유전자 다양성 감소를 예방할 수 있다. 식생 천이를 보여주는 관목 밀생지 중 배수가 양호하면서도 토양 비옥도가 보통인 곳에 적합한 식재 혼합체는 <표 11-10>에 제시되어 있고, <표 11-11>은 척박한 토양 환경에 어울리는 예시이다.

표 11-10. 관목 밀생지 식재 혼합체(저지대, 뉴질랜드)

고관목	카라무(karamu)	20%
	코프로스마(koprosma)	20%
	코로미코(koromiko)	20%
	마누카(manuka)	20%
	란지오라(rangiora)	15%
	투투(tutu) 독성이 매우 강함	5%

표 11-11. 관목 밀생지 식재 혼합체(척박한 토양, 뉴질랜드)

관목	투투(tutu) 독성이 매우 강함	20%
	코로미코(koromiko)	20%
	마누카(manuka)	20%
	타우히나(tauhina)	20%

식재 간격은 영국의 사례와 비슷하여 식재 수량이 적을 경우 1~1.5m이며, 이는 관목 수관층의 빠른 정착을 도모하기 위함이다. 이렇게 하면 수고 3~6m의 성숙목에 도달하게 될 것이다. 그즈음 교목 수종들 또한 이 관목림에 등장하여 성장을 개시할 것이다. 이 수종들 중 대부분은 수고가 낮은 선구 수종들로서 소교목과 중교목이지만 몇몇 대교목 수종 또한 나타날 수도 있다. 적기에 교목을 식재하면 천이 과정을 촉진할 수도 있는데, 아마도 관목을 간벌하거나 관목의 수관층을 높이는 전정을 병행하면 도움이 될 것이다. 만약 항구적인 관목 밀생지 구조를 원한다면 헤베속*Hebe*, 코리아리아속*Coriaria*, 코프로스마속*Coprosma*과 같은 관목은 밑동자르기를 통하여 갱신이 가능하다.

소림 덤불지대

소림 덤불지대scrub는 흔히 관목이 우점하는 관목림과 숲 또는 소림 사이의 과도기적 상태를 대표한다. 저층 소림과 저층림에서 나타나는 것과 비슷한 정도로 선구 수종과 소교목들이 분포할 수 있고 교림 우점종의 어린 나무들 또한 이곳에 포함될 수도 있다. 교목들은 여기저기 흩어져서 자라기 때문에 개방된 수관층을 형성하고 광 요구도가 높은 관목으로 구성된 덤불과 유목이 그 아래에서 번성하게 된다.

이와 같은 유형의 수관 구조는 관목으로 채워진 넓은 지역을 유지하기 위하여 맹아 유도를 위한 밑동자르기를 하거나 이미 존재하는 저층 소림 혼합체에 대하여 간벌을 실시한 결과 발생할 수도 있다. 그러나 디자인 단계에서 소림 덤불지대가 우리가 추구할 목표일 경우, 우리는 광 요구도가 높고 일조량이 충분한 상태에서 꽃을 잘 피우고 열매를 맺는 관목을 높은 비율로 구성하여 소림 덤불지대를 만들어낼 수 있다. 이는 곧 소림 혼합체와 비교해볼 때 교목의 비율을 줄이는 것에 해당한다. 따라서 약산성 토양에 적합한 저층 소림 혼합체는 소림 덤불지대 혼합체로 변경될 수 있다.

표 11-12. 소림 덤불지대 혼합체

교목	처진자작나무(*Betula pendula*)	5%
	유럽당마가목(*Sorbus aucuparia*)	5%
관목 층위	단자산사나무(*Crataegus monogyna*)	20%
	백당나무(*Viburnum opulus*)	20%
	유럽개암나무(*Corylus avellana*)	20%
	가시금작화(*Ulex europaeus*)	15%
	양골담초(*Cytisus scoparius*)	15%

고층 관목림

소림 덤불지대와 관목 밀생지의 경우 낮게 자라고 옆으로 퍼지는 수종을 제외함과 동시에 상호 경쟁을 통하여 교목의 형태로 자랄 수 있는 고관목을 주로 도입함으로써 최종 구조를 변경할 수 있다. 산사나무속*Crataegus*, 블랙엘더베리*Sambucus nigra*, 유럽개암나무*Corylus avellana*는 모두 6m에서 8m까지 자라거나 보다 좋은 생육 조건에서 모아심기를 할 경우 교목과 유사하게 높은 수관층을 형성할 것이다. 뉴질랜드에서 고층 관목림의 고전적인 예로서 성숙 단계에 도달한 마누카manuka, *Leptospermum scoparius*를 들 수 있는데, 수고 5m에서 7m까지 이른다. 위 수종들은 교목의 수관 폭보다는 좁지만 수고는 거의 동등하기 때문에 소림의 축소판과 같은 구조를 만들어 낸다.

주연부

식재지의 주연부는 여러 가지 측면에서 대단히 중요하다. 바깥에서 볼 때 가장 많이 사람들의 시선을 끄는 부분이고, 내부에서는 식재의 구조적 특성과 관련하여 전체적으로 대단히 핵심적인 기능을 수행한다. 주연부는 개방된 형태가 될 수도 있는데, 이와 같이 열린 주연부의 경우 숲 또는 소림의 중심부까지 시선이 미칠 수 있고 인접한 곳으로부터 자유로운 출입이 가능하다. 또한 주연부는 닫힌 형태가 될 수도 있는데 우거진 관목지대가 동선과 시선을 가로막는 차단벽 역할을 하면서 소림 또는 숲의 중심부에 더 많은 그늘을 드리우게 한다.

교목과 관목 군집으로 구성된 주연부는 소림 또는 숲 내부와 다른 환경 조건을 만들어 낸다. 그곳엔 그늘이 간헐적으로 드리우기 때문에 더 높은 일조량을 갖추고 있으며 바람 또한 더 많이 불게 된다. 바람은 온도와 습도를 감소시킨다. 약간 닫힌 주연부를 원한다면 높은 일조량의 이점을 살리는 동시에 적절한 그늘이 필요한 최적의 안식처를 제공할 수 있는 특별한 혼합체를 디자인할 수 있다.

숲 가장자리의 생태적 기능은 숲의 유형과 현지의 생태적 여건에 따라 다양하다. 예를 들어, 유럽의 온대 관목 소림에서 주연부는 흔히 생태적 다양성이 가장 높은 부분이고 식물과 동물들에게 단위 면적당 가장 큰 범위의 서식처를 제공한다. 이와 같은 이유 때문에, 유럽에서는 주연부 효과를 최대로 끌어 올리고 다양성을 증진시키기 위하여 복잡한 형태와 다양한 유형의 작고 좁은 지역을 디자인한다. 그런데 뉴질랜드와 많은 아열대 기후대에 속한 나라들은 침입력이 강한 외래 식물종이 토착 식생을 쉽게 대체할 수 있기 때문에 사정은 정 반대이다. 이곳에서 주연부는 광 요구도가 높은 유입종과의 경쟁에 대단히 취약한 자생종들이 서식하는 숲의 작은 일부분이기 때문에, 오히려 주연부의 크기를 최소화하고 숲 내부의 비율을 증가시키려는 노력을 기울이고 있다. 따라서 숲 주변의 자투리 공간과 현존하는 식생지의 식생을 보완하고 보다 효율적인 숲 내부와 가장자리의 비율을 달성하기 위하여 숲 내부의 전체 크기를 확대하는 조치가 시행된다. 이와 같은 이유 때문에 식생 재정착의 경우, 파편화된 많은 작은 지역보다 서로 연속성을 갖는 하나의 넓은 지역을 조성하는 것이 더욱 적절한 방식이다.

정착이 잘 이루어진 온대 낙엽 소림의 주연부는 울창하게 자란 관목과 적은 수의 양수성 교목으로 구성된다. 관목의 범위에는 내음성 수종이 포함될 수도 있지만, 이들 또한 조밀한 수관을 형성할 만큼 왕성하게 자라고 보다 풍성하게 개화와 결실을 맺으려면 그늘보다는 양지가 적절하다. 산사나무속*Crataegus*, 딱총나무속*Sambucus*, 더치인동*Lonicera periclymenum* 그리고 서양산딸기*Rubus fruticosus*는 모두 일조량이 부족한 숲 내부에서도 성장하는 수종들이지만 일조량이 풍부한 소림의 주연부에서 보다 잘 꽃을 피우고 열매를 맺는다.

이와 같은 주연부 식생은 흔히 높은 수관층의 외곽선을 따라서 소교목에서부터 고관목에 이르는 완곡한 높이의 변화를 보여준다. 그리고 이보다 낮은 곳에는 교목의 유목과 저관목, 초지대와 인접해 있는 초본류 그리고 오솔길 또는 소림의 기타 경계들이 나타난다. 고층 관목 지대의 주연부도 비슷한 모습이지만 보다 완만한 경사도를 보인다. 이러한 '추이대'는 소림의 핵심지역 또는 고관목으로 구성된 군집과 인접한 지역 사이의 과도기적인 상태를 나타내며, 소림에서 차지하는 면적의 비율을 고려해볼 때 이곳은 상대적으로 높은 시각적 가치와 서식처 다양성을 제공한다.

우리는 조림지에서 이와 같은 추이대를 인위적으로 만들 수 있는데, 저층 주연부 혼합체는 소림의 바깥쪽 둘레에, 고층 주연부 혼합체는 주연부와 소림 혼합체의 핵심지역 사이에 조성할 수 있다. 성공적으로 정착을 이룬 후 진정한 추이대로 기능하기 위하여 주연부 혼합체의 너비는 약 5m가 최적이며 최소 2m가 필수 요건이다. 물론 주연부 식재 혼합체의 너비가 언제나 일정하게 유지될 필요는 없다. 만약, 주연부의 넓이가 늘어나면서 다른 부분이 줄어드는 등의 변화가 가능한 충분한 공간이 존재한다면, 시각적 흥미와 서식처 다양성은 훨씬 더 증가하게 된다.

우리가 식물 소재들을 서로 다른 상황에 따라 적절하게 배치한다면 생물 다양성을 높일 수 있을 뿐만 아니라 미기후 조건에 보다 잘 들어맞는 혼합체를 구성할 수 있다. 북반구 지역의 남향 주연부들 중엔 오랫동안 직사광선이 내리 쬐는 곳이 있고 이와 달리 따뜻한 가운데 반그늘이 드리워지기도 하고 소림 내부를 향해 햇살이 투과되는 곳 또한 있다. 이런 곳들은 면적이 넓은 주연부에 자리 잡으며 이곳에서는 인동과 가막살나무속의 비부르눔 란타나wayfaring tree, *Viburnum lantana*와 장미류*Rosa* sp.처럼 많은 일조량이 필요하면서도 매력적인 꽃을 피우는 종들이 주로 나타난다. 북향 주연부들의 경우, 조림지 내부에 비해 그늘이 훨씬 덜 드리우지만, 아주 짧은 기간 동안만 직사광선을 받기 때문에 추운 겨울 바람을 이겨 내기 힘들다. 따라서 블랙엘더베리elder, *Sambucus nigra*와 가시자두blackthorn, *Prunus spinosa*처럼 내한성과 내음성이 보다 강한 종들이 여기에 적합할 것이다. 영국의 경우 서향 주연부들은 오래도록 매우 거센 바람을 맞게 되며, 동쪽 주연부들은 봄철에 피해를 입힐 수 있는 한랭건조한 동풍에 노출되어 있다.

따라서 종을 선택할 때에는 동쪽의 경우 생리적 건조 피해를 입기 쉽기 때문에 그곳에서는 상록수 식재를 피해야 하며, 서쪽의 경우에는 내풍성이 강한 수종이 바람직하다. 장기적인 관점에서 볼 때 많은 햇빛을 요구하는 관목과 나무들은 주연부 환경에서 많은 제약을 받게 될 것이다. 이와 같은 수종들에는 장미roses, 비부르눔 란타나wayfaring tree, *Viburnum lantana*, 붉은말채나무dogwood, *Cornus sanguinea*, 가시자두blackthorn, *Prunus spinosa*, 가시금작화gorse, *Ulex europaeus*, 양골담초broom, *Cytisus scoparius*, 꽃사과crab apple, *Malus sylvestris*, 자작나무류birches, *Betula* sp., 양벚나무류wild cherries, *Prunus* sp.들이 있으며 관목류 중 다수 또한 여기에 해당한다. 실제로 소림의 주연부는 숲 내부에 드리운 짙은 그늘에서 성장하기 어려운 관목들로 구성된 좁은 띠로 여길 수 있는데 이곳엔 서로 다른 토지 이용 또는 관리 목적에 따라 식재된 관목이 포함되기도 한다.

주연부들은 뉴질랜드에 남아 있는 관목림과 조림지에 견주어볼 때 동등한 중요성을 갖고 있는데, 이미 설명했듯이 여기에는 뉴질랜드만의 특성을 반영한 또 다른 이유가 있다. 즉 뉴질랜드의 주연부는 침입종으로부터 보호벽 기능을 수행한다. 이 보호벽은 직사광선에 노출된 외곽 부분과 반그늘 또는 짙은 그늘이 드리우는 숲 내부 사이의 전이지대를 신속히 형성한다. 이와 같은 성과를 달성하기 위하여 외래 종 잡초와의 경쟁에서 우위를 점할 만큼 성장

사진 178. 영국 밀턴케인스(Milton Keynes)의 도로변에 조성된 소림 주연부에서 가시금작화와 들장미가 낮은 층위를 형성하고 있다.

사진 179. 영국 레스터(Leicester) 근교의 상업구역 진입로에 단정하게 전정된 늦개야광나무(*Cotoneaster lacteus*)가 소림 식재 혼합체 옆에서 조밀한 주연부를 형성하고 있다.

사진 180. 외딴 곳에서 자연 발아하여 자라는 처진자작나무(*Betula pendula*)는 영국 스톡스브리지(Stocksbridge)에 위치한 이 소림의 주연부에 공간적 복잡성과 미기후의 다양성을 더하고 있다.

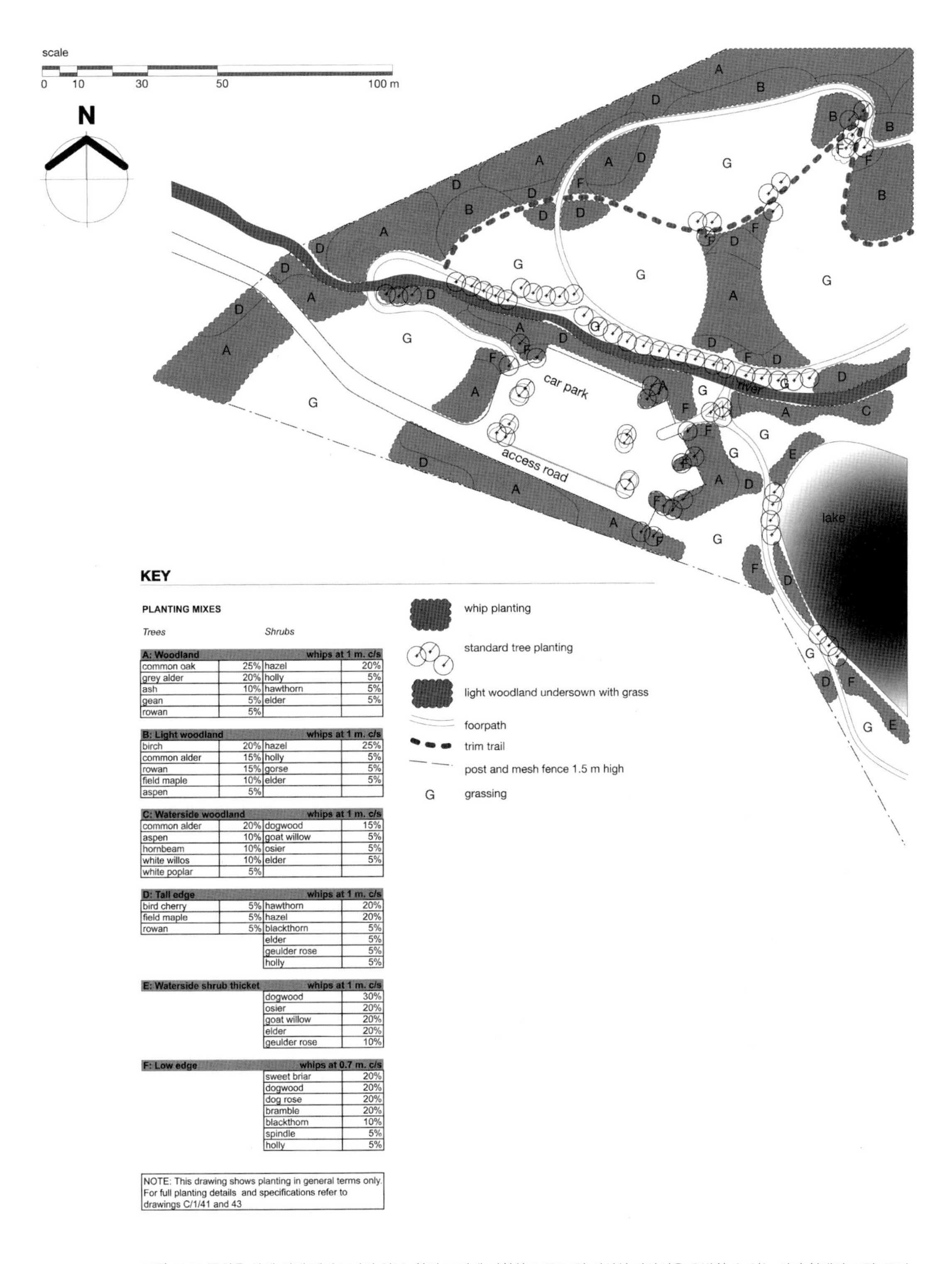

A: Woodland			whips at 1 m. c/s
common oak	25%	hazel	20%
grey alder	20%	holly	5%
ash	10%	hawthorn	5%
gean	5%	elder	5%
rowan	5%		

B: Light woodland			whips at 1 m. c/s
birch	20%	hazel	25%
common alder	15%	holly	5%
rowan	15%	gorse	5%
field maple	10%	elder	5%
aspen	5%		

C: Waterside woodland			whips at 1 m. c/s
common alder	20%	dogwood	15%
aspen	10%	goat willow	5%
hornbeam	10%	osier	5%
white willos	10%	elder	5%
white poplar	5%		

D: Tall edge			whips at 1 m. c/s
bird cherry	5%	hawthorn	20%
field maple	5%	hazel	20%
rowan	5%	blackthorn	5%
		elder	5%
		geulder rose	5%
		holly	5%

E: Waterside shrub thicket			whips at 1 m. c/s
		dogwood	30%
		osier	20%
		goat willow	20%
		elder	20%
		geulder rose	10%

F: Low edge			whips at 0.7 m. c/s
		sweet briar	20%
		dogwood	20%
		dog rose	20%
		bramble	20%
		blackthorn	10%
		spindle	5%
		holly	5%

그림 11-5. 공원용 상세 식재 제안도면의 일부. 환경 조건에 적합하고 구조 및 서식처 다양성을 유발할 수 있는 여러 형태의 소림, 주연부와 관목림 혼합체가 제안되었다.

력이 강해야 하고 외부와 내부 사이에서 연속적으로 펼쳐지는 수관층이 드리우는 짙은 그늘에서도 견딜 수 있는 수종들이 선택되어야 한다. 이에 적합한 식물은 지역과 토양 조건에 따라 달라지겠지만, 다음과 같은 수종들이 포함될 수 있다. 뉴질랜드돈나무kohuhu, *Pittosporum tenuifolium*, 타라타돈나무tarata, *Pittosporum eugenioides*, 헤베 스트릭타koromiko, *Hebe stricta*, 신서란harakeke, *Phormium tenax*, 화우화우파쿠whauwhaupaku, *Pseudopanax arboreus*, 코프로스마 루치다karamu, *Coprosma lucida*, 미오포룸 라에툼nagio, *Myoporum laetum*, 란지오라rangiora, *Brachyglottis repanda*, 올레아리아 라니heketara, *Olearia rani*. 이와 같이 짙은 그늘을 형성하는 수종들뿐만 아니라 다양성을 위하여 다른 수종들이 추가될 수도 있는데, 테라프테라회화kowhai, *Sophora teraptera*, 코르딜리네 아우스트랄리스ti kouka, *Cordyline australis*가 여기에 해당한다.

뉴질랜드에서 주연부는 외래 종 및 잡초의 침입을 방어하는 보호벽 기능뿐만 아니라 숲 가장자리들이 보여주는 고유한 환경적 특성이 갖는 이점 또한 살릴 수 있어야 한다. 예를 들어 올레아리아 라니heketara, *Olearia rani*, 티 코우타ti kouka는 볕이 잘 드는 북향 주연부에서 잘 자라고 꽃을 피우지만, 란지오라rangiora와 화우화우파쿠whauwhaupaku는 땅이 쉽게 건조해지지 않고 반그늘 또는 그늘이 드리우는 남향을 선호한다. 정착단계에 접어 든 숲 가장자리에는 열매를 맺는 관목과 덩굴식물이 풍성히 자라는데, 특히 크기가 큰 딸기 열매를 맺는 코프로스마 루치다karamu, *Coprosma lucida*, 미오포룸 라에툼nagio, *Myoporum laetum*, 가지류poroporo, *Solanum* sp. 그리고 테란드라시계꽃passion vine, *Passiflora terrandra*, 나무딸기류bush lawyer, *Rubus* sp.와 같은 덩굴식물이 여기에 해당한다.(개비츠Gabites와 루카스Lucas, 1998) 풍성한 열매들과 테라프테라회화kowhai, *Sophora teraptera*의 달콤한 화밀, 그리고 공작비둘기들에게 먹이가 되는 수많은 곤충들 덕분에 뉴질랜드의 숲 가장자리는 여러 종류의 새들에게 다양한 먹이를 제공하는 매력적인 곳이다.

고층 주연부

고층 주연부는 관목과 교목을 모두 포함하고 있는 것을 가리킨다. 고층 주연부 구조에 적합한 수종들은 고층 덤불림과 소림 덤불지대에 적용된 많은 수종들을 포함한다. 앞에서 기술된 참나무 소림 주변에 조성될 고층 주연부 혼합체의 경우 교목층에서는 아교목을, 관목층에서는 보다 많이 개방된 수관층이 제공하는 풍부한 일조량 속에서 잘 성장하면서 개화 및 결실이 좋은 수종들을 선택할 수 있다. 종 다양성을 높이기 위하여 특히 광 요구도가 높은 교목과 관목이 포함되는 것이 적절하다. 교목 중에서도 소교목과 중교목을 선택한 후 그 비율을 작게 유지한다면 관목이 성장하는 곳에 짙은 그늘을 드리우는 현상을 피할 수 있다. 또한, 관목의 경우 수고가 3미터 또는 그 이상에 미치는 수종들을 선택할 수 있다.

저층 주연부

저층 주연부는 수고 2미터에서 4미터까지 자라는 관목 수종이 우점한다. 중·소관목들 중 다수는 토양과 기후조건이 대관목과 교목에 비하여 보다 더 까다롭다. 예를 들어 가시금작화*Ulex europaeus*, 칼루나 불가리스*Calluna vulgaris*, 에리카 카르네아*Erica carnea*, 양골담초*Cytisus scoparius*는 볕이 잘 드는 산성토양이 적합하지만 에리카 테랄릭스*Erica teralix*와 갈레소귀나무*Myrica gale*는 습한 토양에 서식한다. 이 수종들은 비슷한 조건을 지닌 영국 소림 근처의 저층

표 11-13. 고층 주연부 혼합체의 예시

중/소교목	유럽단풍(*Acer compestre*)	5%
	양벚나무(*Prunus avium*)	5%
	꽃사과(*Malus sylvestris*)	5%
중/소교목	단자산사나무(*Crataegus monogyna*)	25%
	황금유럽쥐똥나무(*Ligustrum vulgare*)	20%
	로즈힙(*Rosa canina*)	20%
	백당나무(*Viburnum opulus*)	15%
	호랑버들(*Salix caprea*)	5%

주: 호랑버들(*Salix caprea*)은 왕성한 성장력에 따라 빠르게 수관층을 펼치기 때문에 5% 이하로 제한되어 있는 점에 주목해야 한다.

표 11-14. 뉴질랜드의 고층 주연부 혼합체

중/소교목	타라타돈나무(*Pittosporum eugenioides*)	10%
	화우화우파쿠(whauwhaupaku, *Pseudopanax arboreus*)	10%
	미오포룸 라에툼(*Myoporum laetum*)	5%
	코르딜리네 아우스트랄리스(*Cordyline austrlais*)	5%
고관목	헤베 스트릭타(*Hebe stricta*)	20%
	신서란(*Phormium tenax*)	20%
	코프로스마 루치다(*Coprosma lucida*)	15%
	코프로스마 로부스타(*Coprosma robusta*)	15%

주연부 혼합체에 적용 가능하다. 시간이 흘러가면 키가 큰 초본류들이 주연부에 서식하여 소관목의 빈자리를 채울 수도 있겠지만, 초기에는 잡초들이 무성하게 자라므로 이들에 대한 통제가 필요하다.

영국의 저지대에서 중성 또는 석회질 토양에 적합한 저층 주연부 혼합체는 다음과 같은 구성이 가능하다.

- 붉은말채나무*Cornus sanguinea* 30%
- 가시자두*Prunus spinosa* 30%
- 덩굴백장미*Rosa arvensis* 30%
- 서양산딸기*Rubus fruticosus* 10%

서양산딸기*Rubus fruticosus*는 덩굴을 형성하여 소관목들의 성장을 억누르는 경향이 있고 양묘장에서 다량으로 구매하기 어려워 식재지 근방에서 채취한 포복경을 이식해야 하기 때문에 작은 비율을 차지하고 있다.

뉴질랜드의 저지대 해안 지역에 적합한 관목 식재 혼합체는 다음과 같이 구성될 수 있다.

- 코프로스마 레펜스*Coprosma repens* 25%
- 올레아리아 파니쿨라타*Olearia paniculata* 20%
- 포르미눔 쿠키아눔*Phorminum cookianum* 20%
- 올레아리아 솔란드리*Olearia solandri* 15%
- 카시니아 랩토필라*Cassinia leptophylla* 15%
- 솔라눔 라치니아툼*Solanum laciniatum* 5%

저층 주연부 혼합체에 적절한 식재 간격은 일반적으로 여타 혼합체에 비해 보다 촘촘하다. 왜냐하면 여기에 쓰이는 수종들의 다수는 수관을 펼치는 범위가 보다 좁기 때문이다. 만약 고층 주연부 및 다른 식재 혼합체의 식재 간격이 1.5m라면 다수의 저층 주연부 혼합체 수종들의 식재 간격은 1m가 적절하다. 그리고 보다 신속한 정착을 원한다면 0.75m 간격 또한 적용 가능하다. 우리는 식재 혼합체의 최종 수고가 환경 조건에 따라 대단히 큰 영향을 받는다는 사실을 기억해야 한다. 동일한 저층 주연부 혼합체라 할지라도 바람과 햇볕에 완전히 노출된 바닷가 또는 산지의 경우에는 그늘이 간헐적으로 드리우고 토양이 비옥한 곳에 비해 수고 생장이 절반 또는 그 이하에 미칠 수 있다.

외곽 그룹

기존의 숲, 소림 또는 관목림의 주변에 경작지나 관리지가 자리 잡고 있다면, 그 가장자리는 분명한 경계선을 보여줄 것이다. 반면에 인접지가 사람들의 관리를 받지 않게 되면 조만간 숲이나 관목림의 식생이 그곳을 차지하면서 퍼져나갈 것이다. 특히 방치된 목초지, 관리하지 않는 관목림, 도로변 및 철도변, 기타 미개발 부지에서 이와 같은 식생 정착의 다양한 단계들이 나타날 수 있다. 자연 발생적인 천이 과정이 진행되고 있는 현장은 자연이 살아 움직이고 있음을 보여주는 증거가 되기 때문에 고무적일 수 있다.

공간이 충분하다면 우리는 조림지나 재생 녹지를 둘러싼 주연부 근처에 이러한 가장자리 식생군집이 형성되도록 촉진하거나 그대로 모방하여 조성할 수도 있다. 올바른 관리가 이루어지는 조건이라면 자연스럽게 식생 군집이 정착할 수도 있겠지만, 이러한 상황은 새로 조림한 나무나 관목 또는 인근 지역에 자생하는 어미나무의 씨앗들이 그곳에 떨어진 후 살아남아 발아한 후에만 가능하다. 보다 빨리 성과를 거두고자 한다면, 다양한 형태와 크기로 구성된 작은 혼합체를 식재하거나 조림지에 인접한 초지 이 곳 저 곳에 교목과 관목을 개별적으로 식재할 수도 있다. 이에 적합한 수종으로는 인근 소림의 주연부에서 이미 자라고 있는 식물들, 볕이 드는 곳에서 잘 자라는 관목과 일부 선구 수종들이 있다. 따라서 이와 같은 외곽 그룹은 식재 중심 지역에서 벗어난 채 여기 저기 흩어져 있는 주연부 또는 관목림 혼합체의 조각들처럼 보일 수 있다.

생태적 조건이 양호한 곳에서 주연부의 외곽선이 군데군데 돌출부를 이루는 불규칙한 형태를 갖게 되면 소림 가장자리의 복잡성과 다양성은 향상될 것이다. 이와 같이 작은 조각들로 구성된 주연부는 자연스러운 식생 군락의 모습을 보여주는 것 이상의 생태적 가치가 있다. 불규칙한 조각들이 갖는 더 길어진 외곽선, 그리고 작은 공간들 속에서 펼쳐지는 수없이 많은 빛과 그늘의 다채로움과 번갈아 가며 등장하는 닫힌 곳과 열린 곳의 공존으로 인해 이곳에서는 무척추동물과 새들을 위한 서식처의 다양성이 보다 풍부해진다.

덤불지와 잡목림

덤불지와 잡목림은 소림 또는 숲의 일부로서 그 규모가 작으면서도 독립된 구조를 갖는 경관 조각들이다. 그런데 이 용어들은 다소 다른 의미를 내포하고 있다. 잡목림은 원래 '베어낸 큰 나무의 그루터기로부터 새롭게 자란 여러 갈래의 작은 나무'에서 유래한 단어이므로 그 뜻은 작은 나무들의 군락을 의미하는데, 정기적으로 전지를 하거나 간벌을 통한 관리를 하지 않을 경우 그 곳에서는 주로 하층림을 구성하는 관목들이 우점하게 된다. 반면에 교목 덤불은 하층림이 거의 발달하지 않은 채 듬성듬성 나무가 자라고 있는 작은 임분을 연상시킨다.

덤불지와 잡목림은 비록 고립되어 있을 뿐만 아니라 넓은 소림 또는 숲에 비해 생태 기능이 부족하지만 확 트인 야외 공간에 색다른 구조적 묘미를 더해줄 수 있다. 또한 덤불지와 잡목림은 연속되는 위요 공간을 제공하지 않지만 여러 개가 산재해 있는 경우 우리는 그 주변을 거니는 동안 사이사이에서 시야가 열리고 닫히는 역동성을 경험할 수 있다. 그리고 단 하나의 덤불지 또는 잡목림이 존재한다면, 공원에서는 초점이 되고 어느 지역에서는 그 곳을 대표하는 랜드마크가 될 수도 있다. 이들은 한 그루 나무와 비슷한 구조체로 간주되지만, 18~19세기 유럽에서는 대저택의 정원을 구성하는 한 요소로 자주 사용되었다.

고층 나무덤불의 수관 구조는 나무만을 대상으로 하는 산림지 디자인 방식을 적용할 때 가장 좋은 효과를 거둘 수 있다. 단일 품종의 덤불지는 통일적인 모습을 보여주기 때문에 탁월한 시각적 효과를 만들어낸다. 조림 시작 단계에서 단일 품종을 사용할 수도 있지만, 선택한 수종이 제대로 정착하기 위하여 보호를 필요로 하는 다른 식물이 필요할 경우 식재 혼합체에 그 식물을 도입하여 나무가 잘 정착한 후 보모 수종을 제거할 수 있다.

소림과 숲의 띠녹지

띠녹지는 소림 또는 숲 주변 중 특히 길게 이어진 지역인데, 자연풍 생울타리라고 부르기에는 너무 넓고 주연부와 내부가 잘 발달하기에는 좁은 지역을 말한다. 띠녹지는 3m에서 15m 사이의 폭을 지닌 곳에 선형으로 조림하여 조성할 수 있는데, 다양한 토지 이용을 구획화하고 특정 공간을 위요시킬 수 있기 때문에 대규모 조경 계획에서 종종 이용된다. 띠녹지를 조성하면 부지이용의 경제성을 높이고, 개발에 따라 이곳저곳에 들어 선 시설물들로 인해 생겨난 불규칙한 형태의 경계선을 부드럽게 완화시킬 수 있다. 또한 띠녹지는 조경 구역 내 미기후를 개선하는 효과를 주기도 한다. 그러나 최적의 생물 서식처를 제공하기 위해서 띠녹지의 폭은 최소한 10m는 되어야 한다. 안식처형 녹지 조성을 위한 식재와 관련하여 보다 상세한 내용을 알아보려면 카본Carborn의 저작(1975)과 영국의 농수산부 자료(1968)를 참고할 수 있다.

소림 띠녹지가 경관 조성에 있어서 큰 규모의 기본 틀을 형성하는 중요한 요소 중의 하나이지만, 후일 관리와 관련된 문제들이 발생한다는 점을 디자이너는 이해하고 있어야 한다. 띠녹지의 폭이 25m 이하인 경우 갱신을 위해 이

따금 대규모 간벌 작업이 필요할 수도 있다. 그중에서도 특히 빠른 차폐 효과를 내기 위해 비교적 짧은 수명의 속성수들이 밀식된 띠녹지가 가장 큰 문제를 일으킬 수 있다. 이와 같은 띠녹지의 경우 초기에는 대단히 큰 성공을 거둔 것처럼 보인 결과 조성 기관과 이용자를 모두 만족시키겠지만, 시간이 흐른 후 개벌 또는 간벌을 해야 할지, 아니면 부분적으로 갱신을 해야 할 지 결정해야만 하는 순간이 찾아 올 것이다. 그러나 이와 같은 조치들 중 그 어느 것도 최상의 대안으로 선택되지 못한 채 흔히 방치된 결과 점점 더 띠녹지는 원래의 형태를 잃어간다.

우리가 소림 띠녹지의 장기적인 영속을 기대한다면, 다양하면서도 수관층이 열린 구조, 즉 빈터와 함께 관목림이 발달할 수 있는 공간 또한 포함되도록 디자인할 수 있다. 그 결과 시간이 흘러 통일된 형태로 정착을 이룬 곳에서 일부 교목들을 제거하지 않고도 이곳에 교목과 서로 어울리는 관목들을 식재할 수 있다. 이와 같은 접근법을 따르게 되면, 일부 교목들의 흥망성쇄가 반복된다 할지라도 이 띠녹지의 전반적인 구조는 잘 유지될 수 있다.

소림 띠녹지의 디자인은 대규모 조림지 조성과 같은 방식으로 접근할 수 있다. 다수의 현장에서 우리는 가능한 한 최상의 차폐 및 보호 효과를 달성하고자 한다. 만약, 띠녹지의 폭이 25~30m인 경우 우리는 최적의 차단림과 방품림 또는 방음림을 조성할 수 있고 훗날 식생의 재생 또한 기대할 수 있다. 그러나 대개의 경우 띠녹지의 폭이 5~10m인 점을 고려할 때 일반적인 소림 띠녹지의 초기 형태가 장기적으로 존속하기 어렵다는 점을 받아들이면서 관행적인 방식에서 벗어나 가능한 한 주어진 폭 내에서 최선의 활용 방안을 찾아낼 필요가 있다. 예를 들어 하층부에 촘촘한 관목림을 조성하면서 고층 소림 또는 저층 소림 식재 혼합체를 적용한다면 최적화된 공간과 밀도의 조합을 이끌어낼 수 있다. 또한 최소 한 쪽 면을 따라 주연부 식재 혼합체를 구성할 수 있는데, 이때 가능하다면 바람을 마주하고 있는 쪽이 더욱 좋다.

그러나 차폐가 반드시 주된 목적이 될 필요는 없다. 정착이 이루어진 후 더 많은 개방감과 가시성을 위해 높게 수관을 형성하는 수종만으로 식재를 할 수도 있는데, 이렇게 하면 하층부에 다소의 빈 공간을 남기는 교목들이 그 곳에 들어서게 된다. 2차 대전 후 들어선 영국의 1세대 뉴타운 지역들에서 이러한 구조를 채택한 소림 띠녹지들을 많이 볼 수 있다. 이곳의 띠녹지들은 흔히 벌초한 초지 구역에 '표준규격'에 해당하는 성숙목들을 대량으로 식재하여 조성되었다. 그러나 이후의 경험을 통해 어린 나무들을 활용하여 갱신을 도모하는 접근법을 적용할 경우 더 빠른 시간 내에 보다 비용을 적게 들이면서 동일한 결과를 얻을 수 있음을 알게 되었다.

사진 181. 영국의 워링턴(Warrington). 이 소림 띠녹지는 그 폭이 불과 4미터에 불과하지만, 10년이 경과한 후 넓은 주차장 주변에 뛰어난 차폐 기능을 제공하고 있다. 장래에 이 띠녹지가 지니고 있는 시각적 조밀함을 유지하기 위하여 일부 관목과 교목에 대한 전정이 필요할 것이다.

양쪽 가장자리를 따라 내부와 주연부가 있는 소림 띠녹지 조성을 원한다면 최소한 두 가지 종류의 식재 혼합체, 즉 내부 혼합체와 주연부 혼합체가 필요할 것이다. 만약 식재지의 폭이 15~20m 정도로 충분히 넓다면 서로 다른 양측면에 저층과 고층 주연부 식재 혼합체를 각각 적용하여 보다 많은 다양성을 도입할 수 있으며, 띠녹지가 동서방향으로 전개된다면 양지바른 쪽의 가장자리에는 그늘진 쪽에 비해 훨씬 더 광 요구도가 높은 식물들이 자리 잡을 수 있다. 조림지 내 토양 환경의 변화가 심할 경우 부차적인 식재 혼합체의 도입이 필요할 수도 있다. 또한, 진입부와 같이 중요한 지점에 위치한 주연부의 경우 덤불 또는 한 그루의 표본목을 식재 혼합체에 가미하게 되면 섬세함이 돋보일 것이다. 즉, 이와 같은 방법을 적용하게 되면 무성한 잎들을 배경 삼아 초점 또는 강조점이 두드러지게 나타나는 효과를 볼 수 있다.

이러한 미묘한 변화들은 서식처의 잠재력을 최대로 끌어 올리는 데 도움을 주고 시각적 풍부함 또한 향상시킬 수 있다. 이는 비록 작은 효과라 할지라도 대단한 성공과 강렬한 인상을 남길 수 있기 때문이다. 한두 가지 나무로만 구성된 띠녹지라 할지라도 적절하게 선택된 수종이라면 특성이 살아 있는 경관이 되어 해당 지역의 고유성을 상징하는 명소로 자리 잡을 수 있다. 노스포크Norfolk의 브래크랜드Breckland 지역에 있는 스코틀랜드 소나무 수림대와 영국 고지대의 너도밤나무와 시카모어sycamore 수림대는 바로 이러한 특성을 보여주는 좋은 사례이다.

생울타리와 자연풍 생울타리

생울타리hedges는 기능이 명확하기 때문에 쉽게 정의할 수 있다. 생울타리의 유래는 방목지에서 가축의 이동을 제한하기 위해 설치한 울타리였고 공원과 정원에서도 경계선 역할을 해왔었기 때문에 공간을 구분하는 장벽 기능은 생울타리의 본질적 요소로 남아 있다. 따라서 생울타리에 대한 간결한 정의는 장벽을 형성할 목적으로 관리되는 목본식물의 선적인 형태이다. 생울타리와 자연풍 생울타리hedgerows를 구분하는 것은 유익함이 있다. 우리는 직선으로 구성된 식재를 묘사하기 위하여 '생울타리'라는 용어를 사용할 텐데 여기에는 두 가지 유형이 있다. 하나는, 속이 들여다보이지 않을 만큼 촘촘한 상태를 유지하기 위하여 주기적으로 전정을 하는 것이고 다른 것은 원래부터 조밀하게 자라는 습성을 지닌 관목으로 생울타리를 구성하여 아주 가끔씩 가지치기를 하는 것이다. 전정으로 다듬는 생울타리에 흔히 교목 수종들이 포함되기는 하지만, 이들은 융단같은 생울타리 조성이 가능해야 하기 때문에 전정에 대한 적응력이 뛰어난 수종들로 한정되는 것이 보통이다. 이러한 특성에 따른다면 교목의 형태로 자라는 습성을 지닌 나무들은 '생울타리'에서 제외될 것이다. 따라서 '생울타리'는 조밀하게 자라는 나무로 구성된 살아 있는 벽체 즉 수벽으로서 돌로 쌓은 담장의 형태와 크게 다를 바 없다.

우리는 지나치게 커버린 생울타리와 전정을 통해 다듬어진 생울타리 위에서 성장해가는 나무가 있는 곳, 이 두 가지 형태를 설명하기 위하여 '자연풍 생울타리'라는 용어를 사용할 것이다. '자연풍 생울타리'는 자연수형에 따라 자라는 교목과 관목을 포함하고 있으며 생울타리보다 더 유연하고 다양한 형태를 지닌다. 만약 엄격한 관리를 하지 않는다면 자연풍 생울타리는 생울타리가 지닌 원래의 장벽 기능을 상실하게 될 것이다.

생울타리와 자연풍 생울타리의 모습은 낯설지 않으며 다른 나라의 경우에는 그 비율이 더 적겠지만 영국의 경우 저지대 농촌 경관의 대부분을 구성하는 특징이 있다. 영국에 폭넓게 분포한 생울타리는 다양한 자생 식물이 자라고 있고 야생 동물의 서식처 또한 제공하고 있기 때문에 인간의 활동과 자연 보존이 서로 조화로운 공존을 이루고 있는 좋은 사례이다. 생울타리용 나무를 심던 최초에는 아마도 토지를 구분하고 농축산업의 소득 창출을 위한 경제적 용도 이상의 그 어떤 것도 의도하지는 않았을 것이다. 그러나 긴 시간이 흘러 이제는 야생동물을 위한 안식처가 되었기 때문에 환경 보존에 관심을 기울이는 사람들은 생울타리 제거를 반대한다. 목축업이 이루어지는 지역에 펼쳐진 생울타리는 그 규모가 거대하지 않고 사람의 눈높이와 잘 어울리기 때문에 위요감을 선사한다. 또한 집약적인 농업에서는 찾아보기 힘든 평온함 또한 느낄 수 있다. 조금 더 먼 거리에서 바라보면 생울타리는 들판과 숲, 사람이 다니는 길과 차도 그리고 시골 풍경의 다른 요소들을 한 데 엮어서 만들어 낸 녹색 융단처럼 보인다. 시골에서 볼 수 있는 생울타리와 자연풍 생울타리는 효율적이고 매력적인 경관 구조로서 시골 지역의 경제적, 생태적, 미적 기능을 통합하는 데 기여하고 있다.

뉴질랜드의 생울타리에는 안타깝게도 몇 몇 외래종들이 유입되었다. 가시금작화gorse와 매자나무barberry는 최초에 유럽인들이 방목장 또는 들판에 울타리를 치기 위해 들여와 심었는데 이들은 심각한 위해식물로서 농업적인 측면에서 잡초에 해당한다. 당시에는 이 두 가지 식물이 수백 수천 헥타르의 농장 주변, 하천변 그리고 교란 지역으로 퍼져 나갈 수 있는 정도의 엄청난 적응력이 있다는 사실을 사람들이 알아채지 못했다. 하지만 뉴질랜드의 자생종들로 생울타리를 조성하지 못한 까닭은 생태적 이유 때문이 아니라, 그 식물들의 성장속도가 더디고 정착을 위한 비용이 저렴하지 않았을 뿐만 아니라 가시가 없어서 가축들을 가두어 두기 어려웠기 때문이다. 따라서 현실적인 해결책은 전기 울타리를 설치하는 것이고, 자생 교목과 관목을 활용한 생울타리는 단지 농장 또는 목장의 경계를 보여줌과 동시에 시각적이고 생태적인 즐거움을 더해주는 농촌경관을 구성하는 용도로 쓰일 수밖에 없어 보인다.

생울타리

생울타리는 오랜 세월에 걸쳐 공원과 정원 디자인을 구성하는 요소로 자리 잡았다. 이것은 위요, 공간 구획, 조각적 형태, 장식적인 패턴 그리고 전시와 조각상 배치를 위한 배경을 포함하여 많은 기능들을 제공할 수 있다. 전통적인 생울타리의 첫째 기능은 시골 경관과 도시 경관에 관계없이 지상에 좁은 띠를 형성하면서 모두 촘촘한 장벽을 만드는 데 있다. 속이 꽉 들어찬 엽군층을 조성하기 위하여 정기적인 전정을 통해 조밀하게 성장할 수 있는 수종이 요구된다.

시골의 생울타리: 시골의 생울타리는 대개 도시 또는 정원의 생울타리보다 그 규모가 더 크고 수량 또한 많기 때문에 저렴하고 양묘가 쉬운 수종들이 적합하다. 생장형 또한 중요한데, 작은 잎들이 지면 가까이까지 치밀하게 성장하는 것은 필수 요소이다. 최상의 생울타리용 식물은 정기적인 전정에 대한 반응력이 좋고 측아 성장량의 비율이 정아를 포함한 모든 새순의 성장량보다 높은 것들이다. 더불어 현지 식생과 잘 어울리는 수종을 선택하는 것이 중요한데 대개의 경우 현존하는 생울타리, 소림 그리고 관목림에 적합해야 한다.

시간이 경과함에 따라 시골의 생울타리는 목본과 초본 종의 다양성이 폭넓게 확대된다. 이들 중 다수는 현지로부터 발생한 것이므로 각각의 생울타리는 주변 경관의 식생 특성을 잘 드러내 준다. 생태학적 관점에서 비추어볼 때 생울타리는 사람의 관리에 의해 소림으로의 천이가 중단된 좁은 띠 형태의 덤불로 간주할 수 있기 때문에 생울타리는 띠 모양의 소림 덤불지대 또는 소림 주연부로 생각할 수도 있다. 참으로 생울타리는 소림의 가장자리 식생 군집에서 나타나는 것과 비슷한 정도의 종 풍부도를 보여준다. 시골의 생울타리가 발생한 유래는 다양한데, 소림의 개벌 이후 살아남은 잔존물일 수도 있고, 사람이 방치한 들판의 경계부에서 자연 발생적으로 서식하게 된 덤불일 수도 있고, 울타리 조성을 목적으로 사람이 식재한 여러 종류의 나무 또는 한 종류의 나무일 수도 있다.(폴러드Pollard, 1975) 영국은 지역별로 특별한 생울타리 수종들이 있는데, 예를 들면 몬머스셔Monmouthshire의 유럽개암나무hazel, *Corylus avellana*, 서머셋Somerset과 북부 버킹엄셔Buckinghamshire의 느릅나무elm, *Ulmus procera*, 실리 제도Scilly Isles의 카로돈나무karo, *Pittosporum crassifolium*이다. 그런데 과거의 생울타리 중에서 생장형의 측면에서 볼 때 적합하지 않은 수종들도 있다. 따라서 새로운 생울타리를 조성할 때 우리는 우선순위를 현지의 환경 특성에 둘 것인지 아니면 장벽 기능을 발휘할 효율성에 둘 것인지 결정해야만 한다.

시골의 생울타리에 적합한 수종: 영국에서 생울타리로 쓰인 가장 흔한 수종은 산사나무hawthorn 또는 단자산사나무 quickthorn, *Crataegus monogyna*이다. 번식이 용이하여 묘목 구입비용이 저렴한 산사나무는 대규모 식재에 적합하였고 광범위한 토양과 기후 조건에 적응하면서 빠르게 정착하는 수종이었기 때문이다. 다른 수종들로는 웨일즈Wales의 유럽개암나무hazel, *Corylus avellana*, 스태퍼드셔Staffordshire의 유럽호랑가시나무holly, *Ilex aquifolium*, 기타 지역의 가시자두blackthorn, *Prunus spinosa*와 느릅나무류elm, *Ulmus* sp., 엑스무어Exmoor 근처의 유럽너도밤나무beech, *Fagus sylvatica*, 아일랜드Ireland 서부의 마젤란후크시아fuchsia, *Fuchsia magellanica*가 있다. 위 나무들은 생울타리 관리에 잘 적응하는 생장형을 갖추고 있기 때문에 모두 단일 수종으로 쓰였다.

다른 종류의 교목과 관목들 또한 현지의 숲과 덤불지대에서 손쉽게 묘목을 구할 수 있었기 때문에 서로 혼식하여 생울타리를 조성하기도 하였는데, 최근에 새로 조성하는 생울타리와 자연풍 생울타리의 경우 다양성을 높이고자 하는 환경 보존주의자들과 경관 디자이너의 의도에 따라 이러한 형태는 더 늘어나고 있다. 혼식으로 쓰이는 수종은 유럽단풍field maple, *Acer compestre*(생울타리용으로 매우 좋은 수종이고 프랑스에서 자주 사용됨), 자작잎서어나무hornbeam, *Carpinus betulus*(너도밤나무처럼 성장이 느리지만 공원과 정원에서 주로 사용함), 황금유럽쥐똥나무wild privet, *Ligustrum vulgare*, 자

사진 182. 영국 체셔(Cheshire)에서 최근에 조성된 전통적인 시골풍 생울타리이다. 생울타리가 장벽 기능을 수행할 수 있는 정착단계에 이르기 전까지 가축 관리를 위해 인위적으로 설치한 담장을 눈여겨 볼 필요가 있다.

사진 183. 키위 농장의 울타리로 키가 큰 버드나무가 뉴질랜드의 플렌티만(Bay of Plenty)에 생울타리로 조성되어 있다. 용버들(*Salix matsudnana*)은 이와 같은 목적으로 흔히 사용되는 수종이다.

엽꽃자두cherry plum, *Prunus cerasifera*(영국 자생종은 아니지만 시골 경관에 잘 어울림), 붉은말채나무dogwood, *Cornus sanguinea*, 백당나무guelder rose, *Viburnum opulus*, 비부르눔 란타나wayfaring tree, *Viburnum lantana*, 유럽참나무oak, *Quercus robur*와 패트레참나무*Q. petraea*가 있다. 참나무는 비록 수간 하부가 비어 있는 형태가 되기 쉽지만 전정에 대한 반응이 양호하기 때문에 너도밤나무와 서어나무처럼 겨울철에 시든 잎을 가지에 보존한 채 정기적으로 전정을 실시하면 새 가지들이 잘 나온다. 위 수종들 중 어느 것이든 시골 경관에 쓰일 수 있지만 반드시 현지의 환경과 고유한 식생 특성에 주의를 기울여야 한다.

수많은 수종들 중 시골 지역에 식재된 몇몇 생울타리용 나무들은 영국의 경관과 조화를 이루기 어렵고 야생 동물 부양가치 또한 매우 부족한 것들이 있는데, 그들 중 일부는 최근에 도입된 종들이다. 그중 가장 흔한 것이 레일란디 측백leyland cypress, *Cupressocyparis leylandi*인데 빠른 성장률—보통 1년에 약 1m 수고 생장을 함— 때문에 생울타리용 식물로 많이 보급되어 있다. 이 나무는 정원, 공원, 주택 단지에서 이용될 뿐만 아니라 산업 시설물 차폐용 및 과수원의 방풍림으로 쓰이고 있다. 그런데 이 나무의 수형과 잎 색깔은 영국 시골 지역의 자생종 또는 자연스럽게 정착한 나무들과 서로 어울리지 못하기 때문에 흔히 지나치게 튀어 보이고 대단히 눈에 거슬린다. 이러한 부정적 영향은 생울타리이건 독립수이건 관계없이 성장이 최고도에 달했을 때 더더욱 악화된다. 수고가 약 4m 이상이 되면 생울타리를 유지하기에 어렵고 상층부 전정에 지나치게 많은 비용이 들어간다.

물론 수간 상부와 하부가 서로 균형을 갖추면서 촘촘하게 자라는 생울타리를 원한다면 영국의 자생 수종 중에서도 피해야 할 나무들이 있다. 블랙엘더베리elder, *Sambucus nigra*, 교목성 버드나무, 포플러는 모두 성장속도가 빠르다. 따라서 이들은 모두 전정을 통해 관리되는 하층 수종들의 생육을 억누르는 우점 교목이 되어 상부와 하부의 수고가 서로 고르지 못한 생울타리가 되어버린다. 게다가 이 수종들은 수간 하부에 잔가지를 만들지 않으면서 기다랗게 자라는 생장형을 지니고 있기 때문에 비록 자주 잘라주어도 지면 가까이에 넓은 틈을 남긴다. 그러나 이처럼 생육이 왕성한 수종들은 보다 다양한 층위 변화와 열린 공간이 요구되는 자연풍 생울타리를 조성할 때에는 쓸모가 있다.

외래종을 사용하지 않고도 수세가 좋아서 생울타리용으로 쓰기에 손색이 없는 상당한 종류의 자생종들이 있다. 물론 식재지의 토양과 일조량 등 환경 요인을 고려한 선택이 필요하다. 산사나무hawthorn와 가시자두blackthorn와 같이 적응범위가 넓은 식물도 있지만 특별한 조건이 요구되는 식물들도 있다. 예를 들어 인동과 가막살나무속의 관목은 석회질 토양이 적합하고, 백당나무guelder rose는 적습 토양에서 성장이 양호하다. 만약 대규모로 생울타리를 조성한다면 비용 또한 중요하게 고려해야 할 사항이다. 빠른 시간 내에 수벽을 조성하기 위해 촘촘한 간격은 필수적이며 많은 양의 식물 또한 필요하다. 가격도 아주 다양하다; 가장 저렴한 종은 보통 산사나무인 반면에 호랑가시나무holly는 양묘에 사용된 번식기술 때문에 가격이 10배나 비쌀 뿐만 아니라 성장이 느리고 용기묘 또는 근분묘를 사용해야 하는 등의 제약이 발생할 수 있다.

생울타리 혼합체: 양호한 기후 조건과 보통의 양토 또는 식양토를 갖춘 곳에서 빠르게 성장할 생울타리가 필요하다고 가정해보자. 우리가 비용을 절감하고자 한다면 생울타리를 구성할 주된 수종은 아마도 산사나무가 될 것이다. 그 밖의 수종들은 주변의 생울타리 및 관목림의 식물상 특성에 따라 선택할 수 있다. 전체 5종 또는 6종이면 매력적인 다양성을 이끌어내기에 충분하겠지만, 이와 관련된 규칙이 존재하는 것은 아니기 때문에 현지의 환경 특성, 야생 동

물 서식처, 수종의 확보 가능성과 같은 요인이 소재 선택의 범위에 영향을 미칠 것이다.

중성과 석회질 토양에 적합한 생울타리 혼합체는 다음과 같이 구성될 수 있다.

- 단자산사나무*Crataegus monogyna* 50%
- 가시자두*Prunus spinosa* 15%
- 유럽개암나무*Corylus avellana* 15%
- 유럽단풍*Acer compestre* 15%
- 붉은말채나무*Cornus sanguinea* 5%

만약 겨울철 엽군이 중요하고 정착 속도가 조금 느려도 괜찮다면 다음과 같은 혼합체가 적절할 수도 있다.

- 유럽호랑가시나무*Ilex aquifolium* 30%
- 유럽너도밤나무*Fagus sylvatica* 30%
- 단자산사나무*Crataegus monogyna* 10%
- 유럽단풍*Acer compestre* 15%
- 가시자두*Prunus spinosa* 15%

유럽호랑가시나무의 늘 푸른 잎과 겨울 내내 가지에 붙어 있는 너도밤나무의 갈색 잎은 색상의 대비 효과를 낳기 때문에 연중 다채로운 생울타리를 연출한다. 이 수종들은 혼합체의 다른 나무들에 비해 더디게 자라기 때문에 혼성 비율이 훨씬 높다. 비록 식재 초기에는 그 수가 생육 적합지에서만 왕성한 성장력을 지닌 관목들일지라도 생울타리 정착이 완료되었을 때에는 식재 혼합체 중 가장 많은 비율을 차지하게 될 것이다.

착수와 식재 간격: 지면에서부터 촘촘하고 고르게 성장할 수 있도록 하기 위하여 생울타리는 전통적으로 작은 크기의 식물을 좁은 간격을 두고 식재한다. 예를 들어 수고 30~60㎝의 2년생 산사나무hawthorn 이식묘를 사용하는 것이 일반적이다. 때때로 20~40㎝ 크기의 묘목은 양묘장에서 1년을 키운 후 최종 식재지에 이식된다. 식재 간격은 가용 예산에 따라 달라지겠지만, 대개의 경우 작은 식물들에겐 30㎝가 적용된다. 가끔, 수고 60~90㎝ 이상의 3년생이 사용되기도 하는데, 이 때에는 45㎝의 간격이 적당하다.

시골지역에서는 긴 생울타리용으로 키가 큰 식물을 사용하는 일이 흔하지 않지만 가끔 식재 직후 강한 시각적 효과가 필요한 경우도 있다. 이때에는 0.9~1.2 미터 높이의 식물을 45~50㎝ 간격으로 식재하여 소기의 목적을 달성할 수 있다. 그런데 키가 큰 식물들은 대체로 양묘장에서 밀식 재배되었기 때문에 지면 가까이에서부터 촘촘하게 뻗은 가지를 갖추고 있는 경우가 거의 드물다. 따라서 전체 높이의 1/3을 축소하게 되면 잔가지 발달을 촉진함으로써 보다 좋은 생울타리용 식물로 성장할 수 있다. 재배의 측면에서 볼 때 이와 같은 강전정은 수고생장을 억제하면서 단기간에 촘촘한 생울타리를 조성할 수 있는 보다 바람직한 방법이다.

최단기간 내에 촘촘한 수벽을 달성하는 좋은 방법은 30~45㎝ 간격을 유지하면서 서로 엇갈린 방향으로 두 줄로 심는 것이다. 이렇게 하면 두 식물들 간의 거리는 실제로 절반으로 줄어들면서(대략 15~30㎝), 생울타리의 빈 틈 또한 감소하게 된다. 보다 넓은 생울타리를 원한다면 3열이 적당하며 이때에도 최대한 중첩이 되도록 교호 식재를 하는 것이 좋다. 일렬로 조성된 생울타리는 시골지역의 경우 드물게 나타나지만 공간의 제한이 많은 도시 지역과 정원에서는 자주 접하게 된다. 이때 서양주목yew, *Taxus baccata*, 토타라 나한송totara, *Podocarpus totara*, 너도밤나무beech, 서어나무hornbeam, 코로키오korokio, *Corokia* × *virgata* cultivars와 같이 조밀한 지엽을 형성하며 자라는 수종들이 사용된다면 가장 성공적인 결과를 낳을 수 있다.

단일종으로 구성된 생울타리의 경우, 주변 식물 또는 주연부와의 관계를 보여주는 생울타리의 상세 도면이 도움이 될 수도 있겠지만, 예시 도면 없이 식재 계획서 상에 글로써 수종과 간격 등을 기입하는 것만으로도 충분하다. 그러나 혼종 생울타리에서는 이와 달리 생울타리의 규모와 함께 서로 다른 종들의 상대적 위치 또한 도면에 표시되어야 한다. 이 경우 전체 생울타리 중 반복되는 구간을 하나의 식재단위로 디자인하는 것이 경제적인데, 대체로 그 길이는 5~15m가 된다. 이와 같은 방법은 대규모 식재 혼합체에서 사용 가능한 독립된 단위의 반복과 유사하다.

자연풍 생울타리

자연풍 생울타리에서 장벽 기능은 대체로 그 중요도가 덜하기 때문에 교목 또는 대관목들은 키가 작은 다른 수종들보다 더 높이 자란 후 성숙목에 도달할 수 있다. 하층은 조밀함과 축소형을 유지하기 위해 전정을 할 수도 있지만 자연 수형대로 자라도록 내버려둘 수도 있다.

생울타리에 다 자란 성숙목들을 넣을 계획이라면 이 나무들의 바람직한 식재 간격을 고려해야 한다. 또한 초기 단계에서 하층 수종에 대한 전정이 실시되어야 한다면 이 수종들과 성숙목들을 서로 구분지어 둘 필요가 있는데 이를 위하여 표본이 될 나무들에 대하여 지주목을 설치하거나 별도의 표시를 해두는 것이 좋다.

자연풍 생울타리는 고층 소림의 주연부 또는 소림 덤불지대가 좁은 띠 모양을 한 것과 다소 비슷하기 때문에 수종 선택과 배치 또한 유사한 방식으로 접근할 수 있다. 둘 사이의 주된 차이점은 서로 다른 수종들을 하나의 집합체 또는 한 단위로 구성하는 규모 그리고 배치와 관련하여 불규칙한 분포보다는 평행선 형태로 식재하는 것이 더 바람직하다는 데에 있을 것이다. 생울타리는 식재 공간 폭이 좁기 때문에 생울타리 혼합체를 구성하는 하나의 단위는 그 규모가 소림 또는 관목림보다 작아야 한다. 하나의 집합체가 5에서 15미터 정도의 규모로 조성된다면 조화로운 다양성 창출이 가능할 것이고 서서히 자라는 수종들이 그들의 수관폭을 충분히 펼칠 수 있는 공간이 마련되기 때문에 왕성한 생장력을 지닌 수종들이 그들의 성장을 압도해버릴 위험성도 줄어든다.

전통적인 전원풍을 보이는 생울타리와 자연풍 생울타리의 적용을 시골지역으로 한정할 필요는 없다. 이들은 주택 개발 구역, 산업 단지를 비롯한 여러 장소, 규모가 큰 공원과 도심지 내 생태공원 등에서도 매우 이상적인 울타리와 경계가 될 수 있다. 현존하는 생울타리와 자연풍 생울타리를 보존하고 새로운 개발 과정에서도 이들을 훼손하지 않은 결과 생울타리 디자인의 좋은 선례로 남게 되었다. 그러나 정원과 도시공원 그리고 도시 지역에서는 전통적으로 보다 더 정형성을 띠고 이국적인 특성을 갖는 생울타리가 조성되어 왔는데 다음 장에서는 도시와 정원의 전통적인 생울타리 디자인에 대하여 논의할 것이다.

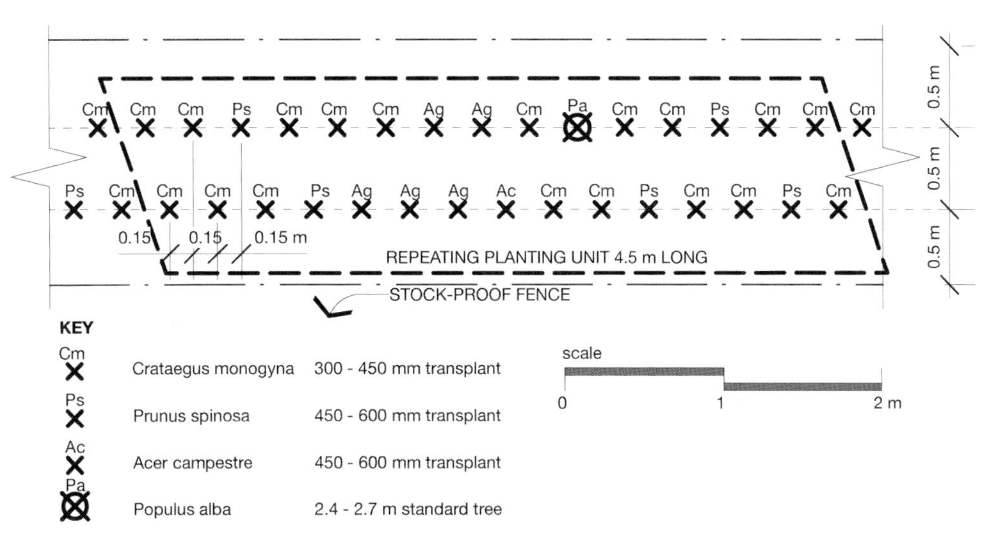

그림 11-6. 복구 대상지에 대한 자연풍 생울타리 조성을 위하여 반복 적용되는 하나의 단위를 보여 주고 있는 설계 도면의 일부임. 수벽 기능이 입증된 수종들의 경우 빠른 정착을 위하여 식재 간격이 좁게 설정되어 있고 표본이 될 교목들은 자연풍 생울타리의 편리한 유지·관리를 위하여 교호 식재된 다른 수종들과 달리 일렬로 배치되고 있는 점에 주목할 것

가로 생울타리

식재지 조성 후 발생하는 가장자리를 질서 정연한 모습으로 신속하게 다듬고 싶다면 가로 생울타리가 그에 대한 답이 될 수도 있다. 이 생울타리는 두 줄 또는 세 줄로 나누어 연중 한 두 차례 전정이 가능한 이식묘를 촘촘한 간격으로 식재하여 구성할 수 있다. 넓은 지역을 차지하며 자유롭게 성장할 수 있는 식재지의 기본 구조에 비하여 가장자리 공간이 협소하다면 이 생울타리의 좁은 폭은 오히려 이점이 된다.

사진 184. 늦개야광나무(*Cotoneaster lacteus*) 생울타리 사이에 조성된 노르웨이단풍(*Acer platanoides*) 생울타리. 제한된 식재 공간에서 지상부에 위치한 주차장과 업무공간을 통합하는 적절한 기능을 수행하고 있다.

사진 185. 영국의 워링턴 (Warrington). 교목을 생울타리 내부가 아닌 주변에 식재하면 생울타리 전정 작업은 보다 쉽게 이루어진다.

가로 생울타리는 시골의 생울타리 또는 자연풍 생울타리가 보여주는 투박한 성질을 갖출 수도 있고 공원 또는 도시 경관에서처럼 보다 정형식이 될 수도 있다. 둘 중 어느 것을 선택할지는 조성된 기본 식재지의 특성과 기능에 달려 있다. 가로 생울타리의 디자인은 '독자적인' 생울타리 디자인 방식과 매우 유사하며, 이에 대하여 독자는 이 책에서 다룬 생울타리와 자연풍 생울타리 관련 내용으로부터 도움을 얻을 수 있다.

가로수 식재

사람들에게 '가로수 식재'는 한 그루, 한 그루의 나무가 서로 한 데 어울려 선적이면서도 기하학적인 형태를 취하는 식재를 의미할 것이다. 이는 단일선 또는 두 개 이상의 평행선으로 구성되면서 직선 또는 곡선의 형태를 취하겠지만 대체로 시선과 동선을 한 곳으로 유도하는 방향성을 갖게 될 것이다. 이를 통해 선적인 공간이 만들어지는 것이 일반적이지만, 때로는 정적인 공간을 에워싸는 사각형 또는 원형이 될 수도 있다. 가로수 식재의 시각적 특성과 상세 디자인은 집단 구조 식재와 뚜렷이 구분되지만, 이들은 모두 효과적이면서도 보다 기하학적인 형태로 경관을 구성하는 지배적인 요소라는 점에서 이들의 가치는 서로 동등하다.

전통적으로 가로수는 멋진 건물과 기념물 그리고, 중요하거나 역사적 가치를 갖는 길들과 연관되어 있다. 두 줄로 쭉 뻗은 가로수가 만들어내는 조망은 건물의 정면 또는 기념물에 초점을 맞추면서 그곳에 이르는 접근로를 인상적으로 바꾸어 놓는다. 가로수는 또한 차도와 인도에 정체성 및 다른 곳과 구분되는 장소성을 불어 넣기 위하여 조성되기도 한다.

본래부터 타고난 선적인 특성 때문에 가로수 식재는 영역과 공간의 경계를 정하고 교통 흐름을 조절하기 위한 효과적이면서도 경제적인 수단이다. 그들의 규모는 벚나무 길을 따라 이어지는 작은 길에서부터 위풍당당한 피나무 lime 혹은 버즘나무plane tree가 좌우 양쪽으로 늘어서 있는 광폭 대로에 이르기까지 다양하다. 위요의 정도 또한 조절이 가능하다. 성숙목으로 구성된 가로수는 하층부의 경우 주변을 완전히 차단하지 않지만, 울창한 잎들의 '지붕'이 형성하는 녹색 '회랑', 수간 사이의 '열린 틈'으로 이어지는 '주랑', 또는 넓은 공간을 연속적으로 채우는 수목의 선

사진 186. 통가(Tonga)의 톨로아(Toloa) 대학으로 이어지는 참으로 아름다운 가로수길

사진 187. 곡선으로 휘는 길은 특별한 우아함을 지니고 있다. 파리의 라빌레뜨(la Vilette) 공원에 있는 단풍버즘나무(*Platanus × hispanica*) 가로수길은 잔디 광장과 주차장을 부드럽게 분리하면서 방문객의 발길을 유도한다.

에 의해 형성되는 암시적인 경계와 같이 주변보다 높은 구조를 보여준다.

가로수 식재의 상세 디자인에서 중요한 점은 적절한 수종을 선택하고 기능과 외형에 부합하는 식재 간격을 정하는 일이다.

가로수 식재용 수종

정형식 가로수는 수관 구조와 엽군의 특성에 있어서 일관성을 유지할 필요가 있다. 이와 같은 통일성을 충족시키기 위해서는 환경 적응력이 뛰어나고 일정한 성장세를 유지할 수 있는 단일 수종을 선택해야 한다. 식재지의 토양 환경과 미기후에 지나치게 민감한 반응을 보이는 수종은 곤란하다. 병충해와 일시적 환경 교란에 취약하면 안 된다. 건강하고 안정된 수관 유지를 위하여 빈번한 작업이 필요하지 않아야 한다. 가능하다면 무성 번식을 통하여 배양된 품종을 쓰는 것이 보다 유리한데 이는 동일한 유전적 특성을 갖추고 있기 때문이다. 씨앗으로 번식된 수종들은 너무나 많은 변이를 보이기 때문에 정형식 가로수로서는 적합하지 않다.

북유럽에서 전통적으로 키가 큰 가로수로 쓰인 교목들에는 피나무류limes, *Tilia* sp., 단풍잎버즘나무London plane, *Platanus acerifolius*, 노르웨이단풍Norway maple, *Acer platanoides*, 느릅나무 특히 글라브라느릅elm, *Ulmus glabra*, 가시칠엽수horse chestnut, *Aesculus hippocastanum*, 유럽밤나무Spanish chestnut, *Castanea sativa*, 유럽너도밤나무European beech, *Fagus sylvatica* 그리고 포플러poplar와 같이 보다 일정한 형태로 자라는 수종들이 있다. 도시 지역의 가로수 수종은 해충을 끌어 들이지 않아야 하는데, 특히 진딧물은 가로수 밑의 차량과 시설물에 끈적한 분비물을 떨어뜨린다. 유럽피나무*Tilia × europaea*는 진딧물 피해를 일으키는 것으로 알려져 있지만, 에우클로라피나무*Tilia euchlora*, 페티올라리스피나무*T. petiolaris*, 노르웨이단풍*Acer platanoides*, 단풍버즘나무*Platanus × hispanica*는 이러한 피해를 일으키지 않

사진 188. 이곳 뉴질랜드 호키스 만(Hawkeys Bay)에서 보이는 티 코우카(ti kouka) 또는 코르딜리네 아우스트랄리스(cabbage tree, *Cordyline australis*)는 보기 드문 가로수 중의 하나이다. 전통적인 가로수 수종이 갖추고 있는 정형성이 부족하지만, 다른 특성들은 이를 상쇄하고도 남을만한 가치를 지니고 있다.

사진 189. 촘촘하게 이중으로 식재된 유럽너도밤나무(*Fagus sylvatica*) 가로수는 네덜란드 헤트루(Het Loo)에 있는 르네상스 공원의 일부이다. 튼튼한 기둥과도 같은 이 나무의 수간 위로 높이 펼쳐진 장대한 녹색 회랑이 인상적이다.

사진 190. 영국 캠브리지(Cambridge)의 비전공원(Vision Park). 아까시나무 '베소니아나'(*Robinia pseudoacacia* 'Bessoniana')와 같은 소교목은 사람들에게 친밀감을 주는 가로수이고 도심 광장과 같이 넓은 장소에 특히 어울린다.

사진 191. 싱가포르 식물원. 작은 종려나무의 줄기를 타고 오르는 덩굴식물은 휘어 도는 가로 공간의 하부에 섬세한 즐거움을 제공한다.

는 수종들이다. 최근에 도시 지역에 시험적으로 식재하여 가로수로 어울리는 두 가지 수종이 있는데, 터키개암나무Turkish hazel, *Corylus colurna*는 원추형으로 자라고 남너도밤나무raoul, *Nothofagus procera*는 성장 속도가 매우 빠르다. 생육 조건이 양호한 곳에 식재할 수 있는 교목 중 대왕참나무pin oak, *Quercus palusteis*는 가을 단풍이 장관이고, 터키참나무pin oak, *Quercus cerris*는 대기 오염에 잘 견디며, 플라타너스단풍sycamore, *Acer pseudoplatanus*은 수관이 양 옆으로 잘 뻗어나갈 수 있는 환경에서 우아한 표본목으로 성장한다.

공원, 대규모 단지, 시골 지역에서는 잎갈나무류larch, *Larix* sp., 자작잎서어나무hornbeam, *arpinus betulus*, 헝가리참나무Hungarian oak, *Quercus frainetto*, 밤잎참나무chestnut leaved oak, *Q. cataneifolia*, 패트레참나무sessile oak, *Q. petraea*를 시험적으로 식재할만한 가치가 있다. 위 세 가지 수종의 참나무는 유럽참나무Pedunculate oak, *Quercus robur*보다 성장 속도가 빠르며 보다 수직적인 줄기와 정형의 수관을 형성한다. 상록 수종으로는 위풍당당한 수형으로 자라는 유럽흑송black pine, *Pinus nigra*과 스토우Stowe 및 버킹햄셔Buckinghamshire 그리고 특히 지중해 지역에 위치한 유서 깊은 공원에서 인상적인 모습을 보여주는 세쿼이아덴드론wellingtonia, *Sequoiadendron gigantium* 그리고 지중해쿠프레수스Italian cypress, *Cupressus sempervirens*가 있다. 온대와 아열대 지역의 경우 뉴질랜드산의 두 가지 수종이 가로수로 쓰기에 좋다는 사실이 확인되었다. 푸리리나무puriri, *Vitex lucens*는 연중 개화를 하며, 수관이 펼쳐질 충분한 공간이 확보된 장소에서는 포후투카와나무pohutukawa, *Metrosideros excelsa*가 좋다. 보다 온화한 기후대에 적합한 다른 가로수 수종으로는 가로수로 흔히 식재되는 무화과류의 대만고무나무*Ficus microcarpa*, 푸른색 꽃이 장관을 이루는 자카란다jacaranda, 벗겨지는 수피가 떨어지지 않은 채 깜짝 놀랄만한 진홍색과 오렌지 색 꽃을 피우는 유칼립투스 피키폴리아*Eucalyptus ficifolia*를 들 수 있다. 기후가 맞는다면 야자수 또한 가로수로 이용된다. 카나리야자Canary Island Palm, *Phoenix canariensis*는 따스한 지역과 지중해 지역에서 쓰이는 고전적인 수종이며 이보다 훨씬 더 장관을 이루는 워싱토니아 로부스타skyduster, *Washingtonia robusta* 또한 추가될 수 있다.

중간 정도의 수고(성숙목에 이르렀을 때 약 10~18m)를 위한 가로수로는 일정한 생장형을 갖추고 있는 다음 수종들이 적절하다. 많은 마가목속*Sorbus*의 나무들(특히 아리아마가목*S. aria*, 유럽당마가목*S. aucuparia*), 꽃이 좋은 야생 능금나무 중 일부인 겹꽃양벚나무 '플레나'double flowered gean, *Prunus avium* 'Plena', 아까시나무 '베소니아나'mob-head false acacia, *Robinia pseudoacacia* 'Bessoniana', 왜성 품종인 자작잎서어나무 '파스티기아타'compact hornbeam, *Carpinus betulus* 'Fastigiata', 미국주엽나무 '이네르미스'spineless honey locust, *Gleditsia triacanthos* 'Inermis', 다른 많은 물푸레나무보다 왜성인 오르누스물푸레나무manna ash, *Fraxinus ornus*, 반짝거리는 잎과 단정한 원추형 수관을 지닌 코르다타오리나무Italian elder, *Alnus cordata*, 원뿔형 수형이 어울리는 장소에 적절하며 주로 일본과 미국에서 가로수로 사용되는 은행나무maidenhair tree, *Ginkgo biloba* 중 암나무가 아닌 수나무가 있다. 보다 따스한 기후대에서는 참느릅나무Chinese elm, *Ulmus parviflora*, 멀구슬나무Indian bead tree, *Melia azedarach*, 타라타돈나무*Pittosporum eugenioides*, 돈나무*P. tobira*, 주름잎돈나무*P. undulatum*, 올리브나무olive, *Olea europaea* 그리고 귤속*Citrus*인 오렌지 나무 중에서도 특히 광귤Seville orange, *Citrus aurantium*이 적절하다.

만약 정형성이 중요하지 않다면, 가로수 선택의 범위는 보다 넓게 확장되어 해당 지역의 특성에 적합한 많은 종들이 포함될 수 있다. 다만 가로수 아래로 보행 동선과 차량 동선이 있다면 가로수의 수관이 사람의 키 높이보다 위에서 형성될 수 있고 늘어뜨리는 가지 또는 바람에 의해 부러지는 가지가 사람에게 피해를 주지 않도록 전정이 가능한 수종을 선택해야 한다. 따라서 이와 같은 환경을 고려할 때 가시가 달린 잔가지들을 갖고 있는 아까시나무*Robinia pseudoacacia*는 가로수로 선택하기에는 바람직하지 않은 수종일 것이다.

낮은 수고의 가로수(수고 10m 이하)는 뜰이나 정원에서 사람의 시선을 사로잡는 효과적인 경관을 구성하는 요소이다. 이와 같은 목적을 충족시켜주는 수종들은 다음과 같다. 벚나무flowering cherries와 자두나무plum 특히 벚나무 '아콜레이드'*Prunus* 'Accolade', 벚나무 '쿠사르'*P.* 'Kursar', 귀룽나무 '와테레리'*P. padus* 'Watereri', 산벚나무*P. sargentii*, 자엽꽃자두*P. cerasifera*가 있으며, 꽃사과crab apple, *Malus floribunda* 및 호북꽃사과crab apple, *Malus hupehensis*와 같은 야생 능금, 워터리개야광나무tree cotoneaster, *Cotoneaster* × *watereri*, 개야광나무 '코누비아'*C.* 'Cornubia', 처진버들잎배나무willow-leaved pear, *Pyrus salicifolia* 'Pendula', 산사나무류thorns 그리고 왜성 마가목속*Sorbus* 품종들로 마가목 '조셉락'*S.* 'Joseph Rock', 마가목 '엠블리'*S.* 'Embley', 호북마가목*S. hupehensis*, 캐시미어마가목*S. cashmiriana*, 빌모랭마가목*S. vilmorinii*, 특이한 수형을 갖추고 있는 코르딜리네 아우스트랄리스ti kouka, *Cordyline australis*, 삼야자나무chusan palm, *Trachycarpus fortunei*, 니콜라이극락조화giant bird of paradise, *Strelitzia nicolai*도 가로수로 쓰일 수 있다.

착수와 식재 간격

기하학적으로 잘 정돈된 가로수들의 규칙적인 모습은 건축적인 조형미를 드러낸다. 일정한 간격을 유지하면서 한 줄로 늘어선 가로수들은 서로 연결된 수관을 통해 '녹색 기둥'을 만들어 낸다. 또한, 두 줄로 늘어선 가로수들은 무성한 가지와 잎으로 2열의 '회랑'을 형성하고 사방을 둘러싼 가로수들은 수도원의 안뜰과 같은 아늑한 공간을 만든다. 큰 나무들이 가까이 늘어서 있으면 그 줄기와 휘어진 가지들은 하나의 방이나 덮개 같은 구조를 형성하고 가로수들이 서로 멀리 떨어져 있으면 마치 일련의 기둥이 늘어 서 있는 듯한 모습을 갖추게 된다.

우리는 가로수들의 전반적인 모습이 공간의 심미적 특성에 영향을 미치고 있음을 알 수 있다. 또한 가로수의 공간적 배치는 디자인 목표 달성을 위하여 어떤 가로수 품종을 선택하여 어떻게 식재해야 할지와 관련된 기술에도 영향을 미친다.

수관이 서로 가까이 있지만 겹치지 않는 교목의 경우 가로수 간격은 20~25m가 이상적이다. 이 정도 간격을 유지한다면 피나무lime tree, 버즘나무plane tree와 같은 대형 수종들이 가지를 펼치면서 성장하여 좋은 표본목이 될 수 있다. 그러나 최상의 효과를 기대한다면 우리는 적어도 백 년을 기다려야 할지도 모른다. 대부분의 조경 프로젝트에서 수용할 수 있는 일정에 맞추어 보다 빨리 시각적 효과를 보고자 한다면 원래 계획의 2배 또는 3배 많은 수를 식재한 후 수관이 서로 겹치기 시작할 때 2개 중 하나 또는 3개 중 2개를 제거할 수도 있다. 이때 초기 식재 간격은 6m에서 12m 사이가 될 것이다. 이와 같은 방식을 적용하면 15년 정도 경과했을 때 가로수들은 시각적 연속성과 공간 설정에서 탁월한 효과를 연출하게 된다. 그러나 불행히도 이와 같은 구상에 따라 단호하게 간벌을 해야 할 시간이 도래했을 때 잘 자라고 있는 나무들을 베어낼 용기를 내기가 쉽지 않고 더 나아가 대중이나 고객에게 그 필요성을 설득시키는 일은 더욱 어려울 수도 있다. 따라서 처음부터 수명이 짧으면서도 속성으로 자라는 수종을 일시적인 가로수로 선택하는 것은 가로수 관리의 의도를 명확히 하는 방법이다. 즉 장기적으로 육성하고자 하는 원래 수종 사이에 포플러poplar나 코르다타오리나무Italian alder, *Alnus cordata*를 식재한 후 10년 내지 20년이 흐른 뒤에 베어낸다면 언쟁이 줄어들게 될 것이다.

2열 식재일 경우 가로수의 좌우 줄 사이 간격은 동일한 줄에 식재한 가로수 간격과 같이 하거나 더 넓게 해야 한다. 양 옆으로 늘어 선 가로수의 줄간 수평 거리 간격이 일렬로 늘어 선 가로수의 줄 내 수직 거리 간격보다 좁을 경우에는 마치 일련의 비좁은 아치를 뚫고 가는 것 같은 인상을 주기 때문에 오히려 평온한 위요감을 약화시킬 수 있다. 큰 규모의 경우, 2중 가로수길(축의 양쪽에 2줄로 늘어선 가로수)이나 3중 가로수 길을 조성하면 인상적인 장엄함을 연출할 수 있다.

가로수의 수관이 서로 연결되어 많은 나뭇잎들이 지붕을 형성하면서 연속적인 '주랑' 또는 '회랑'을 만드는 경우에는 성숙목의 수관폭에 비해 식재 간격을 훨씬 더 좁게 유지해야 한다. 피나무, 버즘나무와 같은 대형수종은 성숙 시 15m 이하 간격을 유지해야 하고 10m 간격으로 식재하면 원하는 효과를 더 빨리 성취할 수 있다. 물론 보다 더 가까운 간격을 유지하게 되면 위요감이 커지면서 개별적인 나무들이 제 가각 늘어서 있는 모습보다는 하나의 통일된 조각품처럼 연속적인 형태로 나타난다. 그런데 식재 간격을 너무 좁게 유지하면(예컨대 4~5m) 성장이 왕성한 수종들이 그늘을 드리워 성장세가 더딘 나무들의 성장을 억제하게 된다. 수종 간 성장률의 차이는 가지치기를 수행하여 부작용을 줄일 수 있지만 가로수가 크게 성장할수록 작업이 어려워지고 경비도 더 많이 소요된다. 가로수의 정형성을 일부 포기할 수 있다면 가로수 간 간격을 2~3m까지도 좁힐 수 있다. 그러면 흔히 보기 어려운 극적인 효과를 만들어 낼 수 있다.

가로수의 수관 폭이 작을수록 동일한 정도의 연속성 효과를 얻으려면 식재 간격을 더 좁게 유지해야 한다. 아리아마가목*Sobus aria*, 아까시나무 '베소니아나'*Robinia psuedocacia* 'Bessoniana'와 같은 중간 크기의 가로수는 9m 이상 간격에서는 수관이 서로 연결되지 않기 때문에 5~6m 정도의 간격을 유지하는 것이 바람직하다. 가로수를 더 빨리 조성하고자 한다면 이들 수종의 식재 시 간격을 4m 정도로 줄일 수 있다. 츠코노스키꽃사과*Malus tschonoskii*나 은행나무*Ginkgo biloba*같이 수관 폭이 좁은 수종은 식재 간격도 좁게 유지해야 한다. 이런 수종은 위로 성장하는 특성을 가지므로 가로수로서 회랑이나 주랑을 형성하기에 적합하지는 않지만, 식재 간격을 5~7m로 유지하면 가로수들의 통합된 모습을 실현할 수 있다. 빌모랭마가목*Sorbus vilmorinii*과 처진버듯잎배나무*Pyrus salicifolia* 'Pendula'와 같은 소형 수종은 식재 간격을 5m 이내로 유지해야 한다.

가로수를 2열 이상 규칙적으로 식재하고자 할 때 직선형 격자 또는 엇갈림 격자를 이용할 수 있다. 직선형 격자를 이용하면 가로수들이 축의 양쪽에서 대칭의 위치에 식재되므로 절도 있는 외양을 만들 수 있다. 엇갈림 격자를 이용한 식재의 경우 시각적으로 반복성 효과는 낮지만 측면에서 보면 식재의 밀도는 더 높아 보인다.

가로수의 위치는 현장의 다양한 요인들로부터 제약을 받는다. 예컨대 교차로, 측면 소로, 건물의 창문과 입구, 지하와 공중 공간을 이용하는 공공 서비스 시설물 등이 교목의 위치에 제한을 가한다. 따라서 도로의 전 구간에서 완전히 동일한 식재 간격을 유지할 수는 없다. 다행스럽게도 가로수 식재 간격의 엄격함은 극히 정형적이고 장엄함이 요구되는 디자인에서 예외적으로 필요할 뿐이고 보통의 가로수 조경에서는 큰 의미를 갖지 않는다. 대부분의 가로수 조경 현장에서는 그 사유가 적절한 경우 불규칙한 식재 간격이 허용된다. 그러므로 지하의 공공 서비스 시설 등 눈에 보이지 않는 제약 요인과 이로 인한 문제들을 극복하는 것이 중요한데, 최선의 방책은 현장 계획 단계에서 이러한 문제를 예측하고 대책을 마련하는 것이다.

습지 식재

비록 습지는 대규모 조경과 지속가능한 도시 빗물 관리의 중요한 부분을 차지하지만 습지 식재와 관련된 전문적인 내용을 다루는 것은 이 책의 범위를 넘어서는 것이다. 습지의 보존, 복원, 조성은 점점 더 세계적으로 중대한 관심사가 되고 있고, 조경가는 이와 같은 상황에서 의미 있는 역할을 수행할 수 있다. 특히 도시에 습지를 조성하는 것은 사람들에게 매력적이면서도 생물 다양성 및 야생 동물에게 가치 있는 통합적인 경관을 제공하는 기회이기 때문이다. 습지 관리, 습지 생태계, 습지 식재와 관련하여 보다 깊이 있는 정보가 필요할 경우 독자들이 참고할 수 있는 전문서적이 매우 많다.

사진 192. 지속가능한 빗물 관리를 위해 영국 버밍햄(Birmingham)의 블라이드(Blythe) 공원에 조성된 넓은 규모의 습지

사진 193. 도시 습지는 빗물을 정화 처리한 후 뉴질랜드 오클랜드(Auckland)의 와이테마타 항 (Waitemata Harbour)으로 흘려보낸다.

12

소규모 식재

소규모 식재는 거리, 정원, 뜰, 광장, 도시의 공원, 학교 운동장 등에서 찾아 볼 수 있다. 소규모 식재는 먼저 교목과 소림 그리고 생울타리로 기본적인 식재 비율과 공간 구획이 형성되면 경관과 정원을 구성하는 세부 공간을 채우고 정교하게 다듬는 역할을 한다. 이러한 식재는 종종 관상용 식재라고 불리지만 이 또한 중요한 서식처, 폭우 대비, 미기후, 교육 그리고 다른 생태계 서비스를 제공한다는 사실을 기억해야 한다. 물론 구조 식재가 많은 부분에 있어서 상세함과 장식적인 측면을 포함하고 있고 관상용 식재 또한 공간을 설정하고 구획하는 데 영향을 미치기 때문에 구조 식재와 관상용 식재의 차이가 분명하게 구분되는 것은 아니다. 다만 각각의 우선적인 기능이 서로 다를 뿐이다. 구조 식재의 주목적은 무엇을 위한 공간인가에 대한 규정과 위요 수준에 대한 결정 그리고 미기후의 개선 등이다. 반면에 관상용 식재는 개별 공간에 대한 상세한 이용과 그 공간을 사용함에 있어서 즐거움을 주도록 하는 것이 주목적이다.

모든 규모의 식재는 도시와 농촌 지역의 생물 다양성과 야생 동물 서식처에 크게 기여할 수 있다. 실제로 한 연구 결과는 주택 정원과 작은 규모의 근린 공간이 식물과 동물의 생물다양성에 기여하는 잠재적 가치를 지니고 있음을 보여주었다.(셰필드Sheffield 대학교의 도시 정원 내 생물다양성 프로젝트 참조) 실제로 조정 생태학(로젠츠바이크Rosenzweig, 2003)의 개념에 따르면 생태계의 보존을 위한 보호 구역 지정과 같은 전통적인 방식은 세계의 생물 다양성을 보존할 정도로 충분하지 않으며, 생물다양성 손실 문제에 대응하기 위해서는 인간이 이용하는 경관과의 통합이 필요하다고 한다. 조정 생태학자들에겐 정원의 서식처 기능과 모든 도시의 골목, 옥상 정원 그리고 빗물 정원의 잠재력은 매우 중요하며 이러한 서식처들은 도시 지역의 생물 다양성뿐만 아니라 분할된 작은 구역들 간의 연결성을 증가시키기 때문에 경관의 보존에 도움을 준다.

구조 식재와 관상용 식재의 또 다른 중요한 차이는 규모이다. 작은 정원, 안뜰과 단독 화단에서 관상용 식재는 그 자체만으로도 공간을 설정할 수 있다. 예를 들어, 풍성하게 자란 두 그루 관목 장미 사이에 의자를 두어 아늑한 분위기를 연출할 수 있다. 또는 꽃이 아름다운 표본목의 늘어진 가지가 수관을 형성하여 휴식 공간을 만들 수도 있다. 반면에 숲 속에 있는 하나의 식물 또는 식물 구성의 차이와 같은 구조 식재의 상세한 모습을 먼저 주의 깊게 관찰할 경우, 우리가 먼저 주목하는 것은 구조 식재의 관상적인 특성이다.

소규모 식재는 독특한 양식 또는 학파를 망라하는 전 범위에 걸쳐 나타나는데, 이들 중 다수는 정원 디자인을 다루는 문헌을 통해 경쟁적으로 소개되고 있고 최근 경향을 따르는 '새로운' 양식으로 인식된다. 사실 이들은 서로서로 연관성을 지니고 있고 특정 유형의 프로젝트 혹은 고객들의 요구 또한 잘 반영하고 있다. 여기에는 모더니스트, 미니멀리스트, 자연주의, 독일의 풍요로운 공간lebensbereich(living space), 네덜란드의 생태학파와 새로운 숙근초 식재, 예술 수공예 운동, '와일드 가든' 그리고 정형식 정원이 포함된다. 또한 경관 및 정원의 복원과 해석 작업에 적합한 역사적인 양식도 존재한다.

전문적인 디자이너로서 지나치게 특정 양식에 집착하지 않을 때 우리는 더 많은 이점을 얻을 수 있다. 이 장에서는 어떤 양식에도 구애받지 않고 적용되는 주제와 기술들을 살펴볼 것이며 많은 양식들과 연관되는 식물 선택과 배치에 대한 조언을 줄 것이다.

'소규모 식재'라는 제목에도 불구하고 우리는 매우 작은 정원 공간에서부터 공원들과 그 밖의 도시 공간에 있는 초지, 덤불 지대에 이르는 중간 규모의 범위까지 살펴볼 것이다. 공공 영역에서는 관상미에 덧붙여서 생육 적합성과 환경 적응성이 뛰어나면서도 관리가 용이한 식재가 요구되지만 식물에 대한 보호 조치와 기술적인 관리가 이루어질 수 있는 곳이라면 폭넓은 범위의 식물을 도입하여 더욱 정교한 식재를 구성할 수도 있다.

공공 및 개인 정원에서 계절에 따른 화단, 초본과 목본이 서로 어우러진 혼합형 가장자리 화단, 관목숲, 고립 화단 등 일반적인 화단 및 가장자리 화단과 관련된 원예 기법은 오랜 전통을 갖고 있다. 그러나 대부분의 공공장소, 기업, 그리고 기관의 경관에는 이와 다른 접근법이 적합하다. 왜냐하면 이러한 곳은 유지·관리에 필요한 자원이 제한적일 뿐만 아니라 혁신적인 디자인을 개발할 수 있는 최고의 기회가 주어지는 장소이기 때문이기도 하다.

식재 지역의 배치

식물에 대한 고려 이전에 먼저 식재 지역의 크기와 형태가 결정되어야 한다. 우선 잔디류 또는 포장면 대비 식재지의 비율을 생각해야 된다. 잔디류와 포장면은 모두 식재지를 매력적으로 돋보이게 한다. 둘의 시각적 간결함과 일관성으로 인해 식재의 풍부함이 보다 잘 드러난다. 잔디류는 포장면에 비해 시각적으로 부드럽기 때문에 큰 공간을 황량한 느낌 없이 채워줄 수 있다. 사람의 이용이 매우 빈번한 곳이거나 식재를 위한 이상적인 식재지 여건이 마련되지 않을 경우 포장면이 반드시 필요한 곳도 많이 있다. 그런데 중요한 것은 보통의 시각에서 바라 볼 때 포장면에 대한 잎의 비율이기 때문에 이런 상황에서도 포장면과 조화를 이룰 수 있도록 규모가 큰 식생을 구성할 수 있다. 교목과 큰 관목 그리고 수직면을 덮는 덩굴식물을 사용하면 녹시율을 최대로 끌어올릴 수 있다.

두 번째로 고려해야 될 것은 식재 지역의 형태이다. 형태는 전체 공간의 디자인과 다른 요소들의 기하학적 구조에 의해 결정된다. 식재는 전체적인 경관 디자인에 있어서 항상 중요한 부분을 차지해야 한다. 그리고 어떤 경우에는 식재 지역의 형태가 그 공간의 지배적인 패턴을 형성하는 경우도 있다.

식재의 미학적 기능 중 중요한 측면은 도시 건물들에 쓰인 건축 재료의 뚜렷한 윤곽을 '부드럽게' 하는 것이다. 잎의 다양한 색상과 질감을 이용하고 물결 모양과 불규칙한 외곽선의 교목과 관목을 사용함으로써 이러한 효과를 얻을 수 있다. 이 유기적인 형태는 자연스러운 식재의 성장 결과이며 이는 기하학적인 건축 요소들과 대조를 이룬다. 그렇기 때문에 식재 지역의 윤곽을 디자인 할 때 인위적이며 억지로 꾸민 듯한 불규칙한 모양의 윤곽을 가진 관상용 식재 화단을 만들 필요가 없다. 이것보다 부자연스러운 것도 없을 것이다. 그렇다고 해서 곡선의 디자인을 사용하지

사진 194. 관상용 식재는 공간적인 역할을 할 수도 있다. 이와 같이 관목과 숙근초가 혼합된 식재는 도심 공원에서 공간을 나누는 역할 이외에도 앉아서 쉬어갈 수 있는 공간의 배경이 될 수 있다.(디자인: 영국의 셰필드(Sheffield) 시의회)

사진 195. 소림 또는 관목 덤불의 구조적 식재는 주로 자생종으로 구성되어 있고 꽃, 열매, 잎의 섬세함과 장식적인 흥미를 제공하며 공간의 구분과 더불어 쉼터를 만들어 준다.

사진 196. 영국 데번(Devon) 주의 나이트셰이즈 코트(Knightshayes Court). 관목과 초본식물들은 길의 가장자리를 넘어 들어오고 있는데, 이는 자연스러운 윤곽을 형성한다. 곡선의 규모는 식물 그룹의 크기를 반영한다.

사진 197. 스코틀랜드의 글래스고우(Glasgow). 번화가에서 화단의 경계는 보호가 필요하다. 돌로 된 경사진 벽면은 포장면의 자연스러운 연장선이자 사용된 식물의 장식적인 특징을 매력적으로 보완해준다.

말라는 것은 아니지만, 사용한다면 강한 신념을 가지고 식물들이 다 성장한 후에도 그 윤곽이 분명하게 남아 있도록 적절한 크기로 만들어야 한다.

식재 지역의 형태와 관련하여 기술적으로 고려해야 하는 몇 가지 사항이 있다. 공공장소에서 식재지는 보행자에 의한 답압과 차량에 의해 훼손될 수 있다. 이와 같은 경우 지면을 높이거나 도로 경계석을 설치함으로써 식재지를 보호할 수 있고 낮은 벽이나 난간을 설치함으로써 출입을 제한할 수도 있다. 또한 올바른 위치 선정이나 공간의 적절한 너비 설정을 통해 식재지의 피해를 줄일 수 있다. 양쪽으로 보행자 통로가 인접해 있는 식재 지역은 일반적으로 그 폭이 최소 2미터 이상이어야 한다. 왜냐하면 가장자리 일부가 손상되더라도 식물이 다시 자라고 번져 나갈 수 있는 충분한 면적이 남아 있어야 하기 때문이다. 그러나 화단 가장자리의 한 쪽 면이 벽과 인접해 있다면 답압에 의한 손상이 덜 발생하므로 너비가 1m 미만이어도 괜찮다.

보통의 화단과 가장자리 화단의 경계선이 어떻게 처리 되었느냐는 전체적인 디자인의 질과 특성에 영향을 미친다. 화단이 잔디와 인접한 경우 경계 부위의 잔디를 관리하는 작업은 매우 힘들다. 이러한 작업은 화단을 깔끔하게 하고 화단의 식물 재배를 쉽게 할 목적으로 시행되지만, 결과적으로 자연스러운 느낌을 해치고 반복되는 잔디 깎기 작업으로 인해 잔디가 차지하는 면적이 점점 더 줄어들게 된다. 잔디와 화단의 경계를 처리하는 가장 손쉬운 방법은 벽돌, 콘크리트, 또는 돌로 된 화단 경계석을 사용하는 것이다. 이것은 잔디 깎기로 인한 식물의 피해를 최소화하고 식물들이 고루 퍼지며 성장할 수 있도록 도와주는 전형적인 방법이다. 또한, 잔디의 경계 부위에 깔끔한 선이 형성되면서 화단의 형태를 보다 정교하게 디자인 할 수 있게 된다. 화단 경계석으로 둘러싸인 잔디는 정확하고 각이 있는 기하학적 형태로 배치 될 수 있으며 유지관리가 쉬워진다.

화단과 가장자리 화단의 가장 취약한 부분은 길모퉁이다. 공공장소에서 각진 모서리가 밟히는 것은 어쩔 수 없으므로 보호가 필수적이다. 이 문제를 줄일 수 있는 방법은 모서리에 부드러운 반경을 가진 공간을 확보하여 날카로운 모서리와 튀어나온 부분을 제거하는 것이다. 이렇게 보다 완만하게 처리된 길모퉁이라 할지라도 이곳엔 재생 능력이 강한 종을 심는 것이 바람직하다. 보통의 초본식물과 작은 관목은 길모퉁이에서 살아남기 힘들 것이다.

사진 199. 영국의 셰필드(Sheffield). 숙근초 식재지와 잔디 사이의 넓은 테두리는 여러 장점이 있다. 잔디 깎기가 더 수월해지며 관리를 위한 접근성이 향상되고 특히 비 오는 날의 작업으로 인한 주연부의 손상이 더 적으며 깔끔한 선은 바라보기에 좋다.

사진 198. 매우 좁은 화단은 적절한 토양 조건이 유지되지 않으며 답압에 취약하다.

도심지 식재의 다양성

도시 경관을 보면 특색 없는 관목으로 꾸민 가장자리 화단과 단조롭기 그지없는 지피식물이 너무나도 흔하다. 이러한 식재는 익히 잘 알려진 항상 선택되는 관목들로 구성되어 있으며 대부분 상록수이다. 색, 형태 또는 계절적 변화로 우리에게 흥미를 주는 것은 일반적으로 많지 않다. 이렇게 평이한 디자인이 나오는 이유 중 일부는 식물을 정착시키고 관리하는 비용 때문이다. 그러나 디자이너가 식물에 대한 충분한 지식과 상상력이 있다면 제한된 비용이 재미없는 식물을 사용해도 좋은 이유가 될 수는 없다. 디자인의 목표는 식재의 지속가능성을 희생하지 않은 채 공공장소에서 최고의 시각적인 질을 달성하는 것이다.

이 목표를 달성할 수 있는 많은 방법이 있다. 다양한 방법으로 보다 더 많은 초본식물과 구근류를 심는 것이 가능하다. 예를 들어 지피식물로 덮어서 자라게 한다거나, 열린 공간이나 드문드문 있는 교목과 관목 아래에 그늘의 다양한 정도에 따라 잘 자랄 수 있는 초본식물과 그라스들로 다양한 지면층을 구성할 수 있다. 그리고 소교목과 고관목은 관상용 화단의 중요한 요소이다. 그들은 작은 공간을 차지하면서도 비교적 높은 위치에서 많은 잎들을 풍성하게 제공할 뿐만 아니라 꽃을 피우고 열매를 맺는다.

교목과 관목 등을 확실히 '제 값을 하는' 것들로 면밀히 선택하는 것이 매우 중요하다. 단지 2주 정도 피는 꽃이나 일주일 정도 가는 아름다운 단풍의 색만을 제공하는 정도가 아니라 수목의 결합이 일 년 내내 눈에 띄어야 한다. 경험에 비추어볼 때 관상용 식재를 위해 관목 혹은 소교목을 선택하는 대략의 규칙은 다음과 같다.

- 적어도 두 개 또는 적당히 세 개 정도의 주요한 심미적인 효과가 매년 있어야 하며(예를 들어 눈에 띄는 꽃, 매력적인 열매, 멋진 단풍 색, 관상가치가 있는 수피, 혹은 특별한 잎의 특질)
- 일반적으로 매력적인 형태와 잎을 계절에 상관없이 지니고 있어야 한다.

이러한 규칙을 적용할 경우 대중적으로 잘 알려진 여러 종류의 교목과 관목을 식물 목록에서 제외시킬 수 있는데, 예를 들어 고광나무속*Philadelphus*과 개야광나무속*Cotoneaster*은 모두 단 한 가지의 특징—각각 향기로운 꽃 그리고 열매—밖에 없다. 이와 달리 추천할만한 종들은 떡갈잎수국*Hydrangea quercifolia*(꽃, 단풍 색, 여름 동안의 인상적인 잎의 양), 산딸나무*Cornus kousa*(꽃, 열매, 단풍 색, 좋은 형태) 그리고 캐나다박태기나무 '포레스트 팬지'*Cercis canadensis* 'Forest Pansy'(꽃, 열매, 단풍 색, 계절에 따라 변하는 잎의 색, 좋은 형태) 등이 있다.

이렇듯 크기가 작고 가벼운 잎을 지닌 소교목이라 할지라도 건물 주변에 심는 것을 꺼려하기도 하는데, 이는 건물에 손상을 입힐까 우려하기 때문이다. 그러나 지하 시설물들과 건축의 기본 구조에 대한 주의를 기울인다면 이 나무들이 작은 공간을 보다 풍성하게 하고 건물의 정면을 보완할 수 있다. 경우에 따라 덩굴 식물은 특별히 디자인된 구조물에서 나무를 대체할 수도 있고 빨리 자리를 잡을 수 있는 장점이 있다.

소규모 식재의 수관 층위

교목, 관목, 덩굴식물, 지피류, 초본식물과 구근으로 공공 및 사적인 경관에서 관상용 식재의 다양한 조합을 이루어 낼 수 있다. 관상용 식재의 주안점은 효과적인 구조 식재와 마찬가지로 수관의 수직적 배열과 식물성장에 따른 계절

사진 200. 영국. 워링턴(Warrington)의 사무실 주변은 관목과 초본식물의 혼합된 식재를 통해 산뜻하고 다채로운 경관을 보여준다. 여기에 사용된 초본식물들은 돌부채속(*Bergenia*), 붓꽃속(*Iris*), 아스트란티아 마요르(*Astrantia major*)와 제라늄속(*Geranium*)이다.

사진 201. 독일의 이 식재가 성공적으로 보이는 이유 중 하나는 작고 밝은 잎을 가진 교목이 건물과 가까이 위치해 있기 때문이다. 색의 조화 그리고 상호보완적인 형태와 패턴은 나무와 건축물간의 만족스러운 조합을 형성한다.

사진 202. 영국 요크셔(Yorkshire)의 뉴비 홀(Newby Hall)에서 다층으로 구성된 관상용 식재는 자작나무(*Betula jaquemontii*) 교목층, 진달래류(*Rhododendron* sp.) 관목층 그리고 단풍매화헐떡이풀(*Tiarella cordifolia*), 돌부채속(*Bergenia*), 아피네마디풀(*Polygonum affine*)과 알케밀라 몰리스(*Alchemilla mollis*)와 같은 다양한 종들의 지피식물들을 포함하고 있다.

사진 203. 런던의 포터 필드 공원(Potter's Field Pak)과 같은 공공장소에서 사용된 그라스(grass)와 숙근초는 식재를 통한 새로운 시각적 흥미를 잘 보여 주고 있다.(식재설계: 피에트 우돌프Piet Oudolf)

적 리듬을 최대한 활용하는 데 있다.

교목층은 지나치게 밀집되지 않는 것이 바람직하다. 수관층이 많이 열려 있을수록 관상용 식재의 초점인 하부의 다양성을 늘려주기 때문이다. 또한 관상용 화단이 작은 공간이나 건물 가까이에 있다면 밀집한 교목의 수관으로 인해 분위기가 어두워질 수 있다.

관목층은 수관을 형성하는 교목층의 종류에 따라서 내음성이 있는 수종 또는 광요구도가 높은 수종으로 구성될 수 있다. 사람의 눈높이 보다 위에 있는 관목층의 수관 구조를 형성하는 고관목의 역할은 그들이 지닌 미적인 특징뿐만 아니라 형태와 생장형에 따라 달라진다. 코이시아 테르나타*Choisya ternata*, 산마취목*Pieris floribunda* 그리고 레우카덴드론속*Leucadendron*과 같은 관목은 반구형이면서 잎의 밀도가 높은 상록 관목이기 때문에 성숙한 단계에 도달할 때 까지 잡초 억제 능력이 좋다. 밀생지를 형성하는 남천*Nandina domestica*, 황매화*Kerria japonica* 그리고 흰말채나무*Cornus alba*와 같은 종 또한 비슷한 역할을 수행한다. 이와 달리 하부에 많은 가지가 발생하지 않는 생장형을 지닌 관상용 관목은 잡초 억제력이 약하기 때문에 하부 식재가 요구될 수도 있는데 주로 직립형 또는 아치형으로 자라는 모예시장미*Rosa moyesii*, 산딸나무*Cornus kousa*가 여기에 해당한다. 특히 테트란드라위성류*Tamarix terandra*, 어저귀속*Abutilon* 그리고 제니스타 아에트넨시스*Genista aetnensis*, 케아노투스 아르보레우스*Ceanothus arboreus*는 수직 성장을 하면서 수관 또한 가늘게 펼쳐진다. 이와 같이 보다 개방된 성상을 지닌 관목의 경우 그 밑에 저관목층이나 초본층이 형성될 수도 있다.

저관목층에는 밀집되어 옆으로 퍼지는 습성을 갖는 저관목이 포함될 수 있다. 시스투스 스칸베르지*Cistus × skanbergii*, 피멜레아 프로스트라타*Pimelea prostrata* 그리고 헤베 핑귀폴리아*Hebe pinguifolia*, 바닥을 기는 관목류인 송악*Hedera* 재배 품종, 눈후크시아*Fuchsia procumbens*, 산딸기*Rubus parvus*, 다메리개야광*Cotoneaster dammeri*, 코프로스마 '하웨라'*Coprosma* 'Hawera' 그리고 빈카속*Vinca*, 마지막으로 왕성하게 퍼지면서 융단층을 형성하는 라미움 마쿨라툼*Lamium maculatum*, 제라늄 마크로리줌*Geranium macrorrhizum*, 단풍매화헐떡이풀*Tiarella cordifolia* 그리고 프라티아 앙굴라타*Pratia angulata*와 같은 종들이 있다. 몇몇 다발 형태의 초본식물들 또한 촘촘히 식재할 경우 좋은 지피층을 형성한다. 그 예로는 아르트로포디움 키라툼*Arthropodium cirrhatum* 그리고 그라스류grasses와 큰갈사초*Carex testacea* 같은 사초과 식물sedges이 있다. 대부분의 효과적인 지피식물들은 상록이거나 반 상록성이다. 하지만 일부는 낙엽성이어서 겨울에 매력이 떨어지지만 성장 시기 중 이른 시기에 잎이 나기 시작하고 활발히 자라기 때문에 다른 상록성 식물들과 비슷한 잡초 억제 능력을 갖고 있다. 국수나무 '크리스파'*Stephanandra incisa* 'Crispa'와 같은 관목, 관목 같은 양지꽃속*Potentilla*의 재배품종 그리고 알케밀라 몰리스*Alchemilla mollis*와 제라늄*Geranium endresii* 같은 초본식물은 모두 낙엽성 지피류의 좋은 예이다.

지피층의 식재는 고관목이나 교목이 없는 지역으로 제한될 수도 있고, 높은 수관의 하부로 확장될 수도 있다. 식재 초기뿐만 아니라 성장 단계로 접어든 화단의 그늘 아래에서도 살아남을 수 있도록 지피식물을 신중히 선택해야 한다. 지피층을 계획할 때 무엇보다 중요한 점은 잡초와의 경쟁에서 살아남을 수 있어야 한다는 것이다. 교목과 고관목 하부에서 잡초의 성장은 활발하지 않지만 저관목과 초본은 잡초와의 경쟁에서 밀리기 때문에 잡초 억제는 고관목층보다 지피층에서 더 어렵다.

그러므로 좋은 지피식물은 지피층의 식재에 필수적이다. 좋은 지피류가 형성되면 단독으로는 잡초의 성장을 막을 수 없었던 저관목이나 초본식물을 추가로 식재할 수 있다. 이렇게 추가된 식물들에는 두 가지 중요한 종류가 있다. 첫 번째로 클란도넨시스층꽃나무 *Caryopteris × clandonensis*, 트립토메네속*Thryptomene*의 재배품종과 제니스타 리디아*Genista lydia* 같이 작으면서 낙엽성이거나 상록의 개방된 습성을 갖는 관목이다. 두 번째는 포복형 지피식물을 뚫고 위로 자랄 수 있는 원추리속*Hemerocallis*, 붓꽃속*Iris*, 초롱꽃속*Campanula*, 비비추속*Hosta*, 애기범부채속*Crocosmia*, 아스텔리아속*Astelia*, 아가판서스속*Agapanthus*, 알로에속*Aloe*, 유카속*Yucca*, 사초류sedges와 그라스류grasses 같은 숙근초들이다. 이런 식으로 식재할 수 있는 매력적인 식물들의 수는 매우 많다. 하지만 이들 중 상당수는 공공장소에서 보기 힘든데 그 이유는 지피식물 없이 그들만으로 자라기 어렵기 때문이다. 곧게 자라는 성상을 지닌 식물들은 퍼져 나가는 수관 하부와 대조를 이루기 때문에 시각적으로 이상적이며, 생육 차원에서도 잎이 지피식물에 과한 그림자를 드리우지 않기 때문에 이상적이다. 수선화속*Narcissus*, 설강화속*Galanthus*, 물범부채속*Schizostylis*, 크로커스속*Crocus*과 같은 구근식물은 그라스 대신 식재할 수 있고 나지에서 자라게 할 수도 있지만 구근의 잎과 꽃이 충분히 자랄 수 있을 만큼 지피식물의 키는 낮아야 한다. 보다 큰 수선화속*Narcissus*은 송악*Hedera helix*과 같은 지피류와 함께 조합이 가능하고 크로커스속*Crocus*, 은방울수선속*Leucojum* 그리고 설강화속*Galanthus*은 빈카*Vinca minor* 혹은 아주가*Ajuga reptans*와 같이 낮게 자라는 지피류와 조합되면 보다 잘 보이고 오래 지속될 수 있을 것이다. 지피류 사이에서 자라는 구근 및 다년생 초본식물은 '추수식물emergents'이라고 칭한다. 그 이유는 지피류 하부에서 새싹을 틔우지만 계절마다 이 지피층 위로 자라 나오기 때문이다.

우리가 수직 층위의 잠재력을 최대한으로 끌어내려면, 포복성 관목과 지피식물 사이에 숙근초와 구근 식물을 함께 배치(모아 심기 또는 표류 식재)해야 한다. 이 지피층 위에는 그늘을 지나치게 드리우지 않는 중간 크기 또는 고관목을 다양하게 심는다. 이들의 그룹과 표류는 길의 경계에서 지피층의 대부분이 보이도록 중간 넓이로 또는 폭넓게 배치해야 한다. 또한 몇 개의 개별적인 표본으로 심거나 다양한 높이의 식물로 구성된 작은 표본 그룹으로 심을 수도 있다. 마지막으로 간간히 교목들을 배치하여 상층을 추가할 수 있다. 이와 같은 공간적 배열을 통해 모든 층에서 지나치게 복잡하지 않으면서도 다양성을 추구할 수 있다. 또한, 우리에게 시각적인 흥미를 주는 것 이외에도 야생 동물, 특히 새들과 무척추 동물에게 이로운 구조적 다양성을 제공할 수 있다.

때로 우리는 미학적인 이유로 층위 구조를 일부러 간소화하기도 한다. 예를 들어, 건물의 정면 또는 복잡한 포장 패턴을 보완하기 위해서는 단일 식재의 간결함이 필요하다. 그리고 다층 식재는 작은 면적에 많은 수의 식물이 들어가고 높은 식재 밀도를 요구하는 작은 종류의 지피류에 의존하기 때문에 비교적 비용이 많이 든다는 사실을 기억해야 한다. 따라서 보다 간결한 층위 구조가 비용적인 면에서 더 합리적이다. 만약 종을 선택하는 데 많은 공을 들인다면 단일 식재는 시각적으로도 성공적일 수 있다. 그러기 위해서는 선의 형태, 색과 질감이 다른 재료와 잘 조화되어야 하며 사계절 동안 만족스러우면서 일 년 동안 꽃, 열매와 잎의 계절적인 강조 효과가 어느 정도 있어야 한다.

계절 층위

1년 동안 주요 성장시기가 다른 식물들을 선택함으로써 주어진 공간을 최대한으로 사용할 수 있다. 이런 예는 자연의 식물 군락에서 찾아 볼 수 있는데, 유럽의 참나무림에서 아네모네anemone, *Anemone nemorosa*, 블루벨bluebell, *Endymion non-scripts*과 같이 이른 봄에 싹을 틔우는 식물들은 교목의 수관이 우거지기 전에 성장하면서 꽃을 피운다.

사진 204. 영국 셰필드 식물원(Sheffield Botanical Garden)에서 자작나무류(*Betula* species), 개암나무(*Corylus avellana*), 다른 관목들 하부에 앵초(*Primula elatior*)를 포함한 다양한 식물이 자라는 초본층이 형성되어 있다.

블루벨 뿐만 아니라 다른 봄 구근 식물들 또한 같은 방식으로 사용될 수 있는데, 이들은 잎이 늦게 피는 개암나무류 *Corylus* spp.와 그 재배 품종, 내한성이 강한 무궁화*Hibiscus syriacus*와 같은 낙엽성 관목 아래에 배치할 수 있다.

연속적인 성장은 동일한 수관 층위 내부에서도 이루어질 수 있다. 큰잎브루네라*Brunnera macrophylla*와 비비추속 *Hosta* 식물은 늦봄까지 잎이 완전히 자라지 않는다. 북유럽에서는 5월 까지도 다 자라지 않는데, 초봄에서 봄의 중간까지 블루벨, 설강화류*Galanthus* species, 무릇속*Scilla*과 같은 다른 종이 성장할 틈을 준다. 여름에 잎이 다 자라면서 빛이 더 이상 밑으로 통과하지 않게 되면 봄 구근 식물은 죽으면서 자연스러운 휴면 상태로 접어 들 것이다.

구성과 규모

각 식물의 시각적 특징과 시각적 구성의 원리 등 미학적인 식재에 관한 것은 6장과 7장을 참고할 수 있다. 여기서는 식물 구성에서 규모가 어떤 효과를 주는지에 대해서 더 알아볼 것이다.

식재 계획에서 식물 종의 이름을 확인하지 않더라도, 식물 그룹의 패턴만 보고도 구성의 본질에 대한 이해가 가능하다. 왜냐하면 각 종의 표류와 다발, 표본이 표현된 규모는 구성에서의 역할을 아주 잘 반영하기 때문이다.

우리는 복잡하면서도 정교하게 식재 되어 있는 지역을 주목하면서 가까이 관찰하기 마련이다. 관찰자는 섬세한 특성을 보이는 부분에 대해서는 더 숙고하고 음미하지만 일체성 또는 매우 유사한 특성을 보이는 곳은 빠르게 지나치는 경향이 있다. 설사 이러한 곳이 보다 선명한 색감을 지니거나 우세한 질감을 지녔을지라도 말이다. 그렇기 때문에 복잡하면서도 정교한 식재로 구성된 곳은 가장 큰 흥미를 유발한다. 따라서 이런 부분은 입구 근처, 정원 조형물, 안뜰, 계단의 밑, 길의 회전 중심축, 또는 좌석에서 보이는 전경 등 가장 좋은 위치에 있어야 한다. 앞서 말한 이런 중요 위치들은 모두 공통점이 있다: 우리는 이런 장소들을 그냥 지나치지 않고 잠시 감상하기 위해서 멈추었다 간다. 반면에 다른 식재 지역들은 간결해야 한다. 그 이유는 이런 구역들을 빠르게 지나치기 때문이기도 하지만 규모의 변화는 보다 대담하고 흥미롭게 서로 다른 장소를 연결시킬 수 있기 때문이다. 구성에 있어서 규모의 다양성은 식물 종의 다양성보다 더 중요하다고 할 수 있다.

관상용 식재에 있어서 상대적인 규모는 여러 요인에 따라 달라진다. 식재 계획의 보다 간단한 부분에서 어떤 식물 종이 차지하는 표류 형태의 크기는 가장 정교한 부분에 비해서 열 배 이상 클 수도 있다. 그리고 초점 식물의 배치에서 한 종이 차지하는 면적은 2m²에서 3m²에 불과할 수도 있다. 반면에 진입로나 건물의 옆은 한 종이 20m²에서 30m²를 차지하기도 한다. 중간 규모의 적용을 통해 이런 둘 간의 큰 차이에 점진적인 변화를 줄 수도 있지만 어떤 경우에서는 갑작스러운 대조가 더 효과적일 때도 있다.

강조

관상용 식재에 있어서 하이라이트는 뛰어난 형태로 극적인 강조를 이끌어 내는 한 그루의 관목 또는 교목에 의해 이루어질 수 있다. 직선적인 잎과 화려한 꽃대로 눈길을 끄는 실유카*Yucca filamentosa*, 푸르크래아속*Furcraea* 또는 에레무루스*Eremurus* 품종들 그리고 줄기의 끝에서 날개처럼 펼쳐지는 잎과 꽃을 가진 두릅나무 '바리에가타'*Aralia elata* 'Variegata', 중국뿔남천*Mahonia lomariifolia*이 이러한 역할을 훌륭히 수행해낸다. 강한 색깔도 효과적인 강조가 될 수 있다. 그러나 그것이 꽃이나 열매의 색이라면 그 효과는 일시적일 것이다. 하지만 꽃 피는 동안에는 불꽃같은 진홍색을 지닌 엠보트리움 코키네움*Embothrium coccineum* 같은 관목, 새하얀 크림색의 포로 덮인 산딸나무*Cornus kousa*,

사진 205. 뉴질랜드의 와카탄(Whakatane) 공공광장의 전경에 놓인 아스텔리아 카타미카(*Astelia chathamica*)의 단정한 형태는 이를 효과적인 강조 식재로 만든다. 이는 코로키아 비르가타(korokio, *Corokia* × *virgata*), 무엘렌베키아 악실라리스(pohuehue, *Muehlenbeckia axillaris*)와 코프로스마 아체로사 (sand coprosma, *Coprosma acerosa*)의 부드러운 질감과 대조된다.

사진 206. 이 사진의 중앙에 위치한 소규모의 에키네시아 '화이트 스완'(*Echinacea* 'White Swan')은 다채로운 색의 조합 속에서 특히 시선을 끌며 더 나아가 낮게 깔리는 가을빛에서 극적인 효과를 낸다. 옆은 색상이 분홍, 오렌지, 노란색과 대비되어 얼마나 더 두드러지는지 볼 수 있고, 에키네시아속(*Echinacea*)의 꽃과 뿔남천속(*Mahonia*)의 잎이 방사형으로 퍼지는 것과 대조적으로 잎들과 꽃들이 지닌 수직적인 선의 특성이 서로 얼마나 잘 연결되어 있는지 알 수 있다.

청색과 흑색의 꽃이 피는 제라늄 프실로스테몬*Geranium psilostemon*은 모두 눈을 사로잡는 광경을 제공한다. 열매와 잎의 조화도 강력한 효과를 낼 수 있다. 참회나무*Euonymus oxyphyllus*는 초가을에 보라와 빨간 잎으로 덮여 있으며 나뭇가지에는 암적색과 오렌지색의 열매가 달린다. 빌모리아나마가목*Sorbus vilmoriniana*의 깃털 같은 나뭇잎은 진한 보라색이 되며 이는 하얀 열매와 강렬한 대조를 이룬다. 줄기의 색 또한 열매의 색만큼이나 큰 효과를 낼 수 있으며 가을 단풍과 대조를 이룰 때 그 효과는 더욱 크다. 예를 들어 적피단풍*Acer griseum*은 벗겨지는 오렌지-갈색의 껍질이 빨강-오렌지색의 가을 단풍과 잘 혼합된다. 일본홍시닥나무snakebark maple, *Acer rufinerve*와 몇몇 자작나무, 특히 사스래나무*Betula ermanii*, 중국흰자작*B. albosinensis septentrionalis*, 자크몬티자작*B. jaquemontii*은 모두 장식적인 껍질과 다채로운 색의 가을 단풍을 선보인다. 색상과 형태의 하이라이트는 은색으로 반짝이는 얼룩덜룩한 나뭇잎이 여러 갈래의 층으로 펼쳐지는 무늬층층나무*Cornus controversa* 'Variegata'에서 잘 조화를 이룬다. 또한 일본당단풍 '아우레움'*Acer japonicum* 'Aureum'의 수평으로 뻗어나가는 절묘한 모양은 노란색 잎과 조화를 이룬다. 하지만 가장 주목받아야 할 관목 잎은 아마도 강한 분홍색의 잎이 봄에 출현하는 참죽나무 '플라밍고'*Cedrela sinensis* 'Flamingo'일 것이다. 그러나 슬프게도 계절의 나머지 기간 동안 평범한 녹색이 되기 전에 곧 지저분한 흰색으로 변한다.

강조의 효과는 설정에 달려 있다. 단순하면서도 대조적인 설정은 매우 효과적일 수 있다. 예를 들어 유카Yucca의 꽃과 잎이 지닌 엷은 색상과 거친 질감은 양주목*Taxus baccata*과 같이 진하고 고운 질감의 잎과 함께 놓여 있을 때 눈에 잘 띈다. 또한 유카 잎과 꽃대의 선적인 형태는 뚝향나무*Juniperus horizontalis*와 같은 포복형 또는 다북분꽃나무*Viburnum davidii*, 시스투스 코바리엔시스*Cistus × corbariensis*와 같은 구형과 어우러질 때 가장 극적이다. 울퉁불퉁하고 어두운 녹색의 잎을 지닌 비파나무*Eriobotrya japonica*는 올리브나무*Olea europaea*의 깃털 같은 회색 잎과 대조되었을 때 강렬한 초점을 제공한다. 팔손이*Fatsia japonica*의 울창한 초록색 잎은 니티다조릿대*Fargesia nitida* 또는 밤부사 텍스틸리스 '그라칠리스'*Bambusa textilis* 'Gracilis'와 같이 우아하고 부드러운 질감의 대나무와 대비되었을 때 가장 강렬한 대조를 이룬다.

구성이 잘 되었을 때 강조와 맥락은 서로 조화를 이루며, 다른 배경에 있을 때는 평범하게 보였을 식물도 충분히 구성의 하이라이트가 될 수 있다. 예를 들어서 유럽딱총 '플루모사 아우레아'*Sambucus racemosa* 'Plumosa Aurea'는 부드러운 질감 그리고 깊은 녹색 배경의 서양회양목*Buxus sempervirens*과 혼합되어 햇빛을 적게 받을 경우 굉장히 인상적일 수 있다. 부드러운 색으로 기대 이상의 큰 효과를 낼 수 있는 다른 식물로 에키네시아 '화이트 스완'*Echinacea* 'White Swan'이 있는데, 하얀 크림색의 꽃들이 강렬한 색에 둘러싸이게 되면 순식간에 극적인 효과와 함께 관심을 끄는 핵심이 될 수 있다.

강조 그룹

시각적인 강조의 역할은 각각 특색과 장점이 있으며 조화를 이루는 셋 또는 다섯 종으로 구성된 그룹으로부터 나올 수 있다. 이런 조합에서는 형태, 색상, 질감 등 모든 측면이 신중하게 고려되어야만 조화와 대조간의 적절한 균형이 이루어지며 결과적으로 역동적인 초점이 생성된다.

식물의 형태는 미학적 특징 중 가장 영구적인 것이기 때문에, 그 형태는 강조 그룹의 구성을 위한 출발점이다. 덴마크의 조경가 프리번 제이콥슨Preben Jakobsen은 강조 식재에서 형태의 역할을 강조했으며 둘, 셋 또는 네 개의

사진 207. 표본 그룹을 위한 영감은 뉴질랜드의 파파로아 국립공원(Paparoa National Park)의 우림에 있는 니카우(nikau, *Rhopalostylis sapida*), 카와카와(kawakawa, *Macropiper excelsa*), 파테(pate, *Schefflera digitata*)와 같은 자연 식물의 조합으로부터 얻을 수도 있다. 적절히 그늘지고 습한 환경에 심는다면 이 세 가지 종의 자생지 특성을 잘 표현할 수 있다.

사진 208. 코로키아(*Corokia*) 생울타리를 배경으로 하여 아스텔리아속(*Astelia*), 캥거루발톱속(*Anigozanthos*), 파치스테지아속(*Pachystegia*)이 있다. 웰링턴(Wellington) 식물원의 입구에 있는 이 표본 그룹은 간결하면서도 시선을 끈다.

각각 다른 형태가 강조 그룹을 형성하는 전형적인 관계들을 묘사하였다. 그가 묘사한 가장 단순한 조합은 식재의 기반이 되는 지피식물 위에 시각적으로 강한 흥미를 유발하는 식물을 배치하는 것이다. 세 개의 형태로 구성된 조합의 예로는 구형의 저관목들과 조각품같은 수형의 고관목 그리고 그 밑에 자리 잡은 키 낮은 포복성 지피식물이다. 지피식물이 융단처럼 깔린다면 제이콥슨Jakobsen이 일명 '세 가지 식물로 짜인 기본구성'이라고 부르는 것을 형성한다. 이와 같은 식물 구성은 여러 줄기로 된 두릅나무*Aralia elata*, 구형의 헤베 라카이엔시스*Hebe rakaiensis* 그리고 선형인 신서란*Phormium tenax*으로 이루어질 수도 있다.(제이콥슨Jacobsen, 1990)

색과 질감의 관계는 강조 그룹에서 형태의 배치에 도움을 줄 수 있다. 위의 예와 같이 두릅나무속*Aralia*과 포르미움속*Phormium*의 거친 잎은 헤베속*Hebe*의 고운 질감에 의해 강조되면서 보완된다. 수호초*Pachysandra terminalis* 또는 송악 '그린리플'*Hedera* 'Green Ripple'과 같은 중간 정도 질감의 지피식물은 질감이 서로 극단적으로 다른 식물들 사이에서 이상적인 가교 역할을 할 수 있다. 두릅나무속*Aralia*과 헤베속*Hebe*은 둘 다 중간 정도의 녹색 잎을 가지고 있지만 헤베속*Hebe*이 좀 더 신선하며 황금빛 초록색을 띈다. 이와 같이 잎을 통한 노란 색조는 포르미움 코오키아눔 '크림 딜라이트'*P. cookianum* 'Cream Delight', 신서란 '베이트키'*P. tenax* 'Veitchii'와 같이 크림색의 포르미움속*Phormium*을 사용하여 나타낼 수 있다. 이처럼 밝고 따뜻한 느낌의 녹색과 크림색은 짙은 초록색의 지피류와 대조를 이루면서 눈에 띄는 효과를 보일 것이다. 수호초속*Pachysandra* 또는 다른 지피식물을 통하여 세 가지 형태의 기본조합에서 조화 및 색상의 대비 효과를 얻을 수도 있다. 히페리쿰 모세라눔*Hypericum × moseranum*의 깔끔하면서도 중간 정도의 질감을 보이는 잎과 오래도록 풍성하게 피는 노란 꽃은 서로 잘 어울린다. 보다 온화한 기후에서 자라는 란타나 '스프레딩 선샤인'*Lantana* 'Spreading Sunshine'은 낮게 융단처럼 깔리는 노랑-크림색 꽃을 선보인다.

생태적 관상용 식재

생태적인 접근은 자생종 식재와만 연관이 있는 것은 아니다. 서식처에 적합한 종을 고르는 작업과 역동적인 식물 연계를 계획하는 것은 관상용 식재에서 외래종을 사용한 디자인에도 적용될 수 있다. 정원에 쓰이는 외래종은 관상용으로도 쓰이지만 야생 동물들에게 값진 먹이와 서식처를 제공한다. 부들레야 다비디*Buddleja davidii*와 팔손이 *Fatsia japonica*는 둘 다 많은 나비들을 끌어들이고 정원 식물인 헤베속*Hebe*, 라벤더lavender, 스키미아 야포니카*Skimmia japonica*는 벌들을 유인한다. 많은 종류의 새들은 정원에서 꽃, 열매, 곤충과 같이 매우 소중한 먹이를 발견한다.

영국 빅토리아 시대의 정원 디자이너이자 작가였던 윌리엄 로빈슨William Robinson은 관상용 식재와 관련하여 생태적 원리의 이용을 처음으로 주장했다. 그는 야생형 가드닝이라고 불리는 접근 방식을 개발했는데, '와일드 가든Wild Garden…이라는 용어는 내건성, 내한성 등 환경 적응성이 강한 외래 식물이 정원사의 지나친 개입 없이도 잘 자랄 수 있도록 조성한 정원'을 말한다.(로빈슨Robinson, 1870) 그는 특히 초본식물에 관심이 많았으며 갯개미취*Aster novi-belgii*, 미역취속*Solidago*, 달맞이꽃*Oenothera issouriensis*과 같은 내한성이 강한 외래종과 블루벨E*ndymion non-scriptus*, 디기탈리스 푸르푸레아*Digitalis purpurea*, 유럽은방울꽃*Convallaria majalis*과 같이 매력적인 자생 식물들을 혼합하는 것을 좋아했다. 그는 조팝나무속*Spiraea*, 클레마티스 몬타나*Clematis montana*와 같이 내한성이 강하고 수세가 좋은 관목이 영국의 자생 식물과 공존할 수 있는 가능성을 보여주었다. 로빈슨의 목표는 식물을 관리하는 데 드는 노동력을 줄이는 것이었다. 관리에 드는 노동력을 줄이는 것은 오늘날의 경관 프로젝트에도 대부분 해당되는 사항이기 때문에 이와 같은 취지에 부합하는 외래 관목 종들은 아직도 많이 사용된다.

소림 정원

영국의 소림 야생 정원 중 가장 좋은 예는 써리Surrey에 있는 위슬리Wisley 그리고 데번Devon에 있는 나이츠헤이스 코트Knightshayes Court와 같이 오래전부터 조성된 정원들에서 찾아볼 수 있다. 여기에는 알스트로메리아속*Alstroemeria*, 락티플로라초롱꽃*Campanula lactiflora*, 자주달개비속*Tradescantia*, 노루오줌속*Astilbe*, 아스트란티아 마요르*Astrantia major*, 투구꽃속*Aconitum*, 애기범부채속*Crocosmia*과 같은 숙근초와 디기탈리스 푸르푸레아*Digitalis purpurea*, 조밥나물속*Hieracium*, 닥틸로리자속*Dactylorhiza*, 제라늄*Geranium pratense*과 같이 두드러지는 자생 식물들이 공존하고 있으며, 이들은 소림의 지표면 층위 식물들과 더불어 성장하고 있다. 이와 같은 종류의 식물 군집이 선사하는 즐거움은 자생성과 풍요로운 성장으로부터 나오는데, 예기치 못했던 것을 우연히 발견하는 기쁨과 흔히 극적으로 피어나는 꽃들을 선사한다. 소림 환경에서는 이미 정착한 교목이 드리우는 그늘 및 뿌리 경쟁을 통해 가장 문제되는 잡초를 억제하며, 넓은 범위의 그늘과 가뭄에 잘 버티는 식물들이 공존할 수 있다. 이러한 생태적 이점들로 인하여 소림 정원들은 세계 곳곳에서 일반 정원들과 마찬가지로 공공 조경에 적용될 수 있는 잠재력을 가지고 있으며, 특히 자연 식생이 숲이나 소림으로 구성된 지역에서는 더욱 더 그 잠재력이 크다.

원예가이자 디자이너인 독일의 리차드 한센Richard Hansen은 초본식물을 이용한 야생형 또는 생태적인 가드닝의 원리들을 받아들인 후 더욱 발전시켰다. 특히 바이젠하이머Wisenheimer에서 헤르만쇼프Hermannshof 정원을 조성하

사진 209. 영국 써리(Surrey)의 위슬리 (Wisley)에 있는 소림 야생 정원은 알스트로메리아속 (*Alstroemeria*), 초롱꽃속(*Campanula*), 제라늄속(*Geranium*), 아스트란티아 마요르(*Astrantia major*), 투구꽃속(*Aconitum*), 노루오줌속(*Astilbe*)과 같이 귀화한 외래 초본식물 종들이 디기탈리스 푸르푸레아(*Digitalis purpurea*), 조밥나물속(*Hieracium*) 같은 자생종과 서로 어울려 혼합체로 구성되어 있다. 이러한 종들을 정착시키고 유지하기 위해서는 매우 섬세한 관리가 필요하다.

사진 210. 뉴질랜드의 푸케코헤(Pukekohe). 뉴질랜드에 위치해 있지만 윌리엄 로빈슨(William Robinson)의 전통을 지니고 있는 이 소림 정원은 반쿠베리아속(*Vancouveria*), 시클라멘속(*Cyclamen*), 군자란속(*Clivia*)과 같은 자생종과 외래종의 혼합으로 이루어진 관목과 함께 초본층 위에 오래된 자생 식물인 토타라(totara)와 티토키(titoki)가 수관을 형성하고 있다.(디자인: 테리 해치Terry Hatch)

사진 211. 이것은 비교적 최근에 식재된 수목들로 이루어진 소림 정원의 작은 구역이다. 정형적 수목 배열이지만 자연스러운 지면 층위를 포함하는 두 개 층위로 구성되어 있다. 풀협죽도(*Phlox paniculata*)와 같은 다년초는 수목이 성장하면서 증가하는 그늘에 적응하고 있다.

면서 자연주의 식재 운동을 펼친 그는 초지와 가장자리 화단에 외래 숙근초를 식재하고 씨앗을 뿌릴 때 그 서식처 조건에서 살아갈 수 있는 종을 주의 깊게 선택했다. 이는 해당 식물들이 귀화 식물이 되지 못하더라도 최소한 생존할 수 있도록 하기 위한 조치였다.

초지 정원

아마도 현존하는 가장 잘 알려진 야생 초지 정원의 예로는 영국 서섹스Sussex 지역에 위치한 크리스토퍼 로이드Christoper Lloyd의 그레이트 딕스터Great Dixter 정원을 들 수 있다. 로이드는 40여년에 걸쳐 이 정원의 수많은 지역을 관리하고 발전시켜왔다. 그는 그레이트 딕스터 가든의 초지에 다양한 종류의 개화 구근식물과 숙근초를 도입하였고, 보다 경쟁력이 강한 그라스grass를 관리하기 위하여 주기적으로 그라스를 깎고 그라스 뿌리에 기생하여 그라스의 활력을 감소시키는 리난투스 미노르hay rattle(*Rhinanthus minor*)와 같은 반 기생 식물을 심는 등 여러 가지 조치를

사진 212. 6월 영국 그레이트 딕스터(Great Dixter) 앞에 펼쳐진 초지의 세부 모습으로 크리스토퍼 로이드(Christopher Lloyd)가 다년간의 창의적인 관리로 발전시켰다. 그라스(grass)와 리난투스 미노르(*Rhinanthus minor*), 카마시아속(*Camasses*), 미나리아재비속(*Ranunculus*), 다크틸로리자속(*Dachtylorhiza*), 레우칸테뭄속(*Leucanthemum*)의 친밀한 조합을 보여준다.

사진 213. 6월에 찍은 런던 올림픽 경기장 주변의 모습. 그라스(grass)를 기반으로 한 초지에 씨앗을 파종하여 자란 자생 개화 식물이 특히 풍부하고 다양한 준자연 초지의 모습을 잘 드러내고 있다.(식재 디자인: 제임스 히치모James Hitchmough)

사진 214. 6월 런던 올림픽 경기장 부지의 초지 모습으로 대부분 그라스(grass) 없이 파종된 영국산 야생화들이 다채롭고 자연스러운 군집을 형성하고 있다.(식재 디자인: 제임스 히치모James Hitchmough)

취하였다. 그레이트 딕스터의 초지 정원은 한 번으로 끝나는 디자인이 아니라 장기적이면서도 창의적인 계획과 관리 하에 일궈진 정원으로서 현재 상당한 종류의 꽃피는 광엽 초본식물로 가득 차 있다.

그레이트 딕스터 정원에는 꽃이 피는 두 번의 주요한 시기가 있다. 첫 번째 시기는 주로 구근 식물에 해당하는 수선화속*Narcissus*과 크로커스속*Crocus*이 절정을 이루는 초봄이며 두 번째 시기는 연속적으로 초지에서 꽃이 피어나는 봄부터 초여름까지이다. 이 시기에 해당하는 꽃들은 사두패모*Fritillaria meleagris*, 닥틸로리자 후크시아*Dactylorhiza fuchsia*와 여러 가지 난들orchids, 제라늄속*Geranium*, 카마시아*Camasses quamash*, 글라디올러스속*Gladiolus* 등이다. 위에서 언급된 종류 중에 수선화속*Narcissus*, 패모속*Fritillaria* 및 리난투스속*Rhinanthus*은 초지에 직접 파종되었고, 다른 종류들은 작은 식물이나 구근 형태로 식재되었다. 초지는 매년 꽃을 피우는 종들이 씨앗을 맺은 후 8월에 한 번 깎고 또 다시 가을에 깎아서 일 년에 총 두 번 깎거나 8월 이후에 한번 깎고 성장 시기가 끝날 때까지 정기적으로 베는 방식으로 관리되고 있다.(로이드Lloyd와 버클리Buckly, 2004; Great Dixter House & Gardens website, 2014)

위와 같이 다양한 종류의 중간 혹은 키가 큰 야생화로 구성된 초지는 전통적으로 건초용 목초지나 수변의 초지에 기반을 둔다. 이러한 초지에서 자란 그라스와 광엽 초본식물은 건초로 쓰이는데, 보통 비료 없이 베지 않은 상태로 둔 후 여름 중순에 거둔다. 관상 목적과 야생 동물을 위한 초지의 관리는 이와 유사한 패턴을 따르게 된다. 초지가 유지되면서 원하는 종의 번식을 촉진하기 위해서 해야 할 가장 중요한 과정은 그 종의 개화와 결실 시기를 관찰하여 씨가 여물어 떨어지기 전까지 초지를 깎지 않는 것이다. 이러한 초지들에 관한 역사와 관리 방법에 대한 내용은 로이드Lloyd와 버클리Buckley의 '초지*Meadows*(2004)'라는 책에서 찾을 수 있다.

사진 215. 영국의 로더럼(Rotherham). 넓은 옥상 정원의 얕은 생육 토심 속에서 석회암 저지대, 해안가 그리고 수분 스트레스가 심한 환경에서 흔히 발견되는 다양한 야생화들이 자라고 있다. 황산앵초(*Primula veris*)와 붉은유럽할미꽃(*Pulsatilla vulgaris*)이 눈에 띈다.(디자인: 나이젤 더닛Nigel Dunnett)

사진 216. 뉴질랜드 오클랜드(Auckland)의 얕은 생육 토심으로 이루어진 넓은 옥상정원. 이곳은 짧은 풀포기형 초원에서부터 사구에서 자라는 식생으로 적절히 혼합되어 있고, 두 장소 모두 건조하며 양분이 적은 척박한 서식처이기 때문에 이곳에서 자라는 식물들은 옥상의 환경 조건과 잘 들어맞는다.

개간되지 않은 목초지는 종이 풍부한 관상용 저경 초원의 모델이 될 수 있다. 이러한 목초지들은 대체로 척박하거나 건조한 토양에 위치하고 있으며, 흔히 석회암 지대와 석회질 초원이 이에 해당된다. 위 초지들은 자연 배수가 잘 되는 알칼리성 토양을 지니고 있고 수분과 양분이 부족하기 때문에 건초용 초지에 비해 식물의 길이가 짧은 경향이 있다. 그럼에도 불구하고 이러한 초지들은 보기 드문 붉은유럽할미꽃pasque flower, *Pulsatilla vulgaris*, 흔히 볼 수 있지만 그만큼 사랑받는 황산앵초cowslip, *Primula veris* 및 다양한 종류의 난들orchids과 같이 매력적인 야생화들의 서식처이다. 건초용 목초지와 마찬가지로 이곳에서도 벼과식물grass 종과의 경쟁이 감소하면서 다양한 광엽 초본식물의 성장과 번식이 촉진된다. 저경 초원에서 이와 같은 목적을 달성할 수 있는 가장 좋은 방법은 경쟁 식물인 벼과식물 종보다는 스트레스 내성 식물에게 더 적합한 비옥도가 낮은 토양을 쓰는 것이다. 이러한 이유 때문에 만약 대상지가 이미 비옥한 표토를 지니고 있다면 때때로 이를 제거한다. 그리고 이 표토는 다른 곳에 사용한다. 실제로 야생화들로 구성된 저경 초원이 조성되기에 가장 적합한 지대는 옥상과 같이 얕은 토심에 자연 배수가 잘 일어나는 곳 또는 건물 철거 후 남은 잔해, 부서진 콘트리트 혹은 버려진 채석들과 같이 일반적으로 사용을 꺼리는 식재 기반을 갖추고 있는 곳이다.(옥상녹화와 관련된 방법은 더닛Dunnett과 킹스버리Kingsburty, 2008 참조). 이러한 지대들은 비록 식물들에게 높은 스트레스를 안겨주는 환경이지만, 매우 다양하고 매력적인 식생이 자리 잡는 데 손색이 없다.

세 번째 유형으로 작은 꽃들이 융단처럼 펼쳐지는 꽃피는 초원을 들 수 있는데 이것은 중세시대의 '꽃피는 초지'로 거슬러 올라간다. 당시에는 꽃밭을 가꾸는 노동력이나 선택적 제초제가 부족했기 때문에 오늘날에 비해 상대적으로 여유로운 유지 체계 하에 관리되었다. 또한 이곳은 데이지daisy, 미나리아재비buttercup, 제비꽃violet, 꿀풀self-heal, 자난초bugle와 같이 전형적으로 저경 초원에서 자라는 꽃들의 주된 서식처이기도 하다.(우드스트라Woudstra와 히치모Hitchmough, 2000) 이러한 저경 초원은 풍부한 꽃들로 도시 미관의 저해를 상쇄시켜주기 때문에 심미적으로 굉장한 잠재력을 지녔으며, 도심 지역에서의 산책로라는 기능적인 측면 또한 지닌다.

꽃피는 초지는 햇살, 설렘 그리고 일상으로부터의 자유라는 인상을 전달하면서 많은 사람들의 마음에 다가선다. 그리하여 초지는 정원과 경관 디자이너들이 주로 다루는 소재와 주제의 필수적인 요소로 자리 잡게 되었다. 사람이 가꾸거나 준자연적인 시골의 초지로부터 시작된 이러한 경관 구성은 숙근초들이 넓은 지역에 걸쳐 자라는 자연풍 식재로 발달하게 되었다. 이 과정에서 그라스grass의 역할은 점차 보조적인 존재로 바뀌었다. 기존의 초본식물을 활용한 식재 디자인과 관상용 초지를 구분하는 핵심 요소는 다음과 같이 정리할 수 있다:

1. 드넓은 지역에 식재하여 단순히 지나쳐 가는 곳이 아니라 광활한 식생을 조망하면서 자유롭게 거닐도록 유도하고
2. 교배종 또는 품종보다는 전반적으로 유지비가 적게 들면서 개별적인 관리가 덜 요구되는 숙근초와 야생종을 선택하고
3. 비록 이곳저곳의 형태가 다를지라도 식재 경관이 연속성과 자연스러운 느낌을 지닐 수 있도록 식물 종과 구성이 반복되는 특성을 지니며
4. 비록 주된 초본 층위 밑에서 자라는 키 낮은 식물이 포함될지라도, 전체적으로 비슷한 높이를 유지하며
5. 초지 내에는 드문드문 존재하는 교목과 관목 외에는 다른 목본 식물이 없어야 하고, 이들 또한 초지가 형성되기 이전에 자리 잡은 것이다.

사진 217. 뉴욕 하이라인 공원(High Line park)의 프레리 식재는 영감의 원천이 된 자연스러운 초원 군집을 연상시킨다.(디자인: 피에트 우돌프Piet Oudolf, 사진: 프레드 롱Fred Long)

이러한 요소들의 결합은 개별 식물이 띄엄띄엄 존재하거나 특정 식물이 한데 모여 있기 보다는 전체적으로 식생 또는 식물 군집과 같은 인상을 준다. 따라서 초지 디자인은 초본식물들과 몇몇 그라스들grasses을 조합한 식물 군집 디자인과 유사하다. 이러한 디자인은 따가운 햇살을 막아주는 그늘과 은신처의 부족이 문제가 되지 않고, 준자연적이고 전통적인 방법으로 관리되어 온 초원이 오래 전부터 친숙한 경관의 일부로 자리 잡아 온 냉온대기후와 가장 관련이 깊다. 북미지역에서는 프레리가 유럽의 초지와 유사한 방법으로 정원 디자인에 적용되었다. 프레리 또한 초지와 같이 선별된 그라스grass와 함께 매력적인 개화 식물들을 심어서 풍성함을 강조해오고 있다.

그리하여 관상용 초지는 고유한 디자인 유형으로 발달하였고 주로 서유럽 및 북유럽 그리고 북미 지역에서 대중으로부터 크게 인기를 얻게 되었다. 관상용 초지는 북미의 프레리, 동유럽 및 중앙아시아의 스텝, 그리고 서유럽의 목초지와 같은 주변 지역으로부터 영감을 얻었다. 실제로 북미지역의 프레리 정원은 20세기 초반부터 중반까지 미국 중서부의 자생식물과 공간을 활용한 조경가인 옌스 옌슨Jens Jensen의 '프레리 스타일'로 거슬러 올라간다.

프레리는 숙근초를 활용하여 디자인을 하는 오엠Oehme과 반 스웨덴Van Sweden뿐만 아니라 20세기 말부터 21세기 초반의 많은 조경가들에게 디자인 영감을 안겨주었다. 북미 지역의 프레리는 유럽의 초지와 서로 유사한 디자인

의미를 지니며, 에키네시아속*Echinacea*과 같이 북미 초원의 전형적인 광엽 초본식물들은 유럽에서 늦여름에 개화하는 숙근초들과 잘 어울린다.

열대기후, 아열대기후 또는 난온대기후 지역에서는 현지의 고유한 식생을 형성하거나 건조한 지역에서 햇빛을 차단해주는 역할 때문에 교목 및 관목 기반의 식물 군집이 더욱 강조된다. 또한 위와 같이 온화한 기후대에 조성된 정원은 계절의 영향을 덜 받기 때문에 사계절 동안 다양한 색채와 아름다움을 제공할 수 있는 관상용 식재가 중요하다. 긴 휴면기를 보내는 온대성 숙근초만으로 전시원을 구성하면 이후 많은 지역이 방치된 듯한 모습으로 비치고 잡초의 침입에 취약해질 수 있다. 반면에 군자란속*Clivia*, 히메노칼리스속*Hymenocallis*, 극락조화속*Strelitzia*, 아가판서스속*Agapanthus* 및 캥거루발톱속*Anigozanthos*과 같은 상록 숙근초들 그리고 계절성 구근 식물을 관목과 조합하여 구성하면 감상 기간을 연장하면서 지속적으로 지표면을 보호할 수 있다.

덤불 정원

전통적인 '혼합형 가장자리 화단'은 관목들과 숙근초의 결합이다. 위 기법은 20세기 초반부터 정원사들이 유지·관리를 위한 노동력을 절감하고 감상 기간을 늘릴 수 있는 장점 때문에 관목과 숙근초를 포함하여 식재를 하기 시작한 이후 점점 인기를 얻고 있다. 많은 관목 종들은 주요 숙근초들이 꽃피는 시기보다 일찍 개화하고, 하반기에는 가을의 열매와 단풍으로 늦게 피는 숙근초 꽃들과 어우러진다.

선별된 관목과 소교목을 초원 및 초본식물 군집과 서로 결합하면 소규모에서 중간 규모까지 자연스러운 식재 혼합체를 구성할 수 있는 좋은 기회가 주어진다. 이것은 사실상 초지나 목초지 정원에 관목을 추가하는 것과 마찬가지이고 일조량이 풍부한 열린 초지에서 자라는 광엽 초본식물 외에도 내음성이 있는 식물까지 광범위하게 식재구성에 포함하는 것이다. 좀새풀*Deschampsia cespitosa*, 사초과 식물들sedges처럼 내음성이 뛰어난 그라스들grasses이 많은데, 특히 사초속*Carex* 종들은 음지에서도 초지와 같은 매트릭스를 멋지게 만들어낸다.

사진 218. 캘리포니아 산타 바바라(Santa Barbara) 식물원의 이 식재지는 보다 개방적인 수풀 군집을 모델로 하여 조성되었는데 자연스러운 방식으로 관목, 교목, 초본식물을 결합하여 관목 정원을 효과적으로 연출하고 있다. 프레몬토덴드론속(*Fremontodendron*), 케아노투스속(*Ceanothus*), 클라키아속(*Clarkia*)와 펜스테몬속(*Penstemon*)과 같은 캘리포니아산 식물들이 두드러진다.

이러한 식재 기법을 통해 숙근초로 구성된 단일 층위에 공간적·구조적 다양성이 추가되고, 숙근초의 휴면기에도 사람들은 관목이 지닌 가지의 형태미, 흥미로운 수피와 꽃을 감상할 수 있기 때문에 심미적 가치가 향상된다. 그리고 여러 가지 관목들은 보다 다양한 야생 동물 서식처를 제공한다. 이와 같은 정원 사례 중 하나가 캘리포니아 주의 산타 바바라Santa Barbara 식물원에 있다. 이곳의 자연스러운 식물 군집은 지역의 야생 식생에 근거하여 디자인되었는데 대단히 매력적인 여러 종류의 종들이 추가되어 훨씬 더 풍성하게 되었다.

덤불 정원은 덤불 식생이 발달하는 지중해 기후대와 고산 지대뿐만 아니라 숲에도 적용할 수 있는데, 숲의 천이 단계에서 나타나는 덤불 지대를 식재 혼합체 구성을 위한 디자인 모델로 활용할 수 있다. 물론 이와 같은 천이 단계의 덤불 지대가 숲으로 바뀌지 않도록 관리할 수 있다. 이러한 관리가 성공을 거두기 위해서는 관목 하부의 초본층 및 지피층 식물이 번성할 수 있도록 열린 수관 구조를 유지해야 한다. 비록 구조적 다양성을 위해 몇몇 관목을 촘촘하게 심는 것이 효과적일 수도 있지만, 일반적으로 2m에서 5m 정도의 간격을 두고 관목을 식재하는 것이 바람직하다. 이렇게 하는 까닭은 관목과 관목사이에 햇빛이 충분히 들어오는 다양한 범위의 초본층 생육 환경을 조성하기 위함이다.

도심지 식재의 정착

디자인 단계에서부터 식물들 간의 관계를 중시해야 하는 것은 아니지만, 자생 식물과 외래종의 자연스러운 조화를 고려한다면 이를 통해 추후 혜택을 누릴 수 있는 기회가 있다. 일례로, 송악*Hedera helix*이 자라는 지피층은 교목의 유묘가 정착하는 데 최적의 장소가 된다. 교목의 대부분은 송악의 낮은 잎 사이를 뚫고 나와 성장하는 데 큰 어려움을 겪지 않으며, 일단 송악 위로 자라게 되면 햇빛을 충분히 받게 되고 잡초와의 치열한 경쟁을 피할 수 있다. 참나무, 물푸레나무와 같은 교목은 열매에 상당한 양의 양분을 저장하는데 이들은 지면을 덮으며 높이 자라는 관목들 위에서 잘 정착할 수 있다. 부들레야 다비디*Buddleja davidii*와 같은 관상용 관목이나 알케밀라 몰리스*Alchemilla mollis*와 같은 초본식물은 많은 양의 씨앗을 맺고 이 씨앗들이 사방으로 퍼져나가 맨땅으로 남아 있는 곳, 자갈, 도로나 벽의 갈라진 틈 사이 곳곳에서 새싹을 틔운다. 이렇게 자연 발아한 유묘들이 장래에 지나친 그늘을 드리우거나 다른 식물의 성장을 방해하지 않는다면 이들이 성목으로 자라서 식물 집합체를 구성하는 일부가 될 수 있도록 하기 위하여 제거하지 않는다. 그 결과 설계 도면만으로는 이루기 힘든 생기 넘치는 자생성이 나타날 수 있다.

식재 패턴

이제까지 식물의 수직적인 분포를 주로 다루었지만, 식물의 수평적인 분포도 고려해보아야 한다. 한 개의 주된 수관층위 내에서도 여러 종들은 다양한 패턴으로 배치될 수 있다. 각각의 배치 유형은 완성된 구성에 서로 다른 영향을 미치게 된다.

자연에서 관목과 초본식물의 군집은 한 종이 단체로 모인 '정착 식물'들로 구성되어 있거나 각각 다른 종들이 소단위 또는 단독으로 혼합되어 있다. 집단 식재와 혼식은 자연스러운 모습과 이국적인 관상용 식재가 필요한 곳 모두에서 사용될 수 있다.

식재 패턴은 미적인 요소와 기술적인 요소에 달려 있다. 어떤 종들은 무리를 지어 자라는 습성이 있기에 비슷한 크기의 종들과 한 데 어울리면서 보기 좋은 엽군을 형성한다. 그렇지 않은 다른 종들은 자신의 종이 아닌 다른 종과는 잘 어울리지 못하기 때문에 하나의 종으로만 무리를 이룰 때 자연스러워 보인다. 예를 들어 송악*ivy, Hedera helix*, 대엽송악*H. canariensis*, 콜키카송악*H. colchica*, 히페리쿰 칼리키눔*Hypericum calycinum*, 수호초*Pachysandra terminalis*, 아르트로포디움 키라툼*Arthropodium cirrhatum*과 같은 지피류, 그라스류와 사초류sedges는 집단으로 심는 것이 시각적인 측면에서 적합하다. 키가 큰 종들 중 헤베속*Hebe*과 신서란*Phormium tenax* 또한 집단으로 식재할 때 더욱 효과적이다.

식재 계획에서 흔히 볼 수 있는 식물 배열에는 두 가지 패턴이 있다. 하나는 단일 종의 블록으로 구성되지만 간간히 빈 공간을 메우기 위해서 다른 종들이 혼합된다. 다른 하나는 개별적인 식물들로 구성되어 있는 것이다. 이 두 가지 방법은 모두 널리 쓰이고 있다. 첫 번째 방법은 한 종의 식물 집단이 그 종의 미학적 가치를 최대한 드러낼 수 있는 장점이 있으며 간단하고 신속한 디자인이 가능하다. 두 번째 방법에서는 식재 도면을 통해 개별 식물의 특징이 묘사되고 디자인의 상세한 조절과 정확한 지시 사항의 전달이 가능하다. 이외에도 디자인의 섬세함과 초기 계획의 경제성이 동시에 가능하도록 식물을 배열하는 여러 방법들이 있다.

각 종이 식재되어 있는 블록의 형태는 지상부의 삼차원적 모습에 영향을 준다. 블록의 모서리가 둥글거나 정사각형에 가까운 모양은 위에서 봤을 때 조각보처럼 보일 것이다. 하지만 눈높이에서 봤을 때는 블록들의 규모가 축소되거나 드러나지 않기 때문에 보다 작아 보일 것이며 고립되어 보이기까지 할 것이다. 이러한 배치에서 인접한 다른 식물 종과의 관계는 다소 엄격한 구분이 있는 것처럼 보일 수 있다. 하지만 블록들이 서로 맞물리고 잘 혼합된다면 각각의 식물 종이 인접한 다른 식물 종과 서로 다양한 방식으로 연계되면서 그들의 관계는 보다 친밀하고 다채로워 보일 것이다. 이렇게 하면, 하나의 종은 다른 종의 앞, 뒤, 또는 블록 안에 있는 것처럼 보일 수 있다. 이런 방법으로 우리는 한정된 식물 종으로 다양한 배열을 이룰 수 있다. 화단의 넓이가 길이에 비해 좁다면 식물을 심을 때 화단 방향으로 확장된 표류 형태를 만드는 것이 같은 종을 서로 연결 짓는 효과적인 방법이다. 이러한 표류 형태는 서로 가까이 있는 종들이 블록의 앞과 뒤를 따라 가면서 식물들을 마치 융단처럼 연결할 수 있다. 입면으로 보게 되면 선형

사진 219. 영국의 트렌탐(Trentham). 모나르다속(*Monarda*), 절굿대속(*Echinops*), 억새속(*Miscanthus*), 등골나물속(*Eupatorium*)과 여뀌속(*Persicaria*)의 표류 식재는 눈높이에서 보았을 때 서로 겹쳐 보이는 효과를 자아낸다.(디자인: 피에트 우돌프Piet Oudolf)

사진 220. 뉴질랜드의 오크랜드(Auckland). 빗물 정원의 일부로서 뉴질랜드의 초본식물인 리베르티아속(*Libertia*), 아스텔리아속(*Astelia*), 사초속(*Carex*), 아르트로포디움속(*Arthropodium*)을 가로수 아래의 초본 층위로 이용하여 조성된 혼합 식재

의 표류 식재는 안정감 있게 다가오는데 그 이유는 블록들을 채우는 식물들이 자신의 높이에 비해 연속된 길이가 길기 때문이다. 수평으로 퍼져나가는 식물 집단의 외곽에는 수직적인 형태 또는 반구형의 관목이 중간 중간에 배치될 수 있다. 식물들이 개화하거나 매력을 한껏 드러내는 시기는 서로 달라서 어떤 식물이 절정에 이르기 전까지 한 동안 시각적 흥미가 부족할 수 있다. 이때 표류 형태를 중복해서 적용하면 특정 식물이 절정에 이르기 전과 그 후에도 다른 식물들이 연속적으로 볼거리를 제공하기 때문에 식재의 전체적인 모습이 개선된다. 이는 휴면기에 접어들어 사라지는 초본식물과 일 년 중 특정 시기에 잎이 줄거나 시각적 흥미가 감소하는 관목에도 적용된다.

각각의 종으로 구성된 블록들과 표류 형태들에 생동감을 더할 수 있는 다른 방법은 주연부에 이들을 중첩 또는 혼합하는 것이다. 즉, 서로 다른 두 종의 블록 중간에 이들을 서로 혼합한 띠를 배치할 수 있다. 중첩시키는 넓이는 자유이지만, 일반적으로 효과적인 비율은 블록의 10%에서 20%일 것이다. 혼합의 비율은 일대 일이지만 한 종의 세력이 왕성하다면 이를 보완하기 위하여 다른 종의 비율을 늘릴 수도 있다. 이와 같은 배열은 자연에서 볼 수 있는 분포 패턴과 비슷하며, 이러한 조합은 비정형적인 모습과 자연 발생적인 느낌을 줄 것이다.

두 개의 종을 분리하기 위해 특별한 관리를 하지 않는다면 종간의 영역 경쟁은 불가피하게 일어나는 현상이기 때문에 중첩 식재를 했을 때 경쟁의 진행이 빠르게 나타난다. 관상용 식재에서 이러한 역동적인 과정이 반드시 문제가 된다고 볼 수는 없다. 종간의 균형과 구성 요소들 간의 변화를 보는 것은 보람이 있을 수도 있다. 경관 관리자와 정원사들은 가끔 엄격하게 통제하고 변화를 막는 것을 자신의 의무라고 생각하는 경우가 있다. 그러나 이것은 거의 불필요한 일이다. 가치 있는 종들이 위험에 처했거나 식재가 제 역할에 충실하지 못한 경우에만 개입이 필요하다.

오히려 디자이너들은 성장 속도와 퍼지는 방식이 서로 잘 어울릴 수 있는 종들을 고르는 데 더 주의를 기울여야 한다. 그렇지 않으면 처음 계획에 포함되었던 식물들이 4년 또는 5년 후에 성장세가 보다 강해서 잘 자라는 인접한 종들에 의해 억제되어 사라질 수도 있다.

우리는 원하는 만큼 종들을 모아 심거나 혼식할 수 있다. 구조 식재와 비슷한 방식으로 정해진 구역에 여러 종을 혼합할 수도 있다. 이러한 혼합은 지피 층위 또는 키가 큰 식물 종 사이에서 이루어 질 수 있고, 배열은 무작위 또는 그룹으로도 가능하다. 예를 들어 시몬스개야광나무*Cotoneaster simonsii*, 피라칸다*Pyracantha rogersiana*와 흰말채나무 '엘레간티시마'*Cornus alba* 'Elegantissima'는 고층 혼합체를 잘 구성하는 관목들이며, 빈카*Vinca minor*, 산옥잠화*Hosta lancifolia*와 캄파눌라 포스카르스키아나*Campanula poscharskyana*는 서로 함께 어울려 옅은 그늘에서 다채로운 지피층을 형성하는 식물들이다.

식재 간격

식재 간격은 식물 집합체의 정착에 중요하지만 적절한 간격을 판단하는 것은 어려울 수 있다. 원예 기술의 측면에서 모든 경우에 적용할 수 있는 간단한 규칙은 존재하지 않고, 학생들은 대부분의 경관 프로젝트, 특히 자연풍 식재 디자인에 적합한 식재에 비해 그 간격이 훨씬 더 큰 경향을 보이는 전통적인 공원 또는 사적인 정원의 식재 간격에 더 친숙해 있을 수 있다. 이런 차이에는 원예적, 실무적, 그리고 심미적 이유들이 있다.

공공 정부나 다른 기관들, 심지어 몇몇 사적인 정원을 위한 식재 계획에서 가장 중요한 목표는 식재 특성에 맞추어 유지·관리에 필요한 노동력을 최소화하는 것이다. 이를 위해서는 가능한 한 빠른 시기에 잡초를 억제할 수 있는 수관층이 필요하다. 대부분의 조경 계약에는 2년간의 사후 관리와 정착 기간이 포함되어 있는데, 만약 식재 공사가 완료되어 의뢰인에게 양도되기 전에 상당수의 지피식물이 자리를 잡게 된다면 계약 기간이 지난 후에도 식물들이 잘 성장할 수 있는 최상의 기회를 갖게 될 것이다. 의뢰인은 대체로 유지·관리 비용을 최소한으로 낮추는 데 도움이 된다면 더 많은 지피 식재를 위한 비용을 기꺼이 지불하고자 한다. 지피식물은 또한 해당 지역에서 최고의 시각적 흥미를 이끌어낼 수 있다. 불모지는 잎과 꽃에 비해 볼품이 없는데 이러한 곳을 그대로 둔 채 매년 유지·관리 비용을 지출해야만 할까?

넓은 간격으로 식물을 심는 전통은 허브, 채소, 꽃 수확을 위해 초본식물을 키우던 방식, 그리고 영국 빅토리아 시대의 정원풍 디자인 학파로부터 유래한다. 이러한 스타일의 창시자는 교목과 관목이 표본목으로 성장해야 한다고 제안한 루던J. C. Loudon이다.

> *그 나무들은 성장하는 동안 주변의 다른 시설물이나 가축 또는 동물들이 입힐 수 있는 피해로부터 보호를 받으면서 여러 방면으로 가지를 잘 뻗을 수 있어야 한다. 만약 정원사의 손길이 필요하다면 단지 훼손된 규칙성이나 대칭성을 개선할 때뿐이다.*(루던Loudon, 1838)

정원풍 양식은 오늘날까지 이어져 오면서 공공 원예 화단에서 재현되고 있으며, 대중의 기호뿐만 아니라 개인 정원의 수요 또한 반영하고 있다. 전통적인 공원에서 고광나무속*Philadelphus*, 진달래속*Rhododendron*과 같은 화관목에 적절한 식재 간격은 2m 또는 그 이상일 것이다. 이와 같이 넓은 식재간격을 유지할 경우 각각의 식물은 자신의 고유한 수형에 맞는 수관을 충분히 펼칠 수 있고 정원사는 그 수관 밑에서 땅을 고르거나 물을 주는 등의 작업을 불편없이 할 수 있다. 하지만 그 관목들이 보다 빨리 정착을 이루고 잡초 발생이 억제되는 식재가 요구된다면, 그리고 보다 자연스럽고 생태적인 식물 군집의 형성을 바란다면 식재 간격은 보다 더 좁혀질 필요가 있을 것이다. 우리는 자연스럽게 발생하는 갱신과 식물 군집에서 발견되는 식물들의 간격으로부터 단서를 이끌어낼 수 있다. 이러한 맥락에서 볼 때 단일한 식생 층위는 특히 초기와 정착단계에서 매우 조밀해질 수 있다. 높은 밀도는 후기에 이르러 경쟁과 자연 감소를 통해 줄어든다. 그러나 밀도는 식물이 성장해감에 따라 높은 수준에 머무르는 경향을 지니고 있고, 루던이 정원풍 양식의 이상으로 여겼던 서로 분리된 식물과 반대로 수관이 서로 맞닿게 되는 것이 일반적이다. 이와 같이 서로 맞닿은 수관층은 같은 종일 수도 있고 다른 종일 수도 있으며, 관목, 교목 또는 초본식물일 수도 있다. 이것은 단지 규모의 문제일 뿐이다. 자연풍 식재를 적용하여 경관을 디자인할 때 우리는 이와 같은 상황을 모델로 받아들이고, 정착 단계에서 자연스럽게 나타나는 밀도에 기초하여 간격을 정한다. 이러한 간격은 어느 정도 양묘장에서 식물이 자라는 간격과 유사하다. 달리 말한다면, 사실 우리는 600㎜ 높이의 2~3년생 관목의 유묘를 기준으로 삼고 있다; 즉, 우리는 갱신 과정에 있는 자연의 어느 곳인가에서 발견할 수 있는 관목들의 간격을 이용할 것이다.

고층 식재는 시간이 흘러 수목이 성숙단계에 이르렀을 때 문제를 일으킬 수 있다. 특히 빗자루꽃속broom, *Cytisus*과 고광나무속mock orange, *Philadelphus*, 비타민나무buckthorn , *Hippophae rhamnoides*와 같은 종들은 줄기가 길고 가늘게 웃자라는 경향이 있는데 가까이 식재하면 이러한 상황은 더욱 악화된다. 대개의 경우 전정을 강하게 한다면 기저에서부터 새로운 밑가지가 발생하여 이와 같은 문제를 해결할 수 있다. 하지만 양빗자루꽃속*Cytisus*과 라벤더속*Lavandula* 같은 경우에는 이러한 조치를 취하더라도 수형 회복이 잘 되지 않는다. 전정을 하더라도 하부에서 새가지가 잘 나오지 않는 종이라면 지피식물을 충분히 식재한 가운데 가급적 수관층을 낮게 유지하고 식재 간격을 보다 늘려야 한다.

특정 종을 위한 정확한 식재 간격은 몇 가지 요인에 의해 결정 된다. 식물 조합에서 그 종이 차지하는 역할, 토양과 기후 조건 그리고 유지·관리를 위해 투입할 수 있는 노동력과 비용의 정도에 따라 달라진다. 하지만 우리는 그간의 경험을 통해 몇 가지 원칙을 세울 수 있다. 특정 종이 성장에 이르렀을 때의 높이는 여러 가지 지침을 세우는 데 도움을 준다. 그러나 식물 종의 높이가 수평으로 퍼지는 넓이와 반드시 비례하지 않고 종들이 섞여 있을 경우 그들의 상대적인 성장 속도 또한 다르기 때문에 이 문제는 더욱더 복잡해진다. 예를 들어, 브라키글로티스 '선샤인'*Brachyglottis* 'Sunshine'과 가는잎조팝나무*Spiraea thunbergii*는 둘 다 1m 크기까지 자라지만 브라키글로티스속*Brachyglottis*이 더 빨리 자라면서 많이 퍼지기 때문에 조팝나무속*Spiraea*에 비해 약 절반 정도의 밀도로 식재할 수 있다. 포복형 관목의 경우, 생장력 뿐만 아니라 옆으로 퍼지는 방식 또한 수관이 촘촘히 발달하는 기간에 영향을 미친다. 산딸기*Rubus tricolor*와 사비나향나무 '타마르스치폴리아'*Juniperus sabina* 'Tamariscifolia'의 키는 서로 비슷하지만 산딸기속*Rubus*은 성장세가 빠르고 층위를 형성하는 습성이 강하기 때문에 2~3년 내에 큰 면적을 덮을 수 있다. 반면에 향나무류juniper는 골고루 퍼지지만 그 속도가 느리기 때문에 같은 면적을 같은 시간 내에 덮기 위해서는 산딸기속*Rhubus*보다 두 세배 높은 밀도로 심어야 한다. 몇몇 정원 서적은 식물의 수관 폭에 대한 정보를 제공하지만 이러한 정보는 완전히 신뢰할 수 없기 때문에 개인적인 관찰을 통해 확인하는 것이 바람직하다. 그러나 이것을 상당히 믿을만한 정보로 받아들인다면 이에 근거하여 식재 간격을 계산할 수 있다. 식재 간격은 변수와 비대칭적 성장을 반영하여 원래 제시된 수관폭의 80%가 적용될 것이다.

생장형과 성장세가 식물들 간에 서로 다르기 때문에 어느 특정 장소에 심을 종들 간의 이상적인 간격을 정하기 위해서는 개별 식물에 관한 지식이 필요하다. 그러나 경험에 기초하여 서로 다른 범주에 따라 분류되는 전형적인 식물들의 식재 밀도를 제시할 수 있다. 이러한 식재 간격은 양묘장으로부터 공급되는 식물의 크기에 따라 달라질 수 있는데, 그 크기가 작을수록 일반적으로 식재 간격은 더욱 좁아진다.

표 12-1. 전형적인 식재 간격

식물	식재 간격(mm)	밀도(/㎡)
생장력이 강한 고산식물, 왜성 초본식물, 왜성 그라스류 (높이: 200mm) 예: 블루페스큐(*Festuca glauca*), 소엽맥문동(*Ophiopogon japonicus*)	200~350	25~8
초본식물, 그라스류, 포복형 관목 (높이: 300mm) 예: 로벨리아 앙굴라타(*Lobelia angulata*), 피멜레아 프로스트라타(*Pimelea prostrata*), 아주가(*Ajuga reptans*), 페리스카리아 아피네(*Persicaria affine*)	300~450	11~15
왜성 관목, 초본식물, 그라스류 (높이: 300~600mm) 예: 스토에카스라벤더(*Lavandula stoecas*), 펠리치아 아멜로이데스(*Felicia amelloides*), 좀새풀(*Deschampsia caespitosa*), 테스타체아사초(*Carex testacea*), 맥문동(*Liriope muscari*)	350~500	8~4
왕성하게 퍼지는 지피식물 예: 아이비 '히베르니카'(*Hedera* 'hibernica'), 사바티우스메꽃(*Convolvulus sabatius*), 눈후크시아(*Fuchsia procumbens*), 바케리딸기(*Rubus ×barkeri*)	450~700	5~2
저관목, 높은 크기의 그라스류 (높이: 500mm~1.0m) 예: 몰리니아 '에디스 두드스주스'(*Molinia caerulea* 'Edith Dudszus'), 콜레오네마 풀크라(*Coleonema pulchra*), 다북분꽃나무(*Viburnum davidii*), 키오노콜리아 플라비칸스(*Chionochloa flavicans*), 시스투스 스칸베르지 (*Cistus ×skanbergii*)	500~900	3~1.25
중관목, 키 큰 그라스류 (높이: 1.0m~1.5m) 예: 델라쿠르다정큼나무 '인첸트리스'(*Rhaphiolepis* x *delacourii* 'Enchantress'), 헤베 '미드섬머 뷰티'(*Hebe* 'Midsummer Beauty'), 코레아 알바(*Correa alba*), 팜파스그라스(*Cortaderia fulvida*)	700~1,000	2~1
고관목 (높이: 1.5m~2.5m) 예: 피라칸다 재배 품종(Pyracantha cultivars), 리네아리폴리아매자 '오렌지 킹'(*Berberis linearifolia* 'Orange King'), 카시아 코림보사(*Cassia corymbosa*), 꽃댕강나무 (*Abelia ×grandiflora*)	800~1,500	1.5~0.5
수세가 좋은 관목 (높이: 2.5m 이상) 예: 포티니아 다비디아나(*Photinia davidiana*), 캐나다채진목(*Amelanchier canadensis*), 아왜나무(*Viburnum odoratissimum*), 방크시아 에리키폴리아(*Banksia ericifolia*)	1,000~2,000	1~0.25
집단으로 식재된 이식한 교목과 관목 예: 2~3년생 자생종 교목과 관목	1,000~2,000	1~0.25

주: 식물의 높이는 보통의 성장 조건에서 도달하는 초기 성숙 단계의 엽관과 수관에 해당하고 그라스류의 범주 구분은 사초류와 골풀류 및 이와 유사한 다른 식물에도 적용할 수 있음

각각의 범주에 제시된 밀도의 범위 중 성장세가 약한 종은 가장 높은 밀도로, 성장세가 강한 종은 가장 낮은 밀도에 맞게 식재해야 한다. 척박한 토양, 직사광선이 내리쬐고 바람이 세찬 곳, 또는 최소한의 유지·관리가 필요한 곳이라면 식재 간격은 주어진 범위 중 가장 좁은 간격이 적용되어야 한다. 만약 성장 환경이 매우 좋고 사후 관리가 잘 된다면 식물들 간의 간격을 보다 더 넓히면서 경제적으로 식물 개체수를 줄일 수 있다. <표 12-1>은 하나의 지침으로 이용될 수 있지만 식물들 간의 간격을 정하는 가장 좋은 방법은 식재지 조건에 따른 여러 성장 단계를 관찰하여 기존 간격의 적절성 여부를 판단하는 것이다. 그런데 식재 간격을 매우 중요하게 고려해야 하는 까닭은 특정 식물을 식재하는 목적이 지피 층위를 형성하는 데 있기 때문임을 기억해야 한다. 이와 달리 지피식물을 하부에 동반한 표본목 구성이 식재의 목적이거나 지피를 구성하는 소재가 자갈이나 돌 등과 같이 무기물일 경우 식재 간격은 전적으로 미학적 고려에 따라 설정될 수 있다.

식재 평면도에서는 밀도를 설정하는 것보다 식재 중심을 표시하는 것이 더 일관성 있는 결과를 가져온다. 예를 들어 1m × 1m 정사각형 내에서 두 개의 식물을 어디에 심어야 하는지 결정하는 것보다 스페이스 바를 사용하여 700㎜ 단위로 표시하는 것이 훨씬 더 수월하다. 효과적인 식재에서 중요한 것은 지면에서 측정한 식물간의 거리이다. 하지만 아주 좁은 간격으로 심을 경우에는 밀도로 표시하는 것 또한 가능하다. 식물 밀도의 사용은 밀도를 평균적인 식물 개체군 분포의 척도 중 하나로 여기는 생태적인 현장 연구에서 비롯되었다. 예를 들어, 200㎜ 간격으로 심을 경우 1㎡ 내에 16개 식물이 고르게 배치됐다면 그들의 정확한 위치 표시는 중요치 않기 때문이다.

필요한 식물의 개체 수를 도면으로부터 추산하거나 예산을 책정하기 위하여 식재 중심은 밀도로 환산되어야 한다. 개체 밀도, 즉 1㎡당 식물 개체의 수의 산정을 위한 공식은 다음과 같다.

$$D = 1/S^2$$

그리고 주어진 밀도의 간격은 다음과 같이 계산한다.

$$S = 1/\sqrt{D}$$

이때 D는 ㎡당 식재의 밀도, S는 간격(단위=m)을 가리킨다.

<표 12-2>는 일반적인 상황에서 식재 시 필요한 식물의 개체 수를 계산하거나 주어진 밀도를 식재 간격으로 전환할 때 사용할 수 있는 근사치를 제공한다.

시작하기

식재를 위한 계획은 시설물 설계와 같은 정밀함이 요구되는 것은 아니다. 대개의 경우 스케일에 맞추어 각 식물 그룹이나 개별 식물의 위치를 도면에 표시하는 것만으로도 충분하다. 하지만 어떤 경우에는 정확한 치수를 기입하는 것이 좋을 때도 있다. 생울타리에서 식재 선의 정확한 위치를 표시하기 위해서는 고정된 위치에서의 거리를 나타내

표 12-2. 식재 간격의 밀도 환산치

식재 중심(m)	식재 밀도(개체 수/m²)
0.20	25
0.25	16
0.30	11
0.35	8
0.40	6
0.45	5
0.50	4
0.60	3
0.70	2
0.80	1.5
0.90	1.25
0.10	1
1.20	0.7
1.50	0.45
2.00	0.25

주: 표에 제시된 밀도는 정사각형 격자를 가정하여 측정된 수치이며 이 격자들은 식재할 식물의 수량에 영향을 미치지 않은 채 서로 어긋나게 배치될 수 있다. 식재는 일정한 간격 유지가 필요하지만 반드시 직선을 따라서 심을 필요는 없다. 따라서 이와 같은 배열은 서로 어긋난 격자 형태를 보이지만 그 밀도에는 변함이 없다. 화단의 모퉁이와 주연부에는 보다 신중하게 식물을 배치해야 하기 때문에 여기에는 식물을 추가하거나 5 또는 10단위로 식물의 수를 반올림하여 심는 것이 좋다.

는 것이 바람직하다. 표본목의 위치는 매우 중요하므로 건물, 벽, 또는 포장도로 가장자리로부터의 거리를 표시해야 한다. 정형식 가로인 경우 시각적 효과를 위해 교목들 간의 일정한 거리를 유지하는 일이 매우 중요하다. 어떤 경우에는 지하 또한 지상의 편의 시설물로부터 교목의 거리를 표시해야만 설계지침 및 안전과 편의성을 충족시킬 수 있다. 대부분의 경우 식재 위치를 실내에서 미리 결정하지만, 편의 시설물이 있을 경우 식재 당시 현장에서 교목의 위치를 정하는 것이 더 용이할 수도 있다. 이와 같은 경우 식재 계획서에 교목의 위치는 '현장의 조경가에 의해 결정될 것'이라고 명시하면 된다.

지금까지 한 조언은 많은 종류의 관상용 식재에 적용 가능하다. 그렇지만 일반적인 식재와 달리 특별한 역할 및 기회 요인, 그리고 몇 가지 제한 요인을 갖고 있는 장소와 식재 유형이 있다. 우리는 이제 디자이너가 어떻게 이런 부분을 잘 활용할 수 있는지 살펴볼 것이다.

사진 221. 중간 높이의 넓은 서양회양목(*Buxus sempervirens*) 생울타리는 시야가 열린 위요 공간을 제공하고 이곳은 다채로운 화단을 조성할 수 있는 구역이 된다. 이처럼 잘 짜인 생울타리는 직선형 식재 지역을 구조화하고 전시원 조성을 위한 균형 잡힌 구획을 만들어내는 훌륭한 수단이다.

사진 222. 뉴질랜드의 해밀턴(Hamilton). 울타리의 중요한 기능은 경계의 설정과 차단이다. 뉴질랜드산 토타라(totara)는 도시 지역에서 활용하기 좋은 정형식 생울타리 식물이다.

사진 223. 런던의 템즈 베리어 공원(Thames Barrier Park)에서 물결 모양으로 전정한 서양주목(*Taxus baccata*)의 모습

도시와 정원의 생울타리

정형식과 비정형식 생울타리는 정원과 도시 경관의 배치에서 대단히 중요한 구조적 요소이다. 예를 들어 글로체스터셔Gloucestershire의 히드코트Hidcote 저택과 북부 요크셔의 뉴비Newby 홀에 있는 20세기 초의 정원들에서 전문가의 손길에 의해 잘 관리되어 온 전통적인 정형식 생울타리는 이곳의 공간 구성과 분위기 형성에 큰 영향을 미치고 있다. 정형식 생울타리는 정기적으로 전정을 해야 하기 때문에 도시 경관에서는 그 사용빈도가 덜하다. 그러나 유지·관리비용에도 불구하고 잘 다듬어 놓은 생울타리는 조각품처럼 다가오기 때문에 다시 주목을 받게 되었고 오늘날에도 예전과 같이 두루 쓰이고 있다. 런던의 탬즈 배리어Thames Barrier 공원은 조각품과도 같은 전통적인 주목 생울타리가 초본류로 구성된 화단의 배경 역할을 하는데 이는 생울타리의 현대적인 재해석을 보여주는 좋은 사례이다. 생울타리는 또한 상업 구역과 기업의 본부가 위치한 곳에서 고급스러운 경관을 연출한다. 이곳에서 생울타리는 주차장, 야외 식당, 소규모 화단을 둘러싸는 독특하고 효과적인 위요 공간을 제공할 뿐만 아니라 생울타리의 전통적인 기능인 경계 설정을 위해 이용된다. 이와 같은 구조적 기능 외에도, 잘 유지·관리되는 생울타리의 색상과 질감 그

리고 반듯한 선은 주변의 꽃들과 잎 그리고 석재, 목재, 금속과 같은 경관 소재들을 보완해줄 수 있다.

만약 약한 전정 또는 보다 비정형적인 녹색 장벽이 요구된다면 그와 같은 곳에 쓸 수 있는 헤베속*Hebe*, 코로키아속*Corokia* 품종, 에스칼로니아속*Escallonia* 품종, 해당화*Rosa rugosa* 등 많은 소관목들이 있는데, 이들은 작고 촘촘한 생울타리를 형성하기 때문에 하부가 밋밋하게 자라지 않도록 아주 가끔만 약하게 전정하면 된다. 이와 같이 비정형적이면서 저비용 관리로 유지되는 생울타리는 인건비를 가능한 한 최소로 해야 하는 상황 때문에 이제는 일반적인 것으로 자리 잡게 되었지만, 이와 같은 수종들을 사용하는 데에는 매우 다채로운 심미적인 이점 또한 존재한다. 즉 이들은 인위적으로 다듬어 놓은 주목과 회양목보다 훨씬 더 낯설지 않고 친숙한 형태미를 보여주는데, 이는 많은 수종들의 경우 전정이 최소화될 때 개화와 결실이 잘 되기 때문이다.

정형식 생울타리에 적합한 수종: 영국과 서늘한 기후대에서 대표적인 생울타리 수종은 서양주목yew, *Taxus baccata*, 서양회양목box, *Buxus sempervirens*, 유럽너도밤나무European beech, *Fagus sylvatica*이다. 전정을 했을 때 주목과 회양목은 상록성이고 너도밤나무는 겨울에도 밝은 갈색잎을 떨구지 않기 때문에 연중 좋은 모습을 보여준다. 이들은 모두 전정에 대한 적응력이 좋기 때문에 지표면 가까이까지 새로운 잔가지들을 조밀하게 발달시킨다. 그러나 이처럼 촘촘하게 자라는 습성은 더딘 성장 속도에 기인한 것이므로 멋진 생울타리를 만들기 위해 조바심을 낼 필요는 없다. 주목과 회양목의 경우 수고 2m에 달하는 생울타리를 조성하는 데에 약 10년이 걸릴 것이고 너도밤나무는 7~8년이 걸릴 것이다.

사이프러스cypress와 머틀myrtle은 지중해 지역에서 사용되는 고전적인 생울타리용 식물인데 그라나다Granada의 헤네랄리페generalife와 같이 거대한 생울타리 정원이 그 대표적인 사례이다. 수많은 뉴질랜드 식물은 전정을 하여 멋진 생울타리를 만들어낼 수 있다. 토타라나한송totara, *Podocarpus totara*은 주목을 대신할 수 있는 좋은 소재이다. 다만 오래된 줄기를 잘랐을 때 새싹이 나오지 않는 것이 유일한 단점이다.

도시와 정원 환경에 정형식 생울타리가 필요할 때 토착종만이 아닌 외래종을 폭넓게 사용하는 것이 오히려 적합하다. 왜냐하면 보다 많은 상록수종과 속성수종을 선택할 수 있고 잘 관리한다면 주목, 회양목, 너도밤나무에 버금가는 생울타리 조성이 가능하기 때문이다. 이에 해당하는 수종들은 다음과 같다. 자작잎서어나무hornbeam, *Carpinus betulus*는 너도밤나무beech의 엽군과 매우 유사한데 토양이 양호하면 훨씬 더 빨리 자란다. 플리카타측백western red cedar, *Thuja plicata*과 서양측백나무white cedar, *Thuja occidentalis*는 모두 청록색 엽군을 형성한다. 유럽호랑가시나무holly, *Ilex aquifolium*는 광택이 나는 짙은 청록색 잎을 갖고 있는데 주목과 비슷한 색조의 심도를 보인다. 호랑잎가시나무holm oak, *Quercus ilex*는 구주호랑가시와 비슷한 색상의 잎을 지녔지만 광택이 나지 않는다. 자엽꽃자두myrobalan plum, *Prunus cerasifera*와 월계귀룽나무cherry laurel, *Prunus laurocerasus*의 밝게 빛나는 커다란 잎은 선명한 질감을 선사하고 유럽단풍field maple, *Acer compestre*은 유럽 대륙에서 가장 즐겨 쓰는 생울타리 수종이다. 이들 중 다수의 수종은 주목과 회양목보다 더 빨리 성장하기 때문에 신속한 효과가 필요한 곳에서는 대안이 될 수 있다.

전정용 생울타리로 널리 사용되는 두 가지 관목은 왕쥐똥나무*Ligustrum ovalifolium*와 루니에르 니티다*Loonier nitida*이다. 이들은 빠른 성장 속도와 저렴한 구입비용 때문에 인기가 있는데, 속이 꽉 찬 생울타리를 만들 수 있는 좋은 소재이다. 그러나 일정한 수형을 유지하기 위하여 연중 계절별로 최소한 세 차례 이상 전정을 실시해야 한다. 그런데 이는 대부분의 고객들에게 유지·관리 비용과 관련하여 대단히 큰 부담이 될 수도 있다.

수종 선택의 기준은 다양하다. 성장 요건이 무엇보다 우선하겠지만 성장 속도, 구입비용, 심미적 가치 또한 중요하다. 월계귀룽나무cherry laurel를 제외하고 위에서 언급된 모든 수종들의 잎은 섬세한 질감 또는 중간 정도의 질감을 갖고 있다. 이것은 우연의 일치가 아니다. 작은 잎과 잔가지들 덕분에 전정을 하더라도 조밀한 수형이 훼손되지 않는데, 이처럼 섬세한 가지와 잎을 갖춘 채 촘촘한 수형을 유지하며 성장하는 것은 더디게 자라는 왜성 식물들의 고유한 특징이다. 생울타리가 배경이 되어야만 하거나 여러 가지 이유로 인해 시각적으로 도드라져 보이지 않아야 할 때 이와 같은 섬세한 질감은 크게 도움이 되는 특성이다. 또한 짙은 색조와 차분한 느낌을 풍기는 외양을 갖춘 생울타리는 조각품, 조각상, 분수 그리고 화사한 꽃의 색상과 다채로운 엽군을 돋보이게 해주는 뛰어난 배경이 된다.

연중 적절한 시기에 전정이 이루어진다면 몇몇 관목들은 꽃을 피우고 열매를 잘 맺는다. 예를 들어, 레몬병솔나무bottlebrush, *Callistemon citrinus*와 도금myrtle은 전정에 대한 적응성이 좋고 꽃도 잘 피운다. 다윈매자나무Darwin's barberry, *Berberis darwini*는 봄이 되면 전년도 가지에서 오렌지색의 풍성한 꽃들을 피운다. 꽃이 진 후 전정을 실시하고 가을에 다시 한 번 약하게 전정을 하면 이듬해 봄에 이와 같은 모습을 연출할 수 있다. 피라칸다pyracantha 종 중에서 특히 왜성 품종과 늦개야광나무*Cotoneaster lacteus* 또한 비슷한 방식으로 전정을 실시할 수 있는데 이들은 꽃뿐만 아니라 늦여름부터 겨울에 걸쳐 열매를 감상할 수 있는 매력 또한 갖추고 있다.

비록 자주 눈에 띄지는 않지만, 멋지고 효과적인 생울타리를 만들 수 있는 그 밖의 수종들이 많이 있다. 로즈마리rosemary, *Rosmarinus officinalis*를 전정하면 향기로운 생울타리로 쓸 수 있다. 일본매자나무*Berberis thunbergii* 또한 왜성 생울타리로 사용하기에 좋은 소재이다. 우단아왜나무*Viburnum rhytidophyllum*는 눈길을 끄는 배경을 형성해주며, 일본매자나무*Berberis thunbergii*와 사전트매자나무*B. sargentiana*를 포함한 다수의 매자나무barberry 종들은 동선을 차단하는 생울타리를 만드는 데 효과적이다. 정말 촘촘하게 자라는 습성을 지녔다면 어떤 관목이라도 생울타리용으로 써볼만한데, 어쩌면 우리는 이채로우면서도 매력적인 새로운 생울타리 소재를 발견하게 될지도 모른다.

혼합 생울타리: 도시 외곽 또는 농촌 지역에서 흔히 볼 수 있는 것처럼 여러 가지 수종으로 구성된 생울타리는 잎의 질감과 색상이 서로 어우러져 있는데 이는 정형성을 보이는 도시 공간 또는 정원 식재에 적용해도 효과적일 수 있다. 너도밤나무 잎은 녹색에서 구릿빛으로 변하는데, 겨울철 너도밤나무와 호랑가시나무가 한 데 자라면서 보여주는 다채로움은 대단히 매력적이다. 저자가 주차장 주변에 조성했던 1m 높이의 세네치오 '선샤인'*Senecio* 'Sunshine'과 자엽일본매자*Berberis thunbergii* 'Atropurpurea'의 혼합 생울타리는 기억할만한 가치가 있는 식물 조합의 사례이다. 여기에서는 질감의 조화와 형태의 일관성을 유지하는 가운데 잎들이 보이는 회색과 자주색의 대비가 강하게 작용하였다.

혼합 생울타리의 정착과 손쉬운 유지·관리를 위하여 중요한 사항은 서로 어울리는 생장력을 갖춘 식물을 선택하는 것이다. 만약, 다른 식물에 비해 보다 생장력이 강한 식물이 생울타리에 포함되어 있다면 그 식물의 구성 비율은 감소되어야 한다. 예를 들어 피라칸다와 너도밤나무로 구성된 생울타리의 경우 더디게 자라는 너도밤나무의 성장을 방해하지 않은 채 겨울철 너도밤나무의 잎과 가을철 피라칸다의 열매가 서로 그 매력을 뽐내기 위해서는 피라칸다의 식재비율은 15% 정도여야 한다.

비정형식 생울타리에 적합한 수종: 비정형식 생울타리에 적합한 관목 선정의 기준은 조밀하게 자라는 자연 습성과 하부까지 채우는 수관층이다. 이들의 수형은 다양해서 월계분꽃나무*Viburnum tinus*, 헤베속*Hebe*과 올레아리아속*Olearia*, 그리셀리니아 리트로랄리스*Griselinia littoralis*, 에스칼로니아속*Escallonia* 품종들과 같이 반구형도 있고 마젤란후크시아*Fuchsia magellanica*, 가그네파이니매자*Berberis gagnepainii*와 같이 보다 수직적인 형태도 있으며 해장죽속*Arundinaria*과 같이 크기가 작은 지하경을 형성하는 대나무도 있다. 이 모든 종들은 적절한 간격을 유지한 채 가까이 심는다면 성숙목이 되었을 때 빽빽한 생울타리를 형성한다. 비록 뉴질랜드 아마New Zealand flax와 신서란harakeke, *Phormium tenax*은 허브이지만 자생지에서 매우 효과적인 생울타리로 쓰이는데 키가 2~3m까지 자라며 높은 줄기의 잎 끝에서 꽃을 피운다.

비정형식 생울타리가 갖는 최고의 이점 중 하나는 정형식 생울타리와 달리 일정한 모양을 만들기 위하여 가지를 획일적으로 제거하지 않기 때문에 개화와 결실이 방해를 받지 않는 데 있다. 예를 들어 많은 종류의 장미 중 특히 해당화*Rosa rugosa* 품종, 사향 장미musk roses 그리고 루비지노사장미*R. rubiginosa*, 카나리아장미*R.* 'Canary Bird', 둥근인가목*R. pimpinellifolia*과 같은 수많은 종류의 재배 품종과 교배종들은 효과적이고 화사한 비정형식 생울타리를 만들어낸다. 키가 낮은 생울타리의 경우에는 라벤더lavender, 자엽일본매자 '아트로퍼퍼레아 나나'*Berberis thunbergii* 'Atropurpurea Nana', 그리고 소관목과 유사한 베로니카veronicas와 로즈마리rosemary가 있다. 수많은 종들이 비정형식 생울타리로 쓰일 수 있다. 다만 주의를 기울여야 할 중요한 사항이 있는데, 수고가 높은 관목의 경우 하부의 가지가 잘 발달하지 않는 습성을 지닌 수종을 피해야 하고, 수고가 낮은 관목의 경우 도장하거나 지나치게 옆으로 뻗치는 수종을 피해야 한다.

초기 식재와 식재 간격: 정형식과 비정형식 생울타리에 모두 적용되는 초기 식재와 식재 간격의 기본원칙은 자생종으로 주로 구성된 시골 생울타리의 것과 비슷하다. 대개의 경우 묘목을 가능한 한 서로 가까이 심는 것이 최상의 방법이다. 노지에서 재배한 이식묘를 활용할 경우 가장 작은 크기를 기준으로 할 때 중간 이상 높이의 생울타리 조성용은 35~45㎝, 낮은 생울타리는 25~35㎝의 식재간격을 유지하고, 두 개의 이랑 사이 간격은 30~40㎝로 한다. 만약 폭이 좁은 생울타리가 필요하다면 한 줄로 식재하는 것만으로도 충분하지만 이 때의 식재 간격은 위에서 언급한 범위의 최소치를 적용하는 것이 바람직하다. 예를 들어 해당화 나근묘의 수고가 45~60㎝ 크기라면 20㎝로 그 크기를 줄여 30㎝ 간격으로 심을 수 있다.

도시와 정원의 생울타리에 쓰이는 많은 수종들은 용기묘로만 공급되기 때문에 일반 묘포장에서 자란 작은 묘목을 구하기 어려울 수도 있다. 이들은 노지에서 재배된 나근묘보다 비용이 훨씬 많이 든다. 따라서 비용을 절약하기 위하여 오히려 큰 규격의 용기묘를 사용하는 것이 더 나을 수도 있다. 예를 들어 2ℓ 용기에서 배양된 45~60㎝ 높이의 피라칸다는 식재 간격을 보다 넓게 적용하여 50㎝마다 심는 것이 적당하다.

대부분의 생울타리용 식물은 식재 후 곁가지의 발달을 촉진하기 위하여 전정이 필요한데, 원래 수고의 1/3이 되도록 축소해야 한다. 그러나 이와 같은 규칙에는 예외가 있다. 주목yew의 경우 성숙목이 되기 전까지 주지를 자르면 안 된다. 왜냐하면 유목의 주지에는 곁가지로 발달할 순들이 자연스럽게 자라고 있기 때문에 이것을 자르면 오히려 나무의 전체적인 수고생장을 둔화시키기 때문이다. 너도밤나무, 서어나무, 그리고 호랑가시나무 또한 생울타리 속에 가지를 늘어뜨리는 표본목들이 없다면 주지를 수년 동안 남겨 두는 것이 안전하다.

도시와 정원의 생울타리는 조성과 관리가 매우 까다롭다. 위치를 잘못 선정하거나 수형이 조금만 헝클어지게 되면 정형식 생울타리의 단정한 모습과 대비되는 부정적 효과를 초래할 수 있다. 따라서 식재 계획 단계에서 생울타리 조성에 대한 상세한 주의와 관심을 기울이지 않으면 안 된다. 도면에는 식재 지점 외 생울타리의 윤곽선과 식재 간격을 나타내는 치수와 규모가 표시되어야 한다. 즉, 식재 혼합체 또는 지피식물과 달리 생울타리의 경우 개별 식물들의 위치 또는 최소한 식물들이 서로 나열되어 있는 선을 도면에서 볼 수 있어야 한다.

생울타리 내 교목: 생울타리 잎들로 구성된 녹색 벽 위로 펼쳐진 교목의 수관부는 대단히 매력적이다. 이와 같은 주랑 형태를 정형식 공원과 정원에서도 볼 수 있지만 이를 정착시키고 관리하는 일은 쉽지 않을 수 있다. 무엇보다도 교목의 주간을 둘러싸고 있는 환경에서 작업을 해야 하기 때문에 생울타리 전정은 훨씬 더 어렵다. 교목에 피해를 주지 않으면서 전정을 단정하게 마무리하려면 세심한 수작업을 해야 한다. 또한 교목의 수관부가 자라면서 점점 더 잎이 울창해지면 그늘이 드리워지면서 그 아래에 있는 생울타리 잎의 성장을 억제하게 된다. 그 결과 고르게 자라지 못하면서 고사하는 부분이 발생하게 되는데 이는 정형식 생울타리의 외양을 훼손하는 것이다. 교목의 수관층을 높이면 하부로 통과되는 빛이 많아져서 그늘의 양을 줄일 수 있지만, 생울타리가 조성되어 있는 선상에 교목을 식재하기 보다는 생울타리와 거리를 두고 교목을 배치하는 것이 훨씬 더 좋은 방법이다. 교목과 생울타리 간 2미터의 거리를 둔다면 근권 경쟁과 수관 경쟁이 줄어들면서, 생울타리에 드리우는 그늘의 양은 한 곳으로 집중되지 않고 널리 분산될 것이다. 또한 교목을 생울타리가 있는 곳으로부터 조금 뒤로 물러나 식재를 하게 되면 생울타리 관리를 위해 필요한 모든 종류의 작업이 훨씬 더 용이해진다.

돋운 화단 식재와 용기 식재

돋운 화단과 용기 식재는 가로와 광장, 주차장, 그리고 개인의 정원에 흔히 나타난다. 그들은 몇 가지 이유 때문에 조성된다. 흙이 없는 곳 또는 땅을 팔 수 없는 곳에 표토를 제공하기 위해서, 답압으로부터 식재를 보호하기 위해서, 식물이 식재된 곳에 대한 공간 설정과 위요감을 제공하기 위해서 그리고 특히 어린아이와 장애인들에게 식재의 접근성을 높이기 위함이다. 작은 용기, 포트, 그리고 걸이용 바구니는 건물과 정원을 꽃과 잎으로 꾸밀 수 있는 일시적이고 이동 가능한 방법들이다.

우리가 돋운 화단과 용기에 적용할 식물 종을 선택할 때는 식물들이 자라기에 적합하지 않은 환경을 염두에 두어야 한다. 표토는 거의 예외 없이 외부에서 들여와야 하며, 품질 보증을 위해서 무기 양분과 퇴비 그리고 자연 토양의 비율을 명확히 제시해야 한다. 양료와 수분 요구도가 적은 지피 종인 경우를 제외하면 최소 400㎜ 이상의 표토 깊이를 권장한다. 작은 화단의 경우에는 500㎜가 더 이상적이다. 물이 고이는 것을 방지하기 위해서 적절한 배수 시설은 필수다. 돋운 화단은 가뭄에 취약하기 때문에 자동 관수시설이 있는 것이 유리하지만 식물의 수가 적을 경우 그 비용은 적절하지 않을 수도 있다.

용기에서 자라는 식물들은 자연 지면에서 자라는 식물들보다 자주 수분 스트레스를 겪는다. 왜냐하면, 물이 모일 수 있는 표면적이 적고 토양 내 수분의 수평 이동이 막혀 있기 때문이다. 또한 자연 지면과의 연결이 단절되어 있기 때문에 지하수면으로부터의 수분 상승이 불가능하기 때문이다. 따라서 화단과 용기의 형태는 수분 보유력에 영향을 미친다. 화단이 좁고 높이가 높을수록 물은 중력 배수에 의해 빠져나가기가 쉽다. 따라서 넓게 돋운 화단이 좁은 것보다 더 좋다. 넓이가 1m도 안되면 식물의 정착이 보다 어려울 것이다.

그러나 플랜터의 형태와 관계없이 내건성 식물을 심는 것이 보다 현명한 선택이다. 특히 직사광선에 노출된 장소이거나 토양으로부터의 수분 증발과 식물의 증산이 더 많이 일어나는 곳이라면 더욱 더 그렇다. 긴 건조기에 잘 적응한 식물들은 지중해성 기후와 건조 지역에서 자라는 식물들인데 이들 중 다수는 참으로 매력적이고, 여기에는 시스투스속*Cistus*, 알로에속*Aloe*, 염좌jade plant, *Crassula ovata*가 있고 세네치오 세르펜츠*Senecio serpents*, 아가판서스속*Agapanthus*과 같은 지피성 다육식물도 포함된다.

돋운 플랜터에 큰 나무를 심어서 성공하려면 관수 시스템이 있어야 하는데, 그 이유는 이식한 큰 식물들이 수분 스트레스에 더 취약하기 때문이다. 보통의 교목들은 돋운 화단에서 정착을 이루기 매우 어렵고 잎마름병에 시달리는 경우가 대부분이다.

돋운 플랜터는 식재 공간이 매우 제한적이기 때문에 디자이너는 작은 면적을 최대한 활용해야 한다. 교목 대신에 고관목을 식재하면 풍성한 나뭇잎을 볼 수 있고 플랜터의 가장자리에 덩굴식물을 심어 플랜터의 옆면을 덮을 수도 있다.

돋운 식재를 사용하면 작은 관목과 초본식물들을 좁은 장소에서도 쉽게 즐길 수 있다. 따라서 돋운 플랜터를 이용하면 장애가 있는 사람들은 식재를 보다 쉽게 접할 수 있고 가까이에서 봐야 하는 섬세하고 작은 규모의 식물들을 잘 관찰할 수 있게 된다. 전통적으로 고산식물들을 심는 플랜터와 용기는 원예 규모의 돋운 플랜터와 용기가 수용할 수 있는 규모를 보여준다. 일반적인 비율 관계가 잘 지켜진다면 이들을 작은 장소에 배치하여도 성공적일 것이다.

사진 224. 샌프란시스코(San Francisco)에 있는 옥상 정원처럼 자연 지면으로부터 분리된 플랜터는 식물들이 풍성하게 자랄 수 있도록 충분한 토양이 마련되어야 하고 빠른 건조를 막을 수 있는 적절한 넓이와 깊이가 있어야 한다.

사진 225. 미국 시애틀(Seattle)의 유니온 광장(Union Square). 돋운 플랜터에 일반적인 교목을 키운다면 자연 강수를 잘 받기 위해서 넓이가 넉넉해야 한다.

유인형 교목과 덩굴식물

격자시렁으로 엮은 피나무류limes, *Tilia* sp.와 터널형으로 키운 금사슬나무laburnum는 유인형 교목을 활용한 전통적인 사례로서 강한 위요와 형태미를 갖추고 있다. 기능면에서 볼 때 유인된 형태는 좁은 간격으로 식재된 가로수와 유사하지만 이를 제대로 관리하려면 보다 많은 손길이 필요하다. 그러함에도 불구하고 이와 같은 전통양식은 다시 유행을 타고 있고 디자이너들은 공공의 공간에서 이들을 이용하는 폭넓은 방안과 가능성을 탐구하고 있으며 새로운 해석을 시도하고 있다. 유인형 교목이 지닌 장점은 수관부와 근권부 축소가 가능하다는 지식에 근거하여 건축물 가까이에 활용할 수 있는 점에 있다. 이는 지속적인 관리에 의해 전정 또는 특정 수형의 유인 작업이 가능하기 때문이다. 전정된 피나무는 건물 주변에 2~3미터 간격으로 식재할 수 있지만, 이와 달리 자유롭게 키우는 피나무는 그늘피해, 낙지, 뿌리 손상과 같은 문제를 예방하기 위하여 이 간격보다 몇 배 더 넓은 간격으로 식재해야만 정상적으로 성장할 것이다.

사진 226. 벨기에의 루벤(Leuven). 격자 시렁으로 엮은 피나무류(*Tilia* sp.)는 건물과 자전거 주차 지역의 경계선을 형성한다.

사진 227. 대규모 식재 터널은 뉴질랜드의 오클랜드(Auckland)에 위치한 식물원에서 극적인 차량 진입로를 형성한다.

사진 228. 2열로 전정된 피나무(*Tillia*)는 영국의 브리스톨(Bristol) 공원에서 조각 작품과 조화를 이루면서 기하학적인 배경을 제공한다.

사진 229. 영국의 도크랜즈(Docklands) 신도시에 격자형으로 식재하여 전정한 교목들. 이와 같은 접근은 전통적인 프랑스 방식이며, 숲과 유사한 공간 형상을 축소하고 정형화한 궁극적인 형태다.

수형 유인과 격자 시렁용 수종 선택의 범위는 일반 가로수의 경우보다 훨씬 제한적이다. 왜냐하면, 줄 또는 기둥을 따라 유인되어야 하고 생울타리처럼 전정에 대한 반응력이 좋아서 새로운 곁가지를 잘 발달시켜야만 하기 때문이다. 생울타리로 쓰이는 교목들 중 다수는 이와 같은 용도에 적합하다. 이들 중 가장 믿을만한 수종은 자작잎서어나무hornbeam, *Carpinus betulus*, 유럽너도밤나무European beech, *Fagus sylvatica*, 피나무류limes, *Tilia* sp., 유럽호랑가시나무holly, *Ilex aquifolium*, 양백속cypress, *Cupressus*, 양주목yew, *Taxus baccata*이다. 이들은 유인 또는 전정 시에도 촘촘한 엽군을 생성하며, 원하는 수고에 도달했을 때 그 높이를 일정하게 유지할 수 있다. 서로 비슷한 밀도를 지닌 수관을 빠르게 정착시키기 위하여 요구되는 식재 간격은 2~4m가 대체로 적당하다.

터널을 형성하는 철사 구조물에 적합한 수종으로는 금사슬나무laburnum, *Laburnum × vossii*, 등나무wisteria, *Wisteria floribunda*, 중국등나무wisteria, *Wisteria sinensis*가 있는데 주렁주렁 매달려 꽃이 필 때면 장관을 이룬다. 그러나 꽃이 피지 않는 다른 시기의 경우 금사슬나무 터널은 음울한 느낌을 줄 수 있다. 왜냐하면 금사슬나무 잎은 시선을 끌만큼 이채롭지 못하고 터널이 다양한 공간 연속성을 고려하지 않은 채 조성되었을 경우 길게 이어지는 터널이 위압적으로 다가 올 수 있기 때문이다. 반면에 등나무는 개화기간이 길고 잎 또한 관상가치가 있기 때문에 더 좋은 선택이 될 수 있다.

덩굴식물이나 여러 가지 나무를 이용하고 있는 원예 분야에서 현재 새로운 형태를 적극 모색하고 있다. 특히 어메니티 디자인에서 다양한 응용방법이 나올 수 있을 것이다. 한 예로 호프hop와 키위kiwi는 독특한 공간적 특성을 갖고 있는데, 이러한 특성을 공공 조경이나 개인 정원에 새롭게 적용할 수 있다. 유실수들은 지지대를 따라 성장하는 모습을 보여주는데, 이러한 습성은 식재 디자인 관점에서 재해석될 수 있다.

덩굴식물과 착생식물을 특별히 디자인된 구조물에 식재하는 것 또한 교목이 자라기 어려운 작은 공간과 장소로 식생을 도입하는 방법이다. 이러한 해법은 디자인에 흥미로운 기회를 제공한다. 실제 사례를 보면, 로베르토 블루막스Roberto Bule-Marx의 착생식물용 인조 기둥에서부터 싱가포르의 슈퍼트리Suppertrees 파라솔까지 다양하다.

벽, 퍼걸러, 트렐리스 그리고 기타 덩굴식물과 착생식물을 위한 지지체

이들은 위요, 분리, 휴식을 제공하는 특정 공간을 만들어 내는데 이들의 구조적인 역할과 장식적인 역할은 서로 결합된다. 벽체와 같은 수직면과 개방된 골격을 지닌 퍼걸러, 트렐리스 그리고 기타 식물 지지체들은 이러한 시설물이 없는 곳에서는 자리 잡을 수 없는 관상용 식물을 기르기에 적합하다. 또한 식물 지지체의 건축적인 측면과 이곳에 적합한 식물의 특징은 서로의 가치를 상승시킨다.

건축물의 일부이거나 독립된 석벽은 주변의 미기후에 영향을 준다. 이 벽들이 한낮의 태양을 마주한다면 많은 양의 햇빛을 받을 것이다. 이 열기는 흡수된 후 하루 중 보다 온도가 낮은 시기에 재방출된다. 석벽의 블록은 열을 흡수하고 천천히 방출되므로 전기 축열 난방기와 같은 원리로 작동한다. 정오에 태양을 마주하는 벽—북반구에서는 남서쪽, 남반구에서는 북서쪽—은 내한성이 약한 식물들에게 이상적이다. 정오와 오후의 햇빛을 받는 벽은 보다 이른 시기에 햇빛을 받는 벽들보다 훨씬 오래 온기를 유지한다. 벽과 울타리는 바람을 막아 주기 때문에 뜨거운 날에는 증산으로부터, 겨울에는 바람의 냉기로부터 식물을 보호한다. 태양을 마주하지 않는 벽들도 양호한 서식처 환경을 제공하고 그늘을 좋아하는 식물들에게 좋은 성장 환경을 제공한다.

사진 230. 파리(Paris)의 라빌레뜨 공원(Parc de la Villette)에 있는 이 지지대는 과수 재배 기술을 재해석한 것이다.

사진 231. 싱가포르 식물원의 '슈퍼트리(Supertrees)'는 오래도록 도시의 상징이었던 거대한 열대 나무로부터 영감을 얻은 것으로서, 태양열 발전과 냉각 시스템에 이용된다. 인공 조형수들은 열대 착생식물과 덩굴식물로 덮여 있다. 이들이 성장해 감에 따라 사진 속에 보이는 강철 격자들은 덩굴식물로 채워질 것이다.

동향의 벽은 아침의 이른 햇살을 받는다. 따라서 밤 서리가 심한 후 다음날 아침 식물 조직이 급격한 온도 상승을 하게 되면 내한성이 약한 종들의 나뭇잎과 꽃은 피해를 입을 수 있다. 그렇기 때문에 초봄에 꽃과 잎을 티우는 동백속*Camellia*과 목련속*Magnolia*을 동향에 식재하는 것은 바람직하지 않다.

햇빛을 마주하는 벽들은 종 선택의 범위를 넓히고 심미적 가치가 뛰어 나지만 보호가 반드시 필요한 종들을 기를 수 있는 기회를 제공한다. 냉온대 기후의 경우 이와 같은 곳에 어울리는 식물은 케아노투스속*Ceanothus*, 목련속*Magnolia*, 어저귀속*Abutilon*과 댕강나무속*Abelia*이다. 따뜻한 기후에서는 아열대 종들이 자랄 수 있다.

내한성이 약한 식물에게 상부 보호시설이 중요한 두 가지 이유가 있다. 첫째, 지면으로부터의 열 방출이 억제되어 서리 피해를 줄인다. 둘째, 추위와 더위의 양극단을 조절하여 미기후를 형성하는데, 이러한 환경은 일반적인 건조 피해, 찬바람으로부터의 냉해 또는 잎 조직의 과도한 온도 상승을 방지한다. 비레야로도덴드론vireya rhododendrons, 난orchids, 많은 파인애플과bromeliads 식물들 그리고 꼭두서니과bouvardias 식물들은 모두 부분적으로 그늘 또는 숲 내부와 유사한 환경을 좋아한다.

서향의 벽은 추위와 바람으로부터의 보호가 필요하면서도 정오의 햇빛으로 인한 보다 뜨겁고 건조한 환경을 꺼려하는 식물들에게 적합한 환경을 제공한다. 영국에서는 칠레배풍등*Solanum crispum*, 동백속*Camellia*, 이테아 일리키폴리아*Itea illicifolia*가 이에 해당한다. 그늘진 벽은 양지를 선호하는 종들에게는 적합하지 않지만 반그늘에서도 꽃을 피우는 관목과 덩굴식물로 덮일 수 있다. 영국에서 피라칸다 재배 품종*Pyracantha cultivars*, 메디아뿔남천*Mahonia × media* 그리고 등수국*Hydrangea petiolaris*은 북향의 벽이 있을 경우 부분적으로 보호를 받을 수 있다. 그늘을 좋아하는 팔손이*Fatsia japonica*, 비비추속*Hosta* 그리고 양치류와 같은 관엽 식물들은 이와 같은 환경이 이상적이다. 왜냐하면 교목 아래처럼 그늘이 드리워지면 덜 건조해지기 때문이다.

사진 232. 남서향의 벽은 살루에넨시스동백나무(*Camellia saluenensis*), 모로코양골담초(*Cytisus battandieri*), 미모사아카시아(*Acacia dealbata*), 어저귀속(*Abutilon*)과 태산목(*Magnolia grandiflora*)과 같은 덩굴식물과 관목에 이상적이다.

벽 주변의 환경이 제공하는 장점도 있지만 일반적으로 두 가지 문제도 공존한다. 벽의 바닥과 맞닿는 토양은 돌이 습기를 흡수하기 때문에 건조할 것이다. 또한 모르타르와 석회석으로부터 나오는 석회 성분은 토양에 알칼리성 반응을 일으키기 때문에 석회 혐오성 관목은 벽을 덮기에는 부적합하다. 처마가 있거나 꼭대기에 돌출된 부분이 있는 건물은 비가 내려도 빗물이 닿지 않는 비그늘이 형성된다. 또한 지붕의 빗물을 모아서 흘려보내는 홈통이 없다면 낙숫물이 피해를 줄 수 있다. 그렇기 때문에 덩굴식물과 관목은 벽으로부터 떨어진 곳—적어도 300㎜—에 식재한 후 벽 쪽으로 자라도록 유도되어야 하며, 지피류는 낙숫물을 견딜 수 있어야 한다.

퍼걸러, 트렐리스, 담장과 정자에서 덩굴식물을 기를 수 있다. 덩굴식물은 이런 구조물의 성공에 필수적인 요소이다. 덩굴식물은 두 종류로 분류된다. 넝쿨 줄기를 뻗어 다른 교목과 관목을 타고 올라가는 식물로서 등나무속 *Wisteria*, 덩굴손tendrils, 시계꽃속*Passiflora*, 으아리속*Clematis*이 그에 해당한다. 다음으로, 기근이 발달하는 송악속 *Hedera*, 메트로시데로스류*Metrosideros* sp. 그리고 담쟁이덩굴류*Parthenocissus* sp.와 같이 흡착기관을 이용하여 돌 또는 벽에 붙어 자라는 종류가 있다. 첫 번째 종류는 퍼걸러와 트렐리스의 골격 사이에서 자라기에 이상적이다. 이들이 벽면에서 자라기 위해서는 트렐리스나 철사와 같은 지지체가 필요할 것이다. 반면에 흡착하며 자라는 종류는 개방된 프레임에서 자라기엔 부적합하다. 이들은 표면이 너무 미끄럽지 않다면 자라기에 더 적합하며 표면에 붙기 전까지 와이어나 작은 트렐리스에 묶여 도움을 받을 수 있다.

퍼걸러나 트렐리스용 덩굴식물 선택은 구조물의 형태에 따라 달라진다. 그런데 이러한 구조물들은 빛의 투과가 가능하기 때문에 직사광선으로부터 보호받을 수 있는 정도 또는 그늘이 드리워지는 정도의 차이는 벽면녹화보다 심하지 않다. 생육 조건이 매우 까다로운 덩굴식물들은 보호가 가능한 벽면에 사용하는 것이 좋다. 북유럽이나 기타 냉온대 기후에서는 등나무속*Wisteria*, 머루속*Vitis*, 으름덩굴*Akebia quinata*, 큰잎등칡*Aristolochia macrophylla*, 능소화*Campsis grandifolia* 그리고 에크레모카르푸스 스카베르*Eccremocarpus scaber*가 이에 해당된다. 이와 달리 클레마티스속*Clematis*, 덩굴장미와 같은 덩굴식물은 트렐리스와 같은 구조물이 필요하다. 특히 클레마티스 몬타나 재배 품종*C. montana* cultivars, 클레마티스 알피나*C. alpina*, 클레마티스 마크로페탈라*C. macropetala*, 붉은인동*Lonicera periclymenum*, 덩굴장미 '알베르틴'*Rosa* 'Albertine'과 덩굴장미 '제피린드로우힌'*R.* 'ZephirineDrouhin'이 이에 해당한다. 그런데 장미는 대표적으로 화려한 덩굴식물이지만 다른 식물에 비해 전정과 유인을 많이 해야 하기 때문에 여러 장소에서 부적절한 경우가 많다. 난온대 기후에 적합한 덩굴식물은 능소화속*Campsis*, 하르덴베르기아속*Hardenbergia*, 영춘화속*Jasminum*, 보우가인빌레아속*Bougainvillea*, 인동덩굴*Lonicera hildebrandtiana*, 등나무속*Wisteria*과 같은 것들이 해당된다.

덩굴식물과 관목을 활용한 벽면녹화의 목적은 구조물과 벽체를 식물의 잎으로 뒤덮는 것이 아니라 식물의 잎이 구조물의 패턴과 조화를 이루도록 하는 데 있다. 따라서 집단 식재나 좁은 식재 간격을 반드시 유지할 필요는 없다. 대신에 벽면에 적합한 관목이나 덩굴식물을 표본목 또는 작은 그룹으로 처리할 수 있고 이 때에는 지피식물을 식재하여 화단의 지피 층위를 구성하도록 한다. 벽면을 덮는 덩굴식물 사이의 간격은 원하는 잎의 양 대비 벽면의 비율과 창문과 문의 위치에 따라 달라진다. 덩굴식물을 지지하기 위해 만든 트렐리스와 기타 구조물은 보다 규칙적이고 밀도 있는 식재가 가능하지만, 구조물이 서로 덩굴식물의 잎과 대조를 이룰 수 있도록 하기 위하여 아무것도 덮여 있지 않은 부분을 남겨두는 것 또한 좋은 방법이다. 덩굴식물 각각의 생장력에 따라 다르지만, 간격을 1m에서 3m

사진 233. 영국의 배링턴 코트(Barrington Court). 머루속(*Vitis*), 등나무속(*Wisteria*)과 으아리속(*Clematis*)으로 장식된 균형이 잘 잡힌 퍼걸러

사진 234. 철제 와이어로 특별히 제작된 구조물들은 복잡하고 좁은 공간에 식물을 들여 놓기 위해 디자인 되었다. 독일의 덩굴식물은 등나무속(*Wisteria*)이다.

사진 236. 이 장식용 울타리는 덩굴식물을 염두에 두고 디자인된 것이다. 등수국(*Hydrangea petiolaris*)은 개방된 나무틀 사이를 타고 올라가며 울타리에 묶기 이기도 한다.

사진 235. 뉴질랜드의 오크랜드(Auckland) 국제공항. 철제 봉과 팽팽한 케이블로 구성된 덩굴식물 지지 시스템은 튼튼하다. 덩굴식물은 테코만테 스페치오사(*Tecomanthe speciosa*)인데 다 자라게 되면 거대하고 육중해질 수 있다. 이때에는 결국 녹색 '벽'이 생겨날 것이다.

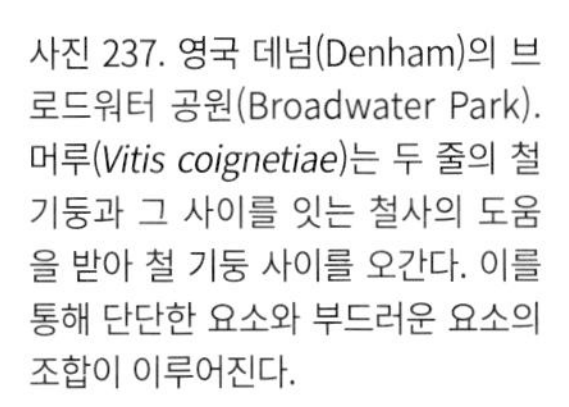

사진 237. 영국 데넘(Denham)의 브로드워터 공원(Broadwater Park). 머루(*Vitis coignetiae*)는 두 줄의 철 기둥과 그 사이를 잇는 철사의 도움을 받아 철 기둥 사이를 오간다. 이를 통해 단단한 요소와 부드러운 요소의 조합이 이루어진다.

사이로 유지하는 것이 일반적으로 좋은 균형을 이룬다.

트렐리스, 그물망 또는 기타 구조물은 폭이 좁은 공간에 밀도 높은 장벽이나 차폐가 급하게 필요할 때 쓰일 수 있다. 이러한 구조물은 폭이 좁은 생울타리 같으며 0.5m의 폭 내에 자리를 잡을 수 있다. 이런 '살아있는 울타리'에는 생장력이 왕성한 덩굴식물을 넉넉히 심어야 할 것이다. 러시안 포도*Polygonum baldschuanicum*와 클레마티스 비탈바traveller's joy, *Clematis vitalbabouvardias*가 가장 빨리 자라며 울타리를 따라 2m 간격으로 식재하면 된다. 이와 같은 울타리가 관목들과 가까이 있다면 마치 생울타리처럼 정기적인 묶어주기와 전지가 필요할 수도 있는데 그 이유는 덩굴식물이 가까운 관목을 뒤덮어서 고사에 이르지 않도록 하기 위함이다. 다른 종으로는 겨울에도 피복을 해주는 상록성 인동덩굴 '할리아나'Japanese honeysuckle, *Lonicera japonica* 'Halliana'가 있으며, 클레마티스 몬타나*Clematis montana*와 그 재배품종 그리고 낙엽성의 인동덩굴, 특히 더치인동*Lonicera periclymenum*과 그 재배품종이 있다. 그런데 이들은 생장력이 보다 떨어지므로 1~1.5m 간격으로 심어야 빠른 피복이 가능하다.

특수한 서식처를 위한 관상용 식재

우리는 다양한 시각적 특성, 미기후 및 토양 상태와 연관된 디자인과 식물 선정에 대해서 논의해왔다. 관상용 식재는 연못, 늪, 자갈과 바위로 구성된 전석지대, 암석지대, 돌담과 같은 특수한 서식처에서도 효과적일 수 있다. 이 때 특정한 환경에 적응이 된 식물들이 필요하고 디자인 목적 또한 다를 수 있다. 예를 들어 너덜지대 정원과 연못에서는 지피식물이 모든 지면을 덮을 필요가 없는데, 그곳에서는 돌과 물이 주된 구성 요소이기 때문이다.

사진 238. 영국의 해던 홀(Haddon Hall). 꽃냉이(alyssum)와 오브리샤(aubrietia)가 석벽에 정착한 후 넓은 지역에 걸쳐 유지되고 있다. 이들은 덩굴식물과 다른 식물의 좋은 조합을 보여준다.

사진 239. 강모래는 보행로뿐만 아니라 식재지의 피복재로 쓰이고 있다. 모래는 매우 가치 있는 여러 가지 기능을 수행한다. 모래는 푸른색 꽃이 피는 에린기움(Eryngium)의 서식처인 노르망디(Normandy)의 해변을 연상시킨다. 또한 시각적 특성을 달리하는 식물들 간에 적정 거리를 유지하게 하면서 식물들마다 서로 다른 잎과 꽃의 색조가 연출되는 뛰어난 배경을 제공한다. (디자인: 알렉산더 토마스Alexander Thomas)

사진 240. 뉴질랜드의 오크랜드(Auckland). 뉴질랜드의 습생식물을 활용한 공원 내 빗물 정원 식재. (디자인: 닉 로빈슨Nick Robinson)

빗물 정원, 암석원과 너덜지대 정원, 옥상 녹화 및 벽면 녹화, 수생 정원과 같이 특별한 서식처에 적용되는 디자인과 식물 종에 관한 심화된 내용이 궁금하다면 독자는 이를 다루고 있는 문헌들을 참고할 수 있다. 이 분야의 입문을 위한 문헌으로 더닛Dunnet과 클레이톤Clayton(2007)의 '빗물 정원'*Rain Gardens*, '정원과 디자인된 경관에서 물을 지속가능하게 관리하기'*Managing Water Sustainably in the Garden and Designed Landscape*, '정원과 디자인된 경관을 위한 지속가능한 빗물 관리'*Sustainable Rainwater Management for the Garden and Designed Landscape*, 더닛Dunnet과 킹스버리Kingbury(2008)의 '옥상 녹화와 벽면 녹화'*Planting Green Roofs and Living Walls*, 그레이엄 스튜어트 토마스Graham Stuart Thomas(1983)에 의해 수정된 거트루드 지킬Gertrude Jekyll의 고전인 '석벽과 수생정원'*Wall and Water Gardens*을 추천한다.

연못의 가장자리를 위한 종의 선택이나 재배 기술은 관목 가장자리 화단과는 다르겠지만 디자인의 원칙이나 과정은 같다. 이 장에서 제시된 기본 지침들은 모든 관상용 식재 디자인의 기초가 될 수 있지만, 보다 특수한 환경에서는 식재를 통한 미학적 성공을 위하여 원예적 전문성이 더욱 더 중요해진다.

결론

식재 디자인을 통하여 우리는 생태적으로 건강하고 살기에 적합한 환경이 무엇인지 상기시켜 주는 경관을 만들어 낼 수 있다. 식재 디자인은 사람이 삶을 영위하는 일반적인 환경을 풍요롭게 하고 아름다움이 가득한 특별한 장소를 창조할 수 있는 기회를 제공한다. 이와 같은 일을 수행하는 것은 평범한 작업으로 치부될 수 없다. 식물의 형태가 공간에서 의미 있는 구조로 기능할 수 있도록 하는지, 공간을 풍요롭게 할 수 있도록 식물의 생태적·심미적 특징을 잘 살리고 있는지 여부가 성공을 가늠하는 기준이라는 것이 이 책이 삼고 있는 기본 전제이다.

식재는 살아 있는 조각술로 간주될 수 있다. 만약 식재가 예술이라면 그것은 자연 세계에 대한 문화적·개인적 반응에 속한다. 다른 예술과 기술처럼, 식재 디자인은 의미를 전달한다. 경관을 눈여겨보기 위하여 발걸음을 잠시 멈추는 사람이 있다면 이들 중 누구에게라도 경관은 그것을 만든 이의 의도와 관련된 이런 저런 이야기를 들려주고자 할 것이다. 디자이너가 보다 많은 의도를 담아 훨씬 더 유창하게 말할 수 있는 식재 디자인의 언어를 확립하는 데 이 책이 도움을 줄 수 있기를 기대한다.

물론, 우리가 개인적 또는 문화적 주제를 경관을 통해 언제나 직접적으로 표현하고자 하는 것은 아니다. 때로는 자연의 변화 과정이 스스로 자신의 언어로 말할 수 있도록 그대로 두기도 한다. 이는 고도로 인공화된 몇몇 환경들에서조차 실현 가능한 일이다. 그러나 서식 가능한 장소의 많은 부분이 인간이 가한 환경 훼손과 도시화에 시달리고 있기 때문에 자연 발생적인 변화가 가능한 공간을 만들기 위한 신중하고도 때론 용감한 결정이 자주 요구되고 있다.

식재의 기술적·과학적 측면은 이 책에서 다룬 초점이 아니었다. 그러나 경관 디자인의 성공적인 완성을 위해 필요한 원예의 중요성과 더불어 환경적 책임에 충실하고 생태적으로 긍정적인 행위임을 입증할 수 있는 자연 과학의 힘을 기억해야만 한다. 생태학자들은 식생 체계의 복잡성을 세상에 널리 알려 왔고 서식처 창출 및 생물 다양성과 시각적 아름다움을 동시에 추구하는 자연주의적 식재를 향한 우리의 열정을 고취시켜 왔다. 식재 디자인은 생태학자의 과학적 이해와 원예가의 전문 기술 그리고 예술가의 정서적·정신적 상상을 서로 하나로 이어주는 길을 제시한다.

참고문헌 및 더 읽을거리

Appleton, J.H. (1996) *The Experience of Landscape*, revised edn, London and New York: John Wiley & Sons.

Arnold, H.F. (1980) *Trees in Urban Design*, New York: Van Nostrand Reinhold.

Ashihara, Y. (1981) *Exterior Design in Architecture*, revised edn, New York: Van Nostrand Reinhold.

Austin, R.L. (1982) *Designing with Plants*, New York: Van Nostrand Reinhold.

Bacon, E.N. (1974) *Design of Cities*, revised edn, London: Thames & Hudson.

Baines, C. (1985) *How to Make a Wildlife Garden*, London: Elm Tree Books.

Berleant, A. (1997) *Living in the Landscape: Towards an Aesthetics of Environment*, Kansas, KS: University Press of Kansas.

Beckett, G. and Beckett, K. (1979) *Planting Native Trees and Shrubs*, Norwich: Jarrold.

Beer, A.R. (1990) *Environmental Planning for Site Development*, London: Chapman & Hall.

Beever J. (1991) *A Dictionary of Maori Plant Names*, Auckland: Auckland Botanical Society Bulletin No. 20.

Billington, J. (1991) *Architectural Foliage*, London: Ward Lock.

Birren, F. (1978) *Colour and Human Response*, New York: Van Nostrand Reinhold.

Blackmore, S. and Tootill, E. (eds) (1984) *The Penguin Dictionary of Botany*, London: Allen Lane.

Bollnow, O. F. (1955) *Neue Geborgenheit*, 2 vols, Stuttgart: W. Kohlhammer.

Booth, N.K. (1983) *Basic Elements of Landscape Architecture Design*, Amsterdam: Elsevier.

Bourassa, S.C. (1991) *The Aesthetics of Landscape*, London: Belhaven Press.

Bradbury, M. (ed.) (1995) *The History of the Garden in New Zealand*, Auckland: Penguin.

Brookes, J. (1979) *Room Outside*, London: Penguin Books.

Browell, M. (2013) The creation of the longest tree avenue in the world, *Arboricultural Journal*, 35/1, pp. 50–54.

Bryant, G. (ed.) (1997) *Botanica*, New Zealand: Albany.

Buckley, G.P. (1990) *Biological Habitat Reconstruction*, London: Belhaven Press.

Caborn, J.M. (1975) *Shelterbelts and Microclimate*, London: Forestry Commission Bulletin 29, HMSO.

Campbell, C.D., Atkinson, D., Jarvis, P.G. and Newbould, P. (1994) Effects of nitrogen fertiliser on tree/pasture competition during the establishment phase of a silvopastoral system, Annals of Applied Biology, 124/1, pp. 83–96.

Carpenter, P.L. and Walker, T.D. (1998) *Plants in the Landscape*, 2nd edn, New York: W.H. Freeman.

Ching, F.D.K. (2014) *Architecture: Form, Space and Order*, 4th edn, London: John Wiley & Sons.

Clamp, H. (1999) *Landscape Professional Practice: A Guide to Legislation, Conduct, Appointments, Practice and Contract Procedures*, 2nd edn, Aldershot: Gower.

Close, D.C. and Davidson, N.J. (2003) Revegetation to combat tree decline in the Midlands and Derwent Valley Lowlands of Tasmania: practices for improved plant establishment, *Ecological Management & Restoration*, 4/1, 29–36.

Coombes, A.J. (1985) *Dictionary of Plant Names*, London: Hamlyn Publishing.

County Council of Essex (1973) *A Design Guide for Residential Areas*, Chelmsford: Essex County Council.

Crowe, S. (1972) *Forestry in the Landscape*, third impression with amendments, London: HMSO.

Cullen, G. (1971) *Townscape*, London: Architectural Press.

Davis, M. and Meurk, C.D. (2001) *Protecting and Restoring Our Natural Heritage: A Practical Guide*, Christchurch: Department of Conservation.

Dawson, J. (1988) *Forest Vines to Snow Tussocks, The Story of New Zealand Plants*, Wellington: Victoria University Press.

Dewey, J. (1934) *Art as Experience*, New York: Perigee.

Dreyfuss, Henry (1967) *The Measure of Man: Human Factors in Design*, New York: Whitney Publications.

Dunnett, J. (2014) The importance of being Ernö: Goldfinger from wooden toys to ‘spatial feeling’, *Architectural Review*, 9 September.

Dunnett, N. (2004) The dynamic nature of plant communities, in Dunnett, N. and Hitchmough, J. (eds), *The Dynamic Landscape: Design, Ecology and Management of Naturalistic Urban Planting*, London: Taylor & Francis, pp. 127–149.

——— and Clayton, A. (2007) *Rain Gardens: Managing Water Sustainably in the Garden and Designed Landscape: Sustainable Rainwater Management for the Garden and Designed Landscape*, London: Timber Press.

—— and Hitchmough, J. (2004) (eds) *The Dynamic Landscape: Design, Ecology and Management of Naturalistic Urban Planting,* London: Taylor & Francis.

—— and Kingsbury, N. (2008) *Planting Green Roofs and Living Walls,* revised edn, London: Timber Press.

Eliovson, S. (1990) *The Gardens of Roberto Burle Marx,* London: Thames and Hudson.

Evans, B. (1983) *Revegetation Manual, a Guide to Revegetation Using New Zealand Native Plants,* Wellington: Queen Elizabeth II National Trust.

Evans, J. (1984) *Sylviculture of Broadleaved Woodlands,* London: Forestry Commission, Bulletin No. 62, HMSO.

Fieldhouse, K. and Harvey, S. (eds) (1992) *Landscape Design – an International Survey,* London: Laurence King.

French, J.S. (1983) *Urban Space: a Brief History of The City Square,* 2nd edn, Dubuque, IA: Kendal Hunt.

Gabites, I. and Lucas, R. (1998) *The Native Garden,* Auckland: Godwit.

Garmory, N., Tennant, R. and Winsch, C. (2007) *Professional Practice for Landscape Architects,* Oxford: Architectural Press.

Gilbert, O.L. (1989) *The Ecology of Urban Habitats,* London: Chapman and Hall.

Geothe, J.W. ([1840] 1967) *Theory of Colours,* translated by C.L. Eastlake, London: Frank Cass.

Goldfinger, E. (1941) 'The Sensation of Space', *Architectural Review,* November, pp. 129–131.

Goode D.A. and Thorp, E.H.P. (eds) (1986) *Ecology and Design in Landscape, the 24th Symposium of the British Ecological Society, Manchester, 1983,* Oxford: Blackwell Scientific Publications.

Great Dixter House and Gardens (n.d.) Front Meadow, [online] available at: http:// www.greatdixter.co.uk/garden/garden-tour/front-meadow/[accessed January 2015].

Greater London Council (1978) *An Introduction to Housing Layout,* London: Architectural Press.

Greenbie, B.B. (1981) *Spaces,* New Haven, CT, and London: Yale University Press.

Griffiths, Mark (1994) *Index of Garden Plants, The Royal Horticultural Society,* Basingstoke: Macmillan.

Grime, J.P. (1979) *Plant Strategies and Vegetation Processes,* Chichester: John Wiley & Sons.

Gustavsson, R. (1983) The analysis of vegetation structure, in Tregay, R. and Gustavsson, R. (eds), *Oakwoods New Landscape,* Warrington: Sveriges Lantbruksuniversitet and Warrington and Runcorn Development Corporation.

——. (2004) Exploring woodland design: designing with complexity and dynamics, in Dunnett, N. and Hitchmough, J. (eds), *The Dynamic Landscape: Design, Ecology and Management of Naturalistic Urban Planting,* London: Taylor & Francis, pp. 246–293.

Hager, Guido (2009) *On Landscape Architecture,* Ostfldern: Hatje Cantz.

Hagerhalla, C.M., Purcella, T. and Taylor, R. (2004) Fractal dimension of landscape silhouette outlines as a predictor of landscpae preference, *Journal of Environmental Psychology,* 24: 247–255.

Hansen, R. and Stahl, F. (1993) *Perennials and their Garden Habitats,* 4th edn, translated by R. Ward, Cambridge: Cambridge University Press. First published as *Die Stauden und ihre Lebensbereich.*

Hart, A. (1977) Water plants, in Clouston, B. (ed.), *Landscape Design with Plants,* London: Heinemann.

Haworth Booth, M. (1938) *The Flowering Shrub Garden,* London: Country Life Ltd.

———. (1961) *The Flowering Shrub Garden Today,* London: Country Life Ltd.

Helios Software Ltd. (2002) *Helios Plant Selector,* Leicester: CS Design Software, www.gohelios.co.uk

Higuchi, T. (1988) *The Visual and Spatial Structure of Landscape,* Cambridge, MA: MIT Press.

Hillier, John G. and Lancaster, R. (eds) (2014) *The Hillier Manual of Trees and Shrubs,* 8th revised edn, London: Royal Horticultural Society.

Hitchmough, J. (2004) Naturalistic herbaceous vegetation for urban landscapes, in Dunnett, N. and Hitchmough, J. (2004) (eds), *The Dynamic Landscape: Design, Ecology and Management of Naturalistic Urban Planting,* London: Taylor & Francis, pp. 172.

Hobhouse, P. (1985) *Colour in Your Garden,* London: Collins.

Jacobs, J. (1961) *The Death and Life of Great American Cities,* New York: Random House.

Jakobsen, P. (1990) Shrubs and ground cover, in Clouston, B. (ed.), *Landscape Design with Plants, 2nd edn,* Boca Raton: CRC Press.

Jekyll, G. (1908) *Colour Schemes for the Flower Garden,* London: Country Life Ltd, reissued with revisions by G.S. Thomas (1983), Salem, New Hampshire: Ayer.

Keswick, M. (2003) *The Chinese Garden,* 3rd edn, Cambridge, MA: Harvard University Press.

———, Oberlander, J. and Wai, J. (1990) *In a Chinese Garden: The Art and Architecture of the Dr Sun Yat-Sen Classical Chinese Garden,* Vancouver: The Dr Sun Yat-Sen Garden Society.

Kingsbury, N. (1994) A bold Brazilian, *Landscape Design,* 234, pp. 13–17.

———. (2004) Contemporary overiew of naturalistic vegetation, in Dunnett,, N. and Hitchmough, J. (eds), *The Dynamic Landscape: Design, Ecology and Management of Naturalistic Urban Planting,* London: Taylor & Francis, pp. 81–126.

Kirk, T. (1889) *The Forest Flora of New Zealand,* Wellington: Government Printer.

Lancaster, M. (1984) *Britain in View: Colour and the Landscape,* London: Quiller Press.

———. (1994) *The New European Landscape,* Oxford: Butterworth Architecture.

Laseau, P. (2000) *Graphic Thinking for Architects and Designers,* 3rd edn, New York: John Wiley and Sons.

Lloyd, C. and Buckley, J. (2004) *Meadows,* London: Cassell Illustrated.

Loudon, J.C. (1838) *Arboretum et Fruiticetum Britanicum,* quoted in Turner, T.D.H., Loudon's Stylistic Development, *Journal of Garden History,* 2/2.

Lyall, S. (1991) *Designing the New Landscape,* London: Thames and Hudson.

Lynch, K. and Hack, G. (1985) *Site Planning,* Cambridge, MA: MIT Press.

McHarg, I. (1995) *Design with Nature,* Chichester: John Wiley & Sons.

Matthews, J.D. (1989) *Sylvicultural Systems,* Oxford: Clarendon Press.

Metcalf, L. (1993) *The Cultivation of New Zealand Plants,* Auckland: Godwit.

——. (2008) *The Cultivation of New Zealand Native Grasses,* revised edn, Auckland: Godwit.

——. (2011) *The Cultivation of New Zealand Trees and Shrubs,* Auckland: Raupo.

Meurk, C. (2001) *Protecting and Restoring Our Natural Heritage – a Practical Guide,* Christchurch: Department of Conservation.

Ministry of Agriculture, Fisheries and Food (1968) *Shelterbelts for Farmlands,* London: MAFF leaflet 15, HMSO.

Mitchell, A. (1974) *A Field Guide to the Trees of Britain and Northern Europe,* London: Collins.

Montgomery, R. (2010) Planning education and the role of theory in the new millennium: a new role for habitat theory? *Lincoln Planning Review,* 2/2, pp. 8–13.

Moore, C.W., Mitchell, W.J. and Turnbull Jnr, W. (1988) *The Poetics of Gardens,* Cambridge, MA: MIT Press.

Morton, J., Ogden, J. and Hughes, T. (1984) *To Save a Forest, Whirinaki,* Auckland: David Batemen.

Nelson, W.R. (1985) *Planting Design: A Manual of Theory and Practice,* 2nd edn, Champaign, IL: Stipes Publishing Company.

Newman, O. (1972) *Defensible Space, Crime Prevention Through Urban Design,* New York: Macmillan.

Newsome, F.P.J. (1987) *The Vegetative Cover of New Zealand,* Wellington: National Water and Soil Conservation Authority.

Notcutts Nurseries Ltd, *Notcutts' Book of Plants,* published annually, Woodbridge, Suffolk: Notcutts Nurseries Ltd.

Oehme, W. and Van Sweden, J. (1990) *Bold Romantic Gardens: the New World landscapes of Oehme and Van Sweden,* Port Melbourne: Lothian.

Ogrin, D. (1990) *The Origin of Form in Modern Landscape Design,* Athens: Panhellenic Association of Landscape Architects.

Oudolf, P. (1999) *Designing with Plants,* London: Conran.

—— and Kingsbury, N. (2013) *Planting, a New Perspective,* Portland, OR, and London: Timber Press.

Paddison, V. and Bryant, G. (2001) *Trees and Shrubs*, Auckland: Random House.

Palmer, S.J. (1994) *Palmer's Manual of Trees, Shrubs and Climbers*, Queensland: Lancewood.

Papanek, V. (2005) *Design for the Real World*, 2nd revised edn, Chicago, IL: Chicago Review Press.

Pelz, P. (2004) Generous use of perennials, in Junge-Berberovic, R., Baechtiger, J.-B. and Simpson, W.J. (eds), Proceedings of the International Conference on Urban Horticulture, *Acta Horticulturae*, 643, International Society for Horticultural Science, Leuven, Belgium, pp. 71–77.

Pollard, E., Hooper, M.D. and Moore, N.W. (1975) *Hedges*, London: Collins.

Rainey, R.M. and Treib, M. (2009) Dan Kiley: an introduction, in Rainey, R.M. and Treib, M. (eds), *Dan Kiley Landscapes*: The Poetry of Space, Richmond, CA: William Stout Publishers.

Reynald, D.M. (2011) *Guarding Against Crime: Measuring Guardianship within Routine Activity Theory*, Farnham: Ashgate.

Robinette, G.O. (1972) *Plants, People, Environmental Quality*, Washington, DC: US Department of the Interior / American Society of Landscape Architects.

Robinson, F.B. (1940) *Planting Design*, Champaign, IL: The Garrard Press.

Robinson, N. (1993a) Place and planting design – plant signatures, *The Landscape*, 53, pp. 26–28.

———. (1993b) Planting: new dimensions, *Landscape Design*, 220, p. 35.

———. (1994) Place and planting design – planting structures, *The Landscape*, 54.

Robinson, W. ([1870] 2011) *The Wild Garden*, Wilton, Cork: Collins.

Rogers, W. (2010) *The Professional Practice of Landscape Architecture*, 2nd edn, Hoboken, NJ: John Wiley and Sons.

Rose, J. (1983) quoted in Van Valkenburgh (1984) *Built Landscapes*, Battleboro, VT: Battleboro Museum and Arts Centre.

Rosenzweig, M. (2003) *Win-win Ecology, How the Earth's Species can Survive in the Midst of Human Enterprise*, Oxford, UK: Oxford University Press.

Salisbury, E.J. (1918) The ecology of scrub in Hertfordshire, *Transactions of the Hertfordshire Natural History Society*, 17, pp. 53–64.

de Sausmarez, M. (2007) *Basic Design: The Dynamics of Visual Form*, 2nd revised edn, London: A&C Black.

Schwendenmann, L. and Mitchell, N.D. (2014) Carbon accumulation by native trees and soils in an urban park, Auckland, *New Zealand Journal of Ecology*, 38/2, pp. 213–220.

Scott, I. (translated 1970) *The Lüscher Colour Test*, London: Jonathan Cape Ltd.

Simonds, J.O. and Star, B. (2006) *Landscape Architecture: A Manual of Land Planning and Design*, 4th edn, New York: McGraw Hill.

Stevens, P.S. (1976) *Patterns in Nature,* Harmondsworth, England: Penguin.

Stilgoe, J.R. (1984) Gardens in context, in Van Valkenburgh, M. (ed.), *Built Landscapes: Gardens in the Northeast,* Battleboro, VT: Battleboro Museum and Art Centre.

Sullivan, J.J, Meurk, C., Whaley, K.J. and Simcock, S. (2009) Restoring native ecosystems in urban Auckland: urban soils, isolation, and weeds as impediments to forest establishment, *New Zealand Journal of Ecology,* 33/1, pp. 60–71.

Sydes, C. and Grime, J.P. (1979) Effects of tree litter on herbaceous vegetation in deciduous woodland, *Journal of Ecology,* 69. pp. 237–248.

Tanguy, F. and Tanguy, M. (1985) *Landscape Gardening and the Choice of Plants,* translated by A. Sheriden, Charlottesville, VA: University Press of Virginia.

Tansley, A.G. (1939) *The British Isles and their Vegetation,* Cambridge: Cambridge University Press.

Taylor, RB. (1988) *Human Territorial Functioning: An Empirical, Evolutionary Perspective on Individual and Small Group Territorial Cognitions, Behaviours and Consequences,* Cambridge: Cambridge University Press.

Thomas, G.S. (1967) *Colour In The Winter Garden,* London: J.M. Dent & Sons.

———. (1983) *Gertrude Jekyll's Wall and Water Gardens,* Salem, NH: Ayer.

———. (1984) *The Art Of Planting,* London: J.M. Dent & Sons.

———. (1985) *The Old Shrub Roses,* 4th revised edn, London: J.M. Dent and Sons Ltd.

Thompson, P. (2007) *The Self-Sustaining Garden: A Gardener's Guide to Matrix Planting,* Portland, OR: Timber Press.

Thwaites, K. and Simkins, I.M. (2007) *Experiential Landscape: An Approach to People, Place and Space,* London: Routledge.

Tregay, R. (1983) *Design Revisited: Formality and Naturalistic Expression in the Design of Nature-like Landscapes,* Alnarp: Sveriges Lantbruksuniversitet.

———and Gustavsson, R. (1983) *Oakwoods New Landscape,* Warrington: Sveriges Lantbruksuniversitet and Warrington New Town Development Corporation.

Turner, T.D.H. (1838) Loudon's stylistic development, *Journal of Garden History,* 2/2, pp. 175–188.

———. (1987) *English Garden Design: History and Styles since 1650,* Woodbridge: Antique Collector's Club.

van Sweden, J. (1996) Natural gardens: gardens for the 21st century, in the symposium *Perennial Perspectives,* Arnhem.

———. (1997) *Gardening with Nature,* New York: Random House.

——— and Oehme, W. (2003) *Bold Romantic Gardens: the New World Landscapes of Oehme and van*

Sweden, Easthampton, MA: Spacemaker Press.
Walker, P. and Simo, M. (1998) *Invisible Gardens – the Search for Modernism in the American Landscape*, Cambridge, MA: MIT Press.
Walker, T.D. (1991) *Planting Design*, Mesa, AZ: PDA.
———. (1998) Basic principles of planting design, in Carpenter, P.L. and Walker, T.D. (eds), *Plants in the Landscape*, 2nd edn, New York: W.H. Freeman.
Ward, Richard (1989) Harmony in wild planting, *Landscape Design*, 186, pp. 30–32.
Wardle, P. (1991) *Vegetation of New Zealand*, Cambridge: Cambridge University Press.
Wilcox, M.D. (2012) *Auckland's Remarkable Urban Forest*, Auckland: Auckland Botanical Society.
Woudstra, J. and Hitchmough, J. (2000) The enamelled mead: history and practice of exotic perennials grown in grassy swards, *Landscape Research*, 25/1, pp. 29–47.

색인

저자 소개

닉 로빈슨은 뉴질랜드 오클랜드에 거주하는 조경가이자 교육자이다. 그는 영국의 셰필드 대학교와 글로우체스터셔 대학교, 뉴질랜드의 링컨 대학교와 유니텍 대학교 그리고 미국의 캘리포니아 폴리텍 대학교Cal Poly에서 강의를 해 오고 있다. 그는 영국과 뉴질랜드의 여러 조경 프로젝트에 공동으로 참여하여 영국의 시빅 트러스트Civic Trust와 뉴질랜드의 도심 환경 개선 부문에서 수상한 경력을 지니고 있다. 그는 영국과 뉴질랜드의 공인 조경가이며 뉴질랜드의 정원디자인협회 공식회원이다.

역자 소개

전승훈은 서울대학교 임학과 및 동 대학원에서 수목학 전공으로 농학박사 학위를 취득했으며, 현재 가천대학교 조경학과 교수로 재직 중이다. 대표 저서로는 『신갈나무 투쟁기』(공저) 등을 저술했다.

김용식은 서울대학교 임학과 및 동 대학원에서 수목학 전공으로 농학박사 학위를 취득했다. 현재 영남대학교 산림자원및조경학과 명예교수이며, 천리포수목원 원장으로 재직 중이다. 저서로는 *Hortus Botanicus: International Journal of Botanic Gardens* (편집위원), 『조경식물학』(공저) 등이 있다.

김도균은 영남대학교 대학원에서 조경식재학 전공으로 농학박사 학위를 취득했으며, 순천대학교에서 경영학 박사학위를 받았다. 현재 순천대학교 조경학과 교수로 재직 중이며, 한국조경학회 조경식재연구회 회장을 맡고 있다. 저서로는 『조경학대계III - 신조경관리학』(공저), 『조경식물소재 도감』(공저) 등이 있다.

이형숙은 서울대학교를 졸업하고, Texas A&M University 대학원에서 조경계획설계 전공으로 조경학 박사 학위를 받았다. 현재 경북대학교 조경학과 부교수로 재직 중이며, 저서로는 『조경의 형태와 패브릭』(역저), 『지속가능한 사이트 디자인』(역저) 등이 있다.

박은영은 서울대학교 협동과정 조경학 전공에서 공학박사 학위를 받았다. 현재 중부대학교 환경조경학과 교수로 재직 중이며, 조경기술사 자격을 보유하고 있다. 저서로는 『풍경으로 본 동아시아 정원의 미 - 시적 풍경과 회화적 풍경』 등이 있다.

성종상은 서울대학교 조경학과 및 동 환경대학원에서 박사 학위를 받았다. 현재 서울대학교 환경대학원 원장을 맡고 있으며, 환경조경학과 교수로 재직 중이다. 저서로는 『고산 윤선도 원림을 읽다』, 『한국의 전통생태학』(공저), 『텍스트로 읽는 조경』(공저) 등이 있다.

조혜령은 경희대학교 원예학과를 졸업하고, 영국 그린위치대학교 대학원에서 정원역사·디자인으로 석사 학위를 받았다. 현재 서울대학교 환경대학원 조경학 박사과정에 재학 중이며, 조경공장 온 소장으로 근무하고 있다. 2013순천만국제정원박람회 실외 부분 대상을 수상했으며, 서울숲 '엄마의 정원' 설계에 참여했다.

박상길은 고려대학교 심리학과를 졸업하고 가천대학교 대학원에서 생태조경 전공으로 석사학위를 받았다. 현재 가천대학교 조경식물생태연구실 연구원으로 재직 중이며, '공사립 수목원 경영활성화 연구(산림청)'를 수행했다.